机械制造工艺理论与技术

主　编　胡　旭　江　琴　龙婵娟
副主编　李　勇

中国水利水电出版社
www.waterpub.com.cn
·北京·

内 容 提 要

制造业是国民经济的重要支柱产业,机械制造业是制造业的核心,是一个国家综合制造能力的集中体现,更是衡量一个国家现代化水平和综合实力的重要标志。

本书围绕机械制造工程各主题,系统构筑机械制造基础知识体系结构,既有常规机械制造技术的基本内容,又有现代制造技术的新发展,主要内容涵盖了金属切削理论及切削条件的选择、机械切削机床运动分析、机械加工典型方法分析等。

本书结构合理,条理清晰,内容丰富,具有一定的可读性,可供从事机械制造的工程技术人员参考使用。

图书在版编目(CIP)数据

机械制造工艺理论与技术 / 胡旭,江琴,龙婵娟主编. -- 北京:中国水利水电出版社,2018.1
ISBN 978-7-5170-6316-2

Ⅰ.①机… Ⅱ.①胡… ②江… ③龙… Ⅲ.①机械制造工艺 Ⅳ.①TH16

中国版本图书馆CIP数据核字(2018)第031786号

书　　名	机械制造工艺理论与技术 JIXIE ZHIZAO GONGYI LILUN YU JISHU
作　　者	主编 胡旭 江琴 龙婵娟　副主编 李勇
出版发行	中国水利水电出版社 (北京市海淀区玉渊潭南路1号D座 100038) 网址:www.waterpub.com.cn E-mail:sales@waterpub.com.cn 电话:(010)68367658(营销中心)
经　　售	北京科水图书销售中心(零售) 电话:(010)88383994、63202643、68545874 全国各地新华书店和相关出版物销售网点
排　　版	北京亚吉飞数码科技有限公司
印　　刷	北京一鑫印务有限责任公司
规　　格	185mm×260mm　16开本　27.25印张　697千字
版　　次	2018年5月第1版　2018年5月第1次印刷
印　　数	0001—2000册
定　　价	130.00元

凡购买我社图书,如有缺页、倒页、脱页的,本社营销中心负责调换

版权所有·侵权必究

前　言

制造业是国民经济的重要支柱产业，机械制造业是制造业的核心，是一个国家综合制造能力的集中体现，更是衡量一个国家现代化水平和综合实力的重要标志。随着社会需求的变化和科学技术的发展，机械制造业的生产模式发生着巨大的变革，从单机生产模式向制造系统生产模式发展，即为了实现统一战略，把全球范围内的企业通过共同的基础重组起来，并将过去你死我活的竞争转变成友好合作的竞争，从而对瞬息万变的市场做出快速敏捷的响应。

现代制造技术离不开加工设备和刀具、夹具等，离不开人类对现代制造技术的深刻认识。机械加工设备从古老的人力或自然动力加工设备（现仍在使用），发展到电力动力加工设备（直流电和交流电），与之配套的刀具和夹具也在不断更新，是人类创造性思维和创新能力发展的具体体现，是现代制造技术的保障。

机械制造技术在形式上浓缩了原有的机械工程材料、材料成形、极限与配合，以及机械加工工艺基础等内容，经过提炼、加工、综合、比较、取舍，初步形成了具有自身特色的技术基础知识体系。本书遵循"以应用为目的，以实用、够用为度"的原则，注重分析论述制造技术，与现代科技接轨，从基础知识的根基上探索本领域某一知识点的发展方向，以期提高读者的创新能力。在知识点的具体讲述上，编者力求从大视角观察，使读者具有更开阔的眼界。

随着现代科学技术的发展，机械制造的概念不断更新，使得传统的机械制造过程有了较大改变。本书将各种工艺方法等知识放到现代机械制造这个系统中去，以期让读者用现代制造的观点去考虑、认识和学习机械制造所必需的基础知识。本书具有如下几个特点。

①注重实用性，兼顾理论性。从工程实用性出发，精选实用、好用的若干方法。为了让使用者能用好、用活这些方法，对一些重要方法涉及的相关理论，本书做了相应的介绍。

②力求深入浅出。对于一些较为抽象、难以理解的内容，一方面从编排上尽量循序渐进；另一方面尽可能地给出几何图形，从几何意义上予以解释。

③兼顾各读者的层次，方便不同要求的读者对内容的取舍。

本书内容来自多个方面，有的是编者自己的研究积累，有的是选自所参考的图书期刊资料，有的是取自网络资源。由于机械系统设计方面的参考资料众多，所参考的文献难免会有疏漏，在此表示歉意，同时还要向相关内容的原作者表示敬意和谢意。

全书由胡旭、江琴、龙婵娟担任主编，李勇担任副主编，并由胡旭、江琴、龙婵娟负责统稿，具体分工如下：

第 8 章、第 11 章至第 13 章、第 15 章：胡旭（重庆文理学院）；

第 2 章、第 4 章至第 7 章：江琴（南京理工大学紫金学院）；

第 3 章、第 9 章、第 10 章：龙婵娟（重庆文理学院）；

第 1 章、第 14 章：李勇（塔里木大学）。

限于编者水平，加之时间仓促，书中难免存在一些不足和疏漏之处，敬请广大专家、学者给予批评指正。

编　者

2017 年 9 月

目 录

前言

第1章 绪 论 ... 1
1.1 机械制造业的发展概况 ... 1
1.2 机械制造过程 ... 3
1.3 机械制造技术 ... 6

第2章 金属切削理论及切削条件的选择 ... 7
2.1 切削加工基本知识 ... 7
2.2 金属切削的切削要素 ... 8
2.3 刀具的类型及其结构 ... 11
2.4 切削过程基本规律的应用 ... 14
2.5 合理切削条件的选择 ... 30

第3章 机械切削机床运动分析 ... 39
3.1 机械切削机床 ... 39
3.2 机床的运动分析 ... 42
3.3 机床的传动分析 ... 45

第4章 机械加工典型方法分析 ... 57
4.1 外圆表面加工方法 ... 57
4.2 平面加工方法 ... 67
4.3 特种加工方法 ... 80

第5章 金属材料成形——铸造工艺 ... 86
5.1 常用铸造工艺概述 ... 86
5.2 特种铸造技术 ... 92
5.3 铸造技术的发展 ... 101

第6章 金属材料成形——焊接工艺 ... 105
6.1 焊接成形的理论基础 ... 105
6.2 焊接应力和变形 ... 110
6.3 焊接结构设计 ... 113
6.4 现代焊接技术 ... 120

第7章 金属材料成形——锻压工艺 ... 122
7.1 金属的塑性加工常用方法 ... 122
7.2 自由锻造 ... 123

7.3 模型锻造 ·· 129
7.4 板料冲压 ·· 137
7.5 挤压 ·· 145
7.6 轧制 ·· 146

第8章 机械加工工艺过程 148
8.1 机械加工工艺过程的组成 ···································· 148
8.2 零件结构工艺性分析 ·· 151
8.3 机械加工工艺规程的制定 ···································· 153
8.4 制定机械加工工艺过程的主要问题 ···························· 154
8.5 工艺方案的经济分析及提高生产率的途径 ······················ 169

第9章 机床夹具设计 175
9.1 机床夹具的组成 ·· 175
9.2 工件的定位原理及定位元件 ·································· 177
9.3 工件的夹紧及夹紧装置 ······································ 191
9.4 机床夹具设计的方法 ·· 204
9.5 典型夹具应用实例分析 ······································ 211
9.6 计算机辅助夹具设计 ·· 219

第10章 典型零件加工工艺 223
10.1 轴类零件加工工艺过程分析 ·································· 223
10.2 箱体零件加工工艺过程分析 ·································· 228
10.3 套筒类零件加工工艺过程分析 ································ 238
10.4 齿轮类零件加工工艺过程分析 ································ 249

第11章 机械加工精度控制分析 262
11.1 机械加工精度概述 ·· 262
11.2 加工精度的获得方法 ·· 263
11.3 机械加工精度的影响因素 ···································· 265
11.4 提高加工精度的工艺措施 ···································· 281
11.5 加工误差的综合分析 ·· 285

第12章 机械加工表面质量控制分析 296
12.1 加工表面质量及其对零件使用性能的影响 ······················ 296
12.2 影响加工表面的表面粗糙度的工艺因素及其改进措施 ············ 300
12.3 影响表层金属力学物理性能的工艺因素及其改进措施 ············ 304
12.4 机械加工后的表面层物理力学性能 ···························· 307
12.5 机械加工过程中的振动 ······································ 311

第13章 机器的装配工艺 316
13.1 机器装配基础 ·· 316
13.2 保证装配精度的方法 ·· 319

13.3 装配尺寸链 326
13.4 装配工艺规程的制定 332
13.5 机器结构的装配工艺性 336

第14章 机械制造自动化工艺 339
14.1 加工设备与道具的自动化工艺 339
14.2 物料操作和储运的自动化工艺 353
14.3 自动装配工艺 362
14.4 检测过程的自动化工艺 374

第15章 现代制造工艺技术 392
15.1 特种加工技术 392
15.2 快速原型制造技术 400
15.3 先进材料成形技术 403
15.4 高速加工和超高速加工 413
15.5 精密工程和纳米技术 416

参考文献 426

第1章 绪 论

1.1 机械制造业的发展概况

制造业是指利用一定的制造技术和过程将制造资源转化为可供人们使用和消费的产品的行业。它是所有与制造有关的企业群体的总称,涉及国民经济的多个部门。

机械制造业是制造业的核心,是向其他各部门提供工具、仪器及各种先进制造装备的部门。机械制造业的生产能力和发展水平是衡量一个国家工业水平的标志之一,因此,机械制造业在国民经济中占据着重要地位。而机械制造业的生产能力和水平主要取决于机械制造装备的先进性。制造业的历史与人类的历史一样悠久。物质财富的制造是人类认识自然、改造自然的最基本的实践活动,必将随着人类的生存发展而持续下去。社会、经济和科学技术等诸多因素一直在影响着制造业的生产方式。制造业生产方式是指制造业的劳务、资源(包括能源、物料、装备、技术、信息与知识)、资本金、营销、组织与生产管理等要素的存在状态及其动态运作方式。制造业生产方式主要经历了以下几个阶段。

1. 单件生产方式

19 世纪及其以前的制造业主要采用的是单件生产方式(Craft Production)。这是一种完全基于客户订单的、一次制造一件的生产方式。它主要是采用通用的设备和依靠熟练工人进行手工业生产,是人类最初工业化时期的产物。其特点是灵活性大,生产品种多,但批量太小,制造成本很高。另外,其质量难以保证,维修很不方便。

2. 大量生产方式

第一次世界大战之后,美国福特汽车公司的亨利·福特和通用汽车公司的阿尔弗莱德·斯隆开创了世界制造业生产方式的新纪元,把欧洲领先了若干世纪的单件生产方式转变为大量生产方式(Mass Production)。它主要是通过规模来降低成本,且通过重复性和互换性来保证质量和良好的维修性。这种生产方式致命的弱点是生产品种单一,产品更新换代困难(生产的刚性强)。但这种生产方式产生了巨大的影响,是人类在工业化成熟时期采用机械化、电气化等技术取得的巨大成就。这种生产方式也是我国目前主要的生产方式。制造资源规划源于此种生产方式。

3. 精良生产方式

第二次世界大战之后,日本丰田汽车公司在总结美国大量生产方式和日本市场的特点后,首创了"精良生产"(也称"精益生产")方式(Lean Production)。精良生产方式涉及的范围广泛,它的最终目标是在一个企业里,同时获得极高的生产率、极佳的产品质量和很大的生产柔性。概括地讲,其特征主要是:以用户为"上帝",以"人"为中心,以"精简"为手段,以"零缺陷"为最终目标。它的核心思想为:

①去除生产过程中一切多余的环节。

②在设计和制造过程中采用成组技术和并行工程,以最快的速度和适宜的价格提供优良的适销产品去占领市场。

③采用现有的和可靠的先进技术。

④以"人"为中心,推行授权自治小组化群体,即团队工作方式。

⑤精良生产方式所追求的目标不是"尽可能好些",而是零缺陷、零库存、最低的成本、最好的质量、无废品和次品、产品的多样化。

4. 计算机集成制造

20世纪70年代以来,随着社会和科技的进步,既刺激了人们个性需求的期望值,又为企业满足个性需求提供了可能性。此时,制造业必须对市场具有快速反应的能力,应能及时向市场提供多品种、高质量、低成本的产品,因而制造业的柔性成为市场的迫切需要。

计算机集成制造(Computer Integrated Manufacturing,CIM)的概念是由美国人约瑟夫·哈林顿博士首次提出的。约瑟夫·哈林顿博士提出的计算机集成制造概念包括两个主要论点:

①企业的各个环节是不可分割的,需要统一考虑。

②整个制造生产过程实质上是对信息的采集、传递和加工过程。

它的内涵是借助计算机,将企业中各种与制造有关的技术系统集成起来,进而提高企业的市场竞争能力。

随着近几年智能技术的发展,计算机集成制造系统将向计算机智能化集成制造系统(CIMS)发展。计算机集成制造系统(CIMS)是以CIM为基础发展起来的。其定义为:在计算机系统基础上,通过信息、制造和现代化生产管理技术,将制造企业全部生产经营活动所需的各种分散的、孤立的自动化系统,以及有关的人、技术、经营管理三要素有机集成并优化协调,通过物流、信息流和决策流的有效控制和调配,达到全局动态最优,以适应新的竞争环境下市场对制造业提出的高质量、高柔性和低成本要求的一种制造系统。

5. 批量客户化生产

随着市场竞争的日益激烈,顾客越来越需要既能满足其个性化的需求,同时价格又相对低廉的产品。在此情况下,基于顾客需求个性与共性的统一,人们于20世纪80年代初提出了一种新的生产方式——批量客户化生产(Mass Customization,MC),它既具有大量生产方式下的高效率、低成本,又能像单件生产方式那样满足单个顾客需求的生产模式。

目前,主要方式有两种:推迟制造(Postponed Manufacturing),是指只有到最接近顾客需求的时间和地点才进行某一环节的生产;虚拟现实(Virtual Reality),是由计算机、软件及各种传感器构成的三维信息的人工环境,是可实现的和不可实现的物理上的、功能上的事物和环境,顾客投入这种环境中,就可与之交互作用。此外,还有产品模块化设计与组合、模块化可插接的生产线及集成化的供应链管理(Integrated Supply Chain Management,ISCM)等。

6. 敏捷制造

敏捷制造(Agile Manufacturing,AM)是1988年美国通用汽车公司和里海大学共同研究提出的一种全新的制造业生产方式。其基本设想是通过将高素质的员工、动态灵活的组织机构、企业内及企业间的灵活管理及柔性的先进制造技术进行全面集成,使企业能对持续变化、不可预测的市场需求做出快速反应,由此而获得长期的经济效益。这种集成实际上是把企业内部的集成扩展到企业之间的集成,进而实现社会级的深层次的集成。

敏捷制造的内涵是:

①敏捷制造的出发点是多样化、个性化的市场需求和瞬息万变的经营机遇,是一种"订单式"的制造方式。

②敏捷性反映的是制造企业驾驭变化、把握机遇和发动创新的能力。

③敏捷制造重视充分调动人的积极因素,充分发挥人机系统中人的主观能动性。

④敏捷制造不采用以职能部门为基础的静态结构,而是推行面向企业流程的团队工作方式,企业间由机遇驱动而形成动态联盟(Virtual Organization,VO),也称为虚拟公司(Virtual Corporation,VC)。

虚拟制造是敏捷制造的一种实现手段。虚拟公司是在全球经济一体化和网络技术高度发达的时代实现批量客户化生产的最高形式。

1.2 机械制造过程

1.2.1 机械制造过程概述

下面是机械制造中几个相关的概念。

①生产过程:指产品由原材料到成品之间各个相互联系的劳动过程的总和。

②工艺过程:在机械产品的生产过程中,通过改变生产对象的形状、尺寸、相对位置和性质等,使其成为半成品或者成品的过程。

③机械工艺过程:指采用机械加工的方法,直接改变毛坯的形状尺寸和表面质量等,使其成为零件的过程。

从宏观上讲,机械制造就是一个输入/输出系统。系统理论认为:系统是由多个相互关联和影响的环节组成的一个有机整体,在一定的输入条件下,各个环节之间保持位置相对稳定、协调的工作状态。机械制造系统的工作原理如图1-1所示。

具体介绍如下:

①机械加工的主要任务是将选定的材料变为合格产品,其中材料是整个系统的核心。

②能源为系统提供动力,在制造过程中不可或缺。

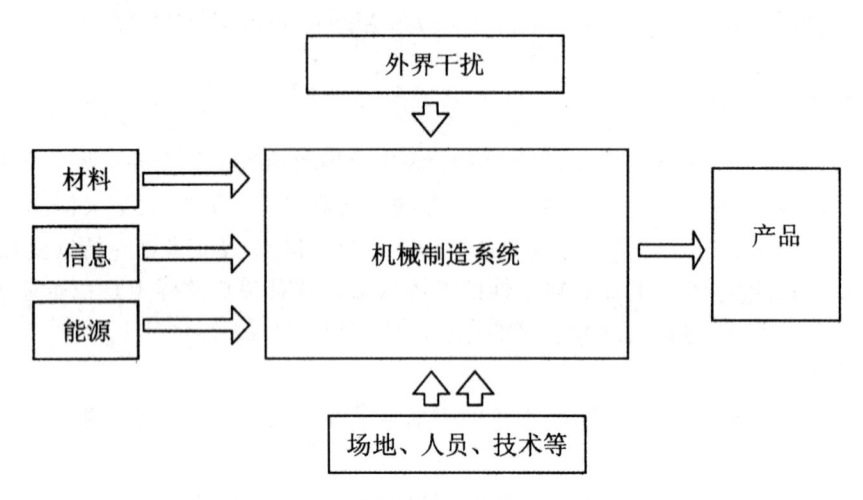

图 1-1　机械制造系统的工作原理

③信息用于协调系统各个部分之间的正常工作。随着生产自动化技术的发展,系统的结构日益复杂,信息的控制作用越来越重要。

④外界干扰是指来自系统外部的力、热、噪声及电磁等影响,这些因素会对系统的工作产生严重的干扰,必须加以控制。

⑤合格产品必须达到其使用时必需的质量要求,具体包括一定的尺寸精度、结构精度及表面质量。另外,还应尽量降低产品的成本。

⑥机械制造系统必须与场地、熟练的操作人员,以及成熟的加工技术等支撑因素配合起作用,以生产出合格的产品。

采用系统的观点来分析机械制造过程有助于更好地理解现代生产的特点。一条生产线就构成一个相对独立的制造系统,流水作业能使产品在各个设备之间进行协作加工。这类系统结构清晰,但是不够紧凑。当功能强大的数控机床出现以后,一台数控加工中心可以取代一条生产线的工作,并且生产效率更高、质量更优,这样的制造系统更加优越。

1.2.2　零件的生产过程

通常来说,制造一个机械零件要经历如图 1-2 所示的基本环节。

1.2.3　零件的装配过程

装配是指将零件按规定的技术要求组装起来,并经过调试、检验使之成为合格产品的过程。装配过程是通过工艺规程来指导完成的。装配工艺规程是规定产品或部件装配工艺规程和操作方法等的工艺文件,是制定装配计划和技术准备、指导装配工作和处理装配工作问题的重要依据,它对保证装配质量、提高装配生产效率、降低成本和减轻工人劳动强度等都有积极的作用。

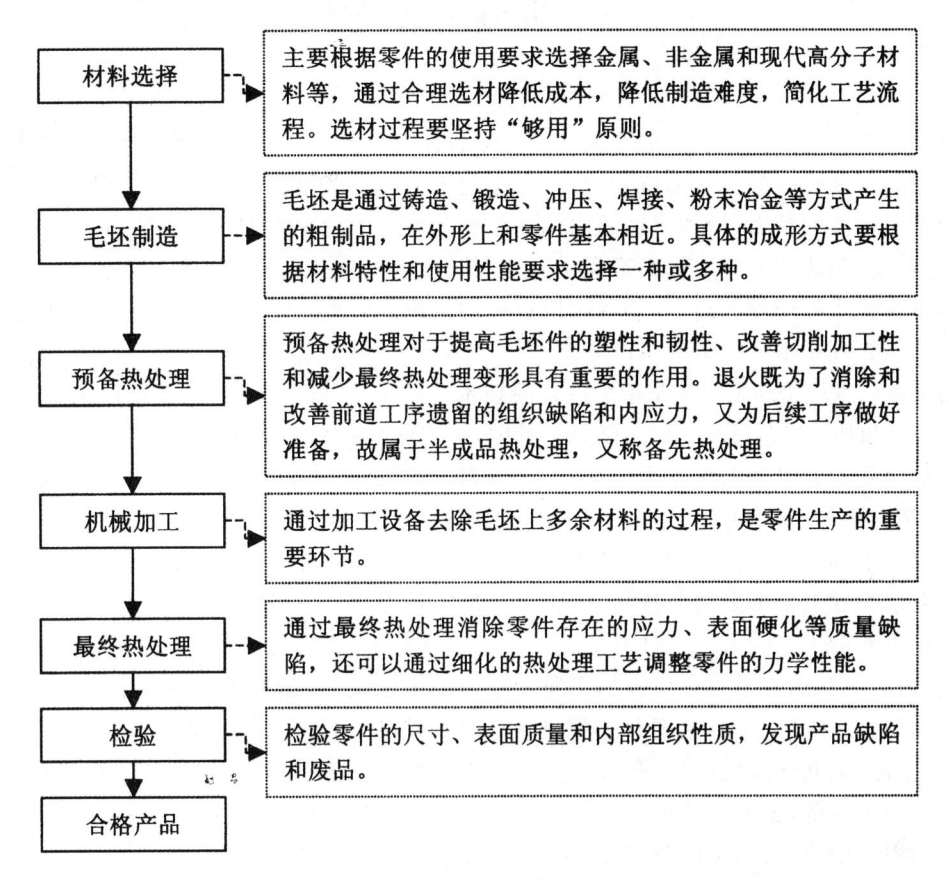

```
材料选择 --> 主要根据零件的使用要求选择金属、非金属和现代高分子材
            料等，通过合理选材降低成本，降低制造难度，简化工艺流
            程。选材过程要坚持"够用"原则。

毛坯制造 --> 毛坯是通过铸造、锻造、冲压、焊接、粉末冶金等方式产生
            的粗制品，在外形上和零件基本相近。具体的成形方式要根
            据材料特性和使用性能要求选择一种或多种。

预备热处理 --> 预备热处理对于提高毛坯件的塑性和韧性、改善切削加工性
              和减少最终热处理变形具有重要的作用。退火既为了消除和
              改善前道工序遗留的组织缺陷和内应力，又为后续工序做好
              准备，故属于半成品热处理，又称备先热处理。

机械加工 --> 通过加工设备去除毛坯上多余材料的过程，是零件生产的重
            要环节。

最终热处理 --> 通过最终热处理消除零件存在的应力、表面硬化等质量缺
              陷，还可以通过细化的热处理工艺调整零件的力学性能。

检验 --> 检验零件的尺寸、表面质量和内部组织性质，发现产品缺陷
        和废品。

合格产品
```

图 1-2 机械零件制造的基本环节

下面是制定装配工艺规程的原则：
①保证产品质量，延长产品的使用寿命。
②合理安排装配顺序和工序，尽量减少手工劳动量，满足装配周期的要求，提高装配效率。
③尽量减少装配占地面积，提高单位面积的生产率。
④尽量降低装配成本。

机械零件的制造包括一系列严整有序的工艺过程，要保证制造的零件能够满足装配时按先内后外的顺序进行，可遵从下列步骤：
①按合理顺序装配轴、齿轮和滚动轴承，并注意滚动轴承的方向。
②合上箱盖。
③安装好定位销钉。
④装配上、下箱之间的连接螺栓。
⑤装配轴承盖、观察孔盖板。

1.3 机械制造技术

　　机械制造业是一个历史悠久的产业,它自18世纪初工业革命形成以来,经历了一个漫长的发展过程。随着现代科学技术的进步,特别是微电子技术和计算机技术的发展,使机械制造这个传统工业焕发了新的活力,增加了新的内涵。机械制造业无论是在加工自动化方面,还是在生产组织、制造精度、制造工艺方法方面都发生了令人瞩目的变化。这就是现代制造技术。现代制造技术更加重视技术与管理的结合,重视制造过程的组织和管理体制的精简及合理化,从而产生了一系列技术与管理相结合的新的生产方式。

　　机械制造技术就是涉及产品制造全过程的技术。以一个零件加工的工艺过程为例,零件的加工包括工作图和加工工艺过程卡两个部分。其中,工艺过程卡中涉及的加工顺序就是制造顺序。

　　制造顺序的工艺过程卡含工序名称、工序内容、加工设备及工艺设备等。工序名称要指出是热加工(铸、锻、焊)还是冷加工(车、铣、刨、磨、钳等)及热处理等。工序内容对工序进行描述,包括差速器壳毛坯怎么获得,要经过哪些冷热加工,怎么加工,怎么热处理,最后要检验零件是否符合设计要求。加工设备要指明选择(或备选)设备,该设备的名称和型号。工艺设备指出要完成该道工序需要的工艺装备。零件制造工艺过程告诉我们,要制造一个零件,需要知道零件毛坯如何得到,需要哪些加工设备来保证加工质量和提高加工效率,因此涉及机械制造设备的知识。要使用什么刀具来加工(包括通用和专用刀具),因此涉及刀具的基本知识。工件或刀具需要安装、夹紧和定位,因此涉及定位、工装和夹具的知识。而加工工艺卡要绘制的工序简图则指明每道工序后的加工余量,需要尺寸链等方面的知识。归纳起来,机械制造技术主要涵盖两大方面的内容:其一是机械产品的加工设备;其二是机械产品的加工过程方法,即工艺。

　　近几年来,数控机床和自动换刀各种加工中心已成为当今机床的发展趋势。

　　在机床数控化过程中,机械部件的成本在机床系统中所占的比重不断下降,模块化、通用化和标准化的数控软件,使用户可以很方便地达到加工目的。同时,机床结构也发生了根本变化。

　　随着加工设备的不断完善,机械加工工艺也在不断地变革,从而导致机械制造精度不断提高。近年来,新材料不断出现,材料的品种猛增,其强度、硬度、耐热性等不断提高。新材料的迅猛发展对机械加工提出新的挑战。一方面迫使普通机械加工方法要改变刀具材料、改进所用设备;另一方面对于高强度材料、特硬、特脆和其他特殊性能材料的加工,要求应用更多的物理、化学、材料科学的现代知识来开发新的制造技术。由此出现了很多特种加工方法,如电火花加工、电解加工、超声波加工、电子束加工、离子束加工以及激光加工等。这些加工方法突破了传统的金属切削方法,使机械制造工业出现了新的面貌。

　　近年来,我国大力推进先进制造技术的发展与应用,已得到社会的共识,先进制造技术已被列为国家重点科技发展领域,并将企业实施技术改造列为重点,寻求新的制造策略,建立新的包括市场需求、设计、车间制造和分销集成在一起的先进制造系统。该系统集成了计算机辅助设计(CAD)、计算机辅助制造(CAM)、计算机辅助工艺设计(CAPP)、计算机辅助工程(CAE)、计算机辅助质量管理(CAQ)、企业资源计划(ERP)、物料搬运等单元技术。这些单元技术集成为计算机集成制造系统(CIMS)。

第 2 章 金属切削理论及切削条件的选择

2.1 切削加工基本知识

金属切削加工是利用工件和刀具之间的硬度差以及相对(切削)运动,用刀具上的切削刃切除工件上的多余金属层,从而获得具有一定加工质量零件的过程。切削加工时,为了获得各种形状的零件,刀具与工件必须具有一定的相对运动,即切削运动,切削运动按其所起的作用可分为主运动和进给运动。

切削加工过程中,在切削运动的作用下,工件表面一层金属不断地被切下来变为切屑,从而加工出所需要的新的表面。三个表面始终处于不断的变动之中:前一次走刀的已加工表面,即为后一次走刀的待加工表面;切削表面则随进给运动的进行不断被刀具切除,如图 2-1 和图 2-2 所示。其含义是:

①待加工表面。待加工表面是即将被切去金属层的表面。
②切削表面。切削表面是切削刃正在切削而形成的表面,切削表面又称加工表面或过渡表面。
③已加工表面。已加工表面是已经切去多余金属层而形成的新表面。

(1)主运动

主运动是指由机床或人力提供运动,使刀具与工件之间产生的主要相对运动。主运动的特点是速度最高,消耗功率最大。车削时,主运动是工件的回转运动,如图 2-1 所示;牛头刨床刨削时,主运动是刀具的往复直线运动,如图 2-2 所示。

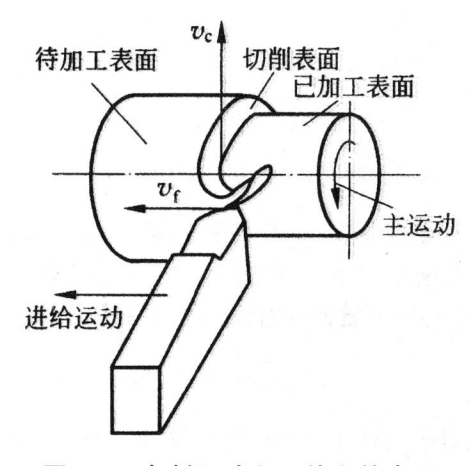

图 2-1 车削运动和工件上的表面 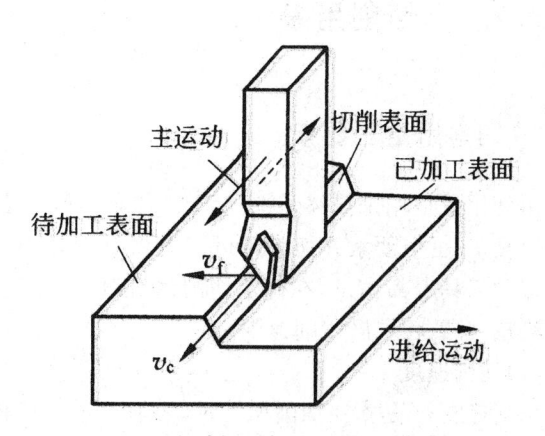   图 2-2 刨削运动和工件上的表面

主运动的运动形式可以是旋转运动,也可以是直线运动。主运动可以由工件完成,也可以由刀具完成;主运动和进给运动可以同时进行,也可以间歇进行。主运动通常只有一个。

(2)进给运动

由机床或人力提供的运动,使刀具与工件间产生附加的相对运动。进给运动将使被切金属层不断地投入切削,以加工出具有所需几何特性的已加工表面。车削外圆时,进给运动是刀具的纵向运动;车削端面时,进给运动是刀具的横向运动。牛头刨床刨削时,进给运动是工作台的移动。

进给运动的数目可以有一个或几个。

当主运动和进给运动同时进行时,切削刃上某一点相对于工件的运动为合成运动,常用合成速度向量 v_e 来表示,如图 2-3 所示。

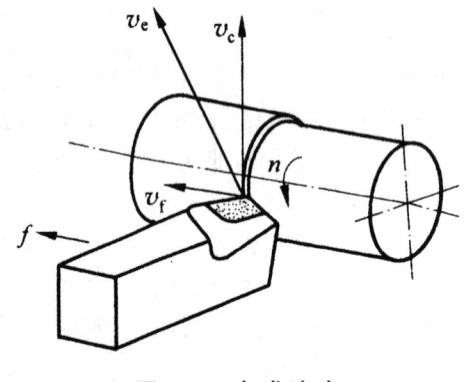

图 2-3 合成速度

2.2 金属切削的切削要素

切削要素是指切削用量和切削层参数。

2.2.1 切削用量

1. 切削用量三要素

切削用量是用来描述切削加工中主运动和进给运动的参数,包括切削速度 v_c、进给量 f 和背吃刀量 a_p 三个要素。切削用量三要素对刀具寿命影响的大小,按顺序为 v_c、f、a_p。因此,从保证合理的刀具寿命出发,在确定切削用量时,首先应采用尽可能大的背吃刀量 a_p;然后再选用大的进给量 f;最后求出切削速度 v_c。

(1)切削速度

切削速度 v_c 是指在切削加工时,切削刃选定点相对于工件主运动的瞬时速度,单位为 m/min 或 m/s。当主运动为旋转运动时,切削速度 v_c 的计算公式为

$$v_c = \frac{\pi d n}{1000} \tag{2-1}$$

式中，d 为工件直径，mm；n 为工件或刀具的转速，r/min，当 n 的单位为 r/s 时，则 v_c 为

$$v_c = \frac{\pi d n}{1000 \times 60}$$

当主运动为往复运动时，平均切削速度（m/min 或 m/s）为

$$v_c = \frac{2 L n_r}{1000} \tag{2-2}$$

式中，L 为往复运动行程长度，mm；n_r 为主运动每分钟的往复次数，往复次数/min。

(2) 进给量

进给量 f 是刀具在进给运动方向上相对于工件的位移量，常用刀具或工件每转或每行程的位移量来表述或度量，即工件每转一圈，刀具沿进给运动方向移动的距离，单位是 mm/r。刨削等主运动为往复直线运动，其间歇进给的进给量为 mm/双行程，即每个往复行程刀具与工件之间的相对横向移动距离。

单位时间的进给量称为进给速度（mm/min），车削时的进给速度 v_f 的计算公式为

$$v_f = n f \tag{2-3}$$

铣削时，由于铣刀是多齿刀具，进给量单位除 mm/r 外，还规定了每齿进给量，用 a_z 表示，单位为 mm/z，v_f、a_z 三者之间的关系为

$$v_f = n f = n a_z z \tag{2-4}$$

式中，z 为多齿刀具的齿数。

(3) 背吃刀量

背吃刀量 a_p 是指主切削刃工作长度（在基面上的投影）沿垂直于进给运动方向上的投影值，单位为 mm。对于外圆车削，背吃刀量 a_p 等于工件已加工表面和待加工表面之间的垂直距离（图 2-4）。即

$$a_p = \frac{d_w - d_m}{2}$$

式中，d_w 为待加工表面直径；d_m 为已加工表面直径。

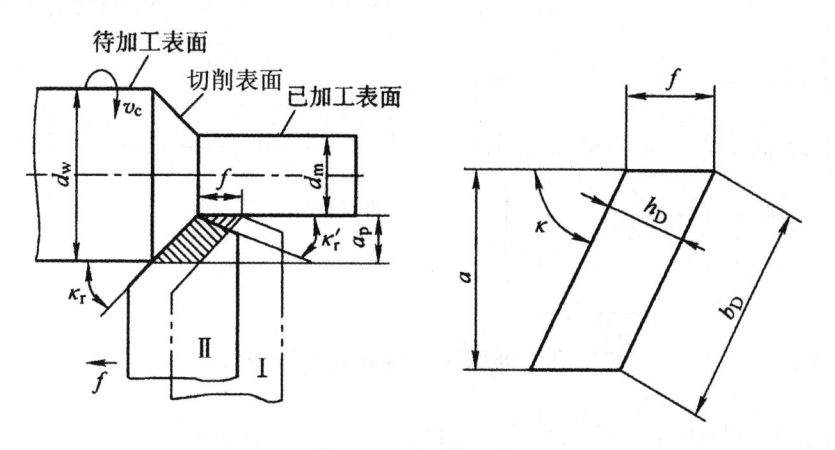

图 2-4 切削用量

2. 切削用量确定的步骤

粗加工的切削用量，一般以提高生产效率为主，但也应考虑经济性和加工成本；半精加工和精加工的切削用量，应以保证加工质量为前提，并兼顾切削效率、经济性和加工成本。

① 切削速度 v_c 的确定。切削速度按刀具寿命 T 所允许的切削速度 v_T 来计算。除了用计算方法外，生产中经常按实践经验和有关手册资料选取切削速度。

② 进给量 f 的确定。可利用计算的方法或查手册资料来确定进给量 f 的值。

③ 背吃刀量 a_p 的确定。背吃刀量根据加工余量多少而定。除留给下道工序的余量外，其余的粗车余量尽可能一次切除，以使走刀次数最小。当粗车余量太大或加工的工艺系统刚性较差时，则加工余量分两次或数次走刀后切除。

④ 检验机床功率。根据下式检验机床功率，即

$$P_e = P_c + P_f = F_c v + F_f n f \times 10^{-3} \tag{2-5}$$

式中，P_e 为消耗在切削加工过程中的功率，W；P_c 为主运动消耗的功率，W；P_f 为切削功率，W；F_c 为切削力，N；v 为切削速度，m/s；F_f 为进给力，N；n 为工件转速，r/s；f 为进给量，mm/r。

2.2.2 切削层参数

在切削加工中，刀具或工件沿进给运动方向每移动 f 或 f_z 后，由一个刀齿正在切除的金属层称为切削层。切削层的尺寸称为切削层参数。为简化计算，切削层的剖面形状和尺寸，在垂直于切削速度 v_c 的基面上度量。图 2-5 表示车削时的切削层，当工件旋转一周时，车刀切削层由过渡表面 I 的位置移到过渡表面 II 的位置，在这两圈过渡表面（圆柱螺旋面）之间所包含的工件材料层在车刀前刀面挤压下被切除，这层工件材料即车削时的切削层。

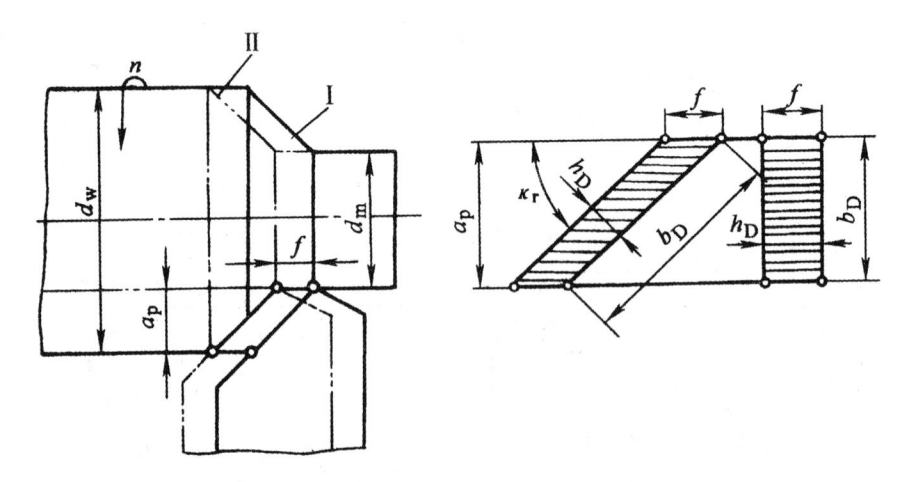

图 2-5 外圆纵车时的切削层参数

① 切削层的公称厚度 h_D。它是垂直于过渡表面度量的切削层尺寸，简称切削厚度，即相邻两过渡表面之间的距离。

② 切削层公称宽度 b_D。它是沿过渡表面度量的切削层尺寸，简称切削层宽度。

③切削层公称横截面面积 A_D。它是在切削层尺寸平面内测量的横截面面积,简称切削面积。从图 2-5 可以看出,切削层参数与切削用量要素有如下关系:

$$h_D = f\sin\kappa_r\,;\, b_D = \frac{a_p}{\sin\kappa_r}\,;\, A_D = h_D b_D = f a_p$$

从上式可见,h_D、b_D 均与主偏角 κ_r 有关,κ_r 越大,h_D 越大,而 b_D 越小。

2.3 刀具的类型及其结构

金属切削刀具是进行切削加工用的工具,是实现切削加工的重要组成部分,也是影响生产率、加工质量与成本的最活跃因素。计算机技术在机械制造业中的广泛应用,自动化加工技术的迅猛发展,常用工具也由过去单一生产刀具而扩展为工具系统。

2.3.1 刀具类型

刀具按结构可分为整体式刀具、焊接式刀具、机夹重磨式刀具和机夹可转位式刀具等。
①整体式刀具。一般用高速钢制成的整体式刀具的刀头和刀杆为同一材料,可重磨使用至不能夹持为止,如图 2-6 所示。

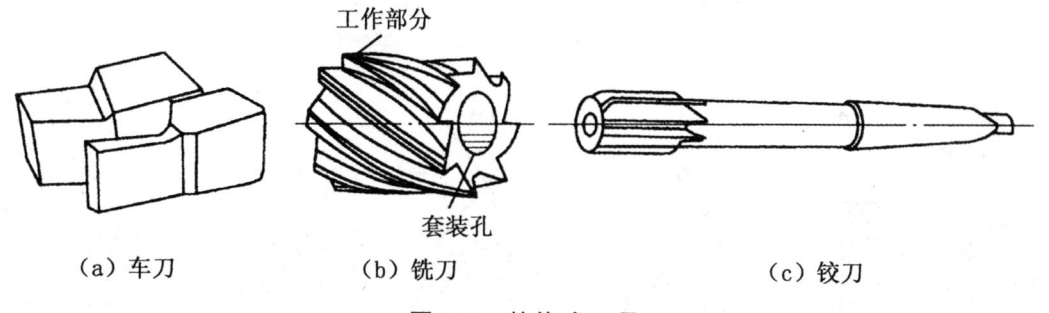

（a）车刀　　（b）铣刀　　（c）铰刀

图 2-6　整体式刀具

②焊接式刀具。将硬质合金刀片和刀杆焊接而成的刀具,刀片刃口可重磨。使用中,焊接产生的内应力使刀片容易崩裂。
③机夹重磨式刀具。刀片和刀杆用夹紧元件固定到一起,刀片磨损可卸下重磨后,再装配到刀杆上,如图 2-7 所示。

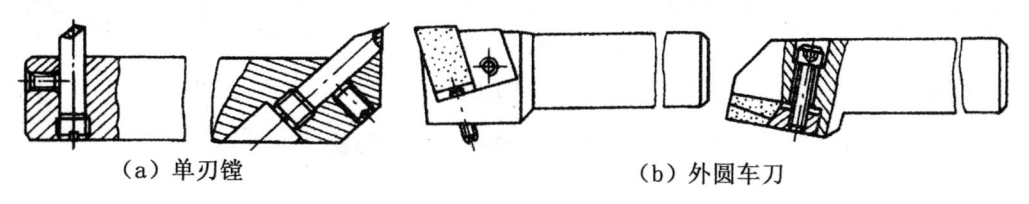

（a）单刃镗　　　　　（b）外圆车刀

图 2-7　机夹重磨式刀具

④机夹可转位式刀具。具有相同刃口的多角形刀片夹持到特殊刀杆上，刀片的一个刃磨损后，松开夹紧机构将刀片转位到另一刃口，夹紧后又可投入切削，如图2-8～图2-10所示。

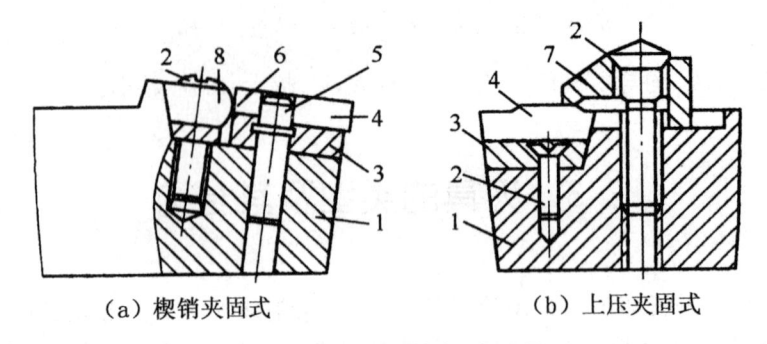

(a) 楔销夹固式　　　　(b) 上压夹固式

图2-8　机夹可转位式刀具

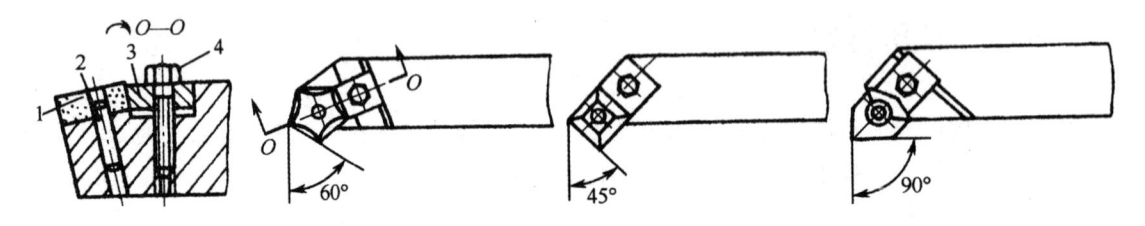

1—刀杆；2—压紧螺钉；3—刀垫；4—刀片；5—柱销；6—弹簧垫圈；7—压板；8—楔块

图2-9　楔销夹固式机夹可转位车刀

1—刀片；2—柱销；3—楔块；4—压紧螺钉

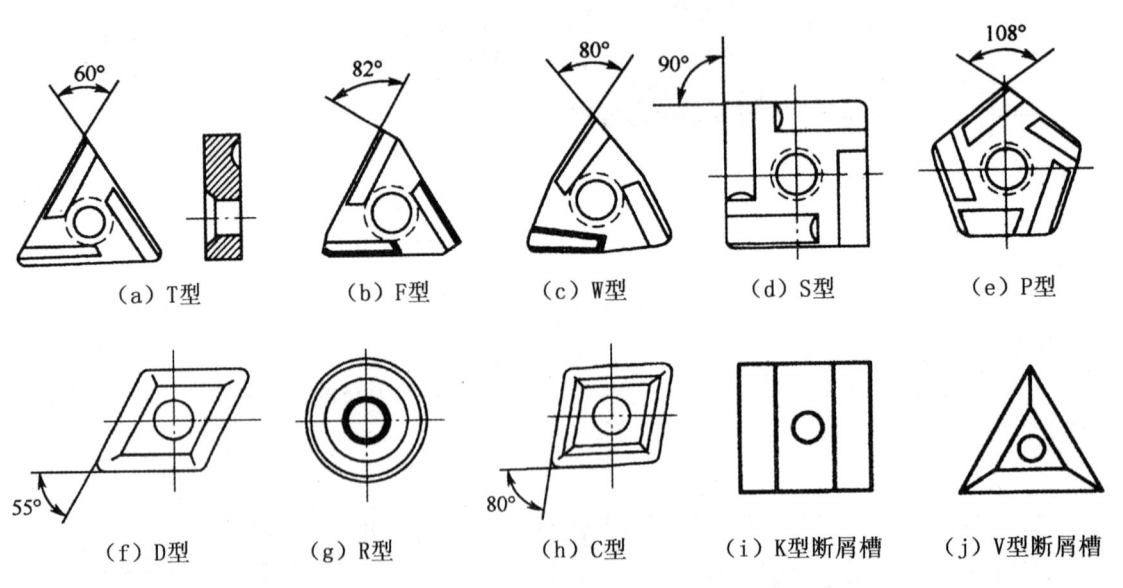

(a) T型　　(b) F型　　(c) W型　　(d) S型　　(e) P型

(f) D型　　(g) R型　　(h) C型　　(i) K型断屑槽　　(j) V型断屑槽

图2-10　常用可转位刀片的形状

各种刀具有各自的优缺点，适用于不同的生产目的。

刀具还可按加工方法和用途，分为车刀、铣刀、拉刀、镗刀、螺纹刀、齿轮刀、数控机床刀和磨具等。

按刀具材料可分为高速钢刀、硬质合金刀、陶瓷刀、立方氮化硼刀(CBN)和金刚石刀。
按标准化可分为标准化刀具和非标准化刀具。

2.3.2 刀具结构

刀具的结构形式对刀具的切削性能、切削加工的生产效率和经济性有着重要的影响。如图 2-11 所示,车刀的结构形式有整体式、焊接式、机夹重磨式、机夹可转位式等几种。

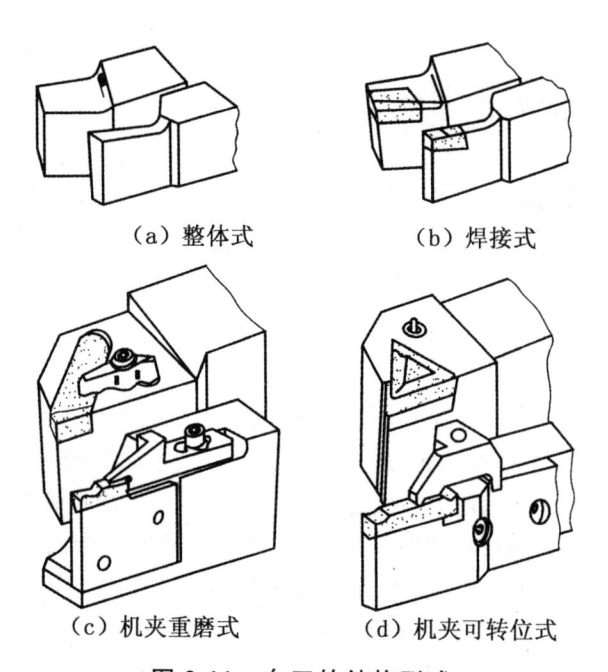

(a) 整体式　　(b) 焊接式

(c) 机夹重磨式　　(d) 机夹可转位式

图 2-11　车刀的结构形式

(1)整体式车刀

早期使用的车刀多半是整体结构,切削部分与夹持部分材料相同,对贵重的刀具材料消耗较大,常用高速钢制造。

(2)焊接式车刀

焊接式车刀是将硬质合金刀片用钎料焊接在开有刀槽的刀杆上,然后刃磨使用。焊接式车刀结构简单、紧凑,刚性好,灵活性大,可根据加工条件和加工要求磨出所需角度,应用十分普遍。但焊接式车刀的硬质合金刀片经过高温焊接和刃磨后会产生内应力和裂纹,使切削性能下降,对提高生产效率不利。

(3)机夹重磨式车刀

机夹重磨式车刀避免了焊接引起的缺陷,提高了刀具寿命,刀杆可重复使用,利用率较高。其主要特点是刀片和刀杆是两个可拆开的独立元件,工作时靠夹紧元件把它们紧固在一起。车刀磨钝后,将刀片卸下刃磨,然后重新装上继续使用。这类车刀较焊接式车刀提高了刀具寿命和生产率,降低了生产成本,但结构复杂且不能完全避免由于刃磨而可能引起的刀片裂纹。

(4)机夹可转位式车刀

将压制有一定几何参数的多边形刀片,用机械夹固的方法装夹在标准的刀体上形成的车刀称为机夹可转位式车刀。使用时,刀片上一个切削刃用钝后,只需松开夹紧机构,将刀片转位换成另一个新的切削刃便可继续切削。因机夹可转位式车刀的切削性能稳定,在现代生产中应用越来越多。

2.4 切削过程基本规律的应用

2.4.1 金属切削层的变形

切削变形是研究金属切削过程基本规律的基础。金属切削层在刀具挤压下发生变形被分离成切屑和已加工表面。切削层的变形(简称切削变形)直接影响着切削力的大小、切削温度的高低、刀具磨损的快慢和已加工表面质量等。

1. 切屑的形成过程

切屑的形成过程就是切削层金属受到刀具前刀面的挤压,产生弹性变形,当切削力达到金属材料屈服强度时,就会产生塑性变形的切削变形过程。如图2-12所示,当切削层中任一质点P以切削速度v_c逐渐趋近切削刃,到达OA线(始滑移线)上点1的位置时(OA、OB、…、OM线为等切应力曲线),其切应力达到材料的屈服强度τ_s,则质点P在继续向前移动的同时,还要沿OA方向滑移变形,其合成运动使质点P由点1的位置移动到点$2'$的位置,$2\text{-}2'$即为此时的滑移量。此后,质点P继续沿2、3、…、N各点移动,并沿OB、OC等方向滑移,滑移量依次为$3\text{-}3'$、$4\text{-}4'$等且不断增大。当质点P到达OM线(终滑移线)上的N'点后,其运动方向已与前刀面平行,不再滑移,切削层变形为切屑且沿前刀面流出。由于切屑的形成过程是在OA到OM的窄小变形区内完成的,且时间很短,所以切削变形的主要特征是切削层金属沿滑移面的剪切变形,并伴有加工硬化现象。

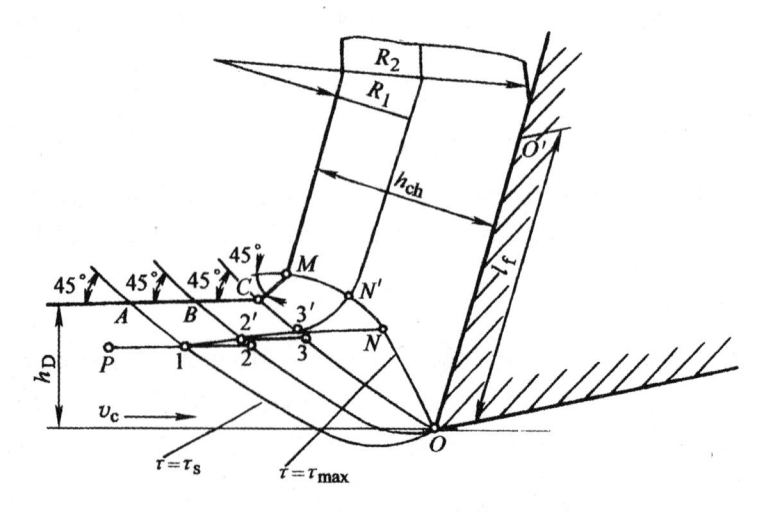

图2-12 切削层金属的剪切滑移

2. 切屑的种类

由于工件材料不同,切削条件不同,切削过程中的变形程度也不同。根据切削过程中变形程度的不同,可以把切屑分为四种不同的状态,如图 2-13 所示。

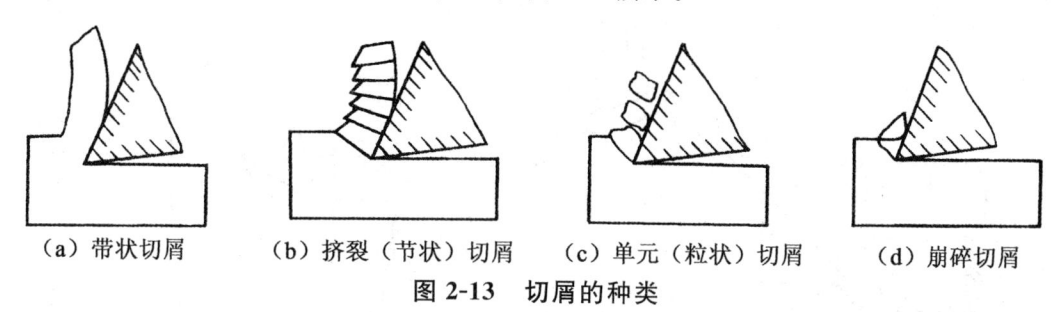

(a) 带状切屑　　(b) 挤裂(节状)切屑　　(c) 单元(粒状)切屑　　(d) 崩碎切屑

图 2-13　切屑的种类

(1) 带状切屑

这种切屑的底层(与前刀面接触的面)光滑,而外表面呈毛茸状,无明显裂纹。一般加工塑性金属材料(如软钢、铜、铝等),在切削厚度较小、切削速度较高、刀具前角较大时,容易得到这种切屑。形成带状切屑时,切削过程较平稳,切削力波动较小,加工表面质量好。

(2) 挤裂(节状)切屑

这种切屑的底面有时出现裂纹,而外表面呈明显的锯齿状。挤裂切屑大多在加工塑性较低的金属材料(如黄铜)、切削速度较低、切削厚度较大、刀具前角较小时产生。产生挤裂切屑时,切削力波动较大,已加工表面质量较差。

(3) 单元(粒状)切屑

采用小前角或负前角,以极低的切削速度和大的切削厚度切削塑性金属(伸长率较低的结构钢)时,会产生这种切屑。产生单元切屑时,切削过程不平稳,切削力波动较大,已加工表面质量较差。

(4) 崩碎切屑

切削脆性金属(铸铁、青铜等)时,由于材料的塑性很小,抗拉强度很低,在切削时切削层内靠近切削刃和前刀面的局部金属未经明显的塑性变形就被挤裂,形成不规则状的碎块切屑。工件材料越硬脆、刀具前角越小、切削厚度越大时,越容易产生崩碎切屑。产生崩碎切屑时,切削力波动大,加工表面凸凹不平,切削刃容易损坏。

3. 切屑的控制

在切削钢等塑性材料时,排出的切屑常常打卷或连绵不断,小片状的切屑四处飞溅,带状切屑直窜,易刮伤工件已加工表面,损伤刀具、夹具和机床,并威胁操作者的人身安全。因此,必须采取措施,控制切屑,以保证生产正常进行。

(1) 切屑的卷曲

切屑卷曲是由于切屑内部变形或碰到卷屑槽(断屑槽)等障碍物造成的。如图 2-14(a)所示,切屑从工件材料基体上剥离后,在流出过程中,受到前刀面的挤压和摩擦作用,使切屑内部继续产生变形,越靠近前刀面的切屑层变形越严重,剪切滑移量越大,外形伸长量越大;离前刀面越远的切屑层变形越小,外形伸长量越小,因而沿切屑厚度 h_{ch} 方向出现变形速度差。切屑流动时,就在速度差的作用下产生卷曲,直到 C 点脱离前刀面为止。

采用卷屑槽能可靠地促使切屑卷曲,如图 2-14(b)所示,切屑在流经卷屑槽时,受到外力 F_R 的作用产生力矩 M 而使切屑卷曲。由图可得切屑的卷曲半径 r_{ch} 的计算公式为

$$r_{ch} = \frac{l_{Bn} - l_f}{2h_{Bn}} + \frac{h_{Bn}}{2} \tag{2-6}$$

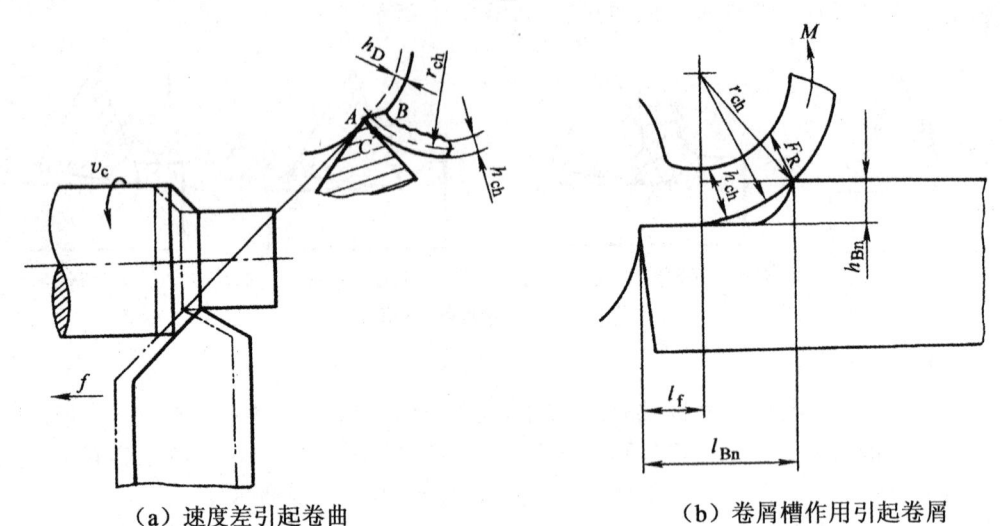

(a) 速度差引起卷曲　　　　　　(b) 卷屑槽作用引起卷屑

图 2-14　切屑卷曲成因

加工钢时,刀屑接触长度 $l_f \approx h_{ch}$,故有

$$r_{ch} = \frac{l_{Bn} - h_{ch}}{2h_{Bn}} + \frac{h_{Bn}}{2} \tag{2-7}$$

从式(2-7)可知:卷屑槽的宽度 l_{Bn} 越小,深度 h_{Bn} 越大,切屑厚度 h_{ch} 越大,则切屑的卷曲半径 r_{ch} 越小,切屑越易卷曲,越易折断。

切屑卷曲后,使切屑内部塑性变形加剧,塑性降低,硬度增大,性能变脆,从而为断屑制造了有利条件。

(2)切屑的折断

切屑经卷曲变形后产生的弯曲应力增大,当弯曲应力超过材料的抗弯强度时,就使切屑折断。因此,可采取相应措施,增大切屑的卷曲变形和弯曲应力来断屑。

①磨制断屑(卷屑)槽。在前刀面上磨制出断屑槽,断屑槽的形式如图 2-15 所示。折线型和直线圆弧型适用于加工碳钢、合金钢、工具钢和不锈钢;全圆弧型适用于加工塑性大的材料和用于重型刀具。

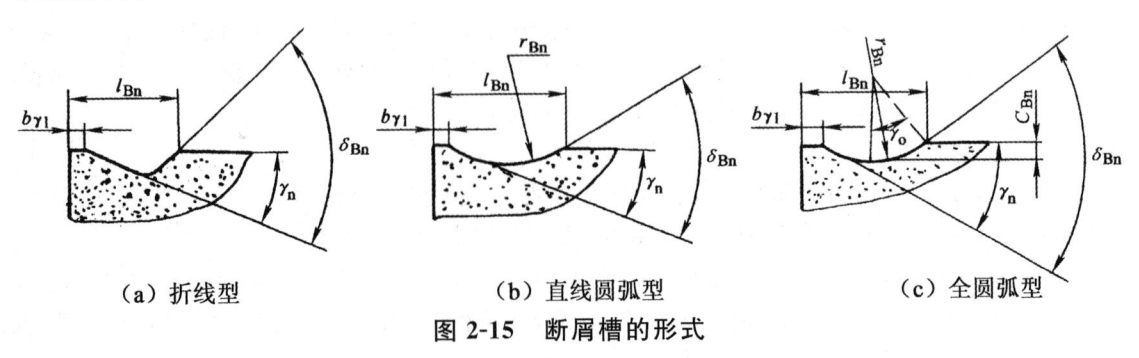

(a) 折线型　　　　　(b) 直线圆弧型　　　　　(c) 全圆弧型

图 2-15　断屑槽的形式

在槽的尺寸参数中,减小宽度 l_{Bn},增大反屑角 δ_{Bn},均能使切屑卷曲半径 r_{ch} 减小,卷曲变形和弯曲应力增大,切屑易折断。但 l_{Bn} 太小或 δ_{Bn} 太大,切屑易堵塞,使切削力、切削温度升高。通常 l_{Bn} 按下式初选

$$l_{Bn} = (10 \sim 13) h_D \tag{2-8}$$

反屑角 δ_{Bn} 按槽型选:折线槽 $\delta_{Bn} = 60° \sim 70°$,直线圆弧槽 $\delta_{Bn} = 40° \sim 50°$,全圆弧槽 $\delta_{Bn} = 30° \sim 40°$,当背吃刀量 $a_p = 2 \sim 6$ mm 时,一般取断屑槽的圆弧半径 $r_{Bn} = (0.4 \sim 0.7) l_{Bn}$。上述数值经试用后再修正。

断屑槽在前刀面上的倾斜方向如图 2-16 所示,外斜式、平行式适用于粗加工,内斜式适用于半精加工和精加工。

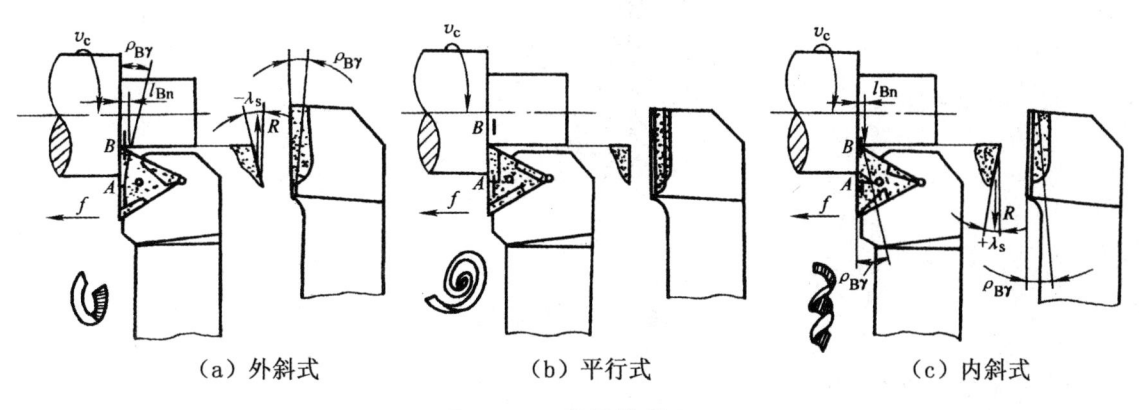

(a) 外斜式 (b) 平行式 (c) 内斜式

图 2-16 断屑槽斜角

② 适当调整切削条件。
- 减小前角。刀具前角越小,切屑变形越大,越容易折断。
- 增大主偏角。在进给量 f 和背吃刀量 a_p 一定的情况下,主偏角 κ_r 越大,切削厚度 h_D 越大,切屑的卷曲半径越小,弯曲应力越大,切屑越易折断。
- 改变刃倾角。如图 2-17 所示,当刃倾角 λ_s 为负值时,切屑流向已加工表面或切削表面,受碰后折断;当 λ_s 为正值时,切屑流向待加工表面或背离工件后与刀具后刀面相碰折断,也可能呈带状螺旋屑而甩断。

(a) $\lambda_s < 0°$ (b) $\lambda_s > 0°$

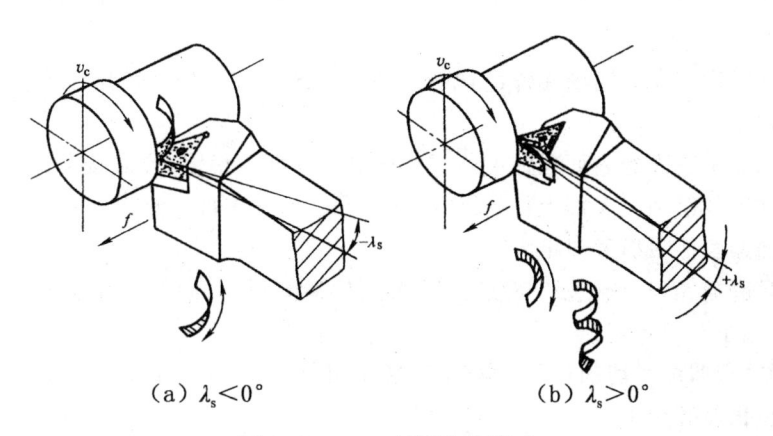

图 2-17 λ_s 对断屑的影响

- 增大进给量。进给量 f 增大,切削厚度 h_D 也按比例增大,切屑卷曲时产生的弯曲应力增大,切屑易折断。

4. 积屑瘤

在中速或低速切削塑性材料时,常在刀具前刀面刃口附近黏结一个硬度很高(通常为工件材料硬度的 2~3.5 倍)的楔状金属块,称为积屑瘤(图 2-18)。

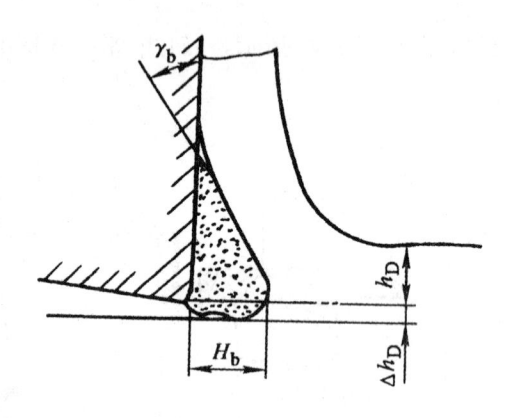

图 2-18 积屑瘤

(1)积屑瘤的成因

在切削过程中,由于刀屑间的摩擦,使前刀面和切屑底层一样都是刚形成的新鲜表面,它们之间的黏附能力较强。因此,在一定的切削条件(压力和温度)下,切屑底层与前刀面接触处发生黏结,使与前刀面接触的切屑底层金属流动较慢,而上层金属流动较快。流动较慢的切屑底层,称为滞流层。如果温度与压力适当,滞流层金属就与前刀面黏结成一体。随后,新的滞流层在此基础上逐层积聚、黏合,最后长成积屑瘤。长大后的积屑瘤受外力作用或振动影响会发生局部断裂或脱落。积屑瘤的产生、成长、脱落过程是在短时间内进行的,并在切削过程中周期性地不断出现。

(2)积屑瘤对切削过程的影响

①增大前角。积屑瘤黏附在前刀面上,增大了刀具的实际工作前角,因而可减小切削变形,减小切削力。

②增大切削厚度。积屑瘤前端伸出切削刃外 H_b(图 2-18),使切削厚度增大了 Δh_D,因而影响了加工尺寸精度。

③增大了已加工表面的表面粗糙度值。积屑瘤的顶部不稳定,容易破裂,破裂后的积屑瘤颗粒有一部分留在工件已加工表面上。另外,积屑瘤存在时在工件上刻出一些沟纹。因而,积屑瘤会使已加工表面的表面粗糙度值增大。

④减小刀具磨损。积屑瘤包围着切削刃,可以代替前刀面、后刀面和切削刃进行切削,从而保护了切削刃,减小了刀具磨损。

由上述可知,积屑瘤对切削过程有利也有弊,在粗加工时可利用积屑瘤保护切削刃;在精加工时应尽量避免积屑瘤产生。

(3)影响积屑瘤的主要因素及防止措施

①切削速度。切削速度主要是通过切削温度来影响积屑瘤的产生。在低速切削($v_c \leqslant 3\text{m/min}$)中碳钢时,切削温度较低,而在高速切削时($v_c \geqslant 60\text{m/min}$),切削温度又较高,在这两种情况下,切屑与前刀面不易黏结,也就不易形成积屑瘤。切削速度在两者之间时,有积屑瘤产生。所以应采用低速或高速进行切削。

②刀具前角。适当增大刀具前角,减小切削变形,减小切削力,使摩擦减小,减小了积屑瘤的生成基础。前角增大到35°时,一般不产生积屑瘤。

③工件材料。工件材料的塑性越高,切削变形越大,摩擦越严重,切削温度越高,就越容易产生黏结而形成积屑瘤。因此,对塑性较高的工件材料进行正火或调质处理,提高强度和硬度,降低塑性,减小切削变形,即可避免积屑瘤的生成。

此外,使用切削液、减小刀具表面粗糙度值、减小进给量等措施,都有助于抑制积屑瘤的产生。

5. 已加工表面的形成过程

在研究切屑形成时,假定刀具的切削刃是绝对锋利的。但实际上切削刃是一半径为r_n的钝圆。此外,后刀面磨损(磨损量为VB)后形成一段后角为0°的棱带(图2-19)。切削时,切削刃对切削层既有切削作用,又有挤压作用,使刃前区的金属内部产生复杂的塑性变形。切削层在O点处分离为两部分:O点以上部分成为切屑沿前刀面流出,O点以下部分绕过切削刃沿后刀面流出变成已加工表面。由于刃口钝圆半径的存在,切削厚度h_D中O点以下厚度为Δh的部分无法切除,被挤压在工件已加工表面上,该部分金属经过切削刃钝圆部分B点后,又受到后刀面上后角为0°的一段棱带BC的挤压和摩擦,随后开始弹性回复(弹性回复量为Δh_1),弹性回复层与后刀面CD段产生摩擦。切削刃钝圆部分、VB部分、CD部分构成后刀面上的接触长度,这种接触状态使已加工表面层的变形更加剧烈。表层剧烈的塑性变形造成加工硬化。硬化层的表面上,由于存在残余应力,还常出现细微的裂纹。

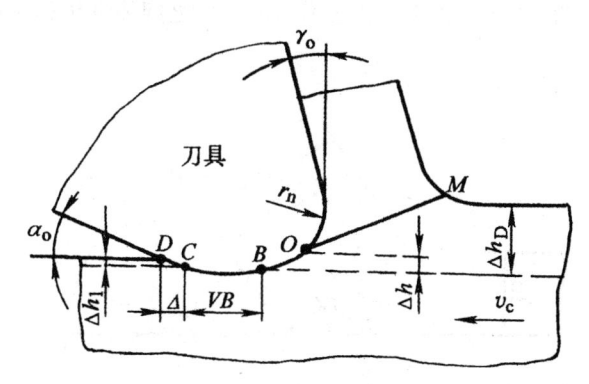

图2-19 已加工表面的形成过程

6. 衡量切削变形程度的指标

(1)变形系数(ξ)

实践表明,在切削过程中,刀具切下的切屑厚度h_{ch},通常要大于工件上的切削层厚度h_D,而

切屑长度 l_{ch} 却小于切削长度 l_c，如图 2-20 所示。据此来衡量切削变形程度，就可以得出切削变形系数 ξ 的概念。切屑厚度 h_{ch} 与切削层厚度 h_D 之比，称为厚度变形系数 ξ_a；而切削层长度 l_c 与切屑长度 l_{ch} 之比，称为长度变形系数 ξ_1，即

$$\xi_a = \frac{h_{ch}}{h_D} \tag{2-9}$$

$$\xi_1 = \frac{l_c}{l_{ch}} \tag{2-10}$$

由于工件上切削层材料变成切屑后其宽度变化很小，根据体积不变原则，则

$$\xi_a = \xi_1 = \xi \tag{2-11}$$

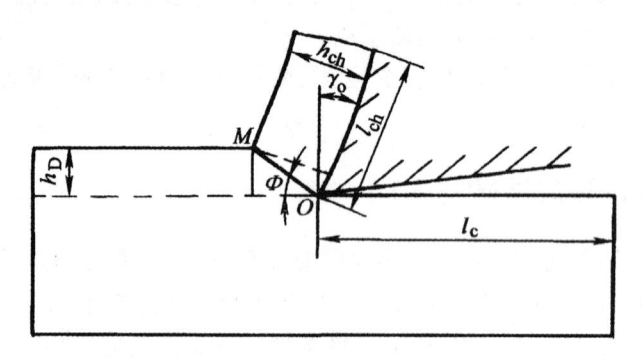

图 2-20 变形系数 ξ 的求法

变形系数 ξ 是大于 1 的数，它直观地反映切削变形程度，且易测量。一般试件长度 l_c 可精确测出，l_{ch} 可用细铜丝量出，由式(2-10)可求出 ξ_1，也就得到了变形系数 ξ。ξ 值越大，表示切出的切屑越厚越短，变形越大。

（2）剪切角（Φ）

在一般切削速度范围内，图 2-12 中 OA 至 OM 之间变形区的宽度仅为 0.02～0.2mm，所以，可用一剪切面 OM 来表示（图 2-20）。剪切面和切削速度方向之间的夹角称为剪切角，以 Φ 表示（图 2-21）。

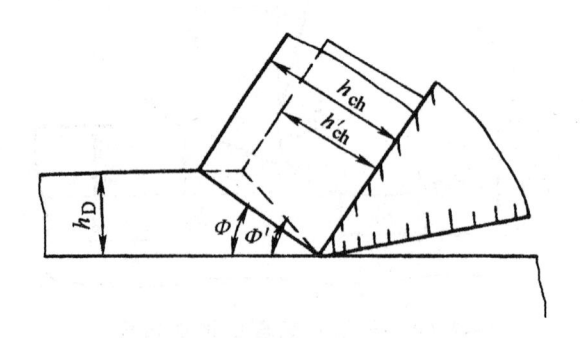

图 2-21 Φ 角与剪切面的关系

实验证明，剪切角 Φ 的大小和切削力的大小有直接联系。对于同一种工件材料，用同样的刀具，切削同样大小的切削层，若剪切角 Φ 较大，则剪切面积变小，即变形程度较小，切削比较省力。显然，剪切角 Φ 能反映变形的程度，但因测量比较麻烦而用得较少。

7. 影响切削变形的主要因素

(1) 前角

前角 γ_o 增大,则剪切角 Φ 增大,变形系数 ξ 减小,因此,切削变形减小。这是因为前角增大时,切削刃锋利,易切入金属,刀屑接触长度短,流屑阻力小,摩擦因数也小,所以,切削变形小,切削轻快。

(2) 切削速度

切削速度 v_c 是通过积屑瘤的生长消失过程和切削温度影响切削变形的。

图 2-22 以切削 30 钢为例,在 $v_c \leqslant 18\text{m/min}$ 范围内,随着 v_c 的提高,积屑瘤高度增加,刀具实际工作前角增大,使剪切角 Φ 增大,故变形系数 ξ 减小;在 $v_c = 20 \sim 50\text{m/min}$ 内,随着 v_c 的提高,积屑瘤高度逐渐降低,直至消失,刀具实际工作前角减小,使剪切角 Φ 减小,变形系数 ξ 增大;$v_c \geqslant 50\text{m/min}$ 后,由于切削温度逐渐升高,致使摩擦因数下降,故变形减小。此外,在高速时,由于变形时间短,变形不充分,因而变形减小。

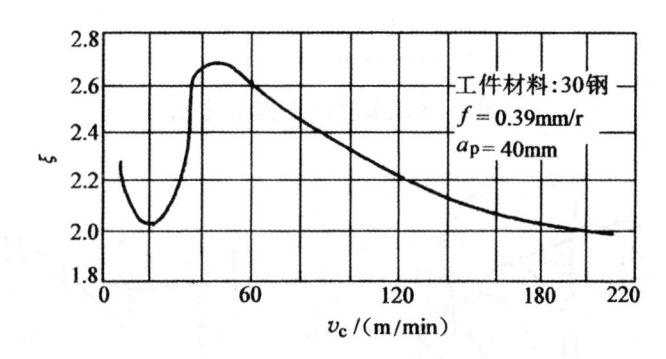

图 2-22 切削速度对变形系数的影响

切削铸铁等脆性材料时,一般不产生积屑瘤。随着切削速度的提高,变形系数 ξ 逐渐地减小。

(3) 进给量

进给量 f 增加使切削厚度增加,但切屑底层与前刀面挤压、摩擦产生的剧烈变形层厚度增加不多。也就是说,变形较大的金属层在切屑总体积中所占的比例下降了,所以切屑的平均变形程度变小,变形系数变小。

(4) 工件材料

工件材料的塑性变形越大,强度、硬度越低,越容易变形,切削变形就越大;反之,切削强度、硬度高的材料,不易产生变形,切削变形就小。

2.4.2 切削力

在切削过程中,为切除工件毛坯的多余金属使之成为切屑,刀具必须克服金属的各种变形抗力和摩擦阻力。这些分别作用于刀具和工件上的大小相等、方向相反的力的总和称为切削力。

1. 总切削力的来源及分解

切削时作用在刀具上的力来自两个方面,即切削层金属产生的弹性变形抗力和塑性变形抗力;切屑、工件与刀具间的摩擦力。如图 2-23 所示,作用在前刀面上的弹性、塑性变形抗力 $F_{n\gamma}$ 和摩擦力 $F_{f\gamma}$;作用在后刀面上的弹性、塑性变形抗力 $F_{n\alpha}$ 和摩擦力 $F_{f\alpha}$。它们的合力 F_r 即为总切削力,作用在前刀面上近切削刃处,其反作用力 F_r' 作用在工件上。

为了便于应用、测量和计算,通常将合力 F_r 分解成如图 2-24 所示的三个互相垂直的分力。

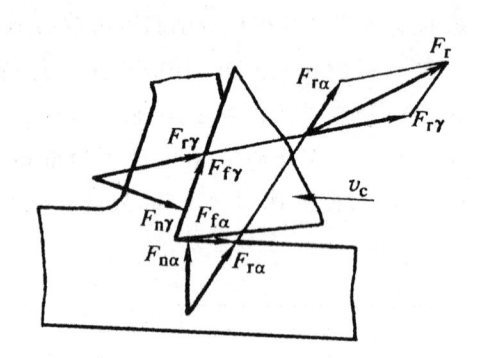

图 2-23 作用在刀具上的力

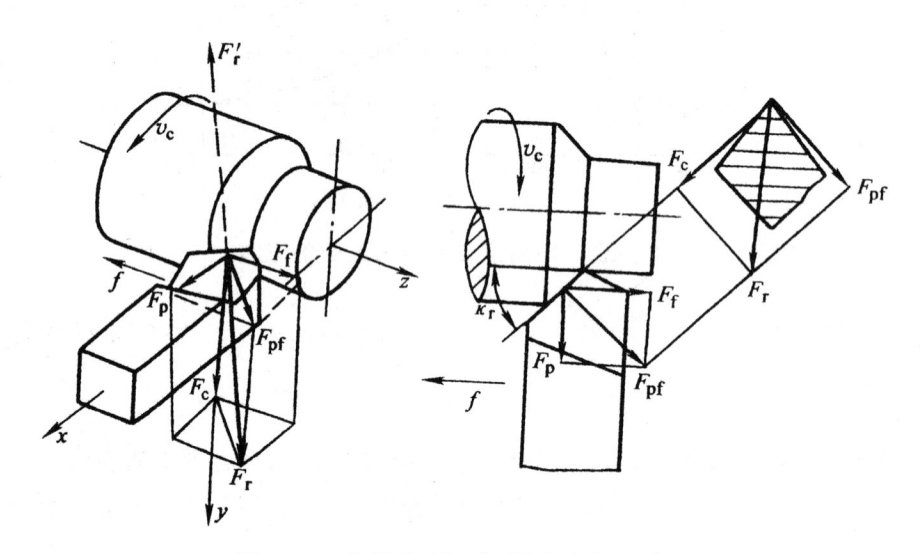

图 2-24 外圆车削时切削合力与分力

①主切削力 F_c 是总切削力 F_r 在主运动方向上的分力,垂直于基面,与切削速度方向一致,在切削过程中消耗的功率最大(占总数的 95% 以上),它是计算机床、刀具、夹具强度以及机床切削功率的主要依据。

②背向力 F_p 是总切削力 F_r 在切深方向上的分力。在内、外圆车削时又称为径向力。由于 F_p 方向上没有相对运动,它不消耗功率,但它会使工件弯曲变形和产生振动,是影响工件加工质量的主要分力。F_p 是计算工艺系统刚度及变形量的主要原始数据之一。

③进给抗力 F_f 是总切削力 F_r 在进给运动方向上的分力,外圆车削中又称为轴向力。它是

机床进给机构强度、刚度设计以及校验机床进给功率的主要依据。

由于 F_c、F_p、F_f 三者互相垂直,所以总切削力与它们之间的关系是

$$F_r = \sqrt{F_c^2 + F_{pf}^2} = \sqrt{F_c^2 + F_p^2 + F_f^2} \tag{2-12}$$

F_p、F_f 与 F_{pf} 有如下关系:

$$F_p = F_{pf} \cos\kappa_r \tag{2-13}$$

$$F_f = F_{pf} \sin\kappa_r \tag{2-14}$$

2. 计算切削力的经验公式

在生产中计算切削力的经验公式可分为两类:一类是指数公式,另一类是按单位切削力计算的公式。

(1) 计算切削力的指数公式

计算主切削力 F_c 的指数公式为

$$F_c = C_{F_c} a_p^{x_{F_c}} f^{y_{F_c}} v_c^{n_{F_c}} K_{F_c} \tag{2-15}$$

式中,x_{F_c} 为背吃刀量 a_p 对主切削力 F_c 的影响指数;y_{F_c} 为进给量 f 对主切削力 F_c 的影响指数;n_{F_c} 为切削速度 v_c 对主切削力 F_c 的影响指数;C_{F_c} 为在一定切削条件下与工件材料有关的系数;K_{F_c} 为实际切削条件与实验条件不同时的总修正系数,它是被加工材料力学性能、刀具前角、主偏角、刃倾角、刀尖圆弧半径改变时对主切削力的修正系数 K_{mF_c}、$K_{\gamma_o F_c}$、$K_{\kappa_r F_c}$、$K_{\lambda_s F_c}$、$K_{r_s F_c}$ 的乘积,即

$$K_{F_c} = K_{mF_c} K_{\gamma_o F_c} K_{\kappa_r F_c} K_{\lambda_s F_c} K_{r_s F_c} \tag{2-16}$$

同样,分力 F_p、F_f 等也可写成类似式(2-13)的形式。但一般多根据 F_c 进行估算。由于刀具几何参数、磨损情况、切削用量的不同,F_p 和 F_f 相对于 F_c 的比值在很大范围内变化。当 $\kappa_r = 45°$、$\lambda_s = 0°$、$\gamma_o = 15°$ 时,有以下近似关系:

$$F_p = (0.4 \sim 0.5) F_c; F_f = (0.3 \sim 0.4) F_c$$

(2) 用单位切削力计算主切削力的公式

单位切削力是指单位切削面积上的主切削力,用 K_c(单位为 N/mm²)表示,即

$$K_c = \frac{F_c}{A_D} = \frac{F_c}{a_p f}$$

单位切削力 K_c 可以通过查表获得,工程上 F_c 可以通过单位切削力用下列公式进行计算:

$$F_c = K_c a_p f K_{f_p} K_{v_c F_c} K_{F_c}$$

式中,K_{f_p} 为进给量对单位切削力的修正系数;$K_{v_c F_c}$ 为切削速度改变时对主切削力的修正系数;K_{F_c} 为刀具几何角度不同时对主切削力的修正系数,它是刀具前角、主偏角、刃倾角不同时对主切削力的修正系数 $K_{\gamma_o F_c}$、$K_{\kappa_r F_c}$、$K_{\lambda_s F_c}$ 的乘积,即

$$K_{F_c} = K_{\gamma_o F_c} K_{\kappa_r F_c} K_{\lambda_s F_c}$$

3. 切削功率

切削功率是切削过程消耗的功率,它等于总切削力 F_r 的三个分力消耗功率的总和。外圆切削时,由于 F_f 消耗的功率所占比例很小,约为 1%～5%,通常略去不计;F_p 方向的运动速度为零,不消耗功率,所以切削功率(用 P_c 表示,单位为 kW)为

$$P_c = \frac{F_c v_c \times 10^{-3}}{60}$$

式中，F_c 为主切削力，N；v_c 为切削速度，m/min。

算出切削功率后，可以进一步计算出机床电动机消耗的功率 P_E（单位为 kW），即

$$P_E = \frac{P_c}{\eta}$$

式中，η 为机床的传动功率，一般为 0.75～0.85。

4. 影响切削力的主要因素

(1) 工件材料

工件材料的强度、硬度越高，材料的剪切屈服强度越高，切削力越大。在强度、硬度相近的情况下，材料的塑性、韧性越高，则切削力越大。

(2) 切削用量

① 背吃刀量和进给量。当 a_p 或 f 加大时，切削面积加大，变形抗力和摩擦阻力增加，从而引起切削力增大。实验证明，当其他切削条件一定时，a_p 增大一倍，切削力增大一倍；f 加大一倍，切削力增加 68%～86%。

② 切削速度。切削塑性金属时，在形成积屑瘤范围内，v_c 较低时，随着 v_c 的增加，积屑瘤增高，γ_o 增大，切削力减小。v_c 较高时，随着 v_c 的增加，积屑瘤逐渐消失，γ_o 减小，切削力又逐渐增大。在积屑瘤消失后，v_c 再增大，使切削温度升高，切削层金属的强度和硬度降低，切削变形减小，摩擦力减小，因此切削力减小。v_c 达到一定值后再增大时，切削力变化减慢，渐趋稳定。

切削脆性金属（如铸铁、黄铜）时，切屑和前刀面的摩擦小，v_c 对切削力无显著的影响。

(3) 刀具几何角度

前角 γ_o 增大，被切金属变形减小，切削力减小。切削塑性高的材料，加大 γ_o 可使塑性变形显著减小，故切削力减小得多一些。主偏角 κ_r 对进给抗力 F_f、背向力 F_p 影响较大，增大 κ_r 时，F_p 减小，但 F_f 增大。刃倾角 λ_s 对主切削力 F_c 影响很小，但对背向力 F_p、进给抗力 F_f 影响显著。λ_s 减小时，F_p 增大，F_f 减小。

(4) 刀具磨损

当刀具后刀面磨损后，形成零后角，且切削刃变钝，后刀面与加工面间挤压和摩擦加剧，使切削力增大。

(5) 切削液

以冷却作用为主的水溶液对切削力影响很小。以润滑作用为主的切削油能显著地降低切削力。由于润滑作用，减小了刀具前刀面与切屑、后刀面与工件表面间的摩擦。

2.4.3 切削热与切削温度

1. 切削热的产生与传散

(1) 切削热的产生

切削热是由切削功转变而来的，一是切削层发生的弹性、塑性变形功；二是切屑与前刀面、工

件与后刀面间消耗的摩擦功。具体如图 2-25 所示。其中包括：
① 剪切区的变形功转变的热 Q_p。
② 切屑与前刀面的摩擦功转变的热 $Q_{\gamma f}$。
③ 已加工表面与后刀面的摩擦功转变的热 $Q_{\alpha f}$。
产生的总热量 Q 为

$$Q = Q_p + Q_{\gamma f} + Q_{\alpha f}$$

切削塑性金属时切削热主要由剪切区变形和前刀面摩擦形成；切削脆性金属时则后刀面摩擦热占的比例较多。

（2）切削热的传散

切削热由切屑、工件、刀具和周围介质传出，可分别用 Q_{ch}、Q_w、Q_c、Q_f 表示。切削热产生与传出的关系为

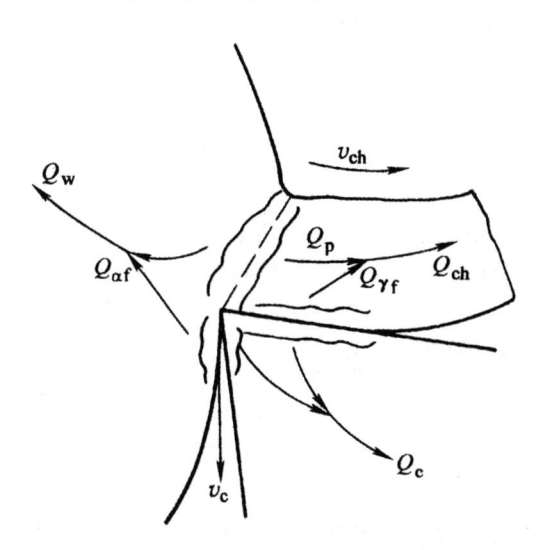

$$Q = Q_p + Q_{\gamma f} + Q_{\alpha f} = Q_{ch} + Q_w + Q_c + Q_f$$

图 2-25　切削热的来源与传散

切削热传出的大致比例为：
① 车削加工时，Q_{ch} 50%～86%、Q_c 10%～40%、Q_w 3%～9%、Q_f 1%。
② 钻削加工时，Q_{ch} 28%、Q_c 14.5%、Q_w 52.5%、Q_f 5%。
切削速度越高，切削厚度越大，则由切屑带走的热量越多。
影响切削热传出的主要因素是工件和刀具材料的热导率以及周围介质的状况。

2. 切削温度及其影响因素

通常所说的切削温度，如无特殊注明，都是指切屑、工件和刀具接触区的平均温度。

（1）切削用量

切削速度对切削温度影响显著。实验证明，随着速度的提高，切削温度明显上升。因为当切屑沿前刀面流出时，切屑底层与前刀面发生强烈摩擦，因而产生大量的热量。

进给量对切削温度有一定的影响。随着进给量的增大，单位时间内的金属切除量增多，切削

过程产生的切削热也增多,切削温度上升。

背吃刀量对切削温度影响很小。随着背吃刀量的增加,切削层金属的变形与摩擦成正比增加,切削热也成正比增加。但由于切削刃参加工作的长度也成正比地增长,改善了散热条件,所以切削温度的升高并不明显。

(2)刀具几何参数

前角的数值直接影响到切屑变形大小和刀屑摩擦的大小及散热条件的好坏,所以对切削温度有明显的影响。前角大,产生的切削热少,切削温度低;前角小,切削温度高。

主偏角增大,切削温度将升高。因为主偏角加大后,切削刃工作长度缩短,切削热相对地集中。刀尖角减小,散热条件变差,切削温度升高。

(3)工件材料

工件材料对切削温度影响最大的是强度、硬度及传热系数。工件材料的强度与硬度越高,则加工硬化能力越强,切削抗力越大,消耗的功越多,产生的切削热也越多,切削温度越高;工件材料传热系数越小,从工件上传出的热量越少,切削温度越高。

(4)刀具磨损

刀具磨损后切削刃变钝,刃区前方的挤压作用增大,切削区金属的塑性变形增加;同时,磨损后的刀具后角基本为零,使工件与刀具的摩擦加大,两者均使切削温度升高。

(5)切削液

利用切削液的润滑功能降低摩擦因数,减小切削热的产生,也可利用它的冷却作用吸收大量的切削热,所以采用切削液是降低切削温度的重要措施。

2.4.4　刀具磨损与刀具寿命

1. 刀具磨损形式

刀具磨损的形式分为正常磨损和破损两大类。下面主要介绍正常磨损的形态。

(1)前刀面磨损

在切削速度较高、切削厚度较大的情况下,加工钢料等高熔点塑性金属时,前刀面在强烈的摩擦下,经常会磨出一个月牙形的洼坑。月牙洼中心即为前刀面上切削温度的最高处。月牙洼与主切削刃之间有一条小棱边。在切削过程中,月牙洼的宽度与深度逐渐扩展,使棱边逐渐变窄,最后导致崩刃。月牙洼中心距主切削刃距离 KM 为 1~3mm,KM 值的大小与切削厚度有关。前刀面磨损量,通常以月牙洼的最大深度 KT 表示,如图 2-26(a)所示。

(2)后刀面磨损

刀具后刀面与工件过渡表面接触,产生强烈摩擦,在毗邻主切削刃的部位很快磨出后角等于零的小棱面,此种磨损形式称为后刀面磨损。

在切削速度较低、切削厚度较小的情况下,不管是切削脆性金属(如铸铁等)还是切削塑性金属,刀具都会产生后刀面磨损。较典型的后刀面磨损带如图 2-26(b)所示。刀尖部分(C 区)由于强度较低,散热条件较差,磨损比较严重,其最大值用 VC 表示。毗邻主切削刃且靠近工件外皮处的后刀面(N 区)上,往往会磨出深沟,其深度用 VN 表示,这是由于上道工序加工硬化层或毛坯表皮硬度高等的影响所致,称为边界磨损。在磨损带的中间部分(B 区),磨损比较均匀,用

VB_{max}表示其最大磨损值。

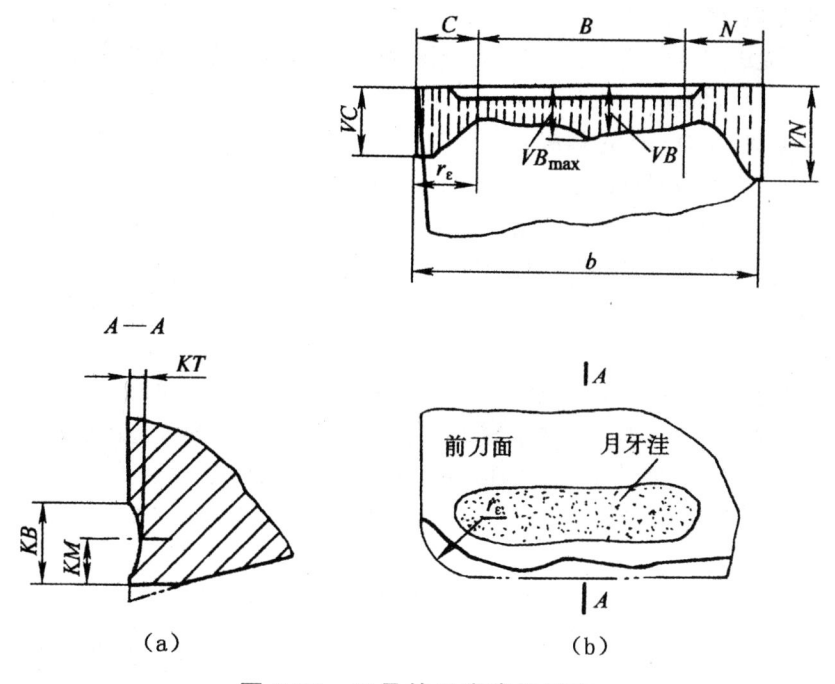

图 2-26 刀具的正常磨损形态

(3) 前刀面与后刀面同时磨损

在中等切削速度和进给量的情况下,切削高熔点塑性金属时,经常发生前刀面月牙洼磨损和后刀面磨损兼有的磨损形式。

2. 刀具磨损过程与磨钝标准

(1) 刀具磨损过程

在一定切削条件下,不论何种磨损形态,其磨损量都将随切削时间的增长而增长(图 2-27)。

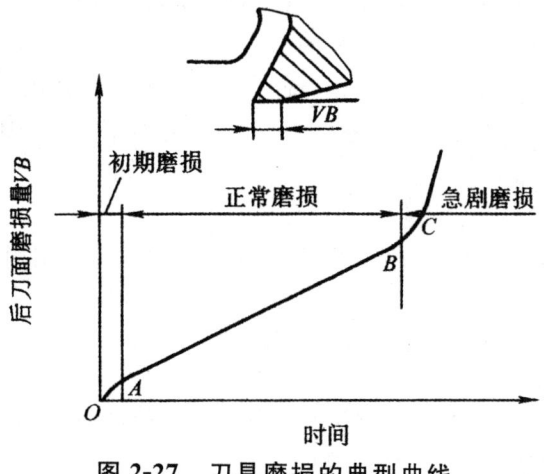

图 2-27 刀具磨损的典型曲线

刀具的磨损过程可分为3个阶段：

①初期磨损阶段（OA）。这一阶段磨损速率大，是因为新刃磨的刀具后刀面存在粗糙不平、显微裂纹、氧化或脱碳层等缺陷，而且切削刃较锋利，后刀面与过渡表面接触面积较小，压应力和切削温度集中于刃口所致。

②正常磨损阶段（AB）。经过初期磨损后，刀具后刀面粗糙表面已经磨平，承压面积增大，压应力减小，从而使磨损速率明显减小，且比较稳定，即刀具进入正常磨损阶段。

③急剧磨损阶段（BC）。当磨损带宽度增大到一定限度后，摩擦力增大，切削力和切削温度急剧上升，刀具磨损速率增大，以致刀具迅速损坏而失去切削能力。

(2) 刀具的磨钝标准

刀具磨损到一定程度后，切削力、切削温度显著增加，加工面变得粗糙，工件尺寸可能会超出公差范围，切屑颜色、形状发生明显变化，甚至产生振动或出现不正常的噪声等。这些现象都说明刀具已经磨钝，因此需要根据加工要求规定一个最大的允许磨损值，这就是刀具的磨钝标准。由于后刀面磨损最常见，且易于控制和测量，因此通常以后刀面中间部分平均磨损量 VB 作为磨钝标准。根据生产实践的调查资料，硬质合金车刀磨钝标准推荐值见表2-1。

表2-1 硬质合金车刀的磨钝标准推荐值

加工条件	主后刀面 VB 值
精车	0.1～0.3
合金钢粗车、粗车刚性较差工件	0.4～0.5
碳素钢粗车	0.6～0.8
铸铁件粗车	0.8～1.2
钢及铸铁大件低速粗车	1.0～1.5

3. 刀具寿命

刀具寿命是指从刀具刃磨后开始切削，一直到磨损量达到磨钝标准为止所经过的总切削时间，不包括对刀、测量、快进、回程等非切削时间，用符号 T 表示，单位为 min。对于可重磨刀具，刀具寿命是指刀具两次刃磨之间的实际切削时间。从第一次投入使用直至完全报废时所经历的实际切削时间，称为刀具总寿命。对于不重磨刀具，刀具总寿命等于刀具寿命。

影响刀具寿命的因素如下：

(1) 切削用量

切削用量是影响刀具寿命的一个重要因素。刀具寿命 T 与切削用量的一般关系可用下式表示

$$T=\frac{C_\mathrm{T}}{v_\mathrm{c}^x f^y a_\mathrm{p}^z} \tag{2-17}$$

式中，C_T 为刀具寿命系数，与刀具、工件材料和切削条件有关；$x、y、z$ 为指数，分别表示切削用量要素对刀具寿命的影响程度（一般 $x>y>z$）。

用硬质合金车刀切削 $R_\mathrm{m}=0.637\mathrm{GPa}$ 的碳钢时，切削用量与刀具寿命的关系为

$$T=\frac{C_{\mathrm{T}}}{v_{\mathrm{c}}^5 f^{2.25} a_{\mathrm{p}}^{0.75}} \tag{2-18}$$

从式(2-18)可以看出：v_c、f、a_p 增大，刀具寿命 T 减小，且 v_c 影响最大，f 次之，a_p 最小。所以在保证一定刀具寿命的条件下，为了提高生产率，应首先选取大的背吃刀量 a_p，然后选择较大的进给量 f，最后选择合理的切削速度 v_c。

(2) 刀具几何参数

刀具几何参数对刀具寿命影响最大的是前角 γ_o 和主偏角 κ_r。

前角 γ_o 增大，可使切削力减小，切削温度降低，刀具寿命提高；但前角 γ_o 太大会使楔角 β_o 太小，刀具强度削弱，散热差，且易于破损，刀具寿命反而会下降。由此可见，对于每一种具体加工条件，都有一个使刀具寿命 T 最高的合理数值。

主偏角 κ_r 减小，可使刀尖强度提高，改善散热条件，提高刀具寿命；但主偏角 κ_r 过小，则背向力增大，对刚性差的工艺系统，切削时易引起振动。

此外，如减小副偏角 κ_r'，增大刀尖圆弧半径 r_ε，其对刀具寿命的影响与主偏角减小时相同。

(3) 刀具材料

刀具材料的高温强度越高，耐磨性越好，刀具寿命越高。但在有冲击切削、重型切削和难加工材料切削时，影响刀具寿命的主要因素是冲击韧性和抗弯强度。韧性越好，抗弯强度越高，刀具寿命越高，越不易产生破损。

(4) 工件材料

工件材料的强度、硬度越高，产生的切削温度越高，故刀具寿命越低。此外，工件材料的塑性、韧性越高，导热性越低，切削温度越高，刀具寿命越低。

合理选择刀具寿命，可以提高生产率和降低加工成本。刀具寿命定得过高，就要选取较小的切削用量，从而降低了金属切除率和生产率，提高了加工成本。反之，刀具寿命定得过低，虽然可以采取较大的切削用量，但因刀具磨损快，换刀、磨刀时间增加，刀具费用增大，同样会使生产率降低和成本提高。目前生产中常用的刀具寿命参考值见表2-2。

表2-2 刀具寿命参考值

刀具类型	刀具寿命 T/min
高速工具钢车刀	60～90
高速工具钢钻头	80～120
硬质合金焊接车刀	60
硬质合金可转位车刀	15～30
硬质合金面铣刀	120～180
齿轮刀具	200～300
自动机用高速工具钢车刀	180～280

选择刀具寿命时，还应考虑以下几点：

① 复杂的、高精度的、多刃的刀具寿命应比简单的、低精度的、单刃刀具高。

② 可转位刀具换刃、换刀片快捷，为使切削刃始终处于锋利状态，刀具寿命可选得低一些。

③精加工刀具切削载荷小,刀具寿命应比粗加工刀具选得高一些。
④精加工大件时,为避免中途换刀,刀具寿命应选得高一些。
⑤数控加工中,刀具寿命应大于一个工作班,至少应大于一个零件的切削时间。

2.5 合理切削条件的选择

金属切削加工过程的效率、质量和经济性等问题,除了与机床设备的工作能力、操作者技术水平、工件的形状、生产批量、刀具的材料及工件材料的切削加工性有关,还受到切削条件的影响和制约。这些切削条件包括几何参数和刀具的寿命、切削用量及切削过程的冷却润滑等。

2.5.1 工件材料切削加工性的改善

切削加工某种材料时的难易程度,直接影响金属切削加工过程。在生产实际中,金属切削加工的具体情况和要求不同,切削加工的难易程度也有所不同。例如,粗加工时,要求刀具的磨损慢和生产率高,而在精加工时,则要求能获得高的加工精度和较小的表面粗糙度值。显然,切削加工难易的含义是不同的。此外,普通机床与自动化机床,单件小批与成批大量生产,单刀切削与多刀切削等,都使可加工性的衡量标志不同。不锈钢在卧式车床上加工并不难,但在自动化生产线上,断屑困难,属难加工之列。因此评价工件材料的可加工性只能是一个相对指标或概念。

1. 工件材料可加工性的评定指标

在实际生产中,一般用相对可加工性 K_v 和一定刀具使用寿命下允许的切削速度 v_T 来衡量工件材料的可加工性。即

$$K_v = \frac{v_{60}}{(v_{60})_j}$$

当 $K_v > 1$ 时,该材料比 45 钢容易切削,例如有色金属 $K_v > 3$;当 $K_v < 1$ 时,该材料比 45 钢难切削,例如高锰钢、钛合金 $K_v \leq 0.5$,均属难加工材料。

2. 工件材料物理力学性能对可加工性的影响

①硬度和强度。工件材料的硬度和强度越高,切削力越大,切削温度越高,刀具磨损越快,因而可加工性越差。反之,可加工性越好。

②塑性和韧性。工件材料的塑性越高,切削时产生的塑性变形和摩擦越大;切削力越大,切削温度越高,刀具磨损越快,因而可加工性越差。同样,韧性越高,切削时消耗的能量越多,切削力越大,切削温度越高,且越不易断屑,可加工性越差。

③传热系数。当切削传热系数较大的材料时,由切屑和工件传出的热量多,有利于降低切削区的温度,所以可加工性好。

④弹性模量。工件材料的弹性模量越大,可加工性越差。但弹性模量很小的材料(如软橡

胶)弹性回复大,易使后刀面与工件表面发生强烈摩擦,可加工性也差。

3. 改善工件材料可加工性的途径

生产实际中,热处理是常用的处理方法。例如,高碳钢和工具钢,采用球化退火改网状、片状的渗碳组织为球状渗碳组织。热轧中碳钢经过正火使其内部组织均匀,表皮硬度降低。低碳钢通过正火或冷拔以适当降低塑性,提高硬度。铸铁件进行退火,降低表层硬度,消除内部应力,以便于切削加工。

切削加工高强度、超高强度材料时,切削力比切削加工45钢时的切削力提高20%~30%,切削温度也高,刀具磨损快、寿命低,可加工性差。

切削加工硬度、强度低的高塑性材料时,由于这类材料的热导率大,对可加工性有利,但塑性高、切削变形大、刀屑接触长、易黏结冷焊,因此切削力也很大,并易生成积屑瘤,断屑困难,不易获得好的加工表面质量。

4. 难加工材料的可加工性改善措施

切削加工高强度、超高强度这类材料时,切削力比切削45钢时的切削力提高20%~30%,切削温度也高,刀具磨损快,刀具寿命短,可加工性差。可采取下列措施改善:
①选用强度大、耐热、耐磨的刀具材料。
②为防止崩刃,应增强切削刃和刀尖强度,前角应选小值或负值,切削刃的表面粗糙度值应小,刀尖圆弧半径 $r_\varepsilon \geqslant 0.8 \mathrm{mm}$。
③粗加工一般应在退火或正火状态下进行。
④适当降低切削速度。

切削加工硬度、强度低的高塑性材料时,由于塑性高,切削变形大,切削力大,刀屑接触长,易黏结冷焊,形成积屑瘤,断屑困难,不易获得好的表面质量。可采取以下改善措施:
①采用适宜的刀具材料,锋利的切削刃,以减小切削变形。
②采用较高的切削速度和较大的进给量、背吃刀量。

2.5.2 刀具几何参数的选择

刀具的几何参数,对切削过程中的金属切削变形、切削力、切削温度、工件的加工质量及刀具的磨损都有显著的影响。选择合理的刀具几何参数,可使刀具潜在的切削能力得到充分发挥,降低生产成本,提高切削效率。

刀具几何参数包含切削刃的形状、切削区的剖面形式、刀面形式和刀具几何角度四个方面,这里主要讨论刀具几何角度的合理选择,即前角、后角、主偏角、副偏角、刃倾角及副后角的合理选择。

1. 前角的选择

前角的大小将影响切削过程中的切削变形和切削力,同时也影响工件表面粗糙度和刀具的强度与寿命。增大刀具前角,可以减小前刀面挤压被切削层的塑性变形,减小了切削力和表面粗糙度，但会降低切削刃和刀头的强度，使刀头散热条件变差，切削时刀头容易崩刃，因此合理前角的选择既要切削刃锐利，又要有一定的强度和一定的散热体积。

对不同材料的工件，在切削时用的前角不同，切削钢的合理前角比切削铸铁大，切削中硬钢的合理前角比切削软钢小。

对于不同的刀具材料，由于硬质合金的抗弯强度较低，抗冲击韧度差，所以合理前角也就小于高速钢刀具的合理前角。

粗加工、断续切削或切削特硬材料时，为保证切削刃强度，应取较小的前角，甚至负前角。表 2-3 为硬质合金车刀合理前角的参考值，高速钢车刀的前角一般比表中大 5°～10°。

表 2-3　硬质合金车刀合理前角的参考值

工件材料种类	合理前角参考范围	
	粗车	精车
低碳钢	20°～25°	25°～30°
中碳钢	10°～15°	15°～20°
合金钢	10°～15°	15°～20°
淬火钢	−15°～−5°	
不锈钢	15°～20°	20°～25°
灰铸铁	10°～15°	5°～10°
铜或铜合金	10°～15°	5°～10°
铝或铝合金	30°～35°	35°～40°
钛合金	5°～10°	

2. 后角、副后角的选择

后角的大小将影响刀具后刀面与已加工表面之间的摩擦。后角增大可减小后刀面与加工表面之间的摩擦，后角越大，切削刃越锋利，但是切削刃和刀头的强度削弱，散热体积减小。

粗加工、强力切削及承受冲击载荷的刀具，为增加刀具强度，后角应取小些；精加工时，增大后角可提高刀具寿命和加工表面的质量。

工件材料的硬度与强度高时，取较小的后角，以保证刀头强度；工件材料的硬度与强度低时，塑性大，易产生加工硬化。为了防止刀具后刀面磨损，后角应适当加大；加工脆性材料时，切削力集中在刃口附近，宜取较小的后角；若采用负前角，应取较大的后角，以保证切削刃锋利。

定尺寸刀具精度高，取较小的后角，可以防止重磨后刀具尺寸的变化。

为了制造、刃磨的方便，一般刀具的副后角等于后角。但切断刀、车槽刀、锯片铣刀的副后角，受刀头强度的限制，只能取很小的数值，通常取 1°30′ 左右。

表 2-4 为硬质合金车刀合理后角的参考值。

表 2-4 硬质合金车刀合理后角参考值

工件材料种类	合理后角参考范围 粗车	合理后角参考范围 精车
低碳钢	8°~10°	10°~12°
中碳钢	5°~7°	6°~8°
合金钢	5°~7°	6°~8°
淬火钢	8°~10°	
不锈钢	6°~8°	8°~10°
灰铸铁	4°~6°	6°~8°
铜或铜合金	6°~8°	6°~8°
铝或铝合金	8°~10°	10°~12°
钛合金	10°~15°	

3. 主偏角、副偏角的选择

主偏角和副偏角越小，刀头的强度越高，散热面积越大，刀具寿命越长。此外，主偏角和副偏角小时，工件加工后的表面粗糙度值小。但是，主偏角和副偏角减小时，会加大切削过程中的背向力，容易引起工艺系统的弹性变形和振动。

(1) 主偏角的选择原则与参考值

工艺系统的刚度较好时，主偏角可取小值，如 $\kappa_r=30°~45°$，在加工高强度、高硬度的工件材料时，可取 $\kappa_r=10°~30°$，以增加刀头的强度。当工艺系统的刚度较差或强力切削时，一般取 $\kappa_r=60°~75°$。车削细长轴时，为减小背向力，取 $\kappa_r=90°~93°$。在选择主偏角时，还要视工件形状及加工条件而定，如车削阶梯轴时，可取 $\kappa_r=90°$，用一把车刀车削外圆、端面和倒角时，可取 $\kappa_r=45°~60°$。

(2) 副偏角的选择原则与参考值

主要根据工件已加工表面的粗糙度要求和刀具强度来选择，在不引起振动的情况下，尽量取小值。精加工时，取 $\kappa_r'=5°~10°$；粗加工时，取 $\kappa_r'=10°~15°$。当工艺系统刚度较差或从工件中间切入时，可取 $\kappa_r'=30°~45°$。在精车时，可在副切削刃上磨出一段 $\kappa_r'=0°$、长度为 $(1.2~1.5)f$ 的修光刃，以减小已加工表面的粗糙度值。

切断刀、锯片铣刀和槽铣刀等，为了保持刀具强度和重磨后宽度变化较小，副偏角宜取 $1°30'$。进给量是刀具或钻头对工件沿轴线相对移头的距离。

4. 刃倾角的选择

刃倾角的正负会影响切屑的排出方向，如图 2-28 所示。精车和半精车时刃倾角宜选用正值，使切屑流向待加工表面，防止划伤已加工表面。加工钢和铸铁，粗车时刃倾角取 $0°~5°$；车削淬硬钢时，取 $-5°~-15°$，使刀头强固，切削时刀尖可避免受到冲击，散热条件好，提高了刀具寿命。

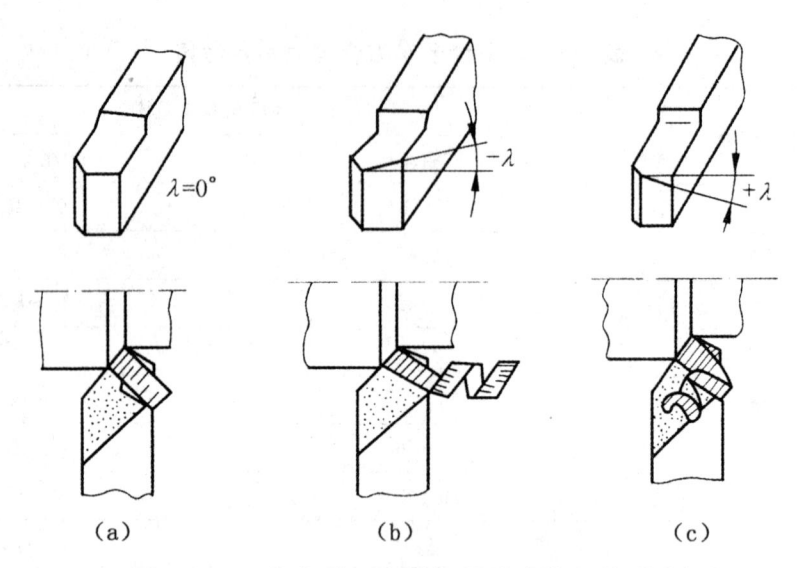

图 2-28 刃倾角的正负对切屑排出方向的影响

增大刃倾角的绝对值,使切削刃变得锋利,可以切下很薄的金属层。如微量精车、精刨时,刃倾角可取 45°～75°。大刃倾角刀具,使切削刃加长,切削平稳,排屑顺利,生产效率高,加工表面质量好,但工艺系统刚性差,切削时不宜选用负刃倾角。

2.5.3 刀具材料的选择

在切削加工时,刀具切削部分与切屑工件相互接触的表面上承受了很大的压力和强烈的摩擦,刀具在高温下进行切削的同时,还承受着切削力、冲击和振动,因此要求刀具切削部分的材料应具备以下基本条件:

①高硬度。刀具材料必须具有高于工件材料的硬度,常温硬度应在 60HRC 以上。

②耐磨性。耐磨性表示刀具抵抗磨损的能力,通常刀具材料硬度越高,耐磨性越好,材料中硬质点的硬度越高,数量越多,颗粒越小,分布越均匀,则耐磨性越好。

③强度和韧性。为了承受切削力、冲击和振动,刀具材料应具有足够的强度和韧性。一般用抗拉强度 R_m(旧符号为 σ_b)和冲击韧度 a_K 值表示。

④耐热性。刀具材料应在高温下保持较高的硬度、耐磨性、强度和韧性,并有良好的抗扩散、抗氧化的能力,这就是刀具材料的耐热性,它是衡量刀具材料综合切削性能的主要指标。

⑤工艺性。为了便于刀具制造,要求刀具材料有较好的可加工性,包括锻、轧、焊接、切削加工、可磨削性和热处理特性等。

此外,在选用刀具材料时,还要考虑经济性,经济性差的刀具材料难以推广使用。

刀具材料主要根据工件材料、刀具形状和类型及加工要求等进行选择。切削一般钢与铸铁时的常用刀具材料见表 2-5;对于切削刃形状复杂的刀具(如拉刀、丝锥、板牙、齿轮刀具等)或容屑槽是螺旋形的刀具(如麻花钻、铰刀、立铣刀、圆柱铣刀等),目前大多采用高速工具钢(HSS)制造;硬质合金的牌号很多,其切削速度和刀具寿命都很高,应尽量选用,以提高生产率。各种常用刀具材料可以切削的主要工件材料见表2-6。

表2-5 切削一般钢和铸铁的常用刀具材料

刀具类型 \ 工件材料	钢	铸铁
车刀、镗刀	WC-TiC-Co WC-TiC-TaC-Co TiC(N)基硬质合金，Al_2O_3	WC-Co，WC-TaC-Co TiC(N)基硬质合金，Al_2O_3 Si_3N_4
面铣刀	WC-TiC-TaC-Co TiC(N)基硬质合金	WC-TaC-Co TiC(N)基硬质合金 Si_3N_4，Al_2O_3
钻头	HSS，WC-TiC-Co WC-TiC-TaC-Co	HSS，WC-Co WC-TaC-Co
扩孔钻、铰刀	HSS，WC-TiC-Co WC-TiC-TaC-Co	HSS，WC-Co WC-TaC-Co
成形车刀	HSS	HSS
立铣刀、圆柱铣刀	HSS	HSS
拉刀	HSS	HSS
丝锥、板牙	HSS	HSS
齿轮刀具	HSS	HSS

表2-6 常用刀具材料可切削的主要工件材料

刀具材料		结构钢	合金钢	铸铁	淬硬钢	冷硬铸铁	镍基高温合金	钛合金	铜、铝等有色金属	非金属
高速工具钢		√	√	√			√	√	√	√
硬质合金	K类			√		√	√	√	√	√
	P类	√	√							
	M类	√	√	√			√		√	√
涂层硬质合金		√	√	√					√	√
TiC(N)基硬质合金		√	√	√					√	√
陶瓷	Al_2O_3基	√	√	√			√			
	Si_3N_4基			√			√			
超硬材料	金刚石								√	√
	立方氮化硼			√	√	√				

2.5.4 切削用量的选择

合理地选择切削用量,能够保证工件加工质量,提高切削效率,延长刀具使用寿命和降低加工成本。

根据不同加工性质对切削加工的要求,切削用量的选择是不一样的。粗加工时,应尽量保证较高的金属切除率和必要的刀具寿命,一般优先选择大的背吃刀量,其次选择较大的进给量,最后根据刀具寿命,确定合适的切削速度。精加工时,应保证工件的加工质量,一般选用较小的进给量和背吃刀量,尽可能选用较高的切削速度。

1. 背吃刀量的选择

粗加工的背吃刀量应根据工件的加工余量确定,应尽量用一次走刀就切除全部加工余量。当加工余量过大、机床功率不足、工艺系统刚度较低、刀具强度不够以及断续切削或冲击振动较大时,可分几次走刀。对切削表面层有硬皮的铸、锻件,应尽量使背吃刀量大于硬皮层的厚度,以保护刀尖。半精加工和精加工的加工余量一般较小,可一次切除。有时为了保证工件的加工质量,也可二次走刀。多次走刀时,第一次走刀的背吃刀量取得比较大,一般为总加工余量的 2/3~3/4。

2. 进给量的选择

粗加工时,进给量的选择主要受切削力的限制。在工艺系统的刚度和强度良好的情况下,可选用较大的进给量值。半精加工和精加工时,由于进给量对工件的已加工表面粗糙度值影响很大,进给量一般取得较小。通常按照工件加工表面粗糙度值的要求,根据工件材料、刀尖圆弧半径、切削速度等条件来选择合理的进给量。当切削速度提高,刀尖圆弧半径增大,或刀具磨有修光刃时,可以选择较大的进给量,以提高生产率。粗车时进给量的参考值和精车时进给量的参考值都可以在切削用量手册中查到。

3. 切削速度的选择

在背吃刀量和进给量选定以后,可在保证刀具合理寿命的条件下,确定合适的切削速度。粗加工时,背吃刀量和进给量都较大,切削速度受刀具寿命和机床功率的限制,一般取得较低。精加工时,背吃刀量和进给量都取得较小,切削速度主要受工件加工质量和刀具寿命的限制,一般取得较高。选择切削速度时,还应考虑工件材料的切削加工性等因素。例如,加工合金钢、高锰钢、不锈钢、铸铁等的切削速度应比加工普通中碳钢的切削速度低 20%~30%,加工有色金属时,则应提高 1~3 倍。在断续切削和加工大件、细长件、薄壁件时,应选用较低的切削速度。切削速度的参考值可以在切削用量手册中查到。

2.5.5 切削液的选择

1. 切削液的作用

切削液进入切削区,可以改善切削条件,提高工件加工质量和切削效率。与切削液有相似功效的还有某些气体和固体,如压缩空气、二硫化钼和石墨等。切削液的主要作用如下:

①冷却作用。切削液能从切削区域带走大量切削热,从而降低切削温度。切削液的冷却性能的好坏,取决于它的热导率、比热容、汽化热、汽化速度、流量和流速等。

②润滑作用。切削液能渗入刀具与切屑和加工表面之间,形成一层润滑膜或化学吸附膜,以减小它们之间的摩擦。切削液润滑的效果主要取决于切削液的渗透能力、吸附成膜的能力和润滑膜的强度等。

③清洗作用。切削液大量的流动,可以冲走切削区域和机床上的细碎切屑和脱落的磨粒。清洗性能的好坏,主要取决于切削液的流动性、使用压力和切削液的油性。

④防锈作用。在切削液中加入防锈剂,可在金属表面形成一层保护膜,对工件、机床、刀具和夹具等都能起到防锈作用。防锈作用的强弱,取决于切削液本身的成分和添加剂的作用。

2. 常用切削液的种类与选用

(1) 水溶液

水溶液的主要成分是水,其中加入了少量的有防锈和润滑作用的添加剂。水溶液的冷却效果良好,多用于普通磨削和其他精加工。

(2) 乳化液

乳化液由乳化油(由矿物油、表面活性剂和其他添加剂配成)用水稀释而成,用途广泛。低浓度的乳化液冷却效果较好,主要用于磨削、粗车、钻孔加工等。高浓度的乳化液润滑效果较好,主要用于精车、攻螺纹、铰孔、插齿加工等。

(3) 切削油

切削油主要是矿物油(如机油、轻柴油、煤油等),少数采用动植物油或复合油。普通车削、攻螺纹时,可选用机油;精加工有色金属或铸铁时,可选用煤油;加工螺纹时,可选用植物油。在矿物油中加入一定量的油性添加剂和极压添加剂,能提高其高温、高压下的润滑性能,可用于精铣、铰孔、攻螺纹及齿轮加工。

3. 切削液添加剂

为改善切削液的各种性能,常在其中加入添加剂,常用的添加剂有以下几种:

(1) 油性添加剂

油性添加剂含有极性分子,能在金属表面形成牢固的吸附膜,在低切削速度情况下能起到较好的润滑作用。常用的油性添加剂有动物油、植物油、脂肪酸、胶类、醇类和脂类等。

(2) 极压添加剂

极压添加剂是含有硫、磷、氯、碘等元素的有机化合物,在高温下与金属表面起化学反应,形成耐较高温度和压力的化学吸附膜,能防止金属界面直接接触,从而减小摩擦。

(3)表面活性剂

表面活性剂是使矿物油和水乳化,形成稳定乳化液的添加剂。表面活性剂是一种有机化合物,由可溶于水的极性基团和可溶于油的非极性基团组成,可定向地排列并吸附在油水两相界面上,极性端向水,非极性端向油,将水和油连接起来,使油以微小的颗粒稳定地分散在水中,形成乳化液。表面活性剂还能吸附在金属表面上,形成润滑膜,起油性添加剂的润滑作用。常用的表面活性剂有石油磺酸钠、油酸钠皂等。

(4)防锈添加剂

防锈添加剂是一种极性很强的化合物,与金属表面有很强的附着力,吸附在金属表面上形成保护膜,或与金属表面化合形成钝化膜,起到防锈作用。常用的防锈添加剂有碳酸钠、三乙醇胺、石油磺酸钡等。

第3章 机械切削机床运动分析

3.1 机械切削机床

3.1.1 机床型号的编制

机床型号是按一定规律赋予机床的代号,用以表示机床的类型、通用和结构特性、主要技术参数等,能够方便管理和使用机床。

通用机床的型号由基本部分和辅助部分组成,中间用"/"隔开,读作"之"。基本部分需统一管理,辅助部分纳入型号与否由生产厂家自定。

通用机床的型号构成如图3-1所示。

有"()"的代号或数字,当无内容时,则不表示;有内容时,则不带括号。

有"○"符号者,为大写的汉语拼音字母。

有"△"符号者,为阿拉伯数字。

有"◎"符号者,为大写的汉语拼音字母或阿拉伯数字,或两者兼而有之。

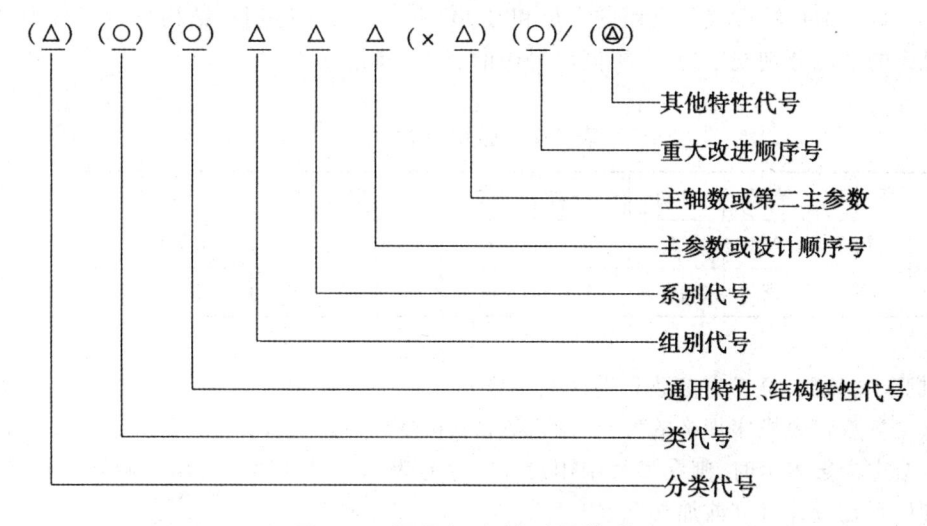

```
(△)(○)(○) △ △ △ (×△)(○)/(◎)
                              │      │   │
                              │      │   └─ 其他特性代号
                              │      └──── 重大改进顺序号
                              └─────────── 主轴数或第二主参数
                                  主参数或设计顺序号
                                  系列代号
                                  组别代号
                                  通用特性、结构特性代号
                                  类代号
                                  分类代号
```

图3-1 通用机床的型号构成

(1) 机床类、组、系的划分及其代号

机床的类代号用汉语拼音大写字母表示。例如"车床"的汉语拼音是"Che chuang",所以用"C"表示。必要时,每类又可分为若干分类,分类代号用阿拉伯数字表示,放在类代号之前,居于型号的首位,但第一分类不予表示。例如,磨床类分为 M、2M、3M 三类。机床的类别代号及其读音见表 3-1。

表 3-1 普通机床类别和分类代号

类别	车床	钻床	镗床	磨床			齿轮加工机床	螺纹加工机床	铣床	刨插床	拉床	特种加工机床	锯床	其他机床
代号	C	Z	T	M	2M	3M	Y	S	X	B	L	D	G	Q
读音	车	钻	镗	磨	二磨	三磨	牙	丝	铣	刨	拉	电	割	其

机床的组别和系列代号用两位数字表示。每类机床按其结构性能和使用范围划分为 10 个组,用数字 0~9 表示。每组机床又分若干系列,系列的划分原则是:在同一组机床中,主参数相同,主要结构及布局形式相同的机床,即为同一系列。

(2) 机床的特性代号

机床的特性代号表示机床具有的特殊性能,包括通用特性和结构特性。当某类型机床除有普通型外,还具有如表 3-2 所示的某种通用特性,则在类别代号之后加上相应的特性代号。例如"CK"表示数控车床。如同时具有两种通用特性,则可用两个代号同时表示,如"MG"表示半自动、高精度磨床。如某类型机床仅有某种通用特性,而无普通型式,则通用特性不必表示,如 C1312 型单轴转塔自动车床,由于这类自动车床没有"非自动"型,所以不必用"Z"表示通用特性。

为了区分主参数相同而结构不同的机床,在型号中用结构特性代号表示。结构特性代号为汉语拼音字母。通用特性代号已用的字母和"I、O"两个字母不能用。结构特性代号的字母是根据各类机床的情况分别规定的,在不同型号中的意义不同。

表 3-2 通用特性代号

通用特性	高精度	精密	自动	半自动	数控	加工中心	仿形	轻型	加重型	简式
代号	G	M	Z	B	K	H	F	Q	C	J
读音	高	密	自	半	控	换	仿	轻	重	简

(3) 机床主参数、第二主参数和设计顺序号

机床主参数代表机床规格的大小,用折算值(主参数乘以折算系数)表示。某些普通机床当无法用一个主参数表示时,则在型号中用设计顺序号表示。设计顺序号由 1 起始,当设计顺序号小于 10 时,则在设计号之前加"0"。

第二主参数一般是主轴数、最大跨距、最大工件长度、工作台工作面长度等。第二主参数也用折算值表示。

(4) 机床重大改进顺序号

当对机床的结构、性能有更高的要求,需要按新产品重新设计、试制和鉴定机床时,在原机床型号的尾部,加重大改进顺序号,以区别于原机床型号。序号按 A、B、C、…字母(但"I、O"两个字母不得选用)的顺序选用。

(5) 同一型号机床的变型代号

根据不同的加工需要,某些机床在基本型号机床的基础上仅改变机床的部分性能结构时,则在机床基本型号之后加 1、2、3、…变型代号。

专用机床型号由设计单位代号和设计顺序号构成。例如,B1—100 表示北京第一机床厂设计制造的第 100 种专用机床——铣床。

3.1.2 机床的分类

机床的品种和规格繁多,一般根据需要,可从不同的角度对机床作如下分类:

(1) 按机床的加工性质和结构特点分类

这是一种主要的分类方法。目前,我国按这种分类法将机床分成 12 大类,即车床、钻床、镗床、磨床、齿轮加工机床、螺纹加工机床、铣床、刨(插)床、拉床、特种加工机床、锯床及其他机床。在每一类机床中,又按工艺范围、布局形式和结构等分为若干组,每一组又细分为若干系列。

(2) 按机床的通用程度分类

① 通用机床。这类机床是可以加工多种工件、完成多种工序、工艺范围较广的机床,主要适用于单件小批量生产。例如,卧式车床、万能升降台铣床、牛头刨床、万能外圆磨床等。这类机床结构复杂,生产率低,用于单件小批量生产。

② 专门化机床。这类机床是用于完成形状类似而尺寸不同的工件某一种工序的加工机床,其工艺范围较窄,主要适用于成批生产。例如,凸轮轴车床、精密丝杠车床和凸轮轴磨床等。这类机床加工范围较窄,适用于成批生产。

③ 专用机床。这类机床是用于完成特定工件的特定工序的加工机床,其工艺范围最窄,生产率高,加工范围最窄,适用于大批量生产。例如,用于加工某机床主轴箱的专用镗床、加工汽车发动机气缸体平面的专用拉床和加工车床导轨的专用磨床等,各种组合机床也属于专用机床。

(3) 按加工精度分类

同类型机床按工作精度的不同,可分为三种精度等级,即普通精度机床、精密机床和高精度机床。精密机床是在普通精度机床的基础上,提高了主轴、导轨或丝杠等主要零件的制造精度。高精度机床不仅提高了主要零件的制造精度,而且采用了保证高精度的机床结构。以上三种精度等级的机床均有相应的精度标准,其公差若以普通精度级为 1,则大致比例为 1∶0.4∶0.25。

(4) 按自动化程度分类

按自动化程度(即加工过程中操作者参与的程度)不同,可将机床分为手动机床、机动机床、半自动化机床和自动化机床等。

(5) 按机床重量和尺寸分类

按机床重量和尺寸分,可将机床分为仪表机床、中型机床(机床质量在 10t 以下)、大型机床(机床质量为 10~30t)、重型机床(机床质量为 30~100t)、超重型机床(机床质量在 100t 以上)。

(6)按机床主要工作部件分

机床主要工作部件数目,通常是指切削加工时同时工作的主运动部件或进给运动部件的数目。按此可将机床分为单轴机床、多轴机床、单刀机床和多刀机床等。

随着现代化机床向着更高层次发展,如数控化和复合化,使得传统的分类方法难以恰当地进行表述。因此,分类方法也需要不断的发展和变化。

3.1.3 机床的基本组成

由于机床运动形式、刀具及工件类型的不同,机床的构造和外形有很大区别。但归纳起来,各种类型的机床都应由以下几个主要部分组成。

(1)主传动部件

用来实现机床主运动的部件,它形成切削速度并消耗大部分动力。例如,带动工件旋转的车床主轴箱;带动刀具旋转的钻床或铣床的主轴箱;带动砂轮旋转的磨床砂轮架;刨床的变速箱等。

(2)进给传动部件

用来实现机床进给运动的部件,它维持切削加工连续不断地进行。例如,车床的进给箱、溜板箱;钻床和铣床的进给箱;刨床的进给机构;磨床工作台的液压传动装置等。

(3)工件安装装置

用来安装工件。例如,车床的卡盘和尾座;钻床、刨床、铣床、平面磨床的工作台;外圆磨床的头架和尾座等。

(4)刀具安装装置

用来安装刀具。例如,车床、刨床的刀架;钻床、立式铣床的主轴;卧式铣床的刀杆轴;磨床的砂轮架主轴等。

(5)支承件

机床的基础部件,用于支承机床的其他零部件并保证它们的位置精度。例如,各类机床的床身、立柱、底座、横梁等。

(6)动力源

提供运动和动力的装置是机床的运动来源。普通机床通常采用三相异步电动机作为动力源(不需对电动机进行调速,连续工作);数控机床的动力源采用的是直流或交流调速电动机、伺服电动机和步进电动机等(可直接对电动机进行调速,频繁起动)。

3.2 机床的运动分析

各种类型的机床在进行切削加工时,为了获得具有一定几何形状、一定加工精度和表面质量的工件,刀具和工件需做一系列的运动。按其功用不同,常将机床在加工中所完成的各种运动分为表面成形运动和辅助运动两大类。

3.2.1 表面成形运动

机床在切削工件时,使工件获得一定表面形状所必需的刀具与工件之间的相对运动称为表面成形运动,简称成形运动。形成某种形状表面所需要的表面成形运动的数目和形式取决于采用的加工方法和刀具结构。例如,用尖头刨刀刨削成形面需要两个成形运动[图 3-2(a)],用成形刨刀刨削成形面只需要一个成形运动[图 3-2(b)]。

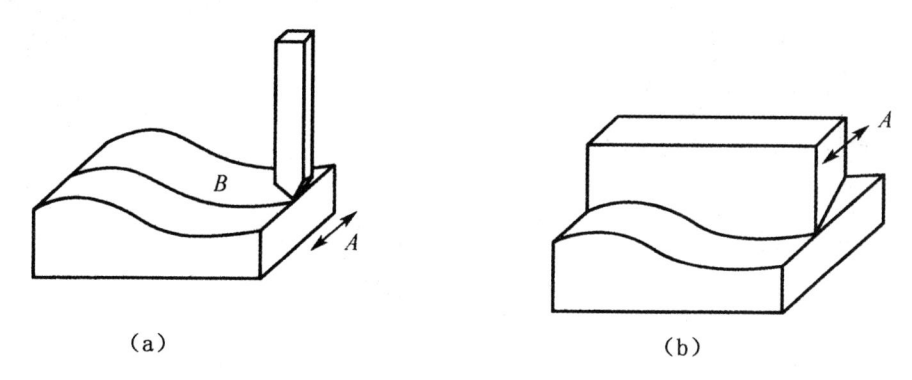

(a)　　　　　　　　　　　(b)

图 3-2　形成所需表面的成形运动

1. 简单成形运动和复合成形运动

表面成形运动按其组成情况不同可分为简单成形运动和复合成形运动两种。如果一个独立的成形运动是由单独的旋转运动或直线运动构成,则称此成形运动为简单成形运动。例如,用尖头车刀车削圆柱面时(图 3-3),工件的旋转运动 B 和刀具的直线移动 A 就是两个简单成形运动。在机床上,简单成形运动一般是主轴的旋转运动、刀架和工作台的直线移动。

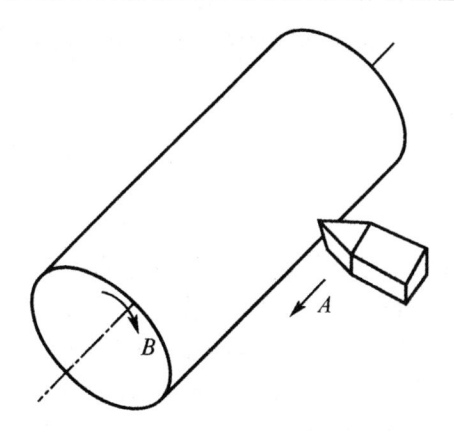

图 3-3　简单成形运动

如果一个独立的表面成形运动是由两个或两个以上的旋转运动和(或)直线运动按照某种确定的运动关系组合而成,则称此成形运动为复合成形运动。例如,车削螺纹时[图 3-4(a)],形成螺旋线所需要的刀具和工件之间的相对螺旋轨迹运动就是复合成形运动。为简化机床结构和易于保证精度,通常将其分解成工件的等速旋转运动 B 和刀具的等速直线运动 A。B 和 A 彼此不能独立,它们之间必须保持严格的相对运动关系,即工件每转一转,刀具直线移动的距离应等于被加工螺纹的导程,从而 B 和 A 这两个运动组成一个复合运动。用尖头车刀车削回转体成形面时[图 3-4(b)],车刀的曲线轨迹运动通常由相互垂直坐标方向上的有严格速比关系的两个直线运动 A_1 和 A_2 来实现,A_1 和 A_2 也组成一个复合运动。

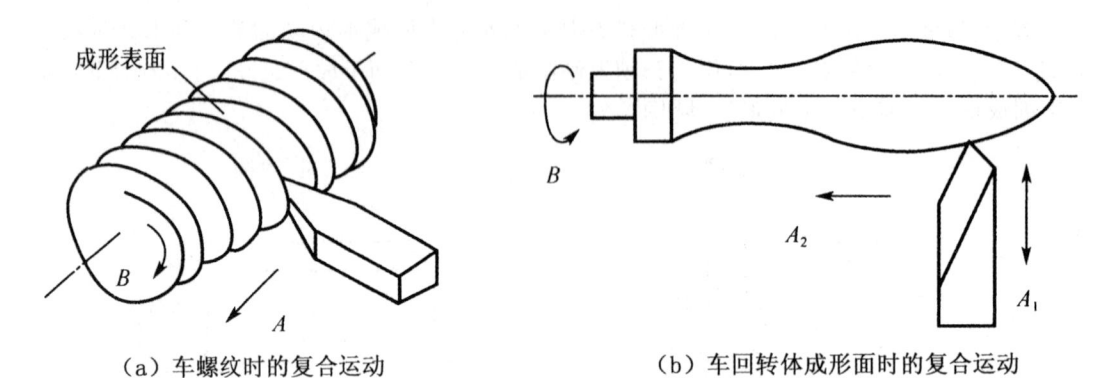

(a) 车螺纹时的复合运动　　　　(b) 车回转体成形面时的复合运动

图 3-4　复合成形运动

由复合成形运动分解的各个部分虽然都是直线运动或旋转运动,与简单运动相似,但二者的本质不同。复合运动的组成运动各部分之间必须保持严格的相对运动关系,是互相依存的,不是独立的;而简单运动之间是独立的,没有严格的相对运动关系。

2. 主运动和进给运动

根据表面成形运动在切削过程中的作用不同,可将表面成形运动分为主运动和进给运动。主运动是切除工件上的被切削层,使之转变为切屑的主要运动。进给运动是不断地把切削层投入切削,以逐渐切出整个工件表面的运动。主运动的速度快,消耗的功率大;进给运动的速度慢,消耗的功率也较小。任何一个机床必定有且通常只有一个主运动,但进给运动可能有一个或几个,也可能没有。

3.2.2　辅助运动

机床在加工过程中除完成成形运动外,还需要完成其他一系列运动,这些与表面成形过程没有直接关系的运动,统称为辅助运动。辅助运动的作用是实现机床加工过程中所需要的各种辅助动作,为表面成形创造条件。辅助运动的种类很多,一般包括:

①切入运动。刀具相对工件切入一定深度,以保证工件获得一定的加工尺寸。

②分度运动。加工若干个完全相同的均匀分布的表面时,为使表面成形运动得以周期性地继续进行的运动,称为分度运动。例如,多工位工作台、刀架等作周期性转位或移动,以便依次加工工件上的各有关表面,或依次使用不同刀具对工件进行顺序加工。

③操纵和控制运动。操纵和控制运动包括起动、停止、变速、换向、部件与工件的夹紧、松开、转位以及自动换刀、自动检测等。

④调位运动。加工开始前机床有关部件的移动,以调整刀具和工件之间的正确相对位置。

⑤各种空行程运动。空行程运动是指进给前后的快速运动。例如，在装卸工件时为避免碰伤操作者或划伤已加工表面，刀具与工件应相对退离；在进给开始之前刀具快速引进，使刀具与工件接近；进给结束后刀具应快速退回。

辅助运动虽然不参与表面成形过程，但对机床整个加工过程是不可缺少的；同时对机床的生产率和加工精度往往也有重大影响。

3.3 机床的传动分析

在机床上进行切削加工时，经常需要改变工件和刀具的运动方式。为了实现加工过程中所需的各种运动，机床通过自身的机械、液压、气动、电气等多种传动机构，把动力和运动传递给工件和刀具，其中最常见的是机械传动和液压传动。

3.3.1 机床传动的组成

机床的各种运动和动力都来自动力源，并由传动装置将运动和动力传递给执行件来完成各种要求的运动。因此，为了实现加工过程中所需的各种运动，机床必须具备三个基本部分。

(1) 执行件

执行机床运动的部件，通常指机床上直接夹持刀具或工件并实现其运动的零部件。它是传递运动的末端件，其任务是带动工件或刀具完成一定形式的运动（旋转或直线运动）和保持准确的运动轨迹。常见的执行件有主轴、刀架、工作台等。

(2) 动力源

提供运动和动力的装置，是执行件的运动来源。普通机床通常都采用三相异步电动机作为动力源（不需对电动机进行调速，连续工作）；数控机床的动力源采用的是直流或交流调速电动机、伺服电动机和步进电动机等（可直接对电动机进行调速，频繁起动）。

(3) 传动装置

传递运动和动力的装置。传动装置把动力源的运动和动力传给执行件，同时还完成变速、变向、改变运动形式等任务，使执行件获得所需要的运动速度、运动方向和运动形式。传动装置把执行件与动力源或者把有关执行件连接起来，构成传动系统。机床的传动按其所用介质不同，分为机械传动、液压传动、电气传动和气压传动等，这些传动形式的综合运用体现了现代机床传动的特点。

3.3.2 机械传动

1. 机床常用的传动副及其传动关系

在机床的传动系统中，机械传动仍是主要的传动方式。用来传递运动和动力的装置称为传动副。机械传动常用的传动元件及传动副有带与带轮、齿轮与齿轮、蜗杆与蜗轮、齿轮与齿条、丝杠与螺母等。

传动副的传动比等于从动轮转速与主动轮转速之比,即

$$i=\frac{n_从}{n_主}=\frac{n_2}{n_1}$$

(1)带传动

带传动是利用带与带轮之间的摩擦作用,将主动轮的转动传到另一个被动带轮上去。目前,在机床传动中,一般用 V 带传动,如图 3-5 所示。如不考虑带与带轮之间的相对滑动对传动的影响,主动轮和从动轮的圆周速度都与带的速度相等,即 $v_1=v_2=v_带$。又因为

$$v_1=\frac{\pi d_1 n_1}{1000}, v_2=\frac{\pi d_2 n_2}{1000}$$

故

$$i=\frac{n_2}{n_1}=\frac{d_1}{d_2}$$

式中,d_1,d_2 分别为主动轮、从动轮的直径,mm;n_1,n_2 分别为主动轮、从动轮的转速,r/min。

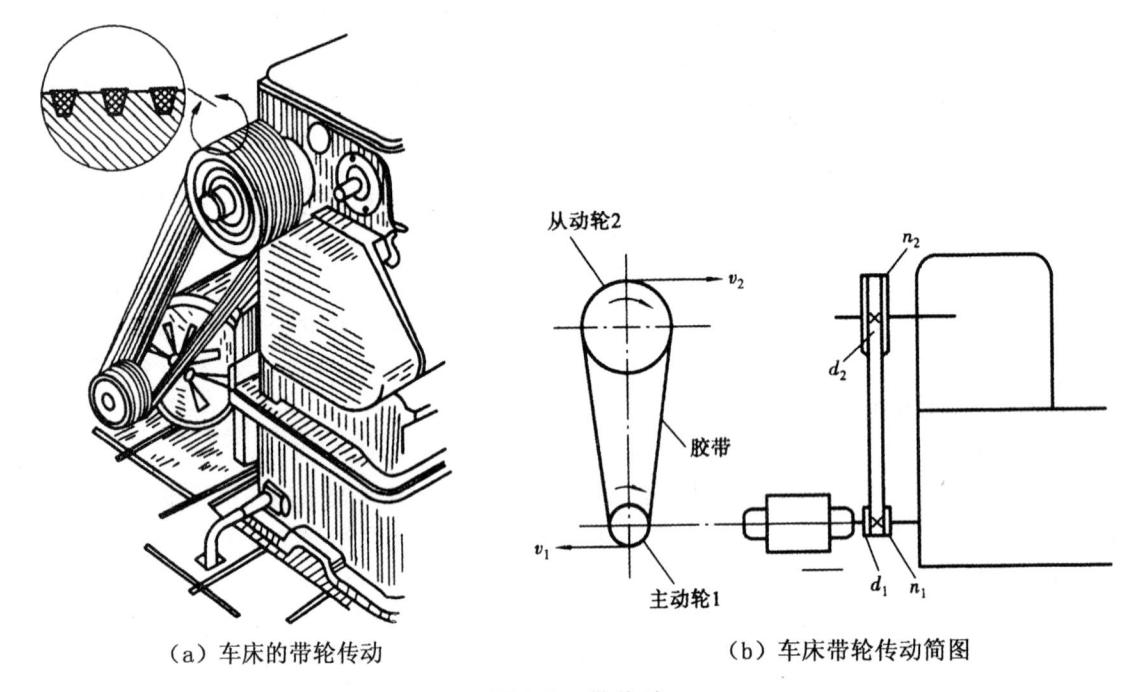

(a) 车床的带轮传动　　　　　(b) 车床带轮传动简图

图 3-5　带传动

从上式可知,带轮的传动比等于主动轮的直径与从动轮的直径之比。如果考虑带传动中的打滑,则其传动比为

$$i=\frac{n_2}{n_1}=\frac{d_1}{d_2}\varepsilon$$

式中,ε 为打滑系数,约为 0.98。

带传动的优点是传动平稳;轴间距离较大;结构简单,制造和维护方便;过载时打滑,不致引起机器损坏。但带传动不能保证准确的传动比,并且摩擦损失大,传动效率较低。

(2)齿轮传动

齿轮传动是目前机床中应用最多的一种传动方式,它的种类很多,有直齿轮、斜齿轮、锥齿轮、人字齿轮等,其中最常用的是直齿圆柱齿轮,如图 3-6 所示。

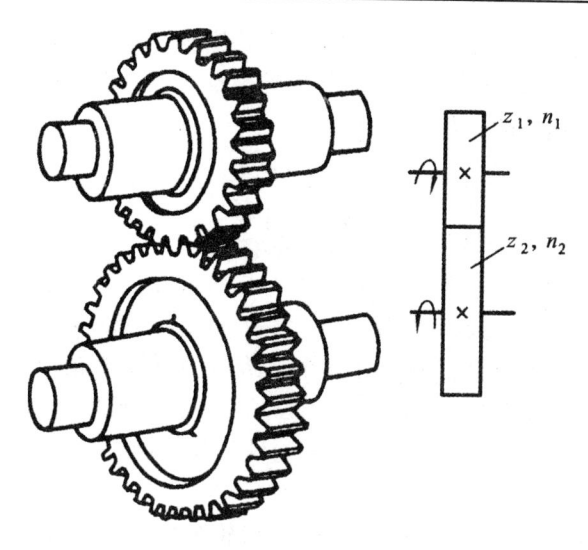

图 3-6 齿轮传动

齿轮传动时,主动轮和从动轮每分钟转过的齿数应该相等,即
$$n_1 z_1 = n_2 z_2$$
故
$$i = \frac{n_2}{n_1} = \frac{z_1}{z_2}$$

从上式可知,齿轮传动的传动比等于主动轮与从动轮齿数之比。

齿轮传动的优点是机构紧凑,传动比准确,可传递较大的圆周力,传动效率高。缺点是制造比较复杂,当精度不高时传动不平稳,有噪声。

(3) 蜗杆传动

蜗杆传动用于两传动轴在空间交叉的场合,如图 3-7 所示。

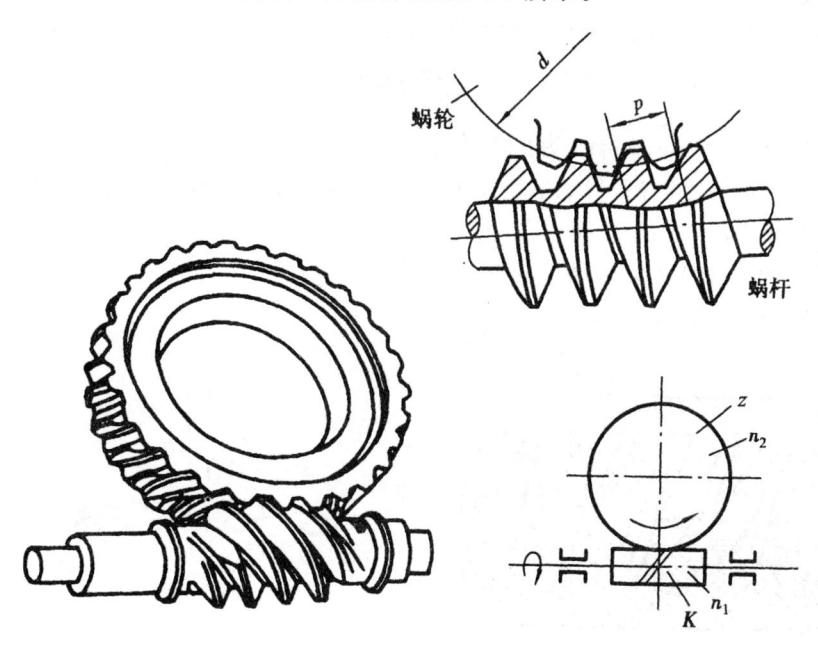

图 3-7 蜗杆传动

蜗杆上螺旋线的头数 K 相当于齿轮的齿数,蜗轮则像个斜齿轮,其齿数用 z 表示。两者啮合传动时单头蜗杆(即 $K=1$)每转一周,蜗轮相应地被推进一个齿。

若蜗杆的头数为 K,蜗轮的齿数为 z,则

$$n_1 K = n_2 z$$

故

$$i = \frac{n_2}{n_1} = \frac{K}{z}$$

上式说明,蜗杆传动的传动比等于蜗杆头数 K 与蜗轮齿数 z 之比。

蜗杆传动的优点是可以获得较大的降速比(因为 K 比 z 小很多),而且传动平稳,无噪声,结构紧凑。但传动效率低,需要有良好的润滑条件,只能蜗杆传动蜗轮,不能逆传,即可实现自锁。

以上几种传动副的传动都没有改变运动的性质,即都还是旋转运动,只可以达到增速或减速的目的。要改变运动的性质(即将旋转运动变为直线运动)就要采用以下两种传动副。

(4) 齿轮齿条传动

齿轮齿条传动可以将旋转运动变成直线运动(齿轮为主动),也可以将直线运动变为旋转运动(齿条为主动),如图 3-8 所示。如车床刀架的纵向进给运动就是由齿轮齿条传动来实现的。

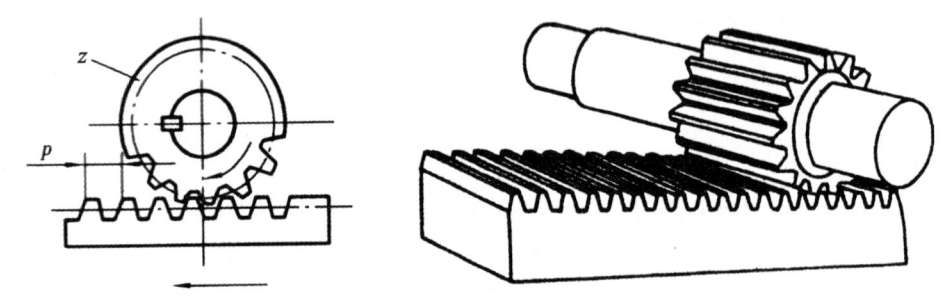

图 3-8 齿轮齿条传动

若齿轮的齿数为 z,则齿条的移动速度(单位:mm/s)为

$$v = \frac{pzn}{60} = \frac{\pi mzn}{60}$$

式中,p 为齿条齿距,$p = \pi m$,mm;n 为齿轮转速,r/min;m 为齿轮、齿条模数,mm。

齿轮齿条传动的效率较高,但制造精度不高时易跳动,平稳性和准确度也较差。

(5) 丝杠螺母传动

丝杠螺母传动通常是将旋转运动变成直线运动,如图 3-9 所示。如车床刀架的横向进给运动就是由丝杠螺母传动来实现的。

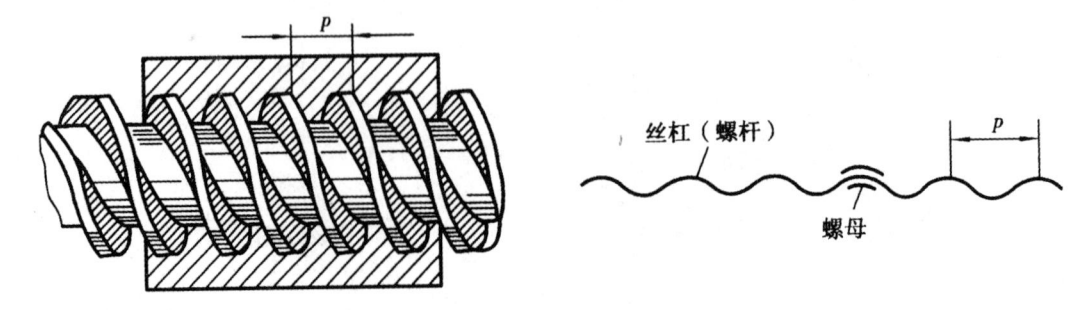

图 3-9 丝杠螺母传动

若单线丝杠的螺距为 $p(\text{mm})$,转速为 $n(\text{r/min})$,则螺母沿轴线方向移动的速度(mm/min)为

$$v=np$$

若用多线螺纹传动时,则丝杠每转一转,螺母移动的距离(mm/min)等于导程(导程等于线数 K 与螺距 p 的积),即

$$v=nP_\text{h}=Kpn$$

丝杠螺母传动工作平稳,无噪声,传动精度高,但传动效率低。

2. 各种传动件符号

为了便于分析传动链中的传动关系,把各种传动件进行简化,并规定了一些简图符号来表示各种传动件,见表 3-3。

表 3-3 常用传动件的简图符号

名称	图形	符号	名称	图形	符号
轴			滑动轴承		
滚动轴承			推力轴承		
双向摩擦离合器			双向滑动齿轮		
螺杆传动(整体螺母)			螺杆传动(开合螺母)		
平带传动			V 带传动		
齿轮传动			蜗杆传动		
齿轮齿条传动			锥齿轮传动		

3. 传动链及其传动比

传动链是指传动副通过传动轴，把动力源（电动机）与末端件（如主轴、刀架等），或把两个末端件连接起来，使其保持一定关系的传动系统。

传动链的传动比是指末端件转速与起始件转速之比。

图 3-10 为一传动链。若已知主动轮轴的转速、带轮的直径、各齿轮的齿数、蜗杆的头数，则可确定传动链中任一轴的转速。

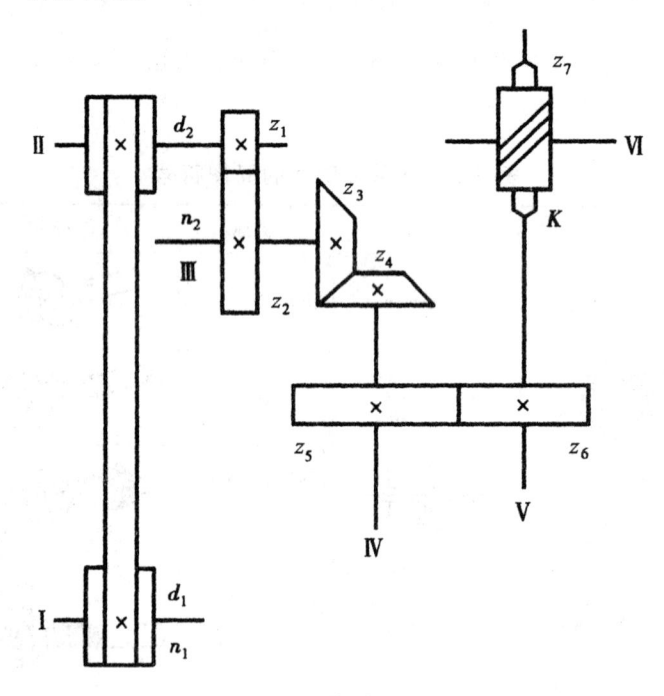

图 3-10 传动链图例

根据前面所学的知识可知：

$$i_1=\frac{n_2}{n_1}=\frac{d_1}{d_2}, i_2=\frac{n_3}{n_2}=\frac{z_1}{z_2}, i_3=\frac{n_4}{n_3}=\frac{z_3}{z_4}, i_4=\frac{n_5}{n_4}=\frac{z_5}{z_6}, i_5=\frac{n_6}{n_5}=\frac{K}{z_7}$$

则有

$$i_总=\frac{n_6}{n_1}=i_1 i_2 i_3 i_4 i_5=\frac{d_1}{d_2}\frac{z_1}{z_2}\frac{z_3}{z_4}\frac{z_5}{z_6}\frac{K}{z_7}$$

从上式可知，传动链的总传动比等于各传动副的传动比之积，即

$$i_总=i_1 i_2 i_3 \cdots i_n$$

4. 机床的变速机构

为适应不同的加工要求，机床的主运动和进给运动的速度需经常变换。因此，机床传动系统中要有变速机构。变速机构有无级变速和有级变速两类。目前，有级变速广泛用于中小型通用机床中。

实现机床运动有级变速的基本结构是各种两轴传动机构，它们通过不同方法变换两轴间的传动比，当主动轴转速固定不变时，从动轴得到不同的转速。常用的变速机构有以下几种。

(1) 滑动齿轮变速

滑动齿轮变速机构是通过改变滑动齿轮的位置进行变速,如图 3-11 所示。齿轮 z_1、z_3、z_5 固定在轴Ⅰ上,由齿轮 z_2、z_4、z_6 组成的三联滑动齿轮块,以键与轴Ⅱ连接,可沿轴向滑动,通过手柄可拨动三联滑动齿轮,即移换左、中、右三个位置,使其分别与主动轴Ⅰ上的齿轮 z_1、z_3、z_5 相啮合,于是轴Ⅱ可得到三种不同转速。

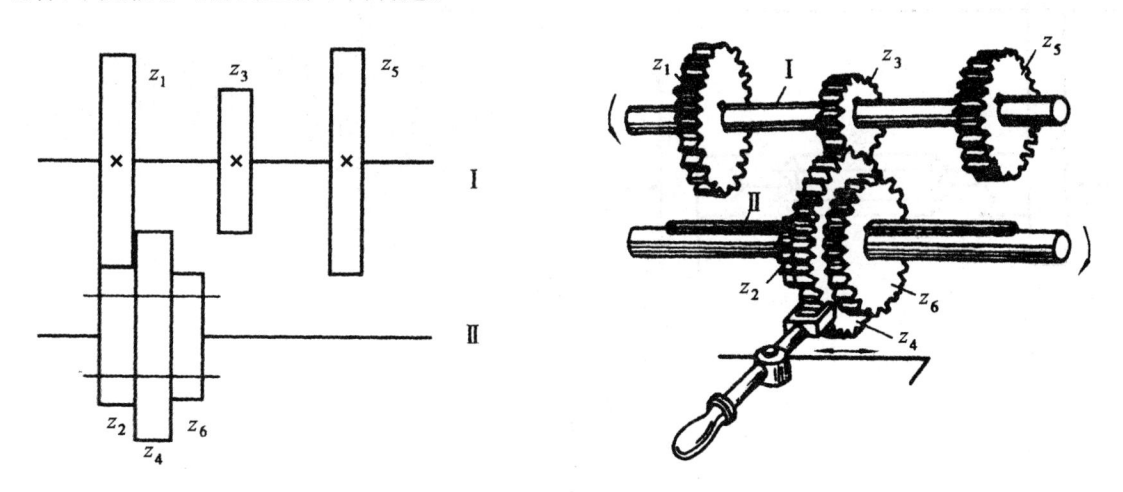

图 3-11 滑动齿轮变速机构

此时变速机构的传动路线可表述为:

$$-\text{Ⅰ}-\begin{Bmatrix}\dfrac{z_1}{z_2}\\[4pt]\dfrac{z_3}{z_4}\\[4pt]\dfrac{z_5}{z_6}\end{Bmatrix}-\text{Ⅱ}-$$

这种变速机构变速方便(但不能在运转中变速),结构紧凑,传动效率高,机床中应用最广。

(2) 离合器式齿轮变速

离合器式齿轮变速是利用离合器进行变速,图 3-12 为一牙嵌式离合器齿轮变速机构。固定在轴Ⅰ上的齿轮 z_1 和 z_3 分别与空套在轴Ⅱ上的齿轮 z_2 和 z_4 保持啮合。由于两对齿轮传动比不同,当轴Ⅰ转速一定时,齿轮 z_2 和 z_4 将以不同转速旋转,因而利用带有花键的牙嵌式离合器 M_1 向左或向右移动,使齿轮 z_2 和 z_4 分别与轴Ⅱ连接,即轴Ⅱ就可获得两级不同的转速,以传动链形式表示。

离合器变速机构变速方便,变速时齿轮不需移动,可采用斜齿轮传动,使传动平稳,齿轮尺寸大时操纵比较省力,可传递较大的转矩,传动比准确。但不能在运转中变速,各对齿轮经常处于啮合状态,故磨损较大,传动效率低。该机构多用于重型机床及采用斜齿轮传动的变速箱等。

(3) 交换齿轮变速

交换齿轮变速机构是通过交换齿轮进行变速,如图 3-13 所示。齿轮 a 和 d 分别装在固定轴Ⅰ、Ⅱ上,齿轮 b 和 c 装在中间轴上,借助交换齿轮架来调节齿轮 a 和 b、c 和 d 之间的中心距。由于齿轮 b 和 c 的中心位置可以在一定范围内变动,因此,选用交换齿轮齿数的灵活性较大，能够获得数值不规则而又非常准确的传动比。一般在机床附件中都配备有一套不同齿数的齿轮。

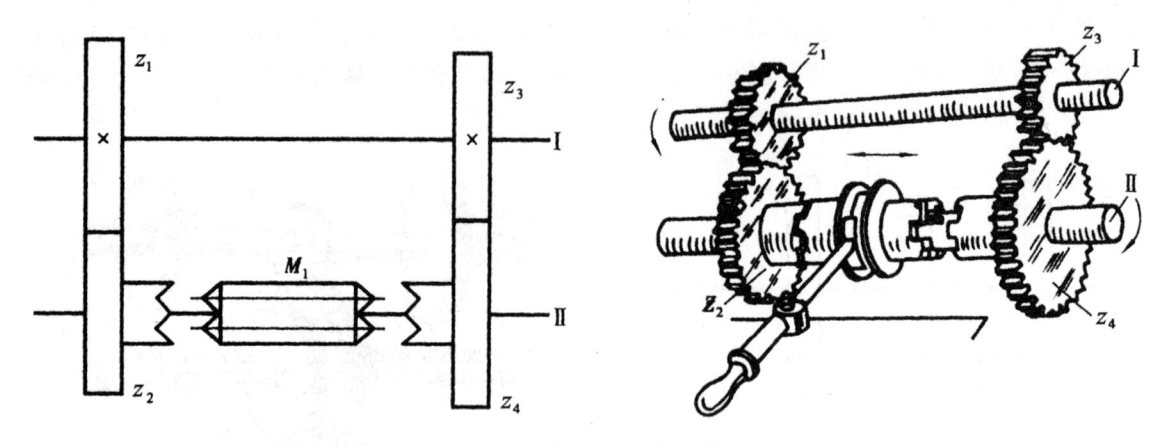

图 3-12　离合器式齿轮变速

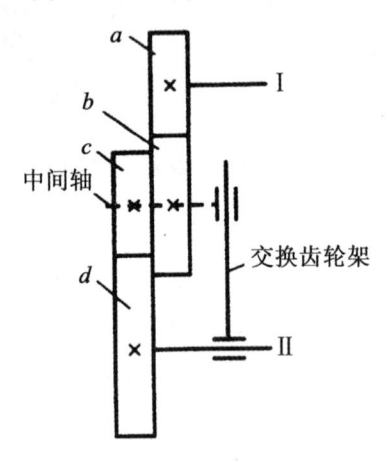

图 3-13　交换齿轮变速机构

3.3.3　机床的液压传动

下面通过外圆磨床工作台纵向往复运动液压系统的工作原理扼要说明液压传动在磨床上的应用。

如图 3-14 所示，整个系统由液压泵、液压缸、安全阀、节流阀、换向阀、换向手柄等元件组成。工作时，由液压泵供给的高压油，经节流阀进入换向阀再输入液压缸的右腔，推动活塞连同工作台向左移动。液压缸左腔的油，经换向阀流入油箱。当工作台向左行至终点时，固定在工作台前侧的行程挡块，推动换向手柄，换向阀的活塞被拉至虚线位置，高压油则进入液压缸的左腔，使工作台向右运动。液压缸右腔的油也经换向阀流入油箱。工作台的运动速度是通过节流阀控制输入液压缸油的流量来调节。过量的油可经安全阀流回油箱。工作台的行程长度和位置可通过挡块之间的距离和位置来调节。

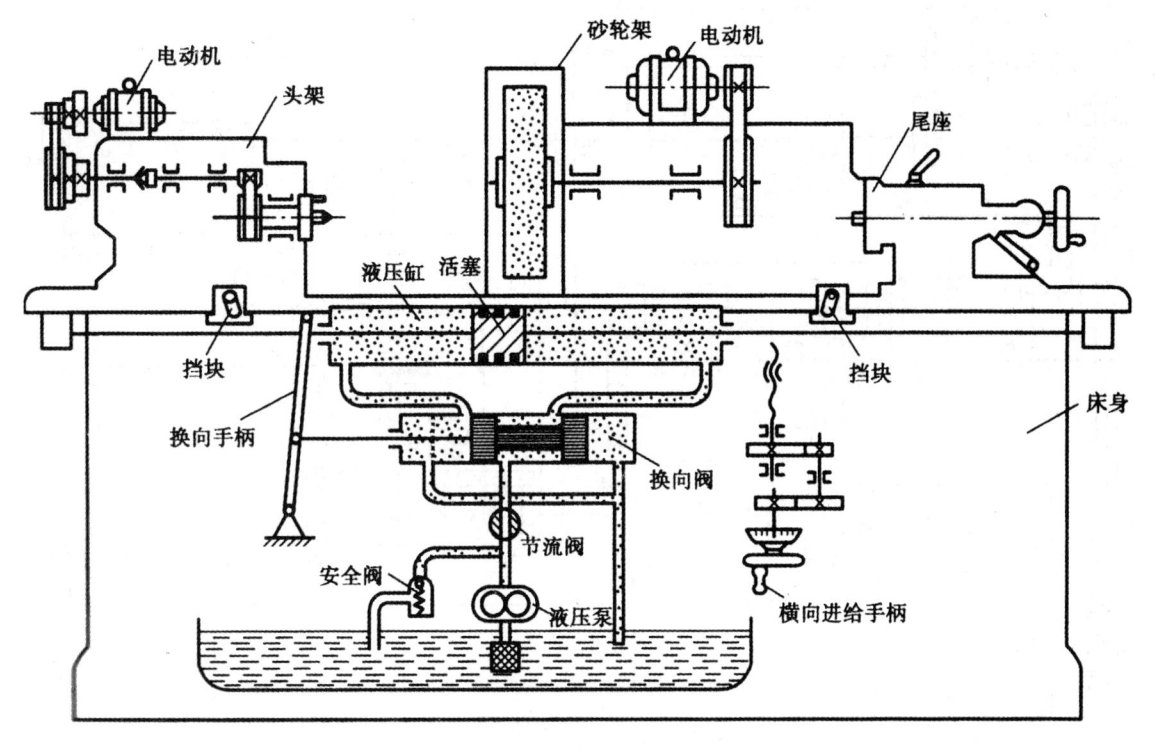

图 3-14　外圆磨床液压传动示意图

机床液压传动系统主要由以下几部分组成：

①动力元件——液压泵。它是将电动机输出的机械能转变为液压能的一种能量转换置，是液压传动系统中的一个重要组成部分。

②执行机构——液压缸。用于把液压泵输入的液体压力能转变为机械能的能量转换装置，是实现往复直线运动的一种执行件。

③控制元件——各种阀类。其中节流阀控制油液的流量，换向阀控制油液的流动方向，溢流阀控制油液压力等。

④辅助装置——包括油管、油箱、滤油器、压力表、冷却装置和密封装置等。其作用是创造必要的条件，以保证液压系统正常工作。

3.3.4　卧式车床的传动系统分析

机床的机械传动常由电动机开始，经过一系列的传动件，按一定的路线把运动和动力传给机床的主轴或刀具。为便于理解和分析机床传动系统，常利用传动系统图来表示机床的全部传动关系（此图不代表各传动元件的实际尺寸和空间位置）。图 3-15 为 C6132 型卧式车床的传动系统图，图中罗马数字表示传动轴的编号，阿拉伯数字表示齿轮齿数或带轮直径，字母 M 表示离合器等。

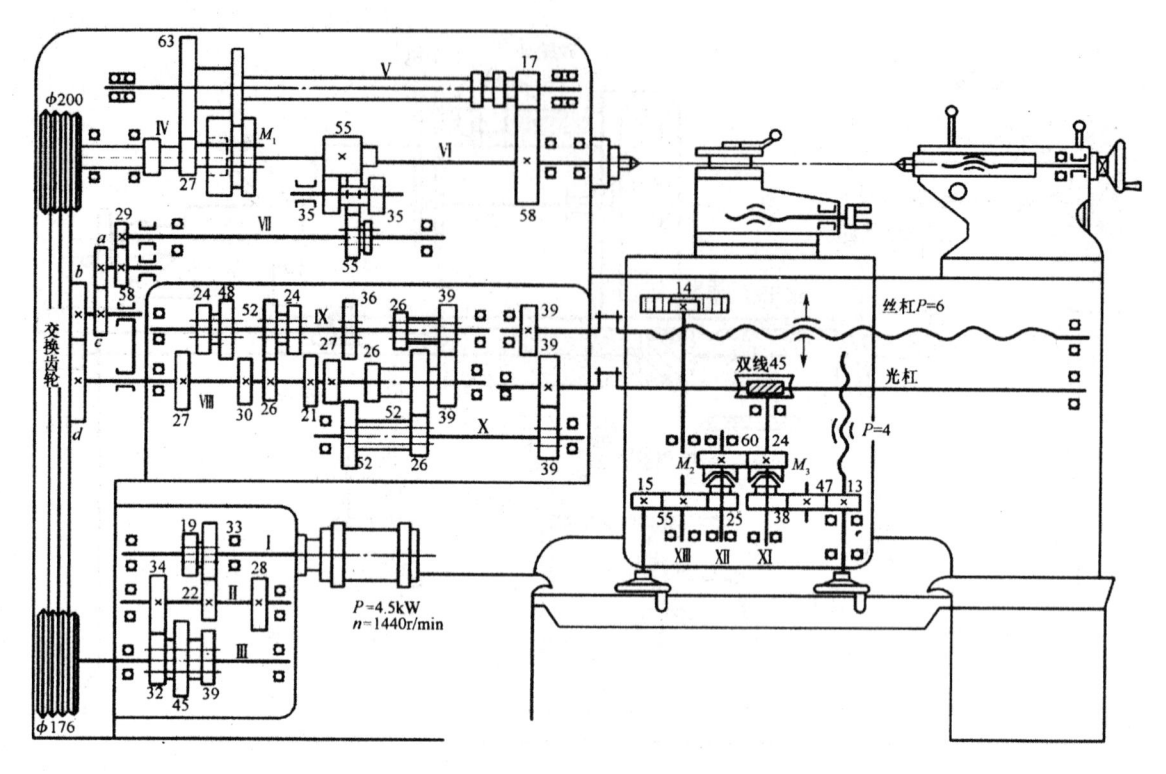

图 3-15　C6132 型卧式车床传动系统图

根据传动系统图分析机床的传动关系时，首先应弄清楚机床有几个执行件、工作时有哪些运动、它的动力源是什么，然后按照运动的传递顺序，从动力源至执行件依次分析各传动轴间的传动结构与传动关系。分析传动结构时，应特别注意齿轮、离合器等传动件与传动轴的连接关系（如固定、空套或滑移），从而找出运动的传递关系，列出传动路线与运动平衡方程式等。下面以 C6132 型卧式车床为例分析传动系统。

1. 主运动传动链

主运动传动链的两个端件是电动机和主轴，其作用是把电动机的运动和动力传给主轴，使主轴带动工件旋转实现主运动。

（1）主运动传动路线

运动由电动机带动变速箱内的轴Ⅰ旋转；轴Ⅰ的运动经齿轮 $\frac{19}{34}$ 或 $\frac{33}{22}$ 传给轴Ⅱ，使轴Ⅱ获得两种转速。轴Ⅱ的运动通过齿轮 $\frac{34}{32}$、$\frac{22}{45}$ 或 $\frac{28}{39}$ 中的任一对传给轴Ⅲ并获得 $2\times3=6$ 种转速。轴Ⅲ带动 $\phi176$mm 带轮旋转，将主运动经带轮 $\frac{\phi176\text{mm}}{\phi200\text{mm}}$ 传到主轴箱内。$\phi200$mm 带轮与齿轮 27 连成一体空套在轴Ⅳ上，轴套Ⅴ的两端有齿轮 63 和 17，主轴Ⅵ上有固定齿轮 58。

运动由轴Ⅳ传往主轴Ⅵ有两条路线：一是经过齿轮 $\frac{27}{63}$ 和 $\frac{17}{58}$ 传给主轴Ⅵ，使主轴Ⅵ获得 6 种转速；二是通过移动轴套Ⅴ带动内齿离合器 M_1 向左移动，与齿轮 27 啮合，同时轴套Ⅴ上的齿轮 63、17

与齿轮27、58脱开,将运动传给主轴Ⅵ,又获得6种转速。这样,主轴Ⅵ可获得2×3×2=12种转速。主轴反转通过电动机的反转实现,有12种反转转速。主轴反转通常不是用于切削,而是用于车削螺纹时,切削完一刀后使车刀沿螺旋线快速退回。

主运动传动链可以用传动路线表达式表示为

$$\text{电动机}-\text{I}-\left\{\begin{array}{c}\frac{33}{22}\\\frac{19}{34}\end{array}\right\}-\text{II}-\left\{\begin{array}{c}\frac{34}{32}\\\frac{28}{39}\\\frac{22}{45}\end{array}\right\}-\text{III}-\frac{\phi176}{\phi200}-\text{IV}-\left\{\begin{array}{c}M_1(\leftarrow\text{离合器向左})\\\frac{27}{63}-\text{V}-\frac{17}{58}\end{array}\right\}-\text{主轴Ⅵ}$$

(2)主轴的转速

主轴的各级转速可根据主运动传动链的每一条传动路线中,各传动副的传动比计算求得(传动链中传动带滑动系数取 $\varepsilon=0.02$)。

例如,主轴最高转速的计算,应取传动比最大的一条传动路线,即

$$n_{\text{主max}}=ni_{\text{总max}}=1440\times\frac{33}{22}\times\frac{34}{32}\times\frac{176}{200}\times(1-0.02)=1980(\text{r/min})$$

同理,主轴最低转速的计算应取传动比最小的一条传动路线,即

$$n_{\text{主min}}=ni_{\text{总min}}=1440\times\frac{19}{34}\times\frac{22}{45}\times\frac{176}{200}\times(1-0.02)\times\frac{27}{63}\times\frac{17}{58}=43(\text{r/min})$$

2. 进给运动传动链

进给运动传动链是使刀架实现纵向、横向运动或车螺纹的传动链,两端件分别是主轴和刀架。

进给运动传动路线分析:卧式车床的进给运动是从主轴Ⅵ开始,通过换向机构$\frac{55}{55}$或$\frac{55}{35}\times\frac{35}{55}$(传动比均为1,只改变运动方向)将运动传至轴Ⅶ,然后经交换齿轮29与58啮合,以及交换齿轮$\frac{a}{c}$和$\frac{b}{d}$至进给箱。进给箱内的传动,由轴Ⅷ通过$\frac{27}{24}$、$\frac{30}{48}$、$\frac{26}{52}$、$\frac{21}{24}$和$\frac{27}{36}$中的任一对齿轮副传给轴Ⅸ,使轴Ⅸ获得5种转速;然后,经增倍机构的齿轮$\frac{26}{52}$或$\frac{39}{39}$,以及齿轮$\frac{26}{52}$或$\frac{52}{26}$传给轴Ⅹ,使轴Ⅹ获得5×2×2=20种转速。

从进给箱传出的运动可以有两条路线:一条是移动轴Ⅹ上的齿轮39与丝杠上的齿轮39啮合,带动丝杠($P=6\text{mm}$)转动。丝杠转动时,开合螺母合上,溜板箱纵向移动,带动刀架作纵向进给运动,此为车削螺纹的传动链。另一条是移动轴Ⅹ上的齿轮39与光杠上的齿轮39啮合,带动光杠转动。光杠转动时,带动溜板箱内的蜗轮蜗杆$\frac{2}{45}$将运动传给轴Ⅺ。当合上锥形离合器M_2而M_3保持脱开状态时,运动通过齿轮$\frac{24}{60}$和$\frac{25}{55}$经轴Ⅻ传到轴ⅩⅢ,轴ⅩⅢ顶端有小齿轮14与固定在床身上的齿条相啮合,使溜板箱带动刀架作纵向进给运动。当合上锥形离合器M_3,而M_2保持脱开状态时,运动经齿轮$\frac{38}{47}$和$\frac{47}{13}$传给横向丝杠($P=4\text{mm}$),并通过螺母带动刀架作横向进给运

动。当离合器 M_2、M_3 都保持脱开时，可以通过手动实现纵向或横向进给。

进给运动传动链用传动路线表达式表示为

$$\text{主轴 VI} - \left\{ \begin{array}{c} \dfrac{55}{55} \\ \dfrac{55}{35} \times \dfrac{35}{55} \end{array} \right\} - \text{VII} - \dfrac{29}{58} \times \dfrac{a}{c} \times \dfrac{b}{d} - \text{VIII} \left\{ \begin{array}{c} \dfrac{27}{24} \\ \dfrac{30}{48} \\ \dfrac{26}{52} \\ \dfrac{21}{24} \\ \dfrac{27}{36} \end{array} \right\} - \text{IX} - \left\{ \begin{array}{c} \dfrac{39}{39} \\ \dfrac{26}{52} \end{array} \right\} - \left\{ \begin{array}{c} \dfrac{52}{26} \\ \dfrac{26}{52} \end{array} \right\}$$

$$- \text{X} - \left\{ \begin{array}{l} \dfrac{39}{39} - \text{丝杠螺母} - \text{刀架（车螺纹）} \\ \dfrac{39}{39} - \text{光杠} - \dfrac{2}{45} - \text{XI} - \left\{ \begin{array}{l} \dfrac{24}{60} - \text{XII} - \text{离合器}\,M_2\,\text{合} - \dfrac{25}{55} - \text{XIII} - \text{齿轮齿条} - \text{刀架（纵向进给）} \\ \text{离合器}\,M_3\,\text{合} - \dfrac{38}{47} \times \dfrac{47}{13} - \text{丝杠螺母} - \text{刀架（横向进给）} \end{array} \right. \end{array} \right.$$

第4章 机械加工典型方法分析

4.1 外圆表面加工方法

4.1.1 外圆表面的加工概述

具有外圆表面的典型零件有轴类、盘类和套类零件。外圆表面加工中,根据表面成形方法不同有轨迹法和成形法两种,根据使用加工设备不同有车削、磨削和光整加工三种,其中车削加工常用于外圆表面的粗加工和半精加工;磨削加工用于外圆表面的精加工;而光整加工用于外圆表面的超精加工。在大批量生产中,有的外圆表面还可采用拉削加工,如曲轴外圆表面粗加工。

外圆表面的各种加工方案及其所能达到的公差等级和表面粗糙度,如表 4-1 所示。

表 4-1 外圆表面加工方案

序号	加工方法	公差等级	表面粗糙度 $Ra/\mu m$	适用范围
1	粗车	IT11~IT13	12.5~50	适用于淬火钢以外的各种金属
2	粗车—半精车	IT9~IT10	3.2~6.3	
3	粗车—半精车—精车	IT6~IT7	0.8~1.6	
4	粗车—半精车—精车—抛光(滚压)	IT6~IT7	0.02~0.025	
5	粗车—半精车—磨削	IT6~IT7	0.4~0.8	适用于淬火钢、未淬火钢、钢铁等,不宜加工强度低、韧性大的有色金属
6	粗车—半精车—粗磨—精磨	IT5~IT6	0.2~0.4	
7	粗车—半精车—粗磨—精磨—高精度磨削	IT3~IT5	0.008~0.1	
8	粗车—半精车—粗磨—精磨—研磨	IT3~IT5	0.008~0.01	适用于精度极高的外圆面
9	粗车—半精车—粗磨—精磨—研磨	IT5~IT6	0.025~0.4	适用于有色金属

4.1.2 外圆表面的车削加工

车削加工外圆表面是机械加工中应用最广的加工方法,车削的主运动为零件旋转运动,刀具直线运动为进给运动,特别适用于加工回转面。由于车削比其他加工方法应用普遍,一般机械加工车间中,车床往往占机床总数的20%~50%,甚至更多。根据加工的需要,车床有很多类型,如卧式车床、立式车床、转塔车床、自动车床和数控车床等。

1. 车削的工艺特点

(1)易于保证零件各加工表面的位置精度

车削时,零件各表面具有相同的回转轴线。在一次装夹中加工同一零件的外圆、内孔、端平面、沟槽等,能保证各外圆轴线之间及外圆与内孔轴线之间的同轴度要求。

(2)生产率较高

除了车削断续表面之外,一般情况下,车削过程是连续进行的,不像铣削和刨削,在一次走刀过程中,刀齿多次切入和切出,产生冲击,并且当车刀几何形状、切削深度和进给量一定时,切削层公称横截面积是不变的,切削力变化很小,切削过程可采用高速切削和强力切削,生产效率高。车削加工既适用于单件小批量生产,也适用于大批量生产。

(3)生产成本较低

车刀是刀具中最简单的一种,制造、刃磨和安装均较方便,故刀具费用低、车床附件多、装夹及调整时间较短,加之切削生产率高,故车削成本较低。

(4)适合于车削加工的材料广泛

除难以切削的30HRC以上高硬度的淬火钢件外,可以车削黑色金属、有色金属及非金属材料(有机玻璃、橡胶等),特别适合于有色金属零件的精加工。因为某些有色金属零件材料的硬度较低,塑性较大,若用砂轮磨削,软的磨屑易堵塞砂轮,难以得到粗糙度值低的表面。因此,当有色金属零件表面粗糙度值要求较小时,不宜采用磨削加工,而要用车削精加工。

2. 车削加工的种类

车削加工一般可分为四种:粗车、半精车、精车和精细车。

①粗车。主要用于零件的粗加工,作用是去除工件上大部分加工余量和表层硬皮,为后续加工做准备。加工余量为1.5~2mm,加工后的尺寸公差等级为IT11~IT13;表面粗糙度为12.5~50μm。

②半精车。在粗车的基础上对零件进行半精加工,进一步减少加工余量,降低表面粗糙度值,加工余量为0.8~1.5mm,加工后的尺寸公差等级为IT8~IT10;表面粗糙度为3.2~6.3μm,一般可用作中等精度要求零件的终加工工序。

③精车。在半精车的基础上对零件进行精加工,加工余量为0.5~0.8mm,加工后的尺寸公差等级为IT7~IT8;表面粗糙度为0.4~3.2μm。

④精细车。主要用于有色金属的精加工。加工余量小于0.3mm,加工后的尺寸为IT6~IT7;表面粗糙度公差等级为0.0025~0.4μm。

3. 车削加工工艺范围

卧式车床的工艺范围相当广泛,可以车削内外圆柱面、圆锥面、环形槽、回转体成形面,车削端面和各种常用的米制、英制、模数制、径节制螺纹,还可以进行钻中心孔、钻孔、扩孔、铰孔、攻螺纹、套螺纹和滚花等工作,图4-1为车削加工的典型加工表面。

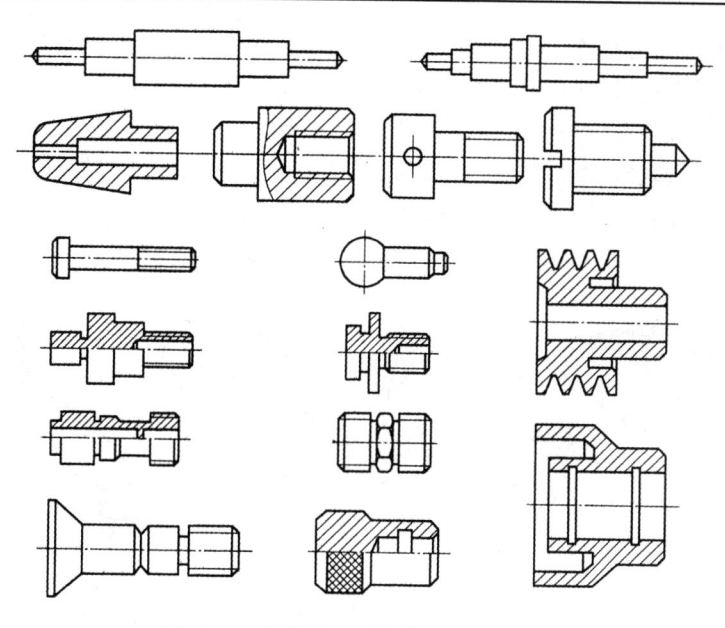

图 4-1 车削加工的典型加工表面

4. 车刀的种类和用途

车刀按用途分为外圆车刀、端面车刀、内孔车刀、切断刀、切槽刀等多种形式。常用车刀种类及用途如图 4-2 所示。外圆车刀用于加工外圆柱面和外圆锥面,它分为直头和弯头两种。弯头车刀通用性较好,可以车削外圆、端面和倒棱。外圆车刀又可分为粗车刀、精车刀和宽刃光刀,精车刀刀尖圆弧半径较大,可获得较小的残留面积,以减小表面粗糙度值;宽刃光刀用于低速精车。当外圆车刀的主偏角为 90°时,可用于车削阶梯轴、凸肩、端面及刚度较低的细长轴。外圆车刀按进给方向又分为左偏刀和右偏刀。

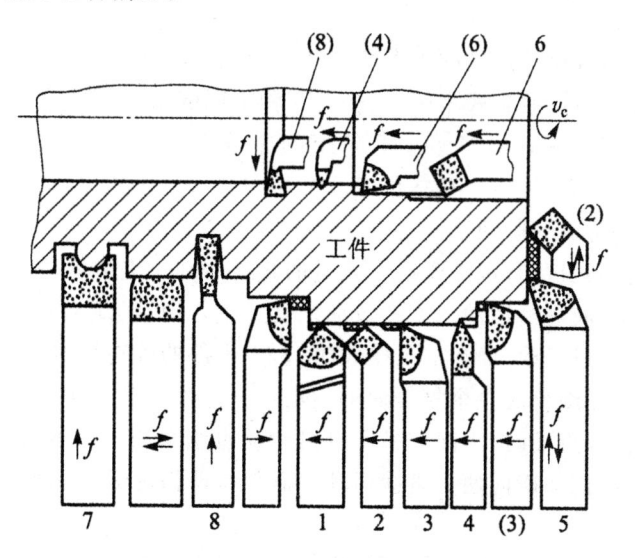

图 4-2 常用车刀的种类和用途

1—外螺纹车刀;2—45°弯头车刀;3—90°外圆车刀;4—内螺纹车刀;
5—通孔镗刀;6—盲孔镗刀;7—切断刀;8—内圆切槽刀

车刀在结构上可分为整体车刀、焊接车刀和机械夹固式车刀。整体车刀主要是整体高速钢车刀,截面为正方形或矩形,使用时可根据不同用途进行刃磨。整体车刀耗用刀具材料较多,一般只用作切槽、切断刀使用。焊接车刀是将硬质合金刀片用焊接的方法固定在普通碳钢刀体上。它的优点是结构简单、紧凑、刚性好、使用灵活、制造方便,缺点是由于焊接产生的应力会降低硬质合金刀片的使用性能,有的甚至会产生裂纹。机械夹固式车刀简称机夹车刀,根据使用情况不同又分为机夹重磨车刀和机夹可转位车刀。图 4-3 所示为常用车刀类型。

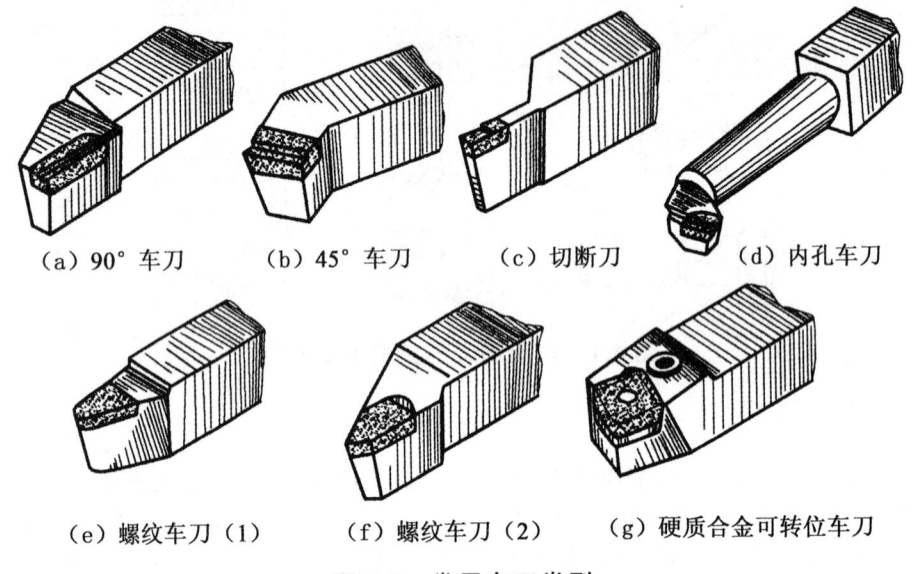

(a) 90°车刀　　(b) 45°车刀　　(c) 切断刀　　(d) 内孔车刀

(e) 螺纹车刀(1)　　(f) 螺纹车刀(2)　　(g) 硬质合金可转位车刀

图 4-3　常用车刀类型

5. 车床

(1) 主要技术参数

机床的主要技术参数包括机床的主参数和基本参数。卧式车床的主参数是床身上最大工件回转直径 D。主参数值相同的卧式车床,往往有几种不同的第二主参数,卧式车床的第二主参数是最大工件长度。例如,CA6140 型卧式车床的主参数为 400mm,第二主参数为 750mm、1000mm、1500mm、2000mm 四种。机床的基本参数包括尺寸参数、运动参数和动力参数。

(2) 车床必须具备的成形运动

主运动为工件的旋转运动,进给运动为刀具的直线运动。进给运动分为三种形式:纵向进给运动、横向进给运动、斜向进给运动。在多数加工情况下,工件的旋转运动与刀具的直线运动为两个相互独立的简单成形运动,而在加工螺纹时,由于工件的旋转与刀具的移动之间必须保持严格的运动关系,因此它们组合成一个复合成形运动——螺纹轨迹运动,习惯上常称为螺纹进给运动。另外,加工回转体成形面时,纵向和横向进给运动也组合成一个复合成形运动,因为刀具的曲线轨迹运动是依靠纵向和横向两个直线运动之间保持严格的运动关系而实现的。

(3) 车床的分类

车床的种类很多,按用途和结构的不同,主要分为以下几类。

①卧式车床。卧式车床的万能性好,加工范围广,是基本的和应用最广的车床。

②立式车床。立式车床的主轴竖直安置,工作台面处于水平位置,主要用于加工径向尺寸

大、轴向尺寸较小的大型、重型盘套类、壳体类工件。

③转塔车床。转塔车床有一个可装多把刀具的转塔刀架,根据工件的加工要求,预先将所用刀具在转塔刀架上安装调整好。加工时,通过刀架转位,这些刀具依次轮流工作,转塔刀架的工作行程由可调行程挡块控制。转塔车床适合于在成批生产中加工内外圆有同轴度要求的、较复杂的工件。

④自动车床和半自动车床。自动车床调整好后能自动完成预定的工作循环,并能自动重复。半自动车床虽具有自动工作循环,但装卸工件和重新开动机床仍需由人工操作。自动和半自动车床适合于在大批量生产中加工形状不太复杂的小型零件。

⑤仿形车床。仿形车床能按照样板或样件的轮廓,自动车削出形状和尺寸相同的工件。仿形车床适合于在大批量生产中加工圆锥形、阶梯形及成形回转面工件。

⑥专门化车床。专门化车床是为某类特定零件的加工而专门设计制造的,如凸轮轴车床、曲轴车床、车轮车床等。

4.1.3 外圆表面的磨削加工

磨削加工是利用砂轮作为切削工具,对工件表面进行高速切削的一种加工方法,多用于零件表面的精加工和淬硬表面的加工。

1. 外圆磨削加工的工艺特点及应用范围

①磨粒硬度高,它能加工一般金属切削刀具所不能加工的工件表面。

②磨削加工能切除极薄、极细的切屑,修正误差的能力强,加工精度高(IT5～IT6),加工表面粗糙度值小。

③磨粒在砂轮上随机分布,同时参加磨削的磨粒数相当多,磨痕轨迹纵横交错,容易磨出表面粗糙度值小的光洁表面。

④由于大负前角磨粒在切除金属过程中消耗的摩擦功大,再加上磨屑细薄,切除单位体积金属所消耗的能量,磨削要比车削大得多。

综上分析可知,磨削加工更适合于做精加工工作,也可用砂轮磨削带有不均匀铸、锻硬皮的工件;但它不适于加工塑性较大的有色金属材料(如铜、铝及其合金),因为这类材料在磨削过程中容易堵塞砂轮,使其失去切削作用。

2. 砂轮的特性与选择

砂轮是由磨料、结合剂混合,经过高温、高压制造而成的;是由磨料、结合剂、孔隙三个要素组成的非均质体,其组织结构如图4-4所示。其中,磨具表面无数高硬度的锋利磨粒作为刀具起切削作用,在砂轮高速旋转时,磨粒切除工件上一层薄金属,形成光洁精确的加工表面;结合剂黏结磨粒使磨具形成适于不同加工要求的各种形状,并在磨削过程中保持形状稳定;孔隙用来容屑、散热,均匀产生自砺效果,避免整块崩落失去砂轮合适的廓形。磨料、粒度、结合剂、组织、硬度、形状和尺寸是砂轮的六大特性,对砂轮安全有很大影响。

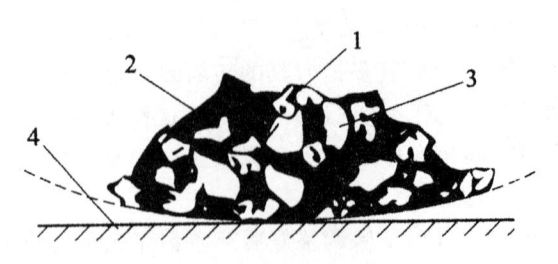

图 4-4　砂轮的组织结构
1—磨料；2—结合剂；3—孔隙；4—被加工件

(1) 磨料

磨料是指砂轮中磨粒的材料。磨粒是构成磨具的主体，在加工中起切削作用。磨料需要具有很高的硬度和锋利度；需要一定的韧性和耐磨性，以便承受剧烈的挤压和摩擦力作用；需要一定的脆性，以便磨钝后，及时更新切削锋刃，实现自砺性。常用磨粒主要有以下三种。

①刚玉类（Al_2O_3），如棕刚玉（A）、白刚玉（WA），适用于磨削各种钢材，如不锈钢、高强度合金钢，退了火的可锻铸铁和硬青铜。

②碳化硅类（SiC），如黑碳化硅（C）、绿碳化硅（GC），适用于磨削铸铁、激冷铸铁、黄铜、软青铜、铝、硬表层合金和硬质合金。

③高硬磨料类，如人造金刚石（JR）、氮化硼（BN），高硬磨料类具有高强度、高硬度，适用于磨削高速钢、硬质合金、宝石等。各种磨料的性能、代号和用途如表 4-2 所示。

表 4-2　磨料的性能、代号和用途

磨料名称		代号	主要成分	颜色	力学性能	热稳定性	适合磨削范围
刚玉类	棕刚玉	A	$\omega(Al_2O_3)>95\%$ $\omega(Ti_2O_2)<3\%$	褐色	韧性好、硬度大	2100℃熔融	碳钢、合金钢、铸铁
	白刚玉	WA	$\omega(Al_2O_3)>99\%$	白色			淬火钢、高速钢
碳化硅类	黑碳化硅	C	$\omega(SiC)>95\%$	黑色		>1500℃氧化	铸铁、黄铜、非金属材料
	绿碳化硅	GC	$\omega(SiC)>99\%$	绿色			硬质合金
高硬磨类	氮化硼	BN	立方氮化硼	黑色	硬度很高	<1300℃稳定	硬质合金
	人造金刚石	JR	碳结晶体	乳白色	硬度最高	>700℃石墨化	硬质合金、宝石

(2) 粒度

粒度是指磨料的颗粒大小和粗细程度。粒度的确定方法有两种。

①筛分法。颗粒尺寸大于 $50\mu m$ 磨料的粒度是用筛分法确定的，即用磨料通过的筛网在每英寸长度上的网眼数来表示，称为磨粒类。其粒度号直接用阿拉伯数字表示，粒度号大小与磨料的颗粒大小相反。

②显微镜分析法。颗粒尺寸小于 $50\mu m$ 磨料的颗粒大小直接用显微镜测量，用颗粒的实际尺寸表示粒度，这样确定的磨料称为微粉类。其粒度号用 W 和磨料颗粒尺寸数组合表示。

一个砂轮的磨料通常由相邻几种粒度号的磨粒混合而成,砂轮的粒度由占比例最大的磨粒的粒度号决定。粒度大小对砂轮的强度、加工精度,以及磨削生产率有很大影响。

(3)结合剂

结合剂是指将磨粒固结在一起形成磨具的黏结材料。结合剂不仅使砂轮成形,而且对磨具的自砺性有很大影响,并直接关系到砂轮的强度和使用的安全。

结合剂应具有良好的黏结性能,保证磨具高速旋转且不破裂;有足够的耐磨性,以承受摩擦和磨削力;有对磨粒适当的把持力,使磨粒锋利时不脱落,磨钝后及时更新,保持磨具良好的磨削性能;具有较好的物理化学性能、一定的耐腐蚀能力,以适应不同的使用环境。常用的结合剂分为无机结合剂和有机结合剂两大类。常用结合剂的性能及适用范围如表4-3所示。

表4-3 常用结合剂的性能及适用范围

结合剂	代号	性能	适用范围
陶瓷	V	耐热、耐蚀,气孔率大,易保持轮廓形状,弹性差	最常用,适用于各类磨削加工
树脂	B	强度比陶瓷高,弹性好,耐热性差	适用于高速磨削、切削、开槽等
橡胶	R	强度比树脂高,富有弹性,气孔率小,耐热性差	适用于切断和开槽

(4)砂轮的组织

砂轮的组织是指组成砂轮的磨料、结合剂和气孔三者的比例关系,表明砂轮结构紧密程度的特性。根据磨粒在砂轮总体积中所占百分比,组织可划分为三档15个号,如表4-4所示。

表4-4 砂轮的组织分类

类别	紧密				中等				疏松						
组织号	0	1	2	3	4	5	6	7	8	9	10	11	12	13	14
磨料/%	62	60	58	56	54	52	50	48	46	44	42	40	38	36	34

砂轮的组织紧,气孔率小,其外形易保持,磨削质量相对高,但砂轮易堵塞,磨削热较高。它一般用于成形磨、精磨、硬脆材料的磨削。砂轮的组织松,气孔率大,有利于降低磨削热,避免堵塞砂轮。它一般用于软韧材料、热敏性强的材料的磨削,以及粗磨加工。中等组织级砂轮用来磨削淬火钢或用于刀具刃磨。

(5)硬度

砂轮的硬度是结合剂固结磨料的紧牢程度的参数,表明在外力作用下,磨料从砂轮表面脱落的难易程度。砂轮硬度不仅影响生产质量,而且与使用安全卫生关系很大。磨具的硬度与磨料本身的硬度是两个不同的概念,磨料的硬度是由组成磨料的材料自身特性决定的。磨具的硬度与下列因素有关:一是结合剂的黏合能力(与结合剂的种类有关);二是结合剂在磨具中的比例;三是磨具的制造工艺等。在同样条件下对同一种结合剂而言,所占比例越大,磨粒越不易脱落,磨具硬度越高;反之则硬度越低。在砂轮组成中,结合剂比例每增加1.5%,砂轮硬度则增高一级。磨具的硬度分7大级、14小级,如表4-5所示。

表 4-5 砂轮的硬度等级

大级	超软	软			中软		中		中硬			硬		超硬
小级	超软	软1	软2	软3	中软1	中软2	中1	中2	中硬1	中硬2	中硬3	硬1	硬2	超硬
代号	ABCDEF	G	H	J	K	L	M	N	P	Q	R	S	T	Y

砂轮硬度低,自砺性好,而损耗快,几何形状不易保持,加工精度和质量较差。在干式磨削和砂轮修整时,其粉尘污染较大。但因其切削力小,产生磨削热少,工件表面烧伤的可能性小。

砂轮硬度高,磨料不易脱落,工件表面质量较高。但若砂轮硬度太高,自砺性很差,磨粒磨钝后仍不会脱落,与工件表面摩擦、挤压,使磨具表面堵塞,产生很高的磨削热,进而使磨具的磨削性能下降。这样,不仅工件磨削质量低,同时还严重影响结合剂强度,并且发出很大噪声,甚至引起机床振动。

(6) 形状和尺寸

我国磨具的基本形状有 40 多种,正确地选择砂轮的形状和尺寸,是保证磨削加工质量和安全的重要方面。一般应根据磨床条件、工件形状和加工需要,参考磨削手册选择。

砂轮的非均匀组织结构,决定了它的力学性能大大低于同一均匀金属材料构成的其他切削刀具,如果再加上使用不当,更容易引起砂轮事故的发生。砂轮的磨料、粒度、结合剂、组织、硬度、形状和尺寸等各特性要素,对砂轮的机械强度有不同的影响,如表 4-6 所示,因此,安全使用砂轮要统筹考虑各因素的综合作用效果。

表 4-6 砂轮的磨料、粒度、结合剂、组织、硬度、形状和尺寸等
各特性要素对砂轮的机械强度的影响

砂轮特性	结合剂		磨料		粒度		硬度		尺寸(内径/外径)	
	V	B	刚玉类	碳化硅类	细	粗	硬	软	比值大	比值小
强度	差	好	好	差	好	差	好	差	差	好

砂轮的名称及特性以标记的形式标注,为砂轮的正确使用和管理提供依据。按照 GB/T 2484—2006 的规定,砂轮的标记以汉语拼音和数字为代号,按照一定顺序交叉表示为:砂轮形状—尺寸—磨料—粒度—硬度—组织—结合剂—安全线速度。尺寸标记顺序为:外径×厚度×内径。现举例加以说明。

例如,砂轮标记为"砂轮 1—400×60×75—WA60—L5 V—35m/s",则表示外径为 400mm,厚度为 60mm,孔径为 75mm;磨料为白刚玉(WA),粒度号为 60;硬度为 L(中软2),组织号为 5,结合剂为陶瓷(V);最高工作线速度为 35m/s 的砂轮。

3. 外圆表面的磨削方法

(1) 在外圆磨床上磨削外圆

在外圆磨床上磨削外圆也称为"中心磨法",工件安装在前后顶尖上,用拨盘和鸡心夹头来传

递动力和运动。常用的磨削方法有纵磨法、横磨法及深磨法三种,如图4-5所示。

①纵磨法。如图4-5(a)所示,砂轮旋转是主运动,工件作圆周和轴向进给运动,砂轮架水平进给实现径向进给运动,工件往复一次,外圆表面轴向切去一层金属,直到符合工件尺寸。纵向进给磨削外圆时,因磨削深度小、磨削力小、散热条件好,所以磨削精度较高,表面粗糙度值较小,但由于工作行程次数多,生产率较低,它适合于在单件小批生产中磨削较长的外圆表面。

②横磨法。如图4-5(b)所示,砂轮旋转是主运动,工件作圆周进给运动,砂轮相对工件作连续或断续的横向进给运动,直到磨去全部余量。横向进给磨削的生产效率高,但加工精度低,表面粗糙度值较大,这是因为横向进给磨削时,工件与砂轮接触面积大、磨削力大、发热量多、磨削温度高、工件易发生变形和烧伤,它适合于在大批量生产中加工刚性较好的工件外圆表面,如将砂轮修整成一定形状,还可以磨削成形表面。

③深磨法。如图4-5(c)所示,磨削时用较小的纵向进给量(一般为1~2mm/r)、较大的切削深度(一般为0.1~0.35mm),在一次行程中磨去全部余量,生产率较高,需要把砂轮前端修整成锥面进行粗磨,直径大的圆柱部分起精磨和修光作用,应修整得精细一些。深磨法只适用于大批量生产中加工刚度较大的短轴。

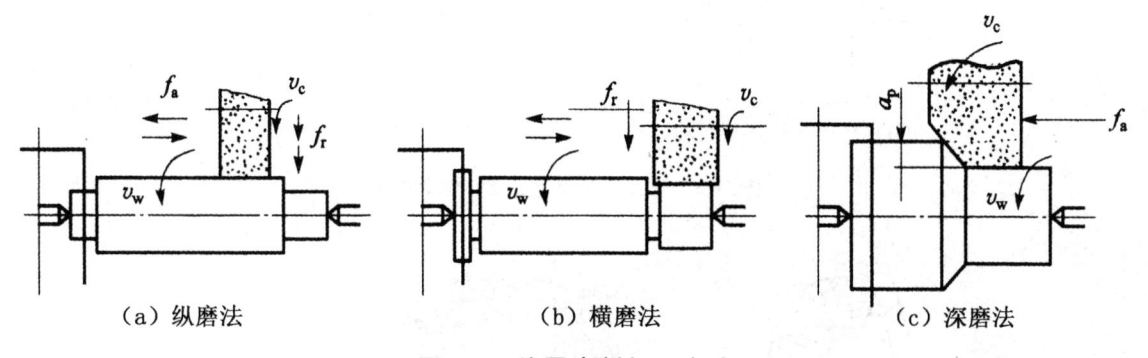

图 4-5 外圆磨削加工方法

(a) 纵磨法　　(b) 横磨法　　(c) 深磨法

(2) 在无心磨床上磨削外圆(无心磨削)

磨削时工件放在砂轮与导轮之间的托板上,不用中心孔支承,故称为无心磨削,如图4-6所示。导轮是用摩擦因数较大的橡胶结合剂制作的磨粒较粗的砂轮,其转速很低(20~80mm/min),靠摩擦力带动工件旋转。无心磨削时,砂轮和工件的轴线总是水平放置的,而导轮的轴线通常要在垂直平面内倾斜一个角度,其目的是使工件获得一定的轴向进给速度。无心磨削的生产效率高,容易实现工艺过程的自动化,但所能加工的零件具有一定的局限性,不能用于磨削带长键槽和平面的圆柱表面,也不能用于磨削同轴度要求较高的阶梯轴外圆表面。

4. M1432A 型万能外圆磨床

M1432A型机床是普通精度级万能外圆磨床,经济精度为IT6~IT7,加工表面的表面粗糙度可控制在$0.08\sim1.25\mu m$范围内。万能磨床可用于内外圆柱表面、内外圆锥表面的精加工,虽然生产率较低,但由于其通用性较好,被广泛用于单件小批量、生产车间、工具车间和机修车间。

(1) M1432A 型磨床的主要结构(见图4-7)

①床身。床身1是磨床的基础支承件,在它的上面装有砂轮架5、工作台3、头架2、尾架6及横向滑鞍等部件,它能使这些部件在工作时保持准确的相对位置。床身内部用作储存液压油的油池。

(a) 光轴无心磨削

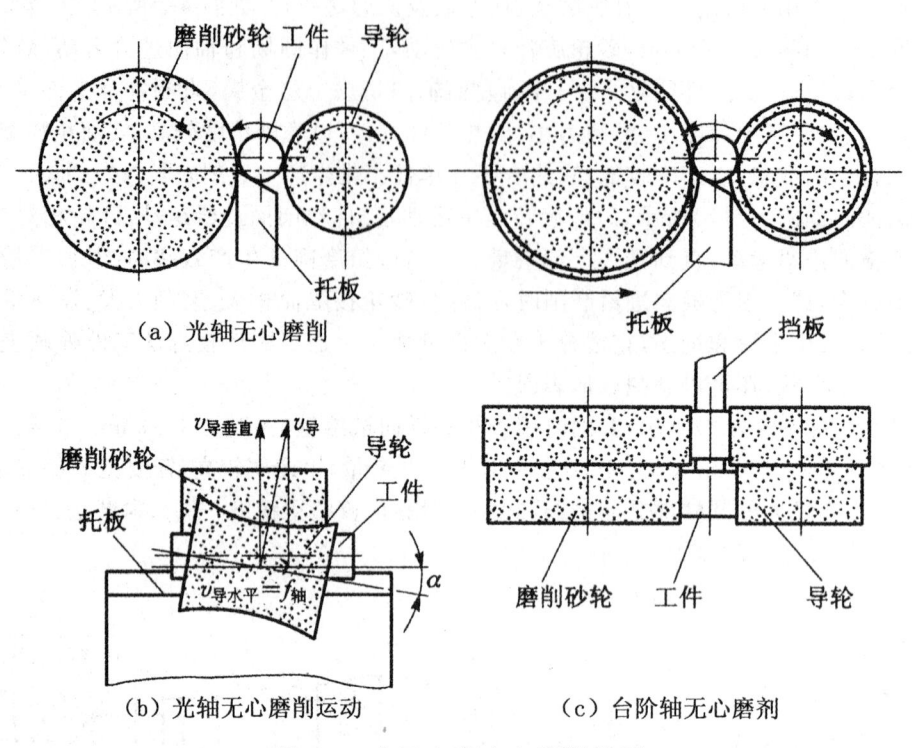

(b) 光轴无心磨削运动

(c) 台阶轴无心磨剂

图 4-6 在无心磨床上磨削外圆

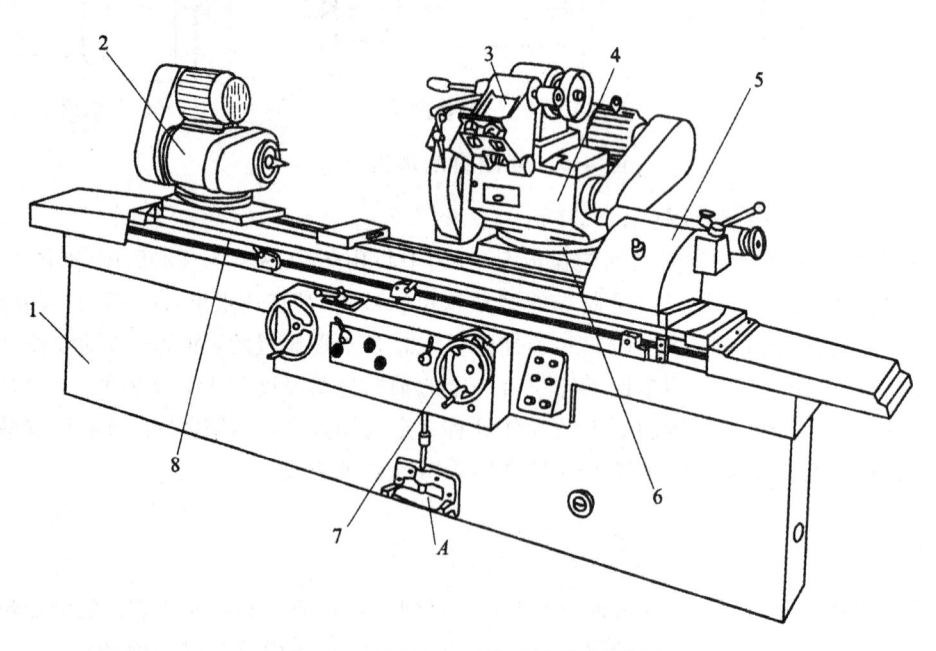

图 4-7 M1432A 型万能外圆磨床
1—床身；2—头架；3—工作台；4—内圆磨具；5—砂轮架；6—尾架；7—手轮；8—脚踏操纵板

②头架。头架 2 用于安装及夹持工件,并带动工件旋转,头架 2 在水平面内可按逆时针方向转 90°。

③内圆磨具。内圆磨具 4 用于支承磨内孔的砂轮主轴,内圆磨具 4 的主轴由单独的电动机驱动。

④砂轮架。砂轮架 5 用于支承并传动高速旋转的砂轮主轴。砂轮架 5 装在滑鞍上,当需磨削短圆锥面时,砂轮架 5 可以在水平面内调整至一定角度($\pm 30°$)。

⑤尾架。尾架 6 和头架 2 的顶尖一起支承工件。

⑥滑鞍及横向进给机构。转动横向进给手轮,可以使横向进给机构带动滑鞍及其上的砂轮架 5 作横向进给运动。

⑦工作台。工作台 3 由上下两层组成。上工作台可绕下工作台的水平面向内回转一个角度($\pm 10°$),用于磨削锥度不大的长圆锥面。上工作台的上面装有头架 2 和尾架 6,它们可随着工作台 3 一起,沿床身导轨作纵向往复运动。

(2) M1432A 型磨床的运动

①主运动是外圆磨和内圆磨砂轮的旋转运动,通常由电动机驱动。

②进给运动。工件的圆周进给运动,工作台带动工件的纵向进给运动,砂轮的横向进给运动,均由磨床的液压系统完成。

③辅助运动。砂轮架的快速进退运动,尾架套筒的伸缩运动,均由磨床的液压系统来完成。

4.2 平面加工方法

平面加工常用的加工方法有铣削加工、磨削加工、刨削加工、拉削加工、研磨等,其中铣削加工与磨削加工应用最多,铣削加工主要用于未淬硬工件的粗加工和半精加工,而磨削加工主要用于硬件的精加工,刨削加工的生产率低,加工精度也低,因此,一般用于修配车间加工平面。拉削加工的生产率和加工精度都较高,一般用于大批量生产。研磨主要用于提高零件表面的粗糙度,是一种光整加工方法。

由于平面作用不同,其技术要求也不同,故应采用不同的加工方案,以保证平面质量。表 4-7 为平面加工常用方案。

表 4-7 平面加工方案

序号	加工方案	经济精度	表面粗糙度 $Ra/\mu m$	适用范围
1	粗车—半精车	IT9	3.2~6.3	回转体零件的端面
2	粗车—半精车—精车	IT3~IT7	0.8~1.6	
3	粗车—半精车—磨削	IT6~IT8	0.2~0.8	
4	粗刨(或粗铣)—精刨(或精铣)	IT8~IT10	1.6~6.3	精度要求不太高的不淬硬平面
5	粗刨(或粗铣)—精刨(或精铣)—刮研	IT6~IT7	0.1~0.8	精度要求较高的不淬硬平面

续表

序号	加工方案	经济精度	表面粗糙度 $Ra/\mu m$	适用范围
6	粗刨（或粗铣）—精刨（或精铣）—磨削	IT7	0.2~0.8	精度要求高的淬硬平面或不淬硬平面
7	粗刨（或粗铣）—精刨（或精铣）—粗磨—精磨	IT6~IT7	0.02~0.4	
8	粗铣—拉	IT7~IT9	0.2~0.8	大量生产较小的平面（精度视拉刀精度而定）
9	粗铣—精铣—磨削—研磨	IT5 以上	0.006~0.1	高精度平面

4.2.1 铣削加工

铣刀是一种多齿刀具，在铣削时，铣刀的每个刀齿不像车刀和钻头那样连续地进行切削，而是间歇地进行切削，刀具的散热和冷却条件好，铣刀的寿命高，切削速度可以提高。

铣削时经常是多齿进行切削，可采用较大的切削用量。与刨削相比，铣削有较高的生产率，在成批及大量生产中，铣削几乎已全部代替刨削。

1. 铣削用量

铣削用量包括切削速度、进给量、铣削深度和铣削宽度四个要素。其铣削用量如图 4-8 所示。

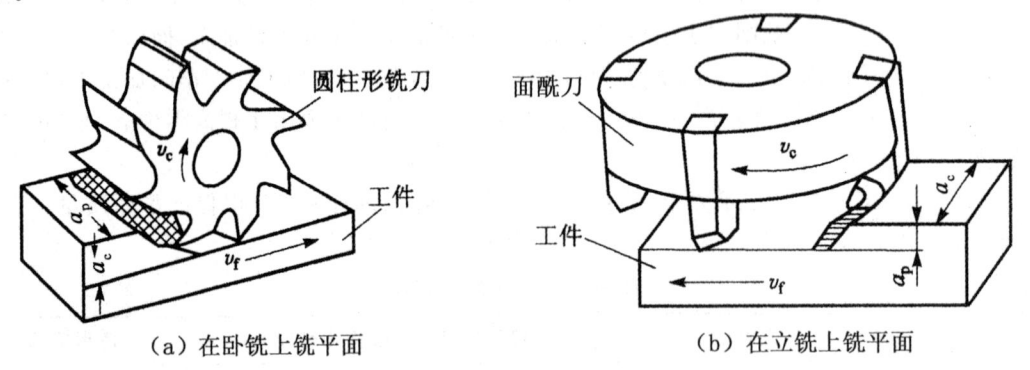

(a) 在卧铣上铣平面　　　(b) 在立铣上铣平面

图 4-8　铣削运动及铣削用量

(1)切削速度 v_c

切削速度是指铣刀最大直径处的线速度，可由下式计算，即

$$v_c = \frac{\pi d n}{1000}$$

式中，v_c 为切削速度；d 为铣刀直径；n 为铣刀每分钟转数。

(2)进给量 f

铣削时，进给量是指工件在进给运动方向上相对刀具的移动量。由于铣刀为多刃刀具，计算时按单位时间不同,有以下三种度量方法。

每齿进给量 f_z,指铣刀每转过一个刀齿,工件沿进给方向移动的距离。

每转进给量 f,指铣刀每转一转,工件沿进给方向移动的距离。

每分钟进给量 v_f,又称进给速度,指工件每分钟沿进给方向移动的距离。上述三者的关系为

$$v_f = fn = f_z zn$$

式中,z 为铣刀齿数;n 为铣刀每分钟转速。

(3) 铣削深度 a_p

铣削深度是指平行于铣刀轴线方向测量的切削层尺寸(切削层是指工件上正被切削刃切削着的那层金属),单位为 mm。因周铣与端铣时相对于工件的方位不同,故铣削深度的标示也有所不同。

(4) 铣削宽度 a_c

铣削宽度是指垂直于铣刀轴线方向测量的切削层尺寸。

铣削用量选择的原则:通常粗加工为了保证必要的刀具寿命,应优先采用较大的铣削深度或铣削宽度,其次是加大进给量,最后才是根据刀具寿命的要求选择适宜的切削速度。这样选择是因为切削速度对刀具寿命影响最大,进给量次之,铣削深度或铣削宽度影响最小。精加工时,为了减小工艺系统的弹性变形,同时为了抑制积屑瘤的产生,必须采用较小的进给量。对于硬质合金铣刀,应采用较高的切削速度,对于高速钢铣刀,应采用较低的切削速度,如果铣削过程中不产生积屑瘤,也应采用较大的切削速度。

2. 铣削的应用

铣床的加工范围很广,可以加工平面、斜面、垂直面、各种沟槽和成形面(如齿形),如图 4-9 所示,还可以利用分度头进行分度工作。孔的钻、镗加工,也可在铣床上进行,如图 4-10 所示。铣床的加工精度一般为 IT8~IT9,表面粗糙度一般为 $1.6\sim6.3\mu m$。

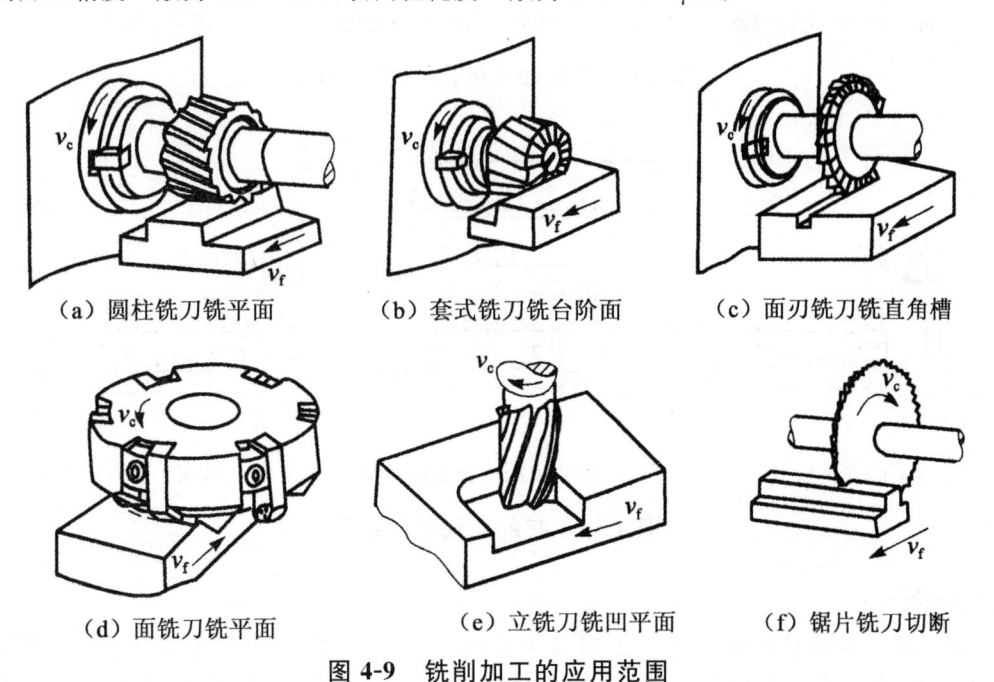

(a) 圆柱铣刀铣平面　　(b) 套式铣刀铣台阶面　　(c) 面刃铣刀铣直角槽

(d) 面铣刀铣平面　　(e) 立铣刀铣凹平面　　(f) 锯片铣刀切断

图 4-9　铣削加工的应用范围

(g) 凸半圆铣刀铣凹圆弧面　　(h) 凹半圆铣刀铣凸圆弧面　　(i) 齿轮铣刀铣齿轮

(j) 角度铣刀铣V形槽　　(k) 燕尾槽铣刀铣燕尾槽　　(l) T形槽铣刀铣T形槽

(m) 键槽铣刀铣键槽　　(n) 半圆键槽铣刀铣半圆键槽　　(o) 角度铣刀铣螺旋槽

图 4-9　铣削加工的应用范围(续)

(a) 卧式铣床上镗孔　　(b) 卧式铣床上镗孔用吊架　　(c) 卧式铣床上镗孔用支承套

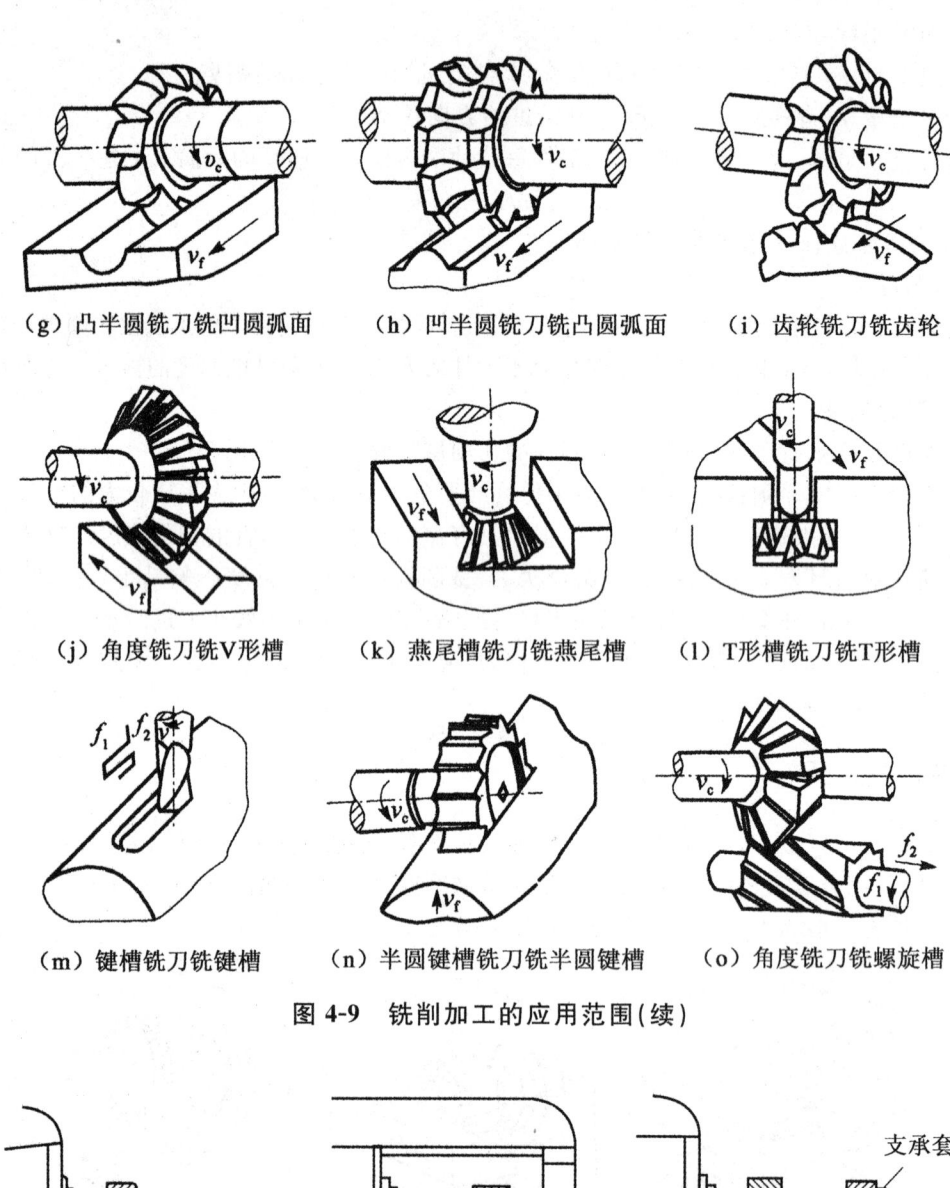

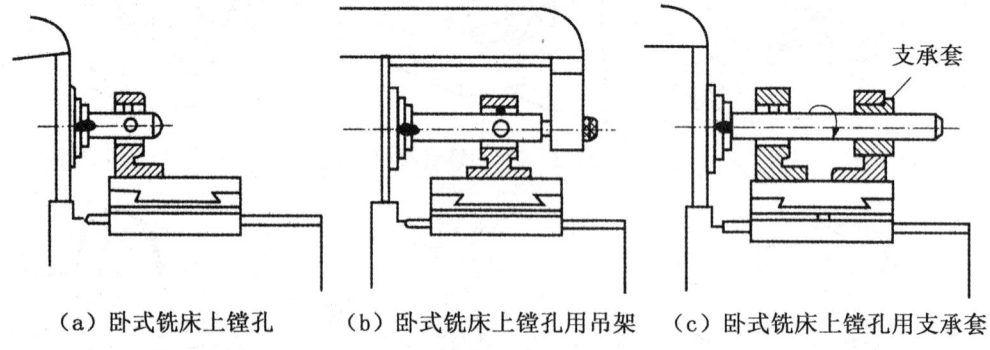

图 4-10　在卧式铣床上镗孔

(1) 逆铣

铣削时铣刀的旋转切入工件的方向与工件的进给方向相反,称为逆铣,反之为顺铣。如图 4-11(a)所示,当切削厚度从 0 开始并逐渐增大,致使实际前角出现负值,刀齿在加工表面失去切削功能不能进行切削,而只是对加工表面形成挤压和滑行,加剧了后刀面的磨损,降低使用寿命,增大工件加工后的表面粗糙度值。同时由于逆铣时铣刀施加于工件上的纵向分力 F_f,总是与工作台的进给方向相反,故工作台丝杠与螺母之间无间隙,始终保持良好的接触,从而使进给运动平稳,但是垂直方向的分力的大小是变化的,且方向向上,引起工件产生振动,从而影响工件表面的粗糙度。

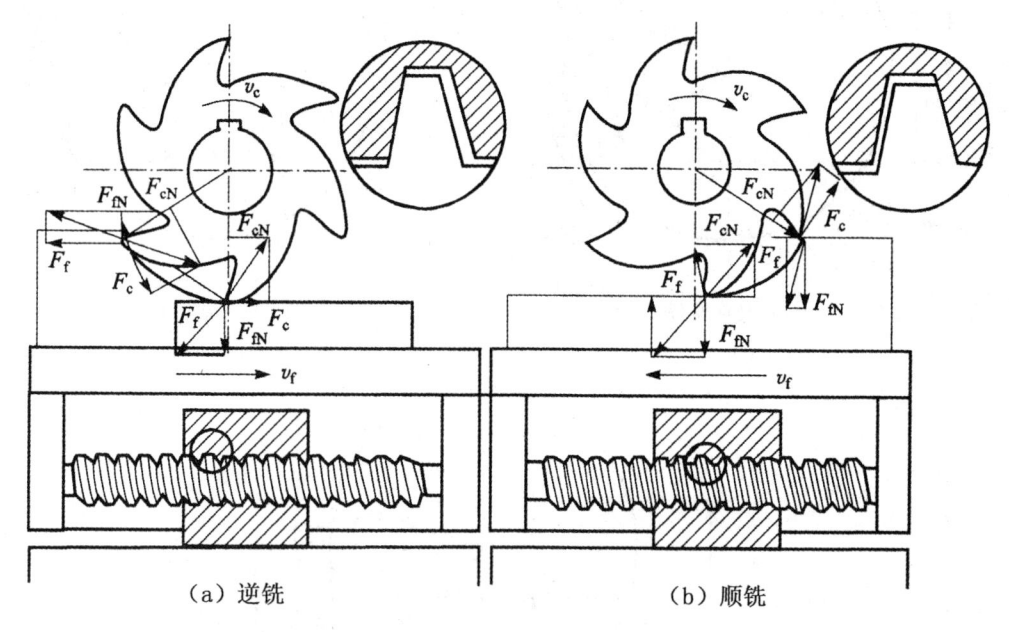

图 4-11 逆铣与顺铣

(2)顺铣

如图 4-11(b)所示,刀齿的切削厚度从大到小,避免了挤压、滑行,而且垂直分力的方向始终压向工作台,从而使切削过程平稳,提高了铣刀的使用寿命和工件的表面质量。但是纵向分力只与进给方向相同,致使工作台丝杠与螺母之间出现间隙,从而发生窜动,使铣削进给量不均,严重时会损坏铣刀。只有铣床具有顺铣机构时才能使用。

端铣有对称端铣、不对称逆铣和不对称顺铣三种,如图 4-12 所示。端铣时,面铣刀与被加工表面接触弧比周铣长,参加切削的刀齿数多,故切削平稳,加工质量好。

① 对称端铣。如图 4-12(a)所示,铣刀位于工件对称中心线处,切入为逆铣,切出为顺铣。切入和切出的厚度相同,有较大的平均切削厚度,故端铣时多用此法。它特别适用于加工淬硬钢。

② 不对称逆铣。如图 4-12(b)所示,铣刀位置偏于工件对称中心线一侧,切削厚度在切入时最小,切出时最大,故切入冲击力小,切削过程平稳,适用于加工普通碳钢和高强度低合金钢。刀具寿命长,加工表面质量好。

③ 不对称顺铣。如图 4-12(c)所示,铣刀位置偏于工件对称中心线一侧,切削厚度在切入时最大,切出时最小,故适用于加工不锈钢等中等强度的材料和高塑性材料。

(a) 对称端铣

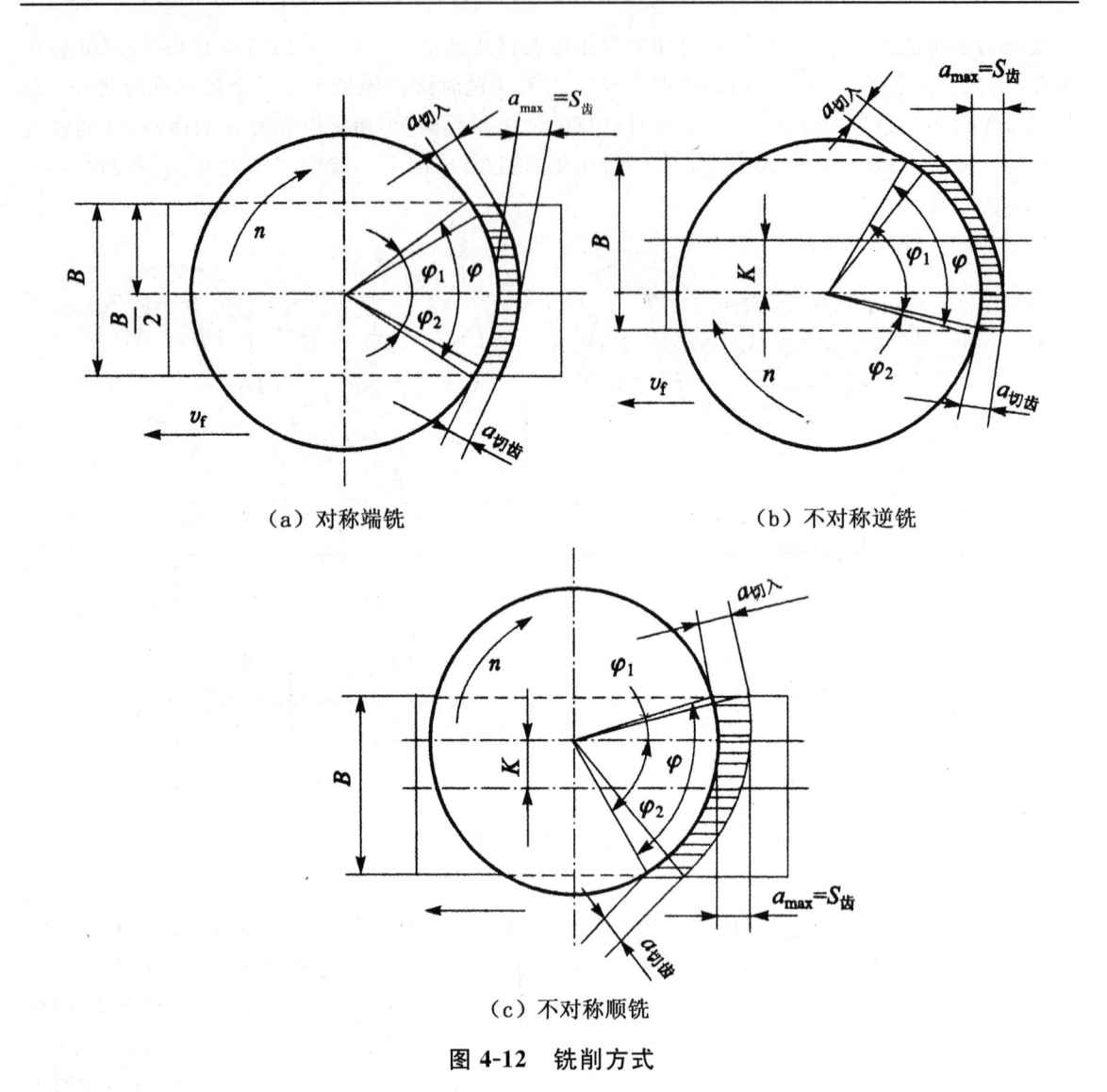

(b) 不对称逆铣

(c) 不对称顺铣

图 4-12 铣削方式

4.2.2 铣床加工

铣床种类很多,常用的有卧式铣床、立式铣床、龙门铣床和数控铣床及铣镗加工中心等。在一般的工厂里,卧式铣床和立式铣床应用最广,其中万能卧式升降台式铣床(以下简称万能卧式铣床)应用最多,现加以介绍。

1. 万能卧式铣床

万能卧式铣床是铣床中应用最广的一种。其主轴是水平的,与工作台面平行。下面以 X6132 铣床为例,介绍万能卧试铣床的型号以及组成部分和作用。

(1) 铣床的型号含义

```
X 6 1 32
│ │ │ └── 主参数代号：表示工作台宽度的1/10，即工作台宽度为320mm
│ │ └──── 型别代号：表示万能升降台铣床
│ └────── 组别代号：表示卧式铣床
└──────── 类别代号：表示铣床类（X为"铣床"汉语拼音的第一个字母，直接读音为"铣"）
```

(2) X6132万能卧式铣床的组成

X6132万能卧式铣床的主要组成部分及作用如图4-13所示。

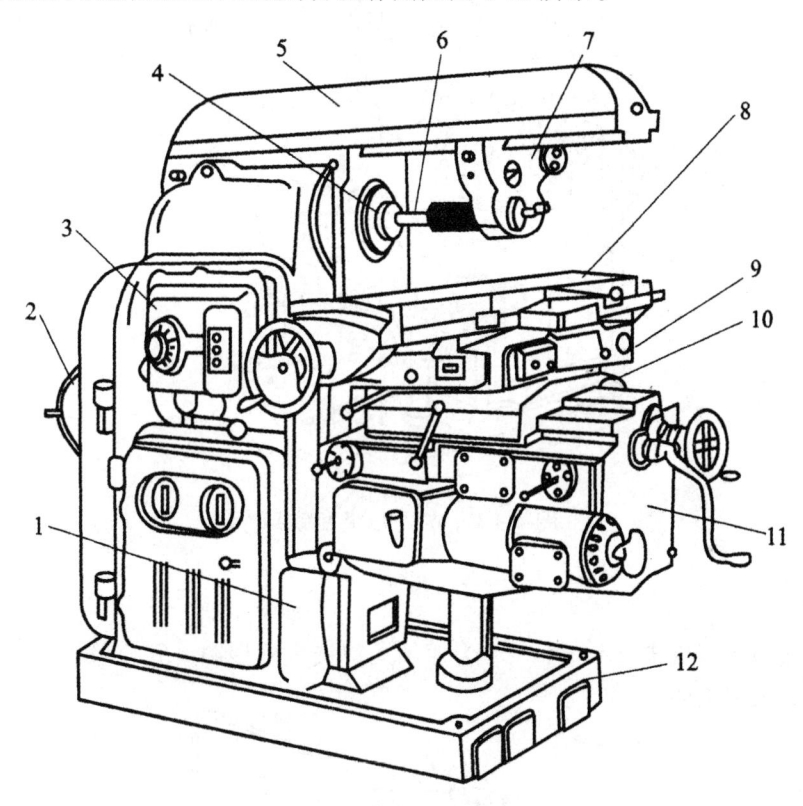

图 4-13　X6132 万能卧式铣床

1—床身；2—电机；3—主轴交流机构；4—主轴；5—横梁；6—刀杆；
7—刀杆支架；8—工作台；9—回转盘；10—床鞍；11—升降台；12—底座

①床身。它用来固定和支承铣床上所有的部件。

②横梁。它的上面安装吊架，用来支承刀杆外伸的一端，以加强刀杆的刚性。

③主轴。主轴是空心轴，前端有 7：24 的精密锥孔，其用途是安装铣刀刀杆并带动铣刀旋转。

④纵向工作台。它带动台面上的工件作纵向进给。

⑤横向工作台。它带动台面上的工件作横向进给。

⑥转台。它的作用是将纵向工作台在水平面内扳转一定的角度，以便铣削螺旋槽。

⑦升降台。它可以使整个工作台沿床身的垂直导轨上下移动，以调整工作台面到铣刀的距

— 73 —

离,并作垂直进给。由于 X6132 的工作台除了能作纵向、横向和垂直方向的进给外,还能在水平面内左右扳转 45°,因此称为万能卧式铣床。

2. 立式升降台铣床

立式升降台铣床如图 4-14 所示,其主轴与工作台面垂直。有时根据加工的需要,可以将立铣头(主轴)偏转一定的角度。

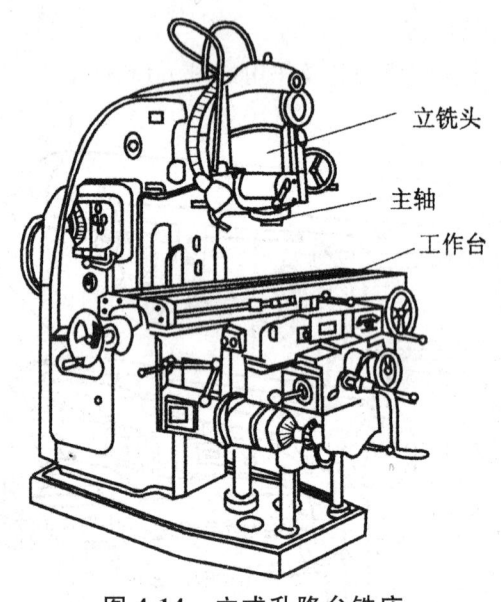

图 4-14 立式升降台铣床

3. 龙门铣床

龙门铣床属于大型机床之一,图 4-15 为四轴龙门铣床外形图。它一般用来加工卧式、立式铣床不能加工的大型工件。

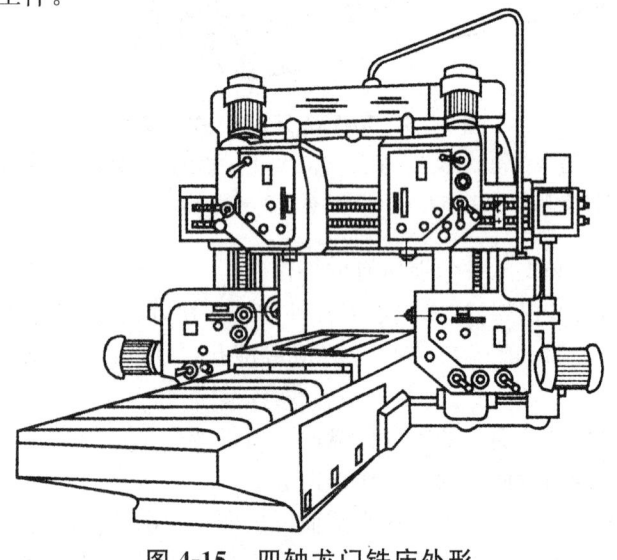

图 4-15 四轴龙门铣床外形

4. 铣刀的分类

铣刀的分类方法很多,根据铣刀安装方法的不同可分为两大类,即带孔铣刀和带柄铣刀。带孔铣刀多用在卧式铣床上,带柄铣刀多用在立式铣床上。带柄铣刀又分为直柄铣刀和锥柄铣刀。
① 常用的带孔铣刀有圆柱铣刀、圆盘铣刀、角度铣刀、成形铣刀等。
② 常用的带柄铣刀有立铣刀、键槽铣刀、T形槽铣刀、镶齿面铣刀等。

4.2.3 刨削加工

在生产中常用的刨床有牛头刨床和龙门刨床。前者用于加工中、小型板件,后者用于加工大型板件。刨削加工一般用于单件或小批量生产,加工精度为IT7~IT9,表面粗糙度为 $1.6\sim12.5\mu m$,故一般用于粗加工,生产率比铣削低。加工原理如图 4-16 所示。

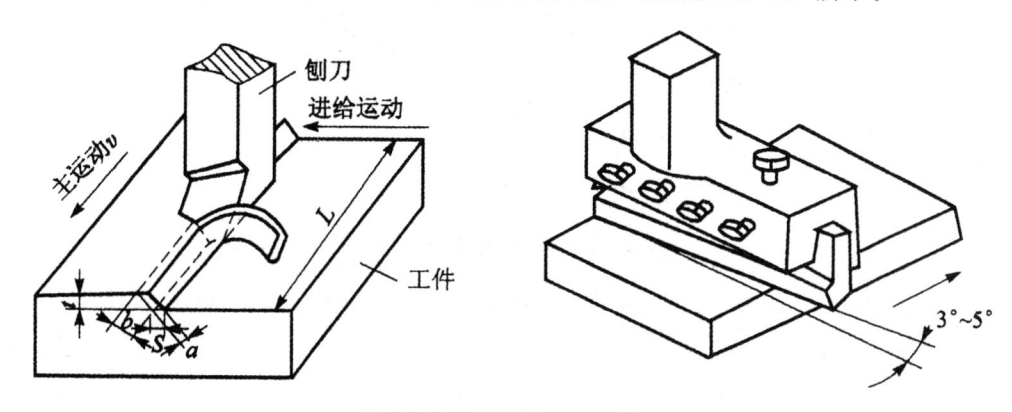

图 4-16 刨削加工示意图

1. 牛头刨床

牛头刨床主要由床身、滑枕、刀架、工作台、横梁等组成,如图 4-17 所示。因其滑枕和刀架形似牛头而得名。牛头刨床工作时,装有刀架 2 的滑枕 3 由床身 4 内部的摆杆带动,沿床身 4 顶部的导轨作直线往复运动,使刀具实现切削过程的主运动,通过调整变速手柄 5 可以改变滑枕 3 的运动速度,行程长度则可通过滑枕行程调节柄 6 调节。刀具安装在刀架 2 前端的抬刀板上,转动刀架上方的手轮,可使刀架 2 沿滑枕 3 前端的垂直导轨上下移动。刀架 2 还可沿水平轴偏转,用于刨削侧面和斜面。滑枕 3 回程时,抬刀板可将刨刀朝前上方抬起,以免刀具擦伤已加工表面。夹具或工件则安装在工作台 1 上,并可沿横梁 7 上的导轨作间歇的横向移动,实现切削过程的进给运动。横梁 7 还可沿床身 4 的竖直导轨上、下移动,以调整工件与刨刀的相对位置。

牛头刨床的主参数是最大刨削长度。它适用于单件小批生产或机修车间,用来加工中、小型工件。

2. 龙门刨床

图 4-18 为龙门刨床的外形图,因它有一个"龙门"式框架而得名。

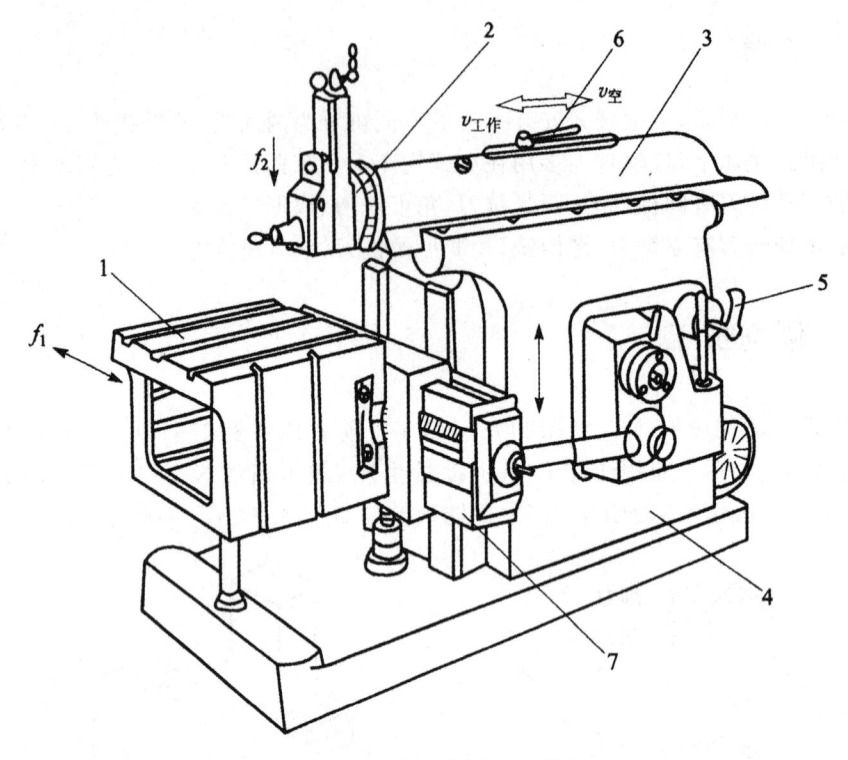

图 4-17 牛头刨床外形图

1—工作台；2—刀架；3—滑枕；4—床身；5—变速手柄；6—滑枕行程调节柄；7—横梁

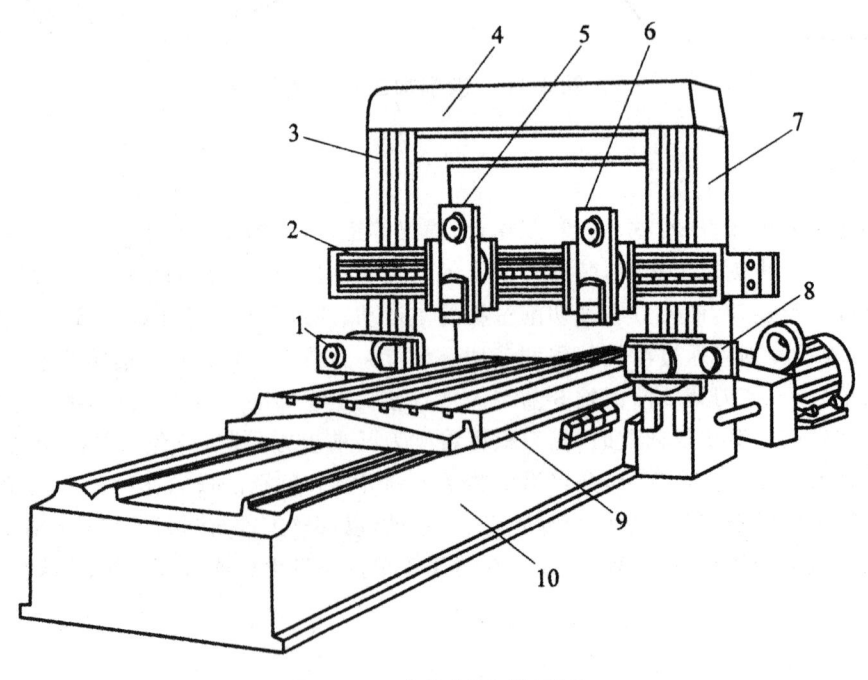

图 4-18 龙门刨床外形图

1、8—侧刀架；2—横梁；3、7—立柱；4—顶梁；5、6—立刀架；9—工作台；10—床身龙门刨床工作时,工件装夹在工作台 9 上,随工作台 9 沿床身 10 的导轨作直线往复运动,以实现切削过程的主运动。装在横梁 2 上的立刀架 5、6 可沿横梁 2 的导轨作间歇的横向进给运动,用于刨削工件的水平面,立刀架 5、6 上的溜板还可使刨刀上下移动,作切入运动或刨竖直平面。此外,刀架溜板还能绕水平轴调整至一定的角度位置,以加工斜面。装在左、右立柱 3、7 上的侧刀架 1、8 可沿立柱 3、7 的导轨作垂直方向的间歇进给运动,以刨削工件的竖直平面。横梁 2 还可沿立柱 3、7 的导轨升降,以便根据工件的高度调整刀具的位置。另外,各个刀架都有自动抬刀装置,在工作台 9 回程时,自动将刀板抬起,避免刀具擦伤已加工表面。龙门刨床的主参数是最大刨削宽度。与牛头刨床相比,其形体大、结构复杂、刚性好、传动平稳、工作行程长,主要用来加工大型零件的平面,或同时加工数个中、小型零件,加工精度和生产率都比牛头刨床高。

刨削加工所用刀具种类较多,图 4-19 为常用刨刀及其应用图。

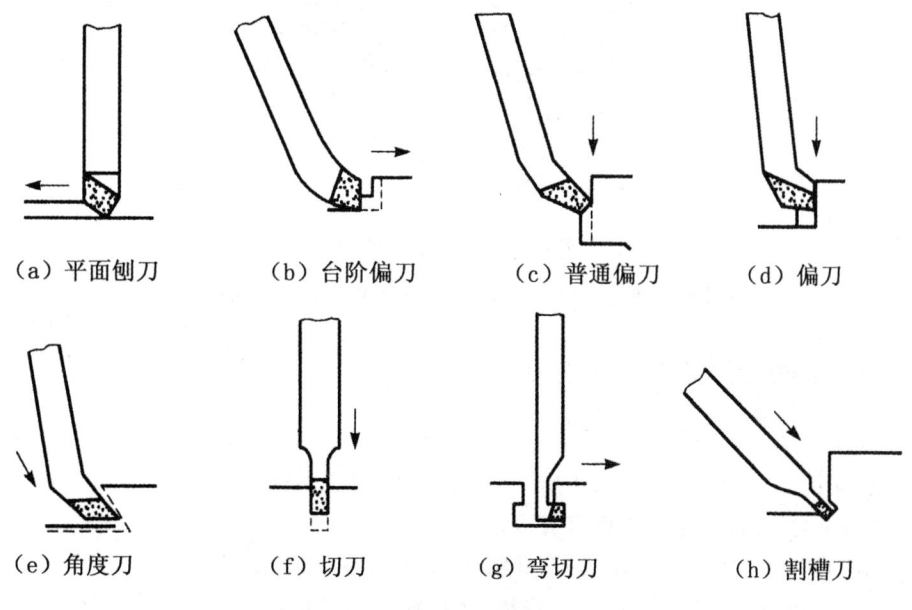

(a) 平面刨刀　　(b) 台阶偏刀　　(c) 普通偏刀　　(d) 偏刀

(e) 角度刀　　(f) 切刀　　(g) 弯切刀　　(h) 割槽刀

图 4-19　常用刨刀及其应用

3. 插床

插床实质上是立式刨床,如图 4-20 所示。加工时,滑枕 5 带动刀具沿立柱 6 的导轨做直线往复运动,实现切削过程的主运动。工件安装在圆工作台 4 上,圆工作台 4 可实现纵向、横向和圆周方向的间歇进给运动。圆工作台 4 的旋转运动,除了做圆周进给外,还可进行圆周分度。滑枕 5 还可以在垂直平面内相对立柱 6 倾斜 0°~8°,以便加工斜槽和斜面。插床的主参数是最大插削长度,主要用于单件、小批量生产中加工工件的内表面,如方孔、各种多边形孔和键槽等,特别适合加工不通孔或有台阶的内表面。

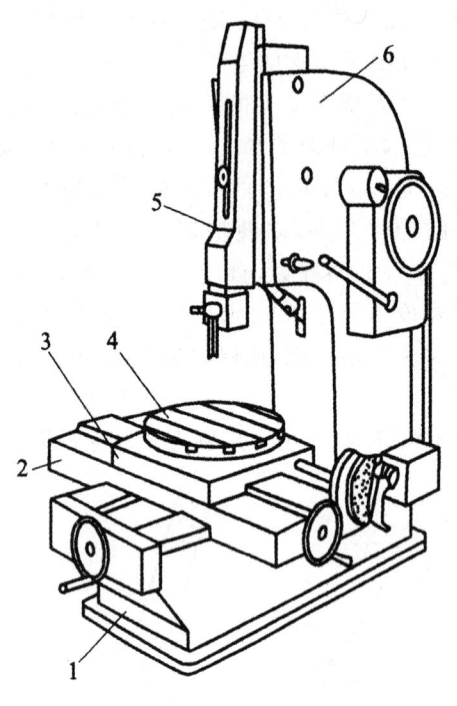

图 4-20 插床外形图

1—床身；2—横滑板；3—纵滑板；4—圆工作台；5—滑枕；6—立柱

4. 刨削加工的应用范围及工艺特点

刨削主要用于加工平面和直槽。如果对机床进行适当的调整或使用专用夹具,还可用于加工齿条、齿轮、花键以及以母线为直线的成形面等。刨削加工精度一般为IT7～IT8,表面粗糙度为 1.6～6.3μm。刨削加工的工艺特点有以下几点。

① 刨床结构简单,调整、操作方便;刀具制造、刃磨容易,加工费用低。

② 刨削特别适宜加工尺寸较大的T形槽、燕尾槽及窄长的平面。

③ 刨削加工精度较低。粗刨的尺寸公差等级为IT11～IT13,表面粗糙度为12.5μm;精刨后尺寸公差等级为IT7～IT9,表面粗糙度为1.6～3.2μm,直线度为0.04～0.08mm/m。

④ 刨削生产率较低。因刨削有空行程损失,主运动部件反向惯性力较大,故刨削速度低,生产率低。但在加工窄长面和进行多件或多刀加工时,刨削生产率却很高。

4.2.4 磨削加工

1. 平面磨削加工工艺特点及分类

对于精度要求高的平面以及淬火零件的平面加工,一般需要采用平面磨削的方法。平面磨削主要在平面磨床上进行。平磨时,对于简单的铁磁性材料,可用电磁吸盘装夹工件。对于形状复杂或非铁磁性材料,可先用精密平口虎钳或专用夹具装夹,再用电磁吸盘或真空吸盘吸牢。

平面磨削按砂轮工作面的不同分为两大类：周磨和端磨。周磨如图 4-21(a)、图 4-21(b)所示，它采用砂轮的圆周面进行磨削加工，工件与砂轮的接触面少，磨削力小，磨削热少，且冷却和排屑条件好，工件表面加工质量好。端磨如图 4-21(c)、图 4-21(d)所示，它采用砂轮的端面进行磨削加工，工件与砂轮的接触面大，磨削力大，磨削热多，且冷却和排屑条件较差，工件变形大，工件表面加工质量差。

（a）卧轴矩台平面磨床磨削　　　　　　（b）卧轴圆台平面磨床磨削

（c）立轴圆台平面磨床磨削　　　　　　（d）立轴矩台平面磨床磨削

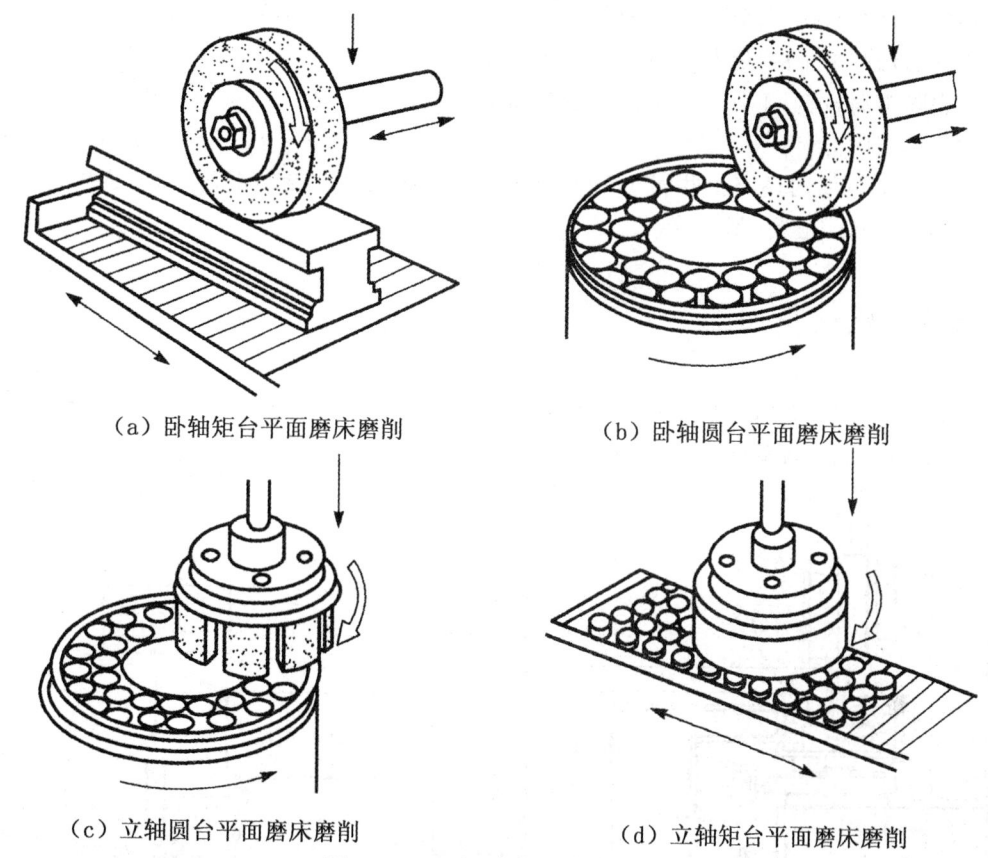

图 4-21　平面磨削加工示意图

2. 平面磨床

磨削工件平面或成形表面的磨床主要有卧轴矩台平面磨床、立轴圆台平面磨床、卧轴圆台平面磨床、立轴矩台平面磨床和各种专用平面磨床。

① 卧轴矩台平面磨床。工件由矩形电磁工作台吸住或夹持在工作台上，并作纵向往复运动。砂轮架可沿滑座的燕尾导轨作横向间歇进给运动。滑座可沿立柱的导轨作垂直间歇进给运动，用砂轮周边磨削工件，磨削精度较高。

② 立轴圆台平面磨床。竖直安置的砂轮主轴以砂轮端面磨削工件，砂轮架可沿立柱的导轨作间歇的垂直进给运动。工件装在旋转的圆工作台上可连续磨削，生产效率较高。为了便于装卸工件，圆工作台还能沿床身导轨作纵向移动。

③ 卧轴圆台平面磨床。用于磨削圆形薄片工件，并可利用工作台倾斜磨出厚薄不等的环形工件。

④ 立轴矩台平面磨床。由于砂轮直径大于工作台宽度，磨削面积较大，适用于高效磨削。

4.3 特种加工方法

特种加工是指直接利用电能、热能、光能、声能、化学能及电化学能等进行加工的总称。特种加工与传统的切削加工的区别在于：不是主要依靠机械能，而是主要用其他能量（如电、化学、光、声、热等）去除金属材料；工具硬度可以低于被加工材料的硬度；加工过程中工具与工件之间不存在显著的机械切削力。

在特种加工范围内还有一些属于改善表面粗糙度或表面性能的工艺，如电解抛光，化学抛光，电火花表面强化、镀覆、刻字等。

4.3.1 电火花加工

电火花加工是利用脉冲放电对导电材料的腐蚀作用去除材料，以满足一定形状和尺寸要求的一种加工方法，其原理如图 4-22 所示。

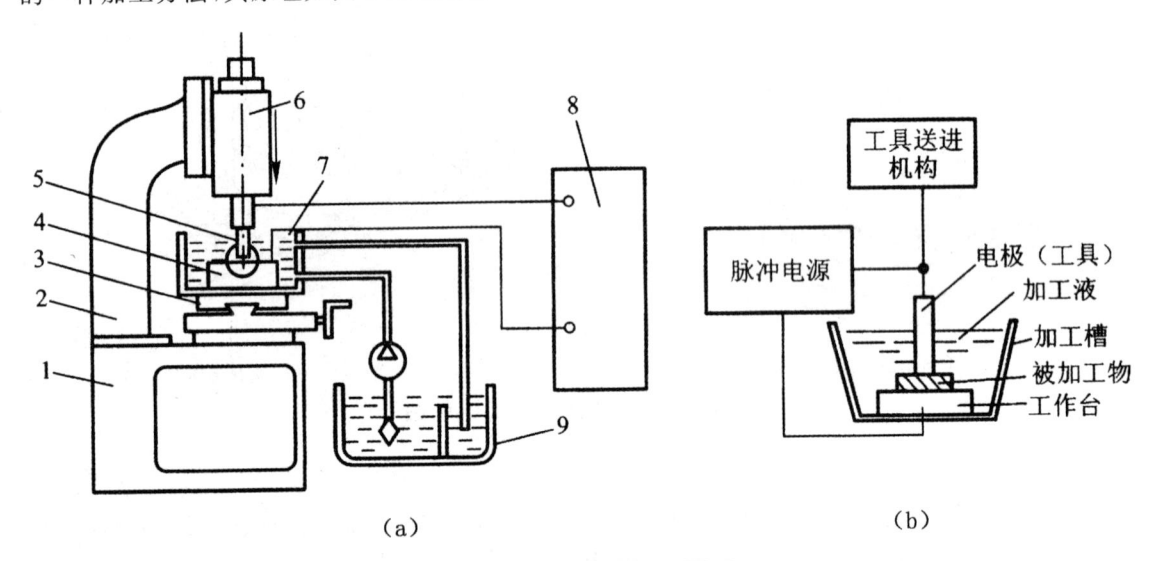

图 4-22 电火花加工原理

1—床身；2—立柱；3—工作台；4—工件电极；5—工具电极；
6—进给机构及间隙调节器；7—工作液；8—脉冲电源；9—工作液箱

在充满液体介质的工具电极和工件之间很小间隙上（一般为 0.01～0.02mm），施加脉冲电压，于是间隙中就产生很强的脉冲电压，使两极间的液体介质按脉冲电压的频率不断被电离击穿，产生脉冲放电。由于放电的时间很短（10^{-8}～10^{-6}s），且发生在放电区的局部区域上，所以能量高度集中，使放电区的温度高达 10000～12000℃。于是工件上的这一小部分金属材料被迅速熔化和气化。由于熔化和气化的速度很高，故带有爆炸性质。在爆炸力的作用下将熔化了的金属微粒迅速抛出，被液体介质冷却、凝固并从间隙中冲走。每次放电后，在工件表面上形成一个小圆坑(如图 4-22 所示),放电过程多次重复进行,随着工具电极不断进给,材料逐渐被蚀除,工具电极的轮廓形状即可复印在工件上达到加工的目的。

电火花加工的工艺特点如下:

① 可以加工任何高硬度、难切削的导电材料。在一定条件下也可加工半导体材料和非导电材料。

② 加工时,"无切削力",有利于小孔、薄壁、窄槽及各种复杂截面的型孔、曲线孔、型腔等零件的加工,也适用于精密细微加工。

③ 由于脉冲参数可根据需要任意调节,因而粗、半精、精加工可以在同一台机床上连续进行。精加工时,表面粗糙度 Ra 值可达 $0.8 \sim 1.6 \mu m$;通孔加工精度可达 $0.01 \sim 0.05 \mu m$;型腔加工精度可达 $0.1mm$ 左右。

④ 电火花加工设备结构比较简单,操作比较容易掌握。

4.3.2 电解加工

电解加工是利用金属在电解液中可以产生阳极溶解的电化学原理来进行尺寸加工的。这种电化学现象在机械工业中早已被用来实现电抛光和电镀。电解加工是在电抛光的基础上经过重大的革新而发展起来的,其加工原理如图 4-23 所示。加工时工件连接于直流电源的正极(阳极),工具连接于直流电源的负极(阴极)。两极之间的电压一般为低电压(5~25V)。两极之间保持一定的间隙(0.1~0.8mm)。电解液以较高的速度(5~60m/s)流过,使两极间形成导电通路,并在电源电压下产生电流,于是工件被加工表面的金属材料将不断产生电化学反应而溶解到电解液中,电解的产物则被电解液带走。加工过程中工具阴极不断地向工件恒速进给,工件的金属不断溶解,使工件与工具各处的间隙趋于一致,工具阴极的形状尺寸将复制在工件上,从而得到所需要的零件形状。

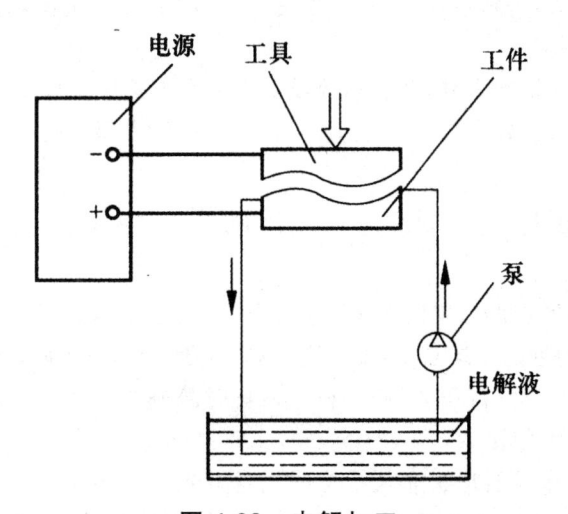

图 4-23 电解加工

电解加工成形的原理如图 4-24 所示。电解加工刚开始时工件毛坯的形状与工具形状不同，电极之间间隙不相等，如图 4-24(a)所示，间隙小的地方电场强度高，电流密度大（图中竖线密），金属溶解速度也较快；反之，工具与工件较远处加工速度就慢。随着工具不断向工件进给，阳极表面的形状就逐渐与阴极形状相近，间隙大致相同，电流密度趋于一致，如图 4-24(b)所示。

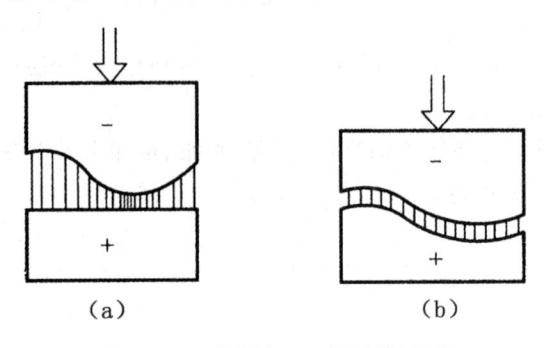

图 4-24　电解加工成形的原理

电解加工的工艺特点如下：

①加工范围广，不受材料硬度与强度的限制，能加工任何高强度、高硬度、高韧性的导电材料，如硬质合金、淬火钢、不锈钢、耐热合金等难加工材料。

②加工过程中工具阴极基本无损耗，可保持工具的精度长期使用。

③电解加工不需要复杂的成形运动，可加工复杂的空间曲面。

④生产率高，是特种加工中材料去除速度最快的方法之一，为电火花加工的 5~10 倍。

⑤只能加工导电的金属材料，对加工窄缝、小孔及棱角很尖的表面则比较困难，加工精度受到限制。

⑥对复杂加工表面的工具电极的设计和制造比较费时，因而在单件、小批生产中的应用受到限制。

⑦电解加工附属设备较多，占地面积大，投资大，电解液腐蚀机床，容易污染环境，需采取一定的防护措施。

⑧加工过程中无机械切削力和切削热，故没有因为力与热给工件带来的变形，可以加工刚性差的薄壁零件。加工表面无残余应力和毛刺，能获得较小的表面粗糙度值和一定的加工精度。

4.3.3　激光加工

激光是一种亮度高、方向性好、单色性好的相干光。由于激光发散角小和单色性好，在理论上可聚焦到尺寸与光的波长相近的小斑点上，加上亮度高，其焦点处的功率密度可达 $10^7 \sim 10^{11}$ W/cm^2，温度可高达万度左右。在此高温下，坚硬的材料将瞬时急剧熔化和蒸发，并产生强烈的冲击波，使熔化物质爆炸式地喷射去除。

图 4-25 为利用固体激光器加工原理示意图。当激光工作物质受到光泵（即激励脉冲氙灯）的激发后，吸收特定波长的光，在一定条件下可形成工作物质中亚稳态粒子大于低能级粒子数的状态。这种现象称为粒子数反转。此时一旦有少量激发粒子产生受激辐射跃迁，造成光放大，并通过谐振腔中的全反射镜和部分反射镜的反馈作用产生振荡，由谐振腔一端输出激光。通过透

镜将激光束聚焦到工件的加工表面上，即可对工件进行加工，常用的固体激光工作物质有红宝石、钕玻璃和掺钕钇铝石榴石等。

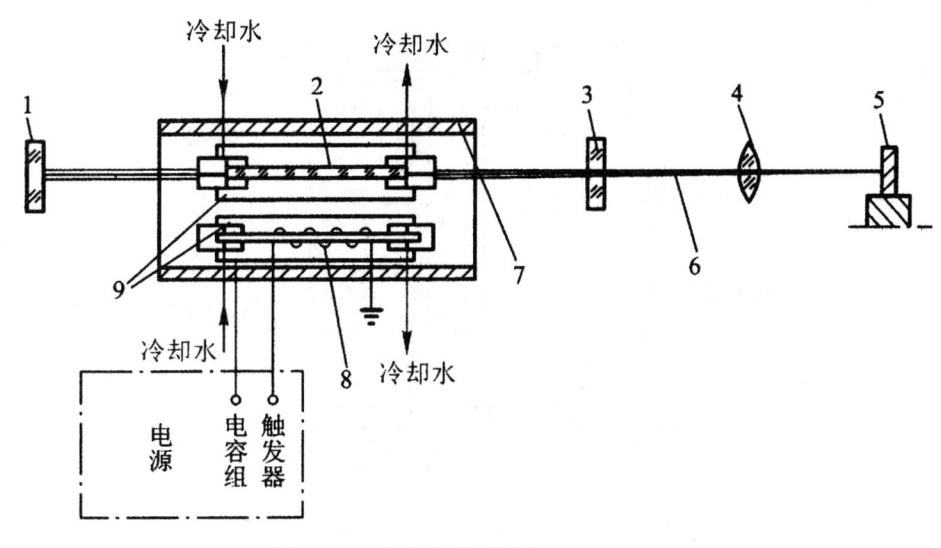

图 4-25 利用固体激光器加工原理示意图

1—全反射镜；2—水泵；3—部分反射镜；4—透镜；5—工件；
6—激光束；7—聚光器；8—氙灯；9—冷却水

激光加工的工艺特点如下：

① 激光加工几乎可以加工一切金属和非金属材料，如硬质合金、不锈钢、陶瓷玻璃、金刚石及宝石等。

② 可通过空气、惰性气体或光学透明介质进行加工。

③ 加工效率高，打一个孔只需要 0.001s，易于实现自动化生产和流水作业。

④ 加工时不用刀具，属于非接触式加工。工件不产生机械加工变形，热变形极小，可加工十分精微的尺寸。

4.3.4 超声加工

超声加工是随着机械制造和仪器制造中，各种脆性材料和难加工材料的不断出现而得到应用和发展的。它较好地弥补了在加工脆性材料方面的某些不足，并显示了其独特的优越性。

超声加工也叫作超声波加工，是利用产生超声振动的工具，带动工件和工具间的磨料悬浮液，冲击和抛磨工件的被加工部位，使局部材料破坏而成粉末，以进行穿孔、切割和研磨等，如图 4-26 所示。加工中工具以一定的静压力压在工件上，在工具和工件之间送入磨料悬浮液（磨料和水或煤油的混合物），超声换能器产生 16kHz 以上的超声频轴向振动，借助变幅杆把振幅放大到 0.02～0.08mm，迫使工作液中悬浮的磨粒以很快的速度不断地撞击、抛磨被加工表面，把加工区域的材料粉碎成很细的微粒，并从工件上去除下来。虽一次撞击去除的材料很少，但由于每秒钟撞击的次数多达 16000 次以上，所以仍有一定的加工速度。工作液受工具端面超声频振动作用而产生的高频、交变的液压冲击，使磨料悬浮液在加工间隙中强迫循环，将钝化了的磨料及时更新,并带走从工件上去除下来的微粒。随着工具的轴向进给,工具端部形状被复制在工件上。

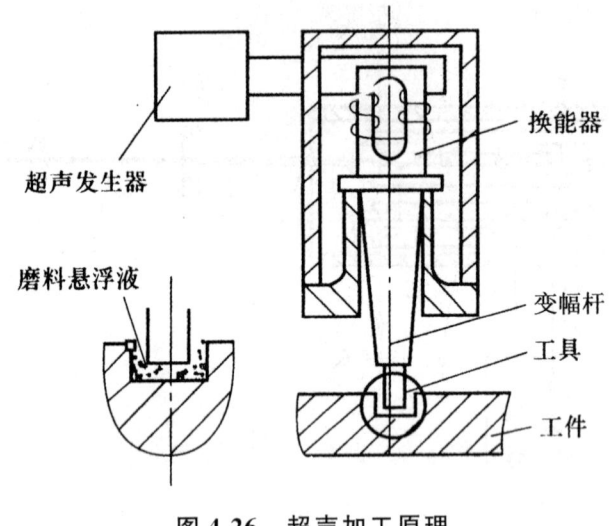

图 4-26 超声加工原理

由于超声加工是基于高速撞击原理,因此越是硬脆材料,受冲击破坏的作用也越大,而韧性材料则由于它的缓冲作用而难以加工。

超声加工的工艺特点如下:

①适于加工硬脆材料(特别是不导电的硬脆材料),如玻璃、石英、陶瓷、宝石、金刚石、各种半导体材料、淬火钢、硬质合金等。

②由于是靠磨料悬浮液的冲击和抛磨作用去除加工余量,所以可以采用比工件软的材料作为工具。加工时不需要使工具和工件作比较复杂的相对运动,因此,超声加工较简单,操作维修也比较方便。

③由于去除加工余量是靠磨料的瞬时撞击,工具对表面的宏观作用力小,热影响小,不会引起变形和烧伤,因此适合于加工薄壁零件及工件的窄槽、小孔等。超声加工的精度,一般可达 $0.01 \sim 0.02$ mm,表面粗糙度 Ra 值可达 $0.63 \mu m$ 左右,在模具加工中用于加工某些冲模、拉丝模以及抛光模具工作零件的成形表面。

4.3.5 电子束加工

电子束加工是利用能量密度很高的高速电子流,在一定真空度的加工舱中使工件材料熔化、蒸发和汽化而予以去除的高能束加工。随着微电子技术、计算机技术等的发展,大量的元器件需要进行微细、亚微米乃至毫微米加工,目前比较适合的加工方法就是电子束加工,其他的加工方法则比较困难,甚至难以实现。

如图 4-27 所示,电子枪射出高速运动的电子束经电磁透镜聚焦后轰击工件表面,在轰击处形成局部高温,使材料瞬时熔化、汽化,喷射去除。电磁透镜实质上只是一个通直流电流的多匝线圈,其作用与光学玻璃透镜相似,当线圈通过电流后形成磁场,利用磁场,可迫使电子束按照加工的需要作相应的偏转。

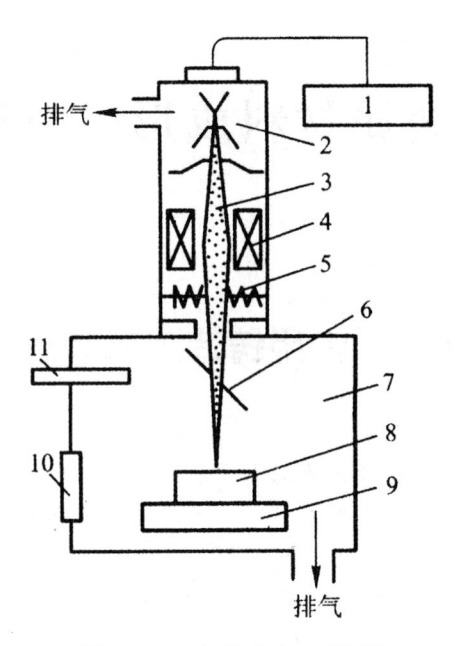

图 4-27 电子束加工原理
1—高速加压;2—电子枪;3—电子束;4—电磁透镜;5—偏转器;6—反射镜;
7—加工室;8—工件;9—工作台及驱动系统;10—窗口;11—观察系统

电子束加工的特点是局部可聚集极高的能量密度,能加工难加工材料。电子束加工热应力变形小,故适于热敏材料的加工。电子束可汇集成几微米的小斑点,适于加工精密微细孔和窄缝。电子束加工可以分割成很多细束,故能实现多束同时加工。在真空条件下加工,工件被污染少,适于加工易氧化的材料。它的缺点是必须有真空设备和 X 射线防护壁。因为有一小部分电子能量会转化成 X 射线能量,因此限制了它的使用范围。

4.3.6 化学腐蚀加工

化学腐蚀加工是将零件要加工的部位暴露在化学介质中,产生化学反应,使零件材料腐蚀溶解,以获得所需要的形状和尺寸的一种工艺方法。化学腐蚀加工时,应先将工件表面不加工的部位用耐腐蚀涂层覆盖起来,然后将工件浸渍于腐蚀液中或在工件表面涂覆腐蚀液,将裸露部位的余量去除,达到加工目的。常见的化学腐蚀加工有照相腐蚀、化学铣削和光刻等。

化学腐蚀加工的工艺特点如下:
①加工后表面无毛刺、不变形、不产生加工硬化现象。
②加工时不需要用夹具和贵重装备。
③只要腐蚀液能浸入的表面都可以加工,故适合于加工难以进行机械加工的表面。
④可加工金属和非金属(如玻璃、石板等)材料,不受被加工材料的硬度影响,不发生物理变化。
⑤腐蚀液和蒸气污染环境,对设备和人体有危害作用。需采用适当的防护措施。

化学腐蚀主要用来加工型腔表面上的花纹、图案和文字,应用较广的是照相腐蚀。

第5章 金属材料成形——铸造工艺

5.1 常用铸造工艺概述

铸造是人类掌握比较早的一种金属热加工工艺,已有约 6000 年的历史。中国约在公元前 1700~前 1000 年已进入青铜铸件的全盛期,工艺上已达到相当高的水平。铸造是将液体金属浇注到与零件形状相适应的铸造空腔中,待其冷却凝固后,获得零件或毛坯的方法。被铸物质多是原为固态但加热至液态的金属(例如,铜、铁、铝、锡、铅等),而铸模的材料可以是砂、金属甚至陶瓷。

5.1.1 液态合金的充型能力

液态合金充满铸型型腔,获得形状完整、轮廓清晰的铸件的能力,叫作液态合金充填铸型的能力,简称液态合金的充型能力。

液态合金的充型能力的好坏对铸件质量有着很大影响。充型能力好,易得到形状完整、轮廓清晰、尺寸准确、薄而复杂的铸件;还有利于金属液中的气体、非金属夹杂物的上浮与排除,有利于补充铸件凝固过程中的收缩。反之,铸件容易产生浇不足、冷隔、气孔、夹渣以及缩孔、缩松等缺陷。浇不足是指液态金属未充满铸型而产生缺肉的现象。冷隔是指充型金属流股汇合时熔合不良而在接头处产生缝隙或凹坑的现象。

1. 合金流动性

液态合金本身的流动能力,称为合金的流动性,它是合金主要铸造性能之一,也是影响充型能力最主要的因素。

合金的流动性通常用螺旋形试样来测定,如图 5-1 所示。可以看出,它是由一个特定条件的铸型铸出的。螺旋截面为等截面的梯形或半圆形,面积为 $50\sim100\text{mm}^2$,长度为 1.5mm,每 50mm 长度有一个凸点,数出凸点数目即可获得试样的全长。显然,在相同的浇注条件下,铸出来的试样越长,表示合金的流动性越好。

影响合金流动性的因素很多,其中主要是合金的化学成分。共晶成分的合金是在恒温下凝固的,已凝固的固体层从铸件表面逐层向中心推进,与尚未凝固的液体之间界面分明,且固体层内表面比较光滑,对液体阻力小。同时,共晶成分合金的凝固温度最低,相对来说,合金的过热度大,推迟了合金的凝固,故流动性最好。除纯金属外,其他成分合金都是在一定温度范围内结晶的,即这些成分的合金在铸件断面上既存在着发达的树枝晶,又有未凝固的液体相混杂的两相区,越靠近液流前端,枝晶数量越多,金属液的黏度增加,流速下降,所以合金的流动性变差。

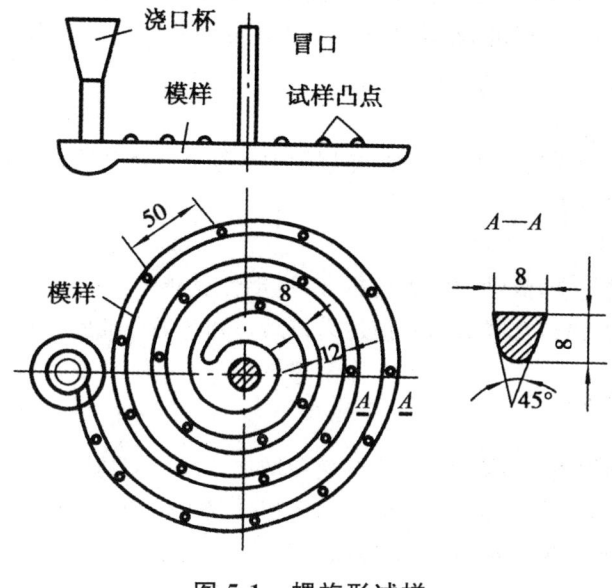

图 5-1 螺旋形试样

图 5-2 为铁碳合金的流动性与碳的质量分数的关系。由此可见,共晶成分流动性最好。离共晶成分越远,结晶温度范围越宽,流动性越差。

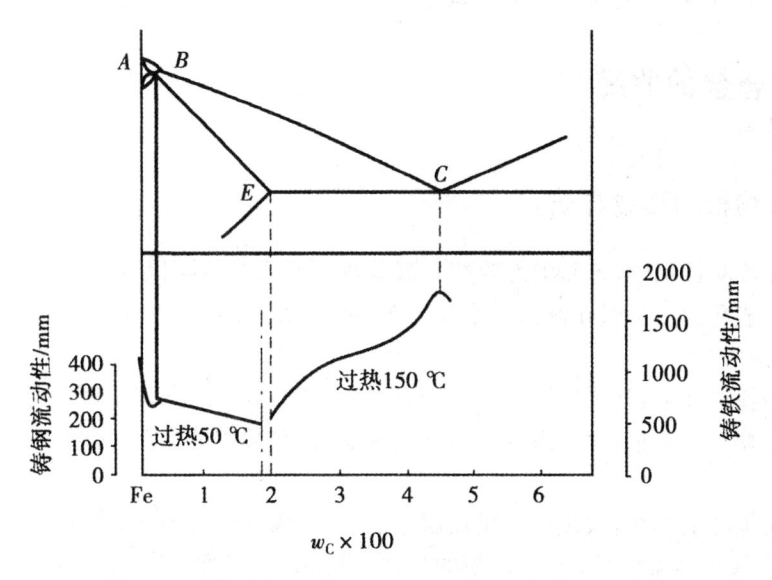

图 5-2 铁碳合金流动性与碳的质量分数的关系

2. 浇注条件

(1)浇注温度

浇注温度对合金的充型能力有着决定性影响。浇注温度越高,液态合金的黏度越小,又因过热度大,合金液在铸型中保持液态的时间也长,故充型能力强;反之,充型能力差。因而,对薄壁铸件或流动性较差的合金可适当提高浇注温度,以防止产生浇不足和冷隔等缺陷。

但浇注温度过高,会使液态合金的吸气量和总收缩量增大,反而会增加铸件产生其他缺陷(如气孔、缩孔等)的可能性。因此,在保证充型能力足够的条件下,浇注温度应尽可能低些,做到"高温出炉,低温浇注"。

(2) 充型压力

液态合金在流动方向所受的压力越大,充型能力越好。如增加直浇道高度,利用人工加压方法,像压力铸造、低压铸造等。

(3) 浇注系统的结构

浇注系统的结构越复杂,流动的阻力就越大,流动性就越差。故在设计浇注系统时,要合理布置内浇口在铸件上的位置,选择恰当的浇注系统结构和各部分的断面积。

3. 铸型的充填条件

铸型中凡能增加金属液流动阻力、降低流速和增加冷却速度的因素,均能降低合金的充型能力。诸如:型腔过窄、型砂含水分或透气性不足、铸型排气不畅和铸型材料导热性过大等,均能降低充型能力,使铸件易于产生浇不足、冷隔等缺陷。因此,为了改善铸型的充填条件,在设计铸件时必须保证其壁厚不小于规定的"最小壁厚";在铸型工艺上要采取相应的措施,如采用烘干型等。

以上影响因素错综复杂,在实际生产中必须根据具体情况具体分析,找出其中的主要矛盾,采取措施,以有效地提高液态金属的充型能力。

5.1.2 合金的收缩

1. 缩孔与缩松的形成与防止

液态合金在冷凝过程中,若其液态收缩和凝固收缩所缩减的体积得不到补充,就会在铸件最后凝固的部位形成孔洞。按照孔洞的大小和分布,可分为缩孔和缩松两种。

(1) 缩孔的形成

缩孔是集中在铸件上部或最后凝固部位的容积大的孔洞。缩孔多呈倒圆锥形,内表面粗糙,可以看到发达的树枝晶末梢,通常隐藏在铸件的内层,但在某些情况下,可暴露在铸件的上表面,呈明显的凹坑。

为便于分析缩孔的形成,假设铸件呈逐层凝固,其形成过程如图 5-3 所示。

液态合金注满铸型型腔后,由于铸型的吸热,液态合金温度下降,发生液态收缩,但它将从浇注系统中得到补充,因此,在此期间型腔总是充满金属液,如图 5-3(a)所示。当铸件外表面的温度下降到凝固温度时,铸件表面凝固一层薄壳,并将内浇口堵塞,使尚未凝固的合金被封闭在薄壳内,如图 5-3(b)所示。温度继续下降,薄壳产生固态收缩;液态合金产生液态收缩和凝固收缩,而且远大于薄壳的固态收缩,致使合金液面下降,并脱离壳顶形成真空孔洞,在负压及重力作用下,壳顶向内凹陷,如图 5-3(c)所示。依此进行下去,薄壳不断加厚,液面将不断下降,待合金全部凝固后,在铸件上部就形成一个倒锥形孔,如图 5-3(d)所示。整个铸件的体积因温度下降至常温而不断缩小,使缩孔的绝对体积有所减小,但其值变化不大,如图 5-3(e)所示。如果在铸件顶部设置冒口,缩孔将移至冒口中。

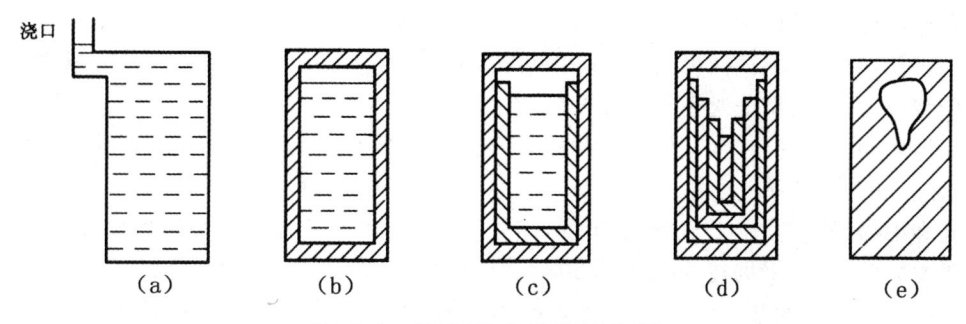

图 5-3 缩孔形成过程示意图

综上所述,在铸件中产生缩孔的基本原因是合金的液态收缩和凝固收缩大于固态收缩。产生缩孔的条件是铸件由表及里地逐层凝固,即纯金属或共晶成分的合金易产生缩孔。

正确地估计铸件上缩孔可能产生的部位是合理安设冒口和冷铁的重要依据。在实际生产中,常以"等固相线法"(等固相线未曾通过的心部即为出现缩孔的地方)和"内切圆法"近似地找出缩孔的部位,如图 5-4 所示。内切圆直径最大处,即为容易出现缩孔的热节。

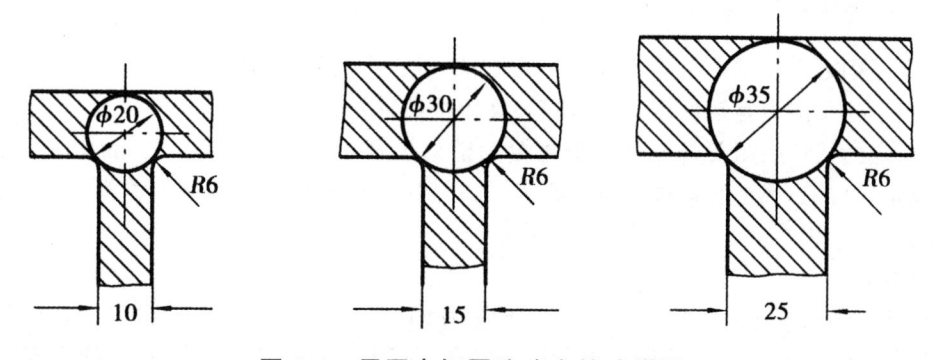

图 5-4 用画内切圆法确定缩孔位置

(2)缩松

分散在铸件某区域内的细小缩孔,称为缩松。缩松的形成原因是由于铸件最后凝固区域的收缩未能得到补足,或者因合金呈糊状凝固,被树枝状晶体分隔开的小液体区难以得到补缩所致。缩松的形成过程如图 5-5 所示。

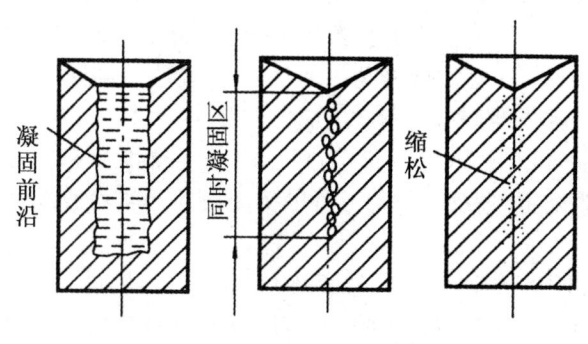

图 5-5 缩松的形成过程示意图

缩松分为宏观缩松和显微缩松两种。宏观缩松是用肉眼或放大镜可以看出的小孔洞,常出现在轴线区域、厚大部位、冒口根部和内浇口附近,如图5-5所示。显微缩松是分布在晶粒之间的微小孔洞,要用显微镜才能观察出来,这种缩松分布面积广泛,有时遍及整个截面。显微缩松难以完全避免,对于一般铸件可不作为缺陷对待,但对气密性、力学性能、物理性能或化学性能要求很高的铸件,则必须设法避免显微缩松的产生。

结晶温度间隔大的合金,其树枝状晶体易将未凝固的金属液分离,因此它的缩松倾向大。

(3)缩孔和缩松的防止

缩孔和缩松都使铸件的力学性能下降,缩松还可使铸件因渗漏而报废。因此,缩孔和缩松属铸件的重要缺陷,必须根据技术要求,采取适当的措施予以防止。

防止缩孔和缩松的基本原则是针对合金的收缩和凝固特点制订合理的铸造工艺,使铸件在凝固过程中建立良好的补缩条件,尽可能使缩松转化为缩孔,并使缩孔出现在铸件最后凝固的部位。这样,在最后凝固部位设置冒口补缩,使缩孔移入冒口内,或者将内浇口开设在铸件最后凝固的部位直接进行补缩,就可以获得致密的铸件。

要使铸件在凝固收缩过程中建立良好的补缩条件,主要通过控制整个铸件的凝固原则来实现。依铸件种类与要求不同,分别采取顺序凝固和同时凝固两种凝固顺序,达到防止缩孔或缩松的目的。

2. 铸造内应力的形成与防止

铸件在凝固之后的继续冷却过程中,其固态收缩若受到阻碍,铸件内部将产生内应力,称为铸造内应力。这种应力是铸件产生变形和裂纹的基本原因。

铸造内应力按产生阻碍的原因不同可分为热应力和机械应力两种。铸造应力可能是暂时的,也可能是残留的,当产生这种应力的原因被消除,应力即消失,这种应力称为临时应力;如原因消除之后,应力仍然存在,则称为残留应力。

(1)热应力

热应力是由于铸件壁厚不均匀,冷却速度不同,在同一时间内铸件各部分收缩不一样而引起的。

为了分析热应力的形成,首先必须了解金属自高温冷却到室温时应力状态的改变。铸件在高温下处于塑性状态,在常温下处于弹性状态。从高温冷下来,由塑性状态转变为弹性状态存在着一个临界温度 t_{lj}(碳钢和铸铁的 $t_{lj}=620\sim650$℃)。高于临界温度,铸件只发生塑性变形,不产生内应力;低于临界温度,则发生弹性变形,产生内应力。

下面以T形杆件为例分析热应力的形成过程,如图5-6所示。杆Ⅰ较厚,冷却较慢;杆Ⅱ较细,冷却较快。在冷却过程中,根据两杆所处的状态不同,热应力的形成过程可分为以下三个阶段:

第一阶段($\tau_0 \to \tau_1$):杆Ⅰ和杆Ⅱ均处于塑性状态。杆Ⅱ的冷却速度大于杆Ⅰ,如两杆能自由收缩,则杆Ⅱ的收缩大于杆Ⅰ。但因两杆是一个整体,只能收缩到同一程度,即杆Ⅱ被塑性拉长,杆Ⅰ被塑性压缩,铸件产生塑性变形而不产生应力。

第二阶段($\tau_1 \to \tau_2$):杆Ⅱ已进入弹性状态,杆Ⅰ仍处于塑性状态。因此,杆Ⅰ只能伴随杆Ⅱ而收缩。此时,铸件的收缩主要取决于杆Ⅱ,可以认为杆Ⅱ是自由收缩的,所以在铸件中仍不产生应力。

第三阶段($\tau_2 \to \tau_3$):杆Ⅱ已接近室温,长度基本不变;杆Ⅰ刚进入弹性状态,其温度远高于室温,继续进行收缩。此时杆Ⅱ将阻碍杆Ⅰ的收缩,所以杆Ⅰ被弹性拉长,杆Ⅱ被弹性压缩。由于两杆均处于弹性状态,因此在杆Ⅰ内产生拉应力,在杆Ⅱ内产生压应力。这就形成了内应力。

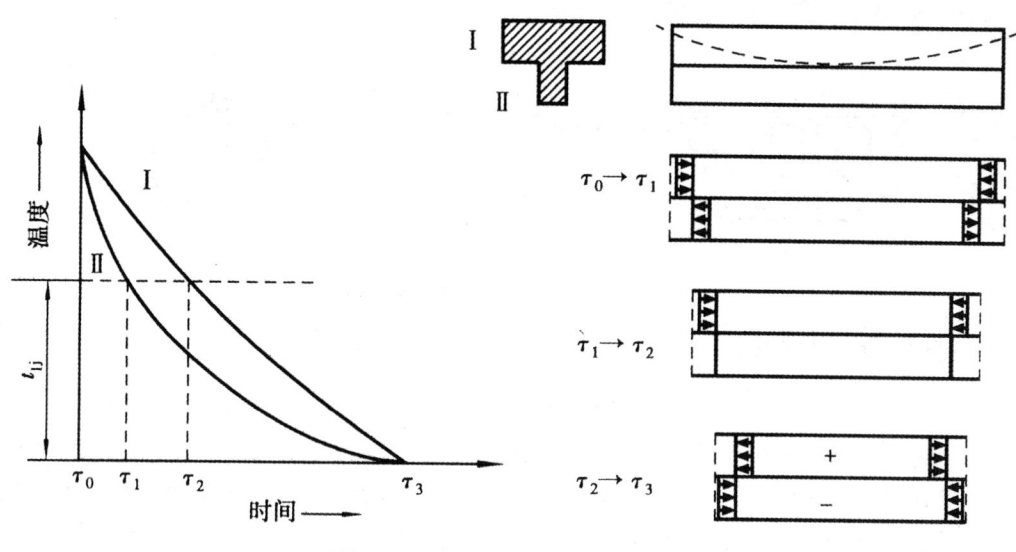

图 5-6 热应力形成过程示意图

可见,铸件冷却到室温后,铸件的厚大部分(或心部)的残留热应力为拉应力,薄的部分(或外部)为压应力。

(2) 机械应力

机械应力是合金在固态下受到铸型或型芯的机械阻碍而形成的内应力,如图 5-7 所示。机械应力使铸件产生暂时性的正应力或剪切应力,这种内应力在铸件落砂之后便可自行消失。但它在铸件冷却过程中可与热应力共同起作用,增大了某些部位的应力,促进了铸件的裂纹倾向。

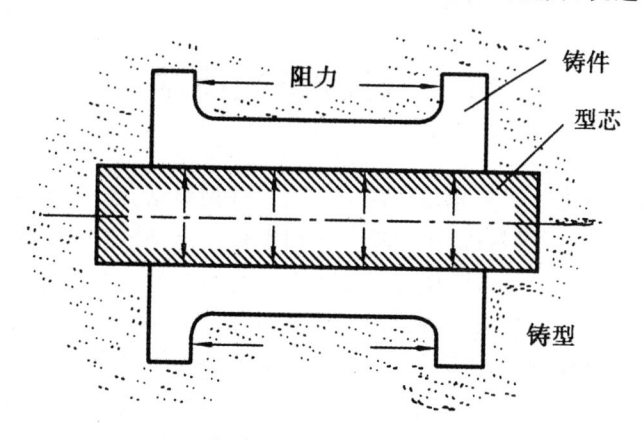

图 5-7 机械应力

3. 铸件的变形与防止

具有残余内应力的铸件是不稳定的,它将自发地通过变形来减缓其内应力,以便趋于稳定状态。显然,只有原来受弹性拉伸的部分产生压缩变形,受弹性压缩的部分产生拉伸变形,才能使铸件中的残留应力减小或消除,因此,铸件常发生不同程度的变形,细而长或大而薄的铸件,最易发生变形,变形方向是:厚的部分向内凹,薄的部分向外凸。图 5-6 所示的 T 形截面铸件,其上部冷却较慢,最后的收缩使铸件产生图中虚线所示的变形。而床身铸件的导轨部分较厚,床壁部分较薄,最后收缩使导轨产生向内凹的弯曲变形,如图 5-8 所示。

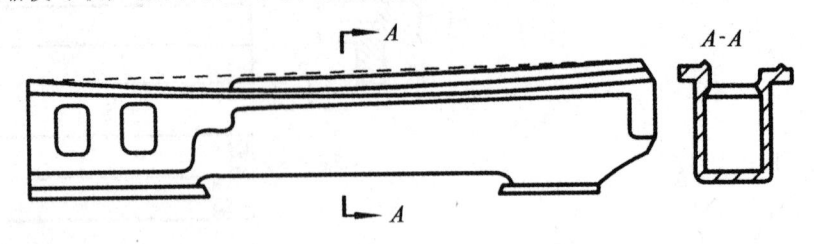

图 5-8　车床床身变形示意图

4. 铸件的裂纹与防止

当铸造内应力超过金属的强度极限时,铸件便会产生裂纹。裂纹可分为热裂和冷裂两种。

热裂是铸件在高温下产生的裂纹,它是铸钢件、可锻铸铁坯件和某些轻合金铸件生产中最常见的铸造缺陷之一。其特征是:裂口的外观形状曲折而不规则,裂口表面呈氧化色(对于铸钢件裂口表面近似黑色,而铝合金则呈暗灰色),无金属光泽;裂口沿晶粒边界通过。热裂纹一般分布在铸件中易产生应力集中的部位或铸件最后凝固部位的内部。

冷裂是铸件在低温下产生的裂纹。塑性差、脆性大、热导率低的合金,如白口铸铁、高碳钢和一些合金钢最易产生冷裂纹。其特征是:外形呈连续直线状(没有分支)或圆滑曲线,裂口表面干净,具有金属光泽,有时也呈轻微的氧化色。冷裂纹常出现在铸件表面,而且常常是穿过晶粒而不是沿晶界断裂。

裂纹是铸件的严重缺陷,常使铸件报废,因此必须设法防止。在设计上,应合理设计铸件结构,以减小铸造内应力;在工艺上应降低磷、硫含量,还应改善型(芯)砂的退让性及控制开箱时间等。

5.2　特种铸造技术

铸造工艺可分为砂型铸造工艺和特种铸造工艺。砂型铸造是一种以砂作为主要造型材料,制作铸型的传统铸造工艺。砂型铸造用的模具多用木材制作,通称木模。木模缺点是易变形、易损坏;除单件生产的砂型铸件外,可以使用尺寸精度较高、使用寿命较长的铝合金模具或树脂模具,虽然价格有所提高,但仍比金属型铸造用的模具便宜得多,在小批量及大件生产中,价格优势尤为突出。此外,砂型比金属型耐火度更高,因而如铜合金和黑色金属等熔点较高的材料也多采用这种工艺。但是,砂型铸造也有一些不足之处:因为每个砂质铸型只能浇注一次,获得铸件后铸型即损坏,必须重新造型,所以砂型铸造的生产效率较低;又因为砂的整体性质软而多孔,所以砂型铸造的铸件尺寸精度较低,表面也较粗糙。砂型铸造不能满足现代工业不断发展的需求,因此形成了有别砂型铸造的其他铸造方法,称为特种铸造。目前,熔模铸造、金属型铸造、压力铸造、离心铸造和消失模铸造等多种铸造方法已在生产中得到广泛的应用。

5.2.1　熔模铸造的工艺过程

所谓熔模铸造工艺,简单地说就是用易熔材料(例如蜡料或塑料)制成可熔性模型(简称熔模),在其上涂覆若干层特制的耐火涂料,经过干燥和硬化形成一个整体型壳后,再用蒸汽或热水从型壳中熔掉模型,然后把型壳置于砂箱中,在其四周填充干砂造型,最后将铸型放入焙烧炉中经过高温焙烧(如采用高强度型壳时,可不必造型而将脱模后的型壳直接焙烧),铸型或型壳经焙烧后,于其中浇注熔融金属而得到铸件。

熔模铸件尺寸精度较高,一般可达CT4～6(砂型铸造为CT10～13,压铸为CT5～7),当然由于熔模铸造的工艺过程复杂,影响铸件尺寸精度的因素较多,例如模料的收缩、熔模的变形、型壳在加热和冷却过程中的线量变化、合金的收缩率以及在凝固过程中铸件的变形等,所以普通熔模铸件的尺寸精度虽然较高,但其一致性仍需提高(采用中、高温蜡料的铸件尺寸一致性要提高很多)。

压制熔模时,采用型腔表面粗糙度值小的压型,因此,熔模的表面粗糙度值也比较小。此外,型壳由耐高温的特殊黏结剂和耐火材料配制成的耐火涂料涂挂在熔模上而制成,与熔融金属直接接触的型腔内表面粗糙度值小。所以,熔模铸件的表面粗糙度值比一般铸造件的小,一般可达 $Ra\ 1.6\sim3.2\mu m$。

熔模铸造最大的优点就是由于熔模铸件有着很高的尺寸精度和较小的表面粗糙度值,所以可减少机械加工工作,只需在零件上要求较高的部位留少许加工余量即可,甚至某些铸件只留打磨、抛光余量,不必机械加工即可使用。由此可见,采用熔模铸造方法可大量节省机床设备和加工工时,大幅度节约金属原材料。此外,熔模铸造方法还可以用于铸造各种合金的复杂的铸件,特别可以铸造高温合金铸件。如喷气式发动机的叶片,其流线型外廓与冷却用内腔,用机械加工工艺几乎无法形成。用熔模铸造工艺生产不仅可以做到批量生产,保证铸件的一致性,而且避免了机械加工后残留刀纹的应力集中。

图 5-9 为熔模铸造工艺过程示意图,整个工艺过程可分为以下几个阶段:

(1)蜡模制造

制造蜡模是熔模铸造的第一道工序,而蜡模是用来形成耐火型壳中型腔的模型,所以要想获得尺寸精度高和表面粗糙度值小的铸件,首先蜡模本身就应该具有高的尺寸精度和表面质量。

制造蜡模一般要经过如下程序:

①压型制造。压型[图 5-9(b)]是用来制造单个蜡模的专用模具。

压型一般用钢、铜或铝经切削加工制成,这种压型的使用寿命长,制出的蜡模精度高,但压型的制造成本高,生产准备时间长,主要用于大批量生产。对于小批量生产,压型还可采用易熔合金(Sn、Pb、Bi 等组成的合金)、塑料或石膏直接在模样上浇注而成。

②蜡模的压制。蜡模材料由石蜡、松香、蜂蜡、硬脂酸等配制而成,最常用的是50%石蜡和50%硬脂酸配成的模样,熔点为50～60℃。将蜡料加热到糊状后,在 2～3 个大气压力下,将蜡料压入到压型内[图 5-9(c)],待蜡料冷却凝固便可从压型内取出,然后修去分型面上的毛刺,即得单个蜡模[图 5-9(d)]。

③蜡模组装。熔模铸件一般均较小,为提高生产率、降低成本,通常将若干个蜡模焊在一个预先制好的浇口棒上构成蜡模组[图 5-9(e)],从而可实现一型多铸。

(2)型壳制造

型壳制造是在蜡模组上涂挂耐火材料,以制成具有一定强度的耐火型壳的过程。由于型壳的质量对铸件的精度和表面粗糙度有着决定性的影响,因此结壳是熔模铸造的关键环节。

(a) 母模　　(b) 压型　　(c) 制造蜡模　　(d) 单个蜡模　　(e) 蜡模组

(f) 型壳制造　　(g) 熔化蜡模　　(h) 浇注

图 5-9　熔模铸造的工艺流程

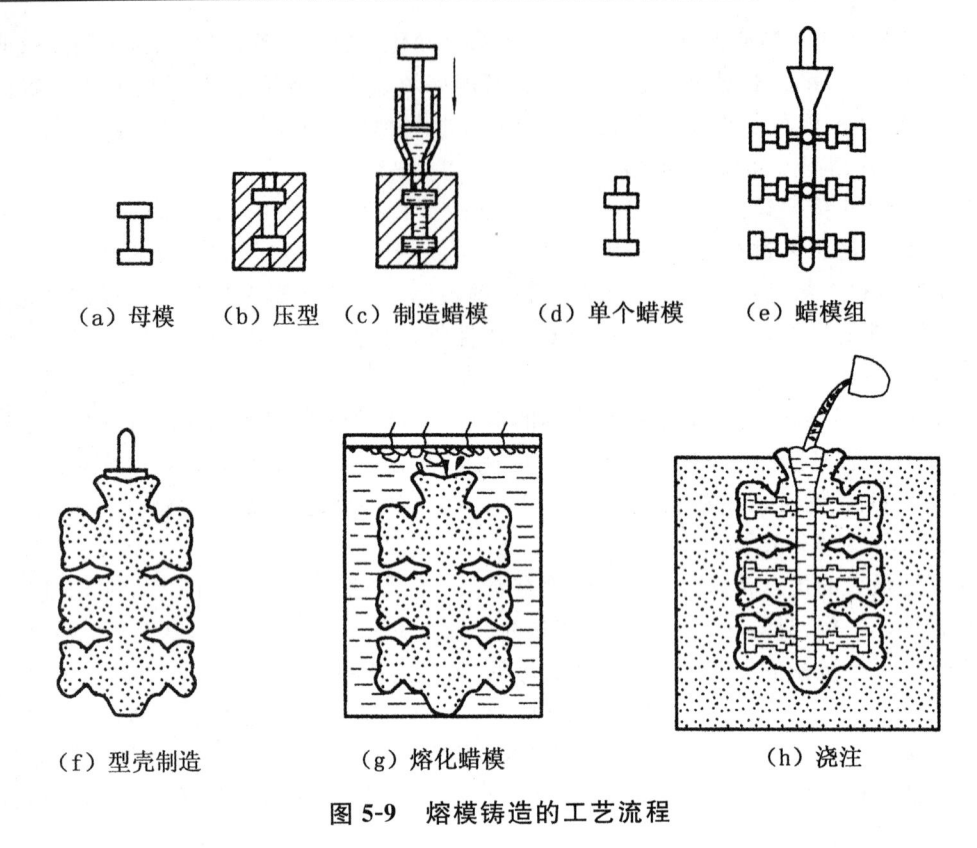

①涂挂涂料。将蜡模组置于涂料中浸渍,使涂料均匀地覆盖在蜡模组的表层。涂料是由耐火材料(如石英粉)、黏结剂(如水玻璃、硅酸乙酯等)组成的糊状混合物。这种涂料可使型腔获得光洁的面层。

②撒砂。撒砂使浸渍涂料后的蜡模组均匀地黏附一层石英砂,以增厚型壳。

③硬化。为了使耐火材料层结成坚固的型壳,撒砂之后应进行化学硬化和干燥。如以水玻璃为黏结剂时,将蜡模组浸于 NH_4Cl 溶液中,于是发生化学反应,析出来的凝胶将石英砂黏得十分牢固。

由于上述过程仅能结成 1~2mm 薄壳,为使型壳具有较高的强度,故结壳过程要重复进行 4~6 次,最终制成 5~12mm 的耐火型壳[图 5-9(f)]。

为了从型壳中取出蜡模以形成铸型空腔,还必须进行脱蜡。通常是将型壳浸泡于 85~95℃的热水中,使蜡料熔化,并经朝上的浇口上浮而脱除[图 5-9(g)]。脱出的蜡料经回收处理后可重复使用。

(3) 焙烧与浇注

①焙烧。为了进一步去除型壳中的水分、残蜡及其他杂质,在金属浇注之前,必须将型壳送入加热炉内加热到 800~1000℃ 进行焙烧。通过焙烧,型壳强度增高,型腔更为干净。

为防止浇注时型壳发生变形或破裂,常在焙烧之前将型壳置于铁箱之中,周围填砂[图 5-9(h)]。若型壳强度已够,则可不必填砂。

②浇注。将焙烧后的型壳趁热(600~700℃)进行浇注,这样可减缓金属液的冷却速度,从而提高合金的充型能力,防止产生浇不足和冷隔等缺陷。

5.2.2 金属型铸造

金属型铸造是指将液态金属浇入到金属制成的铸型中,获得铸件的方法。由于金属型可以重复使用几百次至几万次,所以又称为"永久型铸造"。

金属型的结构主要取决于铸件的形状、尺寸、合金种类及生产批量等。

用金属型铸造时,必须保证铸件与浇冒口系统能从铸型中顺利地取出。为适应各种铸件的结构,金属型按分型面的不同可分为水平分型式、垂直分型式、复合分型式和铰链开合式金属型等(图5-10)几种。其中,垂直分型式[图5-10(b)]开设浇口和取出铸件都比较方便,易实现机械化,所以应用较多。对于结构复杂的铸件,常需采用复合分型式。如图5-10(c)结构,金属型设有两个水平分型面和一个垂直分型面,整个铸件由四大块金属材料所组成。图5-10(d)结构为铸造铝合金活塞的铰链开合式金属型,它由左、右半型和底型组成,左半型固定,右半型用铰链连接。该金属型采用鹅颈缝隙式浇注系统,使得金属液能平缓地进入型腔。此外,为防止金属型过热,还设有强制冷却装置。

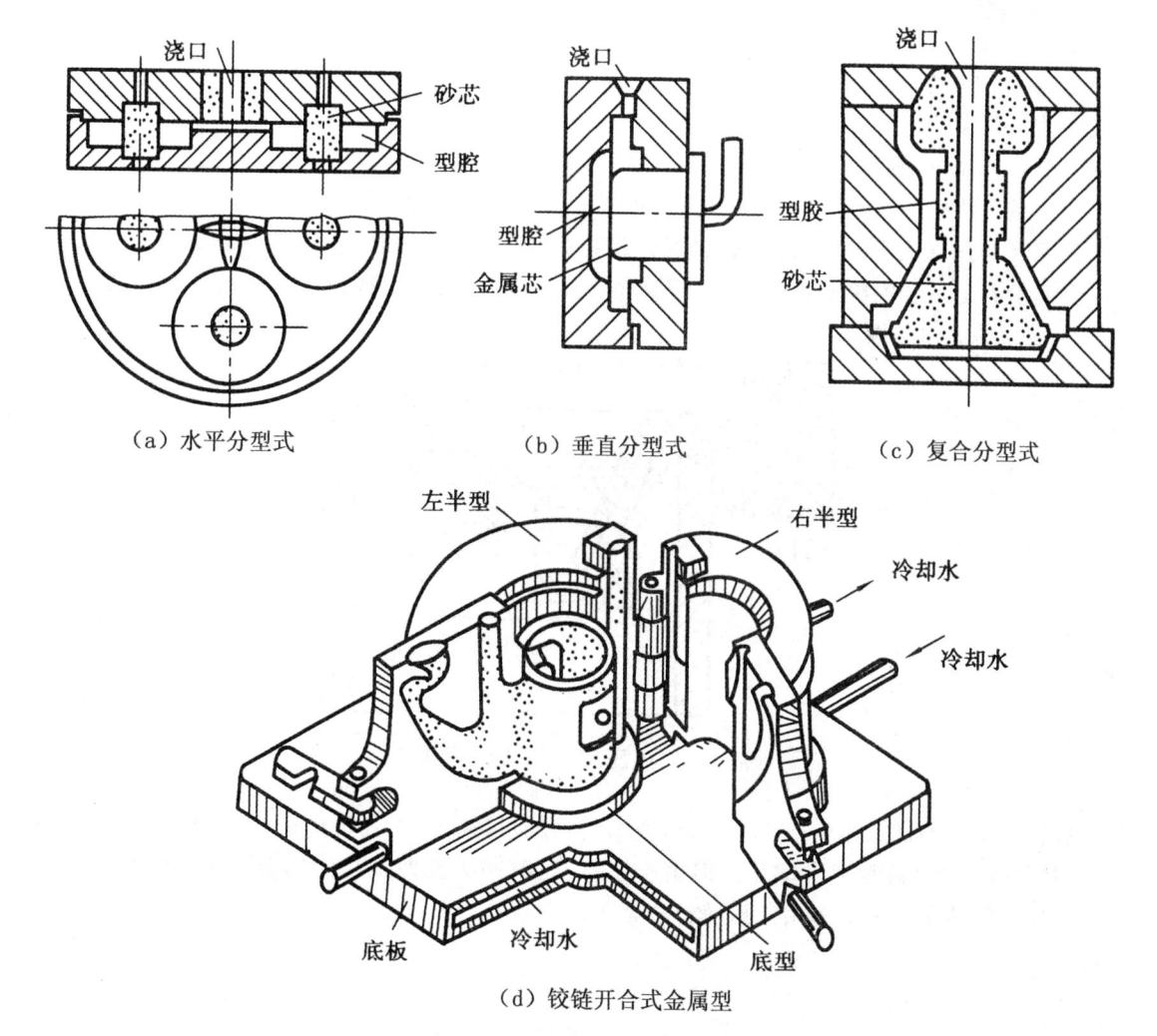

(a)水平分型式　　(b)垂直分型式　　(c)复合分型式

(d)铰链开合式金属型

图 5-10　金属型的结构类型

金属型一般用铸铁制成,有时也采用碳钢。铸件内腔可用金属型芯或砂芯来形成,其中金属型芯通常只用于浇注有色金属件。为使金属型芯能在铸件凝固后迅速从腔中抽出,金属型还常设有抽芯机构。对于有侧凹内腔,为使型芯得以取出,金属型芯可由几块组合而成。

5.2.3 压力铸造

压力铸造简称压铸,是指在高压的作用下,将液态或半液态合金快速地压入金属铸型中,并在压力下结晶凝固而获得铸件的方法。

高压和高速是压力铸造区别普通金属型铸造的重要特征。压铸时所用压力一般为几至几十兆帕(最高压力甚至超过 200MPa),充填铸型的速度在 5~100m/s 范围内,因此,金属充填铸型的时间很短,为 0.001~0.2s。而砂型、金属型铸造等则是靠金属本身的重力充填铸型的,铸件凝固时也不受压力作用。

1. 压铸机

压铸机是完成压铸过程的主要设备。根据压室的工作条件不同,它可分热压室压铸机和冷压室压铸机两大类。

(1)热压室压铸机

热压室压铸机的压室浸在保温坩埚的液体金属中,压射部件装在坩埚上面。压铸过程如图 5-11 所示。当压射头上升时,液态金属通过进口进入压室内,进行合型后,在压射冲头下压时,液体金属沿着通道经喷嘴充填型腔,冷却凝固后开型取出铸件,完成一个压铸循环。

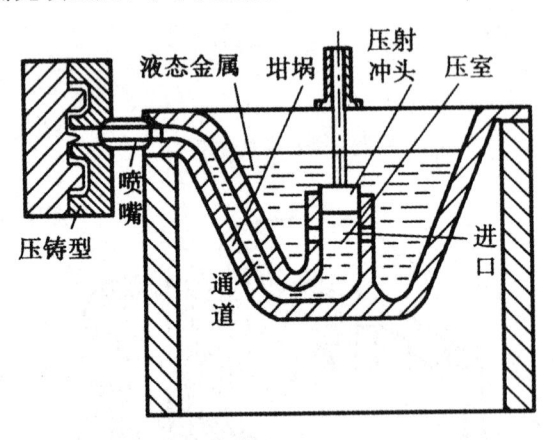

图 5-11 热压室压铸工作原理图

这种压铸机的优点是生产工序简单,效率高;金属消耗少,工艺稳定;压入型腔的液体金属较干净,铸件质量好;易实现自动化。但由于压室、压射冲头长期浸在液体金属中,会影响使用寿命。热压室压铸机目前大多用于压铸锌合金等低熔点合金铸件,但有时也用于压铸小型镁合金铸件。

(2)冷压室压铸机

冷压室压铸机的压室与保温炉是分开的,压铸时,从保温炉中取出液体金属浇入压室后完成压铸。

这种压铸机的压室与液态金属的接触时间很短,可适用于压铸熔点较高的有色金属,如铜、铝、镁等合金,还可用作黑色金属和处于半液态金属的压铸。

冷压室压铸机有立式和卧式两种,它们的工作原理分别如图 5-12 和图 5-13 所示。

两种冷压室压铸机相比较:在结构上仅仅表现在压射机构不同,立式压铸机有切断、顶出余料的下油缸,结构比较复杂,增加了维修的困难;而卧式压铸机压室简单,维修方便。在工艺上,立式压铸机压室内空气不会随液态金属进入型腔,便于开设中心浇口,但由于浇口长,液体金属耗量大,充填过程能量损失也较大;相对而言,卧式压铸机液体金属进入型腔行程短,压力损失小,有利于传递最终压力,便于提高比压,故使用较广。

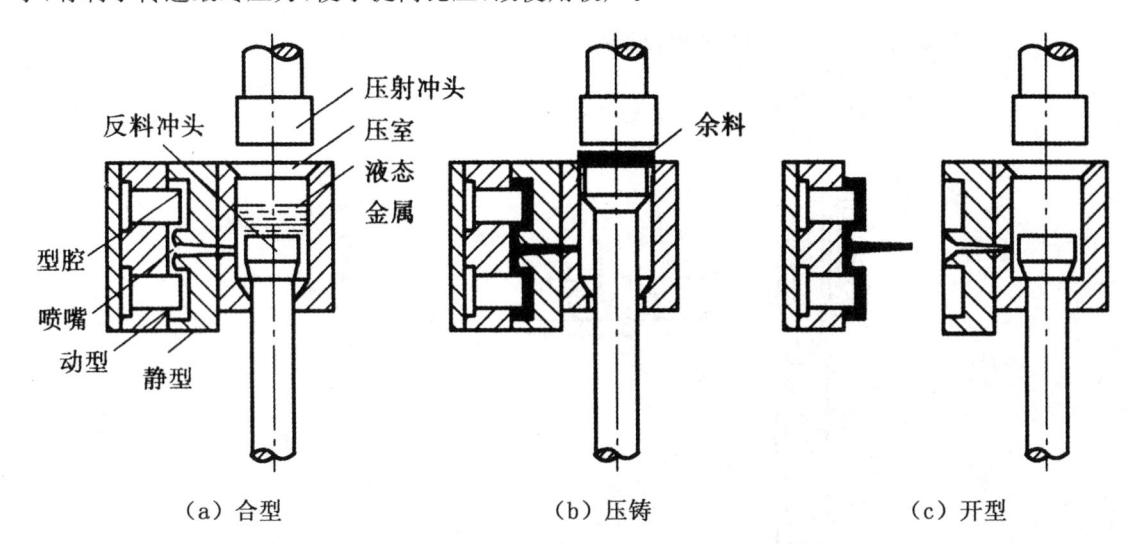

图 5-12 立式冷压室压铸机工作原理图

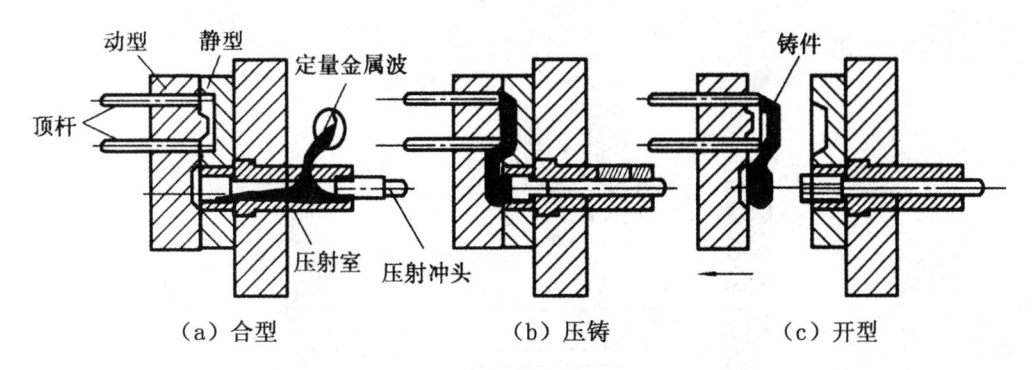

图 5-13 卧式冷压室压铸机工作原理图

2. 半固态压铸

半固态压铸是当液体金属在凝固时,进行强烈地搅拌,并在一定的冷却速率下获得50%左右甚至更高的固体组分的浆料,并将这种浆料进行压铸的方法。通常分为两种:第一是将上述半固态的金属浆料直接压射到型腔里形成铸件的方法,称为液流压铸法;第二是将半固态浆料预先制成一定大小的锭块,需要时再重新加热到半固态温度,然后送入压室进行压铸,称为触变压铸法。

图 5-14 是半固态压铸装置原理示意图。半固态金属压铸的依据是:合金处于半固态时,在切应力的作用下,具有类似黏性液体流动的特性。其实质是在合金凝固过程中,经过剧烈的搅拌,不会形成交错的树枝状晶粒,而形成均匀、彼此隔离的球状固体质点,这些质点悬浮在液态的金属母液中。而要获得球状或近似球状的质点,除需有足够的冷却速度外,还要有较高的剪切力。这种合金的浆料悬浮液,在一定温度范围内,其黏度具有随剪切力的增加而减小的特点,即搅溶性。对于固体组分占 50% 的半固态浆料,当剪切力较低或等于零时,其黏度会大大提高,使浆料像软固体一样。如果随后再增加剪切力,则又可使其黏度降低,重新获得流动性,并容易进行压铸。

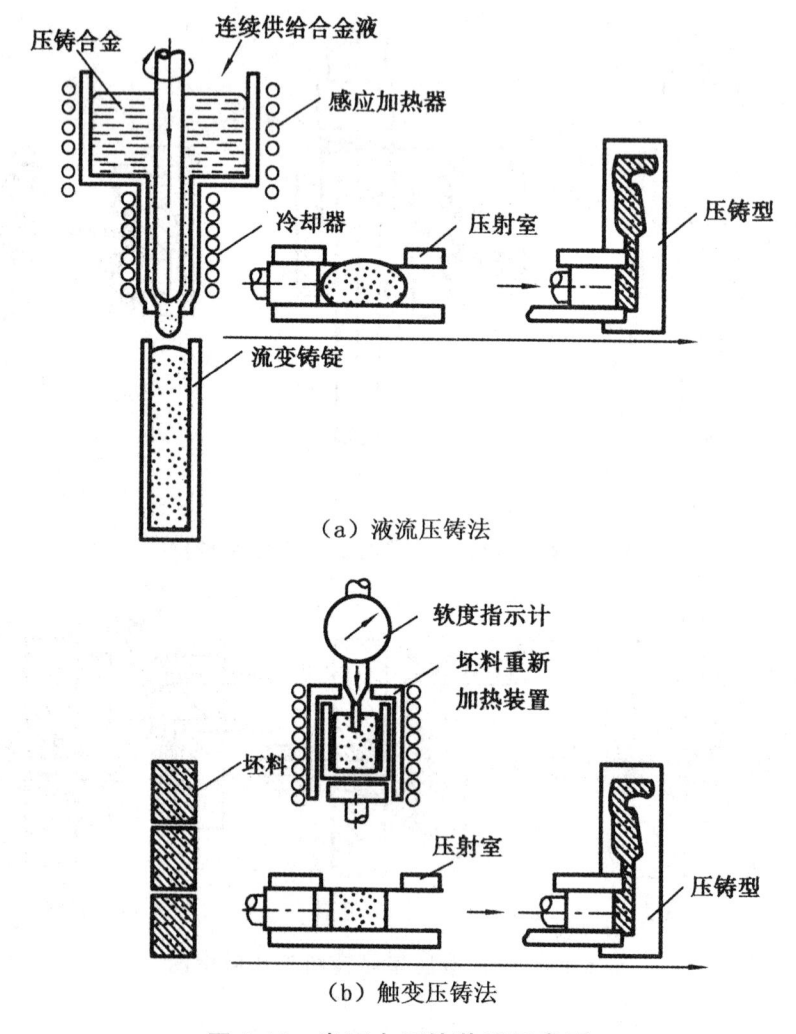

(a) 液流压铸法

(b) 触变压铸法

图 5-14 半固态压铸装置示意图

由于降低了浇注温度,而且半固态金属在搅拌时已有 50% 的熔化潜热散失掉,所以大大减少了对压室、压铸型型腔和压铸机组成部件的热冲击。根据对青铜的测定,半固态金属和全液态金属压铸相比,压铸型表面的最大受热程度降低了75%,表面的温度梯度降低了88%,因而可以提高压铸型的使用寿命。

此外,由于半固态金属黏度比全液态金属大,内浇口处流速低,因而充填时少喷溅、无湍流、卷入空气少;又由于半固态收缩小,所以铸件不易出现缩松、缩孔,提高了铸件质量。

半固态压铸的出现,为解决黑色金属压铸型寿命低的问题提出了一个解决办法,而且对提高铸件质量、改善压铸机压射系统的工作条件,都有一定的作用,所以是一种有前景的新工艺。

5.2.4 离心铸造

离心铸造是将液体金属浇入旋转的铸型中,使液体金属在离心力作用下充填铸型和凝固成形的一种铸造方法。

为了实现上述工艺过程,必须采用离心铸造机以创造铸型旋转的条件。根据铸型旋转轴在空间位置的不同,常用的有立式离心铸造机和卧式离心铸造机两种类型。

立式离心铸造机如图5-15所示。它的铸型是绕垂直轴旋转的,金属液在离心力作用下,沿圆周分布。由于重力的作用,铸件的内表面呈抛物面,铸件壁上薄下厚。所以它主要用来生产高度小于直径的圆环类铸件,如轴套、齿圈等,有时也可用来浇注异形铸件。

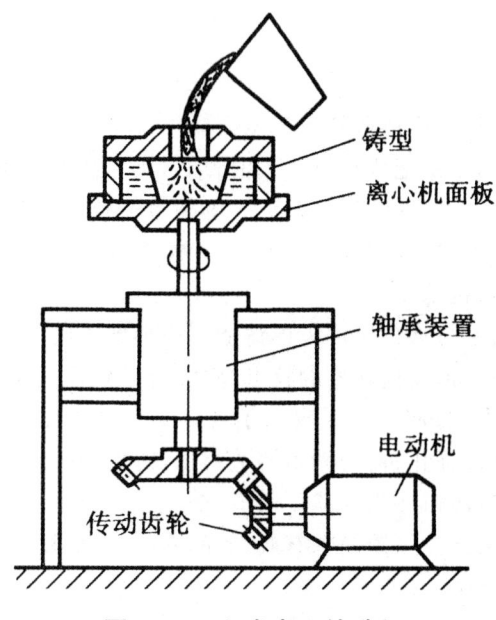

图 5-15 立式离心铸造机

卧式离心铸造机如图5-16所示。它的铸型是绕水平轴转动,金属液通过浇注槽导入铸型。采用卧式离心压铸机铸造中空铸件时,无论在长度方向或圆周方向均可获得均匀的壁厚,且对铸件长度没有特别的限制,故常用它来生产长度大于直径的套类和管类铸件,如各种铸铁下水管、发动机缸套等。这种方法在生产中应用最多。

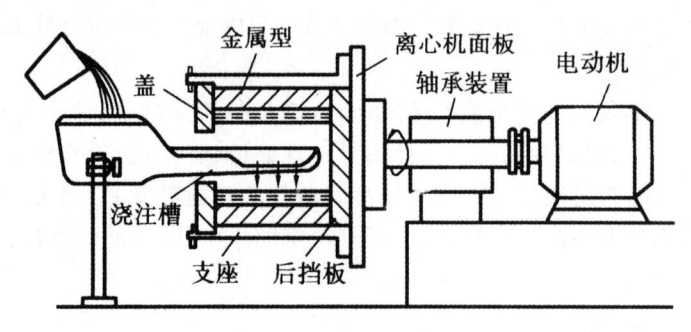

图 5-16　卧式离心铸造机

5.2.5　消失模铸造

消失模铸造技术(EPC 或 LFC)是用泡沫塑料制作成与零件结构和尺寸完全一样的实型模具,经浸涂耐火黏结涂料,烘干后进行干砂造型,振动紧实,然后浇入金属液使模样受热气化消失,从而得到与模样形状一致的金属零件的铸造方法。消失模铸造是一种几乎无余量、精确成形的新技术,它不需要合箱取模,而且使用无黏结剂的干砂造型,减少了污染,被认为是 21 世纪最可能实现绿色铸造的工艺技术。

消失模铸造技术主要有以下几种:

(1)压力消失模铸造技术

压力消失模铸造技术是消失模铸造技术与压力凝固结晶技术相结合的铸造新技术,它是在带砂箱的压力罐中,浇注金属液使泡沫塑料气化消失后,迅速密封压力罐,并通入一定压力的气体,使金属液在压力下凝固结晶成形的铸造方法。这种铸造技术的特点是能够显著减少铸件中的缩孔、缩松、气孔等铸造缺陷,提高铸件致密度,改善铸件力学性能。

(2)真空低压消失模铸造技术

真空低压消失模铸造技术是将负压消失模铸造方法和低压反重力浇注方法复合而发展的一种新铸造技术。真空低压消失模铸造技术的特点是:综合了低压铸造与真空消失模铸造的技术优势,在可控的气压下完成充型过程,大大提高了合金的铸造充型能力;与压铸相比,设备投资小、铸件成本低、铸件可热处理强化;而与砂型铸造相比,铸件的精度高、表面粗糙度值小、生产率高、性能好;反重力作用下,直浇口成为补缩短通道,浇注温度的损失小,液态合金在可控的压力下进行补缩凝固,合金铸件的浇注系统简单有效、成品率高、组织致密;真空低压消失模铸造的浇注温度低,适合于多种有色合金。

(3)振动消失模铸造技术

振动消失模铸造技术是在消失模铸造过程中施加一定频率和振幅的振动,使铸件在振动场的作用下凝固,由于消失模铸造在凝固过程中对金属溶液施加了一定时间振动,振动力使液相与固相间产生相对运动,从而使枝晶破碎,增加液相内结晶核心,使铸件最终凝固组织细化、补缩提高、力学性能改善。该技术利用消失模铸造中现成的紧实振动台,通过振动电动机产生的机械振动,使金属液在动力激励下生核,达到细化组织的目的,是一种操作简便、成本低廉、无环境污染的方法。

(4)半固态消失模铸造技术

半固态消失模铸造技术是消失模铸造技术与半固态技术相结合的新铸造技术,由于该工艺的特点在于控制液固相的相对比例,也称为转变控制半固态成形。该技术可以提高铸件致密度、减少偏析、提高尺寸精度和铸件性能。

(5)消失模壳型铸造技术

消失模壳型铸造技术是熔模铸造技术与消失模铸造结合起来的新型铸造方法。该方法是将用发泡模具制作的与零件形状一样的泡沫塑料模样表面涂上数层耐火材料,待其硬化干燥后,将其中的泡沫塑料模样燃烧气化消失而制成型壳,经过焙烧,然后进行浇注,从而获得较高尺寸精度铸件的一种新型精密铸造方法。它具有消失模铸造中的模样尺寸大、精密度高的特点,又有熔模精密铸造中结壳精度高、强度大等优点。与普通熔模铸造相比,其特点是泡沫塑料模料成本低廉,模样黏结组合方便,气化消失容易,克服了熔模铸造模料容易软化而引起的熔模变形问题,可以生产较大尺寸的各种合金复杂铸件。

(6)消失模悬浮铸造技术

消失模悬浮铸造技术是消失模铸造工艺与悬浮铸造结合起来的一种新型实用铸造技术。该技术的工艺过程是金属液浇入铸型后,泡沫塑料模样气化,夹杂在冒口模型的悬浮剂(或将悬浮剂放置在模样某特定位置,或将悬浮剂与EPS一起制成泡沫模样)与金属液发生物化反应,从而提高铸件整体(或部分)的组织性能。

由于消失模铸造技术具有成本低、精度高、设计灵活、清洁环保、适合复杂铸件等特点,符合新世纪铸造技术发展的总趋势,有着广阔的发展前景。

5.3 铸造技术的发展

科学技术在各个领域的突破,尤其是计算机的广泛应用,促进了铸造技术的飞速发展。各种工艺技术与铸造技术的相互渗透和结合,也促进了铸造新工艺、新方法的发展。以下从铸造凝固理论、铸造方法以及计算机应用等方面对铸造成形技术的发展进行概述。

5.3.1 凝固理论推动的铸造新发展

随着凝固理论研究的发展和深入,人们逐渐认识到凝固过程和铸件质量的密切关系,从而促使人们去寻求通过控制凝固过程来获得优质铸件的新途径。

(1)定向凝固和单晶、细晶铸造

近年来,定向凝固工艺已成为生产高温合金蜗轮叶片的主要手段之一。由于叶片内部全部是纵向柱状晶,晶面与主应力方向平行,故各项性能指标较高,延长了叶片的寿命。此外,蜗轮叶片的单晶铸造也有了长足的发展。由于整个叶片由一个晶粒组成,没有晶界,消除了叶片过早损坏的薄弱点,各项性能指标更高。

细晶铸造技术是继单晶铸造技术之后发展起来的又一新型的铸造工艺技术,它为改善中低温条件下使用的铸件的组织和力学性能开辟了新的途径。细晶铸造技术是通过控制普通熔模铸造工艺强化形核,阻止晶粒长大,获得平均晶粒尺寸小于 $1.6\mu m$ 的均匀、细小、各向同性的等轴晶铸件,改善了铸件的组织形态,从而显著地提高了铸件的中低温疲劳性能,同时也改善了拉伸、持久性能。

(2) 半固态铸造

半固态金属(SSM)铸造技术经过近20年的研究和发展,目前已进入工业应用阶段。半固态铸造成形原理是在液态金属的凝固过程中进行强烈搅拌,使普通铸造易形成的树枝晶网络骨架被打破而保留分散的颗粒状组织形态,从而可利用常规的成形技术如压铸挤压、模锻等实现半固态金属成形。与传统液态成形技术相比,它具有以下优点:成形温度低,延长模具的使用寿命;节省能源,改善生产条件和环境;铸件质量提高;加工余量小;增加压铸合金的范围,并可以发展金属复合材料。

(3) 快速凝固铸造

快速凝固要求金属与合金凝固时具有极大的过冷度,它可由极快速冷却(大于 10^4 ℃/s)或液态金属的高度净化来实现。快速凝固可以显著细化晶粒;可极大地提高固溶度(远超过相图中的固溶度极限),从而提供了显著增加强化效果的可行性;可能出现常规凝固条件所不会出现的亚稳定相;还可能凝固成非晶体金属。这就可能赋予快速凝固金属或合金各种优异的力学及化学物理性能。例如,铝合金用作汽车发动机连杆材料是人们过去不可想象的,而快速凝固所赋予材料的优异性能,使它能充分地应用于这一领域。

(4) 其他凝固铸造

在凝固理论指导下还出现了悬浮铸造、旋转振荡结晶法和扩散凝固铸造。悬浮铸造又称悬浮浇注,可分为外在悬浮铸造和内生悬浮铸造两种。前者在浇注过程中将一定量的金属粉末加入合金流作为外来晶核;后者是凝固前在合金液中促成活化晶核(如机械搅拌促成晶核)。悬浮铸造可消除柱状晶区,减少缺陷和液态收缩,减小偏析和改变组织形貌。而旋转振荡结晶法则是巧妙地将定向凝固、离心铸造的振荡结合起来的复合铸造方法。扩散凝固铸造是将含低溶质的球形金属粉粒充满型腔,然后把高溶质液体压入金属粉粒之间,依靠液体中高溶质的扩散,均匀成分及微观组织,缩短凝固时间,消除壁厚效应,减小凝固收缩,甚至在大多数情况下可以不用冒口。这为提高铸件质量、降低金属消耗等方面都创造了良好的条件。

(5) 差压铸造

差压铸造又称"反压铸造",其实质是使液态金属在压差的作用下充填到预先有一定压力的型腔内,进行结晶、凝固而获得铸件,它成功地将低压铸造和压力下结晶两种先进的工艺方法结合起来,从而使理想的浇注、充型条件和优越的凝固条件相配合,展示了巨大的发展前途。

由于差压铸造能有效地控制压力差,针对不同铸件给出最佳的压差值,获得最佳的充型速度,所以金属液补缩能力强,对结晶温度范围宽的合金也具有良好的补缩效果。又因在压力下结晶,它迫使刚刚结晶的晶粒发生塑性变形而消除微观缩松,且压力下结晶有利于减少气体的析出而减小针孔的危害。

5.3.2 造型技术的新发展

(1) 气体冲压造型

气体冲压造型是近年来迅速发展的低噪声造型方法,其主要特点是在紧实前先将型砂填入砂箱和辅助框内,然后在短时间内开启快速阀门给气,对松散的型砂进行脉冲冲击紧实成形,气体压力达 3×10^5 Pa,且压力增长率 $a_p/a_t>40$ MPa/s,可一次紧实成形,无须辅助紧实。气体冲压造型具有砂型紧实度高、均匀,能生产复杂铸件,噪声小,节能,设备简单等优点,主要用于汽车、拖拉机、缝纫机、纺织机械所用的铸件。

(2) 静压造型

静压造型的特点是消除了振压造型机噪声污染,改善了铸造厂的环境。其工艺过程是:首先将砂箱置于装有通气塞的模板上,通入压缩空气,使之穿过通气塞排出,型砂被压向模板,越靠近模板,型砂密度越高,最后用压实板在型砂上进一步压实,使其上、下硬度均匀,起模即成铸型。由于型砂紧实效果好,所以铸件尺寸精度高。目前主要用于汽车和拖拉机的气缸等复杂结构铸件。

(3) 真空密封造型

真空密封造型也称 V 法造型,是一种全新的物理造型方法。其基本原理是在特制的砂箱内填入无水黏结剂的干砂,用塑料薄膜将砂箱密封后抽成真空,借助铸型内外的压力差,使型砂紧实成形。V 法造型用于生产面积大、壁薄、形状不太复杂及表面要求十分光洁,轮廓十分清晰的铸件。目前在叉车配重块、艺术铸件、大型标牌、钢琴弦架、浴缸等生产领域得到广泛应用。

(4) 冷冻造型

冷冻造型又称为低温造型,由英国 BCD 公司首先研制出来,并于 1977 年建成世界上第一条冷冻造型自动生产线。冷冻造型法采用石英砂作为骨架材料,加入少量水,必要时还加入少量黏土,按普通造型方法制好铸型后送入冷冻室里,用液态的氮或二氧化碳作为制冷剂,使铸型冷冻,借助包覆在砂粒表面的冰冻水分而实现砂粒的结合,使铸型具有很高的强度和硬度。浇注时,铸型温度升高,水分蒸发,使铸型逐渐解冻,稍加振动立即溃散,可方便地取出铸件。

与其他造型方法相比,这种造型方法的特点是:型砂配制简单、落砂清理方便;对环境的污染少;铸型的强度高、硬度大、透气性好;铸件表面光洁、缺陷少;成本低。

5.3.3 计算机技术推动铸造的新发展

铸造过程计算机模拟仿真是铸造学科的前沿领域,是改造传统铸造产业的必由之路,也是当今世界各国铸造领域学者关注的热点。运用计算机对铸造生产过程进行设计、仿真、模拟,可以帮助工程技术人员优化工艺设计、缩短产品制造周期、降低生产成本、确保铸件质量。

(1) 铸造过程的数值模拟

大部分铸造缺陷产生于凝固过程,通过凝固过程的数值模拟,可以帮助工程技术人员在实际铸造前对铸件可能出现的各种缺陷及其大小、部位和发生的时间予以有效的预测,在浇注前采取对策以确保铸件的质量。目前,铸造凝固过程数值模拟的研究主要体现在以下几方面:

① 铸件收缩缺陷判据和铸件缩孔、缩松定量预测。此方法已经在铸造厂得到应用,并取得满意的结果。尤其对大型铸钢件的预测,与生产实际吻合良好。

② 应力场的模拟。铸造过程应力场的数值模拟能帮助工程师预测和分析铸件裂纹、变形及残余应力,为提高铸件尺寸精度及稳定性提供了科学依据。

③ 凝固组织模拟。凝固组织是继温度场、流场计算机模拟之后,美国、英国等发达国家开始研究的计算机模拟问题,最近几年我国也开始了这方面的研究工作。利用数值模拟可以预先设计凝固组织、预测材料性能、预报铸造缺陷、优化铸造工艺,有很大的理论意义和实用价值。凝固

组织计算机模拟比温度场模拟、流场模拟复杂很多,随着技术的发展和研究工作的深入,先后出现了蒙特卡洛模型、相场模型及基于界面稳定性理论的晶体生长模型等凝固组织的计算机模拟技术。

目前,微观组织模拟取得了显著成果,能够模拟枝晶生长、共晶生长、柱状晶等轴转变等。微观组织模拟可以分毫米、微米和纳米量级,并通过宏观量如温度、速度、变形等,利用相应的方程进行计算。如有人对汽车曲轴中的球铁微观组织进行了数值模拟,模拟结果与实验结果比较,实际石墨球的数量、尺寸与模拟结果基本吻合,结果令人满意。

(2) 铸造工艺 CAD

铸造工艺 CAD 技术越来越受到铸造技术人员的青睐。通过计算机进行铸造工艺辅助设计,为铸造工艺设计的科学化、精确化提供了良好的工具,成为铸造技术开发和生产发展的重要内容之一。利用 CAD 技术可进行冒口、浇注系统、加工余量、冷铁、分型面、型芯形状和尺寸的确定。近年来,国内外在铸造工艺计算机辅助设计方面已作了较多的研究和开发,相继出现了一批较实用的软件。如美国铸协(AFS)的 AFS-software 软件,可用于铸钢铸铁的浇冒口设计;英国 Foseco 公司的 FEEDERALC 软件可计算铸钢件的浇冒口尺寸、补缩距离及选择保温冒口套等;国内清华大学研制开发的 FTCAD 软件适用于球铁浇冒口系统设计等。铸造工艺计算机辅助设计程序的功能主要表现在以下几方面:

①铸件的几何、物理量计算,包括铸件体积、表面积、质量及热模数的计算。

②浇注系统的设计计算,包括选择浇注系统的类型和各部分截面积计算。

③补缩系统的设计计算,包括冒口、冷铁的设计计算及合理补缩通道的设计。

④绘图,包括铸件图、铸造工艺图、铸造工艺卡等图形的绘制和输出。

(3) 铸造过程的计算机控制

在铸造生产过程中,有效地实施铸造过程控制是铸造生产的重要环节。只有提高检测技术水平,才能使铸件质量得到保证。在现代铸造生产中常用计算机控制型砂处理、造型操作;控制压力铸造的生产过程;控制合金液的自动浇注等。带有计算机的设备将会随时记录、储存和处理各种信息,实现过程最优控制。例如,一条机械化树脂砂生产线,实施全过程实时控制需要 40 台可编程序控制器(PLC),砂温低时控制器便启动加热器将原砂加热至一定温度范围,在砂温未达到预定温度之前,控制器能向树脂砂多加固化剂,以保证脱模时间一定。在控制过程中,计算机将读得的树脂流量与预期值进行比较,根据差值自动调整树脂泵转速,以达到预期流量。计算机的这种调整周期仅需 1s 的时间,这样便能及时地弥补由于树脂泵泄漏、管道堵塞和黏度变化等造成的流量损失,使得系统质量和实时性大为提高。

第6章 金属材料成形——焊接工艺

6.1 焊接成形的理论基础

熔焊是应用最广泛的焊接方法,其关键是要有一个能量集中、加热温度足够高的热源。因此,熔焊方法常以热源的种类命名,如气焊(气体火焰为热源)、电弧焊(电弧为热源)、电渣焊(熔渣电阻热为热源)、激光焊(激光束为热源)、电子束焊(电子束为热源)、等离子弧焊(压缩电弧为热源)等。其中,电弧焊是目前应用最广泛的焊接方法,因此,这里仅以电弧焊来分析焊接成形的理论基础。

6.1.1 焊接电弧

1. 焊接电弧的产生

焊接电弧是在焊条(电极)与工件(电极)之间产生的强烈、持久而又稳定的气体放电现象。以焊条电弧焊为例,先将焊条与工件相接触,在电路闭合瞬间,强大的电流流经焊条与焊件接触点,在此处产生强烈的电阻热将焊条与工件表面加热到熔化,甚至蒸发、气化,为气体介质电离和电子发射做好准备。然后迅速将焊条拉开至一定距离,当两个电极脱离瞬间,由于电流的急剧变化,产生比电源电压高得多的感应电动势,使得极间电场强度达到很大数值(约 10^6 V/cm),因此阴极材料表面的热电子获得足够的动能(逸出功),自阴极高速射向阳极。飞射中,高速运行的电子猛烈撞击两极间的气体分子、原子和从电极材料上蒸发的中性粒子,把它们电离成带电粒子,即离子和电子,这种带电粒子束即电弧。

2. 焊接电弧的结构

电弧由阴极区、阳极区和弧柱区三部分组成,其结构如图6-1所示。

阴极区是电子供应区。在阴极表面发射电子最集中处形成一个很亮的斑点,称为阴极斑点,斑点处电流密度高达 10^3 A/cm²。由于发射电子要消耗一定能量,所以阴极区提供的热量比阳极区低,约占电弧热的36%。

阳极区是受电子轰击的区域。在阳极表面由于电子束的轰击形成阳极斑点。阳极区不需要消耗能量发射电子,产生的热量约占电弧热的43%。

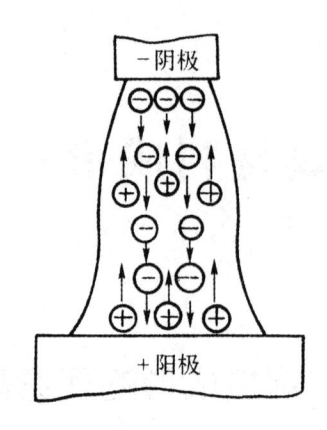

图 6-1　电弧的结构示意图

弧柱区是位于阴、阳两极区中间的区域,几乎占电弧长度的整个部分。弧柱中心温度虽高,但由于电弧周围的冷空气和焊接熔滴的外溅,所产生的热量只占电弧热的 21% 左右。

用钢焊条焊接钢材时,阴极区的温度约为 2400K,阳极区的温度约为 2600K。温度如此之高,一般难熔的材料也会熔化和沸腾。

为保证顺利引弧,焊接电源的空载电压(引弧电压)应是电弧电压的 1.8～2.25 倍,电弧稳定燃烧时所需的电弧电压(工作电压)为 29～45V。

6.1.2　焊接的冶金过程

焊接的冶金过程如图 6-2 所示。电弧焊时,母材和焊条受到电弧高温作用而熔化形成熔池。金属熔池可看作一个微型冶炼炉,其内部要进行熔化、氧化、还原、造渣、精炼及合金化等一系列物理、化学过程。由于大多数熔焊是在大气中进行的,金属熔池中的液态金属与周围的熔渣及空气接触,就会产生复杂、激烈的化学反应,从而实现焊接的冶金过程。

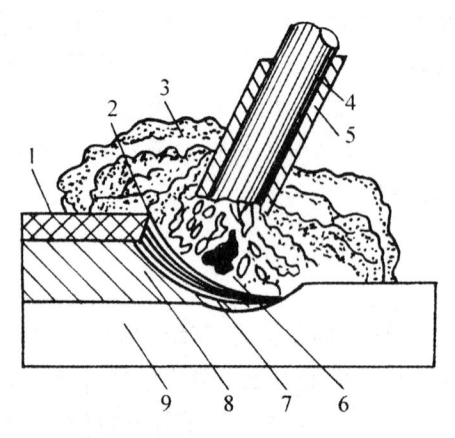

图 6-2　焊条电弧焊过程

1—固态渣壳；2—液态渣壳；3—气体；4—焊条芯；
5—焊条药皮；6—金属熔滴；7—熔池；8—焊缝；9—工件

在焊接冶金反应中,金属与氧的作用对焊接影响最大。焊接时由于电弧高温作用,氧气分解为氧原子,氧原子要与多种金属发生氧化反应,如:

$$Fe+O \rightarrow FeO, Mn+O \rightarrow MnO$$

有的氧化物(如 FeO)能溶解在液态金属中,冷凝时因溶解度下降而析出,成为焊缝中的杂质,是一种有害的冶金反应物,影响焊缝质量;大部分金属氧化物(如 SiO_2、MnO)则不溶于液态金属,会浮在熔池表面进入渣中。不同元素与氧的亲和力的大小是不同的,几种常见的金属元素按与氧亲和力大小顺序排列为:

$$Al \rightarrow Ti \rightarrow Si \rightarrow Mn \rightarrow Fe$$

在焊接过程中,将一定量的脱氧剂,如 Ti、Si、Mn 等加在焊丝或药皮中,进行脱氧,使其生成的氧化物不溶于金属液而成渣浮出,从而净化熔池,提高焊缝质量。

在焊接冶金反应过程中,氢与熔池作用对焊缝质量也有较大影响。氢易在焊缝中造成气孔,即使溶入的氢不足以形成气孔,但固态焊缝中多余的氢也会在焊缝中的微缺陷处集中形成氢分子,这种氢的聚集往往在微小空间内形成局部的极大压力,使焊缝变脆(氢脆)。

此外,氮在液态金属中也会形成脆性氮化物,其中一部分以片状夹杂物的形式残留于焊缝中,另一部分则使钢的固溶体中含氮量大大增加,从而使焊缝严重脆化。焊缝的形成,实质是一次金属再熔炼的过程,它与一般冶金过程比较有以下特点:

① 金属熔池体积很小($2 \sim 3 cm^3$),熔池处于液态的时间很短(10s 左右),各种冶金反应进行得不充分(如冶金反应产生的气体来不及析出,杂质来不及上浮等)。

② 熔池温度高,使金属元素产生强烈的烧损和蒸发。同时,熔池周围又被冷的金属包围,冷却速度快,使焊缝处产生应力和变形,严重时甚至会开裂。

为了保证焊缝质量,可从以下两方面采取措施:

① 减少有害元素进入熔池。其主要措施是机械保护,如气体保护焊中的保护气体(CO 和 Ar)、埋弧焊焊剂所形成的熔渣及焊条药皮产生的气体和熔渣等,使电弧空间的熔滴和熔池与空气隔绝,防止空气进入。此外,还应清理坡口及焊缝两侧的锈、水、油污,烘干焊条,去除水分等。

② 清除已进入熔池中的有害元素,增添合金元素。主要通过在焊接材料中加入合金元素等,进行脱氧、脱硫、脱磷、去氢和渗合金,从而保护和调整焊缝的化学成分,如:

$$Mn+FeO \rightarrow MnO+Fe, Si+2FeO \rightarrow SiO_2+2Fe$$

6.1.3 焊接热循环

焊接时,电弧沿着工件逐渐前移并对工件进行局部加热,因此,在焊接过程中,焊缝附近的金属都将由常温状态被加热到较高的温度,然后再逐渐冷却到室温。由于各点金属所在的位置不同,与焊缝中心的距离不相同,所以各点的最高加热温度是不同的,它们达到最高加热温度的时间也不同。焊缝及其母材上某点的温度随时间变化的过程称为焊接热循环。在焊接热循环中,对焊接质量起重要影响的参数有最高加热温度 T_m、在过热温度(如 1100℃以上)停留的时间 $t_{过}$ 和冷却速度等,如图 6-3 所示。冷却速度对焊接质量的影响起关键作用的是从 800℃ 冷却到 500℃ 的速度,通常用从 800℃ 冷却到 500℃ 的时间 $t_{8/5}$ 来表示。

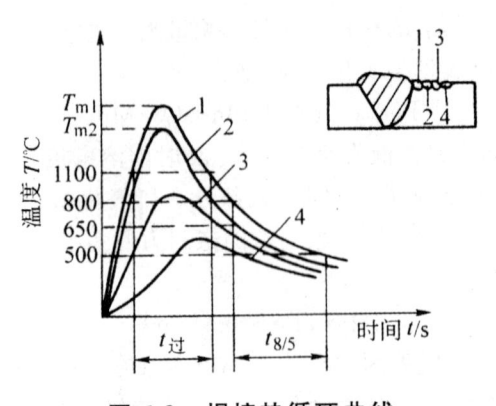

图 6-3　焊接热循环曲线

热循环使焊缝附近的金属相当于受到一次不同规范的热处理。焊接热循环的特点是加热和冷却速度都很快，对易淬火钢，焊后会发生空冷淬火，产生马氏体组织；对其他材料，易产生焊接变形、应力及裂纹。

6.1.4　焊接接头组织与性能

以低碳钢为例，说明焊接过程造成的金属组织性能的变化，如图 6-4 所示。受焊接热循环的影响，焊缝附近的母材组织和性能发生变化的区域，称为焊接热影响区。熔焊焊缝和母材的交界线称为熔合线。熔合线两侧有一个很窄的焊缝与热影响区的过渡区，叫熔合区，也称半熔化区。因此，焊接接头常由焊缝区、熔合区、热影响区组成。

1. 焊缝区

热源移走后，熔池中的液体金属立刻开始冷却结晶，从熔合区许多未熔化完的晶粒开始，以垂直熔合线的方式向熔池中心生长为柱状树枝晶。这样，低熔点物质将被推向焊缝最后结晶部位，形成成分偏析。同时，焊缝组织是由液体金属结晶成的铸态组织，宏观组织是柱状粗晶粒，成分偏析严重，组织不致密。但由于熔池金属受到电弧吹力，保护气体吹动和焊条摆动等干扰作用，使焊缝金属的柱状晶呈倾斜层状。这相当于小熔池炼钢，冷却快，且使晶粒有所细化。利用焊接材料的渗合金作用，可调整其合金元素含量，从而使焊缝金属的力学性能不低于母材。

2. 熔合区

熔合区是焊缝向热影响区过渡的区域，是焊缝和母材金属的交界区，其加热温度处于固相线和液相线之间。在焊接过程中，部分金属熔化，部分未熔化，冷却后，熔化金属成为铸态组织，未熔化金属因加热温度过高而形成过热粗晶组织。这种组织使此区强度下降，塑性、韧度极差，常是裂纹及局部脆性破坏的发源区。在低碳钢焊接接头中，尽管此区很窄（仅 0.1～1mm），但在很大程度上决定着焊接接头的性能。

3. 热影响区

热影响区是焊接过程中,母材因受热(但未熔化)而发生组织性能变化的区域。对低碳钢而言,由于焊缝附近各点受热程度不同,故热影响区常由以下几部分组成,如图 6-4 所示。

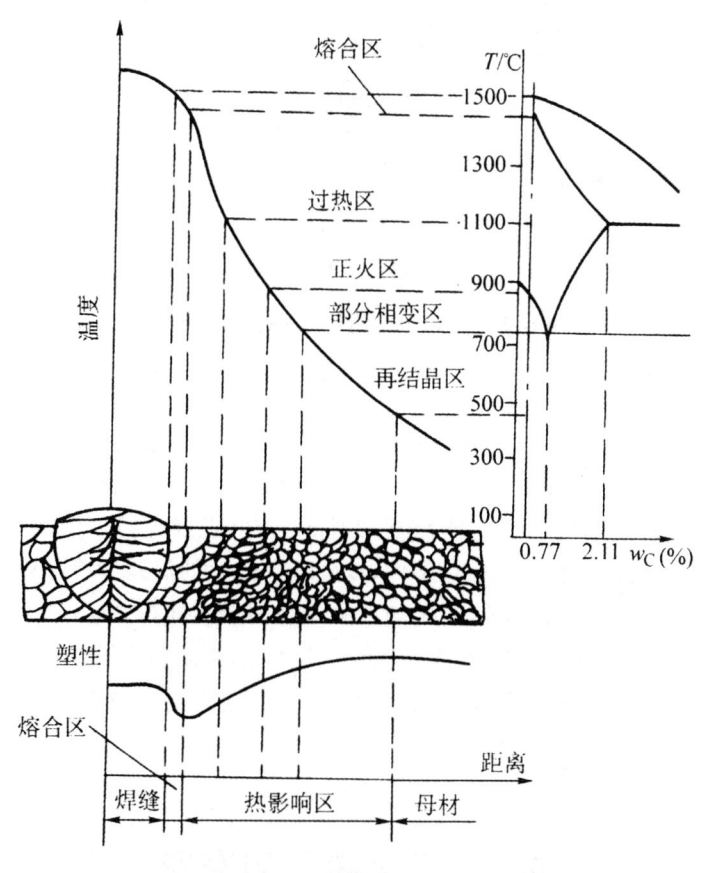

图 6-4 低碳钢焊接接头的组织变化

(1) 过热区

过热区是指热影响区内具有过热组织或晶粒显著粗大的区域,宽度 1~3mm。其加热温度在 1100℃至固相线之间。由于加热温度高,奥氏体晶粒急剧长大,冷却后得到粗晶组织。该区金属的塑性、韧度很低,焊接刚度大的结构或含碳量较高的易淬火钢时,易在此区产生裂纹。

(2) 正火区

正火区是指热影响区内相当于受到正火热处理的区域,宽度 1.2~4mm。其加热温度在 Ac_3~1100℃。此温度下金属发生重结晶加热,形成细小的奥氏体组织,冷却后即获得细小而均匀的铁素体和珠光体组织,因此,该区的力学性能优于母材。

(3) 部分相变区

热影响区内发生部分相变的区域,其加热温度在 Ac_1~Ac_3。受热影响,此区中珠光体和部分铁素体转变为细晶粒奥氏体,而另一部分铁素体因温度太低来不及转变,仍为原来的组织。因此,已发生相变组织和未发生相变组织在冷却后会使晶粒大小不均,力学性能较母材差。

低碳钢焊接接头的组织、性能变化如图6-5所示。分析其变化可得:焊接接头中熔合区和过热区的力学性能最差。有时焊接结构的破坏不在焊缝上而在热影响区内,就是因为有热影响区的存在且其性能很差,又未能引起注意的结果。所以,对于焊接结构,热影响区越小越好。

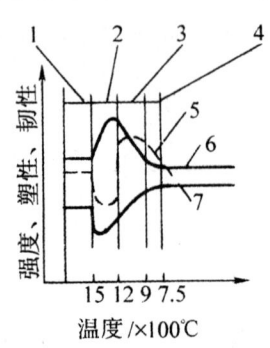

图6-5 低碳钢焊接接头的性能分布

1—焊缝熔合区;2—过热区;3—正火区;4—部分相变区;5—韧性;6—强度;7—塑性

热影响区的大小和组织性能变化的程度取决于焊接方法、焊接规范、接头形式等因素。热源热量集中、焊接速度快时,热影响区就小。在实际应用中,电子束焊的热影响区最小,总宽度一般小于1.4mm。气焊的热影响区总宽度最大可达27mm。由于接头的破坏常从热影响区开始,为消除热影响区的不良影响,焊前可先预热工件,以减缓焊件上的温差和冷却速度。对于容易淬硬的钢材,例如中碳钢、高强度合金钢等,热影响区中最高加热温度在Ac_3以上的区域,焊后易出现淬硬组织——马氏体;最高加热温度在$Ac_1 \sim Ac_3$的区域,焊后易形成马氏体+铁素体混合组织。所以,易淬硬钢焊接热影响区的硬化、脆化更为严重,且随着碳含量、合金元素含量的增加,其热影响区的硬化、脆化倾向越严重。

6.2 焊接应力和变形

焊接后焊件内产生的应力,将会影响其后续的机械加工精度,降低结构承载能力,严重时导致焊件开裂。变形则会使焊件形状和尺寸发生变化,若变形量过大则会因无法矫正而使焊件报废。

6.2.1 焊接应力与变形产生的原因

焊件在焊接过程中受到局部加热和冷却是产生焊接应力和变形的主要原因。图6-6为低碳钢平板对接焊时产生的应力和变形示意图。

平板焊接加热时,焊缝区的温度最高,其余区域的温度随离焊缝距离的变远而降低。热胀冷缩是金属特有的物理现象,由于各部分加热温度不同,所以单位长度的胀缩量 $\varepsilon = \alpha \pm \Delta T$ 也不相同,即受热时按温度分布的不同,焊缝各处应有不同的伸长量。但实际上由于平板是一个整体,各部分的伸长必须相互协调,不可能各处都能实现自由伸长,最终平板整体只能协调伸长 ΔL。因此,被加热到高温的焊缝区金属因其自由伸长量受到两侧低温金属自由伸长量的限制而承受压应力(一),当压应力超过屈服强度时产生压缩塑性变形,使平板整体达到平衡。同时,焊缝区以外的金属则需承受拉应力(+),所以,整个平板存在着相互平衡的压应力和拉应力。

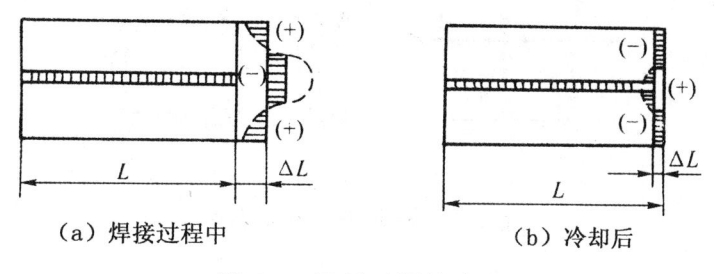

(a) 焊接过程中　　　　(b) 冷却后

图 6-6　平板对焊的应力

一般情况下,焊件塑性较好,结构刚度较小时,焊件自由收缩的程度就较大。这样,焊接应力将通过较大的自由收缩变形而相应减小。其结果必然是结构内部的焊接应力较小而结构外部表现的焊接变形较大;相反,如果焊件刚度大,其自由收缩受到很大限制,则内部焊接应力就会较大,而外部焊接变形较小。

6.2.2　焊接应力与变形的危害

焊件在焊接后产生焊接应力和变形,对结构的制造和使用会产生不利影响。焊接变形,可能使焊接结构尺寸不合要求,焊装困难,间隙大小不一致等,直至影响焊件质量。矫正焊接变形不仅浪费工时,增加制造成本,且会降低材料塑性和接头性能。同样焊接变形会使结构形状发生变化,出现内在附加应力,降低承载能力,甚至引起裂纹,导致脆断;应力的存在也有可能诱发应力腐蚀裂纹。除此之外,残余应力是一种不稳定状态,在一定条件下会衰减而使结构产生一定变形,造成结构尺寸不稳定。所以,减小和防止焊接应力与变形是十分必要的。

6.2.3　焊接应力和变形的防止

1. 焊接应力的防止及消除措施

①设计时焊缝不要密集交叉,截面和长度也要尽可能小,以减小焊接应力。
②选择合理的焊接顺序。焊接时,应尽量让焊缝自由收缩或牵制。焊接的顺序一般为:先焊收缩量较大的焊缝;先焊工作时受力较大的焊缝,这样可使受力较大的焊缝预受压应力;先焊错开的短焊缝,后焊直通的长焊缝,如图 6-7 所示。
③当焊缝仍处在较高温度时,锤击或碾压焊缝,使焊件伸长,以减小焊接残余应力。
④采用小的热输入能量,多层焊,可减小焊接残余应力。
⑤焊前将焊件预热再进行焊接,可使焊缝与周围金属的温差缩小,焊后又能均匀地缓慢冷却,有效地减小了焊接残余应力,同时也能减小焊接变形。

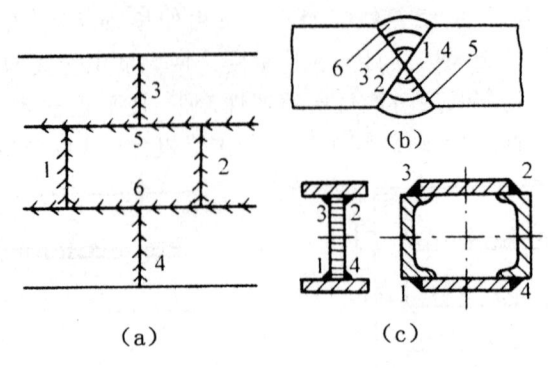

图 6-7 合理安排焊接顺序

⑥焊后进行去应力退火,也可消除焊接残余应力。工艺上将焊件缓慢加热到550~650℃,保温一定时间,再随炉冷却,利用材料在高温时屈服强度下降和发生蠕变现象来达到松弛残余应力的目的。这种方法可消除80%左右的残余应力。

2. 焊接变形的防止和消除措施

①设计上焊缝不要密集交叉,截面和尺寸尽可能小,与防止应力一样也是减小焊接变形的有力措施。

②采用反变形法,如图 6-8、图 6-9 所示,即焊前正确判断焊接变形的大小和方向,在焊接时让焊件反向变形,以此补正焊接变形。

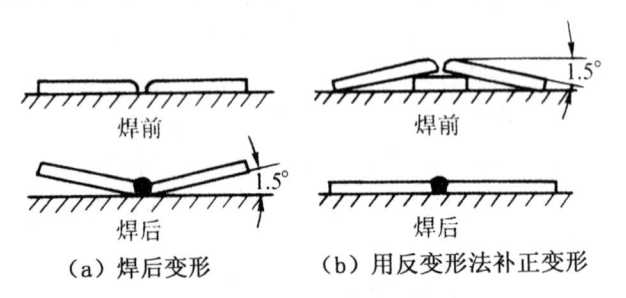

(a)焊后变形　　(b)用反变形法补正变形

图 6-8 平板对焊反变形

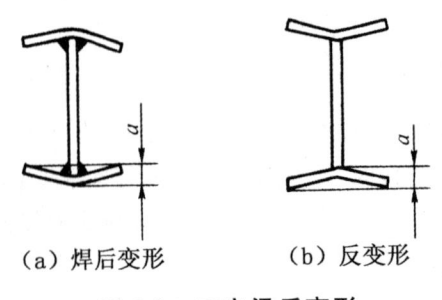

(a)焊后变形　　(b)反变形

图 6-9 工字梁反变形

③采用焊前刚性固定,如图 6-10 所示,即采用强制手段(如用夹具或点焊固定等)来约束焊接变形,但会形成较大的焊接应力,且焊后去除约束,焊件会出现少量回弹。

④采用合理的焊接规范。焊接变形一般随焊接电流的增大而增大,随焊接速度的增加而减小。因此,可通过调整焊接规范来减小变形。

⑤选用合理的焊接顺序,如对称焊。焊接时使对称于截面中性轴的两侧焊缝的收缩能够互相抵消或减弱,以减小焊接变形。此外,长焊缝的分段退焊也能减小焊接变形,如图6-11所示。

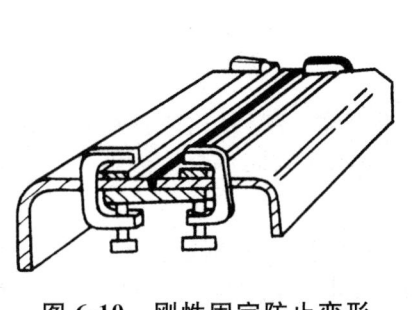

图 6-10　刚性固定防止变形　　　　图 6-11　长焊缝的分段退焊

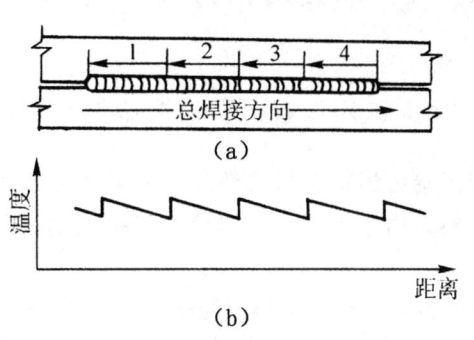

⑥采用机械或火焰矫正法来减小焊接变形,如图6-12、图6-13所示,就是使焊接结构产生新的变形以抵消原有焊接变形。机械矫正是依靠新的塑性变形来矫正焊接变形,适用于塑性好的低碳钢和普通低合金钢。火焰矫正是依靠新的收缩变形来矫正原有的焊接变形,此法仅适用于塑性好,且无淬硬倾向的材料。

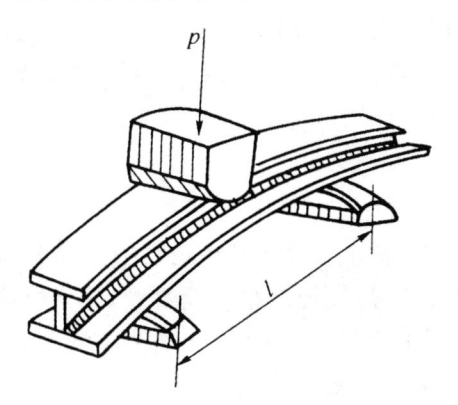

图 6-12　机械矫正法　　　　图 6-13　火焰矫正法

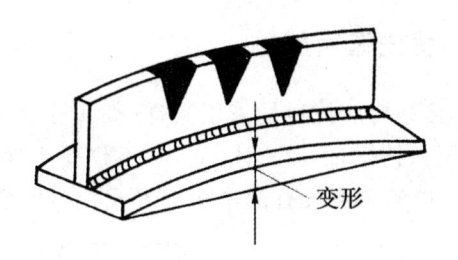

6.3　焊接结构设计

焊接结构设计决定焊接件的具体结构以及制造中的各主要因素。良好的焊接结构,易于获得优质接头,使焊接结构容易满足使用要求,工作安全可靠,生产简便,成本低廉。为了设计出优良的焊接结构,设计人员必须熟悉焊接生产工艺,包括熟悉各种焊接方法、了解各种金属材料的焊接工艺特点、掌握影响接头质量的因素。

焊接结构设计的主要内容是:根据结构工作时的负荷大小、负荷种类、工作环境、工作温度等使用要求,对焊接结构合理选择结构材料、焊接材料、焊接方法,适当安排焊缝位置,正确设计焊接接头,合理制定工艺措施等。

6.3.1 焊接结构材料的选择

1. 尽量选用低碳钢和低合金结构钢

为了避免焊接时出现裂纹等缺陷并保证使用中安全可靠,焊接结构应该尽量选用焊接性好的材料。由于绝大多数焊接结构是用钢材制成的,一般焊接结构应尽可能选用碳当量低的材料。

低碳钢和低合金结构钢的碳当量低,焊接性良好,在设计焊接结构时应优先选用。一般用途的结构可选用低碳钢,重要结构选用低合金结构钢。例如,我国采用焊接结构生产的龙门刨铣床,导轨用16Mn(Q345)钢,其余部分用A3(Q235)钢。即使原来采用35钢和45钢等中碳钢制造的零件,如果改为焊接件,也应选用强度相当、焊接性较好的低合金结构钢。应注意,沸腾钢焊接时易产生裂纹,一般不宜用于承受动载荷或低温下工作的重要结构。

2. 异种金属材料的焊接

对于异种金属材料的焊接,必须考虑其焊接性能。化学成分和物理性能相近的金属材料,焊接时一般困难不大,而成分和性能差别很大的材料要焊在一起往往有困难。对异种金属材料的焊接,应查阅足够的资料,或者通过试验确知其焊接性。

3. 优先选用型材

焊接结构应该尽量采用型材(如工字钢、槽钢、角钢等),对于形状较复杂的部分,也可采用冲压件、铸钢件和锻件。这样,不仅便于保证焊件质量,还可减少焊缝数量,简化焊接工艺。图6-14中的箱形梁有四块钢板焊成和两根槽钢焊成两种方案,显然后一种方案较为合理。

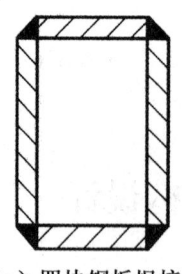

(a)四块钢板焊接 　　(b)两根槽钢焊接

图 6-14　箱形梁结构

又如,对于跨距较大而载荷不高的工字梁,可以把轧制的工字钢按锯齿状切开[图6-15(a)],然后按图6-15(b)所示的结构形式焊接成锯齿合成梁。这样,结构重量不变,但焊接工作量减少,且结构刚度提高了几倍。

（a）锯齿状切开　　　　　　　　　（b）合成后

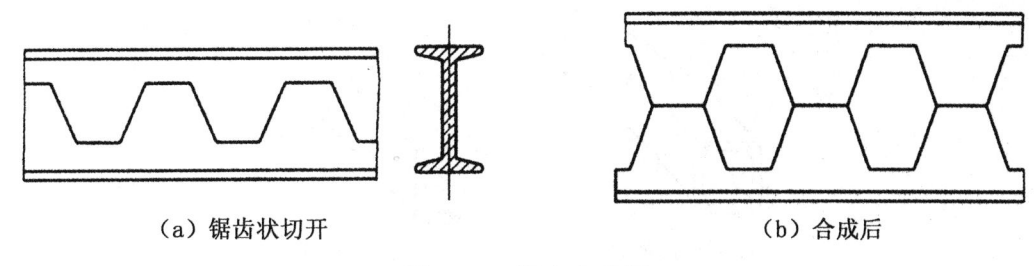

图 6-15　锯齿合成梁

图 6-16 为货轮的隔舱壁,采用图 6-16(a)中的冲压板件,代替图 6-16(b)中平板焊成的带 T 形筋板的结构,不但焊缝数量大大减少,而且省去了焊后矫正变形的工序。

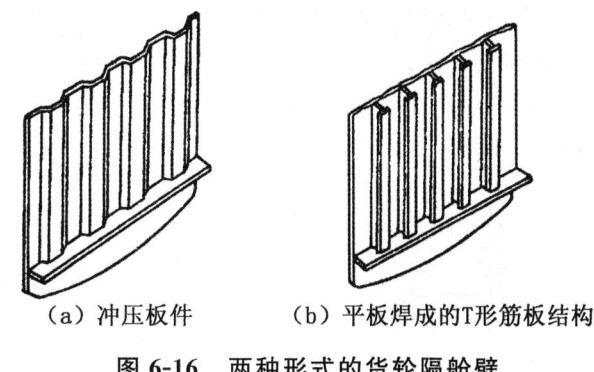

（a）冲压板件　　（b）平板焊成的T形筋板结构

图 6-16　两种形式的货轮隔舱壁

4. 合理选用材料的尺寸和规格

合理选用材料的尺寸和规格,也是保证结构质量、简化制造工艺、降低生产成本的重要环节。例如,降低结构壁厚可以减轻结构重量,但为了增强结构局部的刚度,必须多使用加强筋,因而增加了焊接和矫正变形的工作量,产品成本反而提高。因此,一般结构不应过分追求减轻重量。另外,一些次要零件应该合理利用边角料,这样虽然增加了几条短焊缝,但因节省了整块的钢板,产品成本可能下降。

6.3.2　焊缝的布置

1. 焊缝位置应尽量对称

焊接结构的焊缝应尽量对称布置,使各条焊缝产生的焊接变形相互抵消,可有效减小梁、柱类结构的弯曲变形。图 6-17(a)中的箱形梁,焊缝偏于截面的一侧,由于焊接区的纵向收缩,会产生较大的弯曲变形;图 6-17(b)中两条焊缝对称布置,就不会发生明显变形。

(a) 变形较大　　　　(b) 变形较小

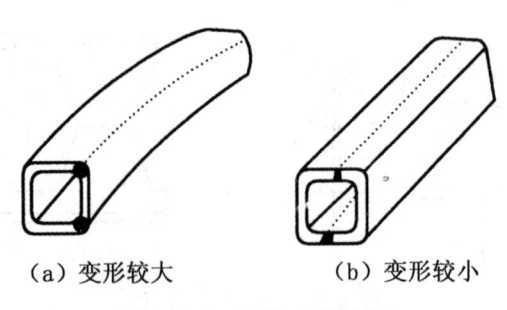

图 6-17　焊缝对称布置

2. 尽量避免焊缝的密集和交叉

如图 6-18(a)所示的设计，由于焊缝密集，接头易于因过热而性能下降，并可引起应力集中、变形和其他焊接缺陷，故应尽可能避免。图 6-18(b)为推荐采用的焊缝分散布置的设计。同理，容器中两条平行焊缝间的距离不应小于板厚的 3 倍，一般应大于 100mm，不锈钢容器通常应大于 200mm。此外，在焊缝的直接交叉处应采用倒角或圆角孔结构，如图 6-19 所示。

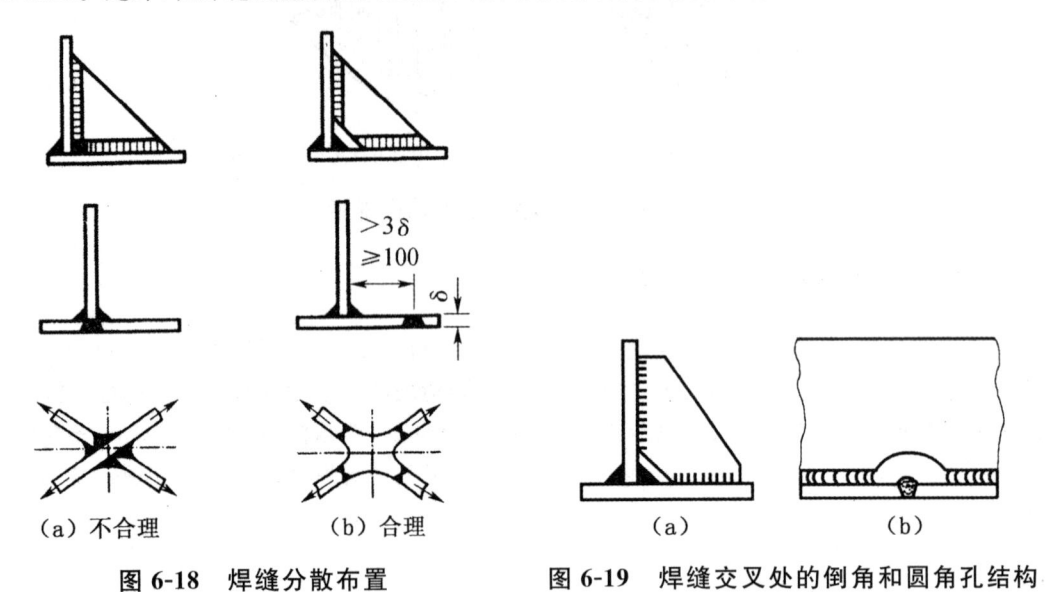

(a) 不合理　　　　(b) 合理

图 6-18　焊缝分散布置

(a)　　　　(b)

图 6-19　焊缝交叉处的倒角和圆角孔结构

3. 焊缝转角处应平缓过渡

焊缝转角处容易产生应力集中，尖角处应力集中更为严重，所以焊缝转角处应该平滑过渡，如图 6-20 所示。

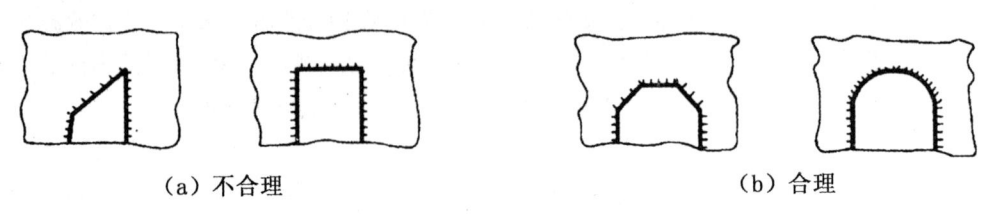

(a) 不合理　　　　(b) 合理

图 6-20　焊缝转角处的尖角过渡与平缓过渡

4. 焊缝应避开拉应力最大的位置

为保证安全,一般应使焊缝避开拉应力最大的位置。例如,大跨度的焊接钢梁(图 6-21),底侧中部承受最大拉应力,为使焊缝避开这一位置,增加一条焊缝才属合理。又如,圆筒形薄壁压力容器,由于筒体上径向拉应力是轴向拉应力的两倍,筒体上最好不设轴向焊缝。

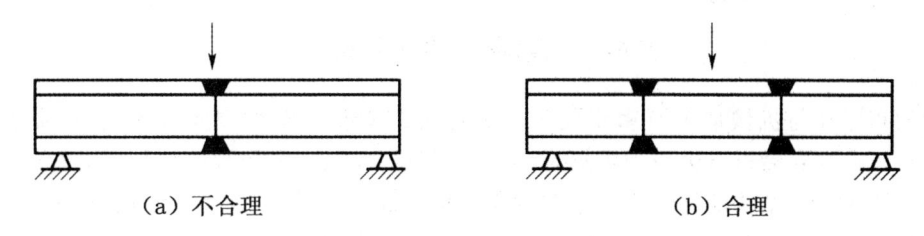

图 6-21 焊缝避开最大应力处

5. 焊缝布置应考虑到焊接及其他工序的方便和安全

焊缝应布置在便于焊接和检验的部位。采用如图 6-22(a)所示的焊条电弧焊焊缝布置,用焊条施焊困难,容易产生焊接缺陷,而图 6-22(b)中的焊缝布置是可取的。

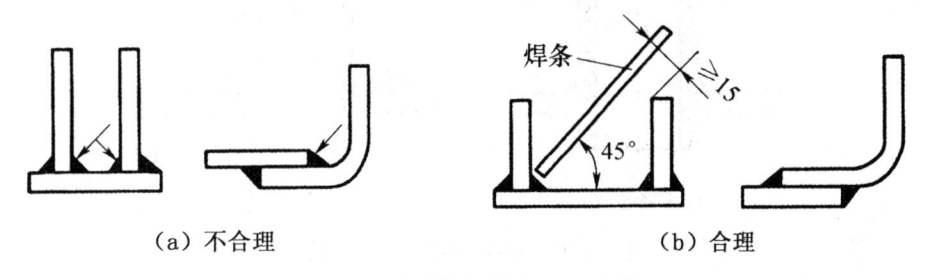

图 6-22 焊缝布置应便于施焊

焊缝的布置还要考虑到不同焊接方法的适应性。例如,拼接大平板,如果用埋弧焊生产,则采用如图 6-23(a)所示的结构形式操作比较方便;如果用焊条电弧焊生产,则采用如图 6-23(b)所示的结构形式较好。上述两种拼接形式都用于生产实际,使用中强度没有大的差别。对点焊和缝焊,应考虑电极的安放,如图 6-24 所示。

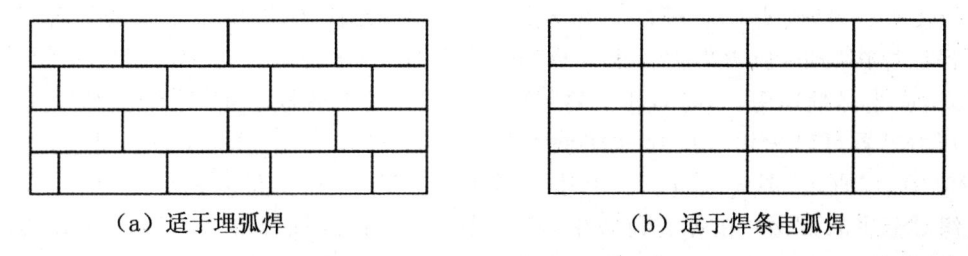

图 6-23 拼接大平板的焊缝布置

(a) 不合理　　　　　　　　　(b) 合理

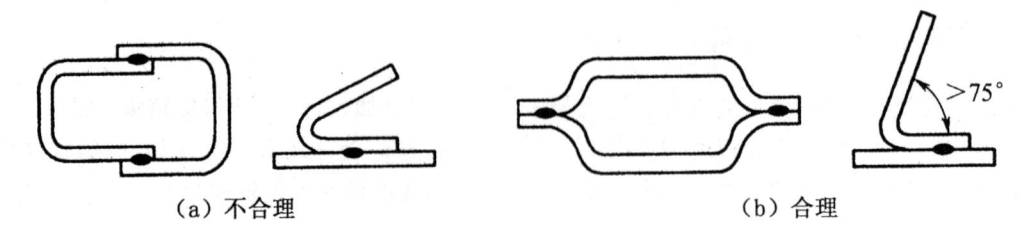

图 6-24　点焊和缝焊时焊缝布置

焊缝的布置还与机械加工有密切关系。当焊接结构整体精度要求较高时（如某些机床结构），应该在全部焊完后进行去应力退火，然后进行机械加工，以避免焊接残余应力影响机械加工后的精度。如果焊接结构的精度只是某些局部要求较高，并且必须加工后焊接，这时应该使焊缝位置远离加工面。图 6-25(a)中的设计，轴套内孔要求精度较高，并且必须加工后施焊，但焊缝离内孔过近，零件可能因内孔的焊接变形而报废。图 6-25(b)为改进后的设计，轴套外增加了法兰，使焊缝远离已加工表面，焊接变形便不会影响已加工表面的精度。

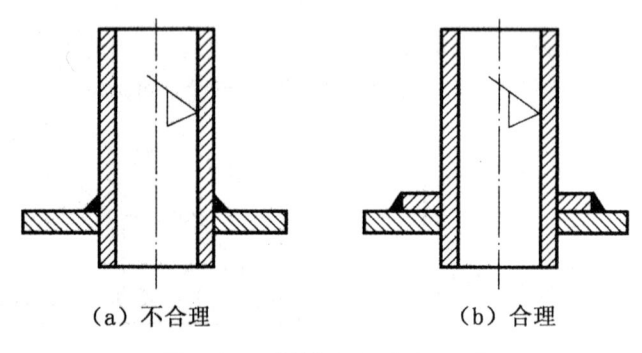

(a) 不合理　　　　　　　　　(b) 合理

图 6-25　焊缝应远离加工面

6.3.3　焊接接头设计

1. 尽量选用对接接头

角接接头、T形接头和搭接接头都容易产生焊接缺陷，应力集中也比较严重；对接接头容易保证焊接质量，应力集中较小，静载和疲劳强度都比较高，因此对接接头是最理想的接头形式，应当尽量选用。例如，压力容器的封头应避免与容器壁角接[图 6-26(a)]；为此，小直径压力容器可以采用厚度比筒体壁大的平面封头，但应在封头上加工出一个环形槽[图 6-26(b)]或直边[图 6-26(c)]。上述环形槽和直边，应该尽量采用锻压成形，以便利用纤维组织对金属的强化。在各类封头中，热压成形的球面或椭球形加直边的封头结构最合理，与筒体是对接接头。图 6-26(d)为乙炔瓶封头与筒体、瓶嘴采用对接接头的设计，这种结构虽然制造费时，但使用时安全性大大增加。

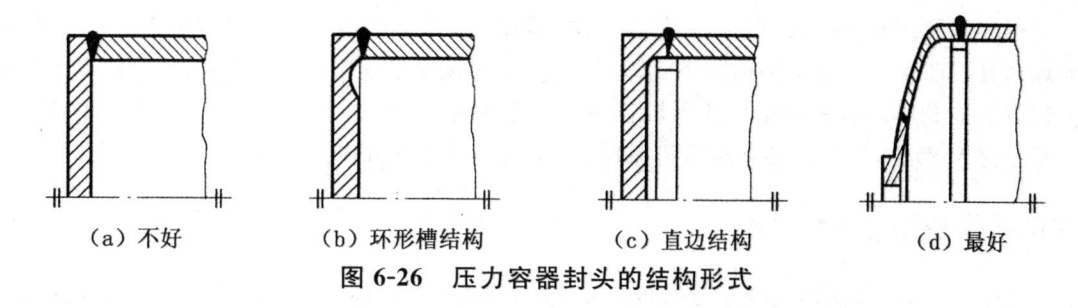

(a) 不好　　(b) 环形槽结构　　(c) 直边结构　　(d) 最好

图 6-26　压力容器封头的结构形式

2. 接头的坡口形式

在对接接头中，板厚小于 6mm 时一般不开坡口；但某些重要结构，板厚 3mm 时就要开坡口。对接接头的坡口形式如图 6-27 所示，其他接头的坡口形式与此相似。坡口中两焊件最接近的部分叫作接头根部。根部的钝边是为了防止烧穿；根部间隙是为了保证焊透。各种坡口中钝边和根部间隙的尺寸一般为 0~3mm。对坡口角度，V 形和 X 形多为 60°±5°，单边 V 形和 K 形一般为 50°±5°，U 形和双 U 形常取 10°±2°，J 形和双 J 形多用 20°±2°。

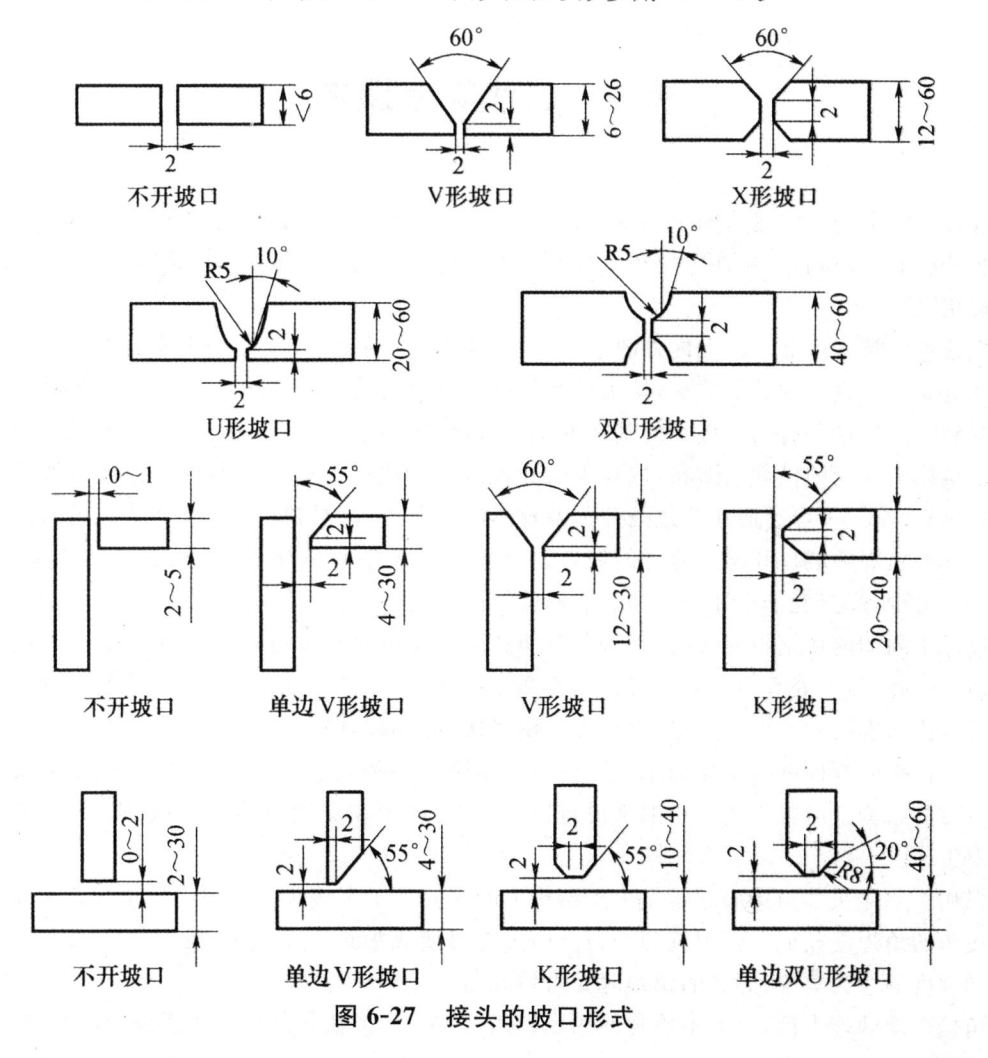

不开坡口　　V 形坡口　　X 形坡口

U 形坡口　　双 U 形坡口

不开坡口　　单边 V 形坡口　　V 形坡口　　K 形坡口

不开坡口　　单边 V 形坡口　　K 形坡口　　单边双 U 形坡口

图 6-27　接头的坡口形式

选用坡口形式时,应该根据板厚、焊接方法、现场加工设备等条件综合进行考虑。一般地,在保证焊透且不产生焊接缺陷的前提下,坡口横截面积应该尽量减小。这样既可减少焊接工作量,又可减少焊接变形。通常情况下,I形坡口主要用于薄板,V形坡口适合于中厚板,U形坡口横截面积虽比V形小,但坡口必须进行机械加工,仅适用于20mm以上的厚板。

3. 接头表面应尽量平滑

焊接生产中,通常使焊缝高于母材板面0~3mm,高出部分称为余高。由于余高使构件表面不平滑,在焊缝与母材的过渡处引起应力集中,造成构件冲击韧性和疲劳强度下降,因此通常要求焊缝余高应当尽量小些,有时还要求过渡圆弧半径尽量大些。

4. 不等厚构件的对接接头设计

为了减少应力集中,对于不等厚构件的对接接头,应在厚板上做出斜边,使接头平滑过渡。在受力大的结构中,为避免产生附加弯曲应力,还应把厚板两面削边,使两构件中心线一致。

6.4 现代焊接技术

焊接是一个局部的迅速加热和冷却的过程,焊接区由于受到四周工件本体的拘束而不能自由膨胀和收缩,冷却后在焊件中便产生焊接应力和变形。重要产品在焊后都需要消除焊接应力,矫正焊接变形。

现代焊接技术已能焊出无内外缺陷的、力学性能等于甚至高于被连接体的焊缝。被焊接体在空间的相互位置称为焊接接头,接头处的强度除受焊缝质量影响外,还与其几何形状、尺寸、受力情况和工作条件等有关。接头的基本形式有对接、搭接、丁字接(正交接)和角接等。

对接接头焊缝的横截面形状,取决于被焊接体在焊接前的厚度和两接边的坡口形式。焊接较厚的钢板时,为了焊透而在接边处开出各种形状的坡口,以便较容易地送入焊条或焊丝。坡口形式有单面施焊的坡口和两面施焊的坡口。选择坡口形式时,除保证焊透外还应考虑施焊方便,填充金属量少,焊接变形小和坡口加工费用低等因素。

厚度不同的两块钢板对接时,为避免截面急剧变化引起严重的应力集中,常把较厚的板边逐渐削薄,达到两接边处等厚。对接接头的静强度和疲劳强度比其他接头高。在交变、冲击载荷下或在低温高压容器中工作的连接,常优先采用对接接头的焊接。

搭接接头的焊前准备工作简单,装配方便,焊接变形和残余应力较小,因而在工地安装接头和不重要的结构上时常采用。一般来说,搭接接头不适于在交变载荷、腐蚀介质、高温或低温等条件下工作。

采用丁字接头和角接头通常是由于结构上的需要。丁字接头上未焊透的角焊缝工作特点与搭接接头的角焊缝相似。当焊缝与外力方向垂直时便成为正面角焊缝,这时焊缝表面形状会引起不同程度的应力集中;焊透的角焊缝受力情况与对接接头相似。

角接头承载能力低,一般不单独使用,只有在焊透时,或在内外均有角焊缝时才有所改善,多用于封闭形结构的拐角处。

　　焊接产品比铆接件、铸件和锻件重量轻,对于交通运输工具来说可以减轻自重,节约能量。焊接的密封性好,适于制造各类容器。发展联合加工工艺,使焊接与锻造、铸造相结合,可以制成大型、经济合理的铸焊结构和锻焊结构,经济效益很高。采用焊接工艺能有效利用材料,焊接结构可以在不同部位采用不同性能的材料,充分发挥各种材料的特长,达到经济、优质。焊接已成为现代工业中一种不可缺少,而且日益重要的加工工艺方法。

　　在近代的金属加工中,焊接比铸造、锻压工艺发展较晚,但发展速度很快。焊接结构的重量约占钢材产量的45%,铝和铝合金焊接结构的比重也不断增加。

　　未来的焊接工艺,一方面要研制新的焊接方法、焊接设备和焊接材料,以进一步提高焊接质量和安全可靠性,如改进现有电弧、等离子弧、电子束、激光等焊接能源;运用电子技术和控制技术,改善电弧的工艺性能,研制可靠轻巧的电弧跟踪方法。另一方面要提高焊接机械化和自动化水平,如焊机实现程序控制、数字控制;研制从准备工序、焊接到质量监控全部过程自动化的专用焊机;在自动焊接生产线上,推广、扩大数控的焊接机械手和焊接机器人,可以提高焊接生产水平,改善焊接卫生安全条件。

第7章 金属材料成形——锻压工艺

7.1 金属的塑性加工常用方法

锻压是指在加压设备及工(模)具的作用下,使坯料或铸锭产生局部或全部的塑性变形,以便获得一定几何尺寸、形状和质量的锻件的加工方法。锻件是指金属材料经锻造变形而得到的工件毛坯。

金属的塑性加工方法包括以下六种(图 7-1):

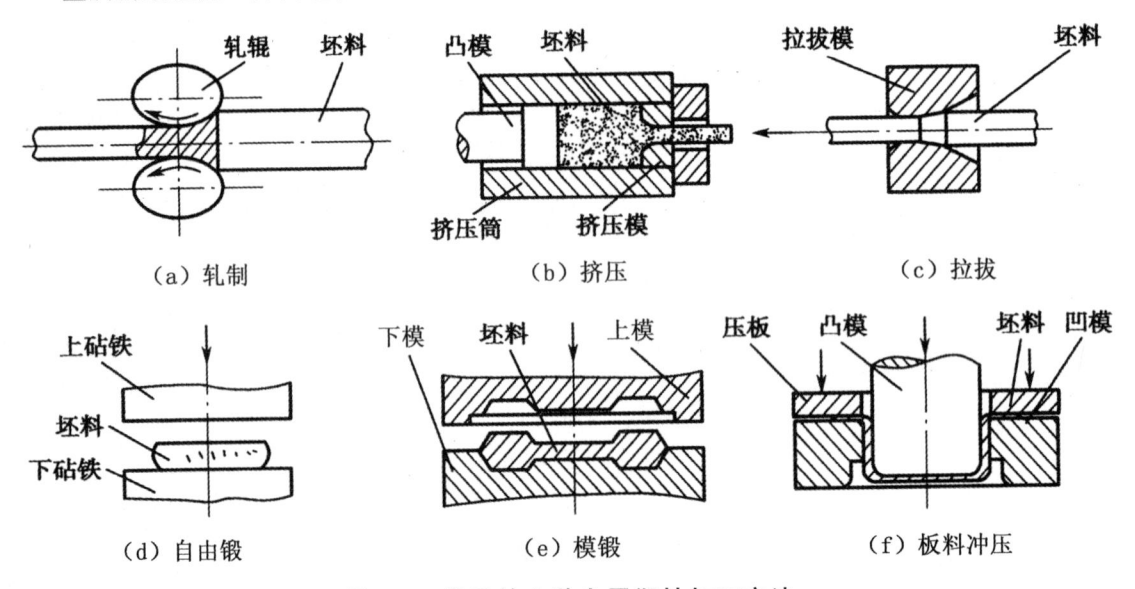

图 7-1 常见的六种金属塑性加工方法

①轧制是使金属坯料在旋转轧辊的压力作用下,产生连续塑性变形,改变其性能,获得所要求的截面形状的加工方法。

②挤压是将金属坯料置于挤压筒中加压,使其从挤压模的模孔中挤出,减小横截面积,获得所需制品的加工方法。

③拉拔是坯料在牵引力作用下从拉拔模的模孔拉出,产生塑性变形,得到截面细小、长度增加的制品的加工方法,拉拔一般在冷态下进行。

④自由锻是用简单的通用性工具,或在锻造设备的上、下砧铁间,使坯料受冲击力作用而变形,获得所需形状的锻件的加工方法。

⑤模锻是利用模具使金属坯料在模腔内受冲击力或压力作用,产生塑性变形而获得锻件的加工方法。

⑥板料冲压是用冲模使板料经分离或成形得到锻件的加工方法。

在上述六种金属塑性加工方法中,轧制、挤压和拉拔主要用于生产型材、板材、线材、带材等;自由锻、模锻和板料冲压主要用于生产毛坯或零件。

7.2 自由锻造

金属坯料在锻造设备的上、下砧铁或简单的工具之间,受冲击力或压力产生塑性变形,以获得具有一定形状、尺寸和性能锻件的加工工艺被称为自由锻造,简称自由锻。自由锻造时金属坯料能在垂直于压力的方向自由伸展变形,锻件的形状和尺寸主要由工人操作来控制。

7.2.1 自由锻造的设备

根据对坯料施加作用力的性质不同,自由锻造的设备可分为锻锤和压力机两大类。锻锤是产生冲击力使金属坯料产生变形,有空气锤和蒸汽—空气锤两种设备。压力机是使金属坯料在静压力的作用下产生变形,有水压机和油压机两种设备。通常,几十千克的小锻件采用空气锤,2t 以下的中小型件采用蒸汽—空气锤,大钢锭和大锻件则在压力机上锻造加工。

1. 空气锤

空气锤是利用电机直接驱动的锻锤,其结构小,打击速度快,有利于小件一次击打成形。空气锤的吨位以落下部分的地 80 质量来表示,最小的为 65kg,最大可达 1000kg,其主要技术规格见表 7-1。

表 7-1 国产空气锤的主要技术规格

型号	C41—65	C41—75	C41—150	C41—200	C41—400	C41—560	C41—750
锤头质量/kg	65	75	150	200	400	560	750
锤击次数/(次/min)	200	210	180	150	120	115	105
锤击能量/kJ	0.9	1.0	2.5	4.0	9.5	13.7	19.0

2. 蒸汽—空气锤

常见蒸汽—空气锤的结构有单柱式和双柱式两种。单柱式蒸汽—空气锤操作方便,但刚性差,设备吨位不宜太大。双柱拱式蒸汽—空气锤的刚性好,是目前锻造车间普遍采用的设备,其结构如图 7-2 所示。

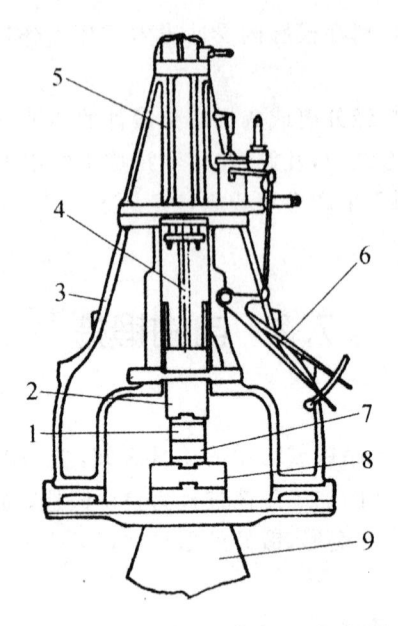

图 7-2 双柱拱式蒸气—空气锤

1—上砧铁；2—锤头；3—锤架；4—活塞杆；5—汽缸；6—操纵杆；7—下砧铁；8—砧垫；9—砧座

蒸汽—空气锤是以 6~9 个大气压的蒸汽或压缩空气为动力，用手柄操作气阀来控制高压气体进入工作缸的方向和进气量，以实现悬锤、压紧、单打或不同能量的连打等操作。我国蒸汽—空气锤的主要技术规格见表 7-2。

表 7-2 蒸汽—空气锤的技术规格

锤头质量/kg	630	1000	2000	2000	3000	5000
结构形式	单柱式	双柱式	单柱式	双柱式	双柱式	双柱式
锤击次数/(次/min)	110	100	90	85	85	90
锤击能量/kJ	20.5	35.3	60	70	152	380

3. 水压机

水压机是利用水泵产生的高压水为动力而进行工作，其结构如图 7-3 所示。工作时，将高压水经水管 12 通入工作缸 1 的上部，推进工作柱塞 2，使活动横梁 4 沿立柱 5 下降，以实现上砧 8 对坯料加压。为使上砧提起，需将高压水经水管 11 通入回程缸 9，使小柱塞 10、小横梁 13 及拉杆 14 上升，并将活动横梁 4 及上砧 8 提起，于是完成一次锻压过程。如此反复，可实现锻造成形。水压机具有活动工作台，下砧 7 可从下横梁 6 上沿轨道移出，以便装卸锻件。水压机的吨位用压力来表示，压力可达 500~16000t，可锻 1~300t 重的钢锭。

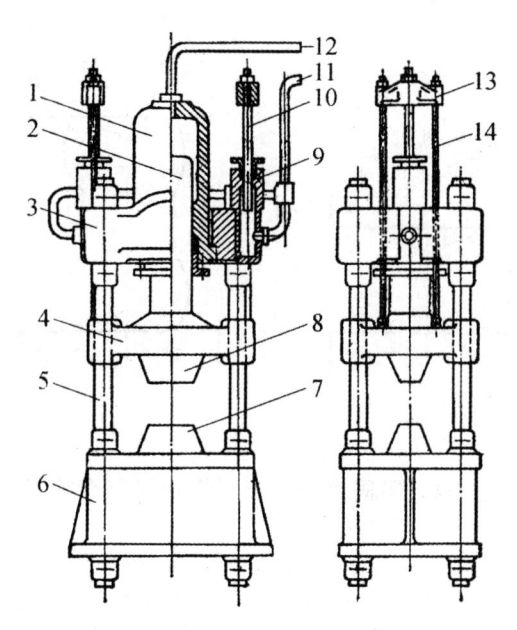

图 7-3　锻造水压机
1—工作缸；2—工作柱塞；3—上横梁；4—活动横梁；5—立柱；6—下横梁；7—下砧；
8—上砧；9—回程缸；10—小柱塞；11、12—水管；13—小横梁；14—拉杆

7.2.2　自由锻造的基本工序

自由锻造工艺过程由一系列的锻造工序组成。以改变坯料的形状为主，同时改善锻件的力学性能的工序称为基本工序；为了使基本工序能顺利进行而采用的一些辅助变形，如钢锭倒角、压印痕等称为辅助工序；用来精整锻件形状和尺寸以提高锻件加工精度、表面质量，如平整端面、鼓形滚圆、弯曲校直等称为精整工序。

自由锻造的基本工序有镦粗、拔长、冲孔、弯曲、切割、扭转、错移及锻接等。在实际生产中，最常用的是镦粗、拔长和冲孔三种工序。

1. 镦粗

使坯料的高度减小而截面增大的工序称为镦粗。镦粗时，金属在高度受压缩的同时，不断向四周流动，如图 7-4(a) 所示。由于工具与坯料表面接触，对变形金属有摩擦阻力和冷却作用，使表层金属的塑性流动受到限制，形成了楔入金属内部的难变形锥，故呈单鼓形。

当镦粗的高径比 $\dfrac{H_0}{D_0}>2$ 时，因难变形锥作用不到中间区域，产生了双鼓形[图 7-4(b)]，此外应使坯料的高径比为 $1<\dfrac{H_0}{D_0}<2$ 时，才能保证锻透。对于普通锻件，也应满足高径比 $\dfrac{H_0}{D_0}<2.5$，以免镦弯。

(a) $\dfrac{H_0}{D_0} > 1$ (b) $\dfrac{H_0}{D_0} > 2$

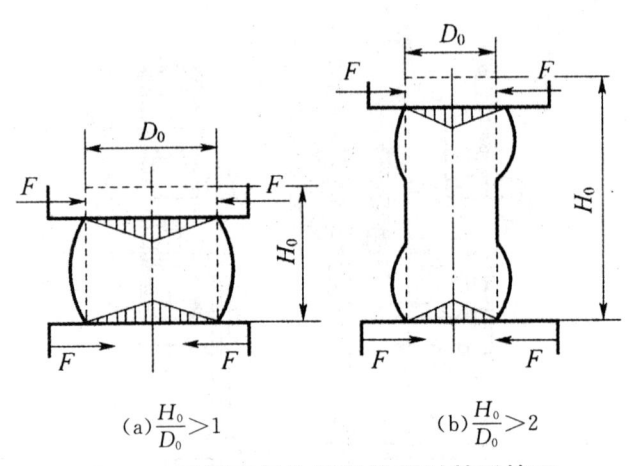

图 7-4　不同高径比坯料镦粗时鼓形情况

镦粗是合金钢锻件(包括钢锭)锻造的基本工序,能够增加锻造比,使变形均匀,提高综合力学性能。镦粗是圆饼类和空心类锻件的主要工序。对于采用小直径坯料锻造轴类锻件的,镦粗可提高后续拔长工序的锻造比,并提高横向力学性能,减小各向异性。

设计镦粗成形的自由锻件时,必须考虑其结构工艺性。如图 7-5 中的两种圆饼类锻件,图 7-5(a)为带加强筋的结构形式,无法用镦粗工序成形,因此自由锻件要避免加强筋或凸台结构;图 7-5(b)为平面与圆柱体直交结构,容易用镦粗工序成形。

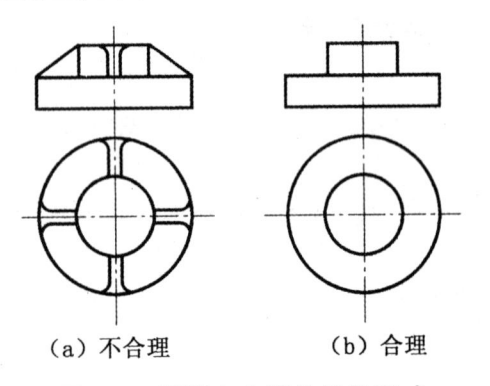

(a) 不合理　　(b) 合理

图 7-5　圆饼自由锻件结构形式

2. 拔长

使坯料横截面缩小而长度增加的工序称为拔长。

拔长是锻造轴杆类锻件的主要工序。图 7-6 为曲轴分段拔长成形的示意图。对于筒形锻件,一般采用芯轴拔长,以减小空心坯料的壁厚和外径,增加其长度。筒形锻件的典型锻造工序如图 7-7 所示,即下料—镦粗—冲孔—芯轴拔长。之所以先镦粗是为了增加锻造比,便于冲孔,并使纤维组织合理分布。

在设计拔长成形的锻件时,也必须考虑其结构工艺性。图 7-8(a)所示的锥形轴和相贯线为空间曲线的连杆结构,都不符合自由锻工艺要求,应改为如图 7-8(b)所示的阶梯轴结构和直角结构连杆。

图 7-6 曲轴坯拔长

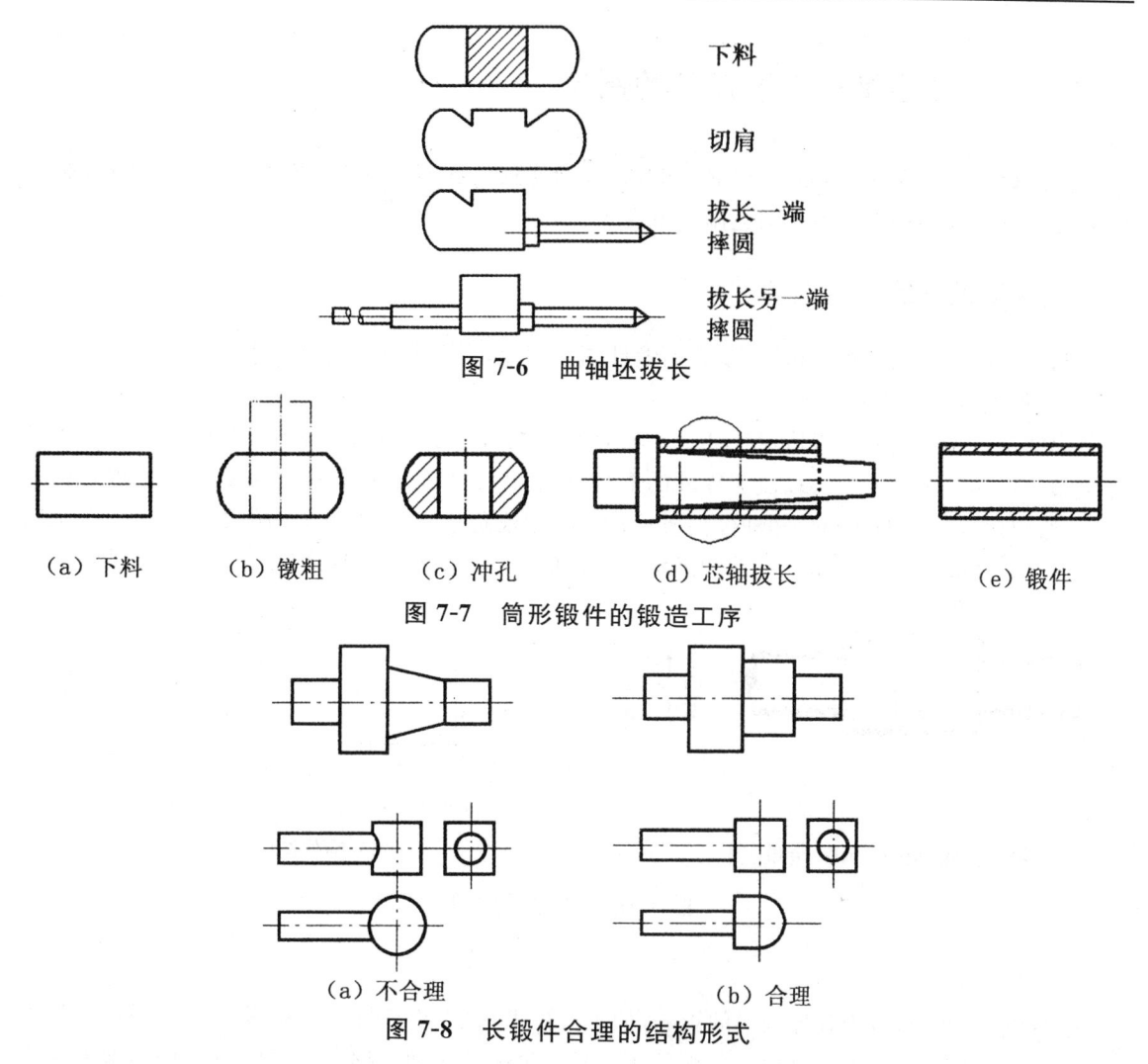

(a) 下料　　(b) 镦粗　　(c) 冲孔　　(d) 芯轴拔长　　(e) 锻件

图 7-7 筒形锻件的锻造工序

(a) 不合理　　(b) 合理

图 7-8 长锻件合理的结构形式

3. 冲孔

利用冲子在坯料上冲出通孔或不通孔的工序,称为冲孔。锻造各种带孔锻件和空心锻件(如齿轮坯、圆筒等)都需要冲孔。常用的冲孔方法有实心冲子冲孔、空心冲子冲孔和漏盘冲孔三种,如图 7-9 所示。其中,实心冲子冲孔是常用的冲孔方法;空心冲子冲孔用于以钢锭为坯料、锻造孔径在 $\phi400\mathrm{mm}$ 以上的大锻件,以便将钢锭中心质量差的部分去掉;漏盘冲孔用于板料。

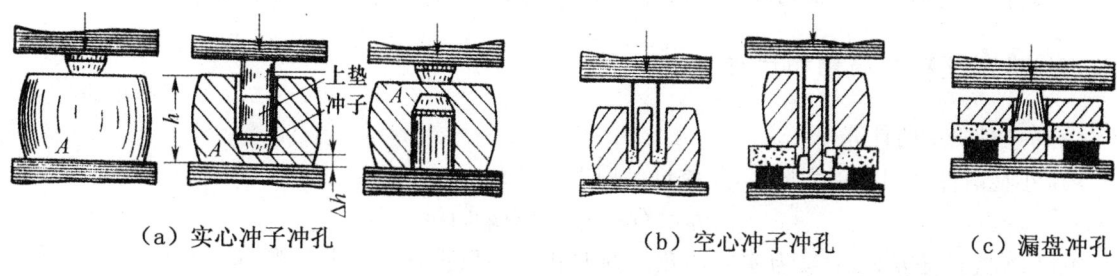

(a) 实心冲子冲孔　　(b) 空心冲子冲孔　　(c) 漏盘冲孔

图 7-9 冲孔示意图

7.2.3 自由锻造工艺规程的制定

自由锻造工艺规程是锻造生产的依据,其工艺规程的内容包括绘制锻件图、选择坯料、制定锻造工序、选择设备吨位、确定锻造温度范围等。

1. 绘制锻件图

制定自由锻造工艺规程,首先要绘制锻件图。为此,应考虑如下工艺因素。

(1)加工余量和公差

如图 7-10 所示,凡是锻造后还要进行机械加工的锻件表面都要余留一部分金属,作为机械加工余量。加工余量的大小取决于零件的形状、尺寸以及加工精度和表面粗糙度的要求。余量过小,难以保证制件的几何尺寸和表面质量;过大,则浪费金属,并且增加切削加工工时。合理确定加工余量的原则是在技术上可能和经济上合理的条件下,尽量减小加工余量,提高锻件精度。

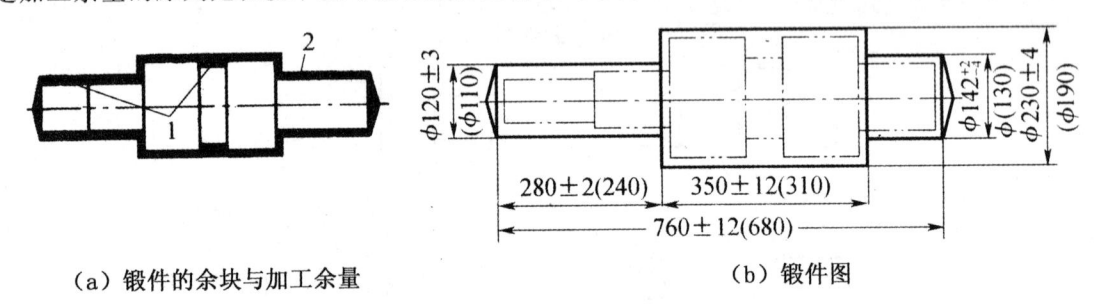

图 7-10 典型锻件图
(a) 锻件的余块与加工余量　(b) 锻件图
1—余块;2—加工余量

在锻造生产中,由于各种因素的影响,如工人技术水平、热态测量误差、锻件冷缩量估计误差等,使锻件实际尺寸不可能达到其公称尺寸。锻件实际尺寸和公称尺寸之间所允许的偏差叫作锻造公差。锻造公差均为加工余量的 $\frac{1}{4} \sim \frac{1}{3}$。

(2)余块

零件上的键槽、齿槽、退刀槽、小孔、不通孔、台阶等,用自由锻难以锻出,需要附加一部分金属以简化锻件的形状和锻造工艺。在锻件上某些部位附加的大于加工余量的这部分金属称为余块。余块在切削加工时要被切除。余块有时是必要的,但增加了材料消耗和切削加工工时。

2. 确定坯料的质量和尺寸

(1)坯料质量的计算

中小型锻件多用型钢为坯料,其质量可用下式计算:

$$G_{坯}=G_{锻}+G_{芯}+G_{切}+G_{烧}$$

式中,$G_{坯}$ 为锻件质量,kg;$G_{芯}$ 为实心冲孔件的冲孔芯料质量,kg,按照经验,$G_{芯}=(1.18\sim1.57)d^2H$(式中,d 为冲孔直径,dm;H 为冲孔坯料高度,dm);$G_{切}$ 为轴杆类件的切头损失,kg;$G_{烧}$ 为坯料加热时的烧损量,一般为 2%～4%(烧煤气和重油的加热炉,烧损量较低,烧煤的加热炉烧损量较高)。

(2)坯料尺寸计算

计算坯料尺寸时,要考虑坯料在锻造中所必需的变形程度,即锻造比(镦粗时,锻造比 $Y=\frac{D_1}{D_0}$;拔长时,锻造比 $Y=\frac{L_1}{L_0}$)。当使用钢锭作为坯料并采用拔长和镦粗方法锻制锻件,锻造比一般不小于 2.5～3。对性能要求高的锻件,锻造比还可大些。如果采用轧材作为坯料,则锻造比可取 1.3～1.5。

7.3 模型锻造

模型锻造简称模锻,是将加热后的金属坯料放在锻模模膛内受压变形而获得锻件的锻造方法。模锻生产率高,可锻出形状复杂的锻件,是锻造生产的主要工艺。模型锻造设备主要有模锻锤上模锻、摩擦压力机上模锻、曲柄压力机上模锻和平锻机上模锻等,以及精锻机、辊锻机、多向模锻水压机和扩孔机等专用模锻设备。

7.3.1 锤上模锻

锤上模锻是在模锻锤上进行的模锻,其工艺通用性好,并能同时完成制坯工序,是目前最常用的模锻方法。锤上模锻最常用的设备是蒸汽—空气模锻锤,简称模锻锤,其结构如图 7-11 所示,工作原理与自由锻用蒸汽—空气锤基本相同。

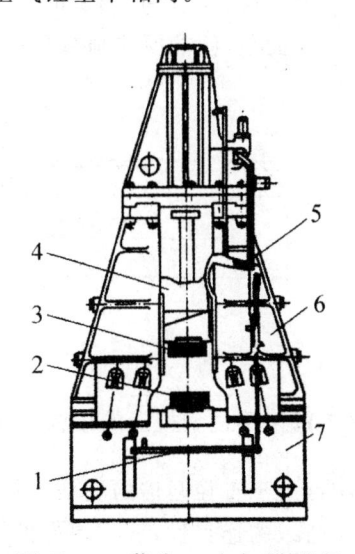

图 7-11 蒸汽—空气模锻锤

1—踏板;2—上模;3—下模;4—锤头;5—操纵机构;6—机架;7—砧座

与自由锻锤相比,模锻锤的机架与砧座直接相连,近似形成一个封闭的刚体,以增加打击刚度;锤头与导轨间隙小,使上下模准确对正,以增加导向精度;模锻锤的砧座质量与锤头质量的比值 $\dfrac{M}{m}$ 为 20～30(自由锻锤仅为 10～20),以提高模锻效率。此外,模锻锤的吨位以锤头落下部分的质量标定,一般为 0.5～16t。模锻锤的吨位主要根据模锻件的质量大小选用,各种吨位的模锻锤能锻制的模锻件质量见表 7-3。

表 7-3 模锻锤吨位与锻件质量

模锻锤吨位/t	1	1.5	2	3	5	9	15
锻件质量/kg	0.5～105	1.5～5	5～12	12～25	25～40	40～100	100

模锻锤与其他模锻设备相比,打击速度快(6～8m/s),行程不固定,可以根据需要按轻、重、快、慢锤击锻件。即每个工步可以进行小能量多次打击或大能量一次打击,因此采用模锻锤模锻时,可在一个锻模的不同模腔内实现镦粗、拔长、滚压、弯曲、预锻、终锻等工步。其缺点是振动大,无顶出锻件装置,不适于高精度锻件和某些杆类锻件的模锻。

设计模锻件时应考虑模锻特点和工艺要求,使结构合理,易于模锻成形。设计时应注意以下几点。

①模锻零件应有合理的分模面,使余块最少,锻模容易制造,模锻件能从模腔中取出。

②模锻件成形条件虽然比自由锻好,但是为了使金属容易充满模腔和减少工步,零件的外形应力求简单、平直和对称,避免零件截面间差别过大和薄壁、高筋、凸起等。最小与最大截面积之比应大于 0.5。

图 7-12 中的零件为不适宜于模锻的结构。图 7-12(a)中零件的凸缘太薄、太高,中间下凹太深,金属不易充满型腔。图 7-12(b)中零件过于扁薄,模锻时冷却快,不易锻出,对保护设备和锻模也不利。图 7-12(c)中零件的凸缘高而薄,使锻模的制造和锻件的取出都比较困难。

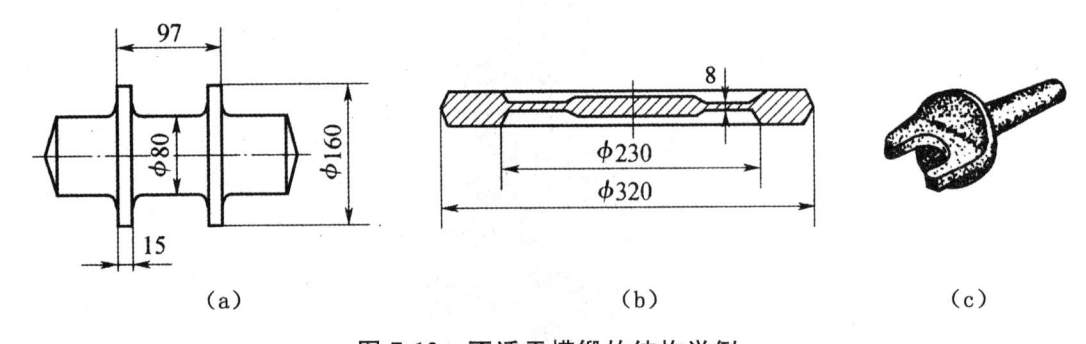

图 7-12 不适于模锻的结构举例

③锻件上直径小于 30mm 和深度大于直径两倍的孔均不易锻出,只能用机械加工成形。如图 7-13 所示齿轮零件,为保证纤维组织的连贯性,获得更好的力学性能,常采用模锻方法生产,但齿轮上 4 个直径 20mm 的孔不易锻出,只能在锻后采用机加工成形。

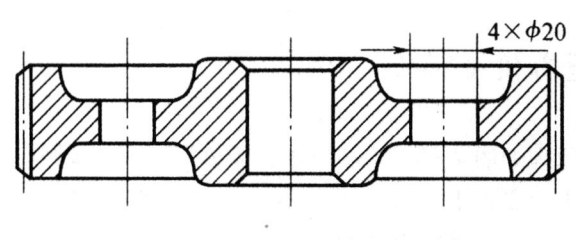

图 7-13　齿轮零件

④在可能的条件下,对复杂锻件宜采用锻—焊或锻—机械连接组合结构,减少余块,简化模锻工艺。

7.3.2　胎模锻造

胎模锻造是在自由锻造设备上使用胎模生产模锻件的方法。通常用自由锻方法使坯料初步成形,然后在胎模中终锻成形。胎模锻造时,胎模一般不固定在锤头和砧座上,而是用工具夹持、平放在锻锤的下砧铁上。

与自由锻相比,胎模锻造生产率高,锻件的精度较高,余块小。与锤上模锻相比,胎模锻造不需昂贵的模锻设备,锻模的通用性大,制造简单,成本低。但锻件的加工余量及精度较锤上模锻件差,模具寿命较低,工人劳动强度大,生产率较低,因此胎模锻造通常用于小型锻件的中、小批量生产,在没有模锻设备的中小型工厂应用较为广泛。

胎模按结构可分为扣模、套筒模和合模,如图 7-14 所示。

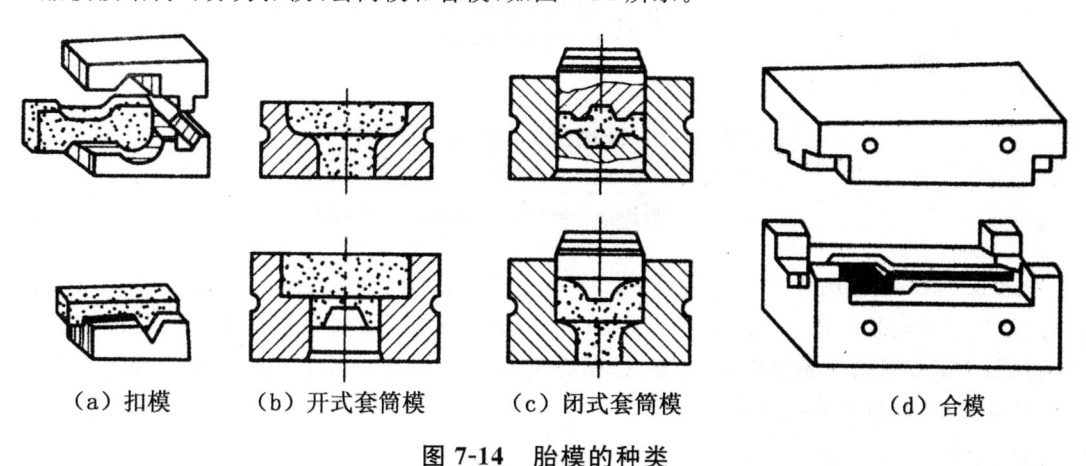

（a）扣模　　（b）开式套筒模　　（c）闭式套筒模　　（d）合模

图 7-14　胎模的种类

①扣模。用于非回转类锻件的扣形或制坯,如图 7-14(a)所示。
②套筒模。套筒模有开式[图 7-14(b)]和闭式[图 7-14(c)]两种,用于锻造法兰、齿轮等锻件。
③合模。合模由上模、下模组成[图 7-14(d)],依靠导柱和导销定位,使上模和下模对中。合模主要用于生产形状简单的非回转体锻件,如叉形锻件、连杆等。

7.3.3 摩擦压力机上模锻

摩擦压力机的工作原理如图 7-15 所示,是通过带轮带动主轴及圆轮作定向转动。锻模分别安装在滑块 7 和机座 9 上。主轴上装有两个圆盘 3,由电动机 1 通过传动带 2 带动旋转。操作时,拨动操纵杆 10,通过连杆使主轴轴向移动,将一个圆盘 3 与飞轮 4(摩擦盘)压紧,依靠摩擦力而带动飞轮和螺杆 6 旋转,从而使滑块 7 带动上模沿导轨 8 作上下运动,并靠飞轮积蓄的能量对坯料进行锻压。

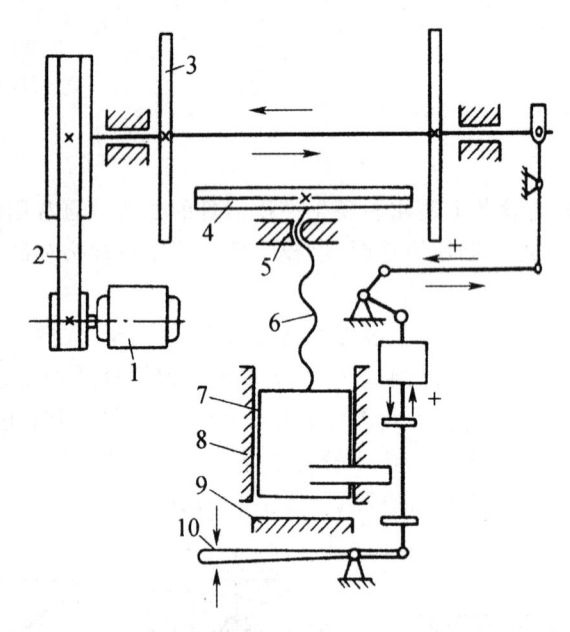

图 7-15 摩擦压力机传动系统图
1—电动机;2—传动带;3—圆盘;4—飞轮;5—螺母;
6—螺杆;7—滑块;8—导轨;9—机座;10—操纵杆

摩擦压力机的吨位用滑块到工作行程终点时所产生的最大允许压力来表示,一般为 60~1000t。

摩擦压力机滑块打击速度较锻锤低(0.5~1m/s),因此在金属变形过程中再结晶能较充分地进行,适于低塑性合金钢和有色金属(如铜合金)的锻压。此外,摩擦压力机的滑块打击锻件后,因惯性作用而延时回程,锻件的精度不受设备自身弹性变形的影响,特别有利于精密模锻、挤压等高精度锻压。

摩擦压力机的结构简单,造价低廉,适用范围广,可锻造某些锻锤难以锻打的锻件,如带头的杆类锻件、多凸缘的锻件等,但生产率低,吨位较小。主要用于小型锻件的中、小批量生产,也可用于精锻、校正等变形工序。

7.3.4 曲柄压力机上模锻

曲柄压力机又称热模锻压力机,其传动系统如图 7-16 所示。锻模分别安装在滑块 10 和工作台 11 上。电动机 3 通过三角带轮带动飞轮 1、传动轴 4、变速齿轮 5、6 至偏心轴 8,带动连杆 9 使滑块 10 沿导轨作上、下往复运动。压力机设有偏心制动器 16。当离合器 7 处于脱开状态时,飞轮 1 空转,制动器 16 使滑块和上模固定在上止点位置。离合器 7 合上时,滑块和上模缓慢落下到下止点位置,没有冲击力,但压力最大,并以该最大压力值表示压力机吨位,一般为 2000~12000kN。顶杆 12 用来从模膛中推出锻件,实现自动取件。

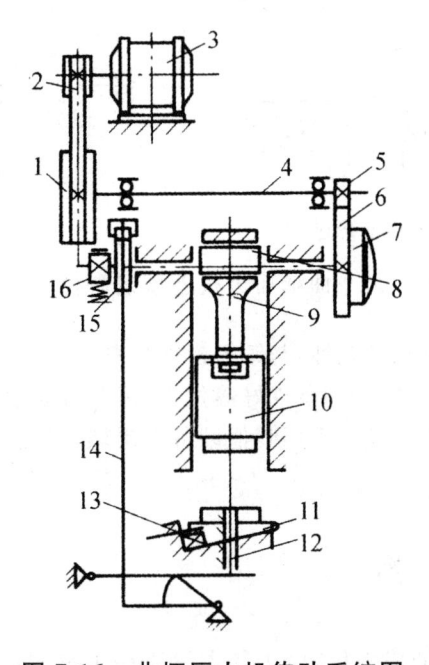

图 7-16 曲柄压力机传动系统图

1—大带轮(飞轮);2—传动带;3—电动机;4—传动轴;5—小齿轮;6—大齿轮;
7—离合器;8—偏心轴;9—连杆;10—滑块;11—楔形工作台;
12—顶杆;13—楔铁;14—连杆;15—凸轮;16—制动器

曲柄压力机模锻工艺具有如下特点:

①由于一次行程就使上、下模闭合,若采用一次成形,坯料难以充满终锻模膛,且氧化皮也无法清除,因此曲柄压力机上模锻多采用多模膛模锻,使坯料经过制坯—预锻—终锻几个工步完成模锻过程。图 7-17 为齿轮坯在曲柄压力机上模锻工步。

②由于曲柄压力机不能进行拔长、滚压等制坯工步,因此生产轴类锻件时,需要先在辊锻机上轧出圆形断面坯料,再在曲柄压力机上模锻。

③有顶模装置,锻件斜度小,加工余量小。

④冲击较小,可采用镶块式锻模,节省贵重锻模钢。

(a) 制坯

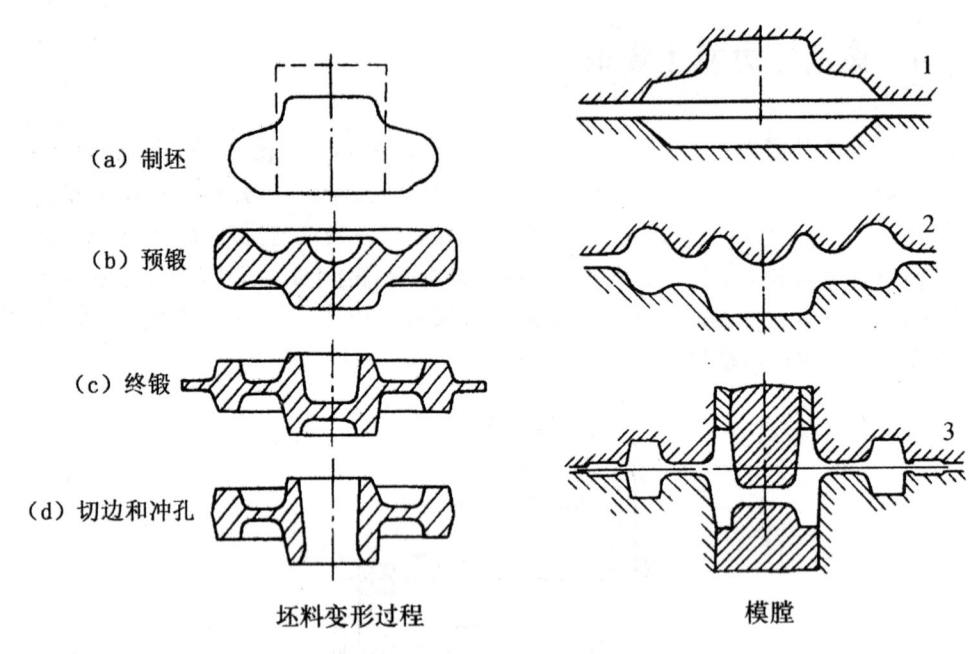

(b) 预锻

(c) 终锻

(d) 切边和冲孔

坯料变形过程　　　　　模膛

图 7-17　曲柄压力机上模锻齿轮坯工步

曲柄压力机上模锻件的结构工艺性，与锤上模锻件基本相同。虽然曲柄压力机上模锻具有锻件精度高、节约金属、生产率高、劳动条件好等优点，但是设备复杂，造价高；此外，由于不便于脱除氧化皮，常需无氧加热，有时还需采用其他设备来制坯，因此主要用于具有现代化辅助设备的大厂模锻件的大批量生产。

7.3.5　平锻机上模锻

平锻机是一种特殊的曲柄压力机，由于其主滑块在水平方向运动，故称为平锻机，平锻机的传动系统如图 7-18 所示。电动机 1 转动经带轮 3、齿轮 6、7 至曲轴 8 上，曲轴 8 通过连杆 9 与主滑块 14 相连并带动凸模作往复运动，同时又通过凸轮 11、导轮 10 和 12、副滑块 13、连杆系统 18 带动活动凹模 17 作往复运动。挡料板 15 通过辊子与主滑块 14 上的轨道相连，当主滑块向前运动时（工作行程），轨道斜面迫使辊子上升，从而使挡料板绕其轴线转动，挡料板末端便移至一边，给凸模让出路。平锻机的模锻过程是将加热的棒料送入固定凹模 16，由挡料板 15 按需要的料长定位；活动凹模 17 前移，夹紧棒料，挡料板退出；然后，冲头凸模锻压棒料，使其在模膛内成形。

平锻机上的锻模有两个相互垂直的分模面，主分模面在冲头与凹模之间，另一分模面在可分开的两个半凹模之间。此外，由于冲头行程固定，工件难以一次成形，平锻机要经多模膛，逐步变形才能制成锻件。图 7-19 为套筒件的多模膛平锻过程，坯料先在三个模膛内逐步变形，然后经终锻模膛穿孔并成形。

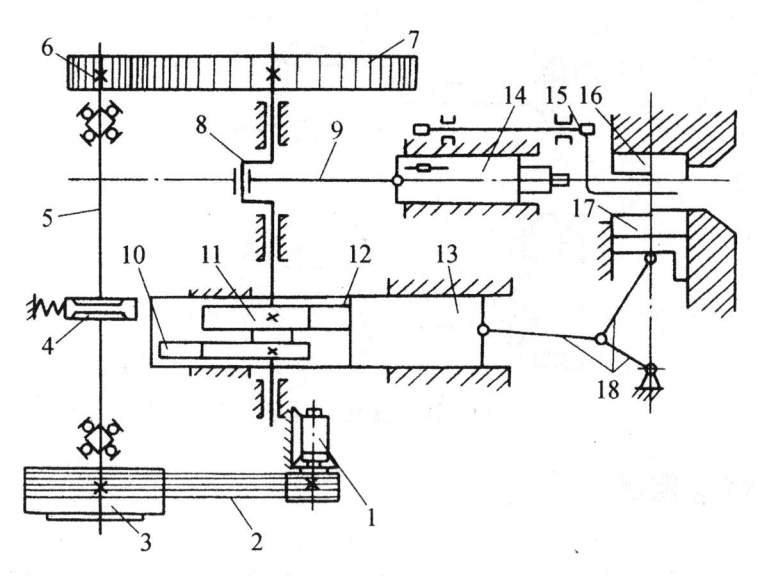

图 7-18 平锻机传动系统图

1—电动机；2—V 形带；3—带轮；4—离合器；5—传动轴；6、7—齿轮；
8—曲轴；9—连杆；10、12—导轮；11—凸轮；13—副滑块；14—主滑块；
15—挡料板；16—固定凹模；17—活动凹模；18—连杆系统

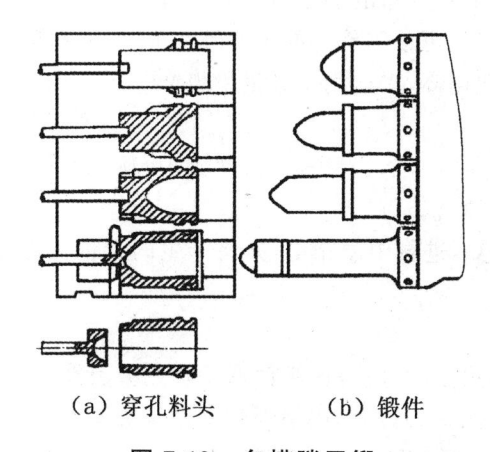

（a）穿孔料头　　（b）锻件

图 7-19 多模膛平锻

平锻机模锻具有如下优点。

①平锻机模锻具有两个相互垂直的分模面，最适合锻造两个方向有凹挡、凹孔等其他方法已锻出的锻件，如图 7-20 所示。

②由于棒料水平放置，长度几乎不受限制，故适合于长杆类锻件，也便于用长棒料逐个连续锻造。

③平锻件的斜度小，余量、余块少，冲孔不留连皮，与零件形状十分接近，节省金属。

④自动化程度高，生产率高，每小时可锻 400～900 件。

但是，平锻机造价高，模具成本高，且不适合于非回转体的锻造，主要用于带凹挡、凹孔、透孔、凸缘类回转体锻件的大批量生产。

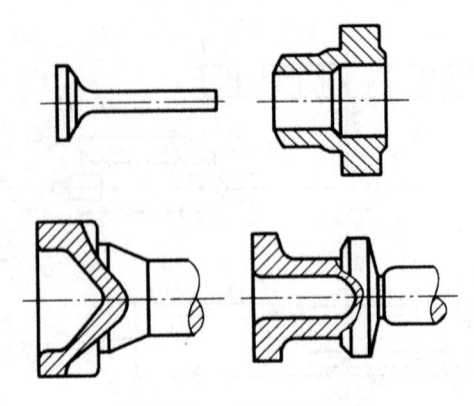

图 7-20 平锻机锻件

7.3.6 精密模锻

精密模锻是一种提高锻件尺寸精度和力学性能,并直接锻成高精度零件的锻造工艺。精密模锻能够锻造出形状复杂的零件,如锥齿轮、叶片等。

精密模锻具有以下特点:
①锻件公差小,表面光洁,接近半精加工,大大减少切削加工工时,提高材料利用率。
②锻件内部形成按轮廓形状分布的纤维组织,力学性能好,抗氧化,耐腐蚀,寿命高。
③由于减少了切削加工量,可使零件总的生产效率提高,成本降低。

但是,精密模锻的模具费用高,只适用于大批量生产。

精密模锻工艺过程:
①将棒料切断后去除毛刺、酸洗,经检查后加热到1000~1150℃。
②预锻,切除飞边,二次酸洗。
③二次加热到800~900℃,进行中温精锻,并将产生的少量飞边切除,再经酸洗后获得精锻零件。

精密模锻工艺要点如下:
①坯料选择。确定坯料尺寸时,应考虑零件形状及充型条件。如精锻锥齿轮,坯料直径是一个重要参数,如果直径过大[图 7-21(a)],则坯料端面缺陷如裂纹、夹杂等将会移至齿面,使齿轮寿命降低,因此坯料直径应接近全齿轮小端直径[图 7-21(b)]。坯料表面质量也应严格要求,不允许有麻点、裂纹等缺陷,以保证齿面质量良好。

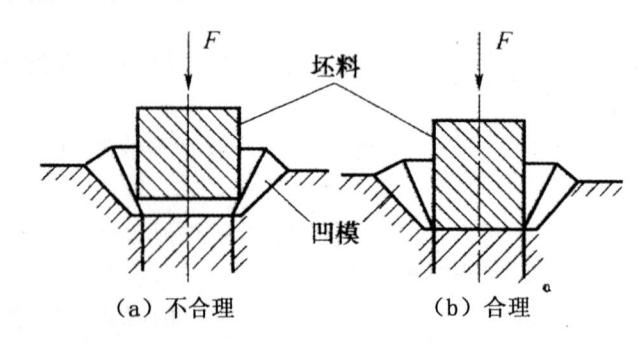

图 7-21 精密模锻坯料与凹模接触情况

②坯料加热。坯料加热应在少(或无)氧加热炉中进行,最好采用感应加热,使坯料氧化层厚度最小。

③模具加工。要保证锻件精度,必须有高精度的精锻模具,通常模膛应比锻件的精度高1～2级。

④精锻设备。精密模锻应在刚度大、精度高的曲柄压力机或摩擦压力机上进行。

7.4　板料冲压

利用冲模使板料产生分离或变形,以获得零件的加工方法称为板料冲压。板料冲压通常在室温下进行,故也称冷冲压;只有当板料厚度超过 8mm 时才采用热冲压。冲压生产中常用的设备有剪床和压力机等。剪床用来把板料剪切成一定宽度的条料,以供下一步的冲压工序用。压力机用来实现冲压工序,制成所需形状和尺寸的成品零件。

7.4.1　板料冲压的基本工序

板料冲压的基本工序按变形性质分为分离工序和成形工序两大类。每一类中又包括许多不同工序。

1. 分离工序

分离工序是使坯料的一部分与另一部分相分离的工序。主要有:

(1)冲孔和落料

冲孔与落料是使坯料按封闭轮廓分离的工序,又称冲裁。冲孔和落料两种工序的坯料变形过程、模具结构基本是一样的。落料是指被分离的部分为成品,周边是废料,冲孔则是指被分离的部分是废料,周边是成品,如图 7-22 所示。

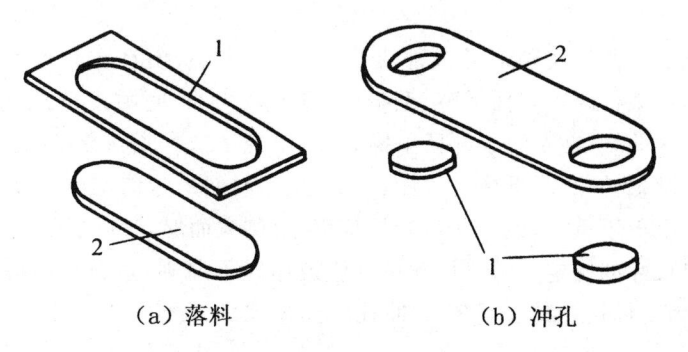

(a) 落料　　　　(b) 冲孔

图 7-22　落料与冲孔示意图
1—废料;2—工件

①冲裁过程分析。图 7-23 为金属冲裁过程。当凸模(冲头)接触板料向下运动时,金属板料首先产生弹性变形,进而进入塑性变形阶段,一部分坯料相对另一部分坯料产生错移,同时也产

生冷变形强化现象。随着凸模进入凹模深度的增加,冷变形强化加剧,凸模、凹模刃口附近的坯料产生应力集中,出现微裂纹并迅速向内层扩展,直至板料被切断。

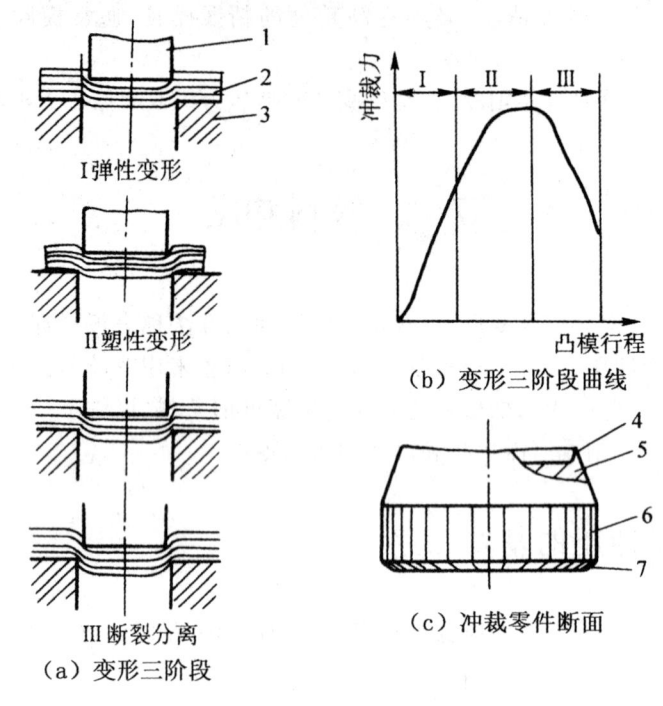

图 7-23　金属冲裁过程

1—凸模；2—工件；3—凹模；4—毛刺；5—断裂带；6—光亮带；7—塌角

冲裁件被剪断分离后,其断裂面分成两部分。塑性变形过程中,由冲头挤压切入所形成的表面很光滑,表面质量最佳,称为光亮带。材料在剪断分离时所形成的断裂表面较粗糙,称为断裂带。

冲裁件断面质量主要与凹凸模间隙、刃口锋利程度有关,同时也受模具结构、材料性能及厚度等因素的影响。

② 凹凸模间隙。凹凸模间隙对冲裁件质量、冲裁力大小、模具寿命等有很大影响。间隙合适,上下裂纹重合,冲裁件断口表面平整、毛刺小,且冲裁力小；间隙过小,上下裂纹不重合,上下裂纹中间将产生二次剪切,在断口中部留下撕裂面,出现第二个光亮带,端面出现被挤长的毛刺,而且模具刃口很快磨损钝化,降低模具寿命；间隙过大,材料的弯曲拉伸变形增大,裂纹在距刃口稍远的侧面上产生上下不重合,致使断口光亮带窄,毛刺大而厚,难以去除。

③ 凹凸模刃口尺寸的确定。刃口尺寸设计应遵循以下原则：落料时凹模刃口尺寸等于落料件尺寸,凸模尺寸为凹模尺寸减去间隙 z；冲孔时凸模尺寸等于孔的尺寸,凹模尺寸为凸模尺寸加上 z。

④ 冲裁力计算。冲裁力是选用压力机吨位和检验模具强度的重要依据。平刃冲模的冲裁力按下式计算

$$F = KL\delta\tau \times 10^{-3}$$

式中,F 为冲裁力,kN；L 为冲裁件周边长度,mm；τ 为板料剪切强度,MPa；δ 为板料厚度,mm；

K 为系数,与模具间隙、刃口钝化、板料的力学性能、厚度等的波动有关,一般取 1.3。

⑤冲裁件的排样。排样是指落料件在条料、带料或板料上进行合理布置的方法。排样合理可使废料最少,材料利用率大为提高。图 7-24 为同一个冲裁件采用四种不同的排样方式时材料的消耗对比。

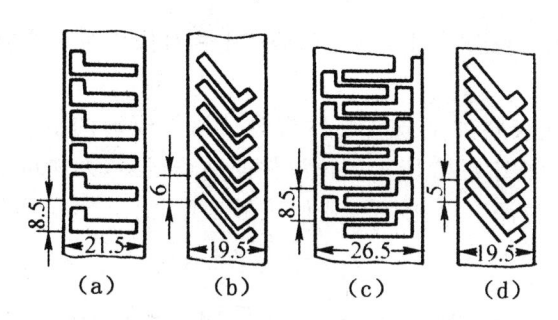

图 7-24 不同排样方式材料消耗对比

落料件的排样有两种类型:无搭边排样和有搭边排样。无搭边排样是用落料件形状的一个边作为另一个落料件的边缘,如图 7-24(d)所示。这种排样材料利用率高,但毛刺不在同一个平面内,且尺寸不易精确。因此,只有在对冲裁件质量要求不高时才采用。有搭边排样即是在各个落料件之间均留有一定尺寸的搭边。其优点是毛刺小,而且在同一个平面内,冲裁件尺寸准确,质量较高,但材料消耗多,如图 7-24(a)、(b)、(c)所示。

(2)修整

修整是利用修整模沿冲裁件外缘或内孔刮去一薄层金属,以提高冲裁件的加工精度和降低剪断面表面粗糙度值的冲压方法。

修整冲裁件的外形称外缘修整,修整冲裁件的内孔称内缘修整,如图 7-25 所示。修整后冲裁件的精度可达 IT6~IT7,表面粗糙度值可达 $Ra0.8 \sim 1.6 \mu m$。

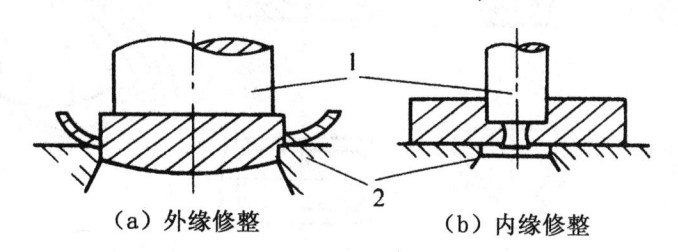

图 7-25 修整工序简图

1—凸模;2—凹模

(3)切断

切断是指用剪刃或冲模将板料沿不封闭轮廓进行分离的工序。剪刃安装在剪床上,把大板料剪成一定宽度的条料,以供下一步冲压工序使用。而冲模是安装在压力机上,用于制取形状简单、精度要求不高的平板零件。

(4)精密冲裁

用压边圈使板料冲裁区处于静压作用下,抑制剪裂纹的发生,实现塑性变形分离的冲裁方法称为精密冲裁。目前大中型工厂使用的冲裁模多数设计出压边圈。

(5) 切口

将材料沿不封闭的曲线部分地分离开,使其分离部分的材料发生弯曲的冲压方法称为切口。

2. 成形工序

成形工序是使坯料的一部分相对于另一部分产生相对位移而不破裂的工序。

(1) 拉深

拉深是指通过模具把板料加工成空心体或对已初拉成形的空心体进行继续拉深成形的工序。此工序又称拉延,如图 7-26 所示。拉深件的种类很多,大体可分为旋转体、矩形和复杂形状零件,在实际生产中拉深工序往往与其他成形工序相结合,从而制成各种极为复杂的零件,如图 7-27 所示。

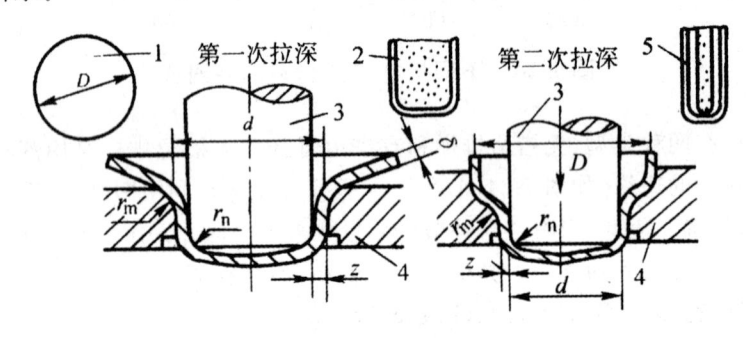

图 7-26 拉深工序图

1—坯料;2—第一次拉深的产品(第二次拉深的坯料);3—凸模;4—凹模;5—成品

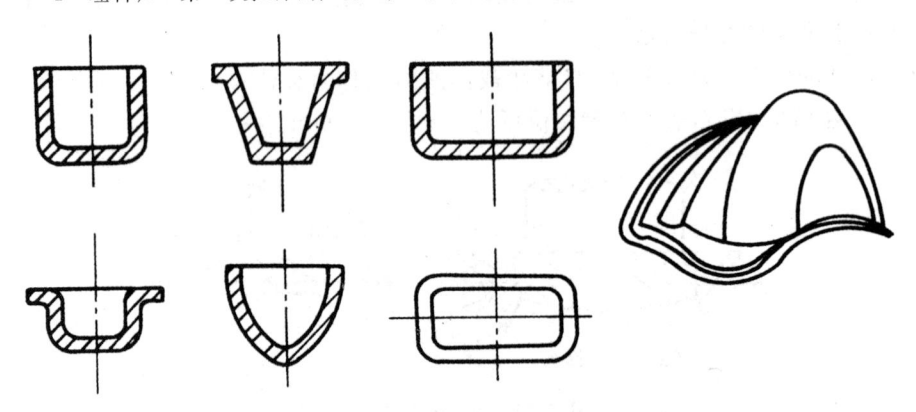

图 7-27 各种拉深件

① 拉深变形过程。拉深变形过程如图 7-28、图 7-29 所示。在拉深过程中,与凸模底部相接触的那部分金属,最后成为拉深件的底部,变形很小。环形部分则变形成为侧壁,扇形网格变成了矩形网格。如果认为拉深前后材料厚度不变,则拉深前的扇形小面积与拉深后的矩形小面积相等。可见,坯料上的每一个这样的扇形小单元体在切向受到压应力作用,而在半径方向上受到拉伸应力作用。

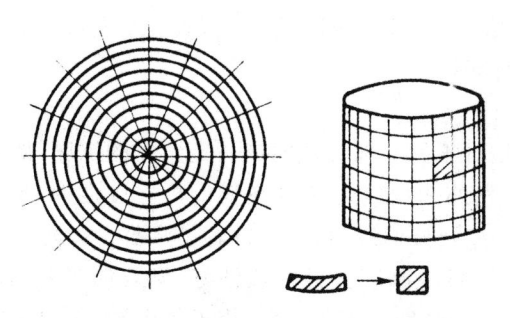

图 7-28 拉深件上的网格变化

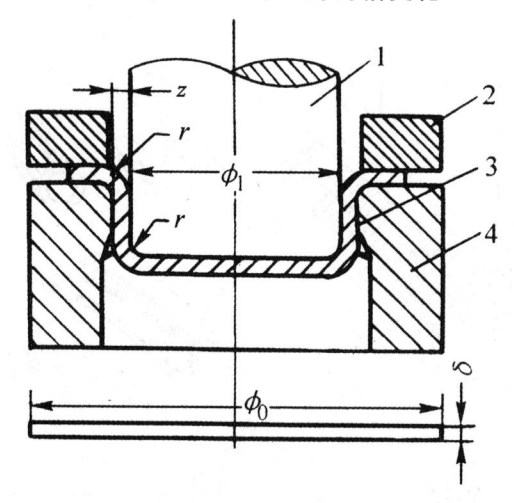

图 7-29 拉深过程
1—凸模;2—压边圈;3—工件;4—凹模

②拉深件毛坯尺寸的计算。在正常的拉深过程中工件的厚度变化可以忽略不计,所以确定拉深毛坯尺寸时,可按照拉深前后毛坯与工件的表面积不变的原则计算。

考虑到材料具有某种程度的方向性和凸模、凹模之间的间隙不均等原因,拉深后的工件顶端一般都不整齐,通常都需要修边,将不平整部分切去,故在计算毛坯前,要在拉深件高度方向加修边余量,其值为 2~8mm。

③拉深系数与拉深次数。在进行拉深变形时,为了使毛坯内部的应力不超过材料的强度极限,同时又能充分利用材料的塑性,必须正确地确定拉深件的拉深次数。而坯料的每一次拉深变形的程度取决于拉深系数 $m=d/D$,即拉深件直径与坯料直径的比例。m 越小,则变形程度越大,坯料被拉入凹模越困难,从底部到边缘过渡部分的应力也越大。如果应力超过金属的抗拉强度,拉深件底部就被拉穿。所以 m 不能太小,一般取 0.5~0.8,对于塑性好的金属可取较小值。如果拉深系数过小,则可进行多次拉深。这时,拉深系数应比前一次拉深大些,一般取 0.7~0.8。多次拉深操作往往需进行中间退火处理。

④拉深废品及缺陷。从拉深过程可以看出,当毛坯中多余三角形在拉深过程中不能顺利变厚或沿高度方向伸长时,拉深件未拉入凹模中的凸缘部分就会起皱。起皱严重时,凸缘部分将不能通过凹凸模间隙,从而导致坯料拉穿。

为防止坯料被拉穿,应采取以下工艺措施:a. 凹凸模必须有合理的圆角;b. 有合理的凹凸模

间隙 z;c. 有合理的拉深系数 m;d. 为了减小摩擦,降低拉深件壁部的拉应力,减少模具的磨损,拉深时通常要加润滑剂进行润滑。

(2)弯曲

弯曲是坯料的一部分相对于另一部分弯曲成一定角度的工序,如图 7-30 所示。弯曲时材料内侧受压缩,外侧受拉伸。当外侧拉应力超过坯料的抗拉强度时,即会造成金属破裂。坯料越厚,内弯曲半径 r 越小,则压缩及拉伸应力越大,越容易弯裂。为防止弯裂,弯曲的最小半径应为 $r_{\min}=(0.25\sim1)\delta$,$\delta$ 为金属板料的厚度。材料塑性好,则弯曲半径可小些。弯曲时还应尽可能使弯曲线与坯料纤维方向垂直,如图 7-31 所示。若弯曲线与纤维方向一致,则容易产生破裂,此时可通过增大最小弯曲半径来避免。

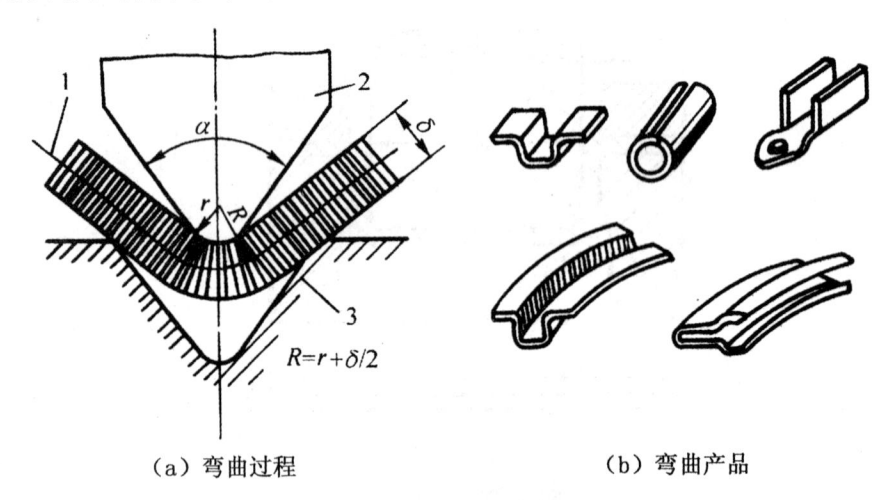

(a)弯曲过程   (b)弯曲产品

图 7-30 弯曲过程中金属变形简图
1—工件;2—凸模;3—凹模

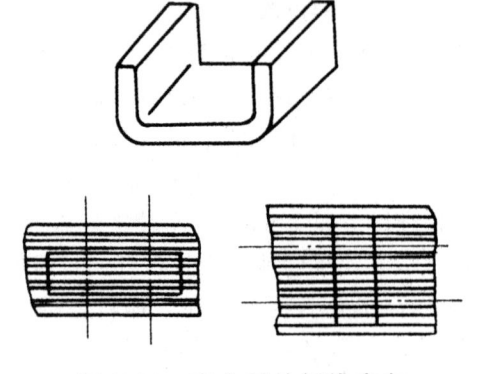

图 7-31 弯曲时的纤维方向

在弯曲结束后,由于弹性变形的恢复,坯料略微弹回一点,使被弯曲的角度增大。此现象称为回弹现象。一般回弹角为 0°~10°。因此在设计弯曲模时必须使模具的角度比成品件角度小一个回弹角,以便在弯曲后得到准确的弯曲角度。

(3) 翻边

翻边是使平板坯料上的孔或外圆获得内、外凸缘的变形工序,如图 7-32 所示。

翻边时易出现的质量问题是翻边边缘破裂,这是由于翻边时的塑性变形过大所致。翻边时的塑性变形程度用翻边系数 $K_0 = d_0/d$ 来衡量。d_0 为翻边前的孔径尺寸,d 为翻边后的内孔尺寸。

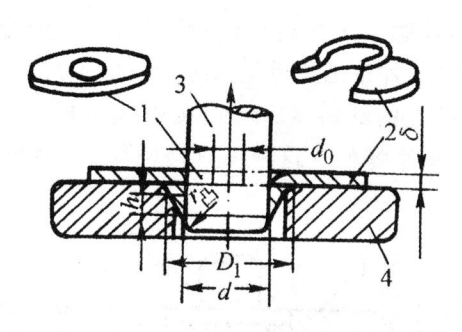

图 7-32 翻边简图
1—坯料;2—翻边;3—凸模;4—凹模

为了避免翻边孔破裂,一般取 $0.65 \leqslant K_0 \leqslant 0.72$,同时,凸模的圆角半径 $r_凸 = (4 \sim 9)\delta$。若零件所需凸缘的高度较大,翻边时极易破裂,可采用先拉深后冲孔再翻边的工艺。

(4) 成形

成形是利用局部变形使坯料或半成品改变形状的工序,如图 7-33 所示。成形主要用于制造刚性的肋条或增大半成品的部分内径等。图 7-33(a) 为用橡皮压肋,图 7-33(b) 为用橡皮芯胀形。

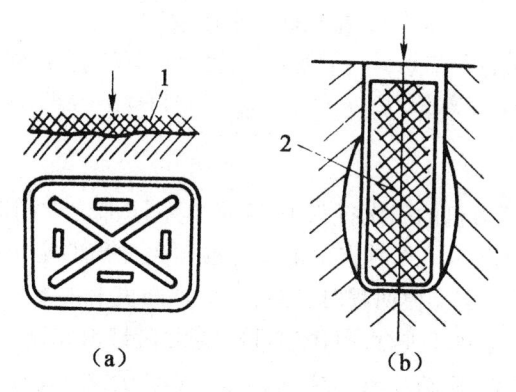

图 7-33 成形工序简图
1—橡皮;2—橡皮芯

7.4.2 冲模的分类与构造

冲模是冲压生产中必不可少的模具。冲模结构合理与否对冲压件质量、冲压生产的效率及模具寿命等都有很大影响。冲模可分为简单模、连续模和复合模。

(1) 简单模

在压力机的一次行程中只完成一道工序的模具称为简单模。图 7-34 为落料用的简单模示意图,其结构是凹模 9 用凹模压板 8 固定在下模板 7 上,下模板用螺栓固定在压力机的工作台上,凸模 1 用凸模压板 6 固定在上模板 3 上,上模板则通过模柄 2 与压力机的滑块连接。因此,凸模可随滑块作上下运动,用导柱 5 和导套 4 使凸模 1 向下运动时能对准凹模孔,并使凸凹模间保持均匀间隙。工作时,条料在凹模上沿两个导板 11 之间送进,碰到定位销 10 停止。当凸模向下冲压,冲下的零件进入凹模孔,则条料夹住凸模并随凸模一起回程向上。当条料碰到固定在凹模上的卸料板 12 时,则被卸料板推下并继续在导板间送进。上述动作不断重复,冲出一个又一个零件。这种模具结构简单,容易制造,适于冲压件的小批量生产。

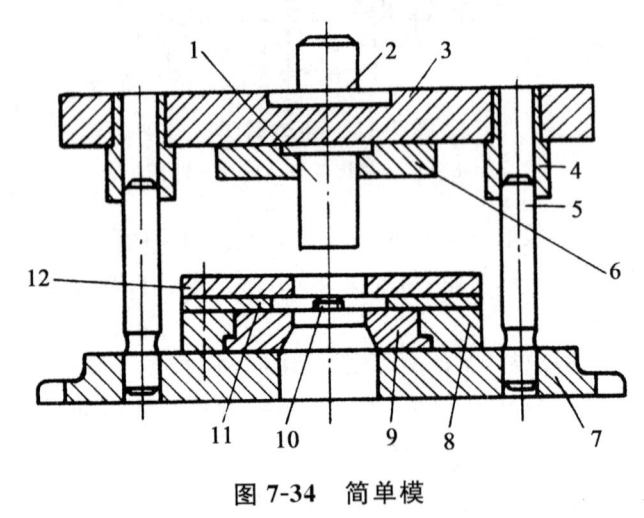

图 7-34 简单模

1—凸模;2—模柄;3—上模板;4—导套;5—导柱;6—凸模压板;
7—下模板;8—凹模压板;9—凹模;10—定位销;11—导板;12—卸料板

(2) 连续模

连续模又叫级进模。压力机的一次行程中,在模具不同部位上同时完成数道冲压工序的模具称为连续模,如图 7-35 所示。工作时定位销 3 对准预先冲出的定位孔,上模向下运动,凸模 4 进行落料,凸模 5 进行冲孔。当上模回程时,卸料板 6 从凸模上推下残料。这时再将坯料 7 向前送进,执行第二次冲裁。如此循环进行,每次送进距离由挡料销控制。连续模生产率高,易于实现自动化,但要求定位精度高,制造比较麻烦,成本高,适合于大批量生产。

(3) 复合模

压力机的一次行程中,在模具的同一位置完成一道以上工序的模具称复合模。图 7-36 为一落料及拉深复合模。其结构特点是有一个凸凹模,凸凹模外端为落料的凸模,而内孔则为拉深时的凹模。因此,压力机在一次行程内可完成落料和拉深两道工序。压板既可作为卸料板,又可作为压边圈。此种模具能保证较高的零件精度和平整性,生产率高,但模具制造复杂,成本高,适合于大批量生产中小型零件。

(a) 冲压前　　　　(b) 冲压时

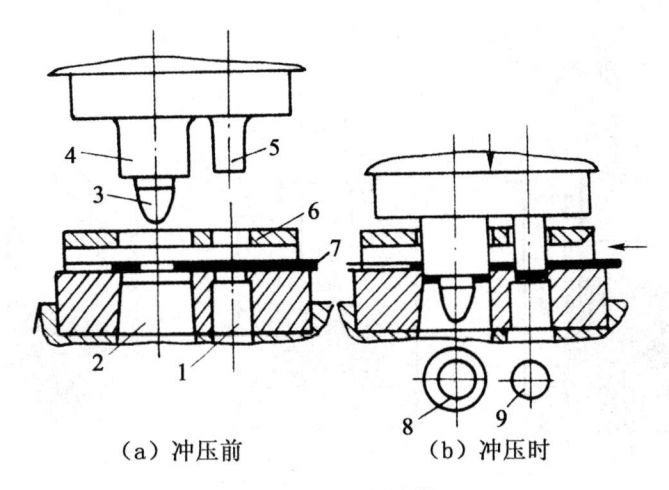

图 7-35　连续模

1—冲孔凹模；2—落料凹模；3—定位销；4—落料凸模；
5—冲孔凸模；6—卸料板；7—坯料；8—成品；9—废料

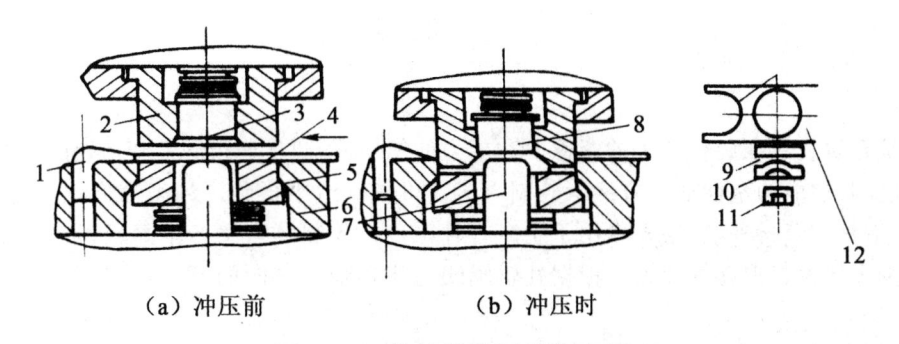

(a) 冲压前　　　　(b) 冲压时

图 7-36　落料及拉深的复合模

1—挡料销；2、3—凸凹模（落料凸模、拉深凹模）；4—条料；5—压板（卸料器）；6—落料凹模；
7—拉深凸模；8—顶出器；9—落料成品；10—开始拉深件；11—零件（成品）；12—废料

7.5　挤压

挤压是使坯料在挤压模中受强大的压力作用而变形的加工方法。

挤压可生产出各种形状复杂、深孔、薄壁、异型断面的零件；零件精度高，表面粗糙度值低；零件的力学性能好。挤压变形后零件内部的纤维组织是连续的，基本沿零件外形分布而不被切断，从而提高了零件的力学性能；此外，挤压生产率很高，可比其他锻造方法高几倍。挤压按金属流动方向和凸模运动方向的不同，可分为以下三种。

① 正挤压：金属流动方向与凸模运动方向相同。
② 反挤压：金属流动方向与凸模运动方向相反。
③ 复合挤压：挤压过程中，一部分金属的流动方向与凸模运动方向相同，另一部分金属流动

方向与凸模运动方向相反。

各种挤压如图 7-37 所示。

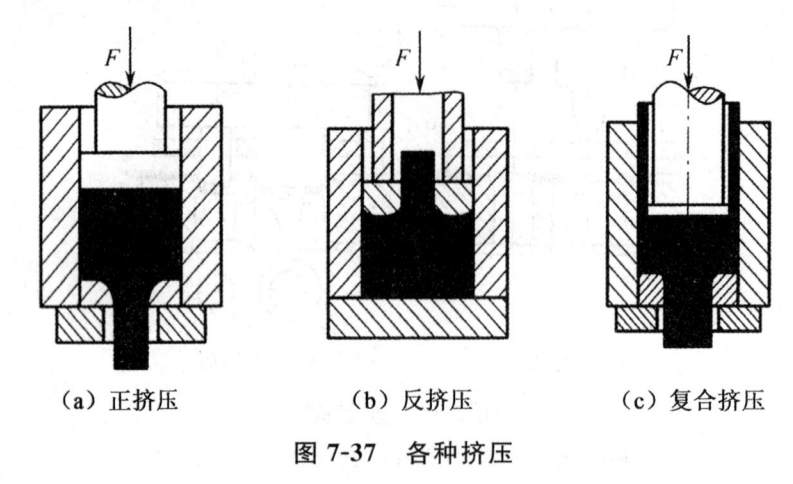

（a）正挤压　　　　（b）反挤压　　　　（c）复合挤压

图 7-37　各种挤压

7.6　轧制

轧制是金属材料在旋转轧辊的摩擦力和压力的作用下，产生连续塑性变形，获得要求的截面形状，并改变其性能的塑性加工方法。轧制方法在机械制造中得到了越来越广泛的应用。除了生产型材、板材和管材外，近年来也用于生产各种零件。轧制具有生产率高、质量好、成本低，并可大量减少金属材料消耗等优点。根据轧辊轴线与坯料轴线方向的不同，轧制分为纵轧、横轧、斜轧等。

①纵轧是轧辊轴线与坯料轴线互相垂直的轧制方法，它包括辊锻轧制、各种型材轧制等。图 7-38 为辊锻纵轧示意图。

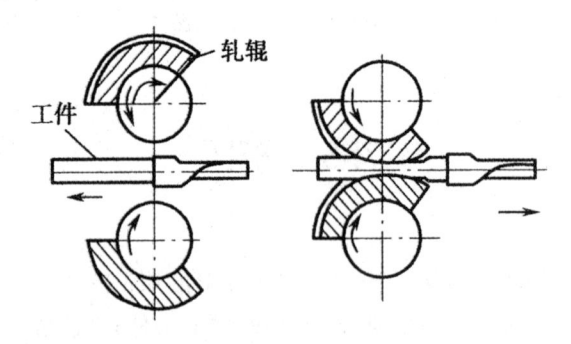

图 7-38　辊锻纵轧示意图

②横轧是轧辊轴线与坯料互相平行的轧制方法，如齿轮轧制等。直齿轮和斜齿轮均可用热轧制造，如图 7-39 所示。在轧制前将毛坯加热，然后对齿形轧辊作径向进给，迫使轧辊与毛坯对辗。

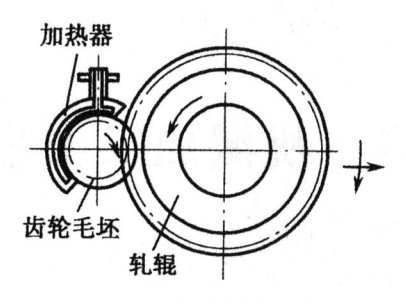

图 7-39　横轧齿轮

③斜轧是轧辊轴线与坯料轴线相交一定角度的轧制方法。图 7-40 为螺旋斜轧钢球,其使棒料在轧辊螺旋型槽里受到轧制,并被分离成单球。轧辊每转一周即可轧制出一个钢球。

图 7-40　斜轧钢球

第8章 机械加工工艺过程

8.1 机械加工工艺过程的组成

在机械制造中,从原材料到成品之间各个相互关联的劳动过程的总和,称为生产过程。生产过程包括了生产的各个环节。在生产过程中,直接改变生产对象的形状、尺寸、相对位置或性能,使之成为成品或半成品的过程,称为工艺过程。材料成形生产过程的主要部分称为成形工艺过程(如铸造工艺过程、锻造工艺过程、焊接工艺过程等等);机械加工车间生产过程中的主要部分,称为机械加工工艺过程;装配车间生产过程中的主要部分称为装配工艺过程。

机械加工工艺过程是由一系列工序组成的,毛坯依次通过这些工序而成为成品,而工序又可细分为安装、工步和工作行程(走刀)。

(1)工序

工序是指一个或一组工人,在一台机床或一个工作地点对一个或同时对几个工件所连续完成的那一部分工艺过程。它包括在这个工件上连续进行的直到转向下一个工件为止的全部动作。区分工序的主要依据是工作地点固定和工作连续。工序是工艺过程的基本组成单元,是安排生产作业计划、制定劳动定额和配备工人数量的基本计算单元。通常,把仅列出主要工序名称的简略工艺过程称为工艺路线。对于同一零件,随着生产规模和加工条件的不同,工序的划分以及每一工序内所加工的内容也有所不同。

如图8-1所示的阶梯轴,其加工工艺过程见表8-1和表8-2。

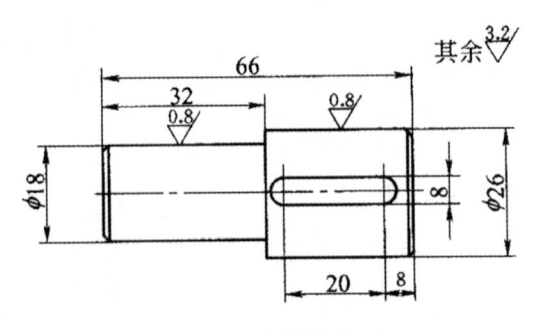

图8-1 阶梯轴简图

第8章 机械加工工艺过程

表 8-1 阶梯轴加工工艺过程(生产量较小)

工序号	工序内容	设备
1	车端面,钻中心孔	车床
2	车外圆,倒角	车床
3	铣键槽,去毛刺	铣床
4	磨外圆	磨床

表 8-2 阶梯轴加工工艺过程(生产量较小)

工序号	工序内容	设备
1	铣端面,打中心孔	铣端面打中心孔机床
2	车大外圆及倒角	车床
3	车小外圆及倒角	车床
4	铣键槽	铣床
5	去毛刺	钳工台
6	磨外圆	磨床

(2)安装

安装是指工件经一次装夹后所完成的那一部分工序。将工件在机床上或夹具中定位、夹紧的过程为装夹。一个工序的工件至少要经一次装夹,有时要经多次装夹才能完成,这时工序中则包括多个安装。

表 8-1 中的第一道工序,若对工件的两端连续进行车端面、钻中心孔,就需要两次安装。先装夹工件一端,车端面,钻中心孔,称为安装 1;再调头装夹,车另一端面,钻中心孔,称为安装 2。工件在加工中应尽量减少装夹次数,多一次装夹,就会增加装夹的时间,还会增加装夹误差。

(3)工步

工步是指在加工表面和加工工具不变的情况下,所连续完成的那一部分工序。加工表面可以是一个,也可以是由复合刀具同时加工的几个。采用复合刀具同时切削时,该工步称为复合工步。在机械加工工艺过程中,为提高工作效率而使复合工步有了广泛的应用。用同一刀具对零件上完全相同的几个表面顺次进行加工(如依次钻法兰盘上的几个孔),且切削用量不变的加工也视为一个工步。

由人和(或)设备连续完成的不改变工件形状、尺寸和表面粗糙度,但它是完成工步所必须的那一部分工序称为辅助工步,如更换刀具等。辅助工步一般不在工艺规程中列出,而由操作者自行完成。

如图 8-2 所示,加工一底座零件的底孔时,该工序中就有三个工步,为钻孔→扩孔→锪孔;为了提高生产效率,常常用几把刀具同时加工几个表面,这也可看作一个工步,称为复合工步,如图 8-3 所示车端面,钻中心孔,用两把刀具同时进行加工,则称为复合工步。

图 8-2　底座零件加工工序

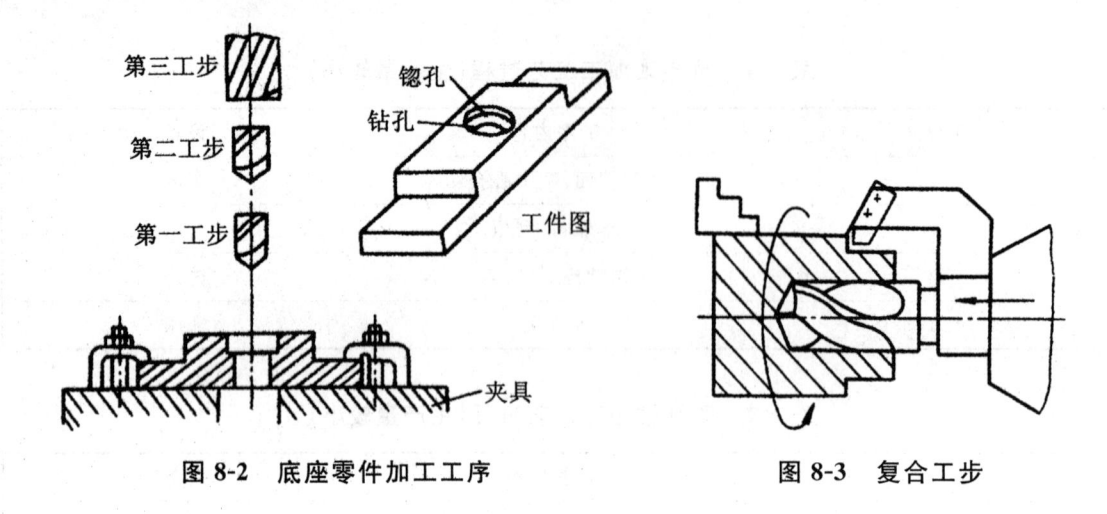

图 8-3　复合工步

(4) 工作行程

生产中也称为走刀,是指加工工具在加工表面上切削一次所完成的工步部分。

整个工艺过程由若干个工序组成。每一个工序可包括一个或几个工步。每一个工步通常包括一个工作行程,也可包括几个工作行程。当所切金属层很厚时,不能在一次走刀下切完需分几次走刀,走刀次数又称行程次数。

(5) 工位

为提高生产率、减少工件装夹次数,常采用回转工作台、回转夹具或移位夹具,使工件在一次装夹后能在机床上依次占据不同的加工位置进行多次加工。为了完成一定的工序部分,一次装夹工件后,工件与夹具或设备的可动部分一起相对刀具或设备的固定部分所占据的每一个位置称为一个工位。

图 8-4 为在三轴钻床上利用回转工作台,按四个工位连续完成每个工件的装夹、钻孔、扩孔和铰孔。采用多工位加工,可以减少工件的装夹次数,可提高生产率和保证被加工表面的相互位置精度。

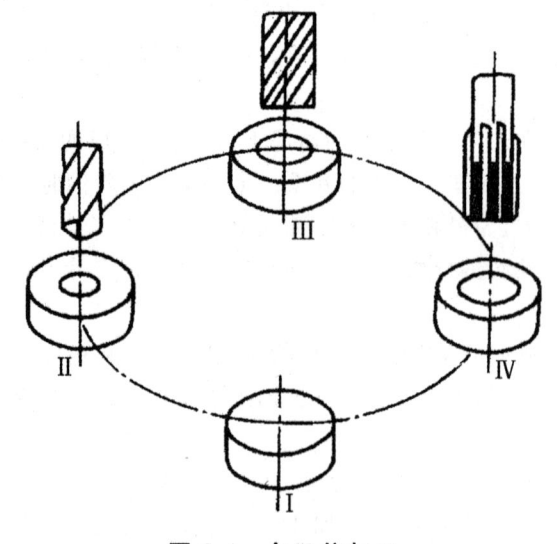

图 8-4　多工位加工

8.2 零件结构工艺性分析

零件图是制定工艺规程最基本的原始资料之一。对零件图分析得是否透彻,将直接影响所制定工艺规程的科学性、合理性和经济性。

由于各种零件的应用场合和使用要求不同,所以在结构和尺寸上差异很大。但只要仔细地观察和分析,各种零件从其结构上看,大都是由一些基本表面和特形表面所组成的。基本表面主要有内外圆柱面、圆锥面、球面、圆环面和平面等;特形表面主要有螺旋面、渐开线齿形表面及其他一些成形表面。将组成零件的基本表面和特形表面分析清楚之后,便可针对每一种基本表面和特形表面,选择出相应的加工方法。如对于平面,可以选择刨削、铣削、拉削或磨削等方法进行加工;对于孔,可以选择钻削、车削、镗削、拉削或磨削等方法进行加工。

对零件进行结构分析的另一个方面,就是分析组成零件的基本表面和特形表面的组合情况和尺寸大小。组合情况和尺寸大小的不同,形成了各种零件在结构特点上和加工方案选择上的差别。在机械制造业中,通常按零件的结构特点和工艺过程的相似性,将零件大体上分为轴类、套筒类、盘环类、叉架类和箱体类零件等。仍以平面和孔的加工为例,对于箱体零件上的平面,一般多选择刨削、铣削、磨削等方法加工,而车削应用较少;盘类零件上的平面,则多采用车削的方法进行加工;箱体零件上的孔,一般选择钻削、铰削、镗削等方法加工,很少选择车削和磨削;但盘类零件的内孔,大都采用车削、磨削的方法进行加工。

在对零件进行结构分析时,还应注意一个重要问题,即零件的结构工艺性。所谓零件的结构工艺性,是指零件的结构在保证使用要求的前提下,能否以较高的生产率和最低的成本方便地制造出来的特性。结构工艺性所涉及的问题比较广泛,既有毛坯制造工艺性、机械加工工艺性,又有热处理工艺性和装配工艺性等多方面。零件结构工艺性是否合理,直接影响零件制造的工艺过程。例如,两个零件的功能和用途完全相同,但结构有所不同,则这两个零件的加工方法与制造成本往往会相差很大。所以,必须认真地对零件的结构工艺性进行分析,发现不合理之处,应要求设计人员进行必要的修改。表8-3列出了部分零件切削加工工艺性对比的示例。

表 8-3 零件机械加工工艺性实例

工艺性内容	不合理的结构	合理的结构	说明
加工面积应尽量小			减少加工、减少刀具及材料的消耗量

续表

工艺性内容	不合理的结构	合理的结构	说明
钻孔的入端和出端应避免斜面			避免刀头折断、提高生产率、保证精度
槽宽应一致			减少换刀次数、提高生产率
键槽布置在同一方向			减少调整次数、保证位置精度
孔的位置不能距壁太近			可以采用标准刀具、保证加工精度
槽的底面不应与其他加工面重合			便于加工、避免操作加工表面
凸台表面位于同一平面上			生产率高、易保证精度
轴上两相接精加工表面间应设刀具越程槽			生产率高、易保证精度
螺纹根部应有退刀槽			避免操作刀具、提高生产率

— 152 —

8.3 机械加工工艺规程的制定

8.3.1 机械加工工艺规程的作用

机械加工工艺规程是将产品或零部件的制造工艺过程和操作方法按一定格式固定下来的技术文件。机械加工工艺规程是机械制造工厂最主要的技术文件,是工厂规章制度的重要组成部分,其作用主要有:

①工艺规程是指导生产的主要技术文件。合理的工艺规程是在总结长期生产实践经验的基础上,依据工艺理论和必要的工艺试验而拟定的,是保证产品质量和生产经济的指导性文件。因此,生产中应严格执行既定的工艺规程。

②工艺规程是生产准备和生产管理的基本依据。工、夹、量具的设计制造或采购,原材料、半成品及毛坯的准备,劳动力及机床设备的组织安排,生产成本的核算等,都要以工艺规程为基本依据。

③工艺规程是新建、扩建工厂或车间时的基本资料。只有依据工艺规程和生产纲领才能确定生产所需机床类型和数量、机床布置、车间面积及工人工种、等级及数量等。

④工艺规程还是工艺技术交流的主要文件形式。

工艺规程是机械制造企业的最主要的技术文件之一。一般来说,大批大量生产类型要求有细致和严密的组织工作,因此要求有比较详细的机械加工工艺规程。单件小批生产由于分工比较粗糙,因此其机械加工工艺规程可以简单一些。但是,不论生产类型如何,都必须有章可循,即都必须符合机械加工工艺规程。而且,机械加工工艺规程的制定、修改与补充是一项严肃的工作,它必须经过认真讨论和严格的审批手续。此外,所有的机械加工工艺规程几乎都要经过不断地修改与补充才得以完善,只有这样,才能不断吸收先进经验,保证其合理性。

8.3.2 制定工艺规程的原则、原始资料及步骤

1. 工艺规程的设计原则

①必须可靠地保证零件图样上所有技术要求的实现。在设计机械加工工艺规程时,如果发现图样某一技术要求规定得不适当,只能向有关部门提出建议,不得擅自修改图样或不按图样要求去做。

②在规定的生产纲领和生产批量下,能以最经济的方法获得所要求的生产率和生产纲领,一般要求工艺成本最低。

③充分利用现有生产条件,少花钱,多办事,并要便于组织生产。

④尽量减轻工人的劳动强度,保障生产安全,创造良好、文明的生产条件。

2. 制定工艺规程的原始资料

为编制工艺规程必须具备下列原始资料：
①产品的整套装配图和零件图。
②产品质量验收标准。
③产品的生产纲领和生产类型。
④毛坯的情况。
⑤本厂的生产能力和生产条件。
⑥了解国内外同种类型产品的生产技术状况，便于引进消化、吸收和创新，以保证生产出优质高效、低成本的产品。

3. 制定工艺规程的步骤

工艺规程的制定工作主要包括准备、工艺过程拟定、工序设计三个阶段以及每一个工作阶段包括的工作内容和步骤。制定机械加工工艺规程的步骤大致如下：
①熟悉和分析制定工艺规程的主要依据，确定零件的生产纲领和生产类型。
②分析零件工作图和产品装配图，进行零件结构工艺性分析。
③确定毛坯，包括选择毛坯类型及其制造方法。
④选择定位基准或定位基面。
⑤拟定工艺路线。
⑥确定各工序需用的设备及工艺装备。
⑦确定工序余量、工序尺寸及其公差。
⑧确定各主要工序的技术要求及检验方法。
⑨确定各工序的切削用量和时间定额，并进行技术经济分析，选择最佳工艺方案。
⑩填写工艺文件。

8.4 制定机械加工工艺过程的主要问题

8.4.1 确定毛坯

零件是由毛坯按照其技术要求经过各种加工而形成的。毛坯选择的正确与否，不仅影响毛坯制造的经济性，而且影响机械加工的经济性。所以在制定毛坯时，既要考虑热加工方面的因素，也要兼顾冷加工方面的要求，以便在确定毛坯这一环节中，降低零件的制造成本。

1. 毛坯的种类及选择

（1）铸件

当零件的结构比较复杂，所用材料又具备可铸性时，零件的毛坯应选择铸件。生产中所用的铸件,大都采用砂型铸造,少数尺寸较小的优质铸件可采用特种铸造方法铸造,如压力铸造、金属型铸造、离心铸造等。

① 砂型铸件。

砂型铸件是应用最广泛的一种铸件,它分为木模造型和金属模机器造型。木模手工造型铸件生产率低,精度低,加工表面需留有较大的加工余量,适合单件小批生产或大型零件的铸造。金属模机器造型生产效率高,铸件精度也高,但设备费用高,铸件的重量也受限制,适用于大批量生产的中小型铸件。砂型铸造铸件材料不受限制,以铸铁应用最广,铸钢、有色金属铸造也有应用。

② 离心铸件。

离心铸件是指将熔融金属注入高速旋转的铸型内,在离心力作用下,金属液充满型腔而形成的铸件。这种铸件结晶细,金属组织致密,零件的力学性能好,外圆精度及表面质量高,但内孔精度差,需要专门的离心浇注机,适用于批量较大黑色金属和有色金属的旋转体铸件。

③ 压力铸件。

压力铸件是指将熔融的金属,在一定压力作用下,以较高速度注入金属型腔内而获得的铸件。这种铸件精度高,可达IT11~IT13,表面粗糙度值小,可达 $Ra\ 0.4\sim3.2\mu m$,铸件的力学性能好,同时可铸造各种结构复杂的零件,铸件上的各种孔眼、螺纹、文字及花纹图案均可铸出。但需要一套昂贵的设备和型腔模,适用于批量较大的形状复杂、尺寸较小的有色金属铸件。

④ 精密铸件。

将石蜡通过型腔模压制成与工件一样的制件,再在蜡制工件周围粘上特殊型砂,然后将其烘干焙烧,石蜡被蒸化而放出,留下工件形状的模壳,用来浇注。精密铸造铸件精度高,表面质量好。一般用来铸造有形状的铸钢件,可节省材料,降低成本,是一项先进的毛坯制造工艺。

(2) 锻件

机械强度要求高的钢制件,一般要用锻件毛坯。锻件有自由锻件和模锻件两种。

① 自由锻件。

由于自由锻造采用手工操作锻造成形,精度低、加工余量大,加之生产率不高,所以适用于单件小批生产中生产结构简单的锻件。

② 模锻件。

模锻件指采用锻模在压力机上锻出来的锻件。模锻件的精度、表面质量及综合力学性能都比自由锻件高,结构可以比自由锻件复杂,生产率较高。但需要专用的模具,且锻锤的吨位要比自由锻造大。主要适用于批量较大的中小型零件。

(3) 型材

型材有热轧和冷拉两类,按截面形状可分为圆钢、方钢、扁钢、角钢、槽钢及其他特殊截面的型材。热轧的型材精度低,但价格便宜,用于一般零件的毛坯;冷拉的型材尺寸较小、精度高,易于实现自动送料,但价格较高,多用于批量较大的生产,适用于自动机床加工。

(4) 焊接件

焊接件可将型钢或钢板焊接成所需的结构,其优点是制造简单,周期短,毛坯重量轻;缺点是焊接件抗振性差,由于内应力重新分布引起的变形大,因此在进行机械加工前需经时效处理。适于单件小批生产中制造大型毛坯。

(5) 冲压件

冲压件指用冲压的方法制成的工件或毛坯。冲压件的精度较高(尺寸误差为 0.05~0.50mm,

表面粗糙度 $Ra=1.25\sim5\mu m$），冲压的生产率也较高，适用于加工形状复杂、批量较大的中小尺寸板料零件。

(6) 冷挤压件

冷挤压零件的精度可达 IT6～IT7，表面粗糙度 Ra 可达 $0.16\sim2.5\mu m$。可挤压的金属材料有碳钢、低碳合金钢、高速钢、不锈钢以及有色金属（铜、铝及其合金），适用于批量大、形状简单、尺寸小的零件或半成品的加工，不少精度要求较高的仪表、航空发动机的小零件经挤压后，不需要再经过切削加工便可使用。

(7) 粉末冶金件

粉末冶金件以金属粉末为原料，用压制成形和高温烧结来制造金属制品和金属材料，其尺寸精度可达 IT6，表面粗糙度为 $Ra=0.08\sim0.63\mu m$；成形后无须切削，材料损失少，工艺设备较简单，适用于大批量生产，但金属粉末冶金生产成本高，结构复杂的零件以及零件的薄壁、锐角等成形困难。

2. 毛坯形状和尺寸确定

毛坯的形状和尺寸，基本上取决于零件的形状和尺寸。零件和毛坯的主要差别在于在零件需要加工的表面上，加上一定的机械加工余量，即毛坯加工余量。毛坯制造时，同样会产生误差，毛坯制造的尺寸公差称为毛坯公差。毛坯加工余量和公差的大小，直接影响机械加工的劳动量和原材料的消耗，从而影响产品的制造成本。所以现代机械制造的发展趋势之一，便是通过毛坯精化，使毛坯的形状和尺寸尽量与零件一致，力求做到少切屑、无切屑加工。毛坯加工余量和毛坯公差的大小，与毛坯的制造方法有关，生产中可根据有关工艺手册或有关的企业、行业标准来确定。

在确定了毛坯的加工余量以后，毛坯的形状和尺寸，除了将毛坯加工余量附加在零件相应的加工表面上之外，还要考虑毛坯制造、机械加工和热处理等多方面工艺因素的影响。下面仅从机械加工工艺角度，分析确定毛坯的形状和尺寸时应考虑的问题。

(1) 工艺凸台的设置

有些零件，由于结构的原因，加工时不易装夹稳定，为了装夹方便迅速，可在毛坯上制出凸台，如图 8-5 所示。工艺凸台只在装夹工件时用，零件加工完成后，一般都要切掉，但如果不影响零件的使用性能和外观质量时，可以保留。

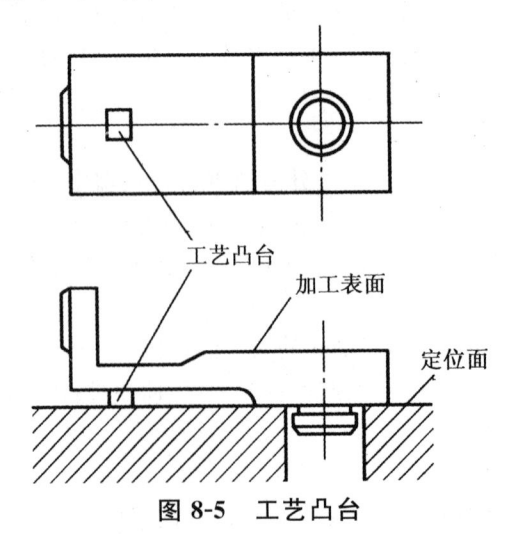

图 8-5 工艺凸台

(2) 整体毛坯的采用

在机械加工中,有时会遇到像磨床主轴部件中的三块瓦轴承、发动机的连杆和车床的开合螺母等类零件。为了保证这类零件的加工质量和加工时方便,常将零件做成整体毛坯,加工到一定阶段后再切开,如图 8-6 所示的连杆整体毛坯。

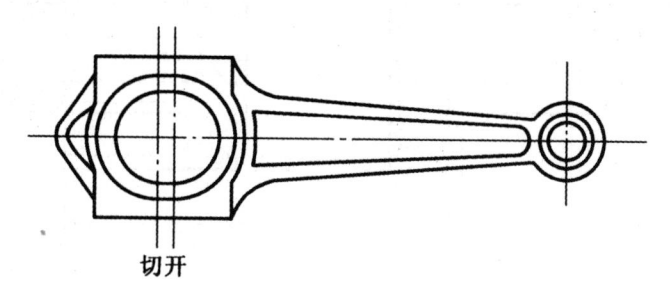

图 8-6 连杆整体毛坯

(3) 合件毛坯的采用

为了便于加工过程中的装夹,对于一些形状比较规则的小型零件,如 T 形键、扁螺母、小隔套等,应将多件合成一个毛坯,待加工到一定阶段后或者大多数表面加工完毕后,再加工成单件。图 8-7(a)为 T815 汽车上的一个扁螺母。毛坯取一长六方钢,图 8-7(b)为在车床上先车槽、倒角。图 8-7(c)为在车槽及倒角后,用 $\phi 24.5$mm 的钻头钻孔。钻孔的同时也就切成若干个单件。合件毛坯在确定其长度尺寸时,要考虑切成单件后,切割的端面是否需要进一步加工,若要加工,还应留有一定的加工余量。

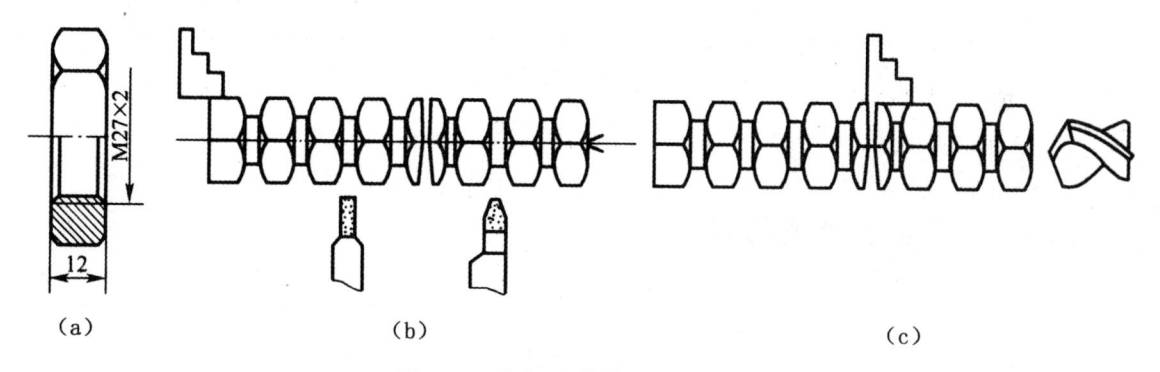

图 8-7 扁螺母整体毛坯及加工

在确定了毛坯种类、形状和尺寸后,还应绘制一张毛坯图作为毛坯生产单件的产品图样。绘制毛坯图是在零件图的基础上,在相应的加工表面上加上毛坯余量。但绘制时还要考虑毛坯的具体制造条件,如铸件上的孔、锻件上的孔和空挡、法兰等的最小铸出和锻出条件;铸件和锻件表面的起模斜度(拔模斜度)和圆角;分型面和分模面的位置等。并用双点画线在毛坯图中标示出零件的表面,以区别加工表面和非加工表面。图 8-8(a)为齿轮毛坯图,图 8-8(b)为轴毛坯图。

(a) 齿轮毛坯-零件综合图

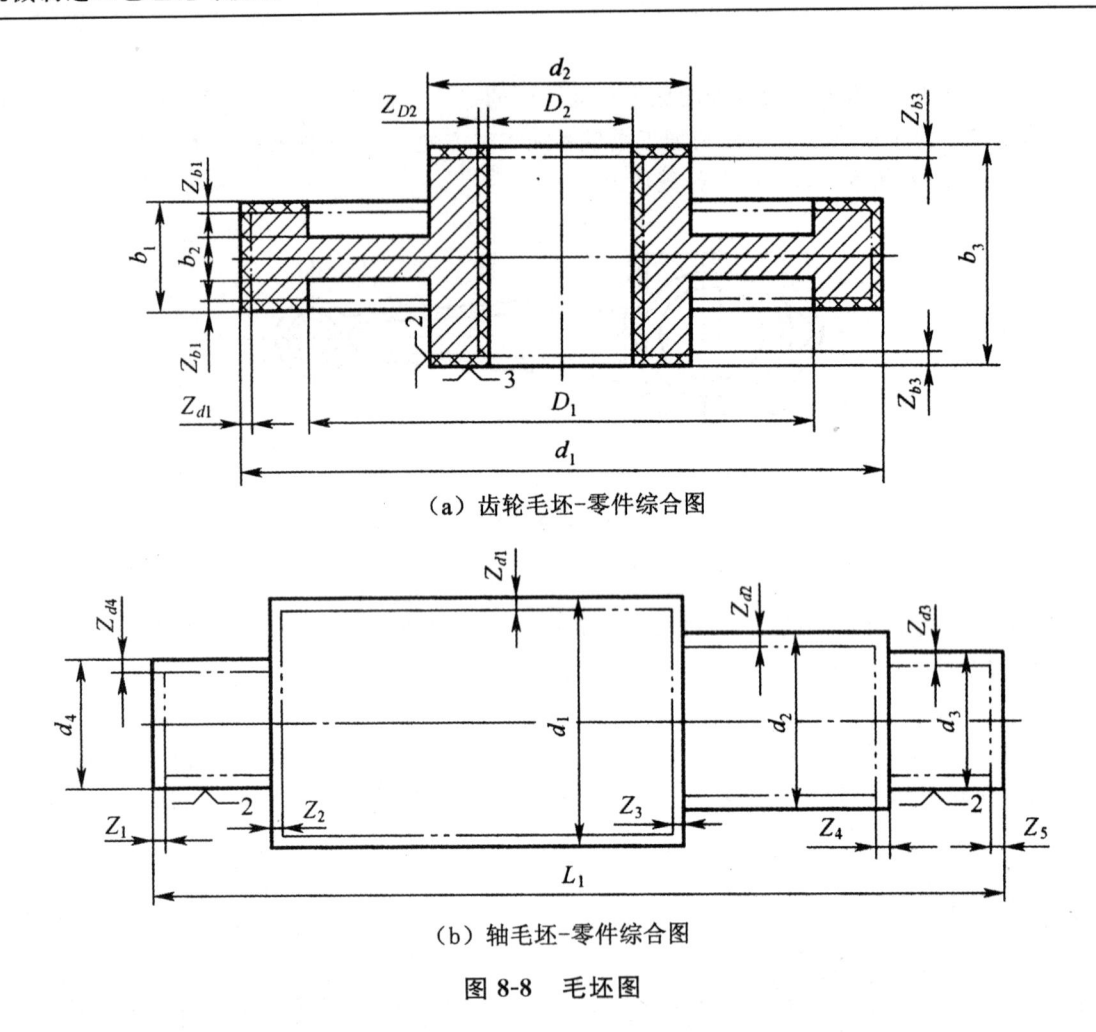

(b) 轴毛坯-零件综合图

图 8-8 毛坯图

8.4.2 定位基准的选择

定位基准的选择对于保证零件的尺寸精度和位置精度以及合理安排加工顺序都有很大影响。当使用夹具安装工件时,定位基准的选择还会影响夹具结构的复杂程度。因此,定位基准的选择是制定工艺规程时必须认真考虑的一个重要工艺问题。

1. 基准的分类

基准是指确定零件上某些点、线、面位置时所依据的那些点、线、面,或者说是用来确定生产对象上几何要素间的几何关系所依据的那些点、线、面。按其作用的不同,基准可分为设计基准和工艺基准两大类。

(1)设计基准

设计基准是指零件设计图上用来确定其他点、线、面位置关系所采用的基准。设计基准是设计人员按照零件在产品中的地位、作用、要求所确定的,它直接反映在零件图中。如图8-9所示的钻套零件图中,轴心线O_1O_2是各回转面的设计基准,A面是B、C面的设计基准,而

内孔 ϕD_1 的轴心线,也是外圆 ϕD_2 的径向圆跳动的设计基准,又是端面 B 的轴向圆跳动的设计基准。

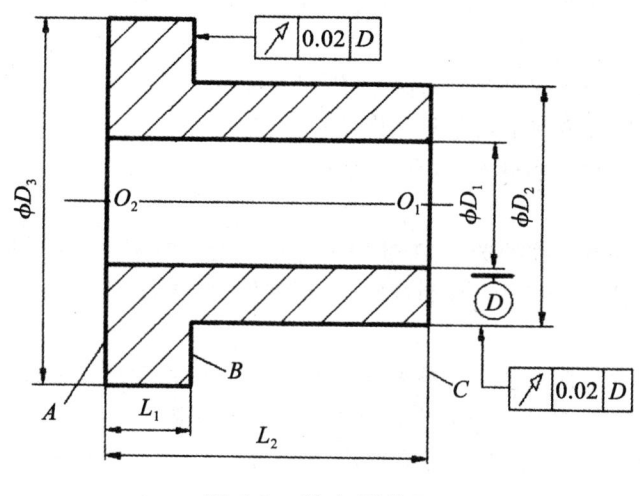

图 8-9 钻套零件图

(2)工艺基准

工艺基准是指在加工或装配过程中所使用的基准。工艺基准根据其使用场合的不同,又可分为工序基准、定位基准、测量基准和装配基准四种。

①工序基准。在工序图上,用来确定本工序所加工表面加工后的尺寸、形状、位置的基准,即工序图上的基准。工序基准是由工艺人员根据零件加工精度要求、所采用的夹具要求及加工方法等要求所确定的,它反映在工艺文件上或者工序图上,工序基准与设计基准可以重合,也可以分别采用不同的表面。

②定位基准。在加工时用作定位的基准。它是工件上与夹具定位元件直接接触的点、线、面。如图 8-9 中钻套内孔套在心轴上磨削外圆 ϕD_2 及端面时,内孔的轴线就是定位基准。

③测量基准。在测量零件已加工表面的尺寸和位置时所采用的基准。如图 8-9 中钻套内孔套在心轴上用百分表测外圆径向圆跳动及轴向圆跳动时,钻套内孔的轴线就是测量基准。

④装配基准。装配时用来确定零件或部件在产品中的相对位置所采用的基准。如图 8-9 中钻套装在钻模板上是以其外圆 ϕD_2 及端面 B 来确定外套位置的,所以其外圆轴线及端面 B 是装配基准。

2. 定位基准的选择

定位基准可分为粗基准和精基准。若选择未经加工的表面作为定位基准,这种定位基准被称为粗基准。若选择已加工的表面作为定位基准,则这种定位基准称为精基准。粗基准考虑的重点是如何保证各加工表面有足够的余量,而精基准考虑的重点是如何减少误差。在选择定位基准时,通常从保证加工精度的要求出发,因而分析定位基准选择的顺序应从精基准到粗基准。

(1)粗基准的选择

粗基准的选择应遵循以下原则:

①为了保证重要加工表面加工余量均匀,应选择重要加工表面作为粗基准。

②为了保证非加工表面与加工表面之间的位置精度要求,应选择非加工表面作为粗基准;如果零件上同时具有多个非加工表面时,应选择与加工表面位置精度要求最高的非加工表面作为粗基准。

③有多个表面需要一次加工时,应选择精度要求最高或者加工余量最小的表面作为粗基准。

④粗基准在同一尺寸方向上通常只允许使用一次。

⑤选作粗基准的表面应平整光洁,有一定的面积,无飞边、浇口、冒口等,以保证定位稳定、夹紧可靠。

无论是粗基准还是精基准的选择,上述原则都不可能同时满足,有时甚至互相矛盾,因此选择基准时,必须具体情况具体分析,权衡利弊,保证零件的主要设计要求。

(2)精基准的选择

选择精基准应考虑如何保证加工精度和装夹可靠方便,一般应遵循以下原则:

①基准重合原则。即应尽可能选择设计基准作为定位基准,这样可以避免基准不重合引起的误差。如图 8-10 所示的零件图(只标有关尺寸)在加工 A 面尺寸时可以采用两种定位方法,即以 B 面定位时,设计基准(C 面)与定位基准(B 面)并不重合,因此,在加工 A 面时 a 的尺寸由两部分加工误差组成。一部分是本工序的加工误差 Δa,另一部分是前工序的加工误差 Δb,即由于基准不重合时带入的误差——基准不重合误差。因此要保证 a 尺寸合格,应为 $\Delta a + \Delta b \leqslant T_a$。反过来,如果采用 C 面为定位基准时,由于设计基准与定位基准重合,在加工 A 面时 a 尺寸就只有一部分加工误差;即本工序加工误差 Δa,其条件只要满足 $\Delta a \leqslant T_a$ 即可。由此可得,当基准不重合时会产生基准不重合误差。其最大值即为设计基准至定位基准在加工尺寸方向上允许的最大变动量,即 T_b 值。因此应采用基准重合的原则,减少定位误差,提高精度。

②基准统一原则。即应尽可能采用同一个定位基准加工工件上的各个表面。采用基准统一原则,可以简化工艺规程的制定,减少夹具数量,节约了夹具设计和制造费用;同时由于减少了基准的转换,更有利于保证各表面间的位置精度。利用两个中心孔加工轴类零件的各外圆表面,即符合基准统一原则。

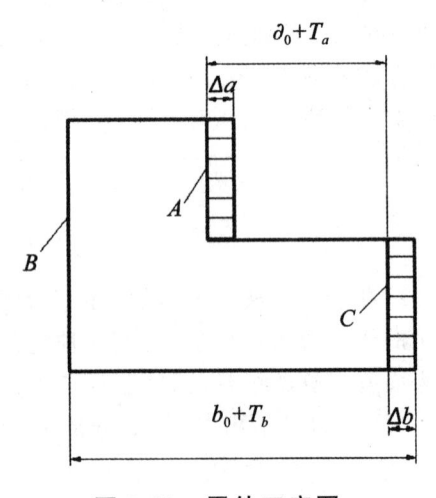

图 8-10 零件工序图

③互为基准原则。即对工件上两个位置精度要求比较高的表面进行加工时,可以利用两个表面互相作为基准,反复进行加工,以保证位置精度要求。例如,为保证套类零件内外圆柱面较高的同轴度要求,可先以孔为定位基准加工外圆,再以外圆为定位基准加工内孔,这样反复多次,即可使两者的同轴度达到很高要求。

④自为基准原则。即某些加工表面加工余量小而均匀时,可选择加工表面本身作为定位基准。如在导轨磨床上磨削床身导轨面时,就是以导轨面本身为基准,用百分表来找正定位的。

⑤准确可靠原则。即所选基准应保证工件定位准确、安装可靠;夹具设计简单、操作方便。

3. 工件定位的方法

根据定位的特点不同,工件在机床上定位一般有三种方法,即直接找正定位、划线找正定位和在夹具上找正。

(1)直接找正定位

对于形状简单的工件可以采用直接找正定位的安装方法,即用划针、百分表等直接在机床上找正工件的位置。例如,在单动卡盘上加工一个有台阶的短轴,要求待加工表面 B 与已加工表面 A 同轴。若同轴度要求不高,可用划针找正(定位精度可达 0.5mm 左右);若同轴度要求较高,则可用百分表找正(定位精度可达 0.02mm 左右)。这种直接安装找正法费时费事,通常在单件小批生产的加工车间、修理、试制和工具车间中得到应用。

(2)划线找正定位

划线找正定位是先按加工表面的要求在工件上划线,加工时在机床上按划线找正以获得工件的正确位置。此方法受到划线精度的限制,定位精度低,多用于批量较小、毛坯精度较低以及大型零件的粗加工。

(3)在夹具上找正

机床夹具是指在机械加工工艺过程中用于装夹工件的机床附加装置,常用的有通用夹具和专用夹具两种。车床的自定心卡盘和机床用平口虎钳是最常用的通用夹具。使用夹具定位时,工件在夹具中迅速而正确地定位与夹紧。该方法生产率高、定位精度能满足加工要求,广泛用于成批生产和单件、小批量生产的关键工序中。

8.4.3 工艺路线的拟定

拟定工艺路线是制定工艺规程的关键一步,它不仅影响零件的加工质量和生产效率,而且影响设备投资、生产成本,甚至工人的劳动强度。拟定工艺路线要考虑如下几个方面的问题。

1. 主要表面加工方法的选择

根据零件的每个加工表面,特别是主要加工表面(一般是指其装配基准和工作表面)的技术要求、零件的生产类型、材料的力学性能、零件的结构形状和尺寸、毛坯情况及工厂现有的生产条件等,合理选择各表面的加工方法。

主要表面的加工质量对零件和产品的质量起着决定性的作用。因此选择加工方法时,一般总是先根据零件主要表面的技术要求和工厂具体生产条件,先选择其最终工序加工方法,然后再逐一选定该表面各有关前导工序的加工方法。当主要表面的加工方法确定后,其他表面的加工方法即可相应地确定下来。

2. 加工阶段的划分

为了保证零件的加工质量和合理地使用设备、人力,零件往往不可能在一个工序内完成全部加工工作,而必须将整个加工过程划分为粗加工、半精加工和精加工三个阶段。

粗加工阶段的任务是高效地切除各加工表面的大部分余量,使毛坯在形状和尺寸上接近成品;半精加工阶段的任务是消除粗加工留下的误差,为主要表面的精加工做准备,并完成一些次要表面的加工;精加工阶段的任务是从工件上切除少量余量,保证各主要表面达到图样规定的质量要求。另外,对零件上精度和表面粗糙度要求特别高的表面还应在精加工后增加光整加工,称为光整加工阶段。

划分加工阶段的主要原因有以下五个方面。

①保证零件加工质量。粗加工时切除的金属层较厚,会产生较大的切削力和切削热,所需的夹紧力也较大,因而工件会产生较大的弹性变形和热变形;另外,粗加工后由于内应力重新分布,也会使工件产生较大的变形。划分阶段后,粗加工造成的误差将通过半精加工和精加工予以纠正。

②有利于合理使用设备。粗加工时可使用功率大、刚度好而精度较低的高效率机床,以提高生产率。而精加工则可使用高精度机床,以保证加工精度要求。这样既充分发挥了机床各自的性能特点,又避免了以粗干精,延长了高精度机床的使用寿命。

③便于及时发现毛坯缺陷。由于粗加工切除了各表面的大部分余量,毛坯的缺陷如气孔、砂眼、余量不足等可及早被发现,及时修补或报废,从而避免继续加工而造成的浪费。

④避免损伤已加工表面。一般将精加工安排在最后,避免精加工表面受到磕碰、划伤,从而保护精加工表面在加工过程中少受损伤或不受损伤。

⑤便于安排必要的热处理工序。划分阶段后,选择适当的时机在机械加工过程中插入热处理,可使冷、热工序配合得更好,避免因热处理带来的变形。

需要指出的是,加工阶段的划分不是绝对的。例如,对那些加工质量不高、刚性较好、毛坯精度较高、加工余量小的工件,也可不划分或少划分加工阶段;对于一些刚性好的重型零件,由于装夹、运输费时,也常在一次装夹中完成粗、精加工;为了弥补不划分加工阶段引起的缺陷,可在粗加工之后松开工件,让工件的变形得到恢复,稍留间隔后用较小的夹紧力重新夹紧工件再进行精加工。

3. 加工顺序的安排

复杂零件的机械加工要经过切削加工、热处理和辅助工序,在拟定工艺路线时必须将三者统筹考虑,合理安排顺序。

(1)切削加工顺序的安排

切削加工工序安排的总原则是前期工序必须为后续工序创造条件,做好基准准备。具体原则如下:

①基准先行。零件加工一开始,总是先加工精基准,再用精基准定位加工其他表面。例如,加工轴类零件一般是以外圆为粗基准加工中心孔,再以中心孔为精基准加工外圆、端面等其他表面。如果有多个精基准,则应该按照基准转换的顺序和逐步提高加工精度的原则来安排加工顺序。

②先主后次。零件的主要表面一般都是加工精度或表面质量要求比较高的表面,如装配基面、工作表面等。它们的加工质量好坏对整个零件的质量影响很大,其加工工序往往也比较多。因此应先安排主要表面的加工,再将其他次要表面(如键槽、紧固用的光孔和螺孔等)穿插在其中进行,但应安排在主要表面的精加工或光整加工之前,以免影响主要表面的加工质量。

③先粗后精。一个零件通常由多个表面组成,各表面的加工一般都需要分阶段进行。在安排加工顺序时,应先集中安排各表面的粗加工,中间根据需要依次安排半精加工,最后安排精加工和光整加工。对于精度要求较高的工件,为了减小因粗加工引起的变形对精加工的影响,通常粗、精加工不应连续进行,而应分阶段、间隔适当时间进行。

④先面后孔。对于箱体、支架和连杆等工件,应先加工平面后加工孔。因为平面的轮廓平整、面积大,先加工平面再以平面定位加工孔,既能保证加工时孔有稳定可靠的定位基准,又有利于保证孔与平面间的位置精度要求。

(2)热处理工序的安排

热处理工序在工艺路线中的安排,主要取决于零件的材料和热处理的目的。根据热处理的目的,一般可分为以下两种。

①预备热处理包括退火、正火、时效和调质等。预备热处理的目的是消除毛坯制造过程中产生的内应力,改善材料的切削加工性能和为最终热处理做准备。一般预备热处理安排在粗加工前后。安排在粗加工前,可改善材料的切削加工性能;安排在粗加工后,有利于消除残余内应力。

②最终热处理包括淬火、回火、渗碳和渗氮等。最终热处理的目的是提高金属材料的力学性能,如提高零件的硬度和耐磨性等。最终热处理一般应安排在粗加工、半精加工之后,精加工的前后。

(3)辅助工序的安排

辅助工序包括工件的检验、去毛刺、清洗、退磁和防锈等。它们一般安排在下列情况:关键工序或工时较长的工序的前后;转换车间的前后,特别是进行热处理工序的前后;加工阶段的前后,粗加工后精加工前,精加工后精密加工前;零件全部加工完毕后。

加工顺序的安排是一个比较复杂的问题,影响的因素也比较多,如生产纲领、生产条件、零件的技术要求等。应灵活掌握以上所述的原则,注意积累生产实践经验。

4. 工序的集中与分散

拟定工艺路线时,选定了各表面的加工工序和划分加工阶段之后,就可以将同一阶段中的各加工表面组合成若干工序。确定工序数目或工序内容的多少有两种不同的原则,它和设备类型的选择密切相关。

(1)工序的集中

工序集中就是将工件的加工集中在少数几道工序内完成,每道工序的加工内容较多。工序集中又可分为:采用技术措施集中的机械集中,如采用多刀、多刃、多轴或数控机床加工等;采用人为组织措施集中的组织集中,如普通车床的顺序加工等。

工序集中的特点如下：采用高效率的专用设备和工艺装备,生产效率高;减少了装夹次数,易于保证各表面间的位置精度,缩短辅助时间;工序数目少,机床数量、操作工人数量和生产面积都可减少,节省人力、物力,还可简化生产计划和组织工作;工序集中通常需要采用专用设备和工艺装备,使得投资大,设备和工艺装备的调整、维修较为困难,生产准备工作量大,转换新产品较麻烦。

(2) 工序的分散

工序分散则是将工件的加工分散在较多的工序内完成,每道工序的加工内容很少,有时甚至每道工序只有一个工步。

工序分散的特点如下：设备和工艺装备简单、调整方便、工人便于掌握,容易适应产品的变换;可以采用最合理的切削用量,减少基本时间;对操作工人的技术水平要求较低;设备和工艺装备数量多、操作工人多、生产占地面积大。

工序集中与分散各有特点,应在对生产类型、零件的结构和技术要求、现有生产条件等进行综合分析后选用。如批量小时,为简化生产计划,多将工序适当集中,使各通用机床完成更多表面的加工,以减少工序数目;而批量较大时即可采用多刀、多轴等高效机床将工序集中。由于工序集中的优点较多,所以现代生产的发展多趋向于工序集中。

工序集中与工序分散各有利弊,如何选择则应根据企业的生产规模、产品的生产类型、现有的生产条件、零件的结构特点和技术要求、各工序的生产节拍等,再进行综合分析后选定。

一般来说,单件小批生产采用组织集中,以便简化生产组织工作;大批量生产可采用较复杂的机械集中;对于结构简单的产品,可采用工序分散的原则;批量生产应尽可能采用高效机床,使工序适当集中。对于重型零件,为了减少装卸运输工作量,工序应适当集中;而对于刚性较差且精度高的精密工件,则工序应适当分散。随着科学技术的进步,先进制造技术的发展,目前的发展趋势倾向于工序集中。

8.4.4 加工余量的确定

毛坯尺寸与零件尺寸越接近,毛坯的精度越高,加工余量就越小,虽然加工成本低,但毛坯的制造成本高。零件的加工精度越高,加工的次数越多,加工余量就越大。因此,加工余量的大小不仅与零件的精度有关,还要考虑毛坯的制造方法。

1. 加工余量的概念

加工余量是指某一表面加工过程中应切除的金属层厚度。同一加工表面相邻两个工序尺寸之差称为工序余量。而同一表面各工序余量之和称为总余量,也就是某一表面毛坯尺寸与零件尺寸之差。

$$Z_\Sigma = \sum_{i=1}^{n} Z_i$$

式中,Z_Σ 为总加工余量;Z_i 为第 i 道工序的加工余量;n 为形成该表面的工序总数。

图 8-11 表示工序加工余量与工序尺寸的关系。如图 8-11(a)、(b)所示平面的加工余量是单边余量,它等于实际切除的金属层厚度。

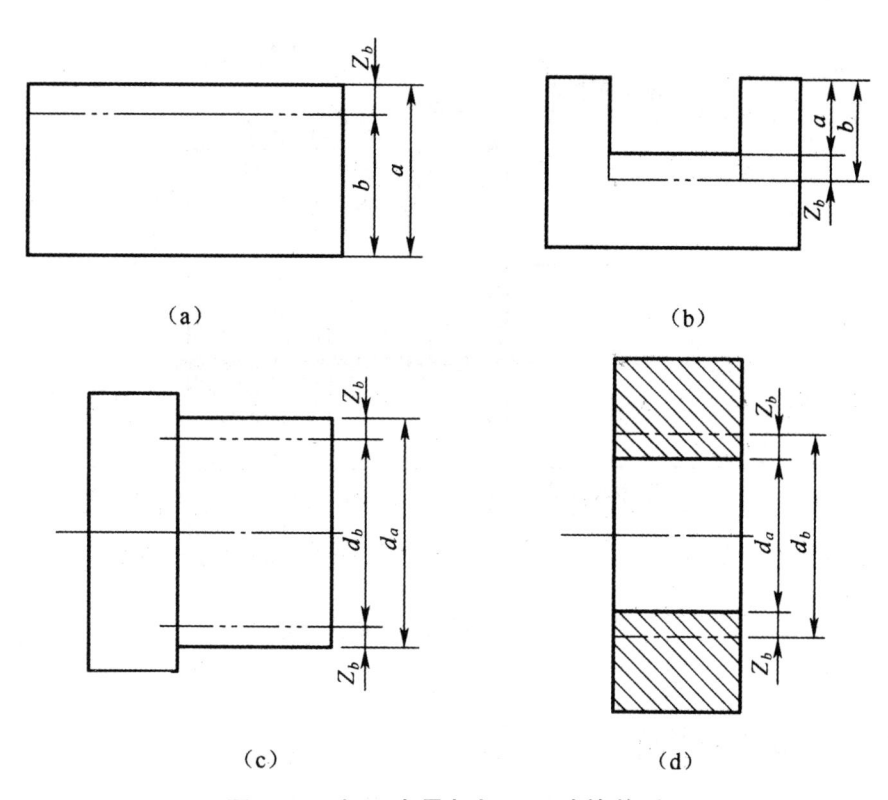

图 8-11 加工余量与加工尺寸的关系

对于外表面：
$$Z_b = a - b$$
对于内表面：
$$Z_b = b - a$$

式中，Z_b 为本工序的加工余量（公称余量）；a 为前工序的工序尺寸；b 为本工序的工序尺寸。

上述表面的加工余量为非对称的单边余量。

如图 8-11(c)、(d)所示的回转表面，其加工余量为对称的双边余量。

对于外圆表面：
$$2Z_b = d_a - d_b$$
对于内圆表面：
$$2Z_b = d_b - d_a$$

式中，$2Z_b$ 为直径上的加工余量（公称余量）；d_a 为前工序的工序尺寸；d_b 为本工序的工序尺寸。

由于毛坯制造和零件加工时都有尺寸公差，所以各工序的实际切除量是变动的。即有最大加工余量和最小加工余量，图 8-12 表明余量与工序尺寸及其公差的关系。为了简单起见，工序尺寸的公差都按"入体原则"标注，即对被包容面，工序尺寸的上极限偏差为零；对包容面，工序尺寸的下极限偏差为零；毛坯尺寸的公差一般按双向标注。

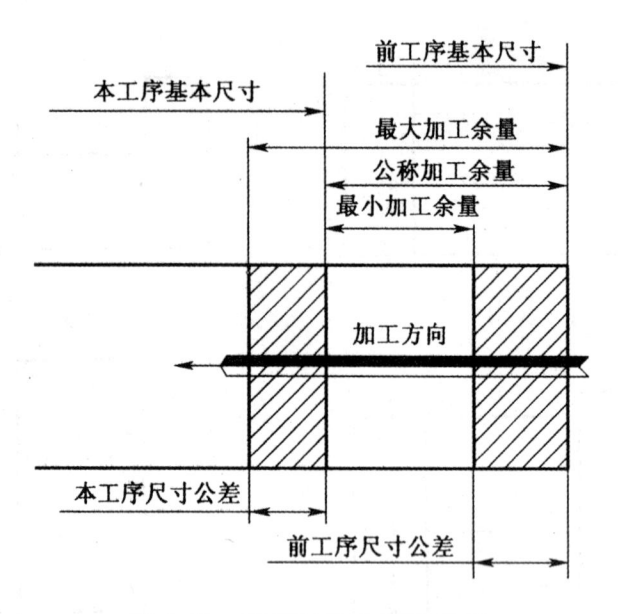

图 8-12　工序加工余量及公差

2. 影响加工余量的因素

机械加工的目的就是要切除误差。所谓加工余量合适,是指既能切除误差,又不致加工成本过高。影响加工余量的因素较多,要保证能切除误差的最小余量应该包括以下四项内容。

① 前工序形成的表面粗糙层和缺陷层深度。由于表面层金属在切削力和切削热的作用下,其组织和力学性能已遭到破坏,应当切去。表面粗糙层也应当切去。

② 前工序的尺寸公差。由于前工序加工后,表面存在尺寸误差和形状误差,必须切去。

③ 前工序形成的需单独考虑的位置偏差。如直线度、同轴度、平行度、轴线与端面的垂直度误差等,应在本工序进行修正。位置偏差 ρ_a 具有方向性,是一项空间误差,需要采用矢量合成。

④ 本工序的安装误差包括定位误差、夹紧误差及夹具本身的误差。如图 8-13 所示,由于自定心卡盘的偏心,使工件轴线偏离主轴旋转轴线 e,造成加工余量不均匀。为确保内孔表面都能磨到,直径上的余量应增加 $2e$。安装误差 ε_b 也是空间误差,与 ρ_a 采用矢量合成。

3. 确定加工余量的方法

(1) 查表修正法

根据工艺手册或工厂中的统计经验资料查表,并结合工厂的实际情况进行适当修正来确定加工余量。这种方法目前应用最广。查表时应注意表中的数据为公称值,对称表面(轴孔等)的加工余量是双边余量,非对称表面的加工余量是单边的。

(2) 经验估计法

根据实践经验确定加工余量。为防止加工余量不足而产生废品,往往估计的数值偏大,因而这种方法只适用于单件、小批量生产。

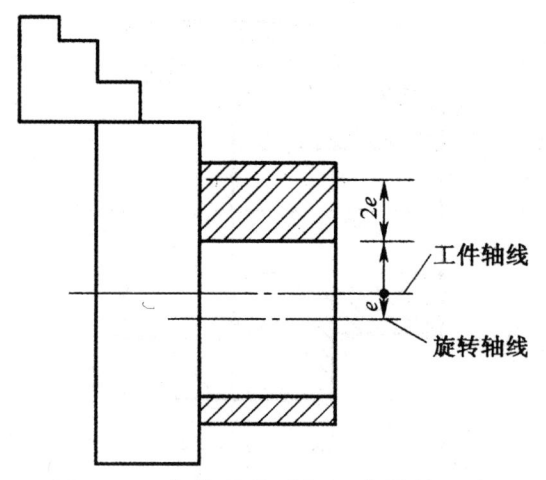

图 8-13 安装误差对加工余量的影响

8.4.5 工序尺寸与公差的确定

工序尺寸是加工过程中每个工序应保证的加工尺寸,其公差即工序尺寸公差。编制工艺规程的一个重要工作就是确定每道工序的工序尺寸及公差。在确定工序尺寸及公差时,存在工序基准与设计基准重合和不重合两种情况。

1. 基准重合时工序尺寸及其公差的计算

当工序基准、定位基准或测量基准与设计基准重合,表面多次加工时,工序尺寸及其公差的计算相对来说比较简单。其计算顺序是:先确定各工序的加工方法,然后确定该加工方法所要求的加工余量及其所能达到的精度,再由最后一道工序逐个向前推算,即由零件图上的设计尺寸开始,一直推算到毛坯图上的尺寸。工序尺寸的公差都按各工序的经济精度确定,并按"入体原则"确定上、下极限偏差。

2. 基准不重合时工序尺寸及其公差的计算

加工过程中,工件的尺寸是不断变化的,由毛坯尺寸到工序尺寸,最后达到满足零件性能要求的设计尺寸。一方面,由于加工的需要,在工序图以及工艺卡上要标注一些专供加工用的工艺尺寸,工艺尺寸往往不是直接采用零件图上的尺寸,而是需要另行计算;另一方面,当零件加工时,有时需要多次转换基准,因而引起工序基准、定位基准或测量基准与设计基准不重合。这时,需要利用工艺尺寸链原理来进行工序尺寸及其公差的计算。

(1)工艺尺寸链的定义

如图 8-14 所示的定位套,A_0 与 A_1 为图样上已标注的尺寸。因为按零件图进行加工时,尺寸 A_0 不便直接测量。如欲通过易于测量的尺寸 A_2 进行加工,以间接保证尺寸 A_0 的要求,则首先需要分析尺寸 A_1、A_2 和 A_0 之间的内在关系,然后据此算出尺寸的数值。尺寸 A_1、A_2 和 A_0 就构成一个封闭的尺寸组合,即形成了一个尺寸链。

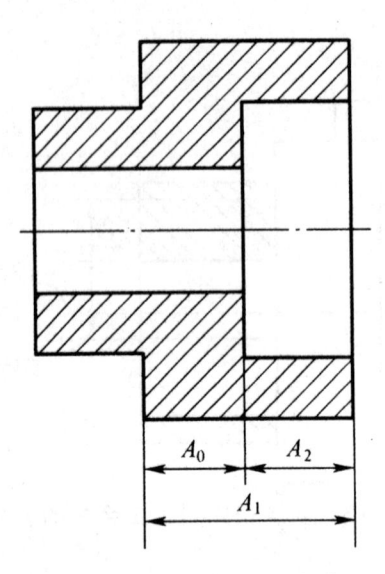

图 8-14　定位套的尺寸联系

又如图 8-15 所示的阶台零件,该零件先以 A 面定位加工 C 面,得到尺寸 L_c;再加工 B 面,得到尺寸 L_a;这样该零件在加工时并未直接予以保证的尺寸 L_b 就随之确定。尺寸 L_a、L_b、L_c 就构成一个封闭的尺寸组合,即形成了一个尺寸链。

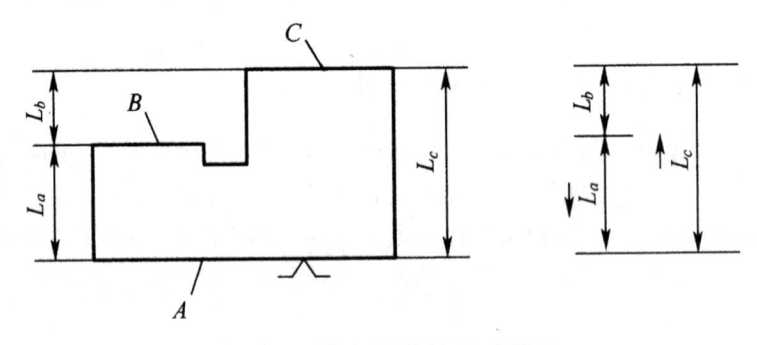

图 8-15　阶台零件的尺寸联系

由上述两例可知,在零件的加工过程中,为了加工和检验的方便,有时需要进行一些工艺尺寸的计算。为使这种计算迅速准确,按照尺寸链的基本原理,将这些有关尺寸按一定顺序首尾相连排列成一封闭的尺寸系统,即构成了零件的工艺尺寸链,简称工艺尺寸链。

(2)工艺尺寸链的组成

把组成工艺尺寸链的各个尺寸称为尺寸链的环。这些环可分为封闭环和组成环。

①封闭环。尺寸链中最终间接获得或间接保证精度的那个环。每个尺寸链中必有一个且只有一个封闭环。

②组成环。除封闭环以外的其他环都称为组成环。

组成环又分为增环和减环。其中,增环(A_i)是指在其他组成环不变时,某组成环的变动引起封闭环随之同向变动的环。一般在该环尺寸的代表符号上,加一向右的箭头"→"表示;减环(A_j)是指在其他组成环不变时,某组成环的变动引起封闭环随之异向变动的环。一般在该尺寸的代表符号上,加一向左的箭头"←"表示。工艺尺寸链一般都用工艺尺寸链图表示。

建立工艺尺寸链时,应首先对工艺过程和工艺尺寸进行分析,确定间接保证精度的尺寸,并将其定为封闭环,然后再从封闭环出发,按照零件表面尺寸间的联系,用首尾相接的单向箭头顺序表示各组成环,这种尺寸图就是尺寸链图。根据上述定义,利用尺寸链图即可迅速判断组成环的性质,凡与封闭环箭头方向相同的环即为减环,而凡与封闭环箭头方向相反的环即为增环。

(3)工艺尺寸链计算的基本公式

尺寸链的计算方法有两种:极值法与概率法,这里仅介绍生产中常用的极值法。极值法是从最坏情况出发来考虑问题的,即当所有增环都为上极限尺寸而减环恰好都为下极限尺寸,或所有增环都为下极限尺寸而减环恰好都为上极限尺寸,来计算封闭环的极限尺寸和公差。事实上,一批零件的实际尺寸是在公差带范围内变化的。在尺寸链中,所有增环不一定同时出现上极限尺寸或下极限尺寸,即使出现,此时所有减环也不一定同时出现下极限尺寸或上极限尺寸。极值法解工艺尺寸链的基本计算公式如下。

①封闭环的公称尺寸为

$$A_0 = \sum_{i=1}^{m} \vec{A_i} - \sum_{j=1}^{n-1} \overleftarrow{A_j}$$

式中,A_0 为封闭环的尺寸;$\vec{A_i}$ 为增环的公称尺寸;$\overleftarrow{A_j}$ 为减环的公称尺寸;m 为增环的环数;n 为包括封闭环在内的尺寸链的总环数。

②封闭环的极限尺寸为

$$A_{0\max} = \sum_{i=1}^{m} \vec{A}_{i\max} - \sum_{j=m+1}^{n-1} \overleftarrow{A}_{j\min}$$

$$A_{0\min} = \sum_{i=1}^{m} \vec{A}_{i\min} - \sum_{j=m+1}^{n-1} \overleftarrow{A}_{j\max}$$

③封闭环的上极限偏差 $\text{ES}(A_0)$ 与下极限偏差 $\text{EI}(A_0)$ 为

$$\text{ES}(A_0) = \sum_{i=1}^{m} \text{ES}(\vec{A_i}) - \sum_{j=m+1}^{n-1} \text{EI}(\overleftarrow{A_j})$$

$$\text{EI}(A_0) = \sum_{i=1}^{m} \text{EI}(\vec{A_i}) - \sum_{j=m+1}^{n-1} \text{ES}(\overleftarrow{A_j})$$

④封闭环的公差 T_0 为

$$T_0 = \sum_{i=1}^{n} T_i$$

8.5 工艺方案的经济分析及提高生产率的途径

制定工艺规程的根本任务在于保证产品质量的前提下,提高劳动生产率和降低成本,即做到高产、优质、低消耗。要达到这一目的,制定工艺规程时,还必须对工艺过程开展认真、技术的经济分析,采取有效的工艺措施提高机械加工生产率。

8.5.1 加工成本核算

1. 时间定额

所谓时间定额,是指在一定生产条件下,规定生产一件产品或完成一道工序所需消耗的时间。它是安排作业计划、核算生产成本、确定设备数量、人员编制以及规划生产面积的重要依据。

(1) 基本时间 T_m

基本时间是指直接改变生产对象的尺寸、形状、相对位置以及表面状态或材料性质等工艺过程所消耗的时间。对于切削加工来说,基本时间就是切除金属所消耗的时间(包括刀具的切入和切出时间在内)。

(2) 辅助时间 T_a

辅助时间是为实现工艺过程所必须进行的各种辅助动作所消耗的时间。它包括装卸工件、开停机床、引进或退出刀具、改变切削用量、试切和测量工件等所消耗的时间。

基本时间和辅助时间的总和称为作业时间。它是直接用于制造产品或零部件所消耗的时间。

辅助时间的确定方法随生产类型而异。大批量生产时,为使辅助时间规定得合理,需将辅助动作分解,再分别确定各分解动作的时间,最后予以综合;中批生产则可根据以往统计资料来确定;单件小批生产常用基本时间的百分比进行估算。

(3) 布置工作地时间 T_s

布置工作地时间是为了使加工正常进行,工人照管工作地(如更换刀具,润滑机床,清理切屑,收拾工具等)所消耗的时间。它不是直接消耗在每个工件上的,而是消耗在一个工作班内的时间,再折算到每个工件上的。一般按作业时间的2%~7%估算。

(4) 休息与生理需要时间 T_r

休息与生理需要时间是工人在工作班内恢复体力和满足生理上的需要所消耗的时间。是按一个工作班为计算单位,再折算到每个工件上的。对机床操作工人一般按作业时间的2%~4%估算。

以上四部分时间的总和称为单件时间 T_t,即

$$T_t = T_m + T_a + T_s + T_r$$

(5) 准备与终结时间 T_e

准备与终结时间是指工人为了生产一批产品或零部件,进行准备和结束工作所消耗的时间。在单件或成批生产中,准备与终结时间指每开始加工一批工件时,工人需要熟悉工艺文件,领取毛坯、材料、工艺装备,安装刀具和夹具,调整机床和其他工艺装备等所消耗的时间以及加工一批工件结束后,需拆下和归还工艺装备,送交成品等所消耗的时间。T_e 既不是直接消耗在每个工件上的,也不是消耗在一个工作班内的时间,而是消耗在一批工件上的时间。因而分摊到每个工件的时间为 $\frac{T_e}{n}$,其中 n 为批量。故单件和成批生产的单件工时定额的计算公式 T_t 应为:

$$T_t = T_m + T_a + T_s + T_r + \frac{T_e}{n}$$

大批量生产时,由于 n 的数值很大,$\frac{T_e}{n} \approx 0$,故不考虑准备与终结时间。

2. 机床的选择

机床是加工工件的主要生产工具,选择时应考虑下述问题:

①所选择的机床应与加工零件相适应,即机床的精度应与加工零件的技术要求相适应;机床的主要规格尺寸应与加工零件的外轮廓尺寸相适应;机床的生产率应与零件的生产纲领相适应。

②生产现场的实际情况,即现有设备的类型、规格及实际精度,设备的分布排列及负荷情况,操作者的实际水平等。

③生产工艺技术的发展。如在一定的条件下考虑采用计算机辅助制造(CAM)、成组技术(GT)等新技术时,则有可能选用高效率的专用、自动、组合等机床以满足相似零件组的加工要求,而不仅仅考虑某一零件批量的大小。综合考虑上述因素,在选择时应充分利用现有设备,并尽量采用国产机床。当现有设备的规格尺寸和实际精度不能满足零件的设计要求时,应优先考虑新技术、新工艺进行设备改造,实施"以小干大""以粗干精"等行之有效的办法。

3. 工艺装备的选择

工艺装备的选择应从以下几个方面入手:

①夹具的选择。单件小批量生产应尽量选用通用夹具,如机床自带的卡盘、平口钳、转台等。大批量生产时,应采用高生产效率的专用夹具,积极推广气、液传动的专用夹具,在推行计算机辅助制造、成组技术等新工艺,或提高生产效率时,则应采用成组夹具、组合夹具。夹具的精度应与零件的加工精度相适应。

②刀具的选择。主要取决于工序所采用的加工方法、加工表面的尺寸、工件材料、所要求的精度和表面粗糙度、生产率及经济性等,选择刀具时应尽可能采用标准刀具,必要时可采用高生产率的复合刀具和其他专用刀具。

③量具的选择。主要根据要求检验的精度和生产类型,量具的精度必须与加工精度相适应。在单件小批量生产中,应尽量采用通用量具、量仪,而在大批量生产中,则应采用各种量规、高生产率的检验仪器、检验夹具。

8.5.2　工艺方案的经济性评价

在对某一零件进行加工时,通常可有几种不同的工艺方案,这些方案虽然都能满足该零件的技术要求,但经济性却不同。为选出技术上较先进,经济上又较合理的工艺方案,就要在给定的条件下从技术和经济两方面对不同方案进行分析、比较、评价。

制造一个零件或一个产品所需费用的总和称为生产成本。它包括两大类费用:

①与工艺过程直接有关的费用,称为工艺成本,占生产成本的 70%～75%(通常包括毛坯或原材料费用,生产工人工资,机床设备的使用及折旧费,工艺装备的折旧费、维修费及车间或企业的管理费等)。

②与工艺过程无直接关系的费用(如行政人员的工资,厂房的折旧及维护费用,取暖、照明、

运输等费用)。在同样的生产条件下,无论采用何种工艺方案,第二类费用大体上是不变的,所以在进行工艺方案的技术经济分析时可不予考虑,只需分析工艺成本。

零件的全年工艺成本 E(单位为元/年)为

$$E = NV + C$$

式中,V 为可变费用,元/年;N 为年产量,件;C 为全年的不变费用,元。

单件工艺成本 E_d(单位为元/件)为

$$E_d = V + C/N$$

图 8-16、图 8-17 分别为全年工艺成本及单件工艺成本与年产量的关系。从图中可看出,全年工艺成本 E 与年产量呈线性关系,说明全年工艺成本的变化量 ΔE 与年产量的变化量 ΔN 成正比;单件工艺成本 E_d 与年产量呈双曲线关系,说明单件工艺成本 E_d 随年产量 N 的增大而减小,各处的变化率不同,其极限值接近可变费用 V。

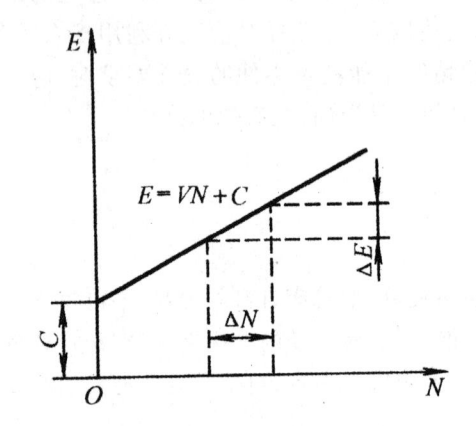

图 8-16　全年工艺成本与年产量的关系 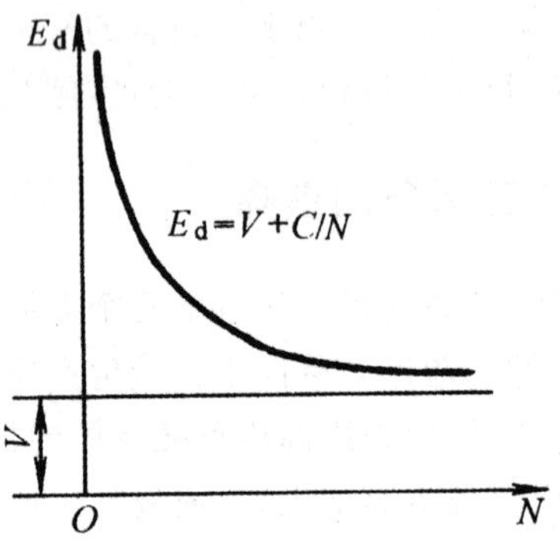　　图 8-17　单件工艺成本与年产量的关系

当两种工艺方案的基本投资相近或都采用现有设备时,工艺成本即可作为衡量各方案经济性的重要依据。

① 若两种工艺方案只有少数工序不同,则可对这些不同工序的单件工艺成本进行比较。当年产量 N 为一定时,有

$$E_{d1} = V_1 + C_1/N$$
$$E_{d2} = V_2 + C_2/N$$

当 $E_{d1} < E_{d2}$ 时,方案二的经济性好。

若 N 为一变量,则可用图 8-18 的曲线进行比较。N_K 为两曲线相交处的产量,称为临界产量。由图可见,当 $N < N_K$ 时,$E_{d1} > E_{d2}$,应采用方案二;当 $N > N_K$ 时,$E_{d1} < E_{d2}$,则应采用方案一。

② 当两种工艺方案有较多的工序不同时,可对该零件的全年工艺成本进行比较,两种方案全年工艺成本分别为

$$E_1 = NV_1 + C_1$$
$$E_2 = NV_2 + C_2$$

根据上式作图,结果如图 8-19 所示。当 $N < N_K$ 时,宜采用方案一;当 $N > N_K$ 时,宜采用方案二。当 $N = N_K$ 时,$E_1 = E_2$,则两种方案的经济性相当,所以有

故
$$N_K V_1 + C_1 = N_K V_2 + C_2$$

$$N_K = \frac{C_2 - C_1}{V_1 - V_2}$$

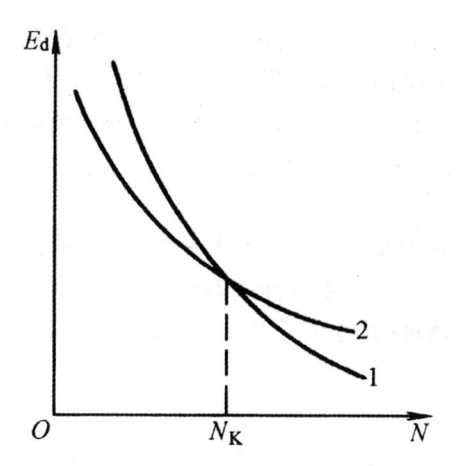

图 8-18　两种方案单件工艺成本比较

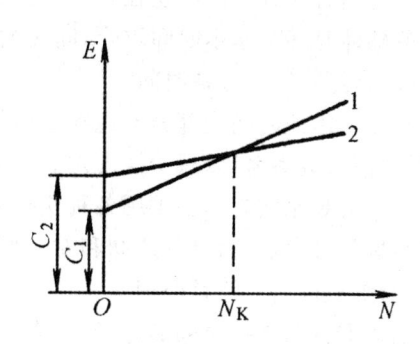

图 8-19　两种方案全年工艺成本比较

当两种工艺方案的基本投资相差较大时,必须考虑不同方案的基本投资差额的回收期限。

若方案一采用价格较贵的高效机床及工艺装备,其基本投资(K_1)必然较大,但工艺成本(E_1)较低;方案二采用价格便宜、生产率较低的一般机床和工艺设备,其基本投资(K_2)较小,但工艺成本(E_2)较高。方案一较低的工艺成本增加了投资的结果。这时如果仅比较其工艺成本的高低是不全面的,而应该同时考虑两种方案基本投资的回收期限。所谓投资回收期,是指一种方案比另一种方案多耗费的投资由工艺成本的降低所需的收回时间,常用 τ 表示。显然,τ 越小,经济性越好;τ 越大,经济性越差。且 τ 应小于所用设备的使用年限,小于国家规定的标准回收年限,小于市场预测对该产品的需求年限。它的计算公式为

$$\tau = \frac{K_1 - K_2}{E_2 - E_1} = \frac{\Delta K}{\Delta E}$$

式中,τ 为回收期限,年;ΔK 为两种方案基本投资的差额,元;ΔE 为当年工艺成本节约额,元/年。

8.5.3　提高机械加工生产率的途径

提高劳动生产率的工艺措施有以下几个方面:

(1)缩短基本时间

在大批量生产时,由于基本时间在单位时间中所占比重较大,因此通过缩短基本时间即可提高生产率。缩短基本时间主要有以下四种途径:

①提高切削用量、增大切削速度、进给量和背吃刀量,都可缩短基本时间,但切削用量的提高受到刀具寿命和机床功率、工艺系统刚度等方面的制约。

②采用多刀同时切削。

③多件同时加工。

④减少加工余量。

(2)缩短辅助时间

辅助时间在单件时间中也占有较大比重,尤其在大幅度提高切削用量之后,基本时间显著减少,辅助时间所占比重就更高。此时采取措施缩减辅助时间就成为提高生产率的重要方向。缩短辅助时间有两种不同的途径,一是使辅助动作实现机械化和自动化,从而直接缩减辅助时间;二是使辅助时间与基本时间重合,间接缩短辅助时间。

(3)缩短布置工作地时间

布置工作地时间大部分消耗在更换刀具上,因此必须减少换刀次数并缩减每次换刀所需的时间,提高刀具寿命,以减少换刀次数。而换刀时间的减少,则主要通过改进刀具的安装方法和采用装刀夹具来实现。如采用各种快换刀夹,刀具微调机构,专用对刀样板或对刀样件以及自动换刀装置等,以减少刀具的装卸和对刀所需时间。

(4)缩短准备与终结时间

缩短准备与终结时间的途径:扩大产品生产批量,以相对减少分摊到每个零件上的准备与终结时间;直接减少准备与终结时间。

第 9 章 机床夹具设计

9.1 机床夹具的组成

夹具是一种装夹工件的工艺装备,它广泛应用于机械制造过程的切削加工、热处理、装配、焊接、检测等工艺过程中,用于安装加工对象,使之占有正确的位置,以保证零件和产品的质量,并提高生产效率。机床上加工工件时,定位和夹紧的全过程称为工件的装夹。在金属切削机床上使用的装夹工件的装置统称为机床夹具。

虽然各类机床夹具的结构有所不同,但它们的工作原理基本相似。通过对现有的夹具进行概括归纳,可认为机床夹具由下列几部分组成。

(1)定位元件

定位元件是夹具的主要功能元件之一,用于确定工件在夹具中的正确位置。如图 9-1 所示的圆盘零件,其上的平面、ϕ30mm 圆柱内孔及三个 ϕ5.8mm 的沉头孔已加工完成,本工序钻后盖上的 ϕ10mm 孔,其钻床夹具如图 9-2 所示。

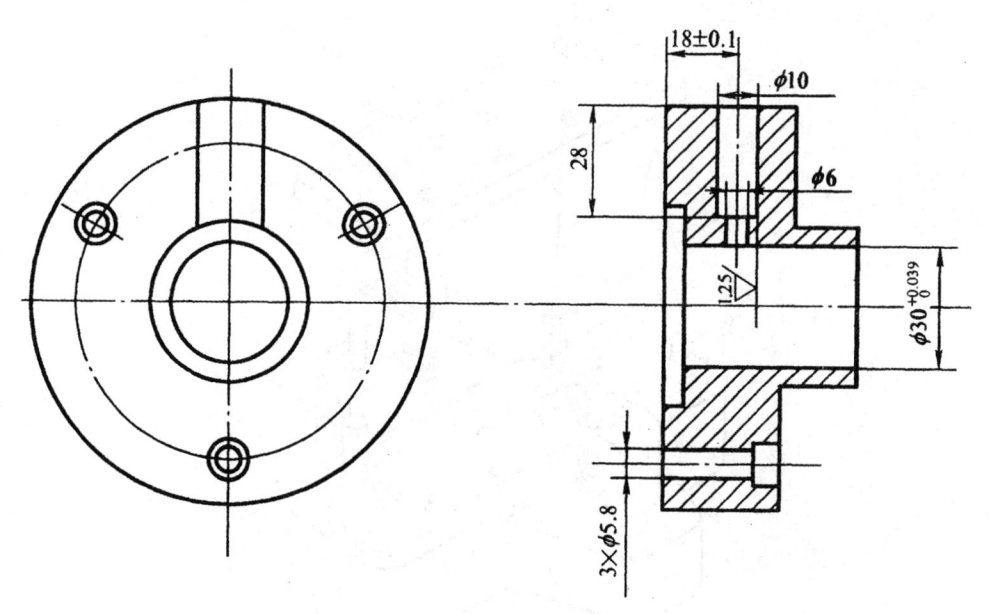

图 9-1 后盖零件简图

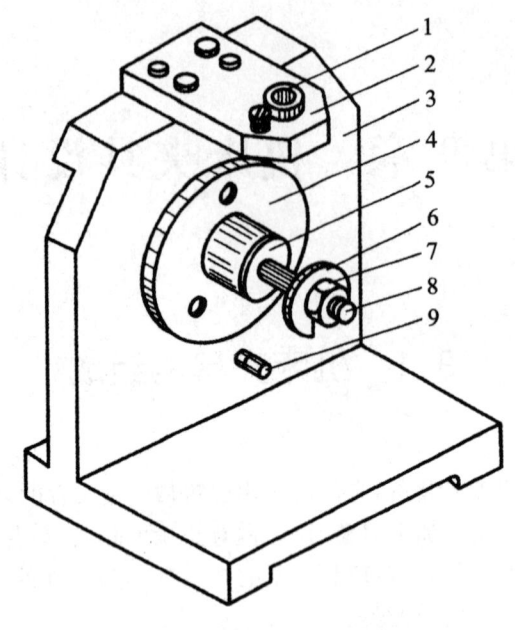

图 9-2 后盖钻床夹具

1—钻套;2—钻模板;3—夹具体;4—支承板;5—圆柱销;6—开口垫片;7—螺母;8—螺杆;9—菱形销

(2)夹紧装置

夹紧装置也是夹具的主要功能元件之一,其主要作用是将工件夹紧夹牢,保证工件在加工过程中的位置正确不变。夹紧装置包括夹紧元件或其组合以及动力源。图 9-3 中的压板 3 是夹紧装置。

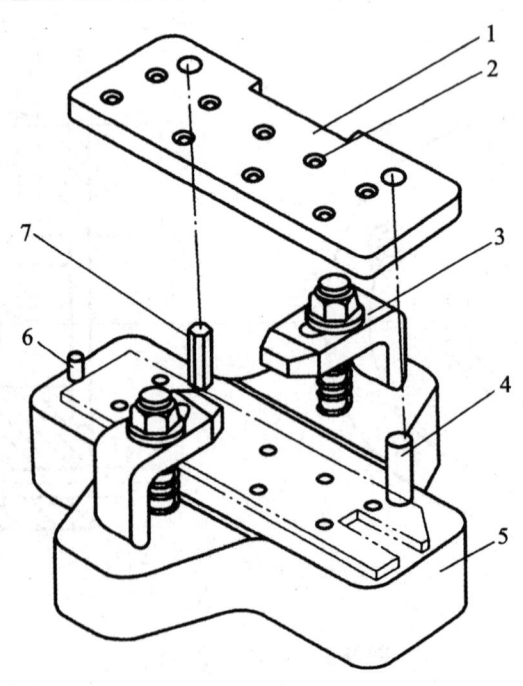

图 9-3 钻床夹具

1—钻模板;2—钻套;3—压板;4—圆柱销;5—夹具体;6—挡销;7—菱形销

第9章 机床夹具设计

(3) 夹具体

夹具体是夹具的基体骨架,通过它将夹具所有元件构成一个整体,并与机床的有关部位相连,是机床夹具的基础件,如图 9-2 中的件 3、图 9-3 中的件 5 等都是夹具体。常用的夹具体为铸造结构、锻造结构、焊接结构,形状有回转体形、底座形等多种。

(4) 连接元件

连接元件的主要作用是防止夹具在机床上错位。

(5) 对刀与导向装置

对刀元件主要是用于调整铣刀加工前的位置,导向元件主要是在夹具中起对刀和引导刀具作用的零部件,用于确定工件与刀具相互位置的元件。

(6) 其他元件和装置

其他元件和装置指根据加工需要而设置的装置或元件,这些元件或装置也需要专门设计。

图 9-4 表示了专用夹具的各组成部分及各组成部分与机床、刀具间的相互关系。

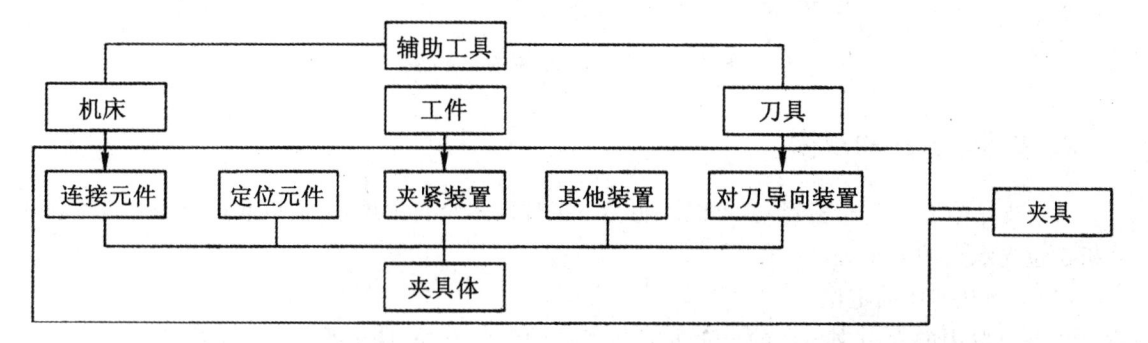

图 9-4 专用夹具的组成及各组成部分与机床、刀具的相互关系

9.2 工件的定位原理及定位元件

9.2.1 工件定位的基本原理

一个尚未定位的工件,其位置是不确定的。如图 9-5 所示,在空间直角坐标系中,工件可沿 x、y、z 轴有不同的位置,也可以绕 x、y、z 轴回转方向有不同的位置。它们分别用 $\vec{x}$、$\vec{y}$、$\vec{z}$ 和 $\hat{x}$、$\hat{y}$、$\hat{z}$ 表示。这种工件位置的不确定性,通常称为自由度。其中 $\vec{x}$、$\vec{y}$、$\vec{z}$ 称为沿 x、y、z 轴线方向的自由度;$\hat{x}$、$\hat{y}$、$\hat{z}$ 称为绕 x、y、z 轴回转方向的自由度。定位的任务,首先是消除工件的自由度。

1. 六点定位原理

一个物体在三维空间中可能具有的运动,称为自由度。工件在直角坐标系中有六个自由度 ($\vec{x}$、$\vec{y}$、$\vec{z}$、$\hat{x}$、$\hat{y}$、$\hat{z}$),在坐标系中,物体可以沿着这六个轴独立运动,即有六个自由度。所谓工件

— 177 —

的定位,就是采取适当的约束措施,来消除工件的六个自由度,以实现工件的定位。

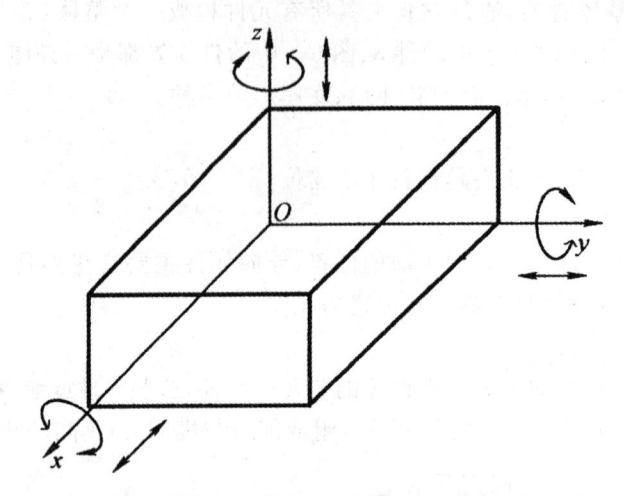

图 9-5 未定位工件的自由度

2. 支承点分布的规律

六个支承点如果分布不当,就可能限制不了工件的六个自由度,下面以几种典型工件为例来分析定位支承点的分布规律。

(1) 平面几何体的定位

六点定位中的六个支承点的分布方式与工件的形状有关,图 9-6 为六面体类工件六点定位的情况。工件的 A 面落在三个支承点上,这三个支承点形成了一个平面,限制了工件的 $\vec{z}$、$\vec{x}$、$\vec{y}$ 三个自由度。工件的底面 A 是起主要定位作用的,称为主要定位基准;侧面 B 靠在两个支承点上,两个支承点沿与 A 面平行方向布置,限制了工件的 $\vec{x}$、$\vec{z}$ 两个自由度,称导向定位基准;端面 C 用一个支承点限制了 $\vec{y}$ 自由度,称为止推定位基准。这样,工件的六个自由度均被限制,工件在夹具中的位置得到了完全确定。工件定位是用图中设置的六个定位支承与工件的定位基面相接触来实现的,如果两者一旦相脱离,定位作用就自然消失了。

在实际定位中,定位支承点并不一定就是一个真正直观的点,因为从几何学的观点分析,成三角形的三个点为一个平面的接触定位;同样成线接触的定位,则可认为是两点定位。进而也可说明在这种情况下,"三点定位"或"两点定位"仅是指某种定位中几个定位支承点的综合结果,而非某一定位支承点限制了某一自由度。

(2) 圆柱几何体的定位

如图 9-7 所示,工件的定位基准是长圆柱面的轴线、后端面和键槽侧面。长圆柱面采用中心定位,外圆与 V 形块呈两直线接触(定位点 1、2;定位点 4、5),限制了工件的 $\vec{x}$、$\vec{y}$、$\vec{x}$、$\vec{y}$ 四个自由度;定位支承点 3 限制了工件的 $\vec{y}$ 自由度;定位支承点 6 限制了工件绕 y 轴回转方向的自由度 $\vec{y}$。

(3) 圆盘几何体的定位

如图 9-8 所示,圆盘几何体可以视为圆柱几何体的变形,即随着圆柱面的缩短,圆柱面的定位功能也相应减少,图中有定位销的定位支承点 5、6 限制了工件的 $\vec{y}$、$\vec{z}$ 两个自由度;相反,几何体的端面则上升为主要定位基准,由定位支承点 1、2、3 限制了工件的 $\vec{x}$、$\vec{y}$、$\vec{z}$ 的自由度;防转支承点 4 限制了工件 $\widehat{x}$ 的自由度。

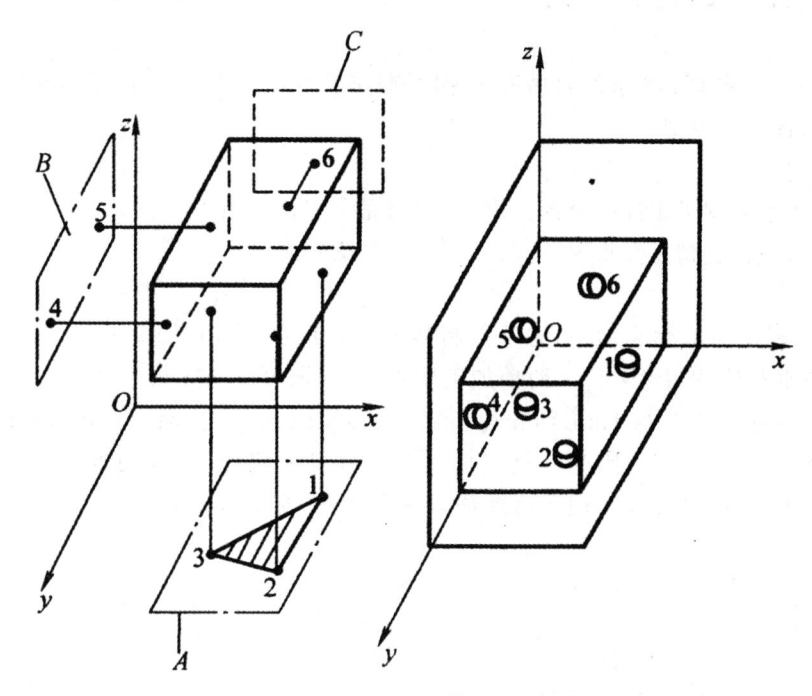

图 9-6 平面几何体的定位

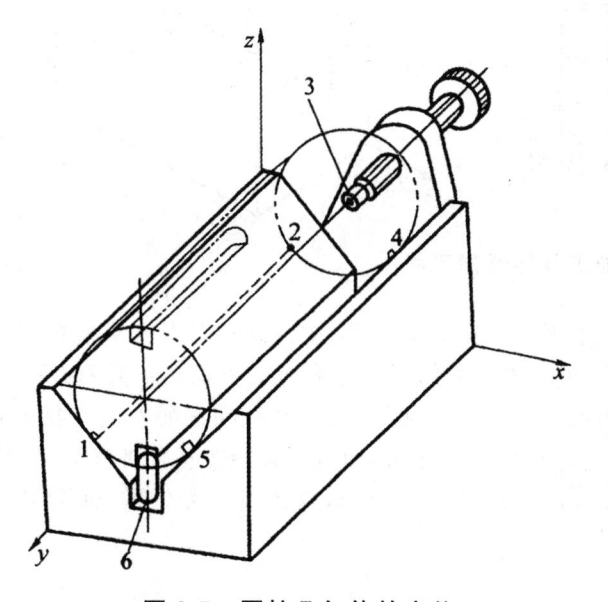

图 9-7 圆柱几何体的定位

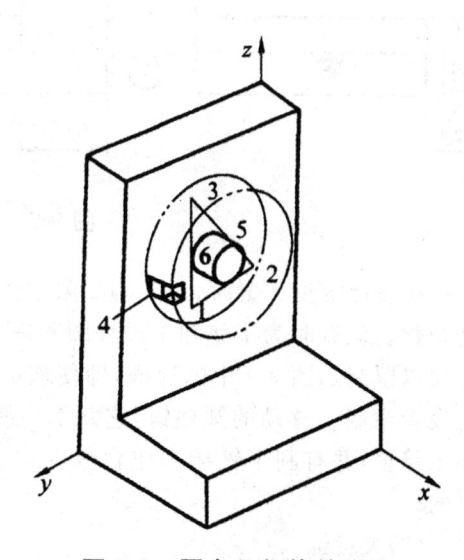

图 9-8 圆盘几何体的定位

9.2.2 工件的定位方式

工件定位时,影响加工要求的自由度必须限制;不影响加工要求的自由度,有时要限制,有时可不限制,视具体情况而定。

(1)完全定位

用六个支承点限制了工件的全部自由度,称为完全定位。当工件在 x、y、z 三个坐标方向上均有尺寸要求或位置精度要求时,一般采用这种定位方式。

(2)不完全定位

有些工件,根据加工要求,并不需要限制其全部自由度。如图 9-9 所示的通槽,为保证槽底面与 A 面的平行度和尺寸 $60_{-0.2}^{0}$ 两项加工要求,必须限制 $\vec{z}$、$\hat{x}$、$\hat{y}$ 三个自由度;为保证槽侧面与 B 面的平行度及 30 ± 0.1mm 两项加工要求,必须限制 $\vec{x}$、$\hat{z}$ 两个自由度;至于 $\vec{y}$ 从加工要求的角度看,可以不限制。因为一批工件逐个在夹具上定位时,即使各个工件沿 y 轴的位置不同,也不会影响加工要求。但若将此槽改为不通的,那么 y 方向有尺寸要求,则 $\vec{y}$ 就必须加以限制。

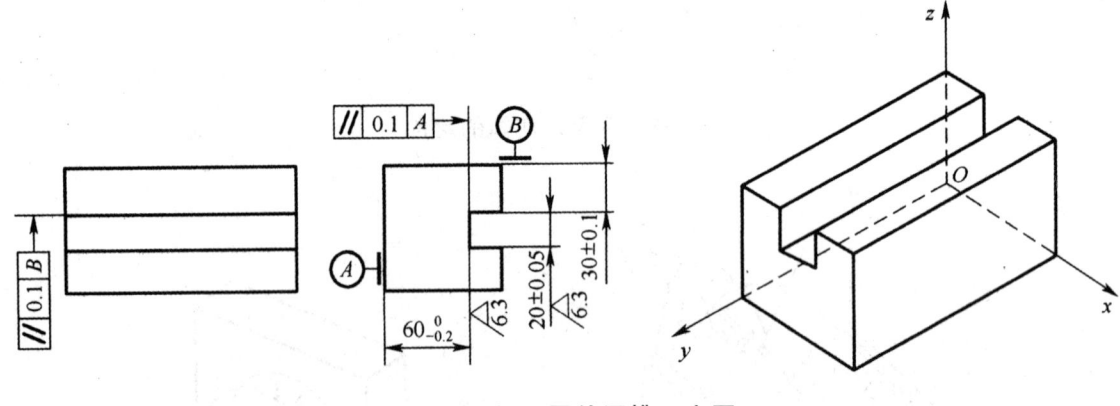

图 9-9 加工零件通槽工序图

在设计定位方案时,对不必要限制的自由度,一般不应布置定位元件,否则将使夹具结构复杂化。但有时为了使加工过程顺利进行,在一些没有加工尺寸要求的方向也需要对该自由度加以限制。图 9-9 中的通槽,即使理论分析 y 移动不用被限制,但往往在铣削力相对方向上也设置限制 y 移动的圆柱销,它并不会使夹具结构过于复杂,而且可以减少所需的夹紧力,使加工稳定,并有利于铣床工作台纵向(y 移动)行程的自动控制,这不仅是允许的,而且是必要的。

(3)欠定位

在满足加工要求的前提下,采用不完全定位是允许的,但是应该限制的自由度没有被限制是不允许的,这种定位称为欠定位。如果仅以底面定位,而不用侧面定位或只在侧面上设置一个支承点定位时,工件相对于成形运动的位置,就可能偏斜,按这样定位铣出的槽,显然无法保证槽与侧面的距离和平行度要求。

(4) 重复定位

重复定位也称为过定位,它是指定位时工件的同一自由度被数个定位元件重复限制。如图 9-10 所示,图 9-10(b)中定位销与支承板都限制了 $\vec{z}$,属于重复定位,这样就可能出现安装干涉,需要消除其中一个元件的 $\vec{z}$,图 9-10(c)将定位销改为削边销;图 9-10(d)将支承板改为楔块。

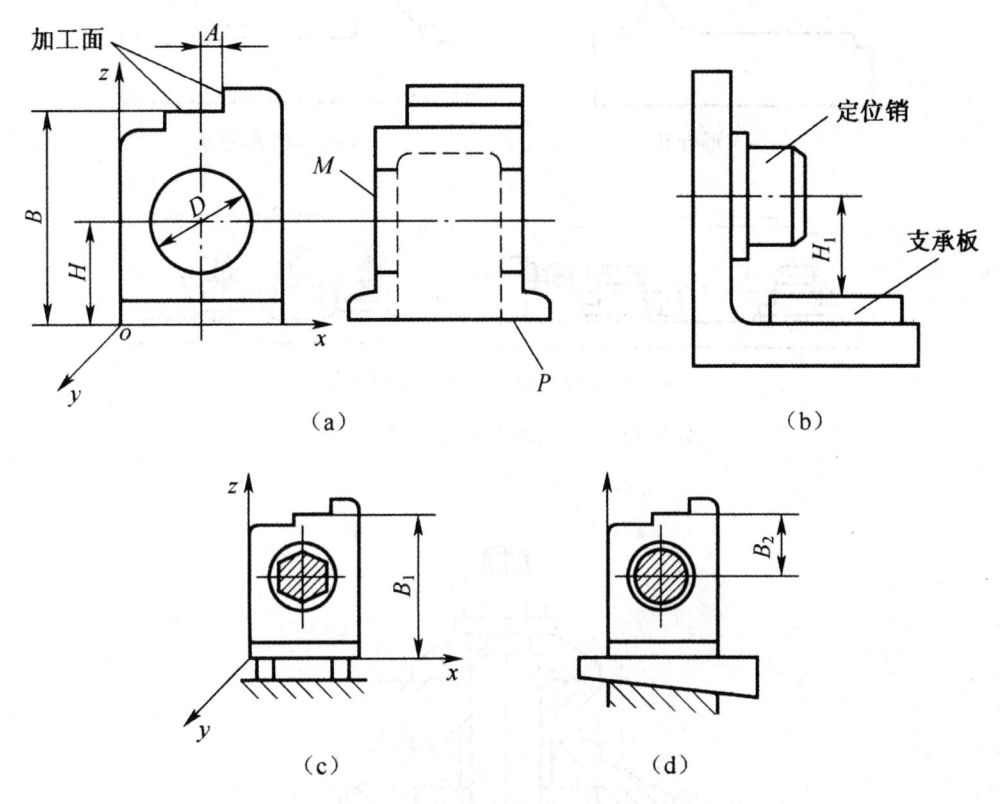

图 9-10 工件的重复定位及改善措施

重复定位要视具体情况进行具体分析。应该尽量避免和消除过定位现象。如图 9-10(c)和(d)所示是对重复限制自由度的消除。在机械加工过程中,一些特殊结构的定位,其过定位是不可避免的。图 9-11 中的导轨面定位,由于接触面较多,故都存在着过定位,其中双 V 形导轨的过定位就相当严重,像这类特殊的定位,应设法减少过定位的有害影响。通常上述导轨面均经过配刮,具有较高的精度。同理,图 9-12 中的重复定位,由于在齿形加工前,已经在工艺上规定了定位基准之间的位置精度(垂直度)。为使工件定位稳定、可靠,工厂中大多采用此种定位方式进行定位,此时的重复定位由于定位基准均为已加工面,在满足定位精度要求的前提下,保证安装不发生干涉。

（a）V形导轨　　　　　　　　（b）双V形导轨

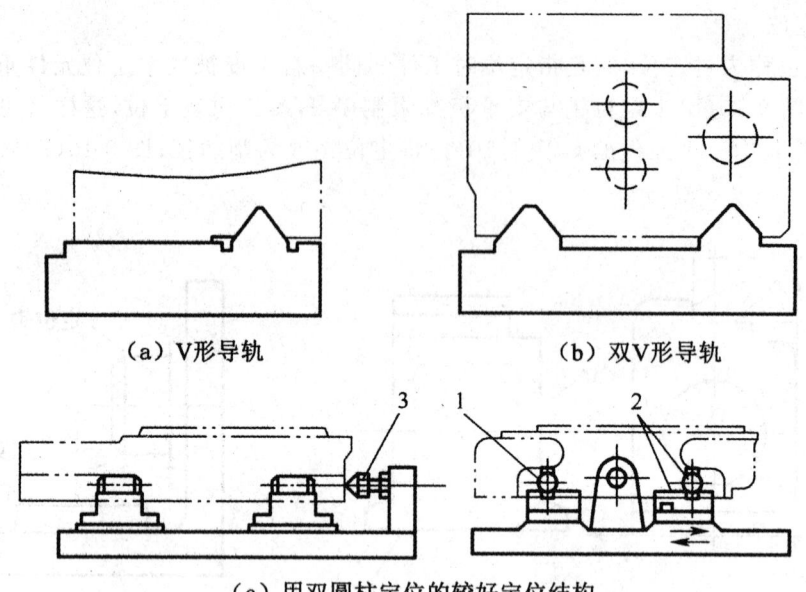

（c）用双圆柱定位的较好定位结构

图 9-11　导轨面的重复定位分析

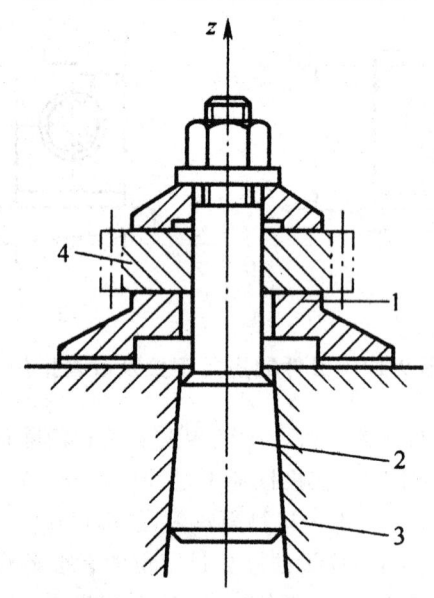

图 9-12　齿轮加工的重复定位示例
1—支承凸台；2—心轴；3—通用底盘；4—工件

9.2.3　典型定位表面及定位元件

1. 工件以平面定位

在机械加工过程中，大多数工件都是以平面为主要定位基准，如箱体、机座、支架等。初始加工时,工件只能以粗基准平面定位,进入后续加工时,工件才能以精基准平面定位。

1)工件以粗基准平面定位

粗基准平面通常是指经清理后的铸、锻件毛坯表面,其表面粗糙,且有较大的平面度误差。如图 9-13(a)所示,当该面与定位支承面接触时,必然是随机分布的三个点接触。这三点所围的面积越小,其支承的稳定性越差。为了控制这三个点的位置,就应采用呈点接触的定位元件,以获得较稳定的定位[图 9-13(b)]。但这并非在任何情况下都是合理的,例如,定位基准为狭窄平面时,就很难布置呈三角形的支承,而应采用面接触定位。

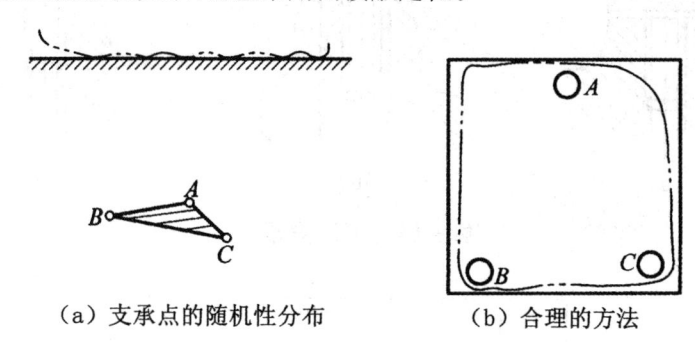

(a) 支承点的随机性分布　　(b) 合理的方法

图 9-13　粗基准平面定位的特点

粗基准平面常用的定位元件有固定支承钉、可调支承钉和可换支承钉等。

(1)固定支承钉

固定支承钉已标准化,有 A 型(平头)、B 型(球头)和 C 型(齿纹)三种。粗基准平面常用 B 型和 C 型支承钉,如图 9-14 所示。支承钉用 H7/r6 过盈配合压入夹具体中。B 型支承钉能与定位基准面保持良好的接触;C 型支承钉的齿纹能增大摩擦系数,可防止工件在加工时滑动,常用于较大型工件的定位。这类定位元件磨损后不易更换。

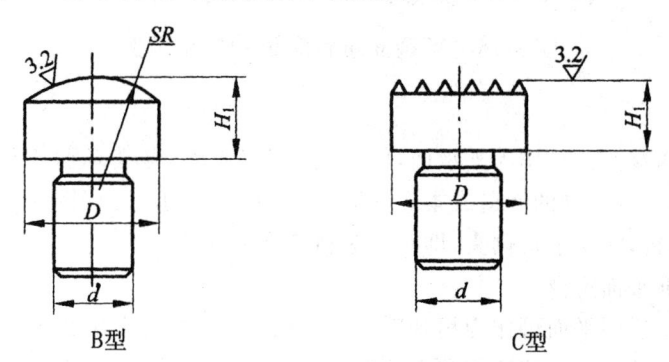

图 9-14　固定支承钉

(2)可调支承钉

可调支承钉的高度可以根据需要进行调节,其螺钉的高度调整后用螺母锁紧,如图 9-15 所示。可调支承钉主要用于毛坯质量不高,且以粗基准平面定位的工件,特别是用于不同批次的毛坯差别较大时,往往在加工每批毛坯的最初几件时,需要按划线来找正工件的位置,或者在产品系列化的情况下,可用同一夹具装夹结构相同而尺寸规格不同的工件。如图 9-16 所示为可调支承钉定位的应用示例。工件以箱体的底面为粗基准定位,铣削顶面,由于毛坯的误差,将使后续镗孔工序的余量偏向一边(如 H_1 或 H_2),甚至出现余量不足的现象。为此,定位时应按划线找正工件的位置,以保证同一批次的毛坯有足够而均匀的加工余量。

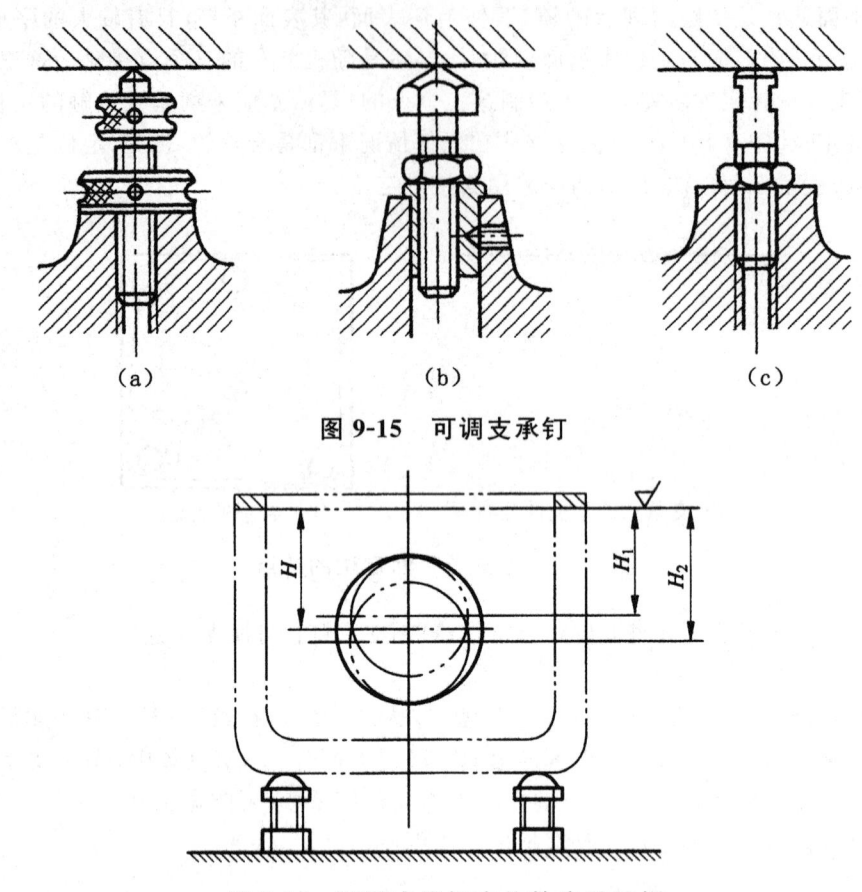

图 9-15 可调支承钉

图 9-16 可调支承钉定位的应用示例

(3)可换支承钉

可换支承钉的两端面都可作为支承面,但一端为齿面,另一端为球面或平面。它主要用于批量较大的生产中,以降低夹具的制造成本。如图 9-17 所示,支承钉为图示位置时,用于粗基准的定位;若松开紧定螺钉,将支承钉调头,即可作为精基准的定位。

2)工件以精基准平面定位

工件经切削加工后的平面可作为精基准平面,定位时可直接放在已加工的平面上。此时的精基准平面具有较小的表面粗糙度值和平面度误差,可获得较高的定位精度。常用的定位元件有平头支承钉和支承板等。

(1)平头支承钉

平头支承钉如图 9-18 所示。它用于工件接触面较小的情况,多件使用时,必须使高度尺寸 H 相等,故允许产生过定位,以提高安装刚度和稳定性。

图 9-17　可换支承钉

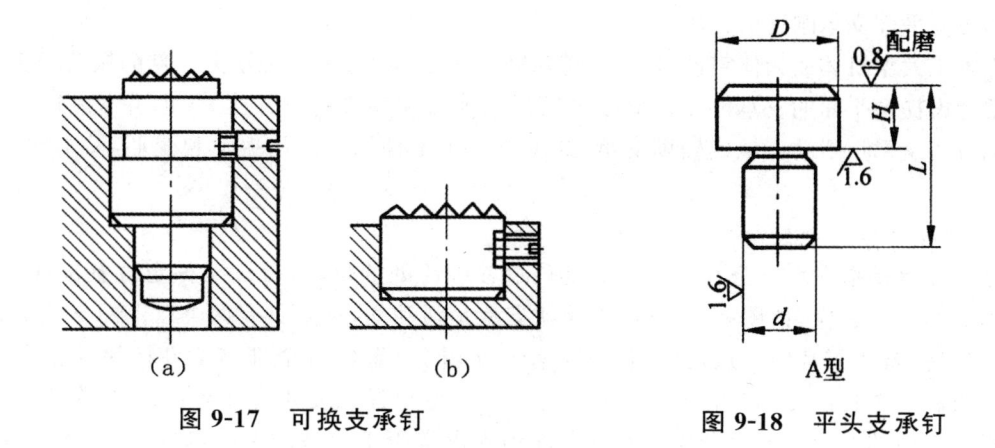

图 9-18　平头支承钉

(2)支承板

支承板如图 9-19 所示,它们都已标准化,A 型为光面支承板,用于垂直方向布置的场合;B 型为带斜槽的支承板,用于水平方向布置的场合,其上斜槽可防止细小切屑停留在定位面上。

工件以精基准平面定位时,所用的平头支承钉或支承板在安装到夹具体上后,其支承面需进行磨削,以使位于同一平面内的各支承钉或支承板等高,且与夹具底面保持必要的位置精度(如平行度或垂直度)。

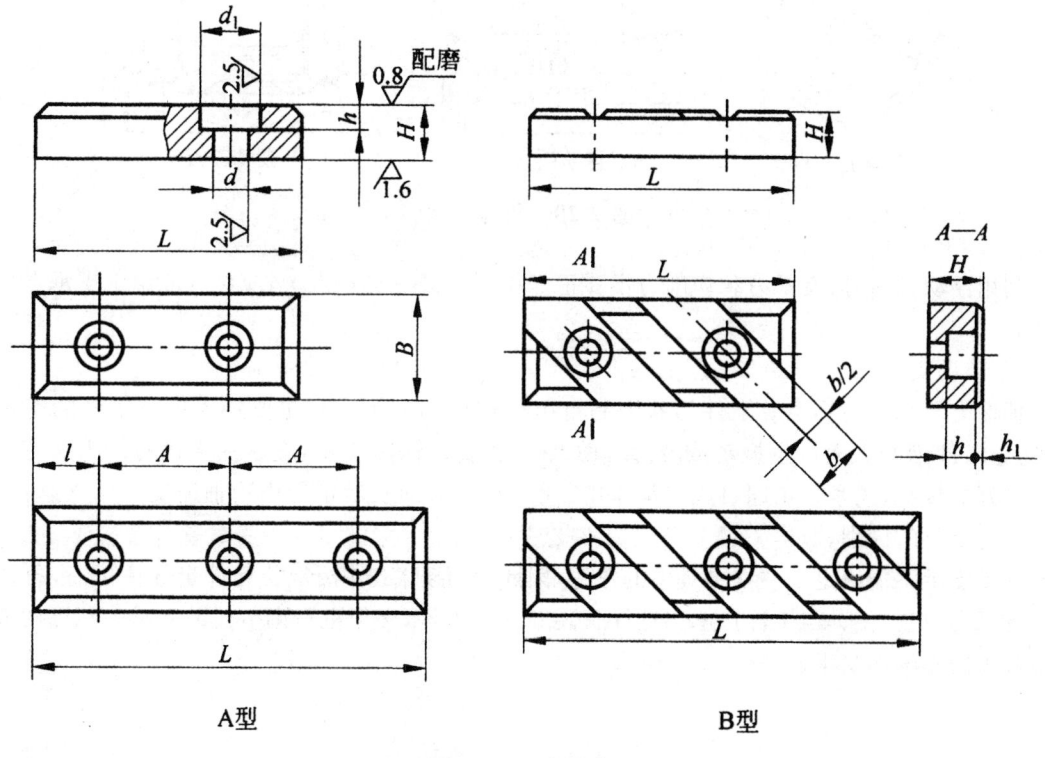

图 9-19　支承板

3)提高平面支承刚度的方法

在加工大型机体或箱体零件时,为了避免因支承面的刚度不足而引起工件的振动和变形,通常需要考虑提高平面的支承刚度。对刚度较低的薄板状零件进行加工时,也需考虑这一问题。常用的方法是采用浮动支承或辅助支承,这既可减小工件加工时的振动和变形,又不致产生过定位。

(1)浮动支承

浮动支承是指支承本身在对工件的定位过程中所处的位置,可随工件定位基准面位置的变化而自动与之适应,如图9-20所示。浮动支承是活动的,一般具有两个以上的支承点,其上放置工件后,若压下其中一点,就迫使其余各点上升,直至各点全部与工件接触为止,其定位作用只限制一个自由度,相当于一个固定支承钉。由于浮动支承与工件接触点数的增加,有利于提高工件的定位稳定性和支承刚度。浮动支承常用于粗基准平面、断续平面和阶台平面的定位。

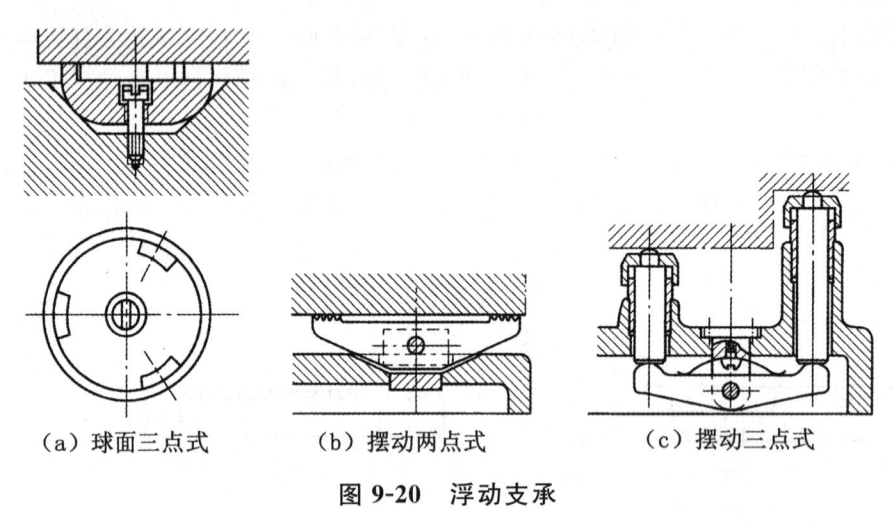

(a)球面三点式　　(b)摆动两点式　　(c)摆动三点式

图 9-20　浮动支承

利用浮动支承时,夹紧力和切削力不要正好作用在某一支承点上,应尽可能位于支承点的几何中心。

(2)辅助支承

辅助支承是在夹具中对工件不起限制自由度作用的支承。它主要用于提高工件的支承刚度,防止工件因受力而产生振动或变形。图9-21为自动调节支承,支承在弹簧的作用下与工件保持良好的接触,锁紧顶销即可起支承作用。图9-21(b)即表示了平面用辅助支承的支承作用,可见其与定位的区别。

辅助支承不能确定工件在夹具中的位置,因此,只能当工件按定位元件定好位以后,再调节辅助支承的位置,使其与工件接触。这样每装卸一次工件,必须重新调节辅助支承。凡可调节的支承都可用作辅助支承。

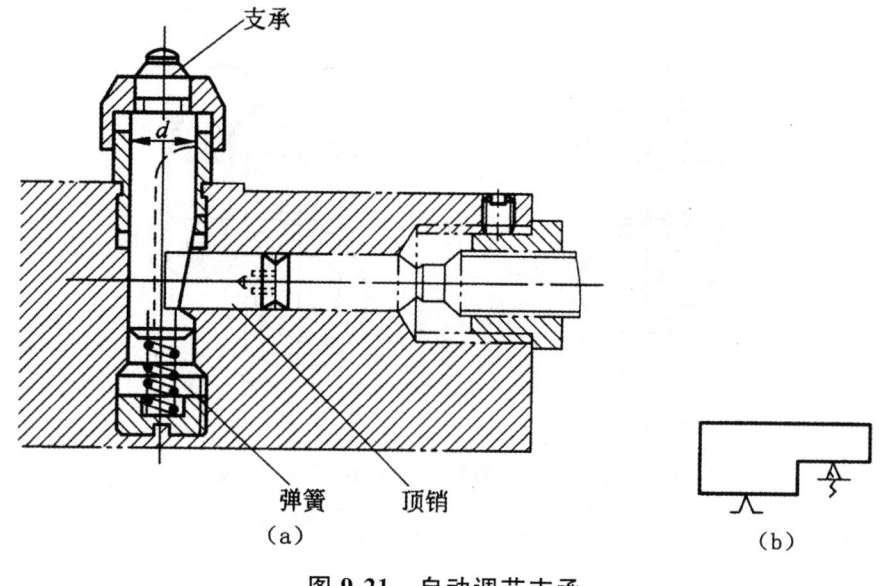

图 9-21 自动调节支承

2. 工件以圆柱孔定位

(1)圆柱销(定位销)

图 9-22 为常用定位销的结构。定位销的参数可查阅有关国家标准。

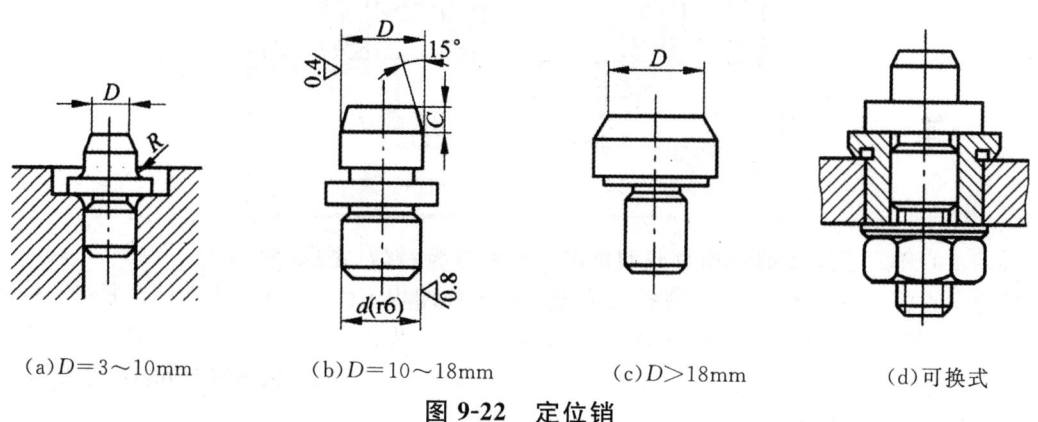

(a)$D=3\sim10$mm　　(b)$D=10\sim18$mm　　(c)$D>18$mm　　(d)可换式

图 9-22 定位销

(2)圆锥销

为了保证后续孔加工余量的均匀,圆孔常用圆锥销定位的方式,如图 9-23 所示。圆锥销定位常和其他定位元件组合使用,这是由于圆柱孔与圆锥销只能在圆周上作线接触,定位时工件容易倾斜。

(3)定位心轴

定位心轴常用于盘类、套类零件及齿轮加工中的定位,以保证加工面(外圆柱面、圆锥面或齿轮分度圆)对内孔的同轴度。定位心轴的结构形式很多,除以下要介绍的刚性心轴外,还有胀套心轴、液性塑料心轴等。它的主要定位面可限制工件的四个自由度,若再设置防转支承等,即可实现组合定位。

(a) 粗基准用　　　　　　　(b) 精基准用

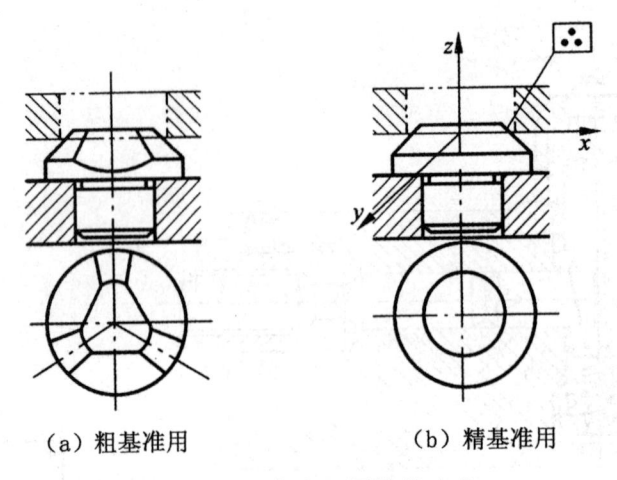

图 9-23　圆孔用圆锥销定位

①圆柱心轴。圆柱心轴与工件的配合形式有间隙配合和过盈配合两种。图 9-24 为过盈配合圆柱心轴,它由引导部分、工作部分和传动部分组成。

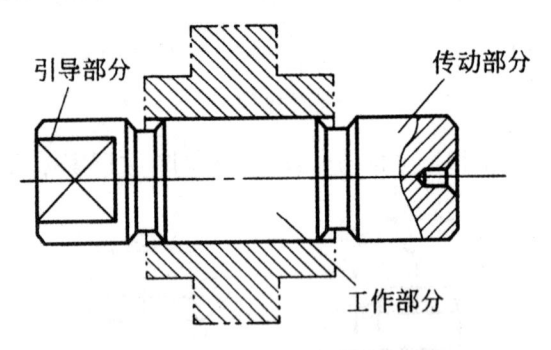

图 9-24　过盈配合圆柱心轴

②锥度心轴。锥度心轴(图 9-25)的锥度一般都很小,通常锥度 $K=1:1000\sim1:8000$。装夹时以轴向力将工件均衡推入,依靠孔与心轴接触表面的均匀弹性变形,使工件楔紧在心轴的锥面上,加工时靠摩擦力带动工件旋转,故传递的转矩较小,装卸工件不方便,且不能加工工件的端面。但这种定位方式的定心精度高,同轴度公差值为 $\phi0.01\sim0.02$mm,工件轴向位移误差较大,一般只用于工件定位孔的精度高于 IT7 的精车和磨削加工。

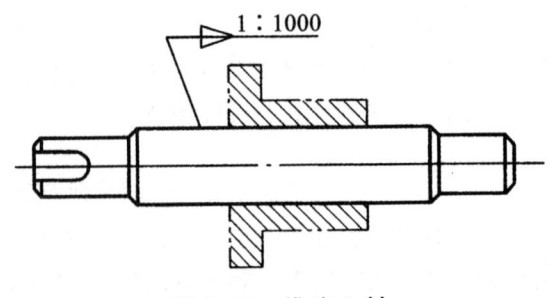

图 9-25　锥度心轴

锥度心轴的锥度越小,定心精度越高,夹紧越可靠。当工件长径比较小时,为避免因工件倾斜而降低加工精度,锥度应取较小值,但减小锥度后,工件轴向位移误差会增大。同时,心轴增长,刚度下降,为保证心轴有足够的刚度,当心轴长径比 $L/d>8$ 时,应将工件定位孔的公差范围分成 2~3 组,每组设计一根心轴。

3. 工件以外圆柱面定位

工件以外圆柱面作为定位基准,是生产中常见的定位方法之一。盘类、套类、轴类等工件就常以外圆柱面作为定位基准。根据工件外圆柱面的完整程度、加工要求等,可以采用 V 形块、半圆套、定位套等定位元件。

(1) V 形块

图 9-26 为已标准化的 V 形块,它的两半角($\alpha/2$)对称布置,定位精度较高。当工件用长圆柱面定位时,可以限制四个自由度;若是以短圆柱面定位时,则只能限制工件的两个自由度。V 形块的结构形式较多,如图 9-27 所示。

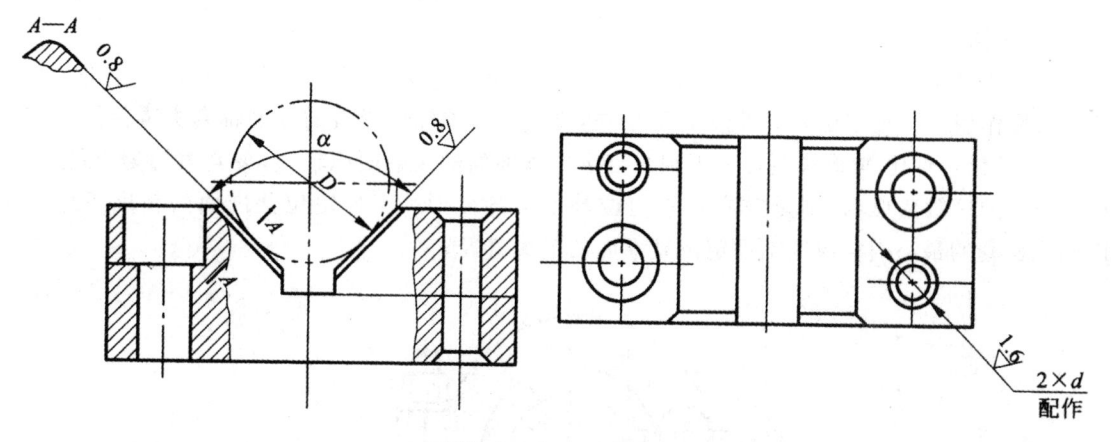

图 9-26 V 形块

图 9-27(a)用于较短的精基准定位;图 9-27(b)用于较长的粗基准(或阶梯轴)定位;图 9-27(c)用于较长的精基准或两个相距较远的定位基准面的定位;图 9-27(d)为在铸铁底座上镶淬硬支承板或硬质合金板的 V 形块,以节省钢材。

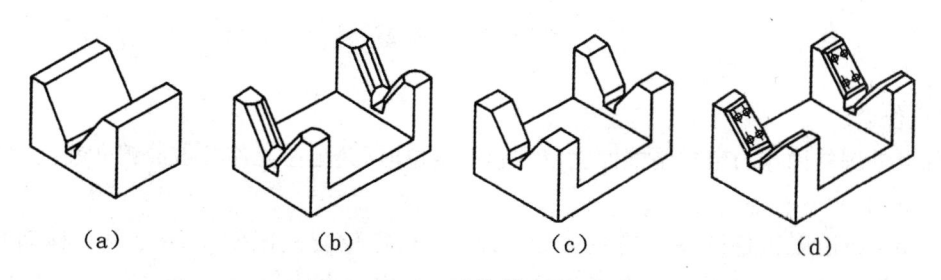

图 9-27 V 形块的结构形式

V 形块有活动式和固定式之分。如图 9-28(a)所示为加工轴承座孔时的定位方式,此时活动 V 形块除限制工件的一个自由度以外,还兼有夹紧的作用。图 9-28(b)中的活动 V 形块只起定位作用,限制工件的一个自由度。

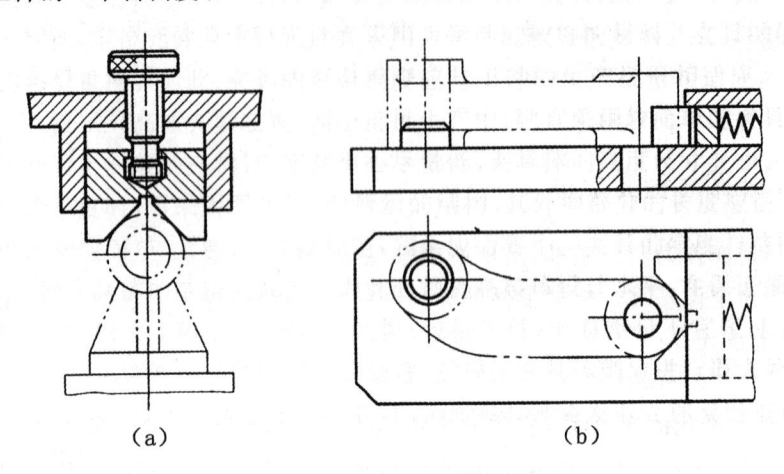

图 9-28 活动 V 形块的应用

(2) 半圆套

如图 9-29 所示,下半部分半圆套装在夹具体上,其定位面 A 置于工件的下方,上半部分半圆套起夹紧作用。这种定位方式类似于 V 形块,常用于不便轴向安装的大型轴套类零件的精基准定位中,其稳定性比 V 形块更好。半圆套与定位基准面的接触面积较大,夹紧力均匀,可减小工件基准面的接触变形,特别是空心圆柱定位基准面的变形。工件定位基准面的精度不应低于 IT9,半圆套的最小内径应取工件定位基准面的最大直径。

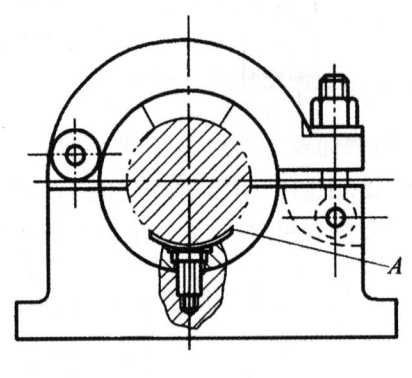

图 9-29 半圆套

(3) 定位套

工件以外圆柱面作为定位基准面在定位套中定位时,其定位元件常做成钢套装在夹具体中,如图 9-30 所示。

图 9-30(a)用于工件以端面为主要定位基准,短定位套只限制工件的两个移动自由度;图 9-30(b)用于工件以外圆柱面为主要定位基准,长定位套可限制工件的四个自由度。采用长定位套定位时,应考虑垂直度误差与配合间隙的影响,必要时应采取工艺措施,以避免重复定位引起的不良后果。这种定位方式为间隙配合的中心定位,故对定位基准面的精度要求较高(不应低于 IT8),主要用于小型的形状简单的轴类零件的定位。

(a) 短定位套　　　　(b) 长定位套

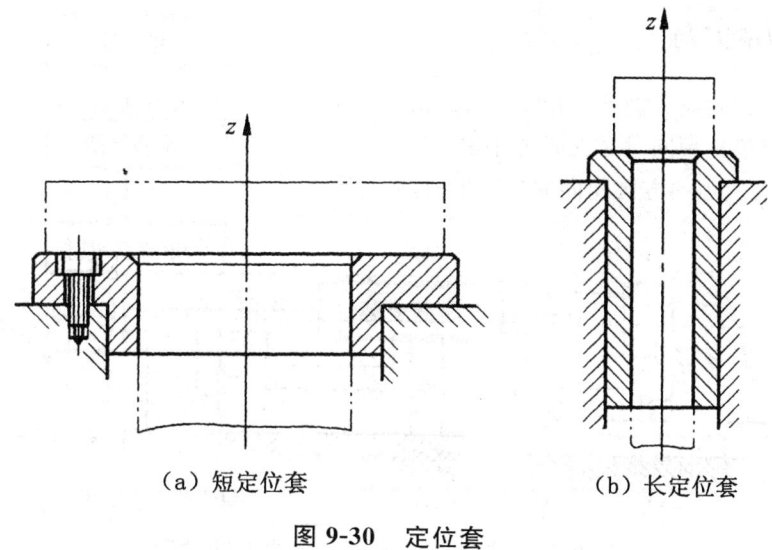

图 9-30　定位套

9.3　工件的夹紧及夹紧装置

一般夹紧元件和中间传递机构称为夹紧机构。图 9-31 是液压夹紧的铣床夹具。

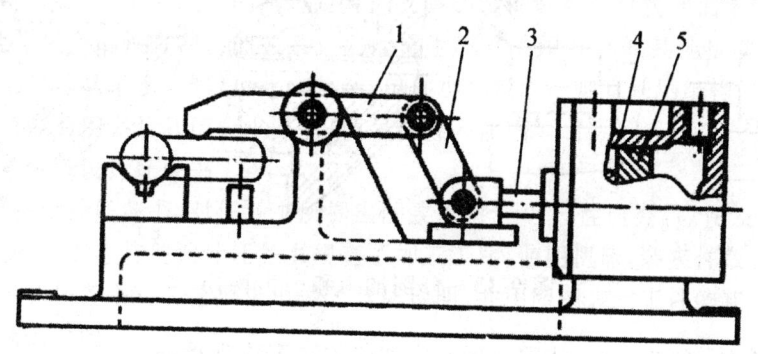

图 9-31　液压夹紧的铣床夹具

1—压板；2—铰链臂；3—活塞杆；4—液压缸；5—活塞

9.3.1　夹紧力的确定

夹紧力来源于人力或者某种动力装置。常用的动力装置有液压、气动、电磁、电动和真空装置等。设计夹具的夹紧机构时，首先必须合理确定夹紧力的三要素：方向、作用点和大小。

1. 夹紧力的方向

①夹紧力的方向应有助于定位，不应破坏定位。只有一个夹紧力时，夹紧力应垂直于主要定位支承或使各定位支承同时受夹紧力作用。

图 9-32 为夹紧力的方向朝向主要定位面的实例。

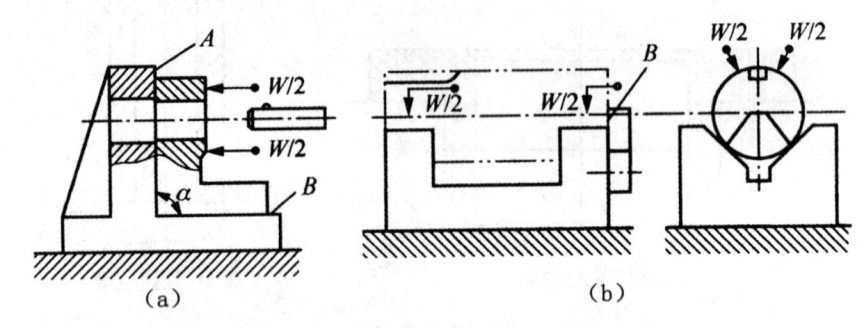

图 9-32 夹紧力的方向朝向主要定位面

图 9-33 是一力两用和使各定位基面同时受夹紧力作用的情况。图 9-33(a)为对第一定位基面施加 W_1，对第二定位基面施加 W_2；图 9-33(b)、(c)为施加 W_3 代替 W_1、W_2，使两定位基面同时受到夹紧力的作用。

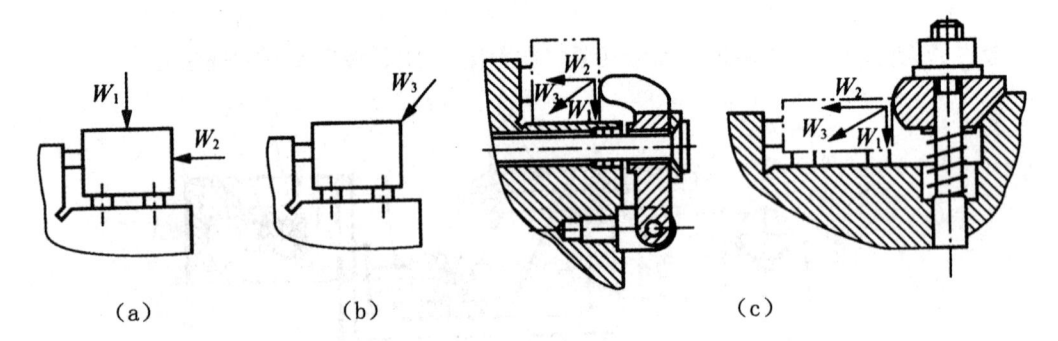

图 9-33 分别加力和一力两用

用几个夹紧力分别作用时，主要夹紧力应朝向主要定位支承面，并注意夹紧力的动作顺序。例如，三平面组合定位，$W_1 > W_2 > W_3$，W_1 是主要夹紧力，朝向主要定位支承面，应最后作用，W_2、W_3 应先作用。

②夹紧力的方向应方便装夹和有利于减小夹紧力，最好与切削力、重力方向一致。图 9-34 所示夹紧力与切削力、重力的关系如下：

图 9-34(a)夹紧力 W 与重力 G、切削力 F 方向一致，可以不夹紧或用很小的夹紧力。

图 9-34(b)夹紧力 W 与切削力 F 垂直，夹紧力较小。

图 9-34(c)夹紧力 W 与切削力 F 成夹角 α，夹紧力较大。

图 9-34(d)夹紧力 W 与切削力 F、重力 G 垂直，夹紧力最大。

图 9-34(e)夹紧力 W 与切削力 F、重力 G 反向，夹紧力较大。

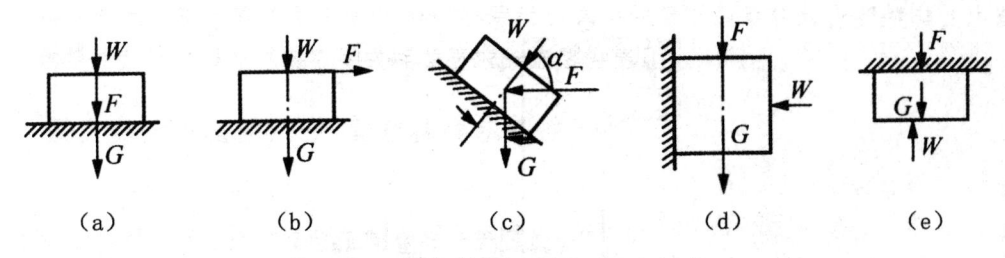

图 9-34　夹紧力与切削力、重力的关系

由上述分析可知图 9-34(a)、(b)应优先选用,图 9-34(c)、(e)次之,图 9-34(d)最差,应尽量避免使用。

2. 夹紧力的作用点

①夹紧力的作用点应能保持工件定位稳定。为此夹紧力的作用点应落在定位元件上或支承范围内,否则夹紧力与支座反力会构成力矩,夹紧时工件将发生偏转。

②夹紧力的作用点应有利于减小夹紧变形。夹紧力的作用点应落在工件刚性好的方向和部位,特别是对低刚度工件。图 9-35(a)所示薄壁套的轴向刚性比径向好,用卡爪径向夹紧;对于图 9-35(b)所示薄壁箱体,夹紧力不应作用在箱体的顶面,而应作用在刚性好的凸边上。若箱体没有凸边,如图 9-35(c)所示,将单点夹紧改为三点夹紧,可以减小工件的夹紧变形。

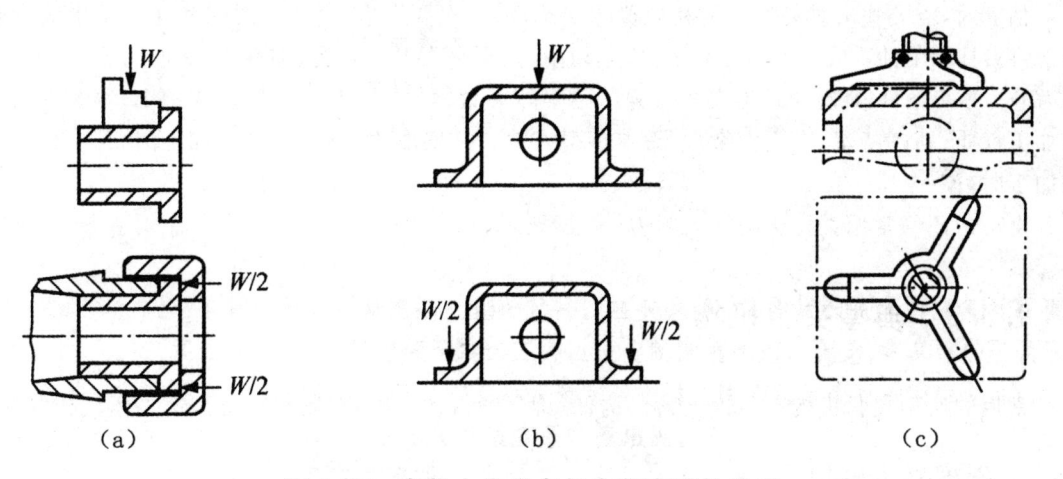

图 9-35　夹紧力作用点与夹紧变形的关系

③夹紧力的作用点应尽量靠近工件加工表面,以提高定位稳定性和夹紧可靠性,减少加工中的振动。

不能满足上述要求时,如图 9-36 所示,在拨叉上铣槽,由于主要夹紧力的作用点距工件加工表面较远,故在靠近加工表面处设置辅助支承,施加夹紧力 W,提高定位稳定性,承受夹紧力和切削力等。

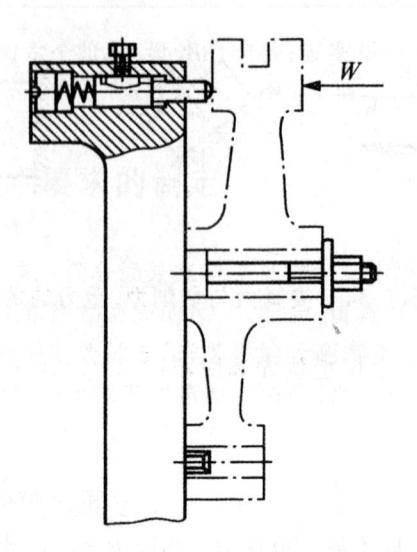

图 9-36　夹紧力作用点靠近加工表面

3. 夹紧力的大小

夹紧力的大小必须适当。过小,破坏定位;过大,影响加工质量。切削力在加工过程中是变化的,只能粗略估算夹紧力。

估算时,需要找出对夹紧最不利的瞬时状态,略去次要因素,考虑主要因素在力系中的影响。通常将夹具和工件看成一个刚性系统,建立切削力、夹紧力 W_0、重力、惯性力、离心力、支承力及摩擦力静力平衡条件,计算出理论夹紧力 W_0,则实际夹紧力 W 为 $W=KW_0$。式中 K 为安全系数,与加工性质、切削特点、夹紧力来源、刀具情况有关。一般取 $K=1.5\sim3$;粗加工时,$K=2.5\sim3$;精加工时,$K=1.5\sim2.5$。

生产中还经常用类比法确定夹紧力。

9.3.2　典型夹紧机构

常用的典型夹紧机构有斜楔夹紧机构、螺旋夹紧机构、偏心夹紧机构及铰链夹紧机构等。

1. 斜楔夹紧机构

斜楔夹紧机构是最基本的夹紧机构,螺旋夹紧机构、偏心夹紧机构等均是斜楔机构的变型。图 9-37 为几种典型的斜楔夹紧机构,图 9-37(a)是在工件上钻互相垂直的两孔,工件 3 装入后,锤击斜楔 2 大头,夹紧工件;加工完毕后,锤击斜楔小头,松开工件。图 9-37(b)是将斜楔与滑柱合成一种夹紧机构。图 9-37(c)是由端面斜楔与压板组合而成的夹紧机构。

斜楔夹紧机构的优点是有一定的扩力作用,可以方便地使力方向改变 90°,缺点是夹紧力较小,行程较长。

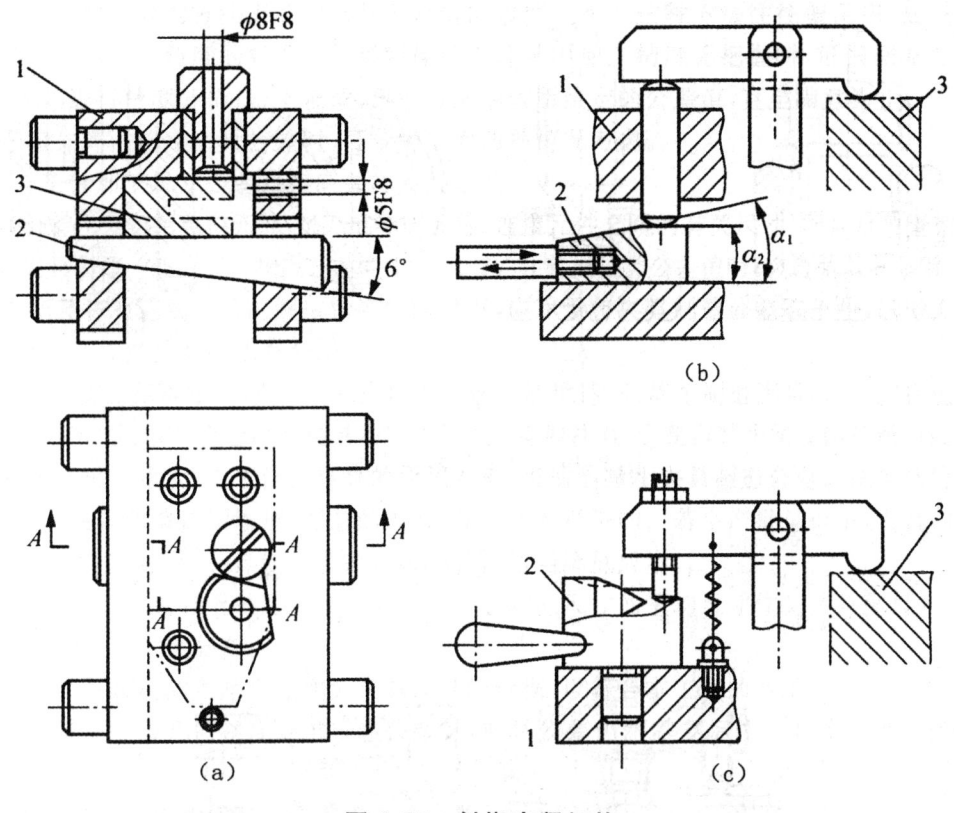

图 9-37 斜楔夹紧机构

1—夹具体;2—斜楔;3—工件

2. 螺旋夹紧机构

图 9-38 是常见的螺旋夹紧机构,由螺钉、螺母、垫圈、压板等元件组成。

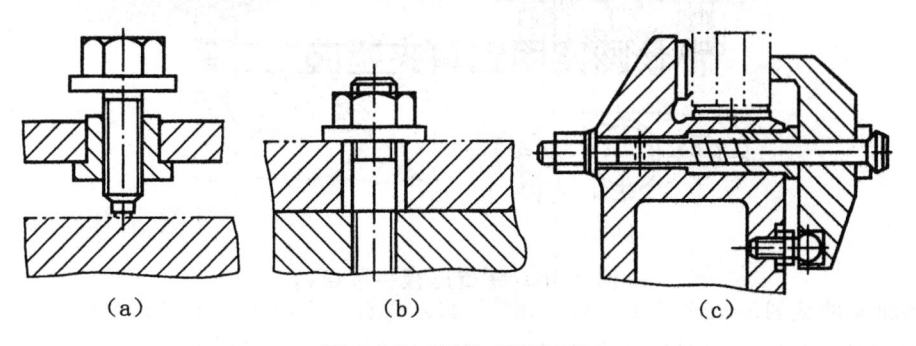

图 9-38 螺旋夹紧机构

(1)单个螺旋夹紧机构

直接用螺钉或螺母夹紧工件的机构,称为单个螺旋夹紧机构,如图 9-39 所示。如图 9-39(a)、(b)所示,A 型光面压块,用于夹紧已加工表面;B 型槽面压块用于夹紧毛坯面。当要求螺钉移动不转动时,可采用图 9-39(c)所示结构中的圆压块。

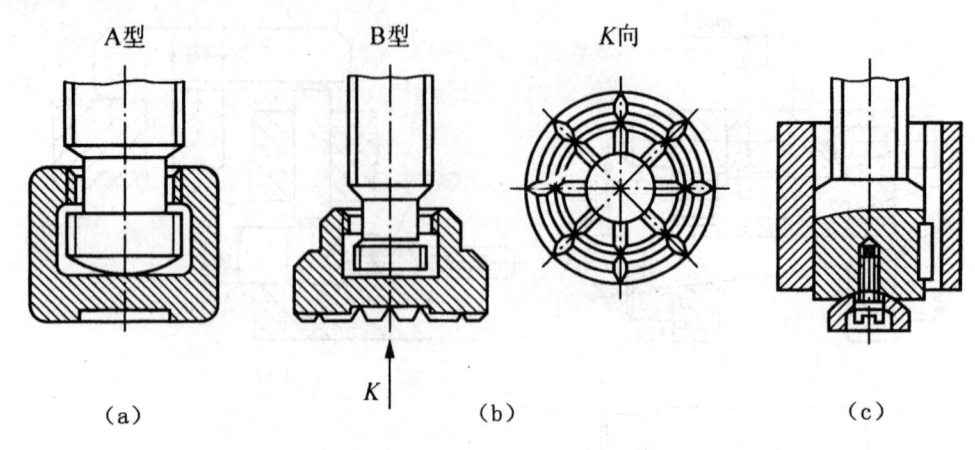

图 9-39　单个螺旋夹紧机构

(2) 螺旋压板夹紧机构

常见的螺旋压板夹紧机构如图 9-40 所示,图 9-40(a)、(b)为移动压板;图 9-40(c)、(d)为回转压板。图 9-41 是螺旋钩形压板夹紧机构,其特点是结构紧凑,使用方便。

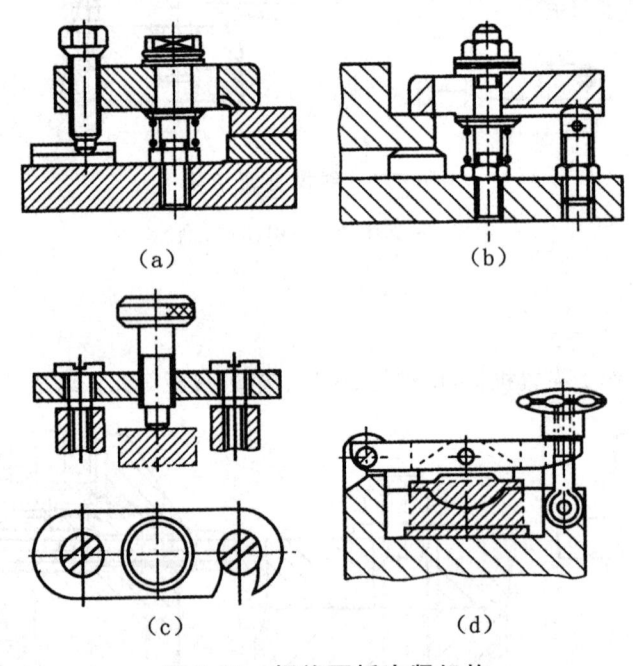

图 9-40　螺旋压板夹紧机构

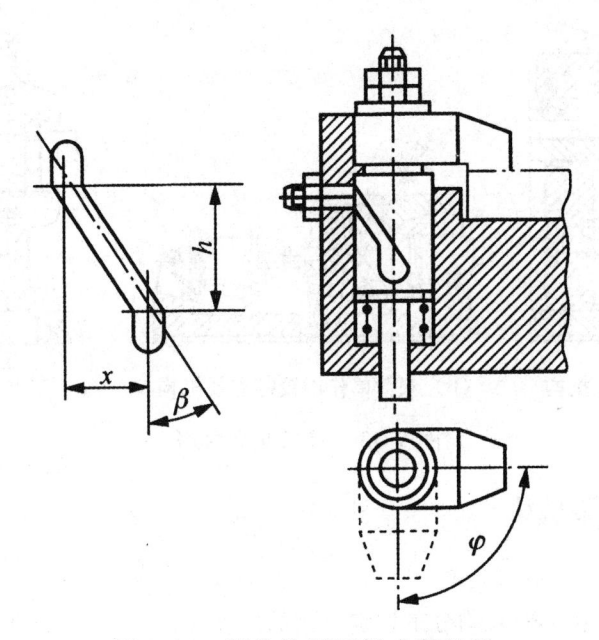

图 9-41　螺旋钩形压板夹紧机构

3. 偏心夹紧机构

图 9-42 是常见的偏心夹紧机构,图 9-42(a)、(b)是圆偏心轮;图 9-42(c)是偏心轴;图 9-42(d)是偏心叉。

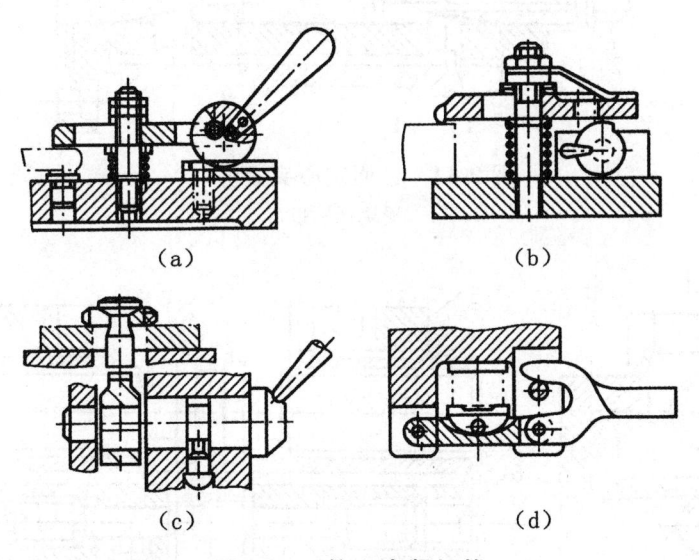

(a)　　(b)

(c)　　(d)

图 9-42　偏心夹紧机构

4. 铰链夹紧机构

图 9-43 是常用的铰链夹紧机构的三种基本结构,由汽缸带动铰链及压板转动夹紧或松开工件。

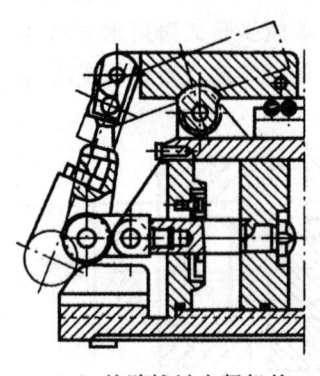

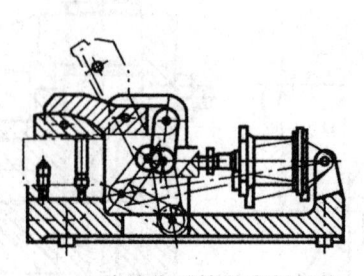

(a) 单臂铰链夹紧机构　　(b) 双臂单作用铰链夹紧机构　　(c) 双臂双作用铰链夹紧机构

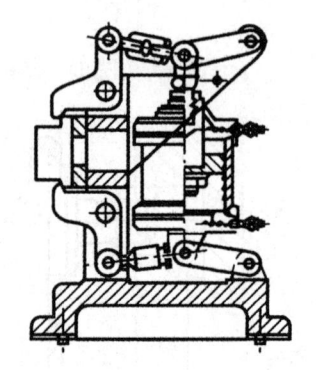

图 9-43　铰链夹紧机构

5. 定心、对中夹紧机构

(1) 定位

夹紧元件按等速位移原理来均分工件定位面的尺寸误差,实现定心和对中。图 9-44 为锥面定心夹紧心轴,图 9-45 为螺旋定心夹紧机构。

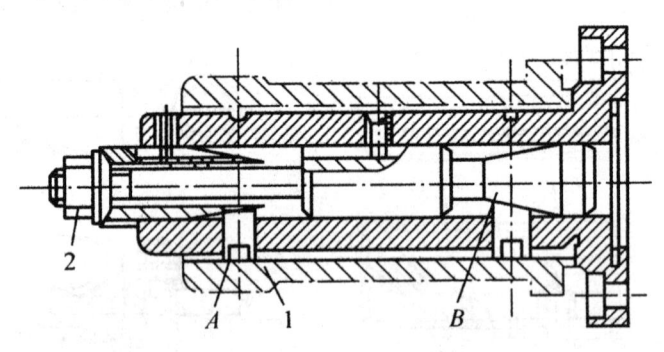

图 9-44　锥面定心夹紧心轴

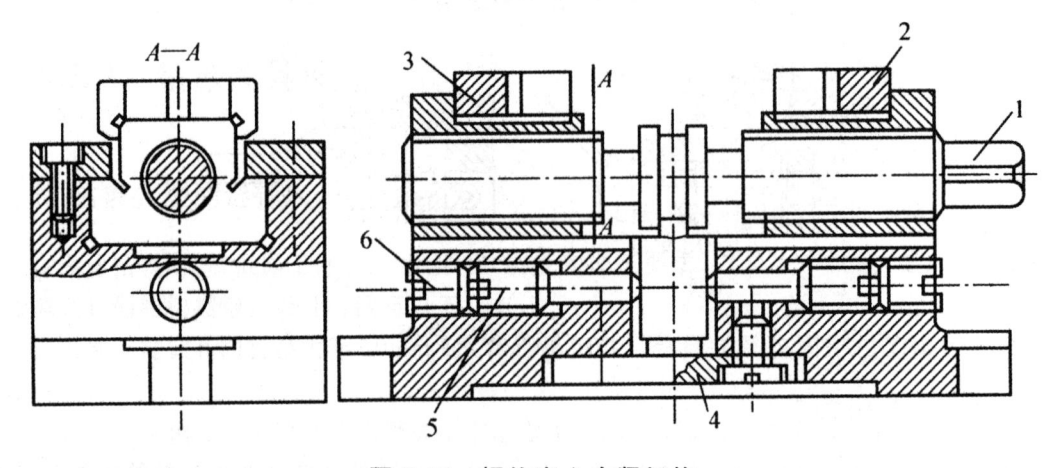

1—滑块;2—螺母

图 9-45　螺旋定心夹紧机构

1—夹紧螺杆;2、3—钳口;4—叉形配件;5—钳口对中调节螺钉;6—锁紧螺钉

(2) 夹紧

夹紧元件按均匀弹性变形原理实现定心夹紧,如各种弹簧心轴、弹簧夹头、液性塑料夹头等。图 9-46 为弹簧夹头的结构。

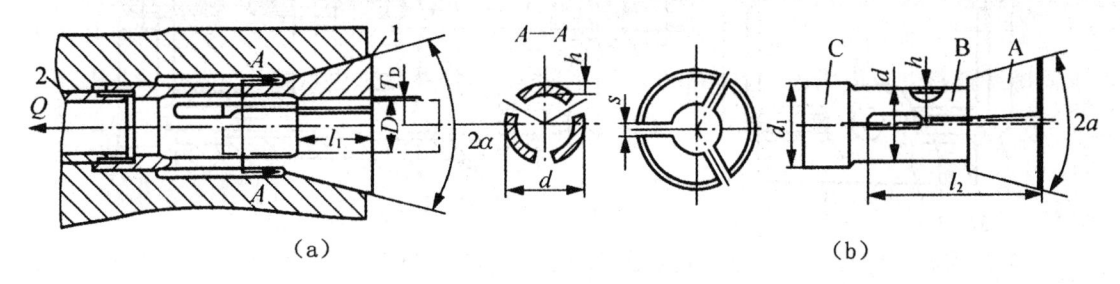

图 9-46 弹簧夹头
1—弹簧筒夹；2—操纵杆

6. 联动夹紧机构

需同时多点夹紧工件或几个工件时,为提高生产效率,可采用联动夹紧机构。

如图 9-47 所示,在夹紧工件的过程中,若有一个夹紧点接触,该元件就能摆动[图 9-47(a)]或移动[图 9-47(b)],使两个或多个夹紧点都与工件接触,直至最后均衡夹紧。图 9-47(c)为四点双向浮动夹紧机构。

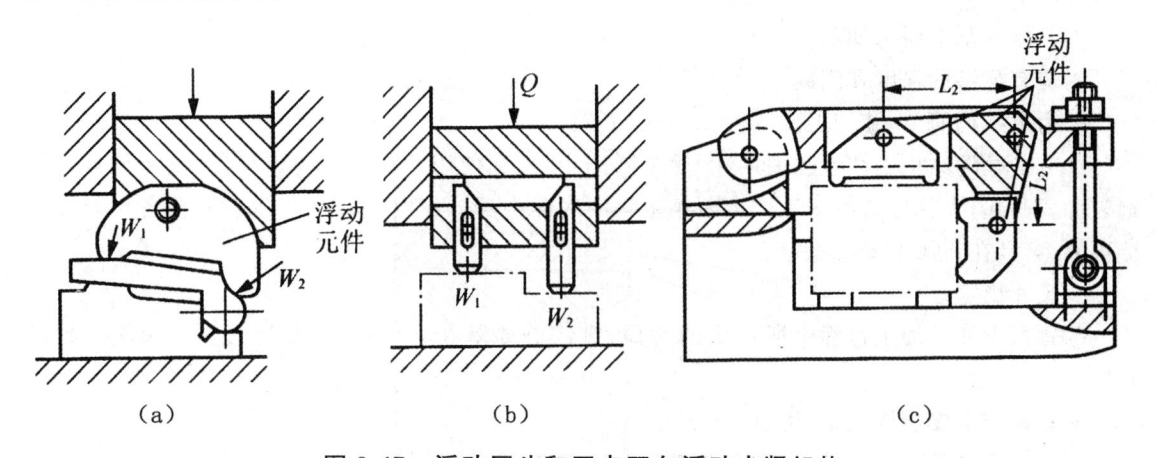

图 9-47 浮动压头和四点双向浮动夹紧机构

图 9-48 是常见的对向式多件夹紧机构,通过浮动夹紧机构产生两个方向相反、大小相等的夹紧力,并同时将工件夹紧。

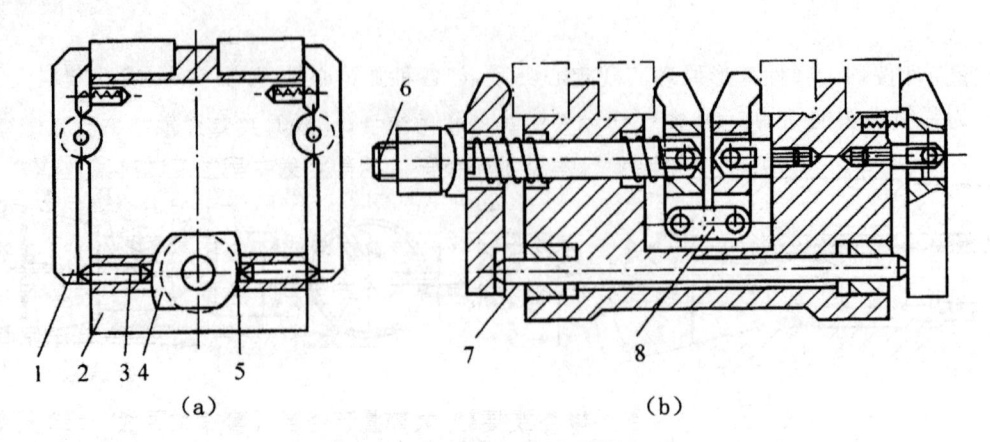

图 9-48 对向式多件夹紧机构

1—压板；2—夹具体；3—滑柱；4—偏心轮；5—水平导轨；6—螺杆；7—顶杆；8—连杆

9.3.3 机床夹具的其他装置

1. 夹具体

夹具体的基本要求如下：

①应有足够的强度和刚度。

②力求结构简单，装卸工件方便。

③有良好的结构工艺性和使用性，便于制造、装配和使用。夹具体与定位件、支承件等相接触表面要凸起，夹具体与机床工作台面相接触的底面中部应挖空，减少加工面积，使各接触面连接可靠，夹具在机床上安装稳定。

④尺寸稳定。

⑤排屑方便。加工过程中所产生的切屑，大部分要落在夹具体上，积屑过多会影响工件的安装。

⑥在机床上安装要稳定、可靠、安全。

夹具体毛坯结构的选择，需综合考虑结构合理性、工艺性、经济性、标准化的可能性以及工厂的具体条件。

①铸造夹具体。抗压强度大，抗振性好，结构形状复杂，但制造周期长，易产生内应力。材料多采用 HT150、HT200。适用于切削负荷大的场合或批量生产。

②焊接夹具体。强度高，结构形状应尽量简单。若模锻，需制造模具而增加成本和制造周期，易产生内应力。适用于尺寸较小、形状简单、要求强度高、批量生产的场合。

③锻造夹具体。制造容易，成本低。适用于新产品试制或单件小批量生产，精度、刚度要求不高的场合。

④装配夹具体。选用标准毛坯件或标准零部件组合而成。可缩短制造周期，降低制造成本。适用于标准化及各种生产条件和精度要求，是夹具体的发展方向。

2. 精度分析

工件在夹具中的位置是根据定位基本原理正确地设置相应的定位元件而获得的。当工件的一组定位基准与夹具上相应的定位元件相接触或相配合,其位置就确定了。但是在一批工件中,每个工件在尺寸、形状、表面形态上都存在着在允许范围内的误差。因此,工件定位后,加工表面的工序基准就可能产生一定的位置误差,造成这种位置误差的原因与夹具的定位有关。

(1) 基准不重合误差

由于定位基准和工序基准不重合而造成的定位误差,称为基准不重合误差,用 Δ_B 表示。如图 9-49 所示,在工件上铣缺口,加工尺寸为 A 和 B。如图 9-49(b)所示为加工示意图,工件以底面和 E 面定位。尺寸 C 是确定夹具与刀具相互位置的对刀尺寸,在一批工件的加工过程中,尺寸 C 的大小是不变的。加工尺寸 A 的工序基准是 F,定位基准是 E,两者不重合。当一批工件在该夹具中定位时,受长度尺寸 S 的影响,工序基准 F 的位置是变动的。F 的变动将影响缺口尺寸 A 的大小,给 A 造成误差。图 9-49 中,尺寸 A 的变动范围等于零件长度尺寸 S 的变动范围。

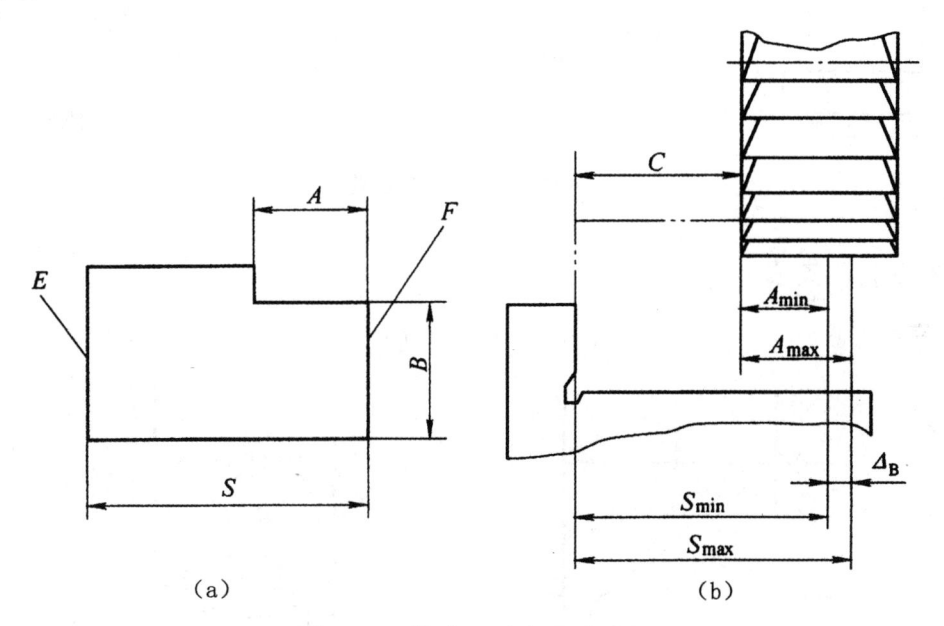

图 9-49 基准不重合误差分析

定位误差的计算常使用极限位置法。机械加工中,加工尺寸的大小取决于工序基准相对于刀具(或机床)的位置。因此,计算定位误差时,也可先画出工序基准相对于刀具(或机床)的两个极限位置,再根据几何关系求出这两个极限位置间的距离,便得到了定位误差。这种方法称为极限位置法。

(2) 基准位移误差

基准位移误差由定位基准和限位基准的制造误差引起,定位基准在工序尺寸上的最大变动范围,称为基准位移误差。如图 9-50 所示,工件以圆柱孔在心轴上定位铣键槽。加工时要求保证槽宽尺寸 b 和槽深尺寸 H,其中槽宽尺寸 b 由铣刀的刃宽尺寸保证,而槽深尺寸 H 则由工件相对刀具的位置决定。工件以圆柱孔在心轴上定位时,若工件圆柱孔直径与心轴直径相等,即做无间隙配合时,圆柱孔面与心轴外圆柱面完全重合,两者的中心线也重合。工序基准即是定位基准,基准是重合的,不存在因定位引起的误差。但是,实际上心轴和工件圆柱孔不可能无制造误差。为了使心轴易于装入工件圆柱孔,在心轴和圆柱孔之间还预留一最小间隙,这样圆柱孔中心线就不可能与心轴中心线重合了。这种误差不是基准不重合引起的,而是由于定位副制造不准确造成的。这种由于定位副的制造误差或定位副配合间隙所导致的定位基准在加工尺寸方向上最大位置变动量,称为基准位移误差,用 Δ_{jw} 表示。图 9-50 中基准位移误差应该等于相配合孔和轴最大间隙的一半,计算方法为:

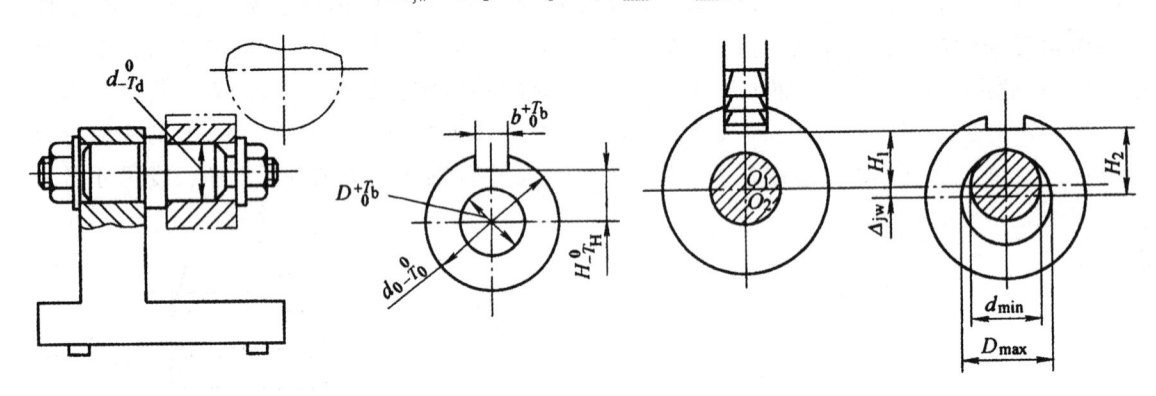

$$\Delta_{jw} = H_2 - H_1 = (D_{max} - d_{min})/2$$

图 9-50 基准位移误差

3. 多点联动夹紧

最简单的多点联动夹紧机构是浮动压头,图 9-51 为两种典型的浮动压头示意图。

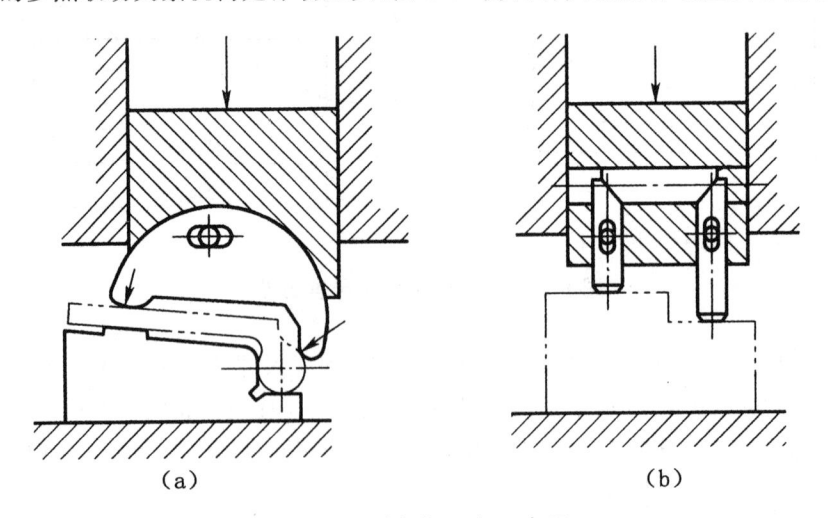

图 9-51 浮动压头示意图

图 9-52 为两点对向联动夹紧机构,当液压缸中的活塞杆 3 向下移动时,通过双臂铰链使浮动压板 2 相对转动,最后将工件 1 夹紧。

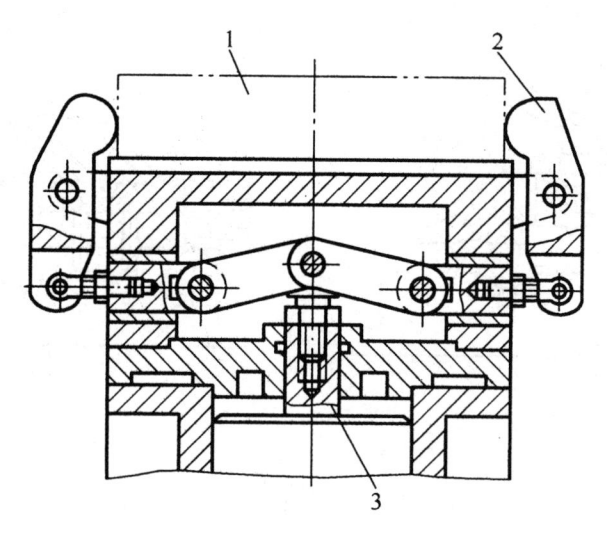

图 9-52 两点对向联动夹紧机构

1—工件；2—浮动压板；3—活塞杆

图 9-53 为铰链式双向浮动四点联动夹紧机构。

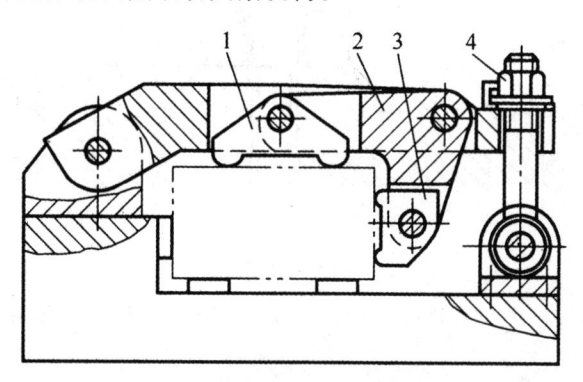

图 9-53 铰链式双向浮动四点联动夹紧机构

1、3—摆动压块；2—摇臂；4—螺母

4. 多件联动夹紧机构

多件联动夹紧机构，多用于中、小型工件的加工，按其对工件施加力方式的不同，一般可分为平行夹紧、顺序夹紧、对向夹紧及复合夹紧等方式。

图 9-54(a)为浮动压板机构对工件平行夹紧的实例。图 9-54(b)为液性介质联动夹紧机构。

（a）

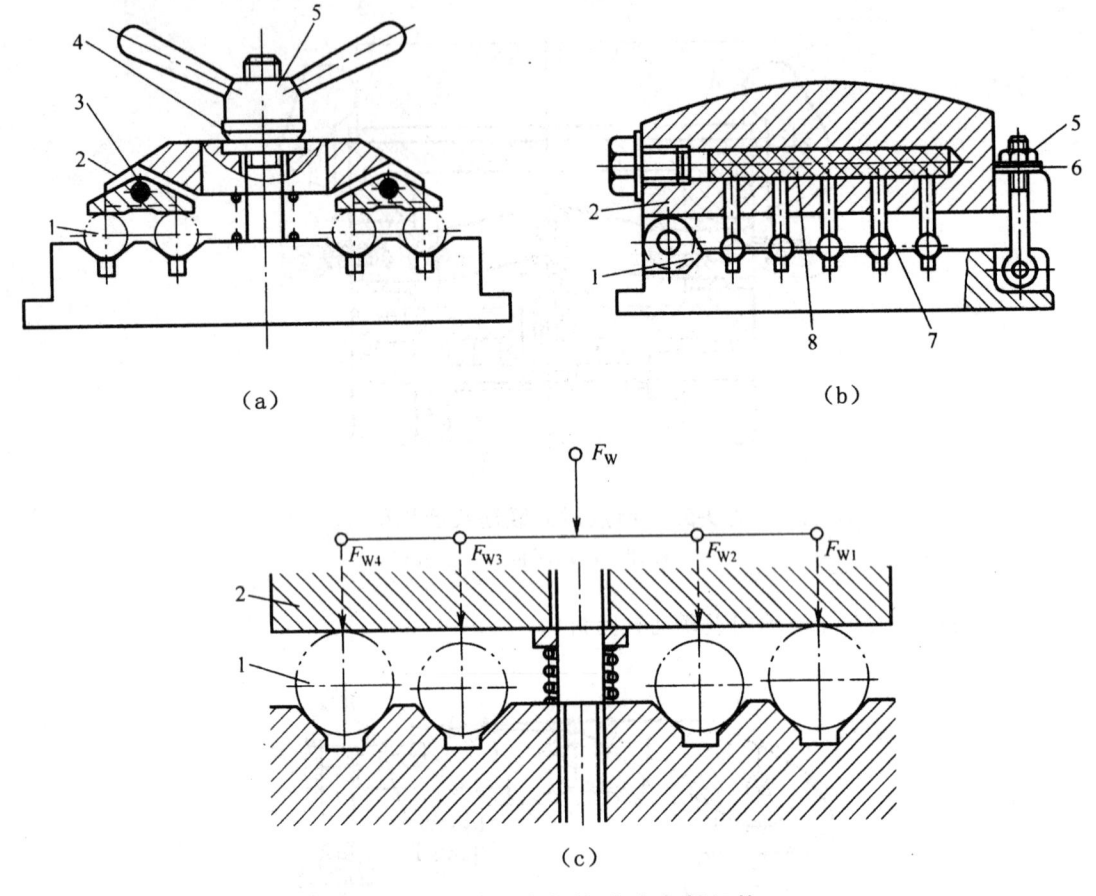

（b）

（c）

图 9-54　平行式多件联动夹紧机构

1—工件；2—压板；3—摆动压块；4—球面垫圈；5—螺母；6—垫圈；7—柱塞；8—液性介质

9.4　机床夹具设计的方法

机床夹具设计是工艺装备设计的一个重要组成部分。设计质量的高低，应以能稳定地保证工件的加工质量，生产效率高、成本低、排屑方便、操作安全、省力、易于制造和维护容易等为其衡量指标。利用夹具设计的基本原理，正确掌握夹具设计的基本方法，才能设计出先进、合理和实用的机床夹具。

9.4.1　机床夹具设计的基本要求

夹具体是夹具的基础元件。夹具体的基面与机床连接，在夹具体上安装所需的各种元件和装置，以组成夹具的总体。

在加工过程中，夹具体要承受工件重力、夹紧力、切削力、惯性力和振动力的作用，所以夹具

第 9 章 机床夹具设计

体应具有足够的强度、刚度和抗振性,以保证工件的加工精度。对于大型精密夹具,由于刚度不足引起的变形和残余应力产生的变形,应予以足够的重视。

夹具体设计应符合以下基本要求:

①夹具体的结构形式一般由机床的有关参数和加工方式而定。夹具体的结构形式主要分为两大类:车床夹具的旋转型夹具体,铣床、钻床、镗床夹具的固定型夹具体。旋转型夹具体与车床主轴连接,固定型夹具体则与机床工作台连接。

②要有较短的设计和制造周期。一般没有条件进行夹具的原理性试验和复杂的计算工作。

③夹具应满足零件加工工序的精度要求。特别对于精加工工序,应适当提高夹具的精度,以保证工件的尺寸公差、几何公差等。夹具的精度一般比工件的精度高 2~3 倍。

④有一定的精度和良好的结构工艺性。夹具体有三个重要表面,即夹具体在机床上的安装面、装配定位元件的表面和装配对刀或导向元件的表面。一般应以夹具体的基面为夹具的主要设计基准及工艺基准,这样有利于制造、装配、使用和维修。

夹具体上的装配表面,一般应铸出 3~5mm 高的凸面,以减少加工面积。铸造夹具体壁厚要均匀,转角处应有 $R5 \sim R10$mm 的圆角。

⑤夹具应达到加工生产率的要求。特别对于大批量生产中使用的夹具,应设法缩短加工的基本时间和辅助时间。

⑥足够的强度和刚度。铸造夹具体的壁厚一般取 15~30mm,焊接夹具体的壁厚为 8~15mm,必要时可用肋来提高夹具体的刚度,肋的厚度取壁厚的 0.7~0.9 倍。图 9-55(a)所示为镗模夹具体最初的结构,夹具体易产生变形,图 9-55(b)则为改进的结构。近年来采用的箱形结构[图 9-55(c)]与同样尺寸的夹具体相比,刚度可提高几倍。对于批量制造的大型夹具体,则应做危险断面强度校核和动刚度测试。

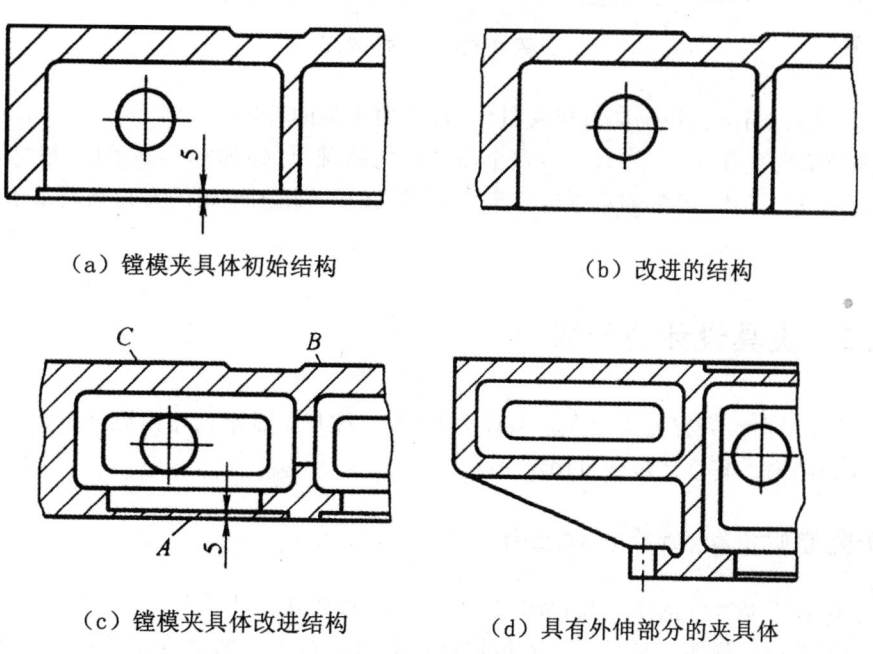

(a) 镗模夹具体初始结构

(b) 改进的结构

(c) 镗模夹具体改进结构

(d) 具有外伸部分的夹具体

图 9-55 夹具体结构比较

⑦能保证夹具一定的使用寿命和较低的夹具制造成本。夹具元件的材料选择将直接影响夹具的使用寿命。因此,定位元件及主要元件宜采用力学性能较好的材料。夹具的低成本设计,目前在世界各国均备受重视。为此,夹具的复杂程度应与工件的生产批量相适应。在大批量生产中,宜采用如气压、液压等高效夹紧装置;而小批量生产中,则宜采用较简单的夹具结构。

⑧在机床工作台上安装的夹具,应使其重心尽量低,夹具体的高度尺寸要小。当夹具体长度大于工作台支承面长度时,可采用图 9-55(d)所示的结构,其外伸部分的长度应适当。

⑨夹具体的结构应简单、紧凑,尺寸要稳定,残余应力要小。夹具的刚度与结构经常有矛盾,往往刚度提高了,而夹具体的结构复杂了。因此必须提高整体设计水平,在保证强度和刚度的前提下,减小夹具体的体积尺寸和重量,翻转式钻模(包括工件)的总重量不宜超过 100N。为了保持夹具体精度的稳定,对铸造夹具体应做时效处理;对焊接夹具体则应进行退火处理。

⑩要有较好的外观。夹具体外观造型要新颖,钢质夹具体需发蓝处理或退磁;铸件未加工部位必须清理,并涂油漆。

⑪要有适当的容屑空间和良好的排屑性能。对于切削时产生切屑不多的夹具,可加大定位元件工作表面与夹具之间的距离或增设容屑沟槽(图 9-56),以增加容屑空间。

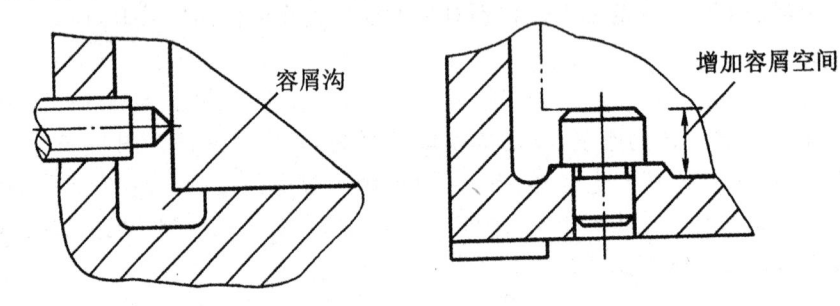

图 9-56 容屑空间

⑫在夹具体适当部位用钢印打出夹具编号,以便工装的管理。

以上要求有时是相互矛盾的,故应在全面考虑的基础上,处理好主要矛盾,使之达到较好的效果。例如钻模设计中,通常侧重于生产率的要求;锤模等精加工用的夹具则侧重于加工精度的要求等。

9.4.2 夹具设计的步骤

通常,设计者在参阅有关典型夹具图样的基础上,按加工要求构思出设计方案,再经修改,最后确定夹具的结构。其设计步骤可用图 9-57 表示。

1. 研究原始资料,分析设计任务

工艺人员在编制零件的工艺规程时,提出了相应的夹具设计任务书,其中对定位基准、夹紧方案及有关要求进行说明。夹具设计人员根据任务书进行夹具的结构设计。在开始设计时,设计人员就必须认真研究设计任务书,明确设计任务并收集有关资料。

第 9 章 机床夹具设计

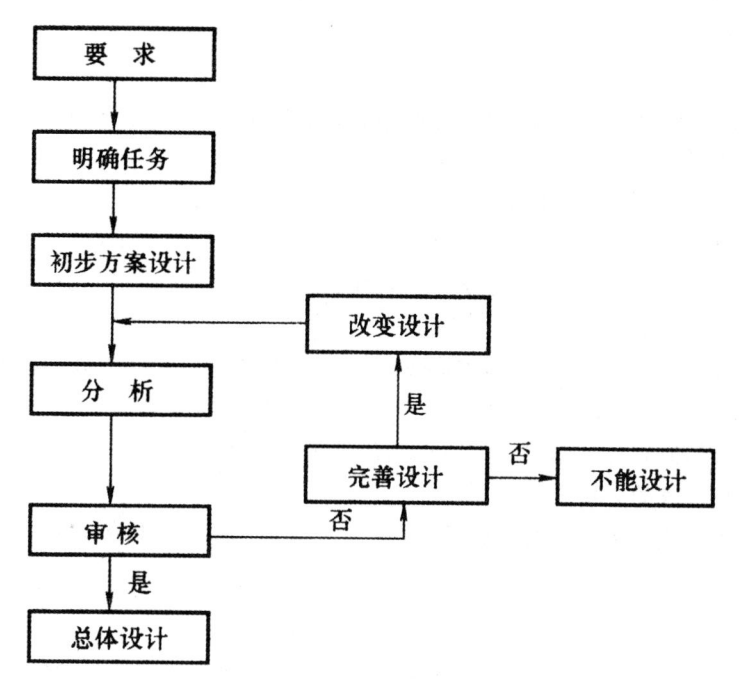

图 9-57 夹具的设计步骤

(1) 生产纲领

工件的生产纲领对于工艺规程的制定及专用夹具的设计都有十分重要的影响。夹具结构的合理性及经济性与生产纲领有密切的关系。大批量生产多采用气动或其他机动夹具，自动化程度高，同时夹紧的工件数量多，结构也比较复杂；单件小批量生产则宜采用结构简单、成本低廉的手动夹具，以及万能通用夹具和组合夹具，以便尽快投入使用。

(2) 分析工艺装备设计任务书

分析工艺装备设计任务书，对任务书所提出的要求进行可行性研究，以便发现问题，及时与工艺人员进行磋商。工艺装备设计任务书规定了加工工序、使用机床、装夹件数、定位基准、工艺公差、加工部位等。任务书对工艺要求也做了具体说明，并用简图表示工件的装夹部位和形式。

(3) 零件图及工序图

零件图是夹具设计的重要资料之一，它给出了工件在尺寸、位置等方面的精度要求。工序图则给出了所用夹具加工工件的工序尺寸、已加工表面、待加工表面、工序基准、工序精度要求等，它也是设计夹具的主要依据。

(4) 零件工艺规程

分析零件的加工工艺规程，特别是本工序半成品的形状、尺寸、加工余量、切削用量和所使用的工艺基准。关于机床、刀具方面应了解机床的主要技术参数、规格、机床与夹具连接部分的结构与尺寸，刀具的主要结构尺寸、制造精度等。

(5) 夹具结构及标准

收集有关夹具标准、典型结构图册和设计手册；收集有关设计资料，其中包括国家标准、部颁标准及典型夹具资料；了解本厂制造、使用夹具的情况，如设计制造能力和水平、现有夹具的使用情况、生产组织等有关问题。结合本厂实际，吸收先进经验，尽量采用国家标准。

2. 方案设计

这是夹具设计的重要阶段。在分析各种原始资料的基础上,确定夹具的结构方案时主要应解决下列问题。

①根据所要限制的自由度,合理设置定位元件,分析计算定位误差,定位误差控制在相应工序公差的 1/3 以内。

②根据加工表面的具体情况,合理选择与确定刀具的对刀或引导方式,选择合适的对刀元件或导向元件。

③确定工件的夹紧方案,设计相应的夹紧装置。使夹紧力与切削力静力平衡,并注意缩短辅助时间,夹紧装置的设计可采用经验法或类比法,必要时应进行夹紧力计算。

④确定夹具的其他部分的结构,如分度装置、靠模装置等。

⑤确定夹具与机床的连接方式。

⑥确定夹具的形式和夹具的总体结构,处理好定位元件在夹具体上的位置。

3. 审核

经主管部门、有关技术人员与操作者审核,以对夹具结构在使用上提出特殊要求并讨论需要解决的某些技术问题。方案设计审核包括下列 13 项内容。

①夹具的标志是否完整。

②夹具的搬运是否方便。

③夹具与机床的连接是否牢固和正确。

④定位元件是否可靠和精确。

⑤夹紧装置是否安全和可靠。

⑥工件的装卸是否方便。

⑦夹具与有关刀具、辅具、量具之间的协调关系是否良好。

⑧加工过程中切屑的排除是否良好。

⑨操作的安全性是否可靠。

⑩加工精度能否符合工件图样所规定的要求。

⑪生产率能否达到工艺要求。

⑫夹具是否具有良好的结构工艺性和经济性。

⑬夹具的标准化审核。

4. 绘制夹具总图

绘制夹具总图时应遵循国家制图标准,主视图应取操作者实际工作时的位置,以便夹具装配及使用时参考。工件看作"透明体",所画的工件轮廓线以黑色双点画线表示,与夹具的任何线条彼此独立,互不干涉。

绘制夹具总装配图时,先用双点画线或红色细实线绘出工件的轮廓外形和主要表面(定位表面、夹紧表面、被加工表面等),用网纹线或粗实线标出本工序的加工余量。注意:工件在总装配图中视为假想透明体,不影响夹具结构的可视性和投影。

夹具总图上应画出零件明细表和标题栏,写明夹具名称及零件明细表上所规定的内容。所有非标准零件都必须根据总装配图的相关要求绘制零件图。

5. 确定并标注有关尺寸、配合及技术条件

(1)应标注的尺寸、配合

在夹具总图上应标注的尺寸及配合有下列五类:

①定位元件上定位表面的尺寸以及各定位表面之间的尺寸,常指工件以孔在心轴或定位销上定位时,工件孔与上述定位元件间的配合尺寸及公差等级。

②定位表面对刀具或导向件间的位置尺寸,如钻套、镗套的位置尺寸。

③夹具与机床的联系尺寸,即用于确定夹具在机床上正确位置的尺寸。标注尺寸时,还常以夹具上的定位元件作为位置尺寸的基准。

④夹具内部的配合尺寸,为了保证夹具上各主要元件装配后能满足规定的使用要求。

⑤夹具的外廓尺寸,一般指夹具的长、宽、高尺寸。

(2)应标注的技术条件

在夹具装配图上应标注的技术条件有如下几方面:

①定位元件之间或定位元件与夹具体底面间的位置要求,其作用是保证加工面与定位基面间的位置精度。

②定位元件与导向元件间的位置要求。

③对刀元件与连接元件间的位置要求。

④夹具在机床上安装时的位置要求。

上述技术条件是保证工件相应的加工要求所必需的,其数值应取工件相应技术要求所规定数值的 $1/5 \sim 1/3$。

6. 夹具体的设计

夹具体一般是夹具上最大和最复杂的基础元件。在夹具体上,要安放组成该夹具所需要的各种元件、机构、装置,并且还要考虑便于装卸工件以及与机床的固定。因此,夹具体的形状和尺寸应满足一定的要求。其主要取决于工件的外廓尺寸和各类元件与装置的布置情况以及加工性质等。在专用夹具中,夹具体的形状和尺寸很多是非标准的。

夹具体设计时应满足以下基本要求:

①有足够的强度和刚度。

②减轻重量,便于操作。通常要求夹具总质量不超过 10kg,以便操作。

③安放稳定,是指夹具体在机床工作台上安放应稳定。

④结构紧凑,工艺性好,便于制造、装配。

⑤尺寸稳定,有一定的精度要求。为避免发生变形,对夹具体要进行适当的热处理。

⑥排屑方便,要有一定的容屑空间,采用自动排屑装置等。

⑦应吊装方便,使用安全。

夹具体使用的毛坯一般有铸造毛坯、焊接毛坯、锻造毛坯等,视具体情况进行选择,并考虑适当的热处理方法。

夹具的设计步骤可以划分为六个阶段：设计的准备；方案设计；审核；总体设计；夹具零件设计；夹具的装配、调试和验证。

9.4.3 夹具总图技术要求的制定

工件在工艺系统中加工时，有一部分误差来自夹具方面。为限制（或消除）这些误差的影响，夹具总图中必须给出与工件加工精度相适应的尺寸、配合、位置等精度要求，简称夹具总图的技术要求。这是夹具设计中一项十分重要的工作，必须给予高度重视。夹具总图中的技术要求制定得是否合理，不仅直接关系到能否保证工件的加工精度，而且对夹具的制造、检验、使用、维修等都有重大的影响。

1. 夹具总图中应标注的技术要求

夹具总图中通常应标注下列几种尺寸（包括公差）或位置精度要求。

①夹具的最大轮廓尺寸，即夹具的长、宽、高尺寸。这类尺寸主要用于检查夹具能否在机床允许的范围内安装和使用。

②保证工件定位精度的尺寸和几何公差。这类技术要求包括定位元件与工件的配合尺寸及其公差，如定位销与工件孔的配合尺寸及其公差；各定位元件间的位置尺寸及位置公差，如定位销对定位平面的垂直度，一面两销定位时两销中心距离尺寸及其公差等。

③保证夹具安装精度的技术要求。这类技术要求包括夹具安装基准面的尺寸及其公差，如定位键的宽度尺寸及其公差和与T形槽的配合公差；定位元件至夹具安装面的尺寸及相互位置公差。当采用找正法调整夹具在机床上的位置时，则应标注定位元件至找正基面的尺寸及位置公差。

④保证刀具相对于定位元件位置的尺寸及公差。对钻床夹具应规定钻套与衬套、衬套与衬套孔之间的配合尺寸及公差、钻套内孔的尺寸及其公差，钻套内孔轴线至定位元件间以及各钻套间的位置尺寸及位置公差。

为便于装配时调整和检验，钻套内孔轴线对定位元件的位置精度可以这样给定：同时规定钻套内孔轴线对夹具安装面的位置精度和定位元件对夹具安装面的位置精度。

⑤其他尺寸及技术要求。这些技术要求包括夹具上各元件的位置、配合等。虽然这些技术要求对加工精度不一定有直接影响，但它可能间接影响其他技术要求的保证或夹具的使用要求。

除了上述技术要求外，对影响夹具制造和使用的其他一些特殊要求，可用文字在总图中予以说明。这些要求包括：制造与装配方法，如定位面的配磨、修配法装配时指定修配件及修配面；调整法装配时指定调节件及调节方法等；装配要求；平衡要求；密封试验要求；磨损极限；标记打印；调整、使用、保管、运输时的注意事项等。

至于夹具总图中究竟要标注哪几项技术要求，如何标注，应当根据具体工序的加工要求确定，也可参考有关夹具图册和手册。总的原则是做到不遗漏、不重复，技术要求的项目和数值大小要合理，标注方式要规范。

2. 夹具公差值的确定

夹具总图中尺寸公差、配合公差、位置公差及其他技术要求中的公差值统称为夹具公差。目前普遍采用经验估算的方法来给定这些公差值的数值大小。这种方法往往偏保守,故一般情况下都能满足工件加工精度的要求。如果对保证工件某项加工精度无把握时,可根据有关公差值数据,对夹具进行精度分析;若不合适,再反过来修改所给定的公差值,直至满意为止。

用经验估算法给定夹具公差时,可分为下面两种情况考虑。

(1) 与工件加工尺寸公差直接有关的夹具公差

这类公差主要包括定位元件、对刀或导向元件、连接元件之间的有关尺寸、配合及位置精度的公差。这类夹具公差一般取工件相应公差的 1/5~1/2。在确定这类公差值时,应遵循以下原则。

① 在能经济地达到夹具的制造精度的前提下,应尽量将夹具制造公差取小些,以增大夹具的精度储备量,延长夹具的使用寿命。

② 当工件加工精度很高,夹具的制造精度不能经济地达到,甚至制造困难时,则应在仍能保证工件加工精度的前提下,适当放大夹具的制造公差。但要注意,它是以减小精度储备量为代价的。

③ 若生产批量很大,为了保证夹具的使用寿命,可适当减小夹具制造公差。这虽然使夹具制造难度加大,夹具制造费用增加,但总的来看,往往还是经济的。若生产批量很小,夹具的使用寿命不突出,则可适当放大夹具制造公差,以便制造,适当降低成本。

④ 通常情况下,夹具上的距离尺寸应以工件上相应尺寸的平均尺寸作为其公称尺寸,夹具的公差一律采用双向对称分布。

⑤ 要用工件相应的工序尺寸作为夹具设计的依据,以符合本工序的要求。

⑥ 当夹具尺寸或几何精度要求未注公差时,夹具公差仍然需要标注。尤其是当几何公差为未注公差时。

(2) 与工件加工尺寸无直接关系的夹具公差

这类公差一般为夹具内部的配合尺寸公差,与工件加工精度无直接关系的各元件间的位置尺寸及其公差等。例如,定位销与夹具体的配合尺寸及公差,夹紧装置中各组成零件间的位置尺寸、配合尺寸及公差等。这类公差虽然不一定对工件加工精度有直接影响,但它可能影响夹具元件的制造精度,并对保证其他技术要求有重大影响。

9.5 典型夹具应用实例分析

9.5.1 车床夹具

图 9-58 为横拉杆接头工序图。工件孔 $\phi 34^{+0.05}_{\ \ 0}$ mm、M36×1.5mm-6H 及两端面均已加工过。本工序的加工内容和要求是:钻螺纹底孔、车出左螺纹 M24×1.5mm-6H;其轴线与 $\phi 34^{+0.05}_{\ \ 0}$ mm 孔轴线应垂直相交,并距端面 A 的尺寸为 (27 ± 0.26) mm。孔壁厚应均匀。

图 9-59 为本道工序的角铁式车床夹具。工件以 $\phi 34^{+0.05}_{\ \ 0}$ mm 孔和端面定位,限制了工件的五个自由度。当拧紧带肩螺母 9 时,钩形压板 8 将工件压紧在定位销 7 的台肩上,同时拉杆 6 向上作轴向移动,并通过连接块 3 带动杠杆 5 绕销钉 4 作顺时针转动,于是将楔块 11 拉下,通过两个摆动压块 12 同时将工件定心夹紧,实现工件的正确装夹。

图 9-58 横拉杆接头工序图

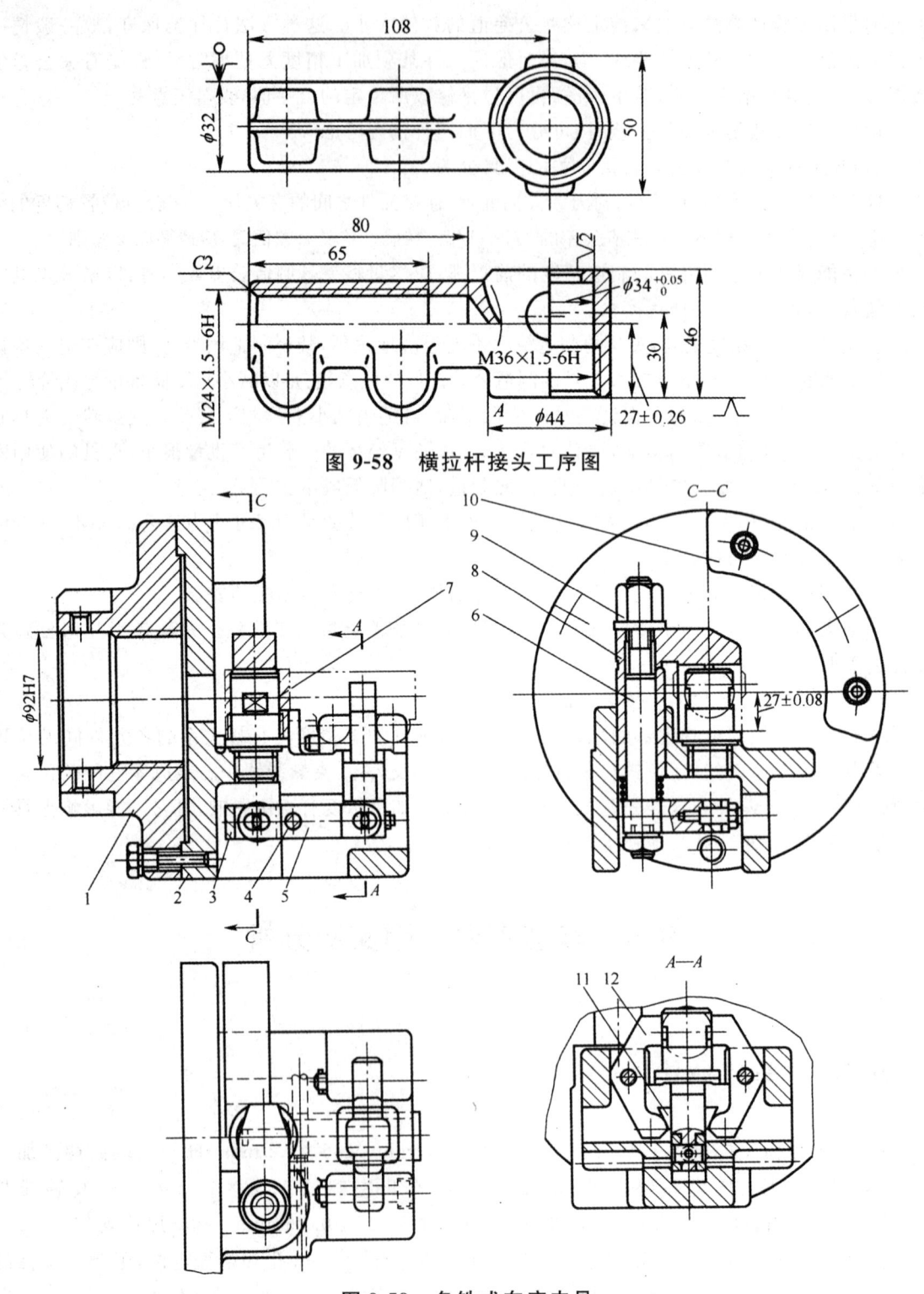

图 9-59 角铁式车床夹具
1—过渡盘；2—夹具体；3—连接块；4—销钉；5—杠杆；6—拉杆；
7—定位销；8—钩形压板；9—带肩螺母；10—平衡块；11—楔块；12—摆动压块

— 212 —

车床夹具的设计要点如下：

①定位装置的设计要求。在车床上加工回转面时要求工件被加工面的轴线与车床主轴的旋转轴线重合，夹具上定位装置的结构和布置，必须保证这一点。

②夹紧装置的设计要求。由于车床夹具在加工过程中要受到离心力、重力和切削力的作用，其合力的大小与方向是变化的，所以夹紧装置要有足够的夹紧力和良好的自锁性，以保证夹紧安全可靠。但夹紧力不能过大，且要求受力布局合理，不破坏工件的定位精度。图 9-60 为在车床上镗轴承座孔的角铁式车床夹具。图 9-60(a)所示的施力方式是正确的。图 9-60(b)虽结构比较复杂，但从总体上看更趋合理。图 9-60(c)尽管结构简单，但夹紧力会引起角铁悬伸部分及工件变形，破坏了工件的定位精度，故不合理。

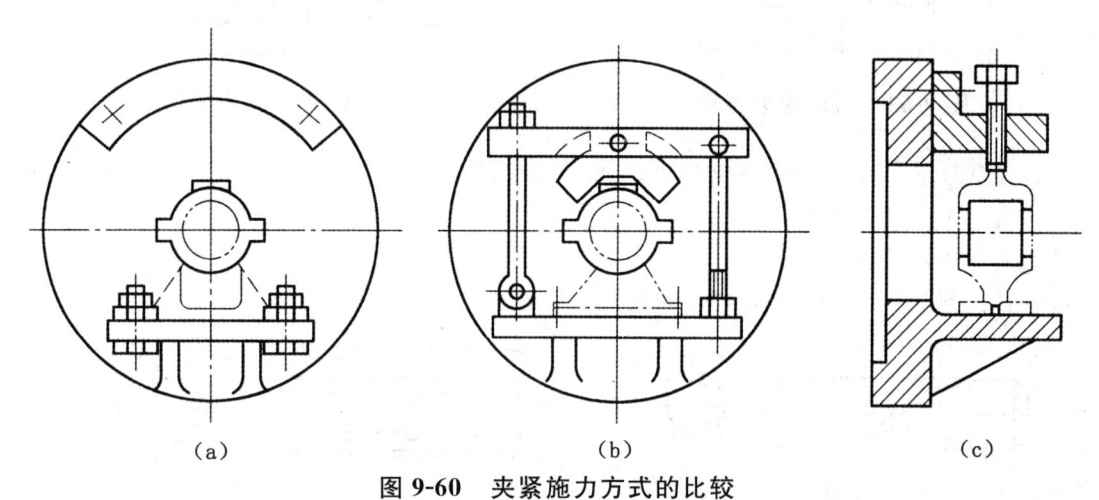

图 9-60　夹紧施力方式的比较

③夹具与机床主轴的连接。车床夹具与机床主轴的连接精度对夹具的回转精度有决定性的影响，因此要求夹具的回转轴线与主轴轴线应具有尽可能高的同轴度。

9.5.2　镗床夹具

镗床夹具又称镗模。它是用来加工箱体、支架等类工件上的精密孔或孔系的机床夹具。根据镗套的布置形式不同，分为双支承镗模、单支承镗模和无支承镗模。

①双支承镗模又分为前后双支承镗模和后双支承镗模(图 9-61)。

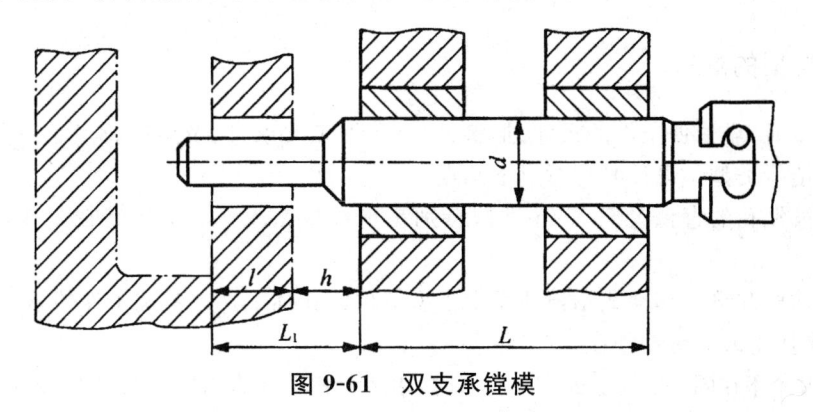

图 9-61　双支承镗模

②单支承镗模又分为前单支承镗模和后单支承镗模(图9-62)。
③无支承镗模。这类夹具只需设计定位装置、夹紧装置和夹具体,如图9-63所示。

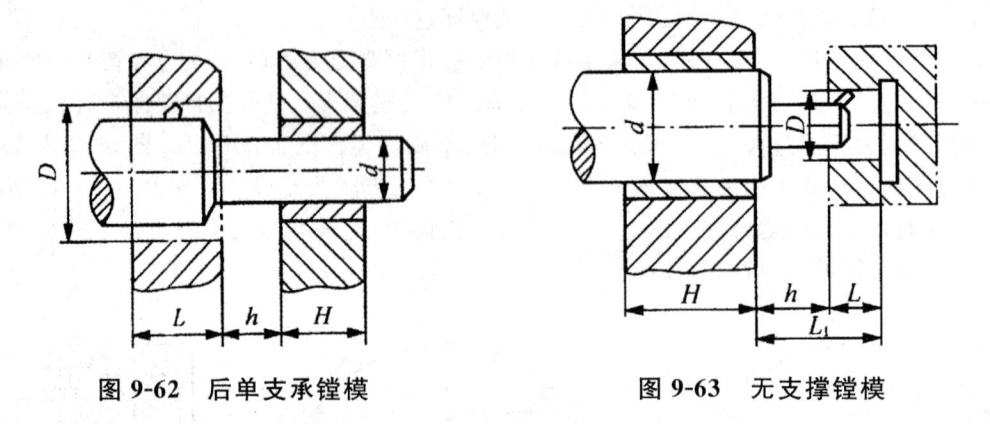

图9-62 后单支承镗模

图9-63 无支撑镗模

设计镗模时,除了定位、夹紧装置以外,主要考虑与镗刀密切相关的刀具导向装置的合理选用。
①镗套。用于引导镗杆。镗套的结构形式和精度直接影响被加工孔的精度。常用的镗套有固定式镗套和回转式镗套。
②镗杆。图9-64为用于固定镗套的镗杆导向部分结构。

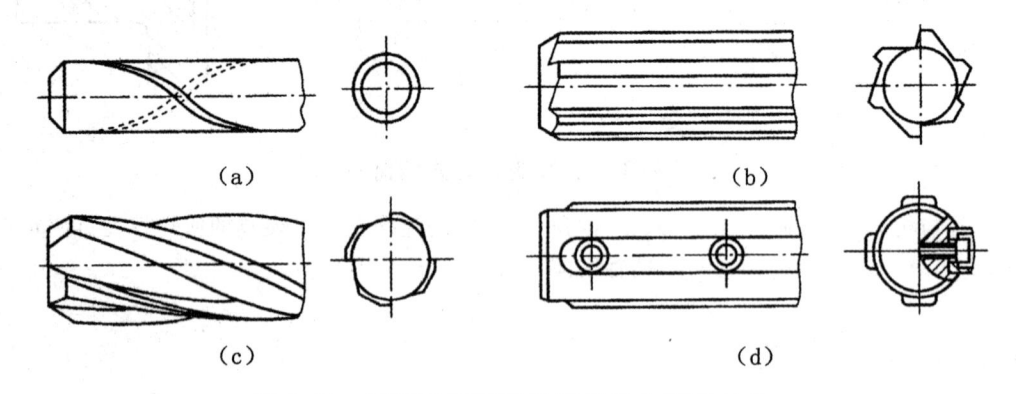

图9-64 用于固定镗套的镗杆导向部分结构

9.5.3 钻床夹具设计

1. 钻模类型的选择

在设计钻模时,需根据工件的尺寸、形状、质量和加工要求,以及生产批量、工厂的具体条件来考虑夹具的结构类型。设计时注意以下几点。
①工件上被钻孔的直径大于10mm时(特别是钢件),钻床夹具应固定在工作台上,以保证操作安全。
②翻转式钻模和自由移动式钻模适用中小型工件的孔加工。夹具和工件的总质量不宜超过10kg,以减轻操作工人的劳动强度。
③当加工多个不在同一圆周上的平行孔系时,如夹具和工件的总质量超过15kg,宜采用固定式

钻模在摇臂钻床上加工,若生产批量大,可以在立式钻床或组合机床上采用多轴传动头进行加工。

④对于孔与端面精度要求不高的小型工件,可采用滑柱式钻模,以缩短夹具的设计与制造周期。但对于垂直度公差小于 0.1mm、孔距精度小于±0.15mm 的工件,不宜采用滑柱式钻模。

⑤钻模板与夹具体的连接不宜采用焊接的方法。因焊接应力不能彻底消除,影响夹具制造精度的长期保持性。

⑥当孔的位置尺寸精度要求较高时(其公差小于 0.05mm),宜采用固定式钻模板和固定式钻套的结构形式。

2. 钻模板的结构

用于安装钻套的钻模板,按其与夹具体连接的方式可分为固定式、铰链式、分离式等。

(1)固定式钻模板

固定在夹具体上的钻模板称为固定式钻模板。这种钻模板简单,钻孔精度高。

(2)铰链式钻模板

当钻模板妨碍工件装卸或钻孔后需要攻螺纹时,可采用图 9-65 中的铰链式钻模板。由于铰链结构存在轴、孔之间的间隙,所以该类钻模板的加工精度不如固定式钻模板高,一般用于钻孔位置精度不高的场合。

(3)分离式钻模板

工件在夹具中每装卸一次,钻模板也要装卸一次。这种钻模板加工的工件精度高,但装卸工件效率低。

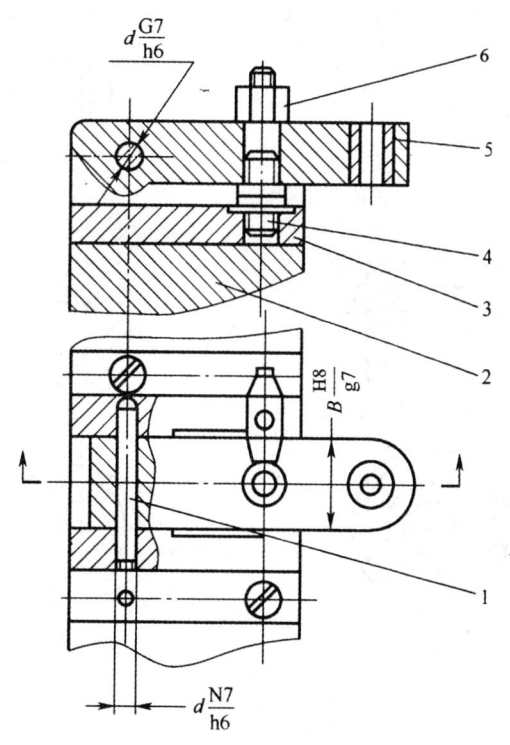

图 9-65 铰链式钻模板

1—铰链销;2—夹具体;3—铰链座;4—支承钉;5—钻模板;6—菱形螺母

3. 钻套的选择和设计

钻套装配在钻模板或夹具体上,钻套的作用是确定被加工件上孔的位置,引导钻头扩孔钻或铰刀,并防止其在加工过程中发生偏斜。按钻套的结构和使用情况,可分为以下四种类型。

(1)固定钻套

图 9-66(a)、(b)是固定钻套的两种形式。钻套外圆以 H7/n6 或 H7/r6 配合直接压入钻模板或夹具体的孔中,如果在使用过程中不需更换钻套,则用固定钻套较为经济,钻孔的位置也较高。适用于单一钻孔工序和小批量生产。

(2)可换钻套

图 9-66(c)为可换钻套。当生产量较大,需要更换磨损后的钻套时,使用这种钻套较为方便。为了避免钻模板的磨损,在可换钻套与钻模板之间按 H7/r6 的配合压入衬套。可换钻套的外圆与衬套的内孔一般采用 H7/g6 或 H7/h6 的配合,并用螺钉加以固定,防止在加工过程中因钻头与钻套内孔的摩擦使钻套发生转动,或退刀时随刀具升起。

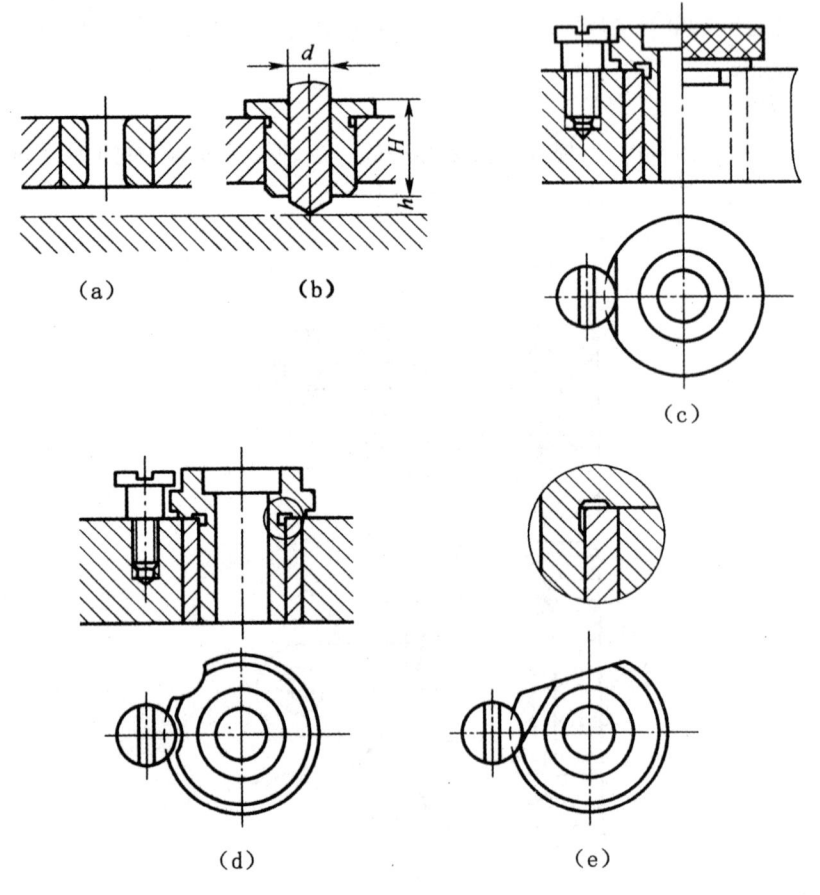

图 9-66 标准钻套

(3)快换钻套

当加工孔需要依次进行钻、扩、铰时,由于刀具的直径逐渐增大,需要使用外径相同,而孔径不同的钻套来引导刀具,这时使用如图9-66(d)、(e)所示的快换钻套可以减少更换钻套的时间。它和衬套的配合与可换钻套相同,但其锁紧螺钉的凸肩比钻套上凹面略高,取出钻套不需拧下锁紧螺钉,只需将钻套转过一定的角度,使半圆缺口或削边正对螺钉头部即可取出。但是削边或缺口的位置应考虑刀具与孔壁间摩擦力矩的方向,以免退刀时钻套随刀具自动拔出。

9.5.4 铣床夹具设计

定向键和对刀装置是铣床夹具的特殊元件。

1. 定向键

定向键安装在夹具底面的纵向槽中,一般使用两个,其距离尽可能布置得远些,小型夹具也可使用一个断面为矩形的长键。通过定向键与铣床工作台T形槽的配合,使夹具上元件的工作表面对于工作台的送进方向具有正确的相互位置。定向键可承受铣削时所产生的扭转力矩,可减轻夹紧夹具的螺栓的负荷,加强夹具在加工过程中的稳固性。因此,在铣削平面时,夹具上也装有定向键。定向键的断面有矩形和圆柱形两种,常用的为矩形,如图9-67所示。

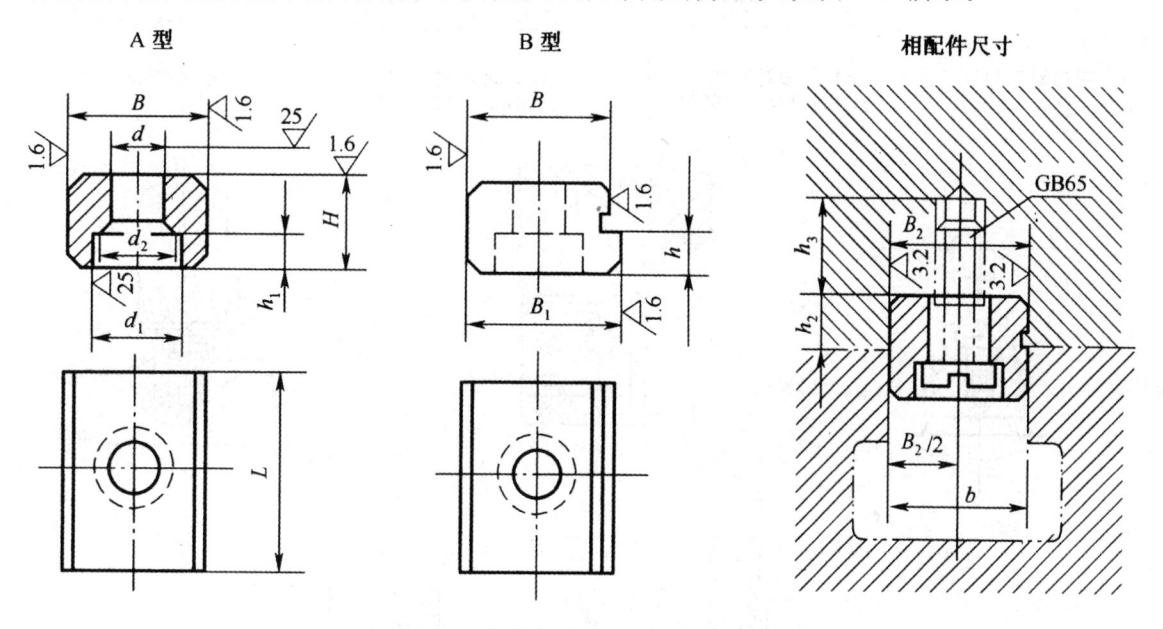

图9-67 定向键(GB/T 2206—1991)

定向精度要求高的夹具和重型夹具,不宜采用定向键,而是在夹具体上加工出一窄长平面作为找正基面,来校正夹具的安装位置。

2. 对刀装置

对刀装置由对刀块和塞尺组成,用于确定夹具和刀具的相对位置。对刀装置的形式根据加工表面的情况而定,图9-68为几种常见的对刀块:(a)为圆形对刀块,用于加工平面;(b)为方形对刀块,用于调整组合铣刀的位置;(c)为直角对刀块,用于加工两相互垂直面或铣槽时的对刀;

(d)为侧装对刀块,亦用于加工两相互垂直面或铣槽时的对刀。这些标准对刀块的结构参数均可从有关手册中查取。对刀调整工作通过塞尺(平面形或圆柱形)进行,这样可以避免损坏刀具和对刀块的工作表面。塞尺的厚度或直径一般为 3～5mm,按国家标准 h6 的公差制造,在夹具总图上应注明塞尺的尺寸。

采用标准对刀块和塞尺进行对刀调整时,加工精度不超过IT8公差。当对刀调整要求较高或不便于设置对刀块时,可以采用试切法、标准件对刀法或用百分表来校正定位元件相对于刀具的位置,而不设置对刀装置。

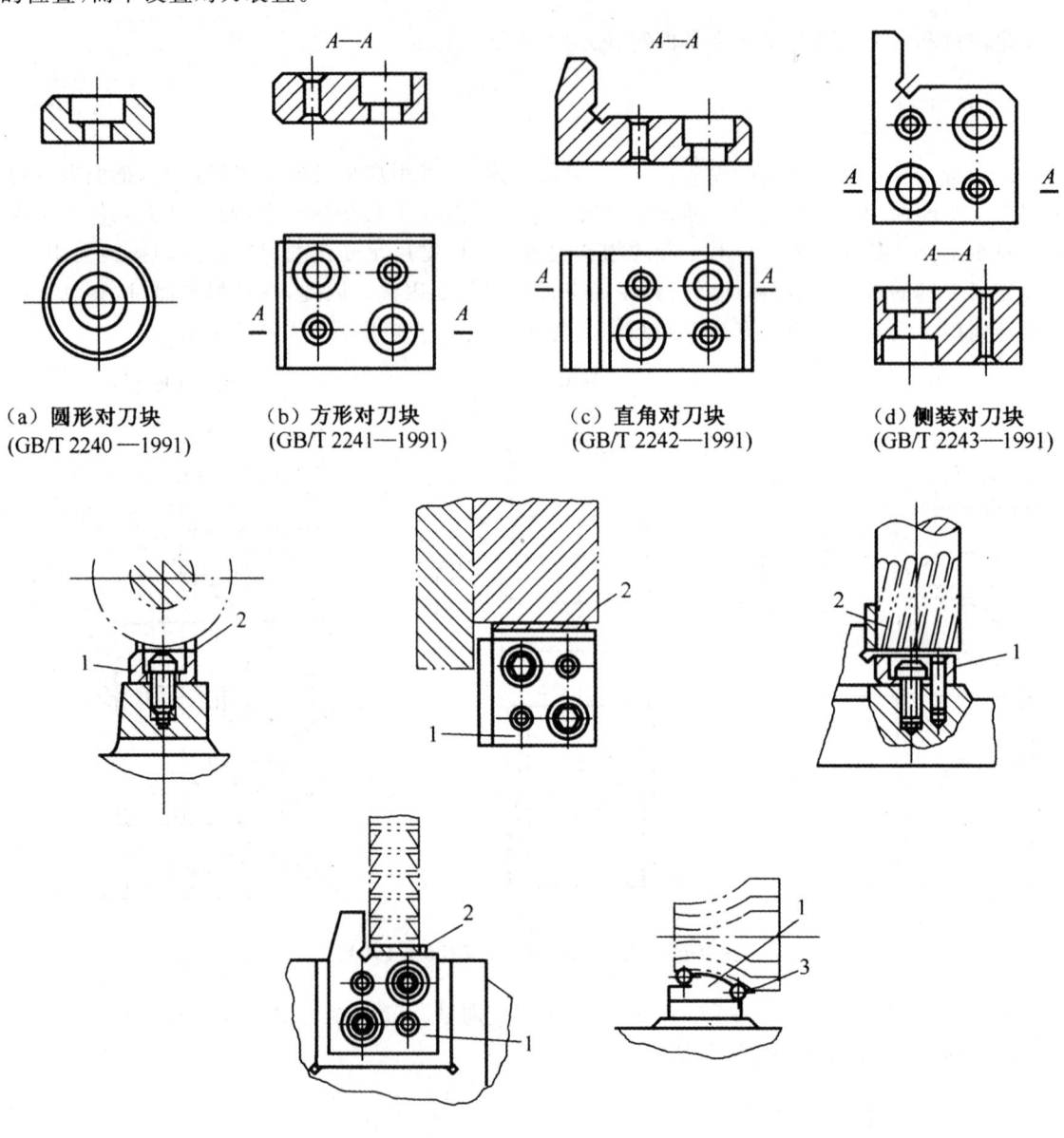

(a) 圆形对刀块 (GB/T 2240—1991)
(b) 方形对刀块 (GB/T 2241—1991)
(c) 直角对刀块 (GB/T 2242—1991)
(d) 侧装对刀块 (GB/T 2243—1991)

图 9-68 标准对刀块及对刀装置
1—对刀块;2—对刀平面塞尺;3—对刀圆柱塞尺

3. 夹具体

为提高铣床夹具在机床上安装的稳固性，除要求夹具体有足够的强度和刚度外，还应使被加工表面尽量靠近工作台面，以降低夹具的重心。因此，夹具体的高宽比限制在 $H/B \leqslant 1 \sim 1.25$ 范围内，如图 9-69 所示。

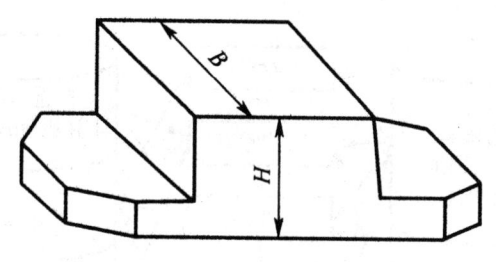

图 9-69　铣床夹具的本体

铣床夹具与工作台的连接部分称为耳座，因连接要牢固稳定，故夹具上耳座两边的表面要加工平整，常见的耳座结构如图 9-70 所示，其结构已标准化，设计时可参考有关标准手册。如夹具体宽度尺寸较大时，可在同一侧设置两个耳座，此时两个耳座的距离要和铣床工作台两 T 形槽间的距离一致。

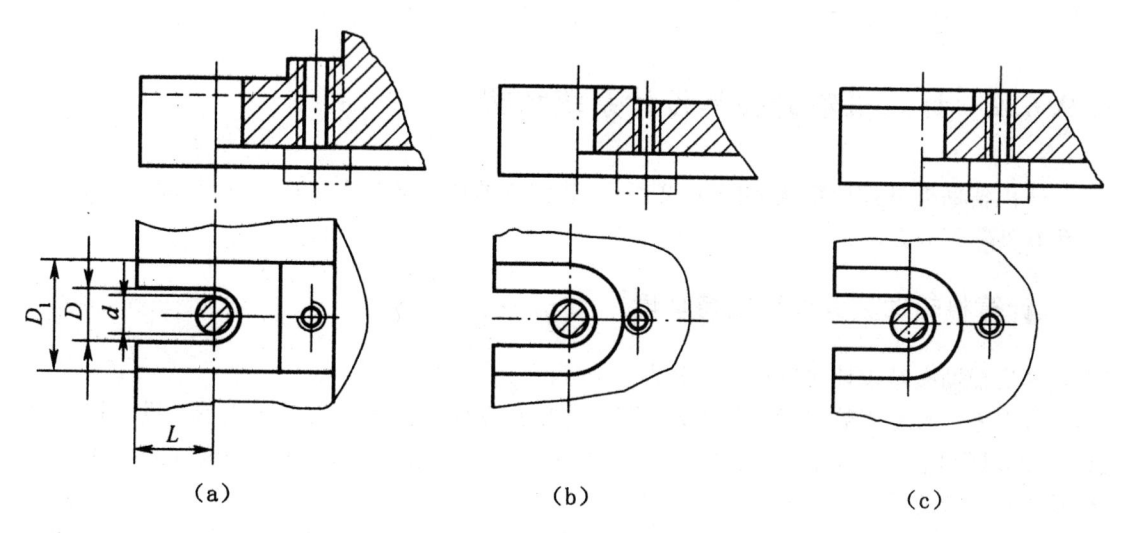

图 9-70　铣床夹具体耳座

铣削加工时，产生大量切屑，夹具应有足够的排屑空间，并注意切屑的流向，使清理切屑方便。对于重型的铣床夹具，在夹具体上要设置吊环，以便搬运。

9.6　计算机辅助夹具设计

计算机辅助机床夹具设计属于计算机辅助设计范畴。采用计算机辅助设计，可以大大缩短设计周期，实现优化设计，节省人力物力，降低成本，促进机床夹具的标准化、系列化。

9.6.1 机床夹具计算机辅助设计过程

从夹具设计的阶段来考虑,可将其分为功能设计、结构设计、结构分析、性能评价、夹具图生成等阶段,如图9-71所示。

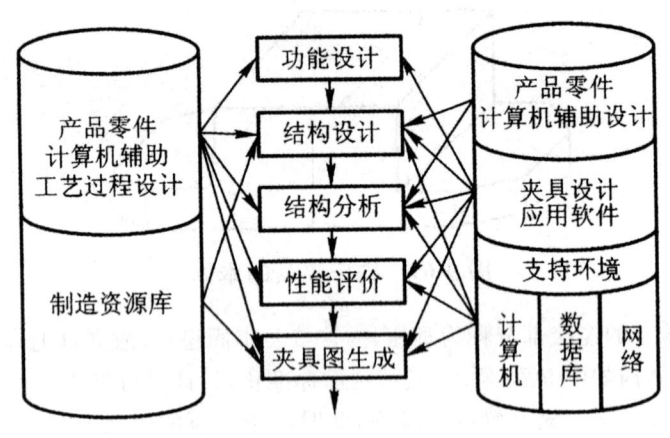

图 9-71 计算机辅助夹具设计过程

9.6.2 计算机辅助夹具设计系统结构

计算机辅助夹具设计系统如图9-72所示,其信息结构可分为支持环境、应用软件和夹具设计过程软件三部分。

1. 计算机辅助夹具设计支持环境

计算机辅助夹具设计支持环境可分为三个方面:
①数据库。有专用数据库和公共数据库。专用数据库专门为夹具计算机辅助设计用,存放夹具设计数据和中间设计结果;公共数据库存放夹具设计原始资料和夹具设计的最终结果,以便其他系统和环节使用。
②计算机系统。包括计算机硬件和软件。通常多在微型计算机或工作站上开发;计算机软件有计算机操作系统、语言、图形软件、窗口系统软件、文字处理及办公自动化软件等。
③网络和通信。在集成制造系统、并行工程中,网络和通信是重要组成部分。

2. 夹具设计的应用软件

这是针对夹具设计开发的软件。应用软件分为程序库、资料库和图形库。

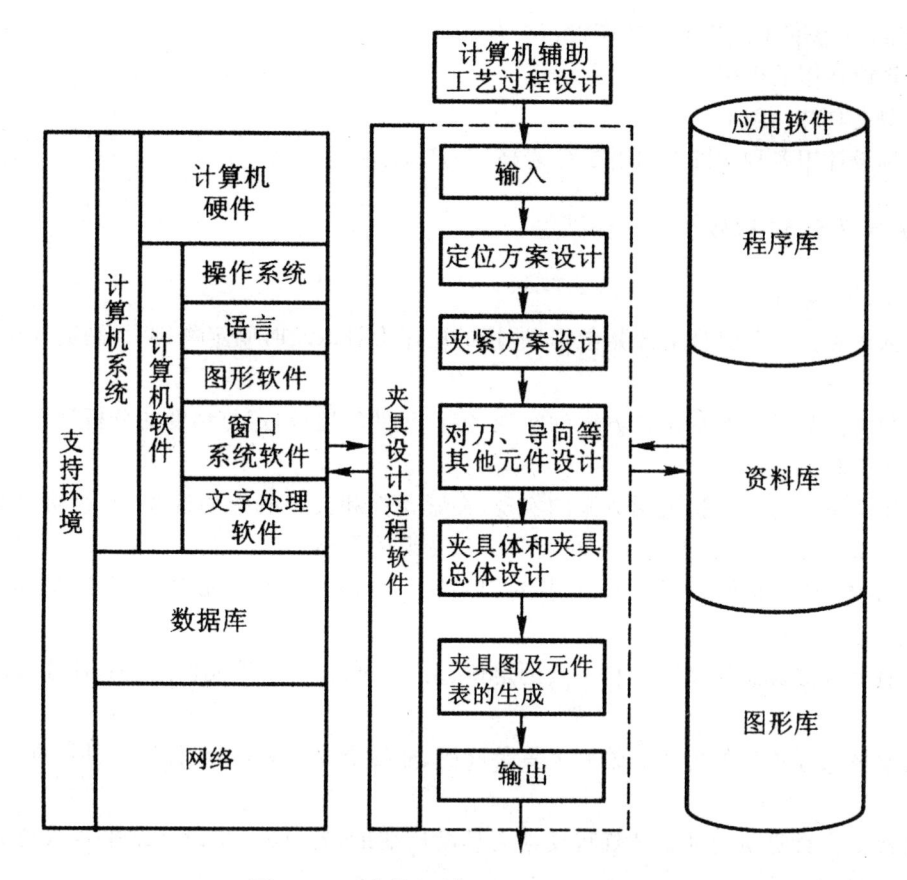

图 9-72　计算机辅助夹具设计系统

(1) 程序库

程序库提供夹具设计计算方法。包括：

①定位元件的设计计算和定位精度分析计算程序。
②夹具的其他元件、装置的设计计算程序。
③夹具的有限元分析程序。
④夹紧元件、装置的设计计算和夹紧力的计算程序。
⑤用于组合夹具设计的计算程序。
⑥典型夹具的设计计算程序。

(2) 资料库

提供结构设计的分析数据。

夹具资料库的内容就是夹具设计手册中的有关资料，归纳起来有两类：

①设计分析计算用资料。
②结构设计用资料。

(3) 图形库

图形库是指以一定形式表示的用于夹具设计的子图形的集合，相当于夹具设计手册中的元件、装置以及完整夹具的结构图形，它在夹具设计中有着重要作用。

夹具图形库的内容可归纳为以下几部分：

①标准、非标准元件和组件的图形。
②夹具设计用的机械零件的图形。
③典型夹具结构图形。
④夹具设计用各种标准符号、文字、表格、框格等图形。

3. 夹具设计过程软件

夹具设计过程如下：

①输入。输入夹具设计的原始数据、所用的机床刀具以及时间定额、夹具制造环境中的相关资料。

②定位方案设计。包括定位方案的实现、定位元件的选择、定位精度的分析计算以及定位与夹紧的关系分析。

③夹紧方案设计。包括夹紧方案的实现、夹紧元件和夹紧机构的选择、夹紧动力源的确定、夹紧力的计算和校核、夹紧力对定位精度和工件变形的影响。

④对刀、导向等其他元件设计。包括对刀装置、导向元件、连接元件、分度装置、锁紧机构等元件装置的设计与选择。

⑤夹具体和夹具总体设计。将夹具的定位、夹紧、对刀、导向等元件用夹具体连接起来，形成夹具总图。

⑥夹具图及元件表的生成。绘制夹具装配图、非标准零件图，列出标准元件明细表和标准件明细表。

⑦输出。向计算机辅助工艺规程反馈夹具设计结果，若可行，将设计结果存入公共数据库；不行则重新设计。

夹具设计过程软件就是执行上述夹具设计过程顺序的过程控制软件。

第 10 章 典型零件加工工艺

10.1 轴类零件加工工艺过程分析

轴类零件是机器中常见的典型零件之一,主要用来传递旋转运动和扭矩,支承传动零件并承受载荷,而且是保证装在轴上零件回转精度的基础。轴类零件是回转体零件,一般来说其长度大于直径。轴类零件的主要加工表面是内、外旋转表面,次要加工表面有键槽、花键、螺纹和横向孔等,如图 10-1 所示。

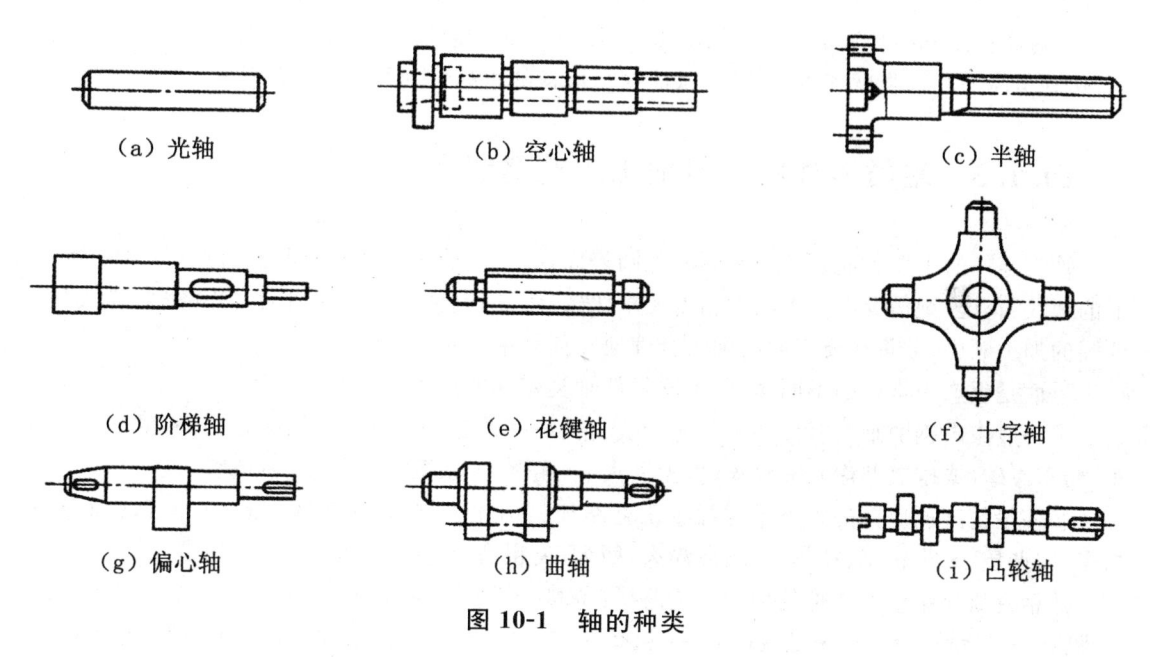

(a) 光轴　　(b) 空心轴　　(c) 半轴
(d) 阶梯轴　　(e) 花键轴　　(f) 十字轴
(g) 偏心轴　　(h) 曲轴　　(i) 凸轮轴

图 10-1　轴的种类

10.1.1 轴类零件的技术要求

轴类零件的技术要求如下:

①尺寸精度包括直径尺寸精度和长度尺寸精度。精密轴颈为 IT5,重要轴颈为 IT6~IT8,一般轴颈为 IT9。轴向尺寸精度一般要求较低。

②位置精度。位置精度主要指装配传动件的轴颈相对于支承轴颈的同轴度及端面对轴心线的垂直度等。通常用径向圆跳动来标注。普通精度轴的径向圆跳动为 0.01~0.03mm,高精度轴的

径向圆跳动通常为 0.005～0.01mm。

③几何形状精度主要指轴颈的圆度、圆柱度,一般应符合包容原则(即形状误差包容在直径公差范围内)。当几何形状精度要求较高时,零件图上应单独注出规定允许的偏差。

④轴类零件表面粗糙度和尺寸精度应与表面工作要求相适应。通常支承轴颈的表面粗糙度 Ra 值为 $0.4～3.2\mu m$,配合轴颈的表面粗糙度 Ra 值为 $0.0～0.8\mu m$。

10.1.2 轴类零件的材料与热处理

轴类零件应根据不同的工作情况,选择不同的材料和热处理方法。

①一般轴类零件常用中碳钢,如 45 钢,经正火、调质及部分表面淬火等热处理,得到所要求的强度、韧性和硬度。

②对中等精度且转速较高的轴类零件,一般选用合金钢(如 40Cr 等),经过调质和表面淬火处理,使其具有较高的综合力学性能。

③对在高转速、重载荷等条件下工作的轴类零件,可选用 20CrMnTi、20Mn2B、20Cr 等低碳合金钢,经渗碳、淬火处理后,具有很高的表面硬度,心部则获得较高的强度和韧性。

④对高精度和高转速的轴,可选用 38CrMoAl 钢,其热处理变形较小,经调质和表面渗氮处理,达到很高的心部强度和表面硬度,从而获得优良的耐磨性和耐疲劳性。

10.1.3 轴类零件的一般加工工艺路线

轴类零件的主要表面是各个轴颈的外圆表面,空心轴的内孔精度一般要求不高,而精密主轴上的螺纹、花键、键槽等次要表面的精度要求比较高。因此轴类零件的加工工艺路线主要是考虑外圆的加工顺序,并将次要表面的加工合理地穿插其中。

下面是生产中常用的不同精度、不同材料轴类零件的加工工艺路线:

①一般渗碳钢的轴类零件加工工艺路线:备料 → 锻造 → 正火 → 钻中心孔 → 粗车 → 半精车、精车渗碳(或碳氮共渗) → 淬火 → 低温回火 → 粗磨 → 次要表面加工 → 精磨。

②一般精度调质钢的轴类零件加工工艺路线:备料 → 锻造 → 正火(退火) → 钻中心孔 → 粗车 → 调质 → 半精车、精车 → 表面淬火、回火 → 粗磨 → 次要表面加工 → 精磨。

③精密氮化钢轴类零件的加工工艺路线:备料 → 锻造 → 正火(退火) → 钻中心孔 → 粗车 → 调质 → 半精车、精车 → 低温时效 → 粗磨 → 氮化处理 → 次要表面加工 → 精磨 → 光磨。

④整体淬火轴类零件的加工工艺路线:备料 → 锻造 → 正火(退火) → 钻中心孔 → 粗车 → 调质 → 半精车、精车 → 次要表面加工 → 整体淬火 → 粗磨 → 低温时效处理 → 精磨。

由此可见,一般精度轴类零件,最终工序采用精磨就足以保证加工质量。而对于精密轴类零件,除了精加工外,还应安排光整加工。对于除整体淬火之外的轴类零件,其精车工序可根据具体情况不同,安排在淬火热处理之前进行,或安排在淬火热处理之后,次要表面加工之前进行。应该注意的是,经淬火后的部位,不能用一般刀具切削,所以一些沟、槽、小孔等须在淬火之前加工完。

10.1.4 轴类零件加工的定位及安装

轴类零件自身的结构特征决定了最常用的定位基面是两个中心孔,即以轴线作为定位基准是最理想的。由于轴类零件各外圆表面、螺纹表面的同轴度及端面对轴线的垂直度等这些精度要求,故设计基准一般都是轴的中心线,而大多数的工序加工都是采用中心孔装夹的方式。这样既符合了基准重合原则,又符合了基准统一原则。但在轴类零件粗加工工序中,为了提高工件刚度,常采用轴外圆表面作为定位基面,或以外圆和中心孔同时作为定位基面,即一夹一顶的方式。

10.1.5 轴类零件主要加工方法

轴类零件主要加工表面是外圆,加工方法通常采用车削和磨削。轴类零件外圆表面粗加工、半精加工一般在卧式车床上进行。使用液压仿形刀架可实现车削加工的半自动化,更换靠模、调整刀具都比较简单,可减轻劳动强度,提高加工效率。大批量生产可采用多刀半自动车床以及数控车床加工。多刀半自动车床加工可缩短加工时间和测量轴向尺寸等辅助时间,从而提高生产率。但是调整刀具花费的时间较长,而且切削力大,要求机床的功率和刚度也较大。以数控车床为基础,配备简单的机械手及零件输送装置组成的轴类零件自动线,已成为大批量生产轴的重要方法。

磨削外圆是轴类零件精加工的最主要方法,一般安排在最后进行。磨削分粗磨、精磨、细磨及镜面磨削。当生产批量较大时,常采用组合磨削、成形砂轮磨削及无心磨削等高效磨削方法。

花键是轴零件上的典型表面,它与单键比较,具有定心精度高、导向性能好、传递转矩大、易于互换等优点。在单件小批量生产中,轴上花键通常在卧式通用铣床上加工,工件装夹在分度头上,用三面刃铣刀进行切削。大批量生产时,可采用花键滚刀在花键铣床上用展成法加工。轴类零件的螺纹可采用车削、铣削、滚压和磨削等加工方法。

另外,轴类零件在外表面加工中,通常以中心孔为基准。成批生产均用铣端面钻中心孔机床来加工中心孔。对于精密轴,在轴加工过程中中心孔还会磨损、拉毛,热处理后产生氧化皮及变形,这需要在精磨外圆之前对中心孔进行修研。修研中心孔可在车床、钻床或专用中心孔磨床上进行。

车削中心加工轴类零件采用工序集中方式加工,车表面、加工沟槽、铣键槽、钻孔、加工螺纹等各种表面能在一次安装中完成,效率高,加工精度也比卧式车床高。

10.1.6 轴类零件定位基准的选择

轴类零件加工时,为保证各主要表面的位置精度,选择定位基准时,应尽可能做到基准统一、基准重合、互为基准,并实现在一次安装中尽可能加工出较多的面。常见的有以下四种:
(1) 以工件的中心孔定位

在轴类零件加工中,一般以重要的外圆面作为粗基准定位,加工出中心孔,在以后加工过程中,尽量考虑以轴两端的中心孔为定位精基准。因为轴类零件各外圆表面、螺纹表面的同轴度及端面对轴线的垂直度是位置精度的主要项目,而这些表面的设计基准一般都是轴的中心线,采用两个中心孔定位符合基准重合原则。而且,多数工序都采用中心孔作为定位基面,能最大限度地加工出多个外圆和端面,这也符合基准统一原则。这样,可以很好地保证各外圆表面的同轴度以及外圆与端面的垂直度,并且能在一次安装中加工出各段外圆表面及其端面,加工效率高并且所用夹具结构简单。

(2) 以外圆和中心孔作为定位基准(一夹一顶)

用两个中心孔定位虽然定心精度高,但刚性差,尤其是加工较重的工件时不够稳固,切削用量也不能太大。粗加工时,为了提高零件的刚性,可采用轴的外圆表面和一中心孔作为定位基准来加工。这种定位方法能承受较大的切削力矩,是轴类零件常见的一种定位方法。

(3) 以两外圆表面作为定位基准

在加工空心轴的内孔时,不能采用中心孔作为定位基准,可用轴的两外圆表面作为定位基准。当工件是机床主轴时,常以两支承轴颈(装配基准)为定位基准,可消除基准不重合误差,保证锥孔相对支承轴颈的同轴度要求。

(4) 以带有中心孔的锥堵作为定位基准

在加工空心轴的外圆表面时,往往还采用带中心孔的锥堵作为定位基准,如图10-2(a)所示。当主轴孔的锥度较大或为圆柱孔时,则用带有锥堵的拉杆心轴,如图10-2(b)所示。

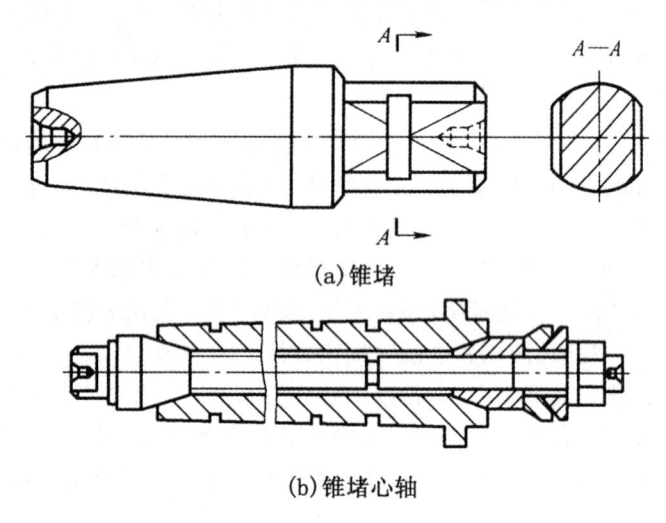

(a) 锥堵

(b) 锥堵心轴

图 10-2 锥堵或锥堵心轴

锥堵或锥堵心轴应具有较高的精度,其上的中心孔既是其本身制造的定位基准,又是空心轴外圆精加工的基准。因此,必须保证锥堵或锥堵心轴上锥面与中心孔有较高的同轴度。在装夹中应尽量减少锥堵的安装次数,减少重复安装误差。故中、小批量生产中,锥堵安装后,中途加工一般不得拆下和更换,直至加工完毕。

10.1.7 花键加工

花键是轴类零件上的典型表面,它与单键比较,具有定心精度高、导向性能好、传递转矩大、易于互换等优点。现将轴类零件花键加工方法简介如下。

①在单件小批量生产中,轴上花键通常在卧式通用铣床上加工,工件装夹在分度头上,用三面刃铣刀进行切削。这种方法加工质量较差,且生产率也低。如产量较大,则可采用花键滚刀在花键铣床上用展成法加工,如图10-3所示(图中花键滚刀为示意图)。其加工质量与生产率均比用三面刃铣刀高。为了提高花键轴加工的质量和生产效率,还可采用双飞刀高速铣花键,铣削时,飞刀高速回转,花键轴只作轴向移动,如图10-4所示。

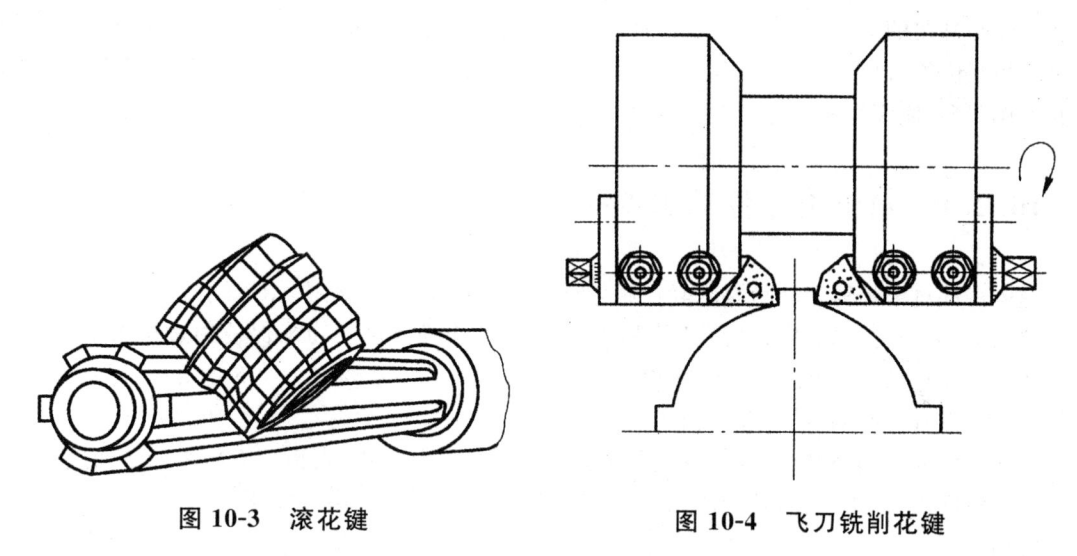

图 10-3 滚花键   图 10-4 飞刀铣削花键

②以大径定心的花键轴,通常只磨削大径,键侧及内径铣出后一般不再磨削,若因淬火而变形过大,则也要对键侧面进行磨削加工。

小径定心的花键,其小径和键侧均需磨削。小批生产可采用工具磨床或平面磨床,借用分度头分度,按图10-5(a)、(b)分两次磨削。这种方法砂轮修整简单,调整方便,尺寸 B 必须控制准确。大量生产时,使用花键磨床或专用机床,利用高精度等分板分度,一次安装将花键轴磨完,如图10-5(c)、(d)所示。图10-5(c)砂轮修整简单,调整方便,只需要控制尺寸 A 及圆弧面。图10-5(d)要控制尺寸 C,修整砂轮比较麻烦。

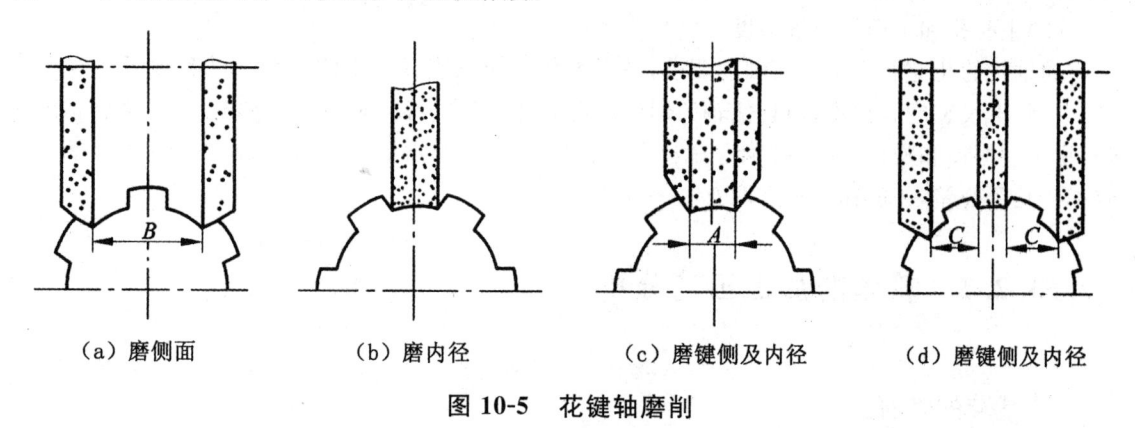

(a)磨侧面　　(b)磨内径　　(c)磨键侧及内径　　(d)磨键侧及内径

图 10-5 花键轴磨削

10.2 箱体零件加工工艺过程分析

箱体是机器的基础零件,它将机器和部件中的轴、齿轮等有关零件连接成一个整体,并保持正确的相互位置,以传递转矩或改变转速来完成规定的运动。因此,箱体的加工质量直接影响机器的工作精度、使用性能和寿命。

10.2.1 箱体类零件的主要技术要求

箱体铸件对毛坯铸造质量要求较严格,不允许有气孔、砂眼、疏松、裂纹等铸造缺陷。为了便于切削加工,多数铸铁箱体需要经过退火处理,以降低表面硬度。为确保使用过程中不变形,重要箱体往往安排较长时间的自然时效以释放内应力。对箱体重要加工面的主要要求为:

(1)主要平面的形状精度和表面粗糙度

箱体的主要平面是装配基准,并且往往是加工时的定位基准,所以应有较高的平面度和较小的表面粗糙度值,否则,将直接影响箱体加工时的定位精度,影响箱体与机座总装时的接触刚度和位置精度。

一般箱体主要平面的平面度为 0.03~0.1mm,表面粗糙度值 Ra 为 0.63~2.5μm,各主要平面对装配基准面的垂直度为 0.1/300。

(2)孔的尺寸精度、几何形状精度和表面粗糙度

箱体上轴承孔本身的尺寸精度、形状精度和表面粗糙度都要求较高,否则,将影响轴承与箱孔的配合精度,使轴的回转精度下降,也易使传动件(如齿轮)产生振动和噪声。一般机床主轴箱的主轴支承孔的尺寸公差等级为 IT6,圆度、圆柱度公差不超过孔径公差的一半,表面粗糙度值 Ra 为 0.32~0.63μm。其余支承孔尺寸公差等级为 IT6~IT7,表面粗糙度值 Ra 为 0.63~2.5μm。

(3)主要孔和平面的位置精度

同轴线的孔应有一定的同轴度要求,各支承孔之间也应有一定的孔距尺寸精度及平行度要求,否则,不仅装配有困难,而且使轴的运转情况恶化,温度升高,轴承磨损加剧,齿轮啮合精度下降,易引起振动和噪声,影响齿轮寿命。支承孔之间的孔距公差为 0.05~0.12mm,平行度公差应小于孔距公差,一般在全长上取 0.04~0.1mm。

10.2.2 箱体的加工工艺分析

1. 基准的选择

基准的选择包括精基准的选择和粗基准的选择。

(1)精基准的选择

箱体的装配基准和测量基准大多数都是平面,所以,箱体加工中一般以平面作为精基准。在

不同工序多次安装加工其他各表面,有利于保证各表面的相互位置精度,夹具设计工作量也可减少。此外,平面的面积大,定位稳定可靠且误差较小。在加工孔时,一般箱口朝上,便于更换导向套、安装调整刀具、测量孔径尺寸、观察加工情况等。因此,这种定位方式在成批生产中得到广泛的应用。

但是,当箱体内部隔板上也有精度要求较高的孔需要加工时,为保证孔的加工精度,在箱体内部相应的位置需设置镗杆导向支承。由于箱体底部是封闭的,因此,中间支承只能按图 10-6 从箱体顶面的开口处伸入箱体内,每加工一件,吊模就装卸一次。这种悬架式吊模刚度差、安装误差大,影响箱体孔系加工精度;并且装卸吊模的时间长,也影响生产率的提高。

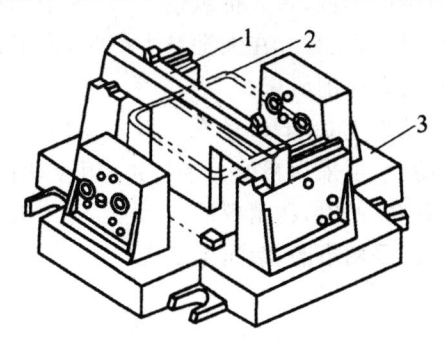

图 10-6 以底面定位镗模示意图

1—镗杆导向支承;2—工件;3—镗模

为了提高生产率,在大批、大量生产时,主轴箱以顶面和两定位销孔为精基准,中间导向支架可直接固定在夹具体上(图 10-7),这样可解决加工精度低和辅助时间长的问题。但是这种定位方式产生了基准不重合误差,为了保证加工精度,必须提高作为定位基准的箱体顶面和两定位销孔的加工精度,这样就增加了箱体加工的工作量。这种定位方式在加工过程中无法观察加工情况、测量孔径和调整刀具,因而要求采用定值刀具直接保证孔的尺寸精度。

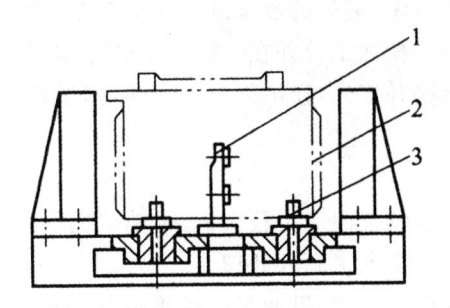

图 10-7 以顶面和两销孔定位镗模示意图

1—导向支架;2—工件;3—定位销

(2)粗基准的选择

选择粗基准时,应该满足:在保证各加工面均有余量的前提下,应使重要孔的加工余量均匀,孔壁的厚薄量均匀,其余部位均有适当的壁厚;保证装入箱体内的旋转零件(如齿轮、轴套等)与箱体内壁有足够的间隙,以免互相干涉。

在大批量生产时,毛坯精度较高,通常选用箱体重要孔的毛坯孔作为粗基准。对于精度较低的毛坯,按上述办法选择粗基准往往会造成箱体外形偏斜,甚至局部加工余量不足,因此,在单件、小批及中批生产时,一般毛坯精度较低,通常采用划线找正的办法进行第一道工序的加工。

2. 工艺路线的拟订

(1)主要表面加工方法的选择

箱体的主要加工表面有平面和支承孔。对于中、小件,主要平面的加工一般在牛头刨床或普通铣床上进行;对于大件,主要平面的加工一般在龙门刨床或龙门铣床上进行。刨削的刀具结构简单,机床成本低,调整方便,但生产率低;在大批量生产时,多采用铣削。精度要求较高的箱体刨或铣后,还需要刮研或以精刨、磨削代替。在大批量生产时,为了提高生产率和平面间相互位置精度,可采用多轴组合铣削与组合磨削机床。

加工箱体支承孔时,对于直径小于 $\phi 30mm$ 的孔一般不铸出,可采用钻—扩(或半精镗)—铰(或精镗)的方案。对于已铸出的孔,可采用粗镗—半精镗(用浮动镗刀片)的方案。由于主轴承孔精度和表面质量要求比其余孔高,所以,在精镗后,还用浮动镗刀进行精细镗。对于箱体上的高精度孔,最后精加工工序也可以采用珩磨、滚压等工艺方法。

(2)加工顺序安排的原则

① 先面后孔的原则。

箱体主要由平面和孔组成,这也是它的主要表面。先加工平面,后加工孔,是箱体加工的一般规律。因为主要平面是箱体在机器上的装配基准,先加工主要平面后加工支承孔,使定位基准与设计基准和装配基准重合,从而消除因基准不重合而引起的误差。

② 粗、精加工分开的原则。

对于刚性差、批量较大、要求精度较高的箱体,一般要粗、精加工分开进行,即在主要平面和各支承孔的粗加工之后再进行主要平面和各支承孔的精加工。这样可以消除由粗加工所造成的内应力、切削力、切削热、夹紧力对加工精度的影响,并且有利于合理地选用设备。

粗、精加工分开进行,会使机床、夹具的数量及工件安装次数增加,所以对单件小批量生产且精度要求不高的箱体,常常将粗、精加工合并在一道工序进行,但必须采取相应措施,以减少加工过程中的变形。例如粗加工后松开工件,让工件充分冷却,然后用较小的夹紧力、以较小的切削用量多次走刀进行精加工。

③ 热处理的安排。

箱体结构复杂,壁厚不均匀,铸造内应力较大,为了消除内应力,减少变形,保持精度的稳定性,在毛坯铸造之后,一般安排一次人工时效处理。

对于精度要求高、刚性差的箱体,在粗加工之后再进行一次人工时效处理,有时甚至在半精加工之后还要安排一次时效处理,以便消除残余的铸造内应力和切削加工时产生的内应力。对于特别精密的箱体,在机械加工过程中还需安排较长时间的自然时效(如坐标镗床主轴箱箱体)。

10.2.3 箱体零件的孔系加工

箱体上一系列有相互位置精度要求的轴承支承孔称为"孔系"。它包括同轴孔系、平行孔系和交叉孔系,如图 10-8 所示。孔系的相互位置精度有各平行孔轴线之间的平行度、孔轴线与基面之间的平行度、孔距精度、各同轴孔的同轴度、各交叉孔的垂直度等要求。保证孔系加工精度是箱体零件加工的关键。一般应根据不同的生产类型和孔系精度要求,采用不同的加工方法。

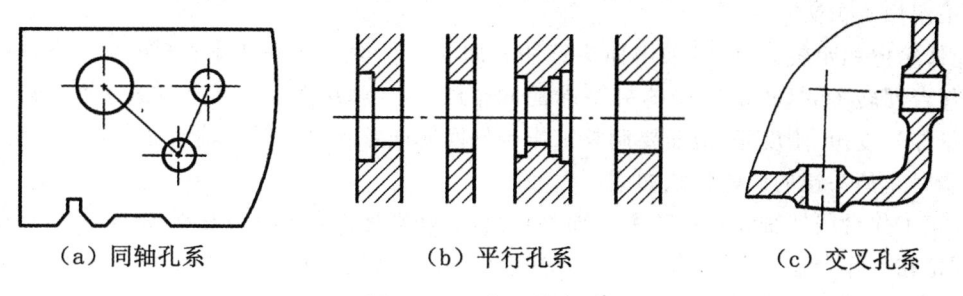

（a）同轴孔系　　　　　（b）平行孔系　　　　　（c）交叉孔系

图 10-8　孔系的分类

由于箱体孔系的精度要求高,加工量大,实现加工自动化对提高产品质量和劳动生产率都有重要意义。随着生产批量的不同,实现自动化的途径也不同。大批量生产箱体,广泛使用组合机床和自动线加工,不但生产率高,而且有利于降低成本和稳定产品质量。单件小批量生产箱体,多数采用万能机床,产品的加工质量主要取决于机床操作者的技术熟练程度。但加工具有较多加工表面的复杂箱体时,如果仍用万能机床加工,则工序分散,占用设备多,而且要求有技术熟练的操作者,生产周期长,生产效率低,成本高。为了解决这个问题,可以采用适合于单件小批量生产的自动化多工序数控机床,这样,可用最少的加工装夹次数,由机床的数控系统自动地更换刀具,连续地对工件的各个加工表面自动完成铣、钻、扩、镗(铰)及攻螺纹等工序。所以对于单件小批量、多品种的箱体孔系加工,这是一种较为理想的设备。

1. 同轴孔系加工

在中批量以上生产中,一般采用镗模加工同轴孔系,其同轴度由镗模保证;当采用精密刚性主轴组合机床从两头同时加工同轴线的各孔时,其同轴度则由机床保证,可达 0.01mm。

单件小批量生产时,在通用机床上加工,且一般不使用镗模。保证同轴线孔的同轴度有下列方法。

(1)利用已加工孔作为支承导向

如图 10-9 所示,当箱体前壁上的孔加工完后,在该孔内装一导套,支承和引导镗杆加工后壁上的孔,以保证两孔的同轴度要求。此法适合于加工箱体壁相距较近的同轴线孔。

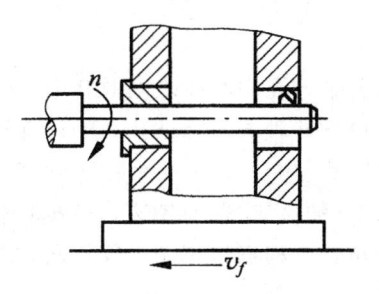

图 10-9　利用已加工孔导向

(2)利用镗床后立柱上的导向套支承镗杆

镗杆是两端支承,刚性好,但后立柱导套的位置调整麻烦、费时,往往需要用心轴块规找正,且需要用较长的镗杆,此法多用于大型箱体的同轴孔系加工。

(3)采用掉头镗法

当箱体箱壁相距较远时,宜采用掉头镗法。即在工件的一次安装中,当箱体一端的孔加工后,将工作台回转180°,再加工箱体另一端的同轴线孔。掉头镗不用夹具和长刀杆,准备周期短;镗杆悬伸长度短,刚度好,但需要调整工作台的回转误差和掉头后主轴应处于正确位置,比较麻烦,又费时。掉头镗的调整方法如下:

①校正工作台回转轴线与机床主轴轴线相交,定好坐标原点。其方法如图10-10(a)所示,将百分表固定在工作台上,回转工作台180°,分别测量主轴两侧,使其误差小于0.01mm,记下此时工作台在 x 轴上的坐标值作为原点的坐标值。

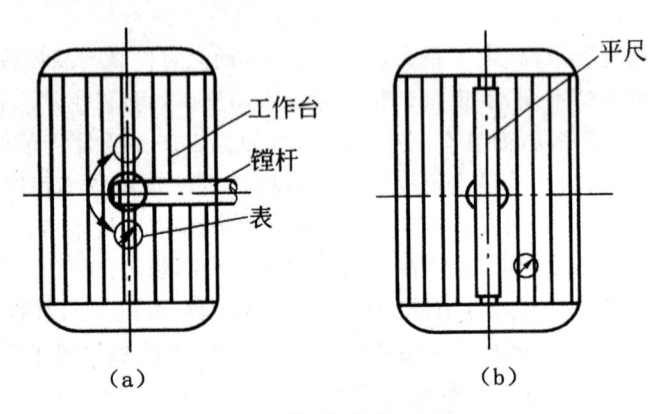

图 10-10 掉头镗的调整方法

②调整工作台的回转定位误差,保证工作台精确地回转180°。其方法如图10-10(b)所示,先使工作台紧靠在回转定位机构上,在台面上放一把平尺,通过装在镗杆上的百分表找正平尺一侧面后将其固定,再回转工作台180°,测量平尺的另一侧面,调整回转定位机构,使其回转定位误差小于0.02mm/1000mm。

③当完成上述调整准备工作后,就可以进行加工。先将工件正确地安装在工作台面上,用坐标法加工好工件一端的孔,各孔到坐标原点的坐标值应与掉头前相应的同轴线孔到坐标原点的坐标值大小相等,方向相反,其误差小于0.01mm,这样就可以得到较高的同轴度。

2. 平行孔系加工

平行孔系的主要技术要求为各平行孔中心线之间及孔中心线与基准面之间的距离尺寸精度和相互位置精度。生产中常采用以下几种方法保证孔系的位置精度。

(1)用找正法加工孔系

找正法的实质是在通用机床上(如铣床、普通镗床),依据操作者的技术,并借助一些辅助装置去找正每一个被加工孔的正确位置。根据找正的手段不同,找正法又可分为划线找正法、量块心轴找正法、样板找正法等。

① 划线找正法。

加工前先在毛坯上按图样要求划好各孔位置轮廓线,加工时按划线一一找正进行加工。这种方法所能达到的孔距一般为±0.5mm左右。此法操作设备简单,但操作难度大,生产效率低;同时,加工精度因受操作者技术水平和采用的方法影响较大,故适于单件小批生产。

② 量块心轴找正法。

如图 10-11 所示,将精密心轴分别插入机床主轴孔和已加工孔中,然后用一定尺寸的块规组合来找正心轴的位置。找正时,在量块心轴之间要用塞尺测定间隙,以免量块与心轴直接接触而产生变形。此法可达到较高的孔距精度(±0.3mm),但只适用于单件小批生产。

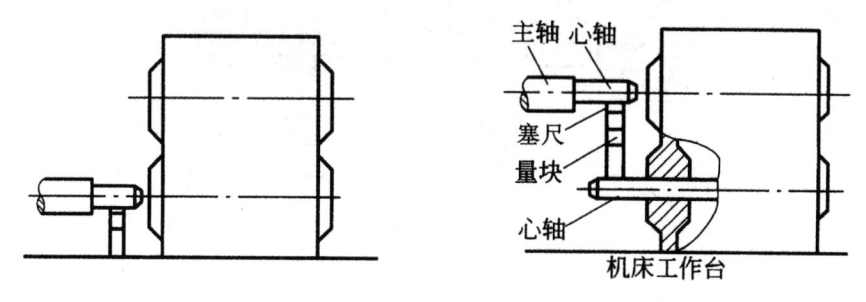

图 10-11　用量块心轴找正

③ 样板找正法。

如图 10-12 所示,将工件上的孔系复制在 10~20mm 厚的钢板制成的样板上,样板上孔系的孔距精度较工件孔系的孔距精度高[一般为±(0.01~0.03)mm],孔径较工件的孔径大,以便镗杆通过。孔的直径精度不需要严格要求,但几何形状精度和表面粗糙度要求较高,以便找正。使用时,将样板装于被加工孔的箱体端面上(或固定于机床工作台上),利用装在机床主轴上的百分表找正器,按样板上的孔逐个找正机床主轴的位置进行加工。该方法加工孔系不易出差错,找正迅速,孔距精度可达±0.05mm,工艺装备也不太复杂,常用于加工大型箱体的孔系。

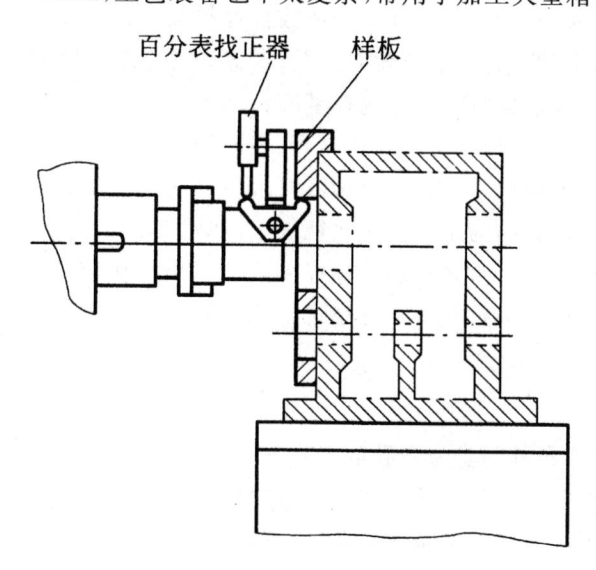

图 10-12　样板找正法

(2) 用镗模加工孔系

如图 10-13 所示，工件装夹在镗模上，镗杆被支承在镗模的导套里，由导套引导镗杆在工件的正确位置镗孔。镗杆与机床主轴多采用浮动连接，机床精度对孔系加工精度影响较小，孔距精度主要取决于镗模，因而可以在精度较低的机床上加工出精度较高的孔系。同时，镗杆刚度大大提高，有利于采用多刀同时切削；定位夹紧迅速，无须找正，生产效率高。因此，不仅在中批量生产中普遍采用镗模技术加工孔系，就是在小批量生产中，对一些结构复杂、加工量大的箱体孔系，采用镗模加工也是经济的。

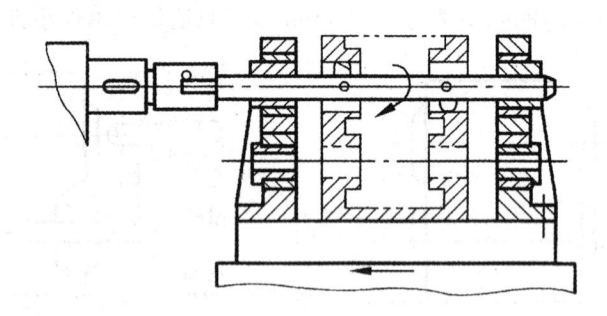

图 10-13　用镗模加工孔系

另外，由于镗模上自身的制造误差和导套与镗杆的配合间隙对孔系加工精度有一定影响，所以，该方法不可能达到很高的加工精度。一般孔径尺寸精度为 IT7 左右，表面粗糙度值 Ra 为 $0.8\sim1.6\mu m$；孔与孔的同轴度和平行度，当从一头开始加工，可达 $0.02\sim0.03mm$，从两头加工可达 $0.04\sim0.05mm$；孔距精度一般为 $\pm0.05mm$ 左右。对于大型箱体零件来说，由于镗模的尺寸庞大笨重，给制造和使用带来了困难，故很少采用。

用镗模加工孔系，既可以在通用机床上加工，也可以在专用机床或组合机床上加工。

(3) 用坐标法加工孔系

坐标法镗孔是在普通卧式镗床、坐标镗床或数控镗铣床等设备上，借助精密测量装置，调整机床主轴与工件间在水平和垂直方向的相对位置，来保证孔心距精度的一种镗孔方法。

采用坐标法加工孔系时，要特别注意选择基准孔和镗孔顺序，否则，坐标尺寸累积误差会影响孔距精度。基准孔应尽量选择本身尺寸精度高、表面粗糙度值小的孔（一般为主轴孔），这样在加工过程中，便于校验其坐标尺寸。孔心距精度要求较高的两孔应连在一起加工，加工时，应尽量使工作台朝同一方向移动，因为工作台多次往复，其间隙会产生误差，影响坐标精度。

现在国内外许多机床厂，已经直接用坐标镗床或加工中心机床来加工一般机床箱体。这样就可以加快生产周期，适应机械行业多品种小批量生产的需要。

3. 交叉孔系加工

交叉孔系的主要技术条件为控制各孔的垂直度。在普通镗床上主要靠机床工作台上的 90°对准装置。因为它是挡块装置，故结构简单，但对准精度低。每次对准，需要凭经验保证挡块接触松紧程度一致，否则不能保证对准精度。所以，有时采用光学瞄准装置。

当普通镗床的工作台 90°对准装置精度很低时，可用检验棒与百分表进行找正。即在加工好的孔中插入检验棒，然后将工作台转 90°，摇工作台用百分表找正，如图 10-14 所示。

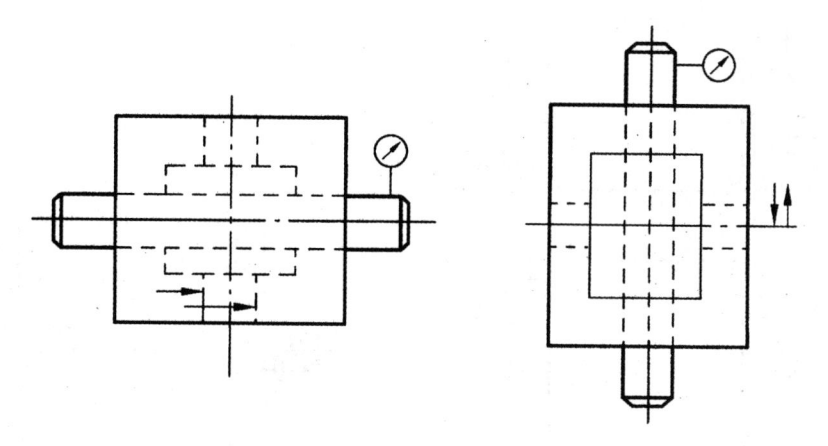

图 10-14 找正法加工交叉孔系

箱体上如果有交叉孔存在,则应将精度要求高或表面要求较精细的孔全部加工好,然后再加工另外与之相交叉的孔。

10.2.4 箱体零件的检验

1. 箱体的主要检验项目

通常箱体类零件的主要检验项目包括：
①各加工表面的表面粗糙度及外观。
②孔与平面尺寸精度及几何形状精度。
③孔距精度。
④孔系相互位置精度(各孔同轴度、轴线间平行度与垂直度、孔轴线与平面的平行度及垂直度等)。

表面粗糙度检验通常用目测或样板比较法,只有当 Ra 值很小时才考虑使用光学量仪。外观检查只需根据工艺规程检查完工情况及加工表面有无缺陷即可。

孔的尺寸精度一般用塞规检验。在需确定误差数值或单件小批量生产时可用内径千分尺或内径千分表检验,若精度要求很高,可用气动量仪检验。平面的直线度可用平尺和塞尺或水平仪与桥板检验;平面的平面度可用自准直仪或水平仪与桥板检验,也可用涂色检验。

2. 箱体类零件孔系相互位置精度及孔距精度的检验

(1)同轴度检验

一般工厂常用检验棒检验同轴度,若检验棒能自由通过同轴线上的孔,则孔的同轴度在公差之内。当孔系同轴度要求不高(公差较大)时,可用图 10-15 所示方法;若孔系同轴度公差很小时,可改用专用检验棒。图 10-16 所示方法可测定孔同轴度误差具体数值。

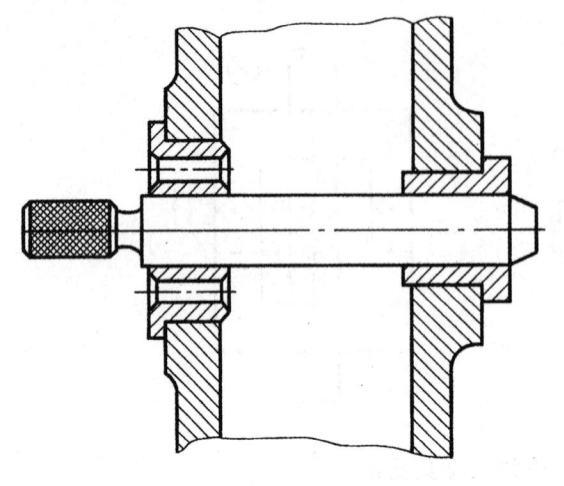

图 10-15 用通用检验棒与检验套检验同轴度

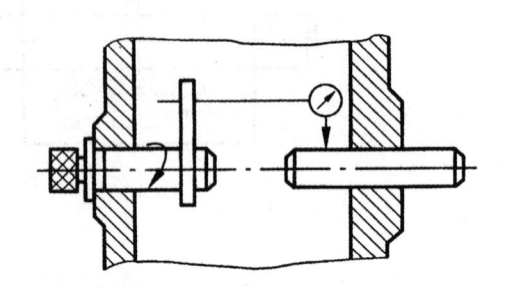

图 10-16 用检验棒及百分表检验同轴度偏差

(2) 孔间距和孔轴线平行度检验

如图 10-17 所示,根据孔距精度的高低,可分别使用游标卡尺或千分尺。测量出图示 a_1 和 a_2 或 b_1 和 b_2 的大小,即可得出孔距 A 和平行度的实际值。使用游标卡尺时,也可不用心轴和衬套,直接量出两孔母线间的最小距离。孔距精度和平行度要求严格时,也可用块规测量。为提高测量效率,可使用图中 K 向视图所示的装置,其结构与原理类似于内径千分尺。

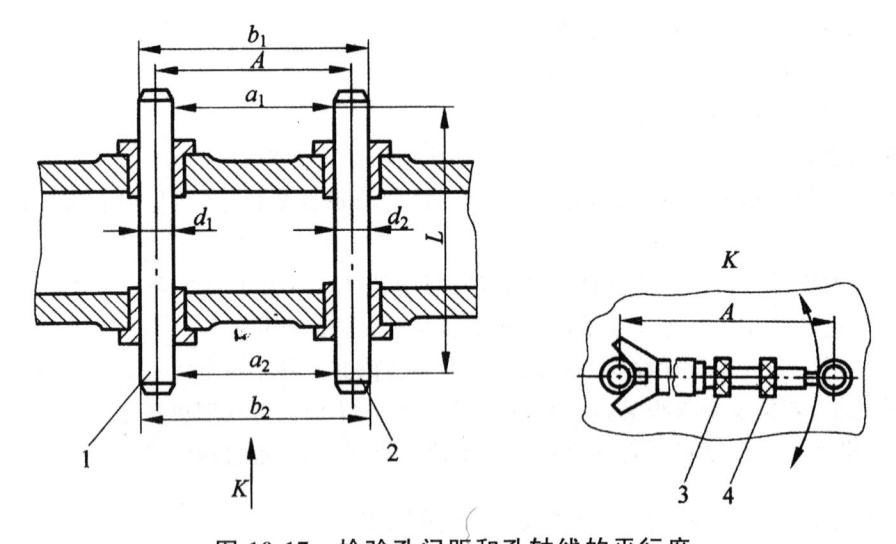

图 10-17 检验孔间距和孔轴线的平行度

1、2—标准量棒;3—锁紧螺母;4—调整螺钉(与量脚固连为一体)

(3) 孔轴线对基准平面的距离和平行度检验

检验方法如图 10-18 所示。

(4) 两孔轴线垂直度检验

可用图 10-19(a) 或 (b) 的方法,基准轴线和被测轴线均用心轴模拟。

(a) 距离检验　　　　　　　　　(b) 平行度检验

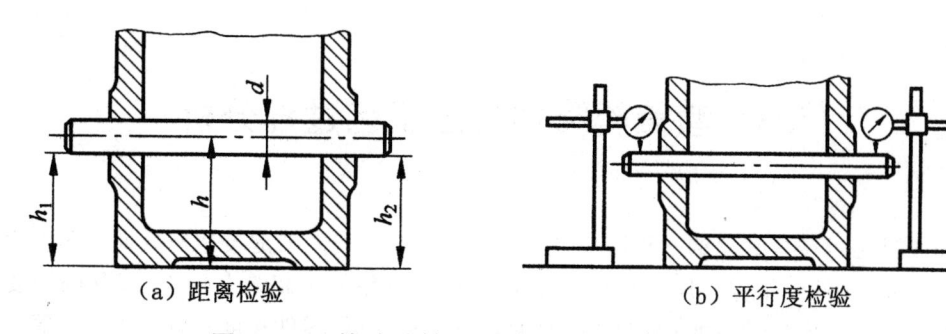

图 10-18 检验孔轴线对基准平面的距离和平行度

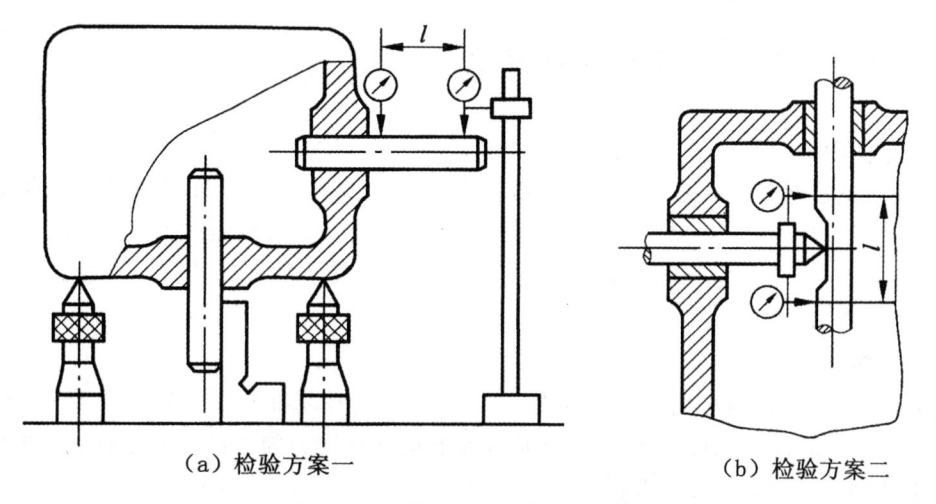

(a) 检验方案一　　　　　　　　(b) 检验方案二

图 10-19 检验两孔轴线垂直度

(5) 孔轴线与端面垂直度检验

在被测孔内装模拟心轴,在心轴一端装上千分表,使表的测头垂直于端面并与端面接触,将心轴旋转一周即可测出孔与端面的垂直度误差[图 10-20(a)]。将带有检验圆盘的心轴插入孔内,用着色法检验圆盘与端面的接触情况,或用塞尺检查圆盘与端面的间隙,也可确定孔轴线与端面的垂直度误差[图 10-20(b)]。

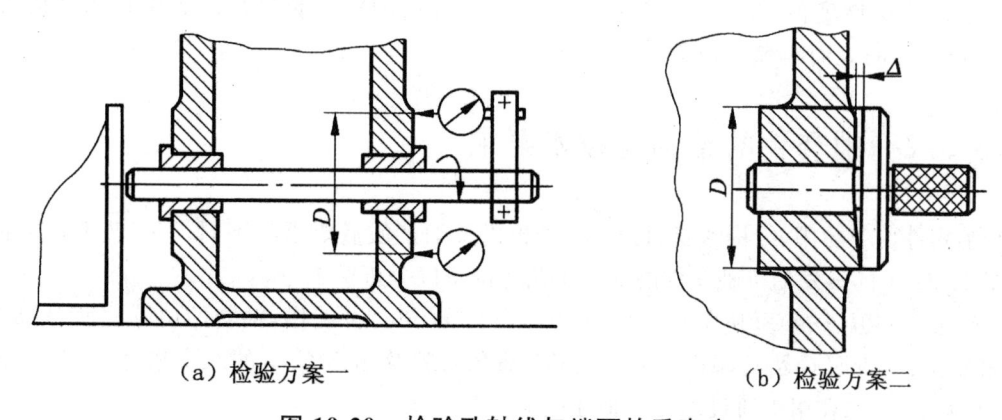

(a) 检验方案一　　　　　　　　(b) 检验方案二

图 10-20 检验孔轴线与端面的垂直度

10.3 套筒类零件加工工艺过程分析

套筒类零件是机械中常见的一种零件,它的应用范围很广,主要起支承和导向作用。由于功用的不同,套筒类零件的结构和尺寸有着很大的差别,但其结构上仍有共同点:零件的主要表面为同轴度要求较高的内外圆表面;零件壁的厚度较薄且易变形;零件长度一般大于直径等。

10.3.1 套筒类零件的技术要求

(1)尺寸精度

孔是套筒类零件起支承或导向作用的最主要表面,通常与运动的轴、刀具或活塞相配合。孔的直径尺寸公差等级一般为IT7,要求较高的轴套可取IT6,要求较低的通常取IT9。外圆是套筒类零件的支承面,常以过盈配合或过渡配合与箱体或机架上的孔相连接。外径尺寸公差等级通常取IT6~IT7。

(2)形状精度

孔的形状精度应控制在孔径公差以内,一些精密套筒控制在孔径公差的1/3~1/2,甚至更严。对于长的套筒,除了圆度要求以外,还应注意孔的圆柱度。为了保证零件的功用和提高其耐磨性,其形状精度控制在外径公差以内。

(3)位置精度

当孔的最终加工是将套筒装入箱体或机架后进行时,套筒内外圆间的同轴度要求较低;若最终加工是在装配前完成的,则同轴度要求较高,一般为 $\phi 0.01 \sim \phi 0.05$ mm。

套筒的端面(包括凸缘端面)若在工件中承受载荷,或在装配和加工时作为定位基准,则端面与孔轴线垂直度要求较高,一般为 0.01~0.05mm。

(4)表面粗糙度

孔的表面粗糙度值 Ra 为 $0.16 \sim 1.6 \mu m$,要求较高的精密套筒孔的表面粗糙度值 Ra 可达 $0.04 \mu m$,外圆表面粗糙度值 Ra 为 $0.63 \sim 3.2 \mu m$。

10.3.2 轴套件的结构与技术要求

套类零件由于功用、结构形状、材料、热处理以及加工质量要求的不同,其工艺上差别很大。现以图 10-21 中的某发动机轴套件的加工工艺为例予以分析。

该轴套在中温(300℃)和高速(约 10000~15000r/min)下工作,轴套的内圆柱面 A、B 及端面 D 和轴配合,表面 C 及其端面和轴承配合,轴套内腔及端面 D 上的八个槽是冷却空气的通道,八个 $\phi 10$mm 的孔用于通过螺钉和轴连接。

轴套从构形来看,各个表面并不复杂,但从零件的整体结构来看,则是一个刚度很低的薄壁件,最小壁厚为 2mm。

第 10 章 典型零件加工工艺

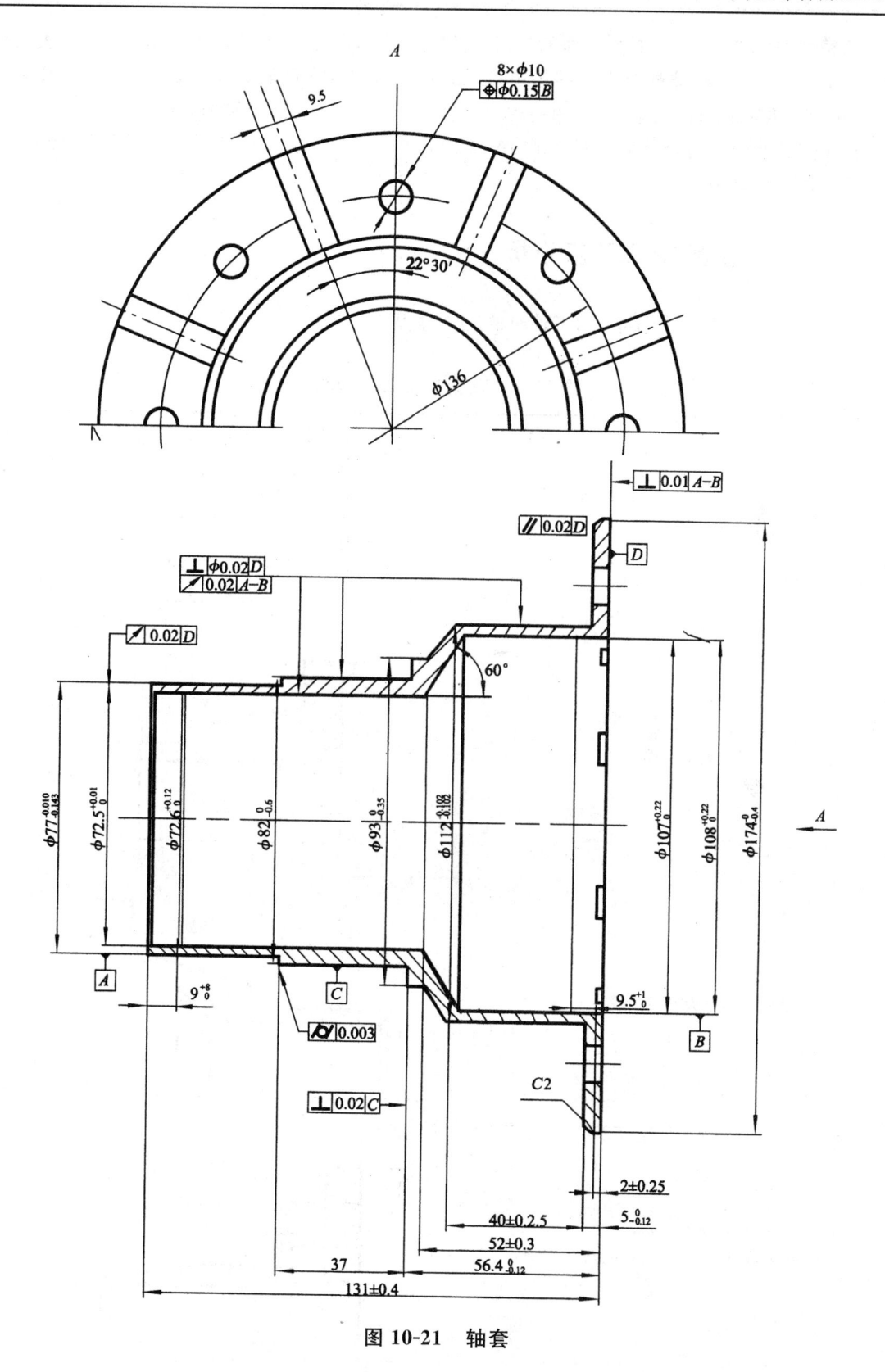

图 10-21 轴套

从精度方面来看,主要工作表面的精度为 IT5～IT8,C 的圆柱度为 0.003mm,工作表面的粗糙度 Ra 为 0.63μm,非配合表面的粗糙度 Ra 为 1.25μm(在高转速下工作,为提高抗疲劳强度)。位置精度,如平行度、垂直度、圆跳动等,均在 0.01～0.02mm 范围内。

该轴套的制料为高合金钢 40CrNiMoA,要求淬火后回火,保持硬度为 285～321HBW,最后要进行表面发蓝处理。

10.3.3 轴套加工工艺分析

表 10-1 为成批生产条件下,加工轴套的工艺过程。

表 10-1 轴套加工工艺过程

工序	图示
工序 0 毛坯模锻件	
工序 5 粗车小端	
工序 10 粗车大端及内孔	
工序 15 粗车外圆(工序 20 为中检,工序 25 为热处理,285～321HBW)	

第 10 章 典型零件加工工艺

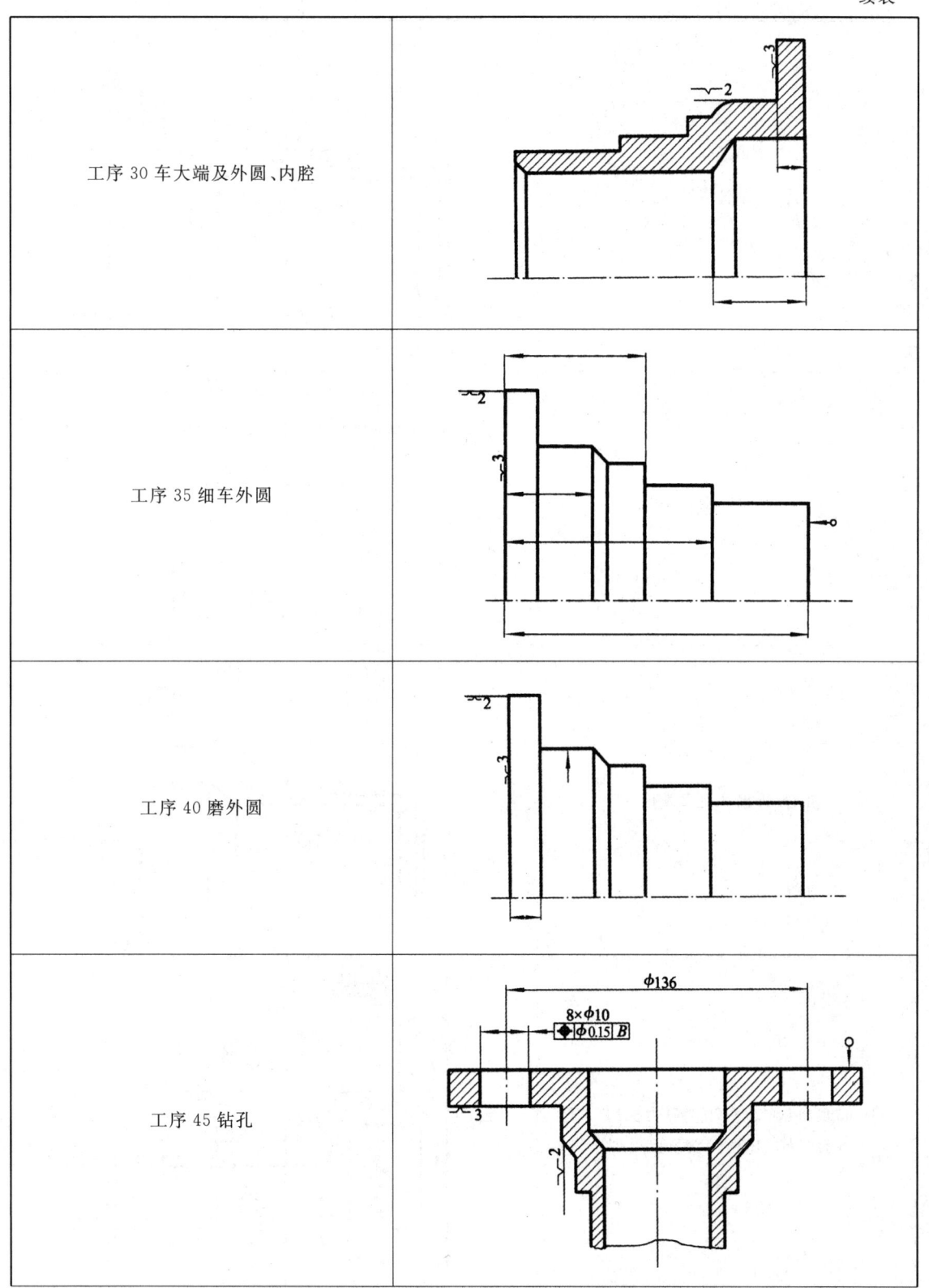

续表

工序 30 车大端及外圆、内腔	
工序 35 细车外圆	
工序 40 磨外圆	
工序 45 钻孔	

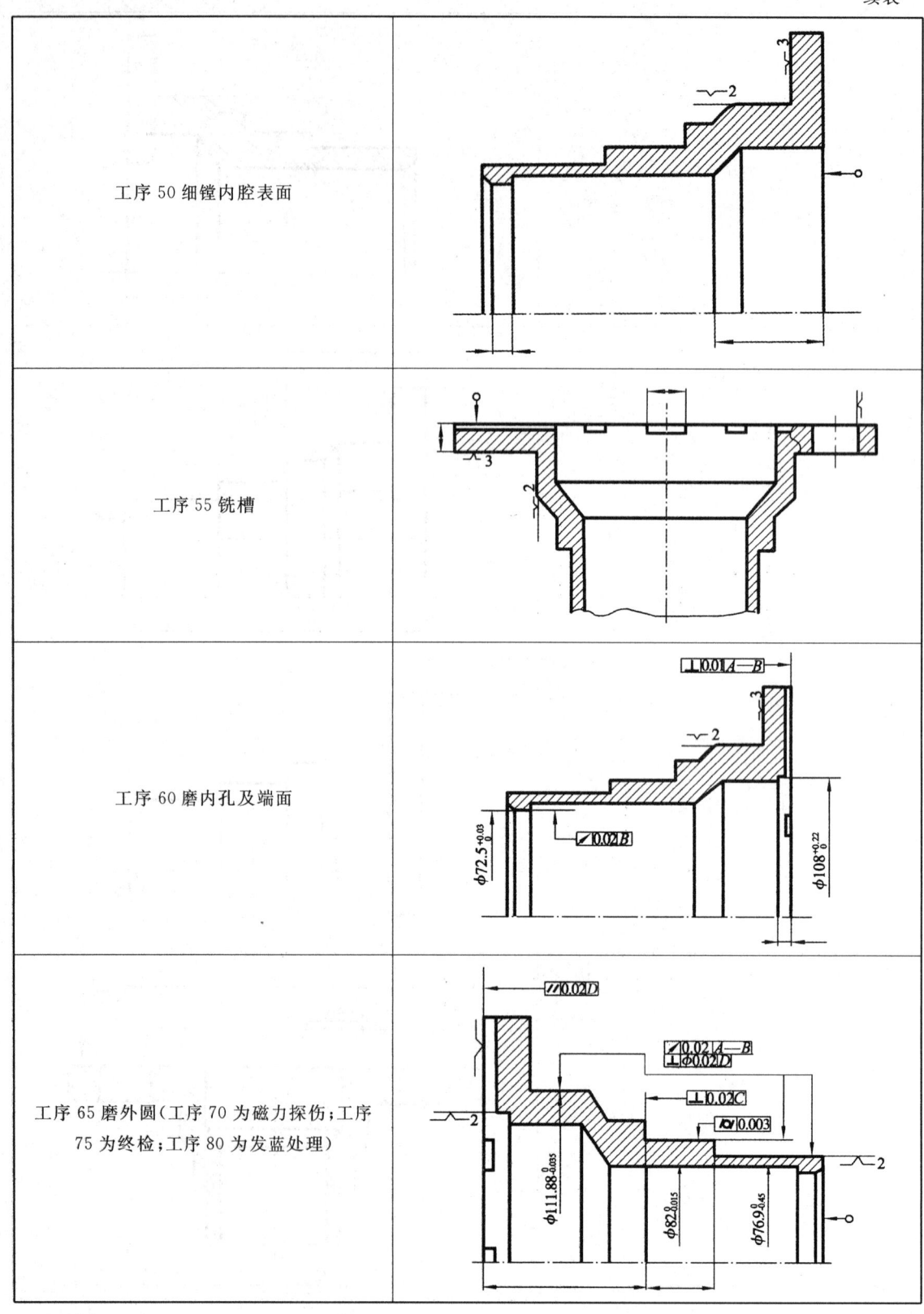

续表

工序	图示
工序 50 细镗内腔表面	
工序 55 铣槽	
工序 60 磨内孔及端面	$\phi 72.5^{+0.03}_{0}$　$\phi 108^{+0.22}_{0}$
工序 65 磨外圆(工序 70 为磁力探伤；工序 75 为终检；工序 80 为发蓝处理)	$\phi 111.88^{0}_{-0.035}$　$\phi 82^{0}_{-0.015}$　$\phi 76.9^{0}_{-0.045}$

该轴套是一个薄壁件,刚性很差。同时,主要表面的精度高,加工余量较大。因此,轴套在加工时需划分成三个阶段加工,以保证低刚度时的高精度要求。工序 5~15 是粗加工阶段,工序 30~55 是半精加工阶段,工序 60 以后是精加工阶段。

毛坯采用模锻件,因内孔直径不大,不能锻出通孔,所以余量较大。

(1) 工序 5、10、15

这三道工序组成粗加工阶段。工序 5 采用大外圆及其端面作为粗基准。因为大外圆的外径较大,易于传递较大的扭矩,而且其他外圆的拔模斜度较大,不便于夹紧。工序 5 主要是加工外圆,为下一道工序准备好定位基准,同时切除内孔的大部分余量。

工序 10 是加工大外圆及其端面,并加工大端内腔。这一工序的目的是切除余量,同时也为下一道工序准备定位基准。

工序 15 是加工外圆表面,用工序 10 加工好的大外圆及其端面作定位基准,切除外圆表面的大部分余量。

粗加工采用三道工序,用互为基准的方法,使加工时的余量均匀,加工后的表面位置比较准确,从而使以后工序的加工得以顺利进行。

(2) 工序 20、25

工序 20 是中间检验。因下一道工序为热处理工序,需要转换车间,所以一般应安排一个中间检验工序。工序 25 是热处理。因为零件的硬度要求不高(285~321HBW),所以安排在粗加工阶段之后进行,对半精加工不会带来困难。同时,有利于消除粗加工时产生的内应力。

(3) 工序 30、35、40

工序 30 的主要目的是修复基准。因为热处理后有变形,原来基准的精度遭到破坏,同时半精加工的要求较高,也有必要提高定位基准的精度,所以应把大外圆及其端面加工准确。另外,在工序 30 中,还安排了内腔表面的加工,这是因为工件的刚性较差,粗加工后余量留得较多,所以在这里再加工一次。为后续精加工做好余量方面的准备。

工序 35 是用修复后的基准定位,进行外圆表面的半精加工,并完成外锥面的最终加工。其他面留有余量,为精加工做准备。

工序 40 是磨削工序,其主要任务是建立辅助基准,提高 ϕ112mm 外圆的精度,为以后工序作定位基准用。

(4) 工序 45、50、55

这三道工序是继续进行半精加工,定位基准均采用 ϕ112mm 外圆及其端面。这是用统一基准的方法保证小孔和槽的位置精度。为了避免在半精加工时产生过大的夹紧变形,这三道工序采用 D 面作轴间压紧。

这三道工序在顺序安排上,钻孔应在铣槽以前进行,因为在保证孔和槽的角向位置时,用孔作角向定位比较合适。半精镗内腔也应在铣槽以前进行,其原因是在镗孔口时避免断续切削而改善加工条件,至于钻孔和镗内腔表面这两道工序的顺序,相互间没有多大影响,可任意安排。

在工序 50 和 55 中,由于工序要求的位置精度不高,所以虽然有定位误差存在,但只要在工序 40 中规定一定的加工精度,就可将定位误差控制在一定范围内,这样,保证位置精度就不会产生很大的困难。

(5) 工序 60、65

这两道工序是精加工工序。对于外圆和内孔的精加工工序,常采用"先孔后外圆"的加工顺序,因为孔定位所用的夹具比较简单。

在工序 60 中,用 ϕ112mm 外圆及其端面定位,用 ϕ112mm 外圆夹紧。为了减小夹紧变形,采用均匀夹紧的方法,在工序中对 A、B 和 D 面采用一次安装加工,其目的是保证垂直度和同轴度。

在工序 65 中加工外圆表面时,采用 A、B 和 D 面定位,由于 A、B 和 D 面在工序 60 中是一次安装加工的,相互位置比较准确,所以为了保证定位的稳定可靠,采用这一组表面作为定位基准。

(6)工序 70、75、80

工序 70 为磁力探伤,主要是检验磨削的表面裂纹,一般安排在机械加工之后进行。工序 75 为终检,检验工件的全部精度和其他有关要求。检验合格后的工件,最后进行表面保护处理(工序 80,发篮处理)。

由以上分析可知,影响工序内容、数目和顺序的因素很多,而且这些因素之间彼此有联系。在制定零件加工工艺时,要进行综合分析。另外,不同零件的加工过程,都有其特点,主要的工艺问题也各不相同,因此要特别注意关键工艺问题的分析。如套类零件,主要是薄壁件,精度要求高,所以要特别注意变形对加工精度的影响。

10.3.4　套筒类零件的内孔加工

套筒类零件主要表面为内孔和外圆,外圆的加工基本和轴类零件的加工类似,内孔表面的加工方法较多,常用的有钻孔、扩孔、铰孔、镗孔、磨孔、拉孔、研磨孔、珩磨孔、滚压孔等。

(1)钻孔

用钻头在工件实体部位加工孔称为钻孔。钻孔属粗加工,可达到的尺寸公差等级为 IT11~IT13,表面粗糙度值 Ra 为 12.5~50μm。

钻削时,钻头的切削部分始终处于一种半封闭状态,加工产生的热量不能及时散发,切削区温度很高。加注切削液虽然可以使切削条件有所改善,但作用有限。钻头的工作部分大都处于已加工表面的包围中,切屑难以排出。钻头的直径尺寸受被加工工件的孔径所限制,为了便于排屑,一般在其上面开出两条较宽的螺旋槽,因此导致钻头的强度和刚度都比较差,加上横刃的影响,使钻削过程中不易准确定心,易引偏,孔径易扩大,且加工后的表面质量差,生产效率低。因此,冷却、排屑和导向定心是钻削加工必须重视的问题。如图 10-22(a)所示,在钻床上钻孔时,引起孔的轴线偏移和不直;如图 10-22(b)所示为在车床上钻孔时,引起孔径的变化,但孔的轴线仍然是直的。

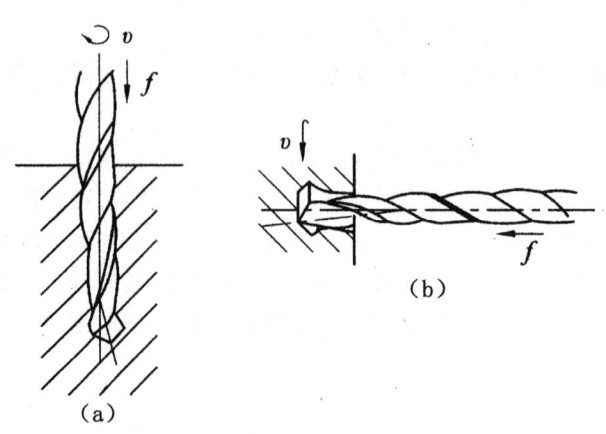

图 10-22　两种钻削方式引起的孔形误差

针对钻削加工中存在的问题,常采用的工艺措施如下:

①预钻锥形定心孔,即用小顶角、大直径短麻花钻或中心钻钻一个锥形坑,再用所需尺寸的钻头钻孔(图 10-23)。

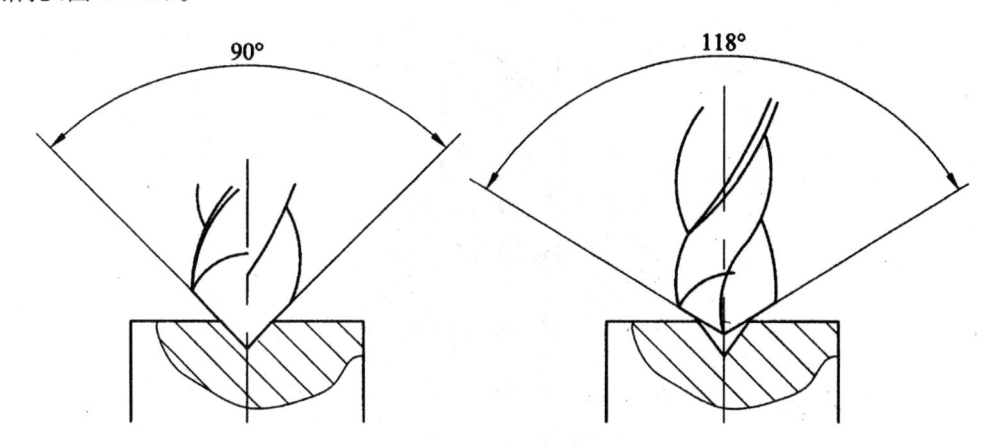

图 10-23 钻孔前预钻锥孔

②对于大直径孔($D>\phi 30$mm),常采取在钻床上分两次钻孔的方法,即第二次按要求尺寸钻孔,因横刃未参加工作,因而钻头不会出现由此引起的弯曲。对于小孔和深孔,为避免孔的轴线偏斜,尽可能在车床上进行钻削。

③冷却问题。在实际生产中,可根据具体的加工条件,采用大流量冷却或压力冷却的方法保证冷却效果。在普通钻削加工中,常采用分段钻削、定时推出的方法对钻头和钻削区进行冷却。

④排屑问题。常采用定时回退的方法,把切屑排除。在深孔加工中,要将钻头的结构和冷却措施结合,由压力冷却液把切屑强制排除。在主切削刃上开分屑槽,减小切削宽度,使切屑便于卷曲,这也是改善排屑效果的方法。

(2) 扩孔

扩孔是用扩孔钻对已钻出的孔做进一步加工,以扩大孔径并提高加工精度和降低表面粗糙度值。由于扩孔时切削深度较小,排屑容易,且扩孔钻刚性好,刀齿多,因此扩孔的尺寸精度和表面精度均比钻孔好。扩孔可达到的尺寸公差等级为 IT10～IT11,表面粗糙度值 Ra 为 $6.3\sim 12.5\mu m$,属于孔的半精加工方法,常作为铰削前的预加工,也可作为精度要求不高的孔的终加工。扩孔方法如图 10-24 所示,扩孔余量($D-d$)可由表查阅。

(3) 铰孔

铰孔是在半精加工(扩孔或半精镗)的基础上对孔进行的一种精加工方法。铰孔的尺寸公差等级可达 IT6～IT9,表面粗糙度值 Ra 可达 $0.2\sim 3.2\mu m$。

铰孔的方式有手铰和机铰两种。用手工进行铰削的称为手铰,如图 10-25 所示;在机床上进行铰削称为机铰,如图 10-26 所示。

图 10-24 扩孔

图 10-25 手铰

图 10-26 机铰

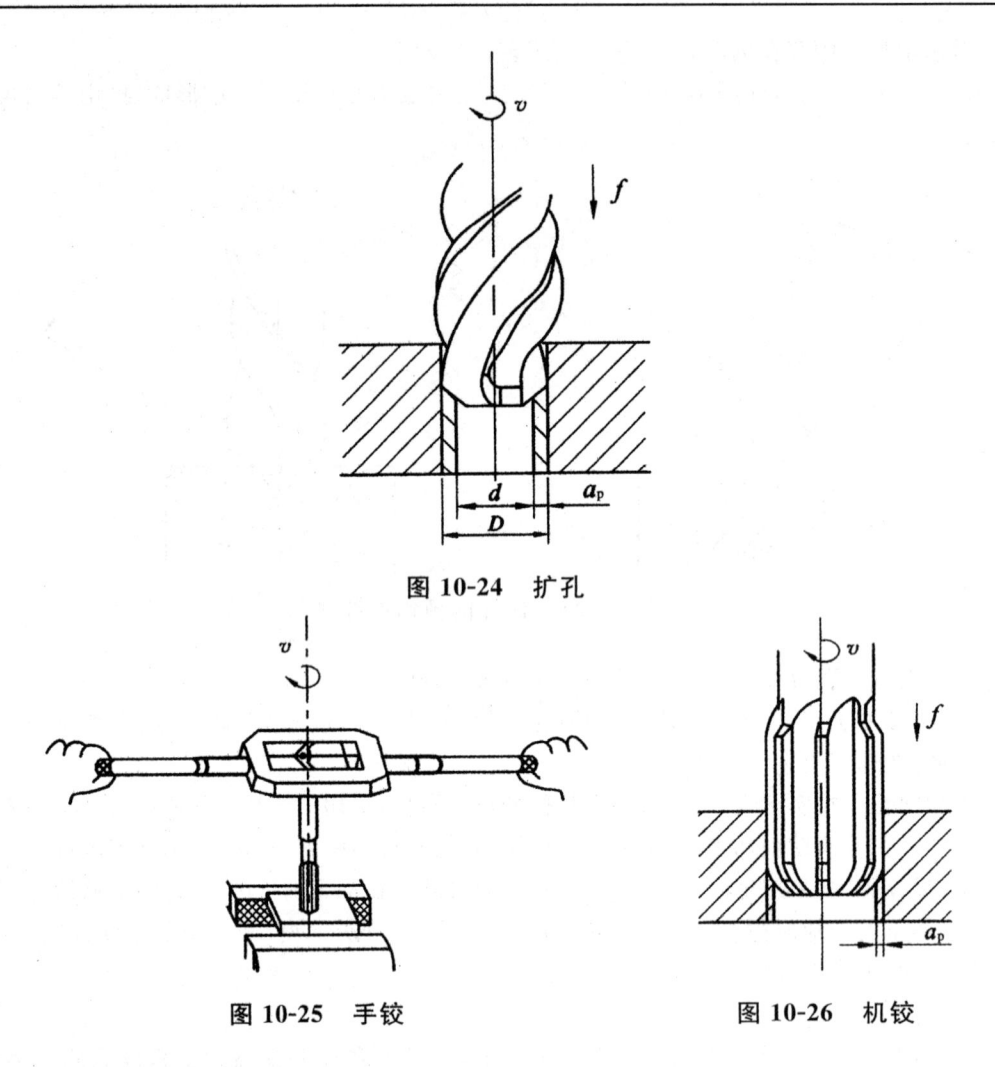

铰孔的工艺特点有以下几个方面：

①加工质量高。铰削的余量小，其切削力及切削变形很小，再加上本身有导向、校准和修光作用，因此在合理使用切削液的条件下，铰削可以获得较高的加工质量。

②铰刀为定直径的精加工刀具。铰孔比精镗孔容易保证尺寸精度和形状精度，生产率也较高，对于小孔和细长孔更是如此。但由于铰削余量小，铰刀常为浮动连接，故不能校正原孔的轴线偏斜，孔与其他表面的位置精度则需由前工序或后工序来保证。

③铰孔的适应性较差。一种铰刀只能加工一种尺寸的孔、台阶孔和不通孔。铰削的孔径一般小于 80mm，常用的在 40mm 以下。对于阶梯孔和不通孔铰削的工艺性则较差。

(4) 镗孔

镗孔是用镗刀对已有孔做进一步加工的精加工方法，可在车床、镗床或铣床上进行。镗孔是常用的孔加工方法之一，可分为粗镗、半精镗和精镗。粗镗的尺寸公差等级为 IT12～IT13，表面粗糙度值 Ra 为 $6.3～12.5\mu m$；半精镗的尺寸公差等级为 IT9～IT10，表面粗糙度值 Ra 为 $3.2～6.3\mu m$；精镗的尺寸公差等级为 IT7～IT8，表面粗糙度值 Ra 为 $0.8～1.6\mu m$。

(5) 拉孔

拉孔是一种高效率的精加工方法。除拉削圆孔外,还可拉削各种截面形状的通孔及内键槽,如图 10-27 所示。拉削圆孔可达的尺寸公差等级为 IT7~IT9,表面粗糙度值 Ra 为 $0.4\sim1.6\mu m$。

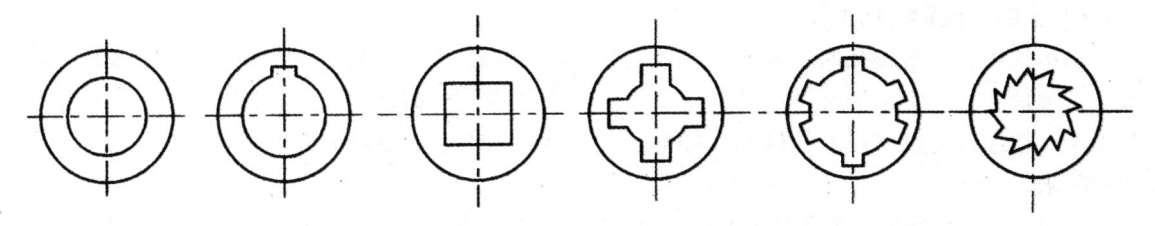

图 10-27 可拉削的各种孔的截面形状

拉削具有以下工艺特点:

①拉削时拉刀多齿同时工作,在一次行程中完成粗精加工,因此生产率高。

②拉刀为定尺寸刀具,且有校准齿进行校准和修光;拉床采用液压系统,传动平稳,拉削速度很低($v_c=2\sim8m/min$),切削厚度薄,不会产生积屑瘤,因此拉削可获得较高的加工质量。

③拉刀制造复杂,成本昂贵,一把拉刀只适用于一种尺寸规格的孔或键槽的加工,因此拉削主要用于大批大量生产或定型产品的成批生产。

④拉削不能加工台阶孔和不通孔。由于拉床的工作特点,某些复杂零件的孔也不宜进行拉削,例如箱体上的孔。

(6) 磨孔

磨孔是孔的精加工方法之一,磨孔可在内圆磨床或万能外圆磨床上进行,可达到的尺寸公差等级为 IT6~IT8,表面粗糙度值 Ra 为 $0.4\sim0.8\mu m$,如图 10-28 所示。

使用端部具有内凹锥面的砂轮可在一次装夹中磨削孔和孔内台肩面,如图 10-29 所示。

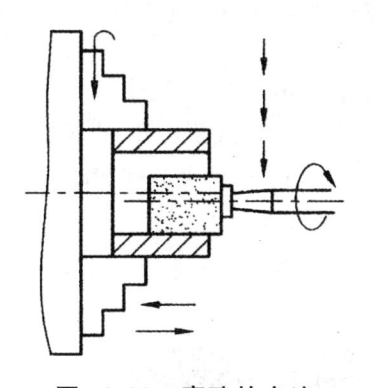

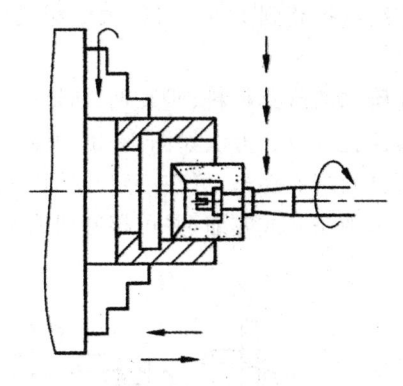

图 10-28 磨孔的方法　　图 10-29 磨削孔内台肩的方法

磨孔与磨外圆相比加工工艺性差,体现在以下几方面:

①磨孔时砂轮受工件孔径的限制,直径较小。为了保证正常的磨削速度,小直径砂轮转速要求较高。但常用的内圆磨头其转速一般不超过 20000r/min,而砂轮的直径小,其圆周速度很难达到外圆磨削速度($35\sim50m/s$)。

②磨孔的精度不如磨外圆易控制。因为磨孔时排屑困难,冷却条件差,工件易烧伤,且砂轮

轴细长、刚性差,容易产生弯曲变形而造成内圆锥形误差。因此,需要减小磨削深度,增加光磨行程次数。

③生产率较低。由于受上述两点的限制,磨孔使辅助时间增加,也必然影响生产率。因此,磨孔主要用于不宜或无法进行镗削、铰削和拉削加工的高精度孔以及淬硬孔的精加工。

(7)孔的其他精密加工技术

①精细镗孔。与镗孔的方法基本相同,由于其最初是使用金刚石作为镗刀,所以又称金刚镗。这种加工方法常用于有色金属合金或铸铁的套筒零件孔的终加工,或作为珩磨或滚压前的预加工。精细镗孔可获得高精度和良好的表面质量,其加工的经济精度为IT6~IT7级,表面粗糙度值 Ra 为 $0.05\sim0.4\mu m$。

目前普遍采用硬质合金YT30、YT15、YG3X或人工合成金刚石和立方氮化硼作为精细镗刀具的材料。为了达到较高的精度与较小的表面粗糙度值,减小切削变形对加工质量的影响,采用回转精度高、刚度大的金刚镗床,并选择较高的切削速度(加工钢为200m/min、加工铸铁为100m/min、加工铝合金为300m/min)、较小的加工余量(0.2~0.3mm)和进给量(0.03~0.08mm/r),以保证其加工质量。

②珩磨。它是用磨石条进行孔加工的一种高效率的光整加工方法,需要在磨削或精镗的基础上进行。珩磨的加工精度高,珩磨后尺寸公差等级为IT6~IT7,表面粗糙度值 Ra 为 $0.05\sim0.2\mu m$。

珩磨的应用范围很广,可加工铸铁件、淬硬和不淬硬的钢件以及青铜等,但不宜加工易堵塞石的塑性金属。珩磨加工的孔径为 $\phi5\sim\phi500mm$,也可加工 $L/D>10$ 的深孔,因此广泛应用于加工发动机的气缸、液压装置的液压缸以及各种炮筒的孔。

珩磨是低速大面积接触的磨削加工,与磨削原理基本相同。但由于其采用的磨具——珩磨头与机床主轴是浮动连接,因此珩磨不能修正孔的位置精度和直线度,孔的位置精度和直线度应在珩磨前的工序给予保证。

③研磨。研磨是常用的一种孔的光整加工方法,需在精镗、精铰或精磨后进行。研磨后孔的尺寸公差等级可提高到IT5~IT6,表面粗糙度值 Ra 为 $0.008\sim0.1\mu m$,孔的圆度和圆柱度也相应提高。

研磨孔所用的研具材料、研磨剂、研磨余量等均与研磨外圆类似。

套筒零件孔的研磨方法如图10-30所示。图中的研具为可调式研磨棒,由锥度检验棒和研套组成。研具两端的螺母,可在一定范围内调整其直径的大小。研套上的槽和缺口,可使研套在调整时能均匀地张开或收缩,并可存储研磨剂。

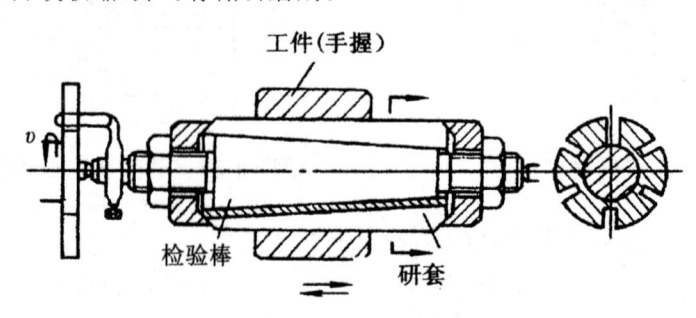

图10-30 套类零件研磨孔的方法

④滚压。滚压加工原理与滚压外圆相同。滚压的加工精度较高,加工效率也比较高。孔经滚压后尺寸精度可达 0.01mm 以内,表面粗糙度值 Ra 为 $0.16\mu m$ 或更小。

通常选用滚压速度为 $v=60\sim80m/min$,进给量为 $f=0.25\sim0.35mm/r$,切削液采用 50% 硫化油加 50% 柴油或煤油。

10.4 齿轮类零件加工工艺过程分析

齿轮传动在现代机器和仪器中应用极广,其功用是按规定的速比传递运动和动力。

齿轮结构由于使用要求不同而具有不同的形状,但从工艺角度可将其看成由齿圈和轮体两部分构成。按照齿圈上轮齿的分布形式,齿轮可分为直齿、斜齿和人字齿轮等;按照轮体的结构形式特点,齿轮可大致分为盘形齿轮、套筒齿轮、轴齿轮和齿条等。

在各种齿轮中以盘形齿轮应用最广。其特点是内孔多为精度要求较高的圆柱孔或花键孔,轮缘具有一个或几个齿圈。单齿圈齿轮的结构工艺性最好,可采用任何一种齿形加工方法加工。对多齿圈齿轮(多联齿轮),当各齿圈轴向尺寸较小时,除最大齿圈外,其余较小齿圈齿形的加工方法通常只能选择插齿。

10.4.1 齿坯的加工

齿形加工之前的齿轮加工称为齿坯加工,齿坯的内孔(或轴颈)、端面或外圆经常是齿轮加工、测量和装配的基准,齿坯的精度对齿轮的加工精度有着重要的影响。因此,齿坯加工在整个齿轮加工中占有重要的地位。

齿坯加工方案的选择主要与齿轮的轮体结构、技术要求和生产批量等因素有关。

(1)中小批量生产的齿坯加工

中小批量生产尽量采用通用机床加工。对于圆柱孔齿坯,可采用粗车各部分—精加工内孔—精车各部分的路线:

①在卧式车床上粗车齿轮各部分。
②在一次安装中精车内孔和基准端面,以保证基准端面对内孔的圆跳动要求。
③以内孔在心轴上定位,精车外圆、端面及其他部分。

对于花键孔齿坯,采用粗车—拉—精车的加工方案。

(2)大批量生产的齿坯加工

大批量生产中,无论花键孔或圆柱孔,均采用高生产率的机床(如拉床、多轴自动车床或多刀半自动车床等),其加工方案如下:

①以外圆定位加工端面和孔(留拉削余量)。
②以端面支承拉孔。
③以孔在心轴上定位,在多刀半自动车床上粗车外圆、端面和切槽。
④不卸下心轴,在另一台车床上精车外圆、端面、切槽和倒角,如图 10-31 所示。

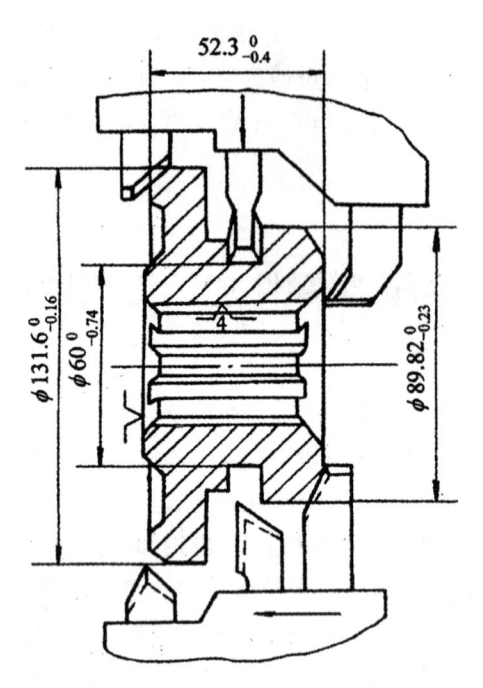

图 10-31　多刀半自动车床上精车齿坯外形

10.4.2　齿形的加工

一个齿轮的加工过程是由若干工序组成的。为了获得符合精度要求的齿轮,整个加工过程都是围绕着齿形加工工序展开的。齿形加工方法很多,按加工中有无切削,可分为无切削加工和有切削加工两大类。

无切削加工包括热轧齿轮、冷轧齿轮、精锻、粉末冶金等新工艺。无切削加工具有生产率高、材料消耗少、成本低等一系列的优点,目前已推广使用。但因其加工精度较低,工艺不够稳定,特别是生产批量小时难以采用,这些缺点限制了它的使用。

齿形的有切削加工,具有良好的加工精度,目前仍是齿形的主要加工方法。按其加工原理可分为成形法和展成法两种。

成形法的特点是所用刀具的切削刃形状与被切齿轮轮槽的形状相同,如图 10-32 所示。用成形原理加工齿形的方法有用齿轮铣刀在铣床上铣齿、用成形砂轮磨齿和用齿轮拉刀拉齿等。

展成法是应用齿轮啮合的原理来进行加工的,用这种方法加工出来的齿形轮廓是刀具切削刃运动轨迹的包络线。齿数不同的齿轮,只要模数和压力角相同,都可以用同一把刀具来加工。用展成原理加工齿形的方法有滚齿、插齿、剃齿、珩齿和磨齿等。其中剃齿、珩齿和磨齿属于齿形的精加工方法。展成法的加工精度和生产率都较高,刀具通用性好,所以在生产中应用十分广泛。

(a) 模数盘铣刀　　　　　　(b) 指形齿轮铣刀

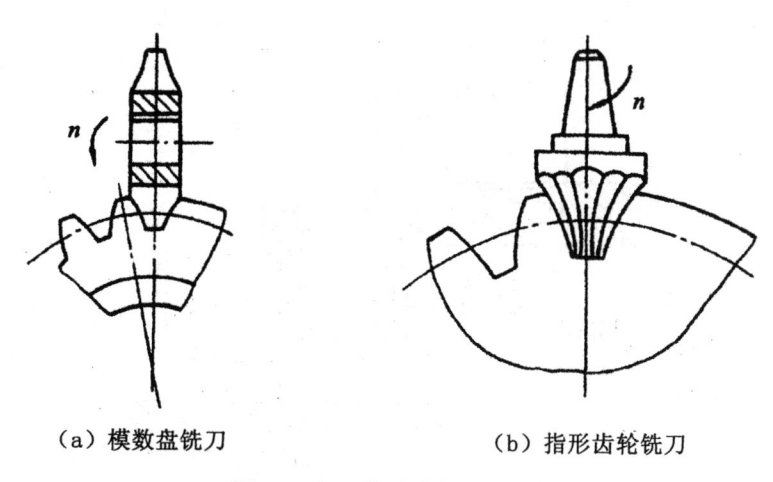

图 10-32　成形法加工齿轮

(1) 滚齿

滚齿是齿形加工方法中生产率较高、应用最广的一种加工方法。在滚齿机上用齿轮滚刀加工齿轮的原理,相当于一对螺旋齿轮作无侧隙强制性的啮合,如图 10-33 所示。滚齿加工的通用性较好,既可加工圆柱齿轮,又可加工蜗轮;既可加工渐开线齿形,又可加工圆弧、摆线等齿形;既可加工大模数齿轮,又可加工大直径齿轮。

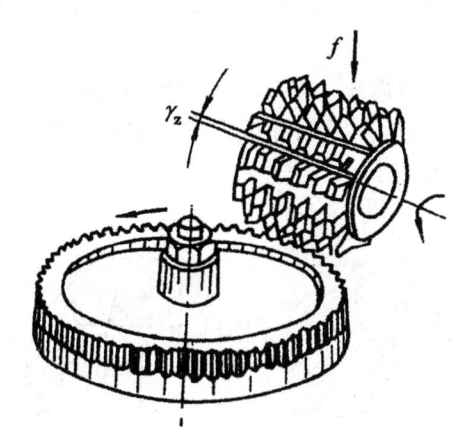

图 10-33　齿轮滚刀的工作原理

滚齿可直接加工 8～9 级精度齿轮,也可用作 7 级以上齿轮的粗加工及半精加工。滚齿可以获得较高的运动精度,但因滚齿时齿面是由滚刀的刀齿包络而成,参加切削的刀齿数有限,因而齿面的表面粗糙度值较大。为了提高滚齿的加工精度和齿面质量,宜将粗精滚齿分开。

(2) 插齿

插齿是按展成法原理加工齿轮的,插齿刀实质上就是一个磨有前后角并具有切削刃的齿轮。图 10-34 为插齿的工作原理。

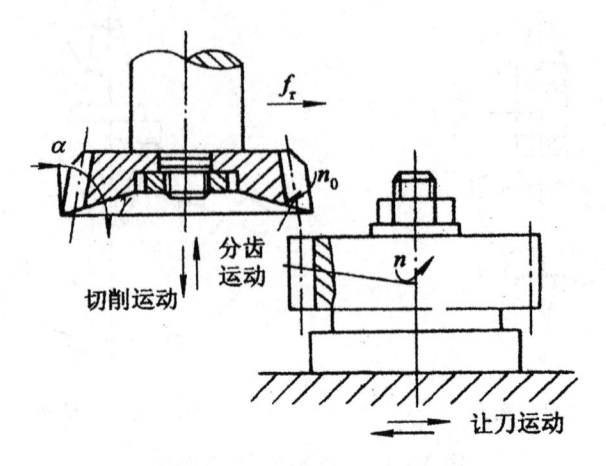

图 10-34 插齿的工作原理

插齿和滚齿相比,在加工质量、生产率和应用范围等方面具有如下特点:

①插齿的齿形精度比滚齿高。滚齿时,形成齿形包络线的切线数量只与滚刀容屑槽的数目和基本蜗杆的头数有关,它不能通过改变加工条件而增减;但插齿时,形成齿形包络线的切线数量由圆周进给量的大小决定,并可以选择。此外,制造齿轮滚刀时是近似造型的蜗杆来替代渐开线基本蜗杆,这就有造型误差。而插齿刀的齿形比较简单,可通过高精度磨齿获得精确的渐开线齿形。所以插齿可以得到较高的齿形精度。

②插齿后齿面的粗糙度值比滚齿小。这是因为滚齿时,滚刀在齿向方向上作间断切削,形成如图 10-35(a)所示的鱼鳞状波纹;而插齿时插齿刀沿齿向方向的切削是连续的,如图 10-35(b)所示。所以插齿时齿面粗糙度值较小。

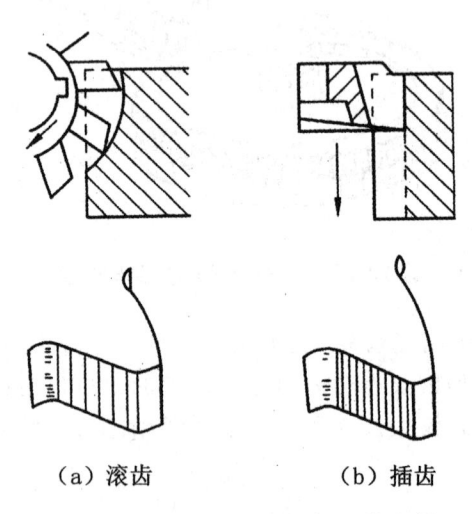

（a）滚齿　　　　（b）插齿

图 10-35 滚齿和插齿齿面的比较

③插齿的运动精度比滚齿差。这是因为插齿机的传动链比滚齿机多了一个刀具蜗轮副,即多了一部分传动误差。另外,插齿刀的一个刀齿对应切削工件的一个齿槽,因此,插齿刀本身的周节累积误差必然会反映到工件上。而滚齿时,因为工件的每一个齿槽都是由滚刀相同的 2~3

圈刀齿加工出来的,故滚刀的齿距累积误差不会影响被加工齿轮的齿距精度,所以滚齿的运动精度比插齿高。

④插齿的齿向误差比滚齿大。插齿时的齿向误差主要取决于插齿机主轴回转轴线与工作台回转轴线的平行度误差。由于插齿刀工作时往复运动的频率高,使得主轴与套筒之间的磨损大,因此插齿的齿向误差比滚齿大。

所以就加工精度来说,对运动精度要求不高的齿轮,可直接用插齿来进行齿形精加工,而对于运动精度要求较高的齿轮和剃前齿轮(剃齿不能提高运动精度),则用滚齿较为有利。

⑤切制模数较大的齿轮时,插齿速度要受到插齿刀主轴往复运动惯性和机床刚性的制约,切削过程又有空程的时间损失,故生产率不如滚齿高。只有在加工小模数、多齿数并且齿宽较窄的齿轮时,插齿的生产率才比滚齿高。

⑥加工带有台肩的齿轮以及空刀槽很窄的双联或多联齿轮,只能用插齿。这是因为插齿刀"切出"时只需要很小的空间,而滚刀会与大直径部位发生干涉。

⑦加工无空刀槽的人字齿轮,只能用插齿。

⑧加工内齿轮,只能用插齿。

⑨加工蜗轮,只能用滚齿。

⑩加工斜齿圆柱齿轮,两者都可用,但滚齿比较方便。插制斜齿轮时,插齿机的刀具主轴上须设有螺旋导轨,以提供插齿刀的螺旋运动,并且要使用专门的斜齿插齿刀,所以很不方便。

(3)剃齿

剃齿加工是根据一对螺旋角不等的螺旋齿轮啮合的原理,剃齿刀与被切齿轮的轴线空间交叉一个角度,如图10-36所示,剃齿刀为主动轮1,被切齿轮为从动轮2,它们的啮合为无侧隙双面啮合的自由展成运动。

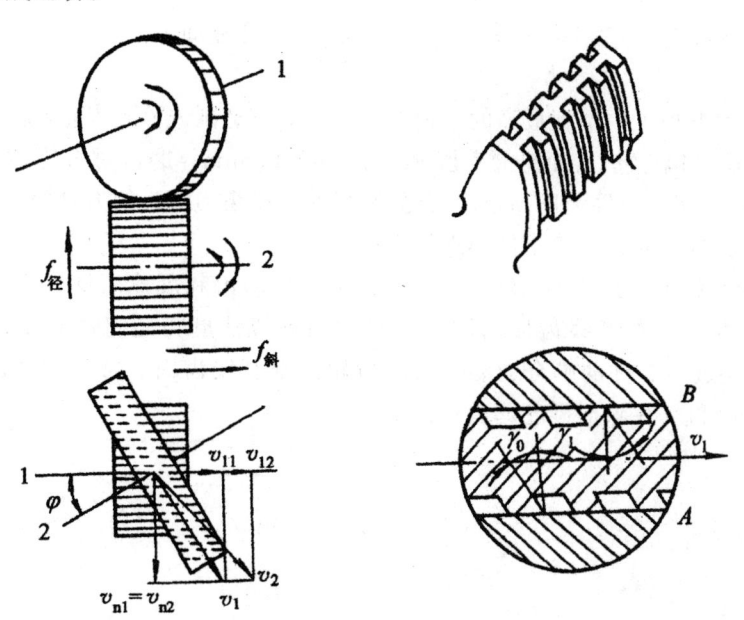

图10-36 剃齿原理

剃齿具有如下特点：

①剃齿加工精度一般为 IT6～IT7 级，表面粗糙度值 Ra 为 $0.4\sim0.8\mu m$，用于未淬火齿轮的精加工。

②剃齿加工的生产率高，加工一个中等尺寸的齿轮一般只需 2～4min，与磨齿相比较，可提高生产率 10 倍以上。

③由于剃齿加工是自由啮合，机床无展成运动传动链，故机床结构简单，调整容易。

(4) 珩齿

淬火后的齿轮轮齿表面有氧化皮，影响齿面粗糙度，热处理的变形也影响齿轮的精度。由于工件已淬硬，除可用磨削加工外，也可以采用珩齿进行精加工。

珩齿原理与剃齿相似，珩轮与工件类似于一对螺旋齿轮呈无侧隙啮合，利用啮合处的相对滑动，在齿面间施加一定的压力来进行珩齿。

珩轮由磨料（通常采用 F80～F180 粒度的电刚玉）和环氧树脂等原料混合后浇注而成。珩齿是齿轮热处理后的一种精加工方法。

与剃齿相比较，珩齿具有以下工艺特点：

①珩轮结构和磨轮相似，但珩齿速度较低（通常为 1～3m/s），加之磨粒粒度较细，珩轮弹性较大，故珩齿过程实际上是一种低速磨削、研磨和抛光的综合过程。

②珩齿时，齿面间隙除沿齿向有相对滑动外，沿齿形方向也存在滑动，因而齿面形成复杂的网纹，提高了齿面质量，其表面粗糙度值 Ra 可从 $1.6\mu m$ 降到 $0.4\sim0.8\mu m$。

③珩轮弹性较大，对珩前齿轮的各项误差修正作用不强。因此，对珩轮本身的精度要求不高，珩轮误差一般不会反映到被珩齿轮上。

④珩轮主要用于去除热处理后齿面上的氧化皮和毛刺。珩齿余量一般不超过 0.025mm，珩轮转速达到 1000r/min 以上，纵向进给量为 0.05～0.065mm/r。

⑤珩轮生产率较高，一般一分钟珩一个，通过 3～5 次往复即可完成。

(5) 磨齿

磨齿是目前齿形加工中精度最高的一种方法。它既可磨削未淬硬齿轮，也可磨削淬硬齿轮。磨齿精度可达 IT4～IT6 级，齿面粗糙度值 Ra 为 $0.4\sim0.8\mu m$。磨齿对齿轮误差及热处理变形有较强的修正能力，多用于硬齿面高精度齿轮及插齿刀、剃齿刀等齿轮刀具的精加工。其缺点是生产率低、加工成本高，故适用于单件小批量生产。

根据齿面渐开线的形成原理，磨齿方法分为仿形法磨齿和展成法磨齿两类。仿形法磨齿是用成形砂轮直接磨出渐开线齿形，目前应用较少；展成法磨齿是将砂轮工作面制成假想齿条的两个侧面，通过与工件的啮合运动包络出齿轮的渐开线齿面。常见的磨齿方法有锥面砂轮磨齿(图 10-37)和双片碟形砂轮磨齿(图 10-38)。

(a) 展成法磨齿　　(b) 仿形法磨齿

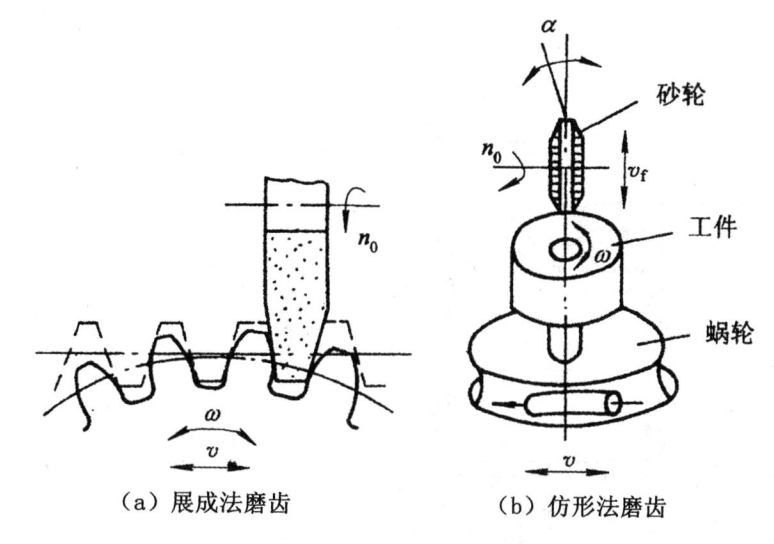

图 10-37　锥面砂轮磨齿原理

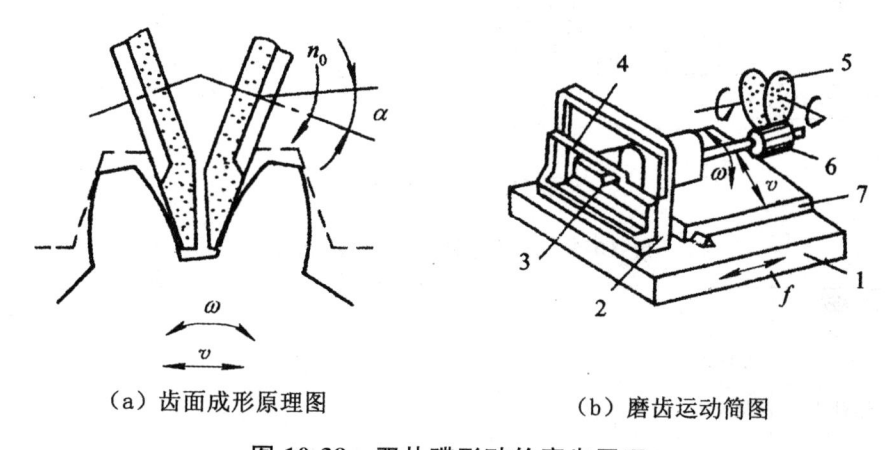

(a) 齿面成形原理图　　(b) 磨齿运动简图

图 10-38　双片碟形砂轮磨齿原理

1—工作台；2—框架；3—滚圆盘；4—钢带；5—砂轮；6—工件；7—滑座

10.4.3　齿轮的加工

1. 齿轮加工的一般工艺路线

根据齿轮的使用性能和工作条件以及结构特点,对于精度要求较高的齿轮,其工艺路线大致为备料→毛坯制造→毛坯热处理→齿坯加工→齿形加工→齿端加工→齿轮热处理→精基准修正→齿形精加工→终检。

2. 齿轮加工工艺过程及分析

图 10-39 为某双联齿轮的零件图,材料为 40Cr 钢,齿部高频淬火要求达到 52 HRC,中批量

— 255 —

生产。该齿轮加工工艺过程如表10-2所示。

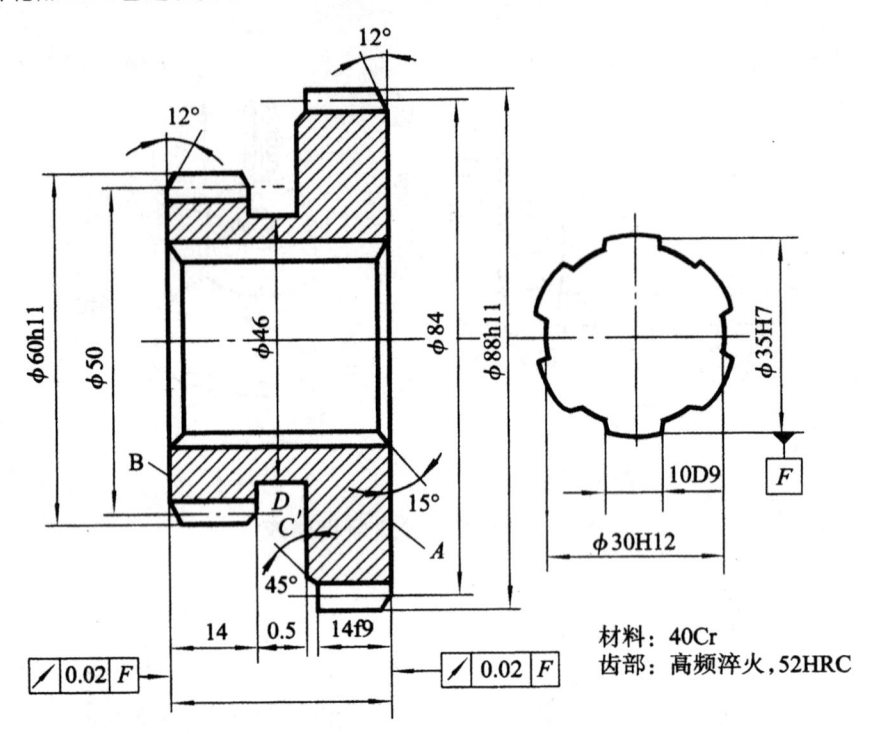

图 10-39 双联齿轮

表 10-2 双联齿轮加工工艺过程卡

工序号	工序名称	工序内容	定位基准
1	锻造	毛坯锻造	
2	热处理	正火	
3	车	粗车外圆及端面,留余量1.5~2mm,钻镗花键底孔至尺寸 ϕ30H12	外圆及端面
4	拉	拉花键孔	ϕ30H12孔及 A 面
5	钳	钳工去毛刺	
6	车	上心轴,精车外圆、端面及槽至要求	花键孔及 A 面
7	检验	检验	
8	滚齿	滚齿($z=42$),留剃余量0.07~0.10mm	花键孔及 B 面
9	插齿	插齿($z=28$),留剃余量0.04~0.06mm	花键孔及 A 面
10	倒角	倒角(Ⅰ、Ⅱ齿12°倒角)	花键孔及端面
11	钳	钳工去毛刺	
12	剃齿	剃齿($z=42$),公法线长度至尺寸上限	花键孔及 A 面

— 256 —

续表

工序号	工序名称	工序内容	定位基准
13	剃齿	剃齿($z=28$)，采用螺旋角度为5°的剃齿刀，剃齿后公法线长度至尺寸上限	花键孔及A面
14	热处理	齿部高频淬火：齿部硬度52HRC	
15	推孔	推孔	花键孔及A面
16	珩齿	珩齿至尺寸要求	花键孔及A面
17	检验	总检入库	

图10-40为某一高精度齿轮的零件图。材料为40Cr，齿部高频淬火要求达到52HRC，小批量生产。该齿轮加工工艺过程如表10-3所示。

模数	3.5
齿数	63
压力角	20°
基节极限偏差	±0.0065
周节累积公差	0.045
公法线平均长度	80.58 $_{-0.22}^{-0.14}$
跨齿数	8
齿向公差	0.007
齿形公差	0.007

材料：40Cr
齿部：高频淬火，52HRC

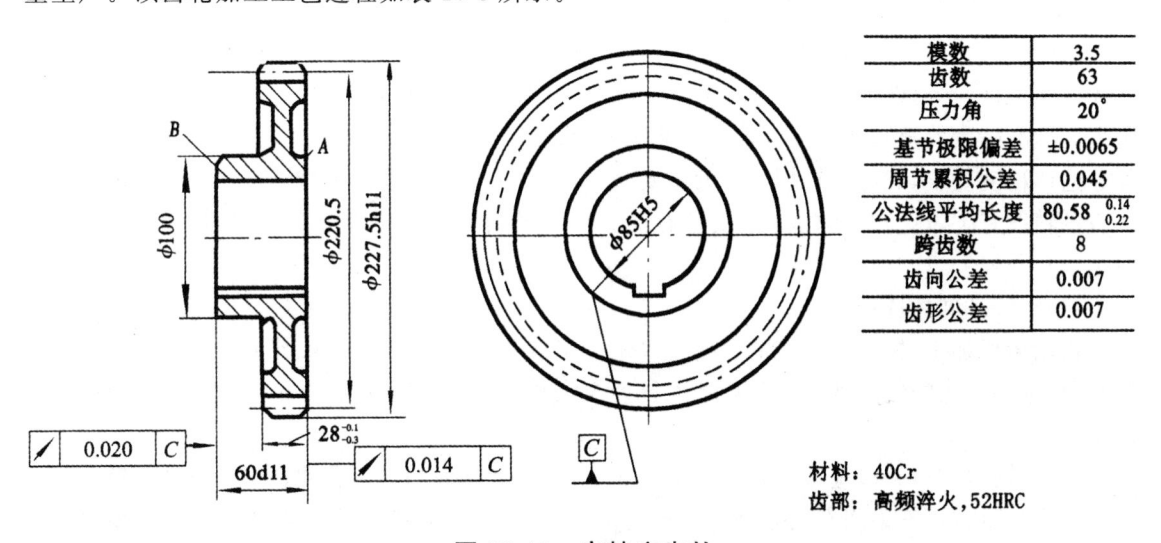

图 10-40 高精度齿轮

表 10-3 高精度齿轮加工工艺过程

工序号	工序名称	工序内容	机床	定位基准
1	锻造	毛坯锻造		
2	热处理	正火		
3	粗车	粗车各部分，留余量1.5～2mm	C616	外圆及端面
4	精车	精车各部分，内孔至ϕ84.8H7，总长留加工余量0.2mm，其余至尺寸		外圆及端面
5	检验	检验		
6	滚齿	滚齿（齿厚留磨加工余量0.10～0.15mm）	Y38	内孔及A面
7	倒角	倒角	倒角机	内孔及A面

续表

工序号	工序名称	工序内容	机床	定位基准
8	钳	钳工去毛刺		
9	热处理	齿部高频淬火:硬度52HRC		
10	插削	插键槽	插床	内孔(找正用)和 A 面
11	磨	磨内孔至 $\phi 85 H 5$	平面磨床	分度圆和 A 面
12	磨	靠磨大端 A 面		内孔
13	磨	平面磨 B 面至总长度尺寸		A 面
14	磨	磨齿	Y7150	内孔及 A 面
15	检验	总检入库		

齿轮及齿轮副的功用是按规定速比传递运动和动力,它必须满足三个方面的性能要求:传递运动的准确性、平稳性以及载荷分布的均匀性,这就要求控制分齿的均匀性、渐开线的准确度、轮齿方向的准确度以及其他有关因素。除此之外,齿轮副在非啮合侧应有一定的间隙。因此,如何保证这些精度要求,成为齿轮加工中的主要问题,也成为齿轮生产的关键。这些问题不但与齿圈本身的精度有关,也与齿坯的加工质量有关。下面就齿轮加工的工艺特点和应注意问题加以讨论。

(1)定位基准的选择

齿轮齿形加工时,定位基准的选择主要遵循基准重合和自为基准原则。为了保证齿形加工质量,应选择齿轮的装配基准和测量基准作为定位基准,而且尽可能在整个加工过程中保持基准的统一。

对于带孔齿轮,一般选择内孔和一个端面定位,基准端面相对内孔的轴向圆跳动应符合标准规定。当批量较小不采用专用心轴以内孔定位时,也可选择外圆作找正基准。但外圆相对内孔的径向圆跳动应有严格的要求。

对于直径较小的轴齿轮,一般选择顶尖孔定位,对于直径或模数较大的轴齿轮,由于自重和切削力较大,不宜选择顶尖孔定位,而多选择轴颈和轴向圆跳动较小的端面定位。

定位基准的精度对齿轮的加工精度有较大影响,特别是对于齿圈径向圆跳动和齿向精度影响很大。因此,严格控制齿坯的加工误差,提高定位基准的加工精度,对于提高齿轮加工精度具有明显的效果。表10-2 和表10-3 的加工工艺过程中定位基准均选内孔(花键孔)及端面。

(2)齿坯加工

在齿形加工前的齿坯加工中,要切除大量多余金属,加工出齿形加工时的定位基准和测量基准。因此,必须保证齿坯的加工质量。齿坯加工方法主要取决于齿轮的轮体结构、技术要求和生产批量,下面主要讨论盘形齿坯的加工问题。

①大批量生产时的齿坯加工。在大批量生产中,齿坯常在高效率机床(如拉床,单轴、多轴半自动车床,数控机床等)组成的流水线上或自动线上加工。

对于直径较大、宽度较小、结构比较复杂的齿坯,加工出定位基准后,可选用立式多轴半自动车床加工外形。

对于直径较小、毛坯为棒料的齿坯,可在卧式多轴自动车床上,将齿坯的内孔和外形在一道工序中全部加工出来。也可以先在单轴自动车床上粗加工齿坯的内孔和外形,然后拉内孔或花键,最后装在心轴上,在多刀半自动车床上精车外形。

②中小批量生产的齿坯加工。中小批量生产时,齿坯加工方案较多,需要考虑设备条件和工艺习惯。

对于一般具有圆柱形内孔的齿坯,内孔的精加工不一定采用拉削,可根据孔径大小采用铰孔或镗孔。外圆和基准端面的精加工,应以内孔定位装夹在心轴上进行精车或磨削。对于直径较大、宽度较小的齿坯,可在车床上通过两次装夹完成,但必须将内孔和基准端面的精加工在一次装夹下完成。在表10-2和表10-3的齿轮加工工艺过程中,齿坯加工方案遵循了粗加工各部分→精加工内孔(或花键)→精车外圆及端面的一般工艺路线。

(3) 齿轮的热处理

①齿坯热处理。在齿坯粗加工前后常安排预备热处理,其主要目的是改善材料的加工性能,减少锻造引起的内应力,为以后淬火时减少变形做好组织准备。齿坯的热处理有正火和调质。经过正火的齿轮,淬火后变形虽然较调质齿轮大些,但加工性能较好,拉孔和切齿工序中刀具磨损较慢,加工表面粗糙度值较小,因而生产中应用最多。齿坯、正火一般都安排在粗加工之前,调质则多安排在粗加工之后。

②轮齿的热处理。齿轮的齿形切出后,为提高齿面的硬度和耐磨性,根据材料与技术要求不同,常安排渗碳淬火或表面淬火等热处理工序。经渗碳淬火的齿轮,齿面硬度高,耐磨性好,使用寿命长但齿轮变形较大,对于精密齿轮往往还需要磨齿。表面淬火常采用高频淬火,对于模数小的齿轮,齿部可以淬透,效果较好。当模数稍大时,分度圆以下淬不硬,硬化层分布不合理,力学性能差,齿轮寿命低。因此,对于模数 $m=3\sim 6\text{mm}$ 的齿轮,宜采用超音频感应淬火;对模数更大的齿轮,宜采用单齿,沿齿沟中频感应淬火。表面淬火齿轮的轮齿变形较小,但内孔直径一般会缩小 $0.01\sim 0.05\text{mm}$(薄壁零件内孔略有胀大),淬火后应予以修正。在表10-2和表10-3所示的加工工艺过程中,分别安排了预备热处理正火,最终热处理均为高频淬火。

(4) 齿形加工方案的选择

在齿轮加工工艺过程中齿形加工是一个重要而独立的阶段。齿形加工方案的选择主要取决于齿轮的精度等级。此外,还要考虑齿轮结构、热处理和生产批量等因素,具体加工方案如下:

①8级精度以下的齿轮,经滚齿或插齿即可达到要求。对于淬硬齿轮常采用:滚(插)齿—齿端加工—齿面热处理—修正内孔的加工方案,但在齿面热处理前,齿形加工精度应比图样设计要求高一级。

②7级精度不需淬硬齿轮可用滚齿—剃齿(或冷挤压)方案。对于7级精度淬硬齿轮,当批量较小或淬火后变形较大的齿轮,可采用磨齿方案:滚(插)齿→齿端加工→渗碳淬火→修正基准→磨齿;批量大时可用剃珩齿方案:滚(插)齿→齿端加工→剃齿→表面淬火→修正基准→珩齿。

③5~6级精度齿轮常采用磨齿方案。

(5) 齿端加工

齿轮的齿端加工有倒圆、倒尖、倒棱(图10-41)和去毛刺等方式。经倒圆、倒尖后的齿轮变速时容易进入啮合状态;倒棱可以除去齿端的锐边,因为渗碳淬火后这些锐边变得硬而脆,在齿轮的传动中会崩碎,使传动系统中齿轮的磨损加速。

(a) 倒圆　　　　　(b) 倒尖　　　　　(c) 倒棱

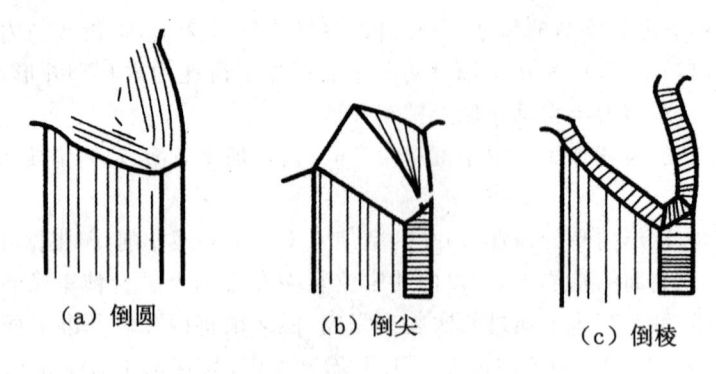

图 10-41　齿端加工形式

图 10-42 为用指形齿轮铣刀对齿端进行倒圆的加工示意图。倒圆时,铣刀在高速旋转的同时,沿圆弧作往复运动;加工完一个齿后,工件退离铣刀,经分度再次快速向铣刀靠近,加工下一个齿的端部。

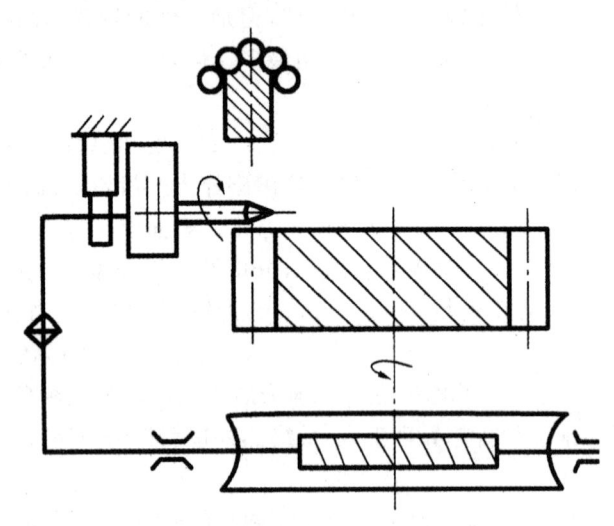

图 10-42　齿端倒圆加工示意图

齿端加工通常安排在滚(插)齿之后淬火之前进行。

(6) 精基准的修正

齿轮淬火后基准孔会发生变化,为保证齿形精加工质量,对基准孔及端面必须先加以修正。

对外径定心的花键孔齿轮,通常用花键推刀修正。推孔时用加长推刀前引导的方法来防止推刀歪斜。

对内孔定心的齿轮,常采用推孔或磨孔修正。推孔适用于内孔未淬硬的齿轮,磨孔适用于整体淬火、内孔较硬的齿轮或内孔较大、齿宽较薄的齿轮。磨孔时应以齿轮分度圆定心,如图 10-43 所示。这样可使后续齿轮精加工工序的余量较为均匀,对提高齿形精度有利。

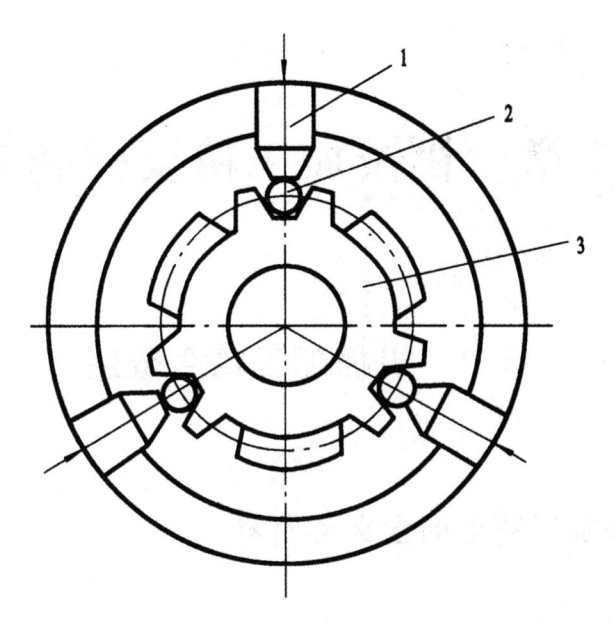

图 10-43　分度圆定位磨内孔

1—卡盘；2—滚柱；3—齿轮

采用磨削方法修整内孔时，要求齿坯加工阶段为内孔留有一定的加工余量；采用推孔方法修正内孔时，可不留加工余量。

第11章 机械加工精度控制分析

11.1 机械加工精度概述

11.1.1 机械加工精度的含义及内容

加工精度是指零件经过加工后的尺寸、几何形状以及各表面相互位置等参数的实际值与理想值相符合的程度,而它们之间的偏离程度则称为加工误差。加工精度在数值上通过加工误差的大小来表示。

零件的几何参数包括几何形状、尺寸和相互位置三个方面,故加工精度包括:
①尺寸精度用来限制加工表面与其基准间尺寸误差不超过一定的范围。
②几何形状精度用来限制加工表面宏观几何形状误差,如圆度、圆柱度、平面度、直线度等。
③相互位置精度用来限制加工表面与其基准间的相互位置误差,如平行度、垂直度、同轴度、位置度等。

零件各表面本身和相互位置的尺寸精度在设计时是以公差来表示的,工程的数值具体地说明了这些尺寸的加工精度要求和允许的加工误差大小。几何形状精度和相互位置精度用专门的符号规定,或在零件图样的技术要求中用文字来说明。

在相同的生产条件下所加工出来的一批零件,由于加工中的各种因素的影响,其尺寸、形状和表面相互位置不会绝对准确和完全一致,总是存在一定的加工误差。同时,从满足产品的工作要求的公差范围的前提下,要采取合理的经济加工方法,以提高机械加工的生产率和经济性。

11.1.2 影响加工精度的原始误差

机械加工中,多方面的因素都对工艺系统产生影响,从而造成各种各样的原始误差。这些原始误差,一部分与工艺系统本身的结构状态有关,另一部分与切削过程有关。按照这些误差的性质可归纳为以下四个方面:
①工艺系统的几何误差。工艺系统的几何误差包括加工方法的原理误差,机床的几何误差、调整误差,刀具和夹具的制造误差,工件的装夹误差以及工艺系统磨损所引起的误差。
②工艺系统受力变形所引起的误差。
③工艺系统热变形所引起的误差。
④工件的残余应力引起的误差。

11.1.3 机械加工误差的分类

(1)系统误差与随机误差

从误差是否被人们掌握来分,误差可分为系统误差和随机误差(又称偶然误差)。凡是误差的大小和方向均已被掌握的,则为系统误差。系统误差又分为常值系统误差和变值系统误差。常值系统误差的数值是不变的。如机床、夹具、刀具和量具的制造误差都是常值误差。变值系统误差是误差的大小和方向按一定规律变化,可按线性变化,也可按非线性变化。如刀具在正常磨损时,其磨损值与时间成线性正比关系,它是线性变值系统误差;而刀具受热伸长,其伸长量和时间就是非线性变值系统误差。凡是没有被掌握误差规律的,则为随机误差。如由于内应力的重新分布所引起的工件变形,零件毛坯由于材质不均匀所引起的变形等都是随机误差。系统误差与随机误差之间的分界线不是固定不变的,随着科学技术的不断发展,人们对误差规律的逐渐掌握,随机误差不断向系统误差转移。

(2)静态误差、切削状态误差与动态误差

从误差是否与切削状态有关来分,可分为静态误差与切削状态误差。工艺系统在不切削状态下所出现的误差,通常称为静态误差,如机床的几何精度和传动精度等。工艺系统在切削状态下所出现的误差,通常称为切削状态误差,如机床在切削时的受力变形和受热变形等。工艺系统在有振动的状态下所出现的误差,称为动态误差。

11.2 加工精度的获得方法

11.2.1 尺寸精度的获得

(1)试切法

操作工人在每一工步或走刀前进行对刀,然后切出一小段,测量其尺寸是否合适,如果不合适,将刀具的位置进行调整,再试切一小段,直至达到尺寸要求后才加工这一尺寸的全部表面。即试切—测量—再试切,直至测量结果达到图样给定要求的方法。试切法的加工效率低、劳动强度大,且要求操作者有较高的技术水平,否则质量不易保证,主要适用于单件小批量生产。

(2)定尺寸刀具法

用刀具的相应尺寸来保证工件被加工部位的尺寸的加工方法,如钻孔、铰孔、拉孔、攻螺纹、用镗刀块加工内孔、用组合铣刀铣工件两侧面和槽面等就是这样。这种方法的加工精度主要取决于刀具的制造、刃磨质量、切削用量等,其生产率较高,刀具制造较复杂,常用于孔、槽和成形表面的加工。

(3) 调整法

预先调整好刀具和工件在机床上的相对位置,并在一批零件的加工过程中保持此位置不变,以保持被加工零件尺寸的加工方法。调整法广泛采用行程挡块、行程开关、靠模、凸轮、夹具等来保证加工精度。这种方法加工效率高,加工精度稳定可靠,无须操作工人有很高的技术水平,且劳动强度较小,广泛应用于成批、大量和自动化生产中。

(4) 自动控制法

在加工过程中,通过由尺寸测量装置、动力进给装置、控制机构等组成的自动控制系统,自动完成工件尺寸的测量、刀具的补偿调整、切削加工等一系列动作,当工件达到要求的尺寸时,发出指令停止进给和此次加工,从而自动获得所要求尺寸精度的一种加工方法称为自动控制法。如数控机床就是通过数控装置、测量装置及伺服驱动机构来控制刀具或工作台按设定的规律运动,从而保证零件加工的尺寸等精度。

11.2.2 形状精度的获得

形状精度的获得方法如下:

①轨迹法。利用切削运动中刀尖的运动轨迹形成被加工表面形状精度的方法称为轨迹法。刀尖的运动轨迹取决于刀具和工件的相对成形运动,因而所获得的形状精度取决于成形运动的精度。普通的车削、铣削、刨削、磨削均属于轨迹法。

②仿形法。刀具按照仿形装置进给对工件进行加工的方法称为仿形法。仿形法所获得的形状精度取决于仿形装置的精度和其他成形运动精度。仿形车、仿形铣等均属仿形法加工。

③成形法。利用成形刀具对工件进行加工的方法称为成形法。成形刀具代替一个成形运动。所获得的形状精度取决于刀具的形状精度和其他成形运动精度。如用成形刀具或砂轮的车、铣、刨、磨、拉等均属于成形法。

④展成法。利用工件和刀具作展成切削运动进行加工的方法称为展成法。被加工表面是工件和刀具作展成切削运动过程中所形成的包络面,切削刃形状必须是被加工面的共轭曲线。所获得的形状精度取决于刀具的形状精度和展成运动精度。如滚齿、插齿、磨齿、滚花键等均属于展成法。

11.2.3 获得位置精度的方法

工件位置要求的保证取决于工件的装夹方法及其精度。工件的装夹方式有:

(1) 直接找正装夹

将工件直接放在机床上,用划针、百分表和直角尺或通过目测直接找正工件在机床上的正确位置之后再夹紧。图 11-1(a)所示为用单动卡盘装夹套筒,先用百分表按工件外圆 A 找正,再夹紧工件进行加工外圆 B,保证 A、B 圆柱面的同轴度。此法生产效率极低,对工人技术水准要求高,一般用于单件小批量生产中。

(2) 划线找正装夹

工件在切削加工前,预先在毛坯表面上划出加工表面的轮廓线,然后按所划的线将工件在机床上找正(定位)再夹紧。如图 11-1(b)所示的车床床身毛坯,为保证床身各加工面和非加工面的位置尺寸及各加工面的余量,可先在钳工台上划好线,然后在龙门刨床工作台上用千斤顶支承床身毛坯,用划针按线找正并夹紧,再对床身底平面进行刨削加工。由于划线找正既费时,又需技术水准高的划线工,定位精度较低,故划线找正装夹只用于批量不大、形状复杂而笨重的工件,或毛坯尺寸公差很大而无法采用夹具装夹的工件。

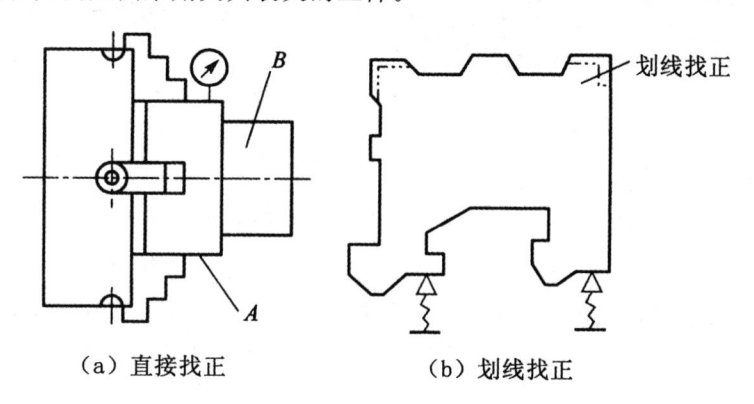

(a) 直接找正　　(b) 划线找正

图 11-1　工件找正装夹

(3)用夹具装夹

夹具是用于装夹工件的工艺装备。夹具固定在机床上,工件在夹具上定位、夹紧以后便获得了相对刀具的正确位置。因此工件定位方便,定位精度高而稳定,生产率高,广泛用于大批和大量生产中。

11.3　机械加工精度的影响因素

11.3.1　工艺系统受力变形引起的误差

工艺系统在切削力、传动力、惯性力、夹紧力以及重力等外力作用下,会产生变形,从而破坏刀具和工件之间已调整好的正确位置关系,使工件产生几何形状误差和尺寸误差。如车削细长轴时,在切削力的作用下,工件因弹性变形而出现"让刀"现象。随着刀具的进给,在工件全长上切削时,背吃刀量会由大变小,然后由小变大,使工件产生腰鼓形的圆柱度误差,如图 11-2(a)所示。又如内圆磨床以横向切入法磨孔时,由于内圆磨头主轴的弯曲变形,工件孔会出现带锥度的圆柱度误差,如图 11-2(b)所示。所以说工艺系统的受力变形是一项重要的原始误差,它严重影响加工精度和表面质量。由此看来,为了保证和提高工件的加工精度,就必须深入研究并控制以致消除工艺系统及其有关组成部分的变形。

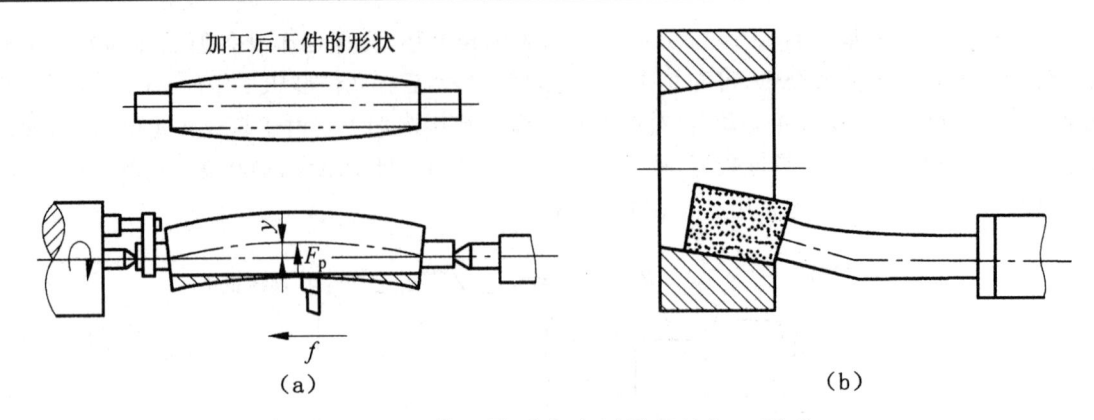

图 11-2　工艺系统受力变形引起的加工误差

切削加工中，工艺系统各部分在各种外力作用下，将在各个受力方向产生相应的变形。工艺系统受力变形，主要研究误差敏感方向，即在通过刀尖的加工表面的法线方向的位移。因此，工艺系统刚度 k_{xt} 定义为：工件和刀具的法向切削分力 F_p 与在总切削力的作用下，它们在该方向上的相对位移 Y_{xt} 的比值，即

$$k_{xt}=\frac{F_p}{Y_{xt}}$$

这里的法向位移是在总切削力的作用下工艺系统综合变形的结果，即在 F_f、F_p、F_c 共同作用下的 X 方向的变形。因此，工艺系统的总变形方向（Y_{xt} 的方向）有可能出现与 F_p 的方向不一致的情况，当 Y_{xt} 与 F_p 方向相反时，即出现负刚度。负刚度现象对加工不利，如车外圆时，会造成车刀刀尖扎入工件表面，故应尽量避免，如图 11-3 所示。

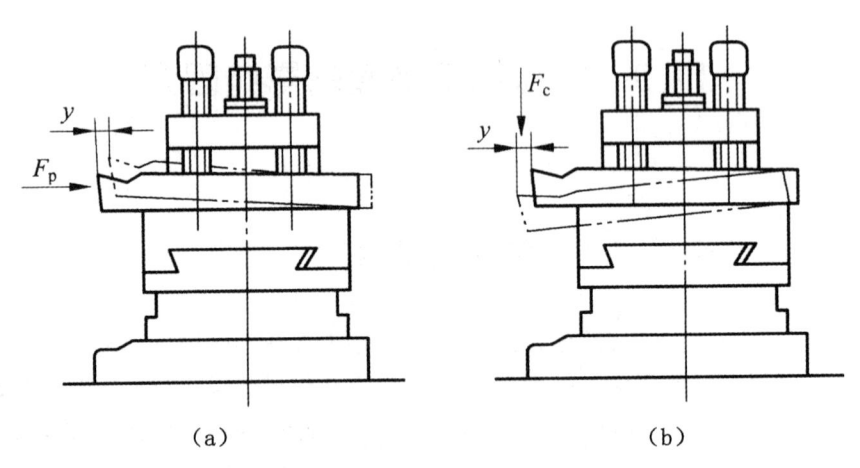

图 11-3　工艺系统的负刚度现象

由于上面所指的是静态条件下的力和变形，所以 k_{xt} 又称为工艺系统的静刚度。

1. 工艺系统刚度的计算

工艺系统在切削力作用下，机床的有关部件、夹具、刀具和工件都有不同程度的变形，使刀具和工件在法线方向的相对位置发生变化，产生加工误差。工艺系统在受力情况下，在某一处的法向总变形 Y_{xt} 是各个组成部分在同一处的法向变形的叠加，即

第11章 机械加工精度控制分析

$$Y_{xt}=Y_{jc}+Y_{dj}+Y_{jj}+Y_{gj}$$

而工艺系统各部件的刚度为

$$k_{xt}=\frac{F_p}{Y_{xt}},k_{jc}=\frac{F_p}{Y_{jc}},k_{dj}=\frac{F_p}{Y_{dj}},k_{jj}=\frac{F_p}{Y_{jj}},k_{gj}=\frac{F_p}{Y_{gj}}$$

式中,Y_{xt}为工艺系统总的变形量,mm;k_{xt}为工艺系统总的刚度,N/mm;Y_{jc}为机床变形量,mm;k_{jc}为机床的刚度,N/mm;Y_{dj}为刀架变形量,mm;k_{dj}为刀架的刚度,N/mm;Y_{jj}为夹具的变形量,mm;k_{jj}为夹具的刚度,N/mm;Y_{gj}为工件的变形量,mm;k_{gj}为工件的刚度,N/mm。

所以工艺系统刚度的一般计算式为

$$k_{xt}=\frac{1}{\frac{1}{k_{jc}}+\frac{1}{k_{jj}}+\frac{1}{k_{dj}}+\frac{1}{k_{gj}}}$$

若已知工艺系统各个组成部分的刚度,即可求出系统刚度。

2. 机床部件刚度的测定

在工艺系统中,刀具和工件一般是简单构件,其刚度可直接用材料力学的知识近似地分析计算,而机床和夹具结构较复杂,由许多零部件装配而成,故其受力和变形关系较复杂,其刚度很难用一个数学式来表示,主要通过实验方法进行测定。

(1)单向静载测定法

单向静载测定法是在机床处于静止状态,模拟切削过程中主要切削力,对机床部件施加静载荷并测定其变形量,通过计算求出机床的静刚度,如图11-4所示。

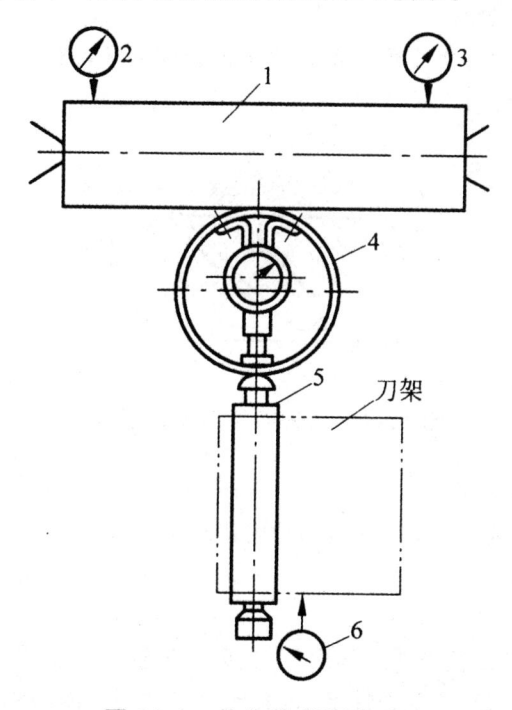

图11-4 单向静载测定法
1—短轴;2、3、6—百分表;4—传感器;5—螺旋加力器

在车床顶尖间装一根刚性很好的短轴1,在刀架上装一螺旋加力器5,在短轴与加力器之间安放传感器4,当转动加力器中螺钉时,刀架与短轴之间便产生了作用力,加力的大小可由数字测力仪读出。作用力一方面传到车床刀架上,另一方面经过短轴传到前后顶尖上。若加力器位于轴的中点,作用力为 F_x,则头架和尾架各受 $1/2F_x$,而刀架受到的总作用力为 F_x。头架、尾架和刀架的变形可分别从百分表2、3、6读出。实验时,可连续进行加载到某一最大值,然后再逐渐减小。

这种静刚度测定法简单易行,但与机床加工时的受力状况出入较大,故一般只用来比较机床部件刚度的高低。

(2)三向静载测定法

此法进一步模拟实际车削受力 F_t、F_p、F_c 的比值,从 x、y 及 z 三个法向加载,这样测定的刚度较接近实际。

静态测定法测定机床刚度,只是近似地模拟切削时的切削力,与实际加工条件不完全一样,为此也可采用工作状态测定法,即在切削条件下测定机床刚度,这样较为符合实际情况。

3. 影响机床部件刚度的因素

(1)连接表面间的接触变形

当两个零件表面接触时,总是凸峰处先接触,实际接触面积很小,接触处的接触应力很大,相应就会产生较大的接触变形。它既有表面的弹性变形,也有局部的塑性变形,从而使得刚度曲线不呈直线,且回不到原点。

(2)部件间薄弱零件的变形

机床部件中薄弱零件的受力变形对部件刚度的影响最大,图11-5是溜板部件中的楔块,由于其结构细长,刚性差,不易加工平直,以致装配后产生接触不良,故在外力作用下最易变形,使部件刚度大大降低。

图 11-5 机床部件刚度薄弱环节

(3)接合面间摩擦力的影响

由于加载时摩擦力阻碍变形的发生,卸载时阻碍变形的恢复,使得加载曲线和卸载曲线不重合。

(4)接合面间的间隙

接合面间存在间隙时,在较小的力作用下,就会发生较大的位移,表现为刚度很低。间隙消除后,接合面才真正开始接触,产生弹性变形,表现为刚度高。因间隙而引起的位移在卸载后不能恢复,特别是作用力方向变化时,间隙引起的位移会严重影响刀具和工件间的正确位置。

第 11 章　机械加工精度控制分析

4. 工艺系统受力变形引起的误差

在加工过程中,刀具相对于工件的位置是不断变化的,所以,切削力的大小及作用点位置总是变化的,因而工艺系统受力变形也随之变化。

(1) 切削力作用点位置变化而引起的加工误差

假设在车床两顶尖间车削一细长轴,此时机床、夹具和刀具的刚度都较高,所产生的变形可忽略不计。而工件细长,刚度很低,工艺系统的变形完全取决于工件的变形。图 11-6 为受力图可以抽象为一简支架受一垂直集中力作用的力学模型。根据材料力学的挠度计算公式,其切削点工件的变形量为

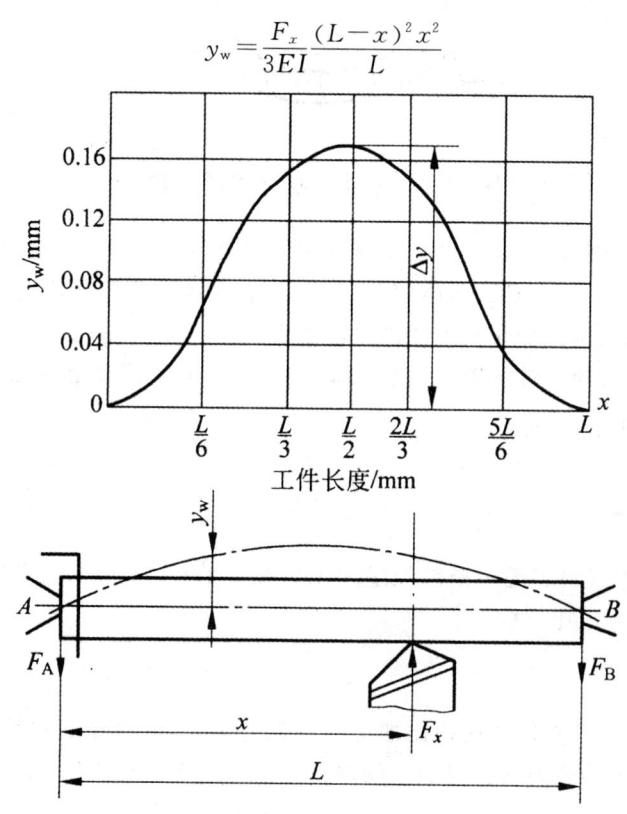

$$y_w = \frac{F_x}{3EI} \frac{(L-x)^2 x^2}{L}$$

图 11-6　工艺系统变形随受力点位置变化而变化

从上式的计算结果和车削的实际情况都可证实,切削后的工件呈鼓形,其最大直径在通过轴线中点的横截面内。

设 $F_x = 300\text{N}$,工件尺寸为 $\phi 30\text{mm} \times 600\text{mm}$,$E = 2 \times 10^5 \text{N/mm}^2$。沿工件长度上的变形如表 11-1 所示。

表 11-1　沿工件长度变形

x	O(头架处)	$\frac{1}{6}L$	$\frac{1}{3}L$	$\frac{1}{2}L$(中点)	$\frac{2}{3}L$	$\frac{5}{6}L$	L(尾架处)
y_w	0	0.052mm	0.132mm	0.17mm	0.132mm	0.052mm	0

故工件的圆柱度误差为 0.17mm。

(2)切削力大小变化引起的误差——误差复映规律

在切削加工中,往往由于被加工表面的几何形状误差或材料的硬度不均匀引起切削力变化,从而造成工件的加工误差,如图 11-7 所示。

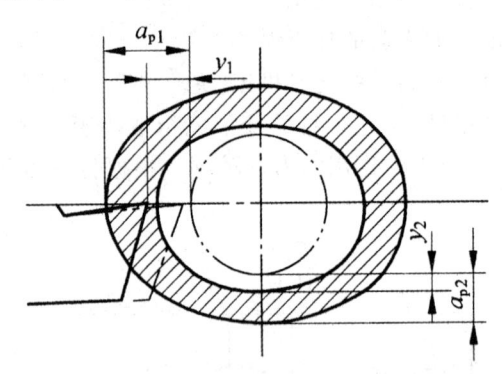

图 11-7 零件形状误差的复映

工件由于毛坯的圆度误差(如椭圆),车削时使背吃刀量在 a_{p1} 与 a_{p2} 之间变化,因此切削分力 F_x 也随背吃刀量变化,由最大 $F_{x\max}$ 到最小 $F_{x\min}$。工艺系统将产生相应的变形,即由 y_1 变到 y_2(刀具相对工件在法向的位移变化),工件仍保留了椭圆形圆度误差,这种现象称为毛坯"误差复映"。误差复映的大小可用工件误差 Δ_w($\Delta_w = a_{p1} - a_{p2}$)与毛坯误差 Δ_m($\Delta_m = y_1 - y_2$)之比值来表示

$$\varepsilon = \frac{\Delta_w}{\Delta_m}$$

ε 称为误差复映系数,$\varepsilon < 1$。

复映系数 ε 定量地反映了毛坯误差经过加工后减少的程度,与工艺系统的刚度 k_{xt} 成反比,与径向切削力系数 C 成正比。即

$$\varepsilon = \frac{C}{k_{xt}}$$

一般 $\varepsilon \ll 1$,经加工后工件的误差比加工前的误差减小,经多道工序或多次走刀加工之后,工件的误差会减小到工件公差所许可的范围内。经过 n 次走刀加工后,误差复映为

$$\Delta_w = \varepsilon_1 \varepsilon_2 \cdots \varepsilon_n \Delta_m$$

总的误差复映系数 ε_z 为

$$\varepsilon_z = \varepsilon_1 \varepsilon_2 \cdots \varepsilon_n$$

在粗加工时,每次走刀的进给量 f 一般不变,假设误差复映系数均为 ε,则 n 次走刀就有

$$\varepsilon_z = \varepsilon^n$$

增加走刀次数,可减小误差复映,提高加工精度,但是生产效率降低了。因此,提高工艺系统刚度对减小误差复映系数有很重要的意义。

(3)切削过程中受力方向变化引起的加工误差

切削加工中,高速旋转的零部件(含夹具、工件和刀具等)的不平衡将产生离心力。离心力在每一转中不断地改变方向,因此,它在 x 方向的分力大小的变化,会引起工艺系统的受力变形也随之变化而产生误差,如图 11-8 所示。车削一个不平衡工件,离心力与切削力方向相反时,将工

件推向刀具,使背吃刀量增加,当离心力与切削力同向时,工件被拉离刀具,背吃刀量减小,其结果都造成工件的圆度误差。

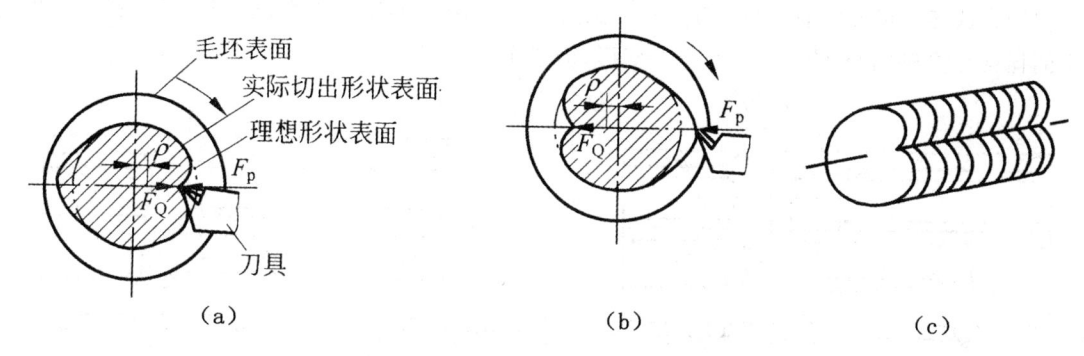

图 11-8 惯性力引起的加工误差

在生产中常于不平衡质量的对称方位配置平衡块,使两者离心力互相抵消。此外,还可以适当降低工件转速以减小离心力。

在车床或磨床类机床加工轴类零件时,常用单爪拨盘带动工件旋转。如图 11-9 所示,传动力 F 在拨盘的每一转中不断改变方向,其在误差敏感方向的分力有时把工件推向刀具,使实际背吃刀量增大,有时把工件拉离刀具,使实际背吃刀量减小,从而在工件上靠近拨盘一端的部分产生呈心脏线形的圆度误差。对形状精度要求较高的工件来说,传动力引起的误差是不容忽视的。在加工精密零件时,可改用双爪拨盘或柔性连接装置带动工件旋转。

(4) 工艺系统其他外力引起的误差

① 夹紧力引起的加工误差。

工件在装夹过程中,由于刚度较低或着力点不当,都会引起工件的变形而造成加工误差。特别是薄壁、薄板零件更易引起加工误差。

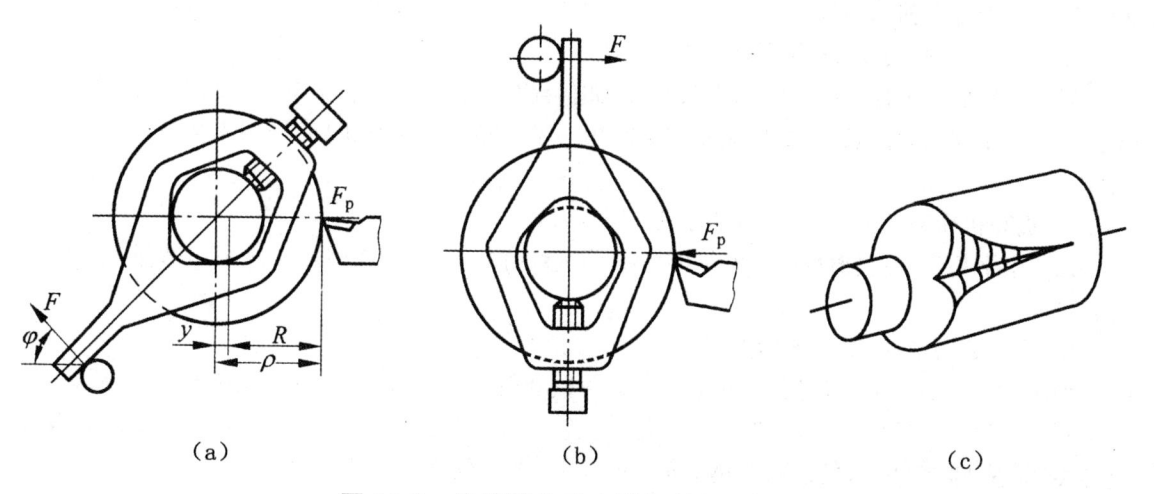

图 11-9 单拨销传动力引起的加工误差

②重力所引起的加工误差。

工艺系统中,由于零部件的自重也会产生变形。如龙门刨床、龙门铣床、大型立车刀架横梁,由于主轴箱或刀架的重力而产生变形,从而造成加工表面产生加工误差,如图 11-10 所示。摇臂钻床的摇臂在主轴箱自重的影响下产生变形,造成主轴轴线与工作台不垂直。

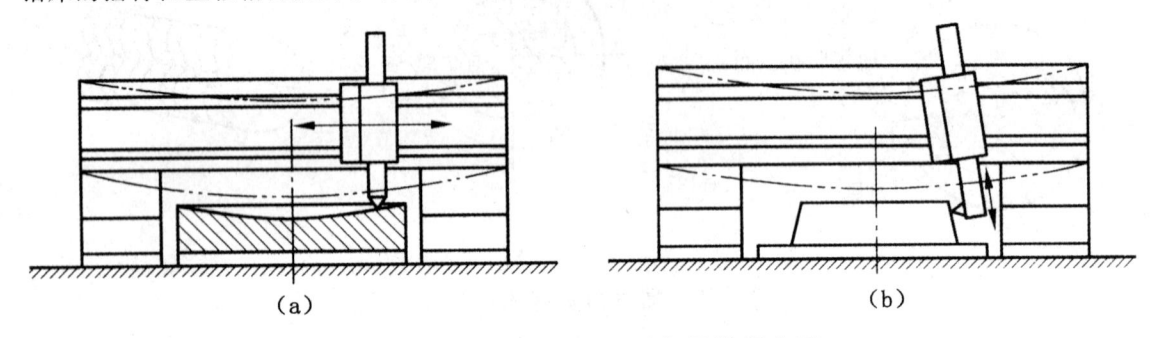

图 11-10　机床部件自重引起的横梁变形

5. 减小工艺系统受力变形的主要措施

减小工艺系统受力变形是保证加工精度的有效措施之一,根据生产实际,可采取以下措施。

(1) 提高接触刚度

一般部件的接触刚度大大低于实体零件本身的刚度,提高接触刚度是提高工艺系统刚度的关键。常用的方法是改善工艺系统主要零件接触面的配合质量,如机床导轨副的刮研、配研顶尖锥体与主轴和尾座套筒锥孔的配合面,多次修研加工精度零件用的中心孔等。通过刮研改善配合的表面粗糙度和形状精度,使实际接触面积增加,从而有效提高接触刚度。

另外一个措施是预加载荷,这样可消除配合面间的间隙,增加接触面积,减少受力后的变形,此方法常用于各类轴承的调整。

(2) 提高工件的刚度,减小受力变形

对刚度较低的工件,如叉架类、细长轴等,如何提高工件的刚度是提高加工精度的关键,其主要措施是减小支承间的长度,如安装跟刀架或中心架。箱体孔系加工中,采用支承镗套增加镗杆刚度。

(3) 提高机床部件刚度,减小受力变形

加工中常采用一些辅助装置提高机床部件刚度。图 11-11 为在转塔车床采用增强刀架刚度的装置。

(4) 合理装夹工件,减小夹紧变形

如图 11-12(a) 所示,当用自定心卡盘夹紧薄壁套筒类零件时,使工件呈三棱形,镗孔后,内圆呈正圆形。但当卡爪松开后,工件弹性恢复,使已加工的圆的内孔呈三棱形。此时可采用开口过渡环夹紧[图 11-12(b)],或采用专用卡爪[图 11-12(c)],使夹紧力均匀分布。

在夹具设计或工件的装夹中应尽量使作用力通过支承面或减小弯曲力矩,以减小夹紧变形。

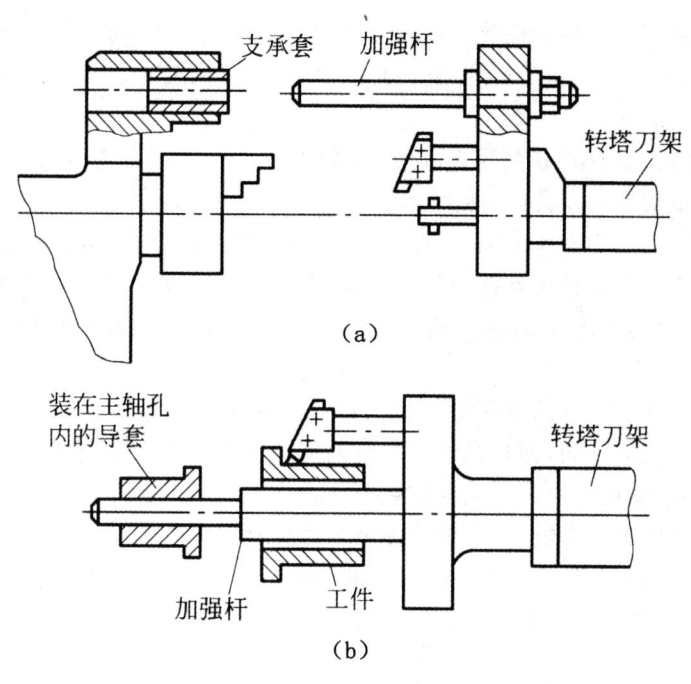

图 11-11 提高部件刚度的装置

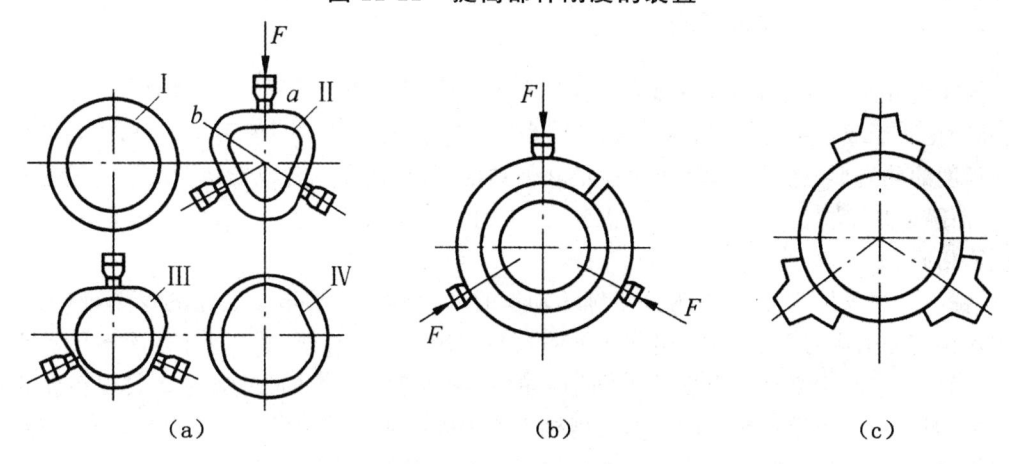

图 11-12 工件夹紧变形引起的误差

11.3.2 工艺系统热变形引起的误差

在机械加工过程中,工艺系统在各种热源的影响下,常产生复杂的变形,从而破坏工件与刀具间的相对运动。工艺系统热变形对加工精度的影响比较大,特别是在精密加工和大件加工中,由热变形所引起的加工误差有时可占工件总误差的 40%～70%。机床、刀具和工件受到各种热源的作用,温度会逐渐升高,同时它们也通过各种传热方式向周围的物质和空间散发热量。高效、高精度、自动化加工技术的发展,使工艺系统热变形问题变得更为突出,已成为机械加工技术进一步发展的重要研究课题。

引起工艺系统受热变形的"热源"大体分为两类:内部热源和外部热源。

内部热源主要指切削热和摩擦热。切削热是由于切削过程中,切削层金属的弹性、塑性变形及刀具与工件、切屑之间摩擦而产生的,这些热量将传给工件、刀具、切屑和周围介质。其分配百分比随加工方法不同而异。

车削加工时,大量切削热由切屑带走,传给工件的为10%~30%,传给刀具的为1%~5%。在钻、镗孔加工中,大量切屑留在孔内,使大量的切削热传入工件,占50%以上。在磨削加工时,由于磨屑小,带走的热量少,约占4%,而大部分传给工件,约占84%,传给砂轮约12%。

摩擦热主要是由机床和液压系统中的运动部件产生的,如电动机轴承、齿轮副、导轨副、液压泵、阀等运动部分相对运动产生的摩擦热。另外,动力源的能量消耗也部分转化为热。如电动机、油马达的运转也产生热。

外部热源主要是外部环境温度和辐射热。如靠近窗口的机床受到日光照射的影响,不同的时间机床温升和变形就会不同,而日光的照射是局部的或单面的,其受到照射的部分与未被照射的部分之间产生温差,从而使机床产生变形。

工艺系统受各种热源的影响,其温度会逐渐升高,与此同时,它们也通过各种传热方式向周围散发热量。当单位时间内传入和散发的热量相等时,则认为工艺系统达到热平衡。此时的温度场处于稳定状态,受热变形也相应地稳定,由此引起的加工误差是有规律的,所以,精密加工应在热平衡之后进行。

1. 机床热变形引起的误差

机床在内外热源的影响下,各部分温度将发生变化,由于热源分布不均匀和机床结构的复杂性,这种变化所形成的温度场(物体上各点温度的分布称为温度场)一般不均匀,机床各部件将发生不同程度的热变形,这不仅破坏了机床的几何精度,而且还影响各成形运动的位置关系和速比关系,从而降低加工精度。不同类型的机床,其结构和工作条件相差很大,主要热源不相同,变形形式也不相同。

车、铣、钻、镗等机床,主要热源是主轴箱轴承的摩擦热和主轴箱中油池的发热,使主轴箱及与它相连接部分的床身温度升高,引起主轴的抬高和倾斜。磨床类机床通常有液压传动系统并配有高速磨头,它的主要热源为砂轮主轴轴承的发热和液压系统的发热,主要表现在砂轮架位移、工件头架的位移和导轨的变形。对大型机床如导轨磨床、外圆磨床、立式车床、龙门铣床等长床身部件,机床床身的热变形将是影响加工精度的主要因素。由于床身长,床身上表面与底面间的温度差将使床身产生弯曲变形,表面呈中凸状。常见几种机床的热变形趋势如图11-13所示。

2. 工件热变形引起的加工误差

在切削加工中,工件的热变形主要由切削热引起。对于大型或精密零件,外部热源如环境温度、日光等辐射热的影响也不可忽视。对于不同的加工方法,不同的工件材料、形状和尺寸,工件的受热变形也不相同。

轴类零件在车削或磨削加工时,一般是均匀受热,开始切削时工件温升为零。随着切削的进行,工件温度逐渐升高,直径逐渐增大,加工终了时直径增至最大,但增大部分均被刀具所切除。当工件冷却后形成锥形,产生圆柱度和尺寸误差。

第 11 章 机械加工精度控制分析

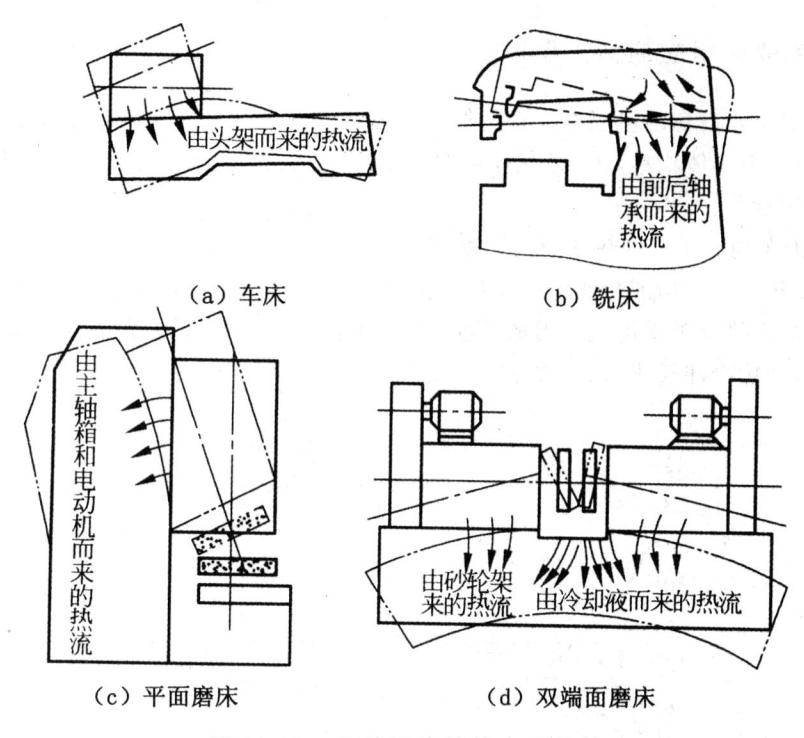

（a）车床

（b）铣床

（c）平面磨床

（d）双端面磨床

图 11-13 几种机床的热变形趋势

细长轴的顶尖间车削时，热变形将使工件伸长，导致弯曲变形，不仅使工件产生圆柱度误差，严重时顶弯的工件还有甩出去的危险。因此，在加工精度高的轴类零件时，宜采用弹性尾顶尖，或工人不时放松顶尖，以重新调整顶尖与工件间的压力。

在精密丝杠磨削时，工件的热伸长会引起螺距累积误差。如在磨 400mm 长的丝杠螺纹时，每磨一次温度升高 1℃，则被磨丝杠将伸长

$$\Delta L = 1.17 \times 10^{-5} \times 400 \times 1 \text{mm} = 0.0047 \text{mm}$$

式中，1.17×10^{-5} 为钢材的热膨胀系数。而 5 级丝杠的螺距误差在 400mm 长度上不允许超过 5μm 左右，因此热变形对工件加工影响很大。

磨削较薄的环形零件时，虽然可近似地视为均匀受热，但磨削热量大，工件质量小，温升高，在夹压点处热传递快，散热条件好，该处温度较其他部分低，待加工完毕工件冷却后，会出现菱形、圆形的圆度误差。

在加工铜、铝等有色金属零件时，由于膨胀系数大，其热变形尤为显著，除切削热引起工件变形外，室温、辐射热引起的变形量也较大。

在流水线、自动线以及工序高度集中的加工中，粗、精加工间隔时间较短，粗加工的热变形将影响到精加工。例如，在一台三工位组合机床上，按照钻—扩—铰三个工位顺序加工套筒件，工件外径 ϕ40mm，内径 ϕ20mm，长为 40mm，材料为钢材。钻孔后，温升竟达到 107℃，接着扩孔和铰孔，当工件冷却后孔的收缩已超过精度规定值。因此，在加工过程中，一定要采取冷却措施，以避免出现废品。

3. 刀具热变形引起的加工误差

刀具热变形主要由切削热引起。切削加工时虽然大部分切削热被切屑带走,传入刀具的热量并不多,但由于刀具体积小,热容量小,导致刀具切削部分的温升急剧升高,刀具热变形对加工精度的影响比较显著。

图 11-14 为车削时车刀的热变形与切削时间的关系曲线。曲线 A 是刀具连续切削时的热变形曲线,刀具受热变形在切削初始阶段变化很快,随后比较缓慢,经过较短时间便趋于热平衡状态。此时车刀的散热量等于传给车刀的热量,车刀不再伸长。曲线 C 表示在切削停止后,车刀温度立即下降,开始冷却较快,以后便逐渐减慢。

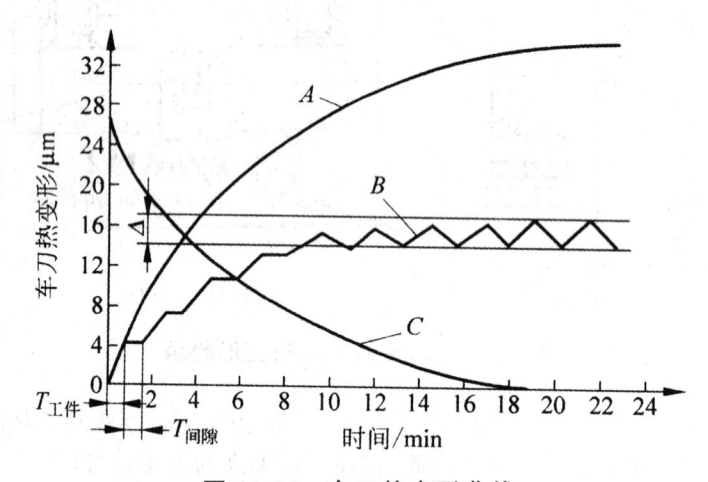

图 11-14 车刀热变形曲线

图 11-14 中曲线 B 所示为车削短小轴类零件时的情况。由于车刀不断有短暂的冷却时间,所以是一种断续切削。断续切削比连续切削时车刀达到热平衡所需要的时间要短,热变形量也小。因此,在开始切削阶段,刀具热变形较显著,车削加工时会使工件尺寸逐渐减小,当达到热平衡后,其热变形趋于稳定,对加工精度的影响不显著。

4. 减小工艺系统热变形的主要途径

(1) 减少热源发热和隔离热源

① 减少切削热或磨削热。通过控制切削用量,合理选择和使用刀具来减少切削热。当零件精度要求高时,还应注意将粗加工和精加工分开进行。

② 减少机床各运动副的摩擦热。从运动部件的结构和润滑等方面采取措施,改善摩擦特性以减少发热,如主轴部件采用静压轴承、低温动压轴承等,或采用低黏度润滑油、锂基润滑脂、油雾润滑等措施,均有利于降低主轴轴承的温升。

③ 分离热源。凡能从工艺系统分离出来的热源,如电动机、变速箱、液压系统、切削液系统等尽可能移出。

④隔离热源。对于不能分离的热源,如主轴轴承、丝杠螺母副、高速运动的导轨副等零部件,可从结构和润滑等方面改善其摩擦性能,减少发热。还可采用隔热材料将发热部件和机床大件隔离开来。

(2)加强散热能力

对发热量大的热源,既不能从机床内部移出,又不能隔热,则可采用有效的冷却措施,如增加散热面积或使用强制性的风冷、水冷、循环润滑等。

①使用大流量切削液或喷雾等方法冷却,可带走大量切削热或磨削热。在精密加工时,为增加冷却效果,控制切削液的温度是很必要的。

②采用强制冷却来控制热变形的效果比较显著。

目前,大型数控机床、加工中心机床普遍采用冷冻机,对润滑油、切削液进行强制冷却,机床主轴轴承和齿轮箱中产生的热量可由恒温的切削液迅速带走。

(3)均衡温度场

图 11-15 为 M7150A 型平面磨床所采用的均衡温度场的示意图。该机床床身较长,加工时工作台纵向运动速度较高,致使床身上下部温差较大。散热措施是将油池搬出主机并做成一个单独的油箱 1。此外,在床身下部开出热补偿油沟 2,利用带有余热的回油流经床身下部,使床身下部的温升提高,以减小床身上下部温差。采用这种措施后,床身上下部温差降低 1~2℃,导轨中凸量由原来的 0.265mm 降为 0.052mm。

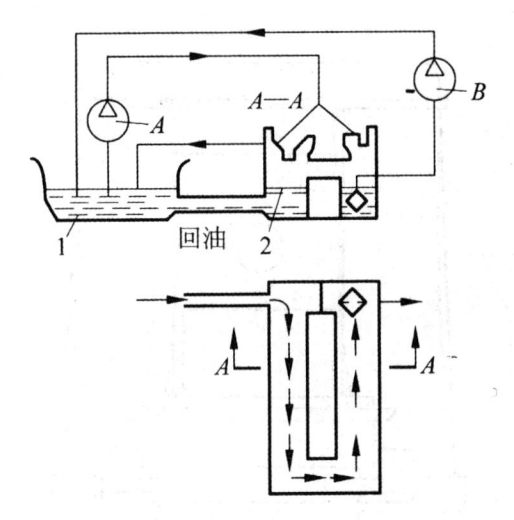

图 11-15　M7150A 磨床的"热补偿油沟"

1—油箱；2—热补偿油沟

图 11-16 表示平面磨床采用热空气加热温升较低的立柱后壁,以均衡立柱前后壁的温度差,从而减少立柱的弯曲变形。图中热空气从电动机风扇排出,通过特设管道引向防护罩和立柱的后壁空间。采用此项措施可使工件端面平行度误差降低为原来的 1/4~1/3。

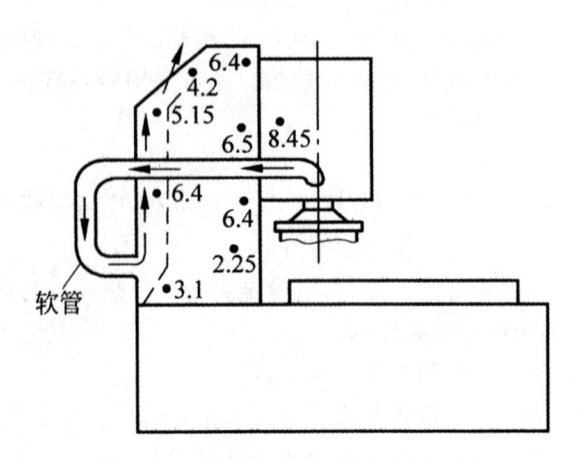

图 11-16　均衡立柱前后壁温度场

(4)改进机床布局和结构设计

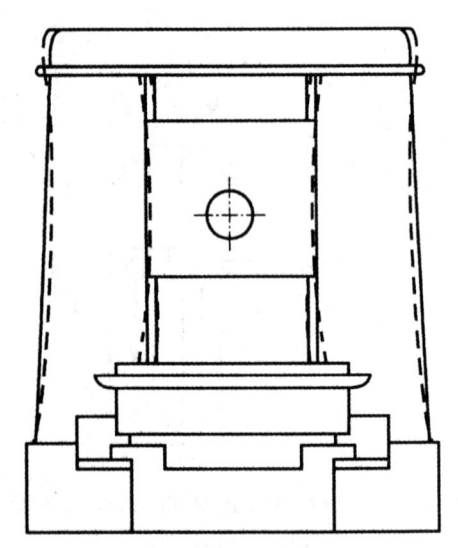

①采用热对称结构。卧式加工中心采用的框式双立柱结构如图 11-17 所示,这种结构相对热源来说是对称的。在产生热变形时,其刀具或工件回转中心对称线的位置基本不变,它的主轴箱嵌入框式立柱内,且以立柱左右导轨两内侧定位。这样,热变形时主轴中心将主要产生垂直方向的变化,而垂直方向的热变形很容易用垂直坐标移动的修正量加以补偿,从而获得高的加工精度。

图 11-17　框式双立柱结构

②合理选择机床零部件的安装基准,使热变形尽量不在误差敏感方向。如图 11-18(a)所示,车床主轴箱在床身上的定位点 H 置于主轴轴线的下方,主轴箱产生热变形时,使主轴孔在 z 方向产生热位移,对加工精度影响较小。若采用如图 11-18(b)所示的定位方式,主轴除了在 z 方向以外,还在误差敏感方向——y 方向产生热位移,直接影响刀具与工件之间的正确位置,产生较大的加工误差。

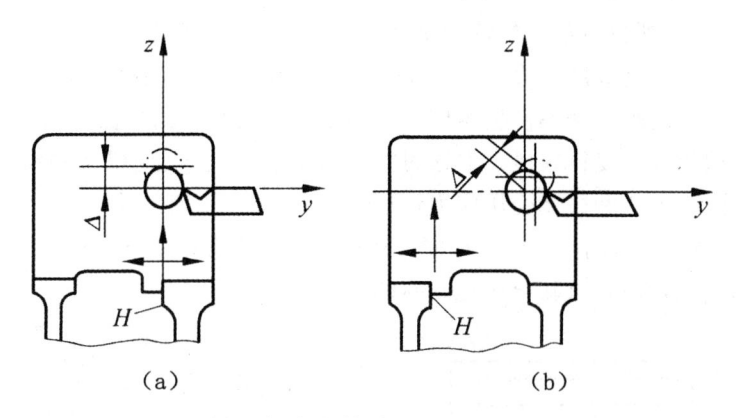

图 11-18 车床主轴箱两种结构的热位移

(5) 控制环境温度

精密机床一般安装在恒温车间,其恒温精度一般控制在±1℃内,精密级较高的机床为±0.5℃。恒温室平均温度一般为20℃,在夏季取23℃,在冬季可取17℃。对精加工机床应避免阳光直接照射,布置取暖设备也应避免使机床受热不均匀。

(6) 热位移补偿

在对机床主要部件,如主轴箱、床身、导轨、立柱等受热变形规律进行大量研究的基础上,可通过模拟试验和有限元分析,寻求各部件热变形的规律。在现代数控机床上,根据试验分析可建立热变形位移数字模型并存入计算机中进行实时补偿。热变形附加修正装置已在国外产品上作为商品供货。

11.3.3 工件残余应力引起的加工误差

内应力是指外部载荷去除后,仍残存在工件内部的应力,也称为残余应力。

在热加工和冷加工过程中,由于金属内部宏观或微观的组织发生了不均匀的体积变化,致使当外部载荷去除后,在工件内部残存的一种应力。存在残余应力的零件,始终处于一种不稳定状态,其内部组织有恢复到一种新的稳定的没有应力状态的倾向。在常温下,特别是在外界某种因素的影响下,其内部组织在不断地进行变化,直到内应力消失。在内应力变化的过程中,零件产生相应的变形,原有的加工精度受到破坏。用这些零件装配成机器,在机器使用中也会逐渐产生变形,从而影响整台机器的质量。

1. 毛坯制造中产生的残余应力

在铸造、锻造、焊接及热处理过程中,由于工件各部分冷却收缩不均匀以及金相组织转变时的体积变化,在毛坯内部就会产生残余应力。毛坯的结构越复杂,各部分壁厚越不均匀以及散热条件相差越大,毛坯内部产生的残余应力就越大。具有残余应力的毛坯,其内部应力暂时处于相对平衡状态。虽在短期内看不出有什么变化,但当加工时切去某些表面部分后,这种平衡就被打破,内应力重新分布,并建立一种新的平衡状态,工件明显地出现变形。

图 11-19 为一个内外壁厚相差较大的铸件。浇注后,铸件将逐渐冷却至室温。由于壁 1 和

壁2比较薄，散热较易，所以冷却比较快。壁3比较厚，所以冷却比较慢。当壁1和壁2从塑性状态冷却到弹性状态时，壁3的温度还比较高，尚处于塑性状态。所以，壁1和壁2收缩时壁3不起阻挡变形的作用，铸件内部不产生内应力。但当壁3也冷却到弹性状态时，壁1和壁2的温度已经降低很多，收缩速度变得很慢。但这时壁3收缩较快，就受到壁1和壁2的阻碍。因此，壁3受拉应力的作用，壁1和壁2受压应力作用，形成了相互平衡的状态。如果在这个铸件的壁1上开一口，则壁1的压应力消失，铸件在壁3和壁2的内应力作用下，壁3收缩，壁2伸长，铸件就发生弯曲变形，直至内应力重新分布达到新的平衡为止。

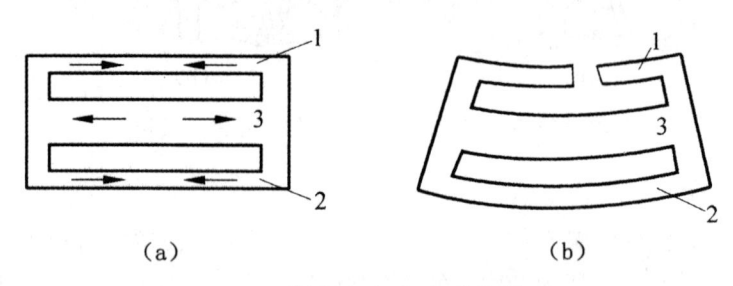

图 11-19 铸件残余应力引起的变形

推广到一般情况，各种铸件都难免产生冷却不均匀而形成的内应力，铸件的外表面总比中心部分冷却得快。特别是有些铸件（如机床床身），为了提高导轨面的耐磨性，采用局部激冷的工艺使它冷却得更快一些，以获得较高的硬度，这样在铸件内部形成的内应力也就更大些。若导轨表面经过粗加工剥去一些金属，这就像在图中的铸件壁1上开口一样，必将引起内应力的重新分布并朝着建立新的应力平衡的方向产生弯曲变形。为了克服这种内应力重新分布而引起的变形，特别是对大型和精度要求高的零件，一般在铸件粗加工后安排进行时效处理，然后再作精加工。

2. 冷校直引起的残余应力

丝杠一类的细长轴经过车削以后，棒料在轧制中产生的内应力要重新分布，产生弯曲，如图11-20(a)所示。冷校直就是在原有变形的相反方向加力 F，使工件向反方向弯曲，产生塑性变形，以达到校直的目的。在力 F 的作用下，工件内部的应力分布如图11-20(b)所示。当外力 F 去除以后，弹性变形部分本来可以完全恢复而消失，但因塑性变形部分恢复不了，内外层金属就起了互相牵制的作用，产生了新的内应力平衡状态，如图11-20(c)所示。所以说，冷校直后的工件虽然减少了弯曲，但是依然处于不稳定状态，还会产生新的弯曲变形。

3. 减少或消除残余应力的措施

（1）合理设计零件结构

在零件的结构设计中，应尽量简化结构，减小零件各部分尺寸差异，以减少铸锻件毛坯在制造中产生的残余应力。

（2）增加消除残余应力的专门工序

对铸、锻、焊接件进行退火或回火，工件淬火后进行回火，对精度要求高的零件在粗加工或半精加工后进行时效处理都可以达到消除残余应力的目的。时效处理有以下几种：

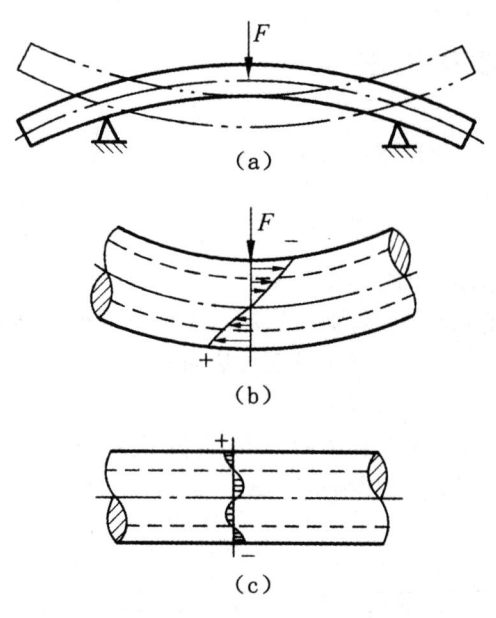

图 11-20 冷校直引起的残余应力

①自然时效处理。一般需要很长时间,往往影响产品的制造周期,所以除特别精密件外,一般较少采用。

②人工时效处理。它分为高温和低温两种时效处理。前者一般在毛坯制造或粗加工以后进行,后者多在半精加工后进行。人工时效对大型零件则需要较大的设备,其投资和能源消耗都比较大。

③振动时效处理。它是消除残余应力、减少变形及保持尺寸稳定的一种新方法,可用于铸件、锻件、焊接件以及有色金属件等。振动时效是工件受到激振器的敲击,或工件在滚筒回转互相撞击,使工件在一定的振动强度下,引起工件金属内部组织的转变,一般振动 30~50min,即可消除内应力。这种方法节省能源、简便、效率高,近年来发展较快。此方法适用于中小零件及有色金属,但此方法有噪声污染。

(3)合理安排工艺过程

在安排零件加工工艺过程中,尽可能将粗、精加工分在不同工序中进行。对粗、精加工在一个工序中完成的大型工件,其消除残余应力的方法已在前文讲过,此处不再赘述。

11.4 提高加工精度的工艺措施

为了保证和提高机械加工精度,首先要找出产生加工误差的主要因素,然后采取相应的工艺措施以减少或控制这些因素的影响。在生产中可采取的工艺措施很多,这里仅举出一些常用的且行之有效的实例。

11.4.1 直接减少误差法

直接减少误差法是生产中应用较广的一种基本方法，它是在查明产生加工误差的主要因素之后，设法对其进行消除或减小。

例如，细长轴是车削加工中较难加工的一种工件，普遍存在的问题是精度低、效率低。正向进给，一夹一顶装夹高速切削细长轴时，由于刚性特别差，在切削力、惯性力和切削热的作用下易引起弯曲变形。采用跟刀架虽消除了背向力引起的工件弯曲的因素，但轴向力和工件热伸长还会导致工件弯曲变形[图 11-21(a)]。现采用反拉法切削，一端用卡盘夹持，另一端采用可伸缩的活顶尖装夹[图 11-21(b)]。此时工件受拉不受压，工件不会因偏心压缩而产生弯曲变形。尾部的可伸缩活顶尖使工件在热伸长下有伸缩的自由，避免了热弯曲。此外，采用大进给量和大的主偏角，增大了进给力，减小了背向力，切削更平稳。

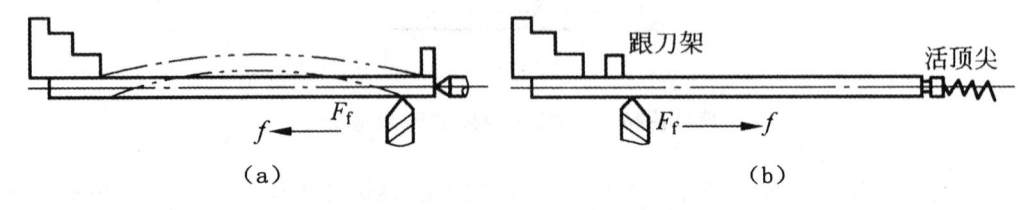

图 11-21 反拉法切削细长轴

又如，在磨削薄环形零件时，可采用黏结剂黏合以加强工件刚度的办法，使工件在自由状态下得到固定，解决了薄环形零件两端面的平行度问题。其具体方法是将薄环形零件在自由状态下黏结到一块平板上，并将平板放到磁力工作台上磨平工件的上端面，然后将工件从平板上取下（使黏结剂热化），再以磨平的一面作为定位基准磨另一面，从而保证其平行度。

11.4.2 补偿或抵消误差法

对工艺系统中的一些原始误差，若无适当措施使其减小，则可采用补偿或抵消误差法[①]消除其对加工精度的影响。

例如，在精密丝杠加工中，机床传动链误差将直接反映到所加工零件的螺距上，使加工精度受到一定限制。为此，在实际生产中广泛使用误差补偿法来消除传动链误差，如图 11-22 所示。由图可知，校正装置通过杠杆 4 将校正尺 5 和母丝杠 3 的螺母连接起来，校正尺上的曲线使母丝杠的螺母作微小的附加移动，以补偿螺距误差。当然为实现这一误差补偿需要先测量出母丝杠的螺距误差，并根据误差数值和杠杆比在校正尺上制作出校正曲线。

---

① 误差补偿法就是人为地制造出一个新的原始误差来抵消原来工艺系统中固有的原始误差，从而达到减小加工误差、提高加工精度的目的。

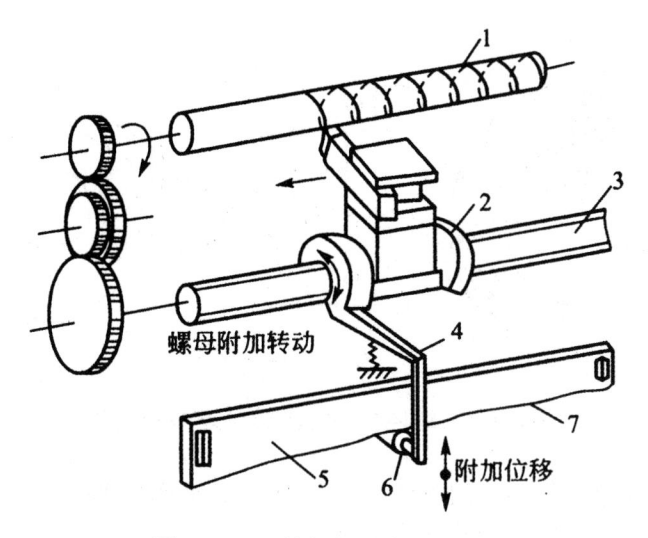

图 11-22　丝杠加工校正装置
1—工件；2—螺母；3—母丝杠；4—杠杆；5—校正尺；6—触头；7—校正曲线

需要说明的是，类似这种机械式校正装置只能校正机床静态的传动误差。如果校正机床动态传动误差，则可以采用由计算机控制的传动误差补偿装置。

例如，在立式铣床上采用面铣刀加工平面时，由于铣刀回转轴线对工作台直线进给运动不垂直，加工后会造成加工表面下凹的形状误差 Δ，如图 11-23 所示。为减小此项加工误差，可采取工件相对铣刀轴线横向多次移位走刀加工的方法，使加工后的形状误差减小到 Δ'。这就是利用铣刀回转轴线位置误差的规律性来抵消其所造成的加工误差的一个实例。

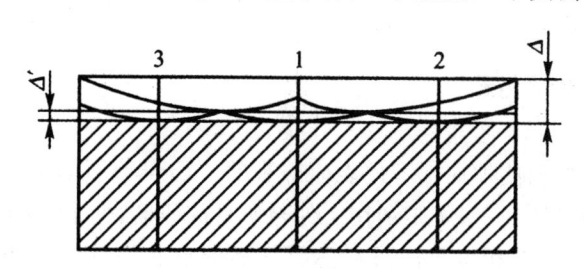

图 11-23　铣削加工平面多次走刀加工
1—工件位移前铣刀轴线位置；2、3—工件两次位移后铣刀轴线位置

11.4.3　误差转移法

误差转移法是把原始误差从敏感方向转移到误差的非敏感方向。例如，转塔车床的转位刀架，其分度、转位误差将直接影响工件有关表面的加工精度，如果改变刀具的安装位置，使分度、转位误差处于加工表面的切向，即可大大减小分度、转位误差对加工精度的影响。如图 11-24 所示，调整转塔车床的刀具时，采用"立刀"安装法，即把切削刃的切削基面放在垂直平面内。刀架转位时的转位误差此时转移到了工件内孔加工表面方向（z 方向），由此而产生的加工误差非常微小，从而提高了加工精度。

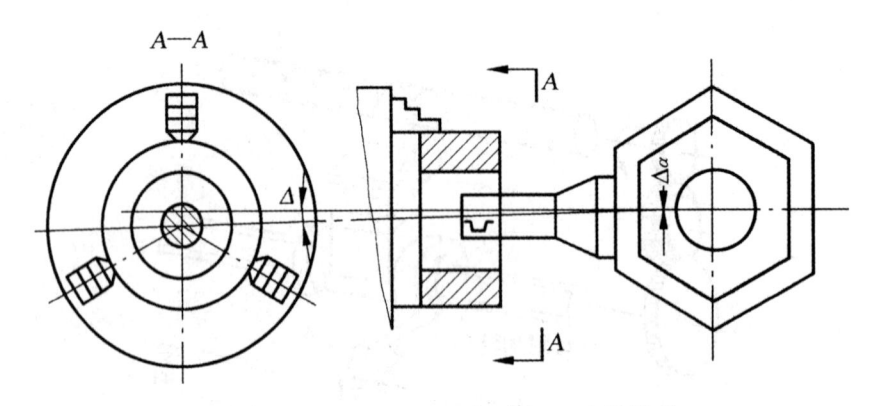

图 11-24　转塔车床刀架转位误差的转移

图 11-25 为利用镗模进行镗孔，主轴与镗杆浮动连接，这样可使镗床的主轴回转误差对镗孔精度不产生任何影响，镗孔精度完全由镗模来保证。

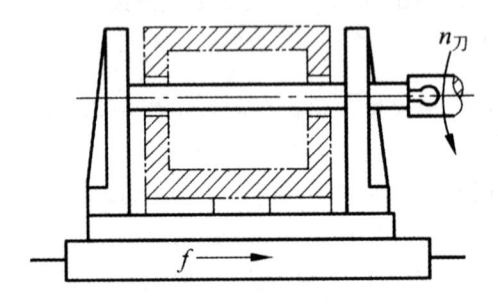

图 11-25　利用镗模转移机床误差

11.4.4　误差平均法

误差平均法是通过加工使被加工零件表面原有的原始误差不断平均化和缩小。例如，对零件上精密孔径或轴颈的研磨加工，就是利用工件与研具的研磨，使最初的最高点相接触逐渐扩大到面接触，从而使原有误差不断减小而最后达到很高的形状精度。又如高精度标准平台、平尺等，就是通过三个相同的工件相互依次研合及检验而获得的。再如精密分度盘的最终精磨，也是不断微调定位基准与砂轮之间的角度位置，通过不断均化各分度槽之间的角度误差来符合加工精度要求的。

11.4.5　"就地加工"法

完全依靠提高零件加工精度的方法来保证部件或产品较高的装配精度，显然是不经济和不可取的。达到同样目的的经济合理方法之一是全部零件按经济精度制造，然后用它们装配成部件或产品，并且各零部件之间具有工作时要求的相对位置，最后再以一个表面为基准加工另一个有相互位置精度要求的表面，实现最终精加工，其加工精度即为部件或产品的最终装配精度（其中一项），这就是"就地加工"法，也称为自身修配法。

例如,牛头刨床总装以后,用自身刀架上刨刀刨削工作台面,可以保证工作台面与滑枕运动方向的平行度公差。

在零件的机械加工中也常用"就地加工"法,例如,加工精密丝杠时,为保证主轴前后顶尖和跟刀架导套孔严格同轴,采用了自磨前顶尖孔、自镗跟刀架导套孔和刮研尾架垫板等措施来实现。

11.4.6 误差分组法

误差分组法是把毛坯或上道工序加工的工件尺寸经测量按大小分为 n 组,每组工件的尺寸误差范围就缩减为原来的 $1/n$。然后按各组的误差分别调整刀具相对于工件的位置,使各组工件的尺寸分散范围中心基本一致,以使整批工件的尺寸分散范围大大缩小。

如在精加工齿形时,为保证加工后齿圈与齿轮内孔的同轴度,则应缩小齿轮内孔与心轴的配合间隙。在生产中往往按齿轮内孔尺寸进行分组,然后与相应的分组心轴进行配合,这就均分了因间隙而产生的原始误差,提高了齿轮齿圈的位置精度。

11.5 加工误差的综合分析

实际加工不可能做得与理想零件完全一致,总会有大小不同的偏差,零件加工后的实际几何参数对理想几何参数的偏离程度,称为加工误差。加工误差的大小表示加工精度的高低。生产实际中用控制加工误差的方法来保证加工精度。

11.5.1 工艺系统的几何误差

1. 加工原理误差

加工原理误差是由于采用了近似的成形运动或近似的切削刃轮廓进行加工所产生的误差。通常,为了获得规定的加工表面,刀具和工件之间必须实现准确的成形运动,机械加工中称为加工原理。理论上应采用理想的加工原理和完全准确的成形运动以获得精确的零件表面。但在实践中,完全精确的加工原理常常很难实现,有时加工效率很低;有时会使机床或刀具的结构极为复杂,制造困难;有时由于结构环节多,造成机床传动中的误差增加,或使机床刚度和制造精度很难保证。因此,采用近似的加工原理以获得较高的加工精度是保证加工质量和提高生产率以及经济性的有效工艺措施。

例如,齿轮滚齿加工用的滚刀有两种原理误差,一是近似造型原理误差,即由于制造上的困难,采用阿基米德基本蜗杆或法向直廓基本蜗杆代替渐开线基本蜗杆;二是由于滚刀切削刃数有限,所切出的齿形实际上是一条折线而不是光滑的渐开线,但由此造成的齿形误差远比由滚刀制造和刃磨误差引起的齿形误差小得多,故忽略不计。又如模数铣刀成形铣削齿轮,模数相同而齿数不同的齿轮,齿形参数是不同的。理论上,同一模数、不同齿数的齿轮就要用相应的一把齿形刀具加工。实际上,为精简刀具数量,常用一把模数铣刀加工某一齿数范围的齿轮,也采用了近似切削刃轮廓。

2. 机床的几何误差

机床几何误差是通过各种成形运动反映到加工表面上,机床的成形运动最主要的有两大类,即主轴的回转运动和移动件的直线运动,因此,分析机床的几何误差主要就是分析回转运动、直线运动以及传动链的误差。

(1) 主轴回转运动误差

机床主轴的回转精度,对工件的加工精度有直接影响。所谓主轴的回转精度是指主轴的实际回转轴线相对其平均回转轴线的漂移。

理论上,主轴回转时,其回转轴线的空间位置是固定不变的,即瞬时速度为零。实际上,由于主轴部件在加工、装配过程中的各种误差和回转时的受力、受热等因素,使主轴在每一瞬间回转轴心线的空间位置处于变动状态,造成轴线漂移,也就是存在回转误差。

主轴的回转误差可分为三种基本情况:

轴向窜动——瞬时回转轴线沿平均回转轴线方向的轴向运动,如图11-26(a)所示。

径向圆跳动——瞬时回转轴线始终平行于平均回转轴线方向的径向运动,如图11-26(b)所示。

角度摆动——瞬时回转轴线与平均回转轴线成一倾斜角度,其交点位置固定不变的运动,如图11-26(c)所示。角度摆动主要影响工件的形状精度,车外圆时,会产生锥形;镗孔时,将使孔呈椭圆形。

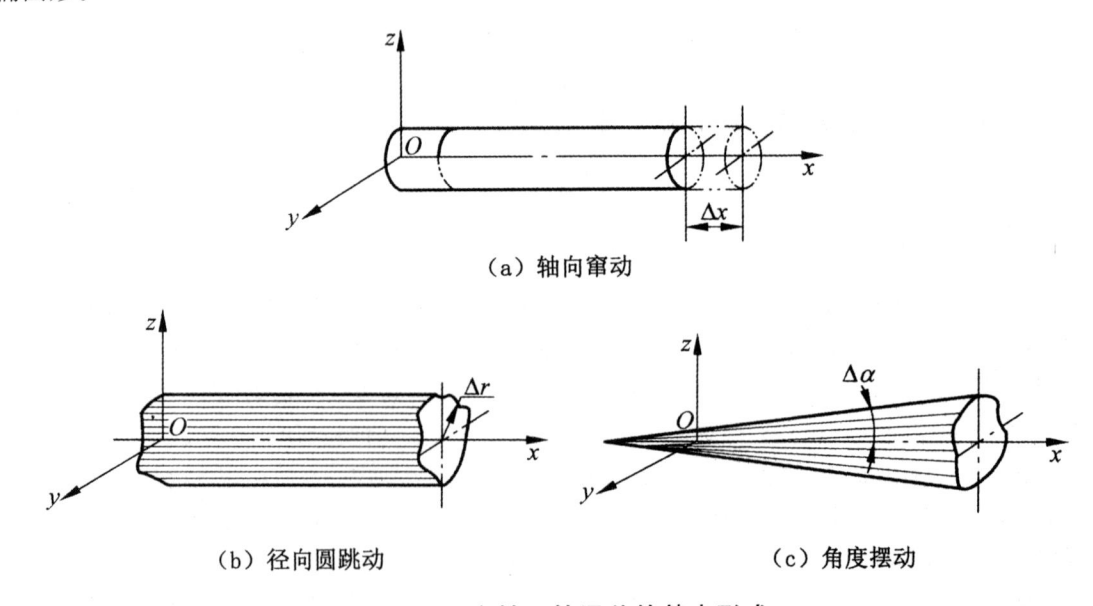

(a) 轴向窜动

(b) 径向圆跳动

(c) 角度摆动

图 11-26 主轴回转误差的基本形式

实际上,主轴工作时,其回转运动误差常常是以上三种基本形式的合成运动造成的。

影响主轴回转精度的主要因素是主轴轴颈的误差、轴承的误差、轴承的间隙、与轴承配合零件的误差及主轴系统的径向不等刚度和热变形等。

主轴采用滑动轴承时,主轴轴颈和轴承孔的圆度误差和波度对主轴回转精度有直接影响,但对不同类型的机床其影响的因素也各不相同,如图 11-27 所示。

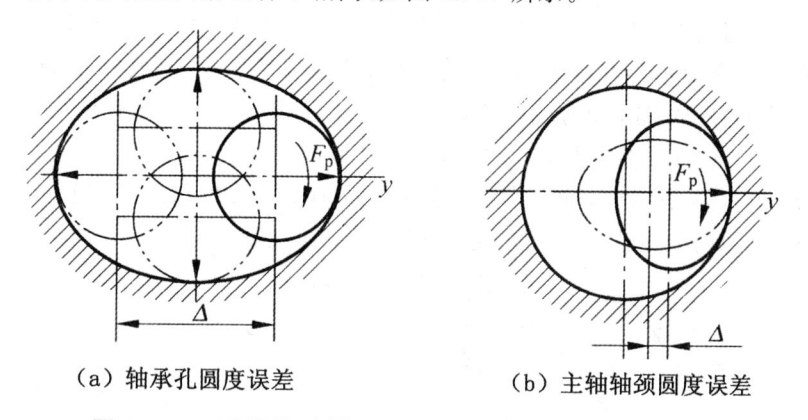

(a) 轴承孔圆度误差　　(b) 主轴轴颈圆度误差

图 11-27　采用滑动轴承时影响主轴回转精度的因素

主轴采用滚动轴承时,内外环滚道的圆度误差、内环的壁厚差、内环孔与滚道的同轴度误差、滚动体的尺寸和圆度误差都对主轴回转精度有影响,如图 11-28 所示。

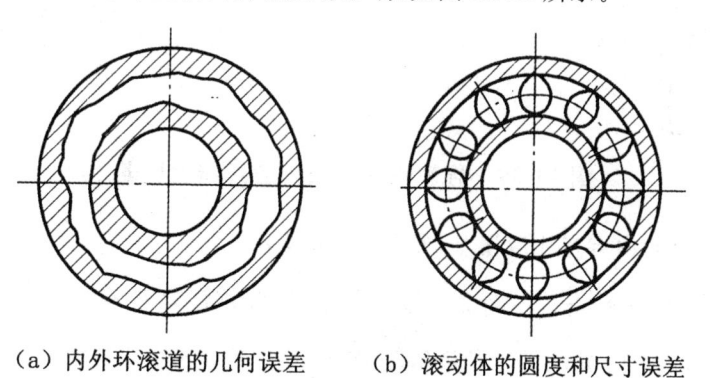

(a) 内外环滚道的几何误差　　(b) 滚动体的圆度和尺寸误差

图 11-28　采用滚动轴承时影响主轴回转精度的因素

此外,主轴轴承间隙、切削过程中的受力变形、轴承定位端面与轴线垂直度误差、轴承端面之间的平行度误差、锁紧螺母的轴向圆跳动以及主轴轴颈和箱体孔的形状误差等,都会降低主轴的回转精度。

提高主轴回转精度的途径如下:

①提高主轴的轴承精度。轴承是影响主轴回转精度的关键部件,对精密机床宜采用精密滚动轴承、多油楔动压和静压轴承。

②减少机床主轴回转误差对加工精度的影响。如在外圆磨削加工中,采用死顶尖磨削外圆。由于前后顶尖都是不转的,可避免主轴回转误差对加工精度的影响。在采用高精度镗模镗孔时,可使镗杆与机床主轴浮动连接,使加工精度不受机床主轴回转误差的影响。

③对滚动轴承进行预紧,以消除间隙。

④提高主轴箱支承孔、主轴轴颈和与轴承相配合的零件有关表面的加工精度。

(2)机床导轨误差

机床导轨副是实现直线运动的主要部件,导轨的制造和装配精度是影响直线运动精度的主要因素。

现以卧式车床为例来说明导轨误差是怎样影响工件加工精度的。床身导轨在水平面内如果有直线度误差,则在纵向进给过程中,刀尖的运动轨迹相对于机床主轴轴线不能保持平行,因而使工件在纵向截面和横向截面内分别产生形状误差和尺寸误差。当导轨向后凸出时,工件上产生鞍形加工误差;当导轨向前凸出时,工件上产生鼓形加工误差,如图 11-29 所示。当导轨在水平面内的直线度误差为 Δy 时,引起工件在半径方向的误差为 $\Delta R = \Delta y$。在车削长度较短的工件时,该直线度误差影响较小,若车削长轴,这一误差将明显地反映到工件上。

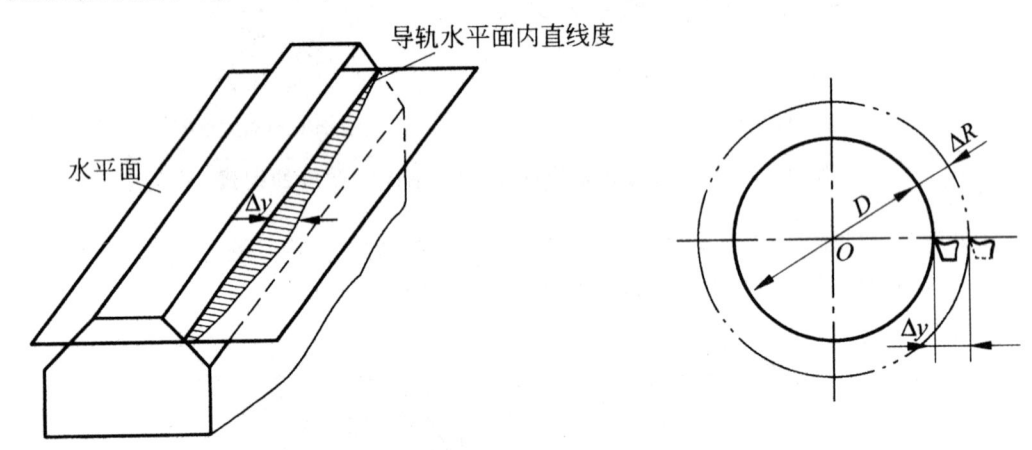

图 11-29 导轨在水平面内的直线度误差

床身导轨在垂直面内有直线度误差,如图 11-30 所示,会引起刀尖切向位移 Δz,造成工件半径方向产生的误差为 $\Delta R \approx \dfrac{\Delta z^2}{d}$,由于 Δz^2 数值很小,因此该误差对零件的尺寸精度和形状精度影响很小。但对平面磨床、龙门刨床及铣床等,导轨在垂直面内的直线度误差会引起工件相对于砂轮(刀具)产生法向位移,其误差将直接反映到被加工工件上,造成形状误差。

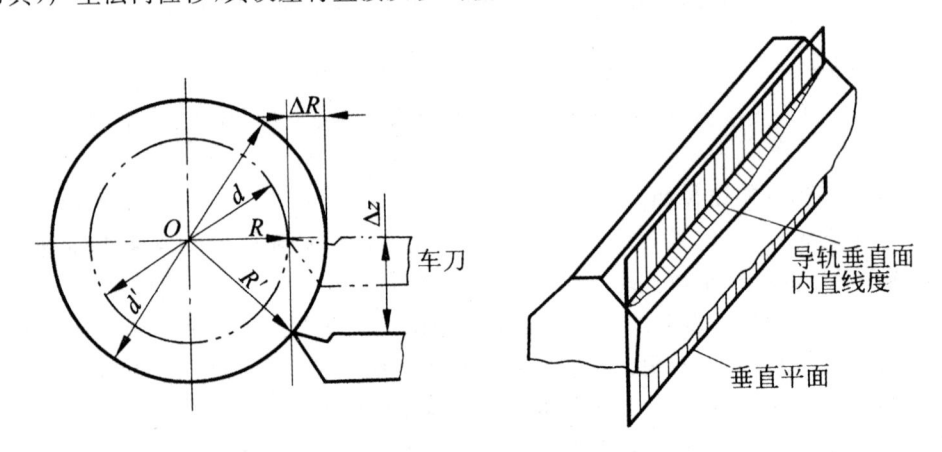

图 11-30 导轨在垂直面内的直线度误差

床身前后导轨有平行度误差时,会使车床溜板在沿床身移动时发生偏斜,从而使刀尖相对于工件产生偏移,使工件产生形状误差。由图 11-31 可知,车床前后导轨扭曲的最终结果反映在工件上,于是产生了加工误差 Δy。从几何关系可得出

$$\Delta y \approx H \frac{\Delta}{B}$$

一般车床 $H \approx \frac{2}{3}B$,外圆磨床 $H \approx B$,因此该项原始误差对加工精度的影响很大。

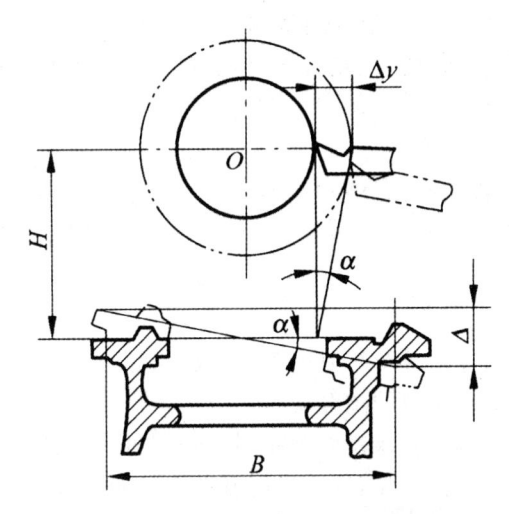

图 11-31 车床导轨扭曲对工件形状精度的影响

机床的安装以及在使用过程中导轨的不均匀磨损,对导轨的原有精度影响也很大。尤其对龙门刨床、导轨磨床等,因床身较长,刚性差,在自身的作用下,容易产生变形,若安装不正确或地基不实,都会使床身产生较大变形,从而影响工件的加工精度。

(3) 机床传动链误差

对于某些表面,如螺纹表面、齿形面、蜗轮、螺旋面等的加工,刀具与工件之间有严格的传动比要求。要满足这一要求,机床传动链的误差必须控制在允许的范围内。传动链误差是指传动链始末两端执行件间相对运动的误差。它的精度由组成内联传动链的所有传动元件的传动精度来保证。要提高机床传动链的精度,一般可采取以下措施:

① 尽量缩短传动链,传动件的件数越少则传动精度越高。

② 提高传动件的制造和安装精度,特别是末端件的精度。因为它的原始误差对加工精度的影响要比传动链中其他零件的影响大。如滚齿机的分度蜗轮副的精度要比工件齿轮的精度高 1~2 级。

③ 尽可能采用降速运动。因为传动件在同样原始误差的情况下,采用降速运动时,其对加工误差的影响较小,速度降得越多,对加工误差的影响越小。

④ 采用误差校正机构。采用此方法是根据实测准确的传动误差值,采用修正装置让机床作附加的微量位移,其大小与机床误差相等,但方向相反,以抵消传动链本身的误差,在精密螺纹加工机床上都有此校正装置。

3. 工艺系统其他几何误差

(1) 刀具误差

机械加工中常用的刀具有一般刀具、定尺寸刀具和成形刀具。

一般刀具(如普通车刀、单刃镗刀、平面铣刀等)的制造误差对工件精度没有直接影响。

定尺寸刀具(如钻头、铰刀、拉刀等)的尺寸误差直接影响加工工件的尺寸精度。刀具的尺寸磨损、安装不正确、切削刃刃磨不对称等都会影响加工尺寸。

成形刀具(如成形车刀、成形铣刀以及齿轮滚刀等)的制造和磨损误差主要影响被加工表面的形状精度。

(2) 夹具误差

夹具误差一般指定位元件、导向元件及夹具体等零件的加工和装配误差。这些误差对零件的加工精度影响很大。工件的安装误差包括定位误差和夹紧误差。

(3) 调整误差

在工艺系统中,工件、刀具在机床上的位置精度往往由调整机床、刀具、夹具、工件等来保证。要对工件进行检验测量,再根据测量结果对刀具、夹具、机床进行调整。所以,量具、量仪等检测仪器的制造误差、测量方法及测量时的主客观因素都直接影响测量精度。

当用"试切法"加工时,影响调整误差的主要因素是测量误差和进给系统精度。在低速微量进给中,进给系统常会出现"爬行"现象,其结果使刀具的实际进给量比刻度盘的数值要偏大或偏小些,造成加工误差。

在调整法加工中,当用定程机构调整时,调整精度取决于行程挡块、靠模及凸轮等机构的制造精度和刚度,以及与其配合使用的离合器、控制阀等的灵敏度。当用样件或样板调整时,调整精度取决于样件或样板的制造、安装和对刀精度。

11.5.2 机械加工误差分析方法

加工误差的综合分析是以概率论和数理统计学的原理为理论基础,通过调查和收集数据,整理和归纳,统计分析和统计判断,找出产生误差的原因,采取相应的解决措施。

在机械加工中,经常采用的统计分析法主要有分布图分析法和点图分析法。

1. 分布图分析法

加工一批工件,由于随机性误差和变值系统误差的存在,加工尺寸的实际数值是各不相同的,这种现象称为尺寸分散。

测量每个工件的加工尺寸,把测量的数据记录下来,按尺寸大小将整批工件进行分组,则每一组中的零件尺寸处在一定的间隔范围内。同一尺寸间隔内的零件数量称为频数,频数与该批零件总数之比称为频率。以零件尺寸为横坐标,以频数(或频率)为纵坐标,便可得到实际分布曲线。

下面通过实例来说明直方图的作法。

取在一次调整下加工出来的轴件 200 个,经测量,得到最大轴径为 $\phi15.15$mm,最小轴径为 $\phi15.01$mm,取 0.01mm 作为尺寸间隔进行分组,统计每组的工件数,将所得的结果列于表 11-2。

表 11-2　工件频数分布表

组号	尺寸间隔/mm	频数	频率	频率密度/mm^{-1}	组号	尺寸间隔/mm	频数	频率	频率密度/mm^{-1}
1	15.01~15.02	2	0.010	1	8	15.08~15.09	58	0.29	29
2	15.02~15.03	4	0.020	2	9	15.09~15.10	26	0.130	13
3	15.03~15.04	5	0.025	2.5	10	15.10~15.11	18	0.090	9
4	15.04~15.05	7	0.035	3.5	11	15.11~15.12	8	0.040	4.0
5	15.05~15.06	10	0.050	5	12	15.12~15.13	6	0.03	3
6	15.06~15.07	20	0.100	10.0	13	15.13~15.14	5	0.025	2.5
7	15.07~15.08	28	0.14	14	14	15.14~15.15	3	0.015	1.5

直方图的作法与步骤:

①收集数据。在一定的加工条件下,按一定的抽样方式抽取一个样本(即抽取一批零件),样本容量一般取 100 件左右,测量各零件的尺寸,并找出其中最大值 $x_{\max}$ 和最小值 $x_{\min}$。

②分组。将抽取的样本数据分成若干组,一般用经验数值确定,通常分组数 k 取 10 左右。

③确定组距及分组组界。

组距:
$$h = \frac{x_{\max} - x_{\min}}{k - 1}$$

按上式计算的 h 值应根据测量仪的最小分辨值的整倍数进行圆整。

其余各组的上、下界确定方法:前一组的上界值为下一组的下界值,下界值加上组距即为该组的上界值。

④统计频数分布。将各组的尺寸频数、频率和频率密度填入表中。

以频数为纵坐标作直方图,如样本容量不同,组距不同,作出的图形高矮就不同。为了使分布图能代表该工序的加工精度,不受工件总数和组距的影响,纵坐标应采用频率密度。

$$\text{频率密度} = \frac{\text{频率}}{\text{组距}} = \frac{\text{频数}}{\text{样本容量} \times \text{组距}}$$

⑤绘制直方图。按表列数据以频率密度为纵坐标,组距为横坐标画出直方图,再由直方图的各矩形顶端的中心点,连成曲线,就得到一条中间凸起两边逐渐低的实际分布曲线。

大量实践经验表明,在用调整法加工时,当所取工件数量足够多、尺寸间隔非常小,且无任何优势误差因素的影响时,则所得一批工件尺寸的实际分布曲线便非常接近正态分布曲线,如图 11-32 所示。在分析工件的加工误差时,通常用正态分布曲线代替实际分布曲线。

正态分布曲线的方程为

$$y = \frac{1}{\sigma\sqrt{2\pi}} e^{\frac{-(x-\bar{x})^2}{2\sigma^2}}$$

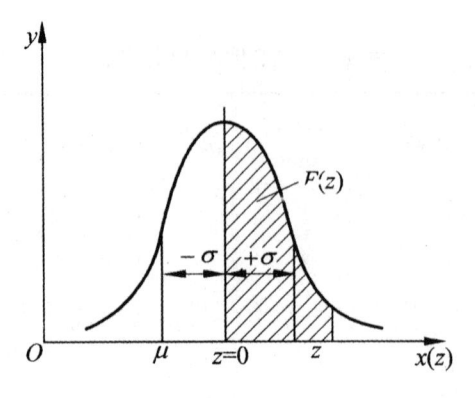

图 11-32 正态分布曲线

当采用该曲线代表加工尺寸的实际分布曲线时,上式各参数的意义为:y 为分布曲线的纵坐标,表示工件的分布密度;x 为分布曲线的横坐标,表示工件的尺寸或误差;$\bar{x}$ 为工件的平均尺寸(分散中心),$\bar{x} = \frac{1}{n}\sum_{i=1}^{n} x_i$;$\sigma$ 为工序的标准偏差(均方根误差),$\sigma = \frac{1}{n}\sum_{i=1}^{n}(x_i - \bar{x})^2$;$n$ 为此批工件的数目(样本数)。

正态分布曲线的特征参数有两个,即 $\bar{x}$ 和 σ。算术平均值 $\bar{x}$ 是确定曲线位置的参数,它决定一批工件尺寸分散中心的坐标位置,若 $\bar{x}$ 改变,整个曲线沿 x 轴平移,但曲线形状不变,如图 11-33(a)所示。使 $\bar{x}$ 产生变化的主要原因是常值系统误差的影响。工序标准偏差 σ 决定了分布曲线的形状和分散范围。当 $\bar{x}$ 保持不变时,σ 值越小则曲线形状越陡,尺寸分散范围越小,加工精度越高;σ 值越大则曲线形状越平坦,尺寸分散范围越大,加工精度越低,如图 11-33(b)所示。σ 的大小实际反映了随机误差的影响程度,随机误差越大则 σ 越大。

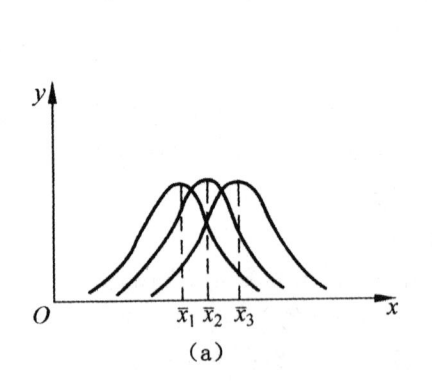

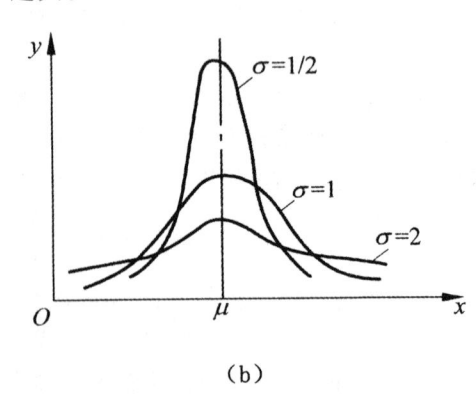

图 11-33 $\bar{x}$、σ 值对正态分布曲线的影响

在机械加工时,工件实际尺寸由于受多方面因素的影响,所绘得的分布曲线可能为非正态分布曲线。常见的非正态分布曲线有以下几种,如图 11-34 所示。

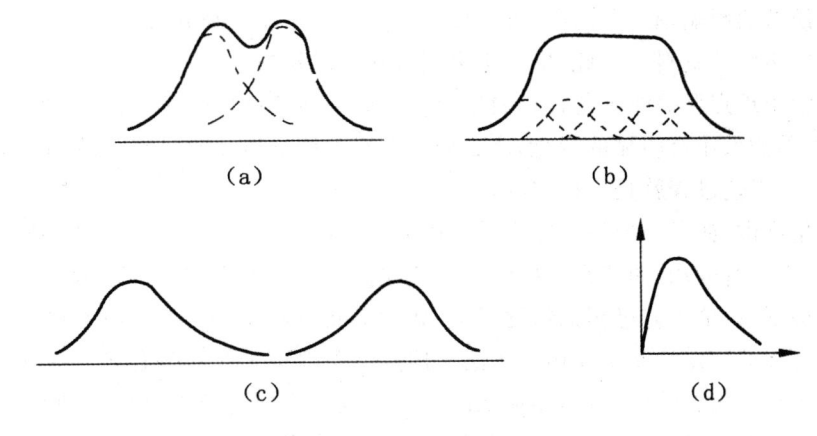

图 11-34 非正态分布曲线

①双峰分布。分布具有两个顶峰,如图 11-34(a)所示。产生这种图形的主要原因是经过两次调整加工或两台机床加工的工件混在一起。

②平顶分布。靠近中间的几个直方高度相近,呈平顶状,如图 11-34(b)所示。产生这种图形的主要原因是生产过程中某种缓慢变动倾向的影响,如刀具均匀磨损。

③偏态分布。直方图偏向一侧,图形不对称,如图 11-34(c)所示。产生这种图形的主要原因是工艺系统产生显著的热变形,如刀具受热伸长会使加工的孔偏大,图形右偏;使加工的轴变小,图形左偏。操作者人为造成的轴向圆跳动、径向圆跳动等几何误差也服从这种分布。

④瑞利分布。由于各种随机误差的矢量叠加,有时会出现如图 11-34(d)所示的图形正值分布,也就是瑞利分布。

正态分布曲线有如下特征:

①曲线以 $x=\bar{x}$ 直线为左右对称,靠近 $\bar{x}$ 的工件尺寸出现概率较大,远离 $\bar{x}$ 的工件尺寸出现概率较小。

②对 $x=\bar{x}$ 的正偏差和负偏差,其概率相等。

③分布曲线与横坐标所围成的面积包括全部零件数(100%),故其面积等于1。其中 $x-\bar{x}=\pm 3\sigma$ 范围内的面积占 99.73%,也就是说,对加工一批工件来说,有 99.73% 的工件尺寸落在 $\pm 3\sigma$ 范围内,仅有 0.27% 的工件尺寸落在 $\pm 3\sigma$ 之外。因此,实际生产中常常认为加工一批工件尺寸全部落在 $\pm 3\sigma$ 范围内,即正态分布曲线的分散范围为 $\pm 3\sigma$,工艺上称该原则为 6σ 准则。

$\pm 3\sigma$(或 6σ)的概念在研究加工误差时应用很广。6σ 的大小代表了某种加工方法在一定条件(如毛坯余量、机床、夹具、刀具等)下所能达到的加工精度,所以在一般情况下,应使所选择的加工方法的标准偏差 σ 与公差带宽度 T 之间具有下列关系:

$$6\sigma \leqslant T$$

但考虑到系统误差及其他因素的影响,应当使 6σ 小于公差带宽度 T,以可靠地保证加工精度。

2. 点图分析法

分布图分析法没有考虑工件加工的先后顺序,故不能反映误差变化的趋势,难以区别变值系统误差与随机误差的影响,必须等到一批工件加工完毕后才能绘制分布图,因此不能在加工过程中及时提供控制精度的资料。为此,生产中采用点图法以弥补上述不足。

在加工过程中重点要关注工艺过程的稳定性。如果加工过程中存在着影响较大的变值系统误差,或随机误差的大小有明显的变化,那么样本的平均值 $\bar{x}$ 和标准差 S(它们也是随机变量)就会产生异常波动,工艺过程就是不稳定的。

从数学的角度讲,如果一项质量数据的总体分布参数(如 $\bar{x}$、S)保持不变,则这一工艺过程就是稳定的;如果有所变动,即使是往好的方向变化(如 S 突然缩小),都算不稳定。只有在工艺过程稳定的前提下,讨论工艺过程的精度指标(如工序能力系数 C_p、不合格率 Q 等)才有意义。

分析工艺过程的稳定性通常采用点图法。用点图来评价工艺过程稳定性采用顺序样本,即样本由工艺系统在一次调整中,按顺序加工的工件组成。这样的样本可以得到在时间上与工艺过程运行同步的有关信息,反映出加工误差随时间变化的趋势。

(1) 个值点图

按加工顺序逐个地测量一批工件的尺寸,以工件序号为横坐标,以工件的加工尺寸为纵坐标,就可作出个值点图,如图 11-35 所示。

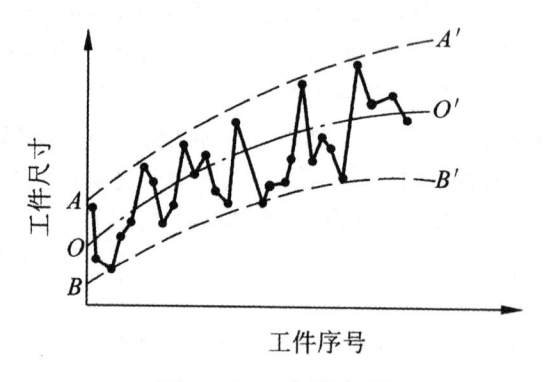

图 11-35 个值点图

个值点图反映了工件逐个的尺寸变化与加工时间的关系。若点图上的上、下极限点包络成两根平滑的曲线,并作这两根曲线的平均值曲线,就能较清楚地揭示出加工过程中误差的性质及其变化趋势,如图 11-35 所示。平均值曲线 OO' 表示每一瞬间的分散中心,反映了变值系统性误差随时间变化的规律。其起点 O 位置的高低表明常值系统性误差的大小。整个几何图形将随常值系统性误差的大小不同,而在垂直方向处于不同位置。上限曲线 AA' 和下限曲线 BB' 间的宽度表示在随机性误差作用下加工过程的尺寸分散范围,反映了随机性误差的变化规律。

(2) $\bar{x} - R$ 点图

为了能直接地反映出加工中系统性误差和随机性误差随加工时间的变化趋势,实际生产中常用样组点图来代替个值点图。样组点图的种类很多,最常用的是 $\bar{x} - R$ 点图(平均值—极差点图),它由 $\bar{x}$ 点图和 R 点图结合而成。前者控制工艺过程质量指标的分布中心,反映了系统性误差及其变化趋势;后者控制工艺过程质量指标的分散程度,反映了随机性误差及其变化趋势。单独的 $\bar{x}$ 点图和 R 点图不能全面反映加工误差的情况,必须结合起来应用。

$\bar{x} - R$ 点图的绘制是以小样本顺序随机抽样为基础。在加工过程中,每隔一定的时间,随机抽取几件作为一个样本。每组工件数(小样本容量)$m = 2 \sim 10$ 件,一般取 $m = 4 \sim 5$ 件,共抽

取 $k=20\sim25$ 组,共 $80\sim100$ 个工件的数据。在取得这些数据的基础上,再计算每组的平均值 $\bar{x}_i$ 和极差 R_i。

设现抽取顺次加工的 m 个工件为第 i 组,则第 i 组的平均 $\bar{x}_i$ 和极差 R_i 为

$$\bar{x}_i = \frac{1}{m}\sum_{i=1}^{m} x_i \qquad R_i = x_{i\max} - x_{i\min}$$

式中,$x_{i\max}$ 和 $x_{i\min}$ 分别为第 i 组中工件的最大尺寸和最小尺寸。

以样本序号为横坐标,分别以 $\bar{x}_i$ 和 R_i 为纵坐标,就可分别作出 $\bar{x}$ 点图和 R 点图,如图 11-36 所示。

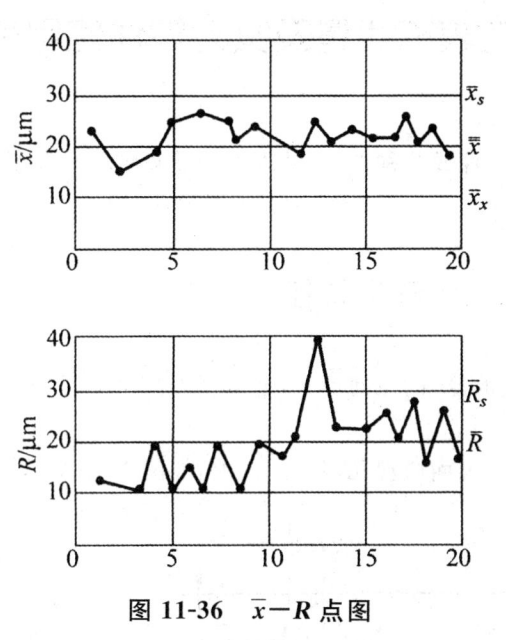

图 11-36　$\bar{x}-R$ 点图

(3)点图法的应用

①从 $\bar{x}-R$ 点图上可以观察出系统性误差和随机性误差的大小变化情况。

②判断工艺过程的稳定性及工艺能力——工艺验证。

③提供控制过程的资料,根据工件在加工过程中尺寸变化趋势,决定重新调整工艺系统的参数——实现加工零件质量控制。

任何一批工件的加工尺寸都有波动性,因此各样组的平均值 $\bar{x}_i$ 和极差 R_i 也都有波动性。假如加工误差主要是随机误差,且系统性误差的影响很小时,那么这种波动性属于正常波动,加工工艺是稳定的。假如加工中存在着影响较大的变值系统性误差,或随机误差的大小有明显的变化时,那么这种波动属于异常波动,这个加工工艺就是不稳定的。

第12章 机械加工表面质量控制分析

12.1 加工表面质量及其对零件使用性能的影响

加工表面质量是指由一种或几种加工、处理方法获得的表面层状况与表面层技术要求的符合程度。

12.1.1 表面的几何形状特征

它是指零件最外层(表面层)的几何形状,通常用表面粗糙度、表面波度等表示。

(1)表面粗糙度

表面粗糙度是指已加工表面微观几何形状误差,如图12-1所示。

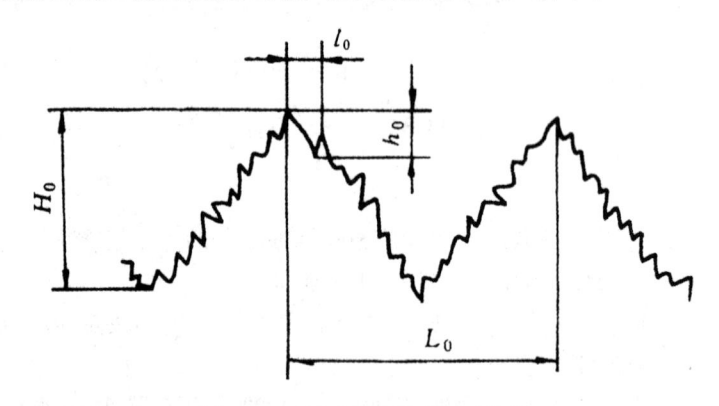

图 12-1 表面粗糙度和波度

图 12-1 中 h_0 表示粗糙度的高度,l_0 表示波距,它主要由机械加工中切削刀具的运动轨迹所形成。我国现行粗糙度标准有 GB/T 1031—2009 和 GB/T 3505—2009,其中规定,表面粗糙度参数有:轮廓算术平均偏差 Ra、微观不平度十点高度 Rz,其中优先选用 Ra。

(2)表面波度

它是介于宏观几何形状误差与微观几何形状误差之间的周期性几何形状误差,如图12-1所示。其波距 L_0 为 1~10mm,波高 H_0 一般在 10~15μm,波高与波距的比值一般为 1∶50~1∶1000,表面波主要是由加工过程中工艺系统的低频振动所造成的。

12.1.2 表面层的物理力学性能

表面层的材料在加工后会发生物理、化学及力学性能的变化,主要指:

①表面层加工硬化。它是指工件经切削加工后表面层的强度、硬度有提高的现象,也称表面层的冷作硬化。

②表面层金相组织的变化。它是指切削加工(特别是磨削)中的高温使工件表层金属的金相组织发生了变化。

③表面层残余应力。它是指机械加工后残留在工件表面层的应力。

12.1.3 加工表面质量对零件使用性能的影响

1. 表面质量对零件配合性质的影响

相配零件间的配合性质是由过盈量或间隙量来决定的。对于间隙配合,零件表面越粗糙,磨损越大,使配合间隙增大,降低配合精度;对于过盈配合,两个零件粗糙表面相配时凸峰被挤平,使有效过盈量减小,将降低过盈配合的连接强度,影响配合的可靠性。因此,对有配合要求的表面应规定较小的表面粗糙度值。

在过盈配合中,如果表面硬化严重,将可能造成表面层金属与内部金属脱落的现象,从而破坏配合性质和配合精度。表面层残余应力会引起零件变形,使零件的形状、尺寸发生改变,因此它也将影响配合性质和配合精度。

2. 表面质量对耐磨性的影响

零件的耐磨性是零件的一项重要性能指标,当摩擦副的材料、润滑条件和加工精度确定之后,零件的表面质量对耐磨性将起着关键性的作用。

(1)表面粗糙度对耐磨性的影响

表面粗糙度值大,接触表面的实际压强增大,粗糙不平的凸峰间相互咬合、挤裂,使磨损加剧,表面粗糙度值越大越不耐磨;但表面粗糙度值也不能太小,表面太光滑,会因存不住润滑油使接触面间容易发生分子黏结,也会导致磨损加剧。因此,在一定条件下,摩擦副表面有一最佳表面粗糙度值,过大或过小的表面粗糙度都会使磨损量增大。图 12-2 为载荷加大时,磨损曲线向上向右移,最佳表面粗糙度值也随之右移。

(2)表面冷作硬化对耐磨性的影响

表面层的冷作硬化可使表面层的硬度提高,增强表面层的接触刚度,从而降低接触处的弹性、塑性变形,使耐磨性有所提高。但如果硬化程度过大,表面层金属组织会变脆,出现微观裂纹,甚至会使金属表面组织剥落而加剧零件的磨损,如图 12-3 所示。

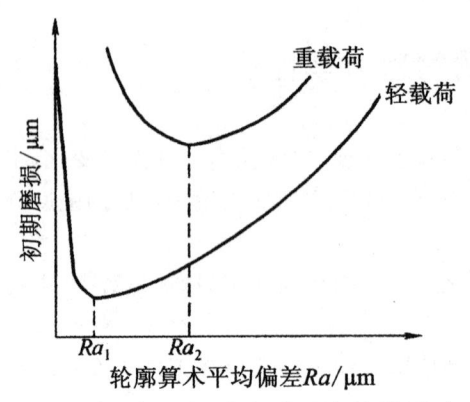

图 12-2 表面粗糙度对耐磨性的影响

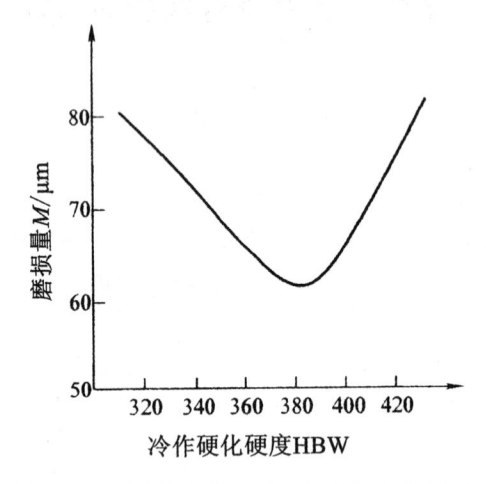

图 12-3 表面冷作硬化对耐磨性的影响

(3)表面纹理对耐磨性的影响

在轻载运动副中,两相对运动零件表面的刀纹方向均与运动方向相同时,耐磨性好;两者的刀纹方向均与运动方向垂直时,耐磨性差,这是因为两个摩擦面在相互运动中,切去了妨碍运动的加工痕迹,如图 12-4 所示。但在重载时,两相对运动零件表面的刀纹方向均与相对运动方向一致时容易发生咬合,磨损量反而大;两相对运动零件表面的刀纹方向相互垂直,且运动方向平行于下表面的刀纹方向,磨损量较小。

3. 表面质量对零件疲劳强度的影响

表面粗糙度对承受交变载荷的零件的疲劳强度影响很大。在交变载荷作用下,表面粗糙度波谷处容易引起应力集中,产生疲劳裂纹。并且表面粗糙度值越大,表面划痕越深,其抗疲劳破坏能力越差。

①零件上容易产生应力集中的沟槽、圆角等处的表面粗糙度对疲劳强度的影响很大,减小零件的表面粗糙度值,可以提高零件的疲劳强度,如图 12-5 所示。

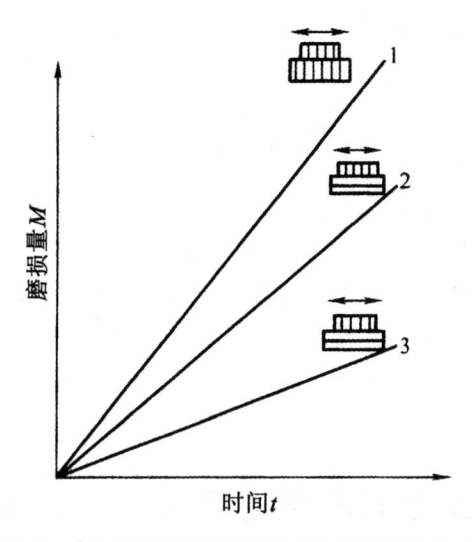

图 12-4 轻载运动副表面纹理对耐磨性的影响

1—两刀纹方向均与运动方向垂直；2—两刀纹方向相互垂直；3—两刀纹方向均与运动方向平行

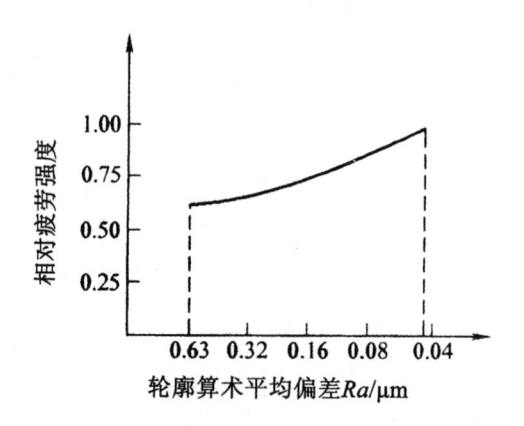

图 12-5 表面粗糙度对疲劳强度的影响

②表面层残余压应力对零件的疲劳强度影响也很大。当表面层存在残余压应力时，能延缓疲劳裂纹的产生、扩展，提高零件的疲劳强度；当表面层存在残余拉应力时，零件则容易引起晶间破坏，产生表面裂纹，从而降低其疲劳强度。

③零件表面一定的冷作硬化可以阻碍表面疲劳裂纹的产生，缓和已有裂纹的扩展，有利于提高疲劳强度，但冷作硬化强度过高可能会产生较大的脆性裂纹，反而降低疲劳强度。

4. 表面质量对耐腐蚀性能的影响

表面粗糙度对零件耐腐蚀性能的影响很大。大气中所含的气体和液体与零件接触时会凝聚在零件表面上，使表面发生化学腐蚀或电化学腐蚀。

①零件表面粗糙度值越大，粗糙表面的凹谷处越容易积聚腐蚀性介质而发生化学腐蚀，或在粗糙表面的凸峰间越容易产生电化学作用而引起电化学腐蚀。因此，减小表面粗糙度值可以提高零件的耐腐蚀性。

②表面层残余压应力对零件的耐腐蚀性能也有影响。残余压应力使表面组织致密,腐蚀性介质不易侵入,有助于提高表面的耐腐蚀能力;残余拉应力对零件耐腐蚀性能的影响则相反。

5. 表面质量对零件其他性能的影响

表面质量对零件的使用性能还有一些其他影响。如对间隙密封的液压缸、滑阀来说,减小表面粗糙度值,可以减少泄漏,提高密封性能;较小的表面粗糙度值可使零件具有较高的接触刚度;对于滑动零件,减小表面粗糙度值,能使摩擦系数降低、运动灵活性增高,减少发热和功率损失;表面层的残余应力会使零件在使用过程中继续变形,失去原有的精度,使机器工作性能恶化。

总之,提高加工表面质量,对于保证零件的性能、提高零件的使用寿命是十分重要的。

12.2 影响加工表面的表面粗糙度的工艺因素及其改进措施

12.2.1 切削加工表面的表面粗糙度

切削加工时影响表面粗糙度的因素如下:
(1)刀具几何形状的复映

刀具相对于工件作进给运动时,在加工表面留下了切削层残留面积,其形状是刀具几何形状的复映。减小进给量、主偏角、副偏角以及增大刀尖圆弧半径,均可减小残留面积的高度。如图12-6(a)表示刀尖圆弧半径为零时,主偏角κ_r、副偏角κ_r'和进给量f对残留面积最大高度H的影响。由图可以推出几何关系

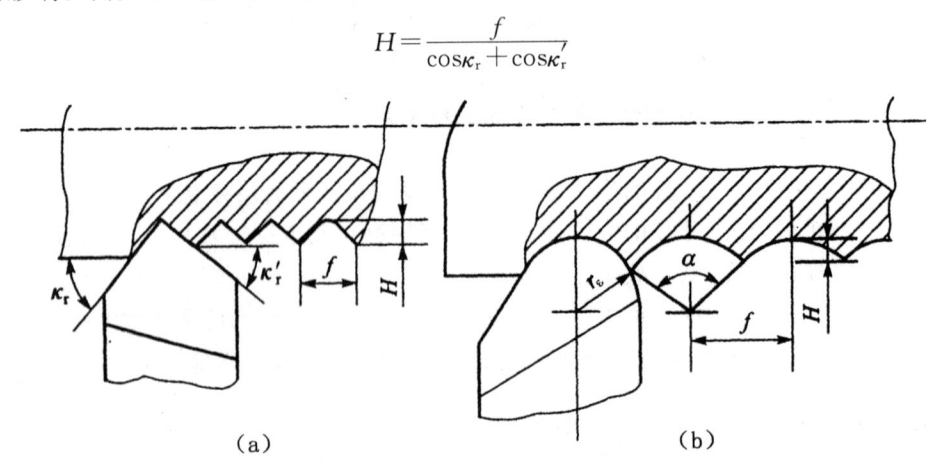

$$H = \frac{f}{\cos\kappa_r + \cos\kappa_r'}$$

图12-6 车削、刨削时残留面积高度

当采用圆弧切削刃切削时,刀尖圆弧半径r_ε和进给量f对残留高度的影响,如图12-6(b)所示,由图可以推出

$$H = f^2 8 r_\varepsilon$$

此外,适当增大刀具的前角以减小切削时的塑性变形程度,合理选择润滑液和提高刀具刃磨

质量以减小切削时的塑性变形和抑制刀瘤、鳞刺的生成,也是减小表面粗糙度值的有效措施。

(2)工件材料的性质

①韧性材料:工件材料韧性越好,金属塑性变形越大,加工表面越粗糙。故对中碳钢和低碳钢材料的工件,为改善切削性能,减小表面粗糙度值,常在粗加工或精加工前安排正火或调质处理。

②脆性材料:加工脆性材料时,其切屑呈碎粒状,由于切屑的崩碎而在加工表面留下许多麻点,使表面粗糙。

此外,在切削过程中,当刀具前刀面上存在积屑瘤时,由于积屑瘤的顶部很不稳定,容易破裂,一部分连附于切屑底部而排出,另一部分则残留在加工表面上,使表面粗糙度值增大。积屑瘤突出切削刃部分尺寸的变化,会引起切削层厚度的变化,从而使加工表面的粗糙度值增大。因此,在精加工时必须避免或减小积屑瘤。

(3)切削用量

切削用量中,切削速度对表面粗糙度的影响比较复杂。在切削塑性材料时,一般情况下低速或高速切削时不会产生积屑瘤,加工表面粗糙值较小。但在中等速度下,塑性材料由于容易产生积屑瘤与鳞刺,且塑性变形较大,因此表面粗糙度值会变大。切削加工过程中的切削变形越大,加工表面就越粗糙。在高速切削时,由于变形的传播速度低于切削速度,表面层金属的塑性变形较小,因而高速切削时表面粗糙度值较低。

加工脆性材料时,由于塑性变形很小,主要形成崩碎切屑,切削速度的变化,对脆性材料的表面粗糙度影响较小。

切削速度对表面粗糙度的影响规律如图 12-7 所示。

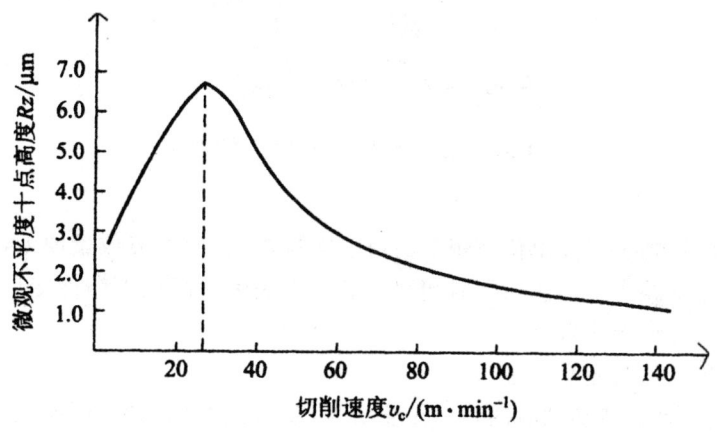

图 12-7 加工塑性材料时切削速度对表面粗糙度的影响

切削深度对表面粗糙度影响不明显,一般可忽略。但当 $a_p < 0.02 \sim 0.03$ mm 时,由于切削刃有一定的圆弧半径,使正常切削不能维持,切削刃仅与工件发生挤压与摩擦从而使表面恶化。因此加工时,不能选用过小的切削深度。

减小进给量 f 可以减小切削残留面积高度,使表面粗糙度值减小。但进给量 f 小切削刃不能切削而形成挤压,增大了工件的塑性变形,反而使表面粗糙度值增大。

12.2.2 磨削加工后的表面粗糙度

正像切削加工时表面粗糙度的形成过程一样,磨削加工表面粗糙度的形成也是由几何因素和表面金属的塑性变形来决定的。砂轮的粒度、硬度、磨料性质、黏结剂、组织等对粗糙度均有影响。工件材料和磨削条件也对表面粗糙度有重要影响。影响磨削表面粗糙度的主要因素有：

(1) 砂轮的粒度

砂轮的粒度越细，则砂轮工作表面单位面积上的磨粒数越多，因而在工件上的刀痕也越密而细，所以表面粗糙度值越小。但是粗粒度的砂轮如果经过精细修整，在磨粒上车出微刃后，也能加工出表面粗糙度值小的表面。

(2) 砂轮的硬度

砂轮的硬度太大，磨粒钝化后不容易脱落，工件表面受到强烈的摩擦和挤压，加剧了塑性变形，使表面粗糙度值增大甚至产生表面烧伤。砂轮太软则磨粒易脱落，会产生不均匀磨损现象，影响表面粗糙度。因此，砂轮的硬度应适中。

(3) 砂轮的修整

砂轮的修整是用金刚石笔尖在砂轮的工作表面上车出一道螺纹，修整导程和修正深度越小，修出的磨粒的微刃数量越多，修出的微刃等高性也越好，因而磨出的工件表面粗糙度值也就越小。修整用的金刚石笔尖是否锋利对砂轮的修整质量有很大影响。图 12-8 为经过精细修整后砂轮磨粒上的微刃。

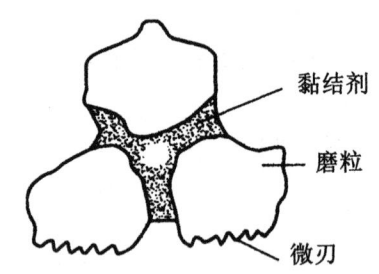

图 12-8 精细修整后磨粒上的微刃

(4) 磨削速度

提高磨削速度，增加了工件单位面积上的磨削磨粒数量，使刻痕数量增大，同时塑性变形减小，因而表面粗糙度值减小。高速切削时塑性变形减小是因为高速下塑性变形的传播速度小于磨削速度，材料来不及变形所致。

(5) 磨削径向进给量与光磨次数

磨削径向进给量增大使磨削时的切削深度增大，使塑性变形加剧，因而表面粗糙度值增大。适当增加光磨次数，可以有效减小表面粗糙度值。

(6) 工件圆周进给速度与轴向进给量

工件圆周进给速度和轴向进给量增大，均会减少工件单位面积上的磨削磨粒数量，使刻痕数量减少，表面粗糙度值增大。

(7) 工件材料

一般来讲，太硬、太软、韧性大的材料都不易磨光。太硬的材料使磨粒易钝，磨削时的塑性变形和摩擦加剧，使表面粗糙度值增大，且表面易烧伤甚至产生裂纹而使零件报废。铝、铜合金等较软的材料，由于塑性大，在磨削时磨屑易堵塞砂轮，使表面粗糙度值增大。韧性大、导热性差的耐热合金易使砂粒早期崩落，使砂轮表面不平，导致磨削表面粗糙度值增大。

(8) 切削液

磨削时切削温度高,热的作用占主导地位,因此切削液的作用十分重要。采用切削液可以降低磨削区温度,减少烧伤,冲去脱落的磨粒和切屑,可以避免划伤工件,从而降低表面粗糙度值。但必须合理选择冷却方法和切削液。

12.2.3 降低表面粗糙度值的措施

1. 超精密切削和小粗糙度磨削加工

(1) 超精密切削加工

超精密切削是指表面粗糙度 Ra 为 $0.04\mu m$ 以下的切削加工方法。超精密切削加工最关键的问题在于要在最后一道工序切削 $0.1\mu m$ 的微薄表面层,这就既要求刀具极其锋利,刀具钝圆半径为纳米级尺寸,又要求这样的刀具有足够的寿命,以维持其锋利。目前只有金刚石刀具才能达到要求。超精密切削时,进给量要小,切削速度要非常高,以保证工件表面上的残留面积小,从而获得极小的表面粗糙度值。

(2) 小粗糙度磨削加工

为了简化工艺过程,缩短工序周期,有时用小粗糙度磨削替代光整加工。小粗糙度磨削除要求设备精度高外,磨削用量的选择最为重要。在选择磨削用量时,参数之间往往会相互矛盾和排斥。例如,为了减小表面粗糙度值,砂轮应修整得细一些,但如此却可能引起磨削烧伤;为了避免烧伤,应将工件转速加快,但这样又会增大表面粗糙度值,而且容易引起振动;采用小磨削用量有利于提高工件表面质量,但会降低生产效率而增加生产成本;而且工件材料不同,其磨削性能也不一样,一般很难凭手册确定磨削用量,要通过试验不断调整参数,因而表面质量较难准确控制。近年来,国内外对磨削用量最优化作了不少研究,分析了磨削用量与磨削力、磨削热之间的关系,并用图表表示各参数的最佳组合,加上计算机的运用,通过指令进行过程控制,使得小粗糙度磨削逐步达到了应有的效果。

2. 采用超精加工、珩磨和研磨等方法作为最终工序加工

超精加工、珩磨等都是利用磨条以一定压力压在加工表面上,并作相对运动以降低表面粗糙度值和提高精度的方法,一般用于表面粗糙度值 Ra 为 $0.4\mu m$ 以下的表面加工。该加工工艺由于切削速度低、压强小,所以发热少,不易引起热损伤,并能产生残余压应力,有利于提高零件的使用性能;而且加工工艺依靠自身定位,设备简单,精度要求不高,成本较低,容易实行多工位、多机床操作,生产效率高,因而在大批量生产中应用广泛。

(1) 珩磨

珩磨是利用珩磨工具对工件表面施加一定的压力,同时珩磨工具还要相对工件完成旋转和直线往复运动,以去除工件表面的凸峰的一种加工方法。珩磨后工件圆度和圆柱度一般可控制在 $0.003\sim0.005mm$,尺寸精度可达 IT5~IT6,表面粗糙度值 Ra 在 $0.025\sim0.2\mu m$。

由于珩磨头和机床主轴是浮动连接,因此机床主轴回转运动误差对工件的加工精度没有影响。因为珩磨头的轴线往复运动是以孔壁作导向的,即是按孔的轴线进行运动的,故在珩磨时不

能修正孔的位置偏差,工件孔轴线的位置精度必须由前一道工序来保证。

珩磨时,虽然珩磨头的转速较低,但其往复速度较高,参与磨削的磨粒数量大,因此能很快地去除金属。为了及时排出切屑和冷却工件,必须进行充分冷却润滑。珩磨生产效率高,可用于加工铸铁、淬硬或不淬硬钢,但不宜加工易堵塞磨石的韧性金属。

(2) 超精加工

超精加工是用细粒度磨石,在较低的压力和良好的冷却润滑条件下,以快而短促的往复运动,对低速旋转的工件进行振动研磨的一种微量磨削加工方法。

超精加工的加工余量一般为 $3\sim10\mu m$,所以它难以修正工件的尺寸误差及形状误差,也不能提高表面间的位置精度,但可以降低表面粗糙度值,能得到表面粗糙度值 Ra 在 $0.01\sim0.1\mu m$ 的表面。目前,超精加工能加工各种不同材料,如钢、铸铁、黄铜、铝、陶瓷、玻璃和花岗岩等,能加工外圆、内孔、平面及特殊轮廓表面,广泛用于对曲轴、凸轮轴、刀具、轧辊、轴承、精密量仪及电子仪器等精密零件的加工。

(3) 研磨

研磨是利用研磨工具和工件的相对运动,在研磨剂的作用下,对工件表面进行光整加工的一种加工方法。研磨可采用专用的设备进行加工,也可采用简单的工具,如研磨检验棒、研磨套、研磨平板等对工件表面进行手工研磨。研磨可提高工件的形状精度及尺寸精度,但不能提高表面位置精度,研磨后工件的尺寸精度可达 0.001mm,表面粗糙度值 Ra 可达 $0.006\sim0.025\mu m$。

研磨的适用范围广,既可加工金属,又可加工非金属,如光学玻璃、陶瓷、半导体、塑料等。一般来说,刚玉磨料适用于对碳素工具钢、合金工具钢、高速钢及铸铁的研磨,碳化硅磨料和金刚石磨料适用于对硬质合金、硬铬等高硬度材料的研磨。

(4) 抛光

抛光是在布轮、布盘等软性器具上涂上抛光膏,利用抛光器具的高速旋转,依靠抛光膏的机械刮擦和化学作用去除工件表面粗糙度的凸峰,使表面光泽的一种加工方法。抛光一般不去除加工余量,因而不能提高工件的精度,有时可能还会损坏已获得的精度;抛光也不可能减小零件的几何误差。工件表面经抛光后,表面层的残余拉应力会有所减小。

12.3 影响表层金属力学物理性能的工艺因素及其改进措施

12.3.1 影响表面层物理力学性能的因素

1. 影响表面层加工硬化的因素

影响表面层加工硬化的因素如下:

① 切削用量的影响。切削速度 v_c 增大时,切削力减小,摩擦和塑性变形减小,同时因 v_c 的提高使切削温度增加,回复作用就大,因此加工硬化降低。当进给量 f、背吃刀量 a_p 增大,都会增大切削力,使加工硬化严重。

②刀具的影响。刀具前角增大,加工表面的塑性变形减小,使冷硬程度减轻。刀尖圆弧半径增大,后刀面磨损量增大,都会使冷硬程度提高。

③工件材料和润滑冷却。工件材料塑性越大,则冷硬现象越严重。良好的冷却润滑可以使加工硬化减轻。

2. 表面层金相组织变化——磨削烧伤

当切削热使加工表面层的温度超过工件材料的相变温度时,表面层金相组织将会发生变化。就一般切削加工(如车、铣、刨削等)而言,切削热产生的工件加工表面温升还不会达到相变的临界温度,因此不会发生金相组织变化。

磨削加工时,由于磨粒在高速下进行切削、刻划和滑擦,使工件表面温升很高,常达900℃以上,引起表面层金相组织发生变化,从而使表面层的硬度下降,并伴随出现残余应力甚至产生细微裂纹,这种现象称为磨削烧伤。磨削烧伤将严重地影响零件的使用性能。因此,磨削是一种典型的容易产生加工表面金相组织变化(磨削烧伤)的加工方法。

影响磨削烧伤的主要因素有:

①磨削用量。背吃刀量a_p对表面层温度影响最大。当a_p增加时,表层温度增加,表层下各深度的温度都升高,使烧伤增加,故a_p不宜过大。增加进给量和工件速度,由于热源作用时间减小,使金相组织来不及变化,因而能减轻烧伤。

②砂轮。砂轮硬度太高,自砺性不好,使切削力增加,温度升高,容易产生烧伤。砂轮组织太紧密易堵塞砂轮,出现烧伤。砂轮结合剂应具有一定的弹性,如树脂橡胶等材料,这可使磨粒在磨削力增大时能产生一定的弹性退让,使背吃刀量减小,从而避免烧伤。

③工件材料。工件材料对磨削温度的影响主要取决于它的强度、硬度、韧性和热导率。材料强度越高,磨削消耗功率越大,发热量越多,磨削温度越高,烧伤越严重;材料硬度越高,磨削热越多,但材料过软,易堵塞砂轮,反而使加工表面温度急剧上升;工件韧性越大,磨削力越大,发热量越多;导热性较差的材料,如轴承钢、不锈钢、耐热钢等,磨削时都容易产生烧伤。

④冷却条件。磨削时冷却液若能更多地进入磨削区,就能有效地防止烧伤现象的发生。提高冷却效果的方式有高压大流量冷却、喷雾冷却、内冷却等。

3. 影响表面残余应力的因素

影响表面残余应力的因素如下:

①冷态塑性变形。切削加工时,由于切削力的作用使工件表面受到很大的冷塑性变形,特别是切削刀具对已加工表面的挤压和摩擦,使表面层金属向两边发生伸长塑性变形,但受到里层金属的限制,因而工件表面产生残余压应力。

②热态塑性变形。切削加工时,由于切削热使工件表面局部温度比里层的温度高得多,因此表面层金属产生热膨胀变形也比里层大。当切削过后,表层温度下降也快,故冷却收缩变形比里层也大,但受到里层金属的阻碍,于是工件表面产生残余拉应力。切削温度越高(如磨削),表层热塑性变形越大,表层残余拉应力也越大,甚至产生裂纹。

③金相组织变化。切削时产生的高温会引起表面层的金相组织变化。不同的金相组织有不同的比密度,故相变会引起体积的变化。由于里层金属的限制,表面层在体积膨胀时会产

生残余压应力,体积缩小时会产生残余拉应力。常见金相组织的比密度为:马氏体 $\gamma\approx 7.75$,奥氏体 $\gamma\approx 7.96$,珠光体 $\gamma\approx 7.78$,铁素体 $\gamma\approx 7.88$。

实际上加工表面层残余应力是以上三个方面综合作用的结果。在一定条件下,可能由某一两种原因起主导作用。如切削加工中,切削热不高时,以冷塑性变形为主,表面将产生残余压应力;而磨削时温度较高,热塑性变形和相变占主导地位,则表面产生残余拉应力。

12.3.2 改善表面物理力学性能的加工方法

如前所述,表面层的物理力学性能对零件的使用性能及寿命影响很大,如果在最终工序中不能保证零件表面获得预期的表面质量要求,则应在工艺过程中增设表面强化工序来保证零件的表面质量。表面强化工艺包括化学处理、电镀和表面机械强化等几种。这里仅讨论机械强化工艺问题。机械强化是指通过对工件表面进行冷挤压加工,使零件表面层金属发生冷态塑性变形,从而提高其表面硬度并在表面层产生残余压应力的无屑光整加工方法。采用表面强化工艺还可以降低零件的表面粗糙度值。该方法工艺简单、成本低,在生产中应用十分广泛,其中用得最多的是喷丸强化和滚压加工。

(1) 喷丸强化

喷丸强化是利用压缩空气或离心力将大量直径为 0.4~4mm 的珠丸高速打击零件表面,使其产生冷硬层和残余压应力,从而显著提高零件的疲劳强度。珠丸可以采用铸铁、砂石以及钢铁制造。所用设备是压缩空气喷丸装置或机械离心式喷丸装置,这些装置使珠丸能以 35~50mm/s 的速度喷出。喷丸强化工艺可用来加工各种形状的零件,加工后零件表面的硬化层深度可达 0.7mm,表面粗糙度值可由 $3.2\mu m$ 减小到 $0.4\mu m$,使用寿命可提高几倍甚至几十倍。

(2) 滚压加工

滚压加工是在常温下通过淬硬的滚压工具(滚轮或滚珠)对工件表面施加压力,使其产生塑性变形,将工件表面上原有的波峰填充到相邻的波谷中,从而减小表面粗糙度值,并在其表面产生冷硬层和残余压应力,使零件的承载能力和疲劳强度得以提高。滚压加工可使表面粗糙度值 Ra 从 $1.25\sim 5\mu m$ 减小到 $0.63\sim 0.8\mu m$,表面层硬度一般可提高 20%~40%,表面层金属的耐疲劳强度可提高 30%~50%。滚压用的滚轮常用碳素工具钢 T12A 或者合金工具钢 CrWMn、Cr12、CrNiMn 等材料制造,淬火硬度在 62~64HRC;或用硬质合金 YG6、YT15 等制成;其型面在装配前需经过粗磨,装上滚压工具后再进行精磨。

(3) 金刚石压光

金刚石压光是一种用金刚石挤压加工表面的新工艺,国外已在精密仪器制造业中得到较广泛的应用。压光后的零件表面粗糙度值 Ra 可达 $0.02\sim 0.4\mu m$,耐磨性比磨削后的提高 1.5~3 倍,但比研磨后的低 20%~40%,而生产率却比研磨高得多。金刚石压光用的机床必须是高精度机床,它要求机床刚性好、抗振性好,以免损坏金刚石。此外,它还要求机床主轴精度高,径向圆跳动和轴向窜动在 0.01mm 以内,主轴转速能在 2500~6000r/min 的范围内无级调速。机床主轴运动与进给运动应分离,以保证压光的表面质量。

(4) 液体磨料强化

液体磨料强化是利用液体和磨料的混合物高速喷射到已加工表面,以强化工件表面,提高工件的耐磨性、耐蚀性和疲劳强度的一种工艺方法。液体和磨料在 400~800Pa 压力下,经过喷嘴高速喷出,射向工件表面,借磨粒的冲击作用,碾压加工表面,工件表面产生塑性变形,变形层仅为几十微米。加工后的工件表面具有残余压应力,提高了工件的耐磨性、耐蚀性和疲劳强度。

12.4 机械加工后的表面层物理力学性能

在切削加工中,工件由于受到切削力和切削热的作用,使表面层金属的物理力学性能产生变化,最主要的变化是表面层金属显微硬度的变化、金相组织的变化和残余应力的产生。由于磨削加工时所产生的塑性变形和切削热比切削刃切削时更严重,因而磨削加工后加工表面层上述三项物理力学性能的变化会很大。

12.4.1 加工表面层的冷作硬化

(1)冷作硬化及其评定参数

机械加工过程中因切削力作用产生的塑性变形,使晶格扭曲、畸变,晶粒间产生剪切滑移,晶粒被拉长和纤维化,甚至破碎,这些都会使表面层金属的硬度和强度提高,这种现象称为冷作硬化(或称为强化)。

表面层金属强化的结果,会增大金属变形的阻力,减小金属的塑性,金属的物理性质也会发生变化。

当被冷作硬化的金属处于高能位的不稳定状态时,只有一种可能,即金属的不稳定状态就要向比较稳定的状态转化,这种现象称为弱化。

弱化作用的大小取决于温度的高低、温度持续时间的长短和强化程度的大小。由于金属在机械加工过程中同时受到力和热的作用,因此,加工后表层金属的最后性质取决于强化和弱化综合作用的结果。

评定冷作硬化的指标有三项,即表层金属的显微硬度 HV、硬化层深度 h 和硬化程度 N。

$$N = (H - H_0)/H_0 \times 100\%$$

式中,H 为加工后表面层的显微硬度;H_0 为原材料的显微硬度。

(2)影响冷作硬化的主要因素

①刀具切削刃钝圆半径较大时,对表层金属的挤压作用增强,塑性变形加剧,导致加工硬化增强。刀具后刀面磨损增大,后刀面与被加工表面的摩擦加剧,塑性变形增大,导致加工硬化增强。前角 γ_o 在 $\pm 20°$ 范围内,对表层金属的冷硬没有显著影响。在此范围以外,则前角 γ_o 增大,塑性变形减小,冷作硬化下降。

②切削用量。切削速度增大,刀具与工件的作用时间缩短,使塑性变形扩展深度减小,加工硬化层深度减小。切削速度增大后,切削热在工件表面层上的作用时间也缩短了,将使加工硬化程度增加。进给量增大,切削力也增大,表层金属的塑性变形加剧,加工硬化程度增大。

③工件材料的塑性越大,切削加工中的塑性变形就越大,加工硬化现象就越严重。

12.4.2 表面金属的金相组织变化

金相组织的变化主要受温度的影响。磨削时由于磨削温度较高,极易引起表面层的金相组织的变化和表面的氧化,严重时会造成工件报废。

1. 磨削烧伤

当被磨削工件表面层温度达到相变温度以上时,表层金属发生金相组织的变化,使表层金属强度和硬度发生变化,并伴有残余应力产生,甚至出现微观裂纹,这种现象称为磨削烧伤。在磨削淬火钢时,可能产生以下三种烧伤:

(1)回火烧伤

如果磨削区的温度未超过淬火钢的相变温度,但已超过马氏体的转变温度,工件表层金属的回火马氏体组织将转变成硬度较低的回火组织(索氏体或托氏体),这种烧伤称为回火烧伤。

(2)淬火烧伤

如果磨削区温度超过了相变温度,再加上切削液的急冷作用,表层金属发生二次淬火,使表层金属出现二次淬火马氏体组织,其硬度比原来的回火马氏体高,在它的下层,因冷却较慢,出现了硬度比原先的回火马氏体低的回火组织(索氏体或托氏体),这种烧伤称为淬火烧伤。

(3)退火烧伤

如果磨削区温度超过了相变温度,而磨削区域又无切削液进入,表层金属将产生退火组织,表面硬度将急剧下降,这种烧伤称为退火烧伤。

2. 防止磨削烧伤的途径

磨削热是造成磨削烧伤的根源,故防止和抑制磨削烧伤有两个途径:一是尽可能地减少磨削热的产生;二是改善冷却条件,尽量使产生的热量少传入工件。具体工艺措施主要有以下几个方面:

(1)正确选择砂轮

一般选择砂轮时,应考虑砂轮的自锐能力(即磨粒磨钝后自动破碎产生新的锋利磨粒或自动从砂轮上脱落的能力)。同时磨削时砂轮应不致产生黏屑堵塞现象。硬度太高的砂轮由于自锐性能不好,磨粒磨钝后使磨削力增大,摩擦加剧,产生的磨削热较大,容易产生烧伤,故当工件材料的硬度较高时选用软砂轮较好。立方氮化硼砂轮其磨粒的硬度和强度虽然低于金刚石,但其热稳定性好,且与铁元素的化学惰性高,磨削钢件时不产生黏屑,磨削力小,磨削热也较低,能磨出较高的表面质量。因此是一种很好的磨料,适用范围也很广。

砂轮的结合剂也会影响磨削表面质量。选用具有一定弹性的橡胶结合剂或树脂结合剂砂轮磨削工件时,当由于某种原因而导致磨削力增大时,结合剂的弹性能够使砂轮做一定的径向退让,从而使磨削深度自动减小,以缓和磨削力突增而引起的烧伤。

另外,为了减少砂轮与工件之间的摩擦热,将砂轮的气孔内浸入某种润滑物质,如石蜡、锡等,对降低磨削区的温度,防止工件烧伤也能收到良好的效果。

(2)合理选择磨削用量

磨削用量的选择应在保证表面质量的前提下尽量不影响生产率和表面粗糙度。

磨削深度增加时,温度随之升高,易产生烧伤,故磨削深度不能选得太大。一般在生产中常在精磨时逐渐减少磨深,以便逐渐减小热变质层,并能逐步去除前一次磨削形成的热变质层。最后再进行若干次无进给磨削,这样可有效地避免表面层的热烧伤。

工件的纵向进给量增大,砂轮与工件的表面接触时间相对减少,因而热的作用时间较短,散热条件得到改善,不易产生磨削烧伤。为了弥补纵向进给量增大而导致表面粗糙的缺陷,可采用宽砂轮磨削。

工件线速度增大时磨削区温度会上升,但热的作用时间却减少了。因此,为了减少烧伤而同时又能保持高的生产率,应选择较大的工件线速度和较小的磨削深度,同时为了弥补工件线速度增大而导致表面粗糙度值增大的缺陷,一般在提高工件速度的同时应提高砂轮的速度。

(3)改善冷却条件

现有的冷却方法由于切削液不易进入到磨削区域内往往冷却效果很差。由于高速旋转的砂轮表面上产生的强大气流层阻隔了切削液进入磨削区,大量的切削液常常是喷注在已经离开磨削区的已加工表面上,此时磨削热量已进入工件表面造成了热损伤,所以改进冷却方法提高冷却效果是非常必要的。具体改进措施有:

采用高压大流量切削液,不但能增强冷却作用,而且还能对砂轮表面进行冲洗,使其空隙不易被切屑堵塞。

为了减轻高速旋转的砂轮表面的高压附着气流的作用,可以加装空气挡板,使冷却液能顺利地喷注到磨削区,这对于高速磨削尤为必要。

采用内冷却法,如图 12-9 所示。其砂轮是多孔隙能渗水的。切削液被引入砂轮中心孔后靠离心力的作用甩出,从而使切削液可以直接冷却磨削区,起到有效的冷却作用。由于冷却时有大量喷雾,机床应加防护罩。使用内冷却的切削液必须经过仔细过滤,以防止堵塞砂轮空隙。这一方法的缺点是操作者看不到磨削区的火花,在精密磨削时不能判断试切时的吃刀量,很不方便。

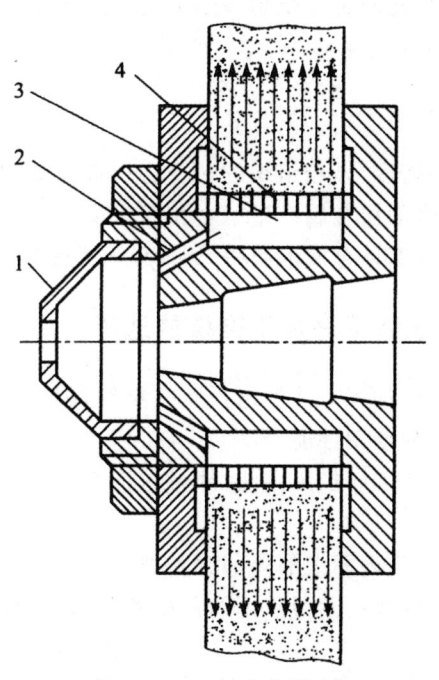

图 12-9 内冷却装置

1—锥形盖;2—通道孔;3—砂轮中心孔;4—有径向小孔的薄壁套

影响磨削烧伤的因素除了上面所述以外,还受工件材料的影响。工件材料硬度越高,磨削热量越多。但材料过软,易堵塞砂轮,使砂轮失去切削作用,反而使加工表面温度急剧上升。工件强度越高,磨削时消耗的功率越多,发热量也越多。工件材料韧性越大,磨削力越大,发热越多。导热性能较差的材料,如耐热钢、轴承钢、高速钢、不锈钢等,在磨削时都容易产生烧伤。

12.4.3　表层金属的残余应力

1. 产生残余应力的原因

表面层残余应力主要是因为在切削加工过程中工件受到切削力和切削热的作用,在表面金属层和基体金属之间发生了不均匀的体积变化而引起的。主要表现为以下几点:

(1)冷态塑性变形

在切削加工过程中,由于切削力的作用,工件表面层产生塑性变形,使表面金属比容增大,体积膨胀,由于塑性变形只在表层金属中产生,表层金属的比容增大,体积膨胀,不可避免地要受到与它相连的里层金属的限制,在表面金属层产生了残余压应力,而在里层金属中产生残余拉应力。

(2)热态塑性变形引起的残余应力

在切削加工过程中,切削区会有大量的切削热产生,使工件产生不均匀的温度变化,从而导致不均匀的热膨胀。切削加工进行时,当表面温度升高到使表层金属进入到塑性状态时,其体积膨胀受到温度较低的基体金属的限制而产生热塑性变形。切削加工结束后,表面温度下降,由于表面已产生热塑性变形要收缩,此时又会受到基体金属的限制,在表面产生残余拉应力。热塑性变形主要在磨削时产生,磨削温度越高,热塑性变形越大,残余拉应力越大,有时甚至会产生裂纹。

(3)金相组织变化

不同金相组织具有不同的密度,金相组织的转变会引起金属材料的体积变化。在切削加工过程中,当切削温度的变化使表面层金属产生了金相组织的变化时,表层金属的体积变化(增大或减小)必然要受到与之相连的基体金属的阻碍,因而就有残余应力产生。

2. 零件主要工作表面最终工序加工方法的选择

零件主要工作表面最终工序加工方法的选择至关重要,因为最终工序在该工作表面留下的残余应力将直接影响机器零件的使用性能。

选择零件主要工作表面最终工序加工方法,须考虑该零件主要工作表面的具体工作条件和可能的破坏形式。

在交变载荷作用下,机器零件表面上的局部微观裂纹,会因拉应力的作用使原生裂纹扩大,最后导致零件断裂。从提高零件抵抗疲劳破坏的角度考虑,该表面最终工序应选择能在该表面产生残余压应力的加工方法。

12.5　机械加工过程中的振动

当系统受到干扰时,就会产生振动。工艺系统的振动对工件加工产生极为不利的干扰。它不仅使工件的表面质量降低(如工件表面产生振纹等),机床和刀具寿命缩短,而且使加工生产率的提高受到限制。强烈的振动还可使刀具崩刃,探索消除和控制振动的途径,对提高机械加工的质量和生产率具有重要意义。

在加工生产过程中,机械振动的类型主要分为以下几种:自由振动、强迫振动、自激振动。这些振动中不衰减振动对机械加工的干扰较大。

12.5.1　机械加工中的强迫振动

控制强迫振动的途径,首先要找出引起振动的振源。由于强迫振动的频率 ω 与激振力的频率相同或成倍数关系,故可将实测的振动频率与各个可能激振的频率进行比较,确定振源后,可以采取以下措施来控制或消除振动。

①减小激振力。对系统中高速的回转零件必须进行静平衡甚至动平衡后使用;尽量减小传动机构的缺陷,提高带传动、链传动、齿轮传动及其他传动装置的稳定性;对于往复运动部件,应采用较平稳的换向机构。

②调节振源频率,避开共振区。调整刀具或工件转速,使其远离工艺系统各部件的固有频率,避开共振区,以免共振[①]。

③消振和隔振。消振最有效的方法是找出振源并将其去除。如果不能去除则可采用隔振,即在振动传递路线上设置隔振材料,使由内、外振源所激起的振动不能传到刀具和工件上去。如电机用隔振橡皮与机床分开;油泵用软管连接后,安装在机床外部。为了消除系统外的振源,常在机床周围挖防振沟。工艺系统本身的振源,如工件余量不均匀或材质不均匀,加工表面不连续或刀齿的断续切削等引起的冲击振动等,可采用阻尼器或吸振器。

12.5.2　机械加工中的自激振动(颤振)

1. 自激振动的产生及特征

自激振动闭环系统如图 12-10 所示。

---

① 提高工艺系统的刚度和阻尼。提高刚度、增大阻尼是增强系统抗振能力的基本措施,如提高连接部件的接触刚度、预加载荷减小滚动轴承的间隙、采用内阻尼较大的材料制造某些零件都能收到较好的效果。

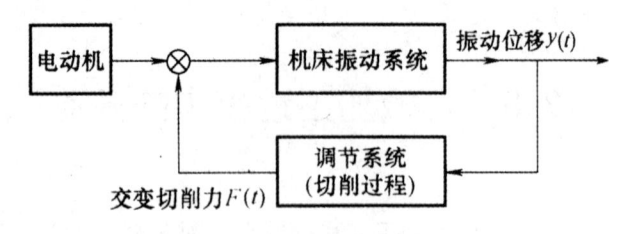

图 12-10　自激振动闭环系统

如果工艺系统不存在，产生自激振动[①]则有可循的特征。

维持自激振动的能量来自电动机，电动机通过动态切削过程把能量传输给振动系统，以维持振动。

2. 产生自激振动的条件

图 12-11(a)为单自由度机械加工振动模型[②]。

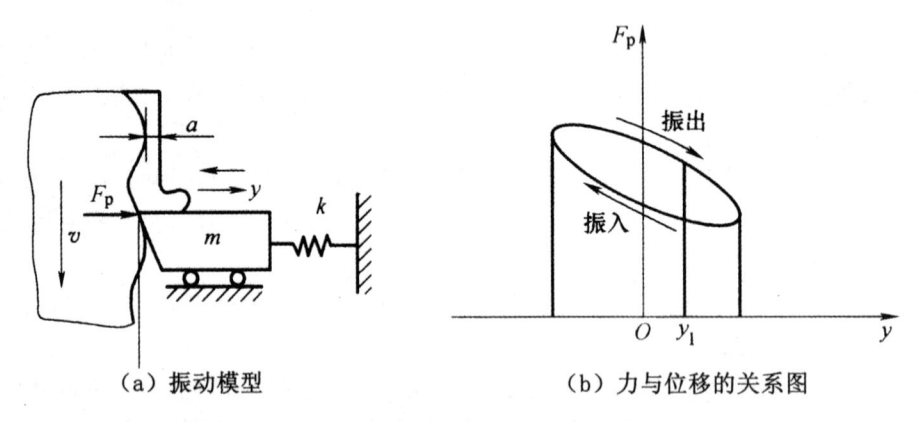

图 12-11　单自由度机械加工振动模型

在切削力 F_p 作用下，刀架向外作振出运动 $y_{振出}$，刀架振动系统将有一个反向的弹性恢复力 $F_弹$ 作用在它上面。$y_{振出}$ 越大，$F_弹$ 也越大，当 $F_p = F_弹$ 时，刀架的振出运动停止（因为实际振动系统中有阻尼力作用）。

对上述振动系统而言，切削力 F_p 是外力。F_p 对振动系统做功，刀架振动系统则从切削过程中吸收一部分能量 $W_{振出}$（这时刀架振动做正功），储存在振动系统中，如图 12-11(b)所示。刀架的振入运动则是在弹性恢复力 $F_弹$ 作用下产生的，振入运动与切削力方向相反，振动系统对切削过程做功，即刀架振动系统要消耗能量 $W_{振入}$（此时刀架振动做负功）。

如图 12-12 所示，E^+ 为系统获得能量，E^- 为系统消耗能量，只有当 E^+ 等于 E^-，振幅达到 A_0，系统处于稳定的等幅振动[③]。

[①] 这种偶然性的外界干扰将因工艺系统存在阻尼而使振动逐渐衰减；如果工艺系统存在产生自激振动的条件，就会使工艺系统产生持续的振动。

[②] 设工件系统为绝对刚体，振动系统与刀架相连，且只在 y 方向作单自由度振动。为分析简便，暂不考虑阻尼力的作用。

[③] 自激振动能否产生以及振幅的大小，取决于每一振动周期内系统所获得的能量与所消耗的能量对比情况。

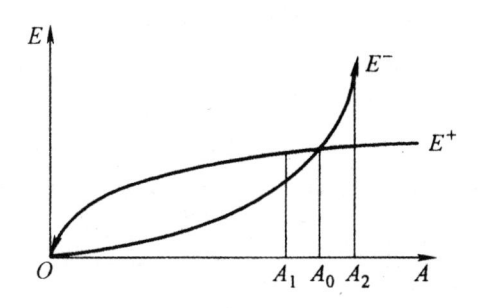

图 12-12 振动系统的能量关系

当 $W_{振出} < W_{振入}$ 时,正功小于负功,振动系统吸收的能量小于消耗的能量,故不会产生自激振动。当 $W_{振出} = W_{振入}$ 时,正功等于负功,因实际机械加工系统中存在阻尼,刀架振动系统每振动一次,便会损失一部分能量,因此系统也不会有自激振动产生。当 $W_{振出} > W_{振入}$ 时,正功大于负功,刀架振动系统将有持续的自激振动产生。

3. 产生自激振动的学说

(1)再生颤振

如图 12-13(a)所示,车刀只作横向进给。

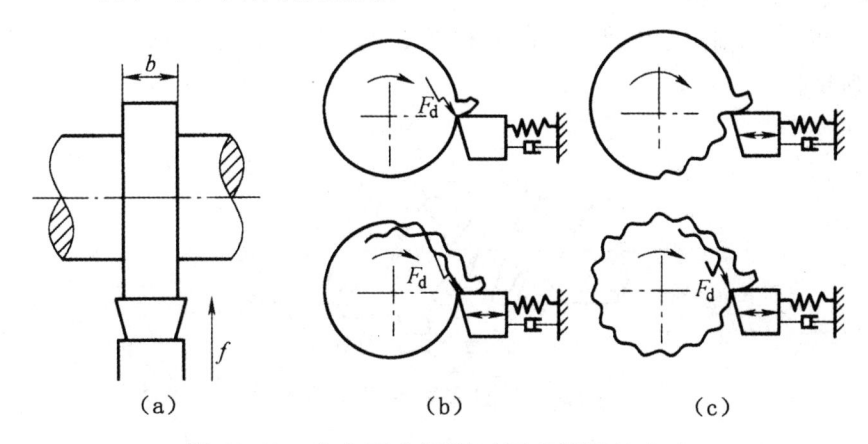

图 12-13 自由正交切削时再生颤振的产生

通常,将这种由于切削厚度的变化而引起的自激振动,称为再生颤振。

如果工艺系统稳定,也不一定会产生自激振动。在一个振动周期内,只有切削力所做的正功大于负功,有多余的能量输入到系统中去才能维持和加强自激振动。

图 12-14 表示了四种情况。切入、切出(切离)时切削厚度没有变化,切削力也没有变化,因此不会产生自激振动[①]。图 12-14(b)表示前后两转的振纹相位差为 $\psi=\pi$,这时切入、切出的平均切削厚度不变,两者没有能量差,也不可能产生自激振动。图 12-14(c)表示后一转的振纹相位超前,即 $0<\psi<\pi$,切入的平均切削厚度大于切出的平均切削厚度,负功大于正功,也不可能产生自

---

① 图 12-14 中实线表示前一转切削的工件表面振纹,细双点画线表示后一转切削的表面振纹。图 12-14(a)表示前后两转的振纹没有相位差($\psi=0$)。

激振动。图 12-14(d)表示后一转振纹的相位滞后,即 $-\pi<\psi<0$,这时切出比切入时有较大的切削力,推动刀架后移,使刀架储能,正功大于负功,即可产生自激振动[①]。

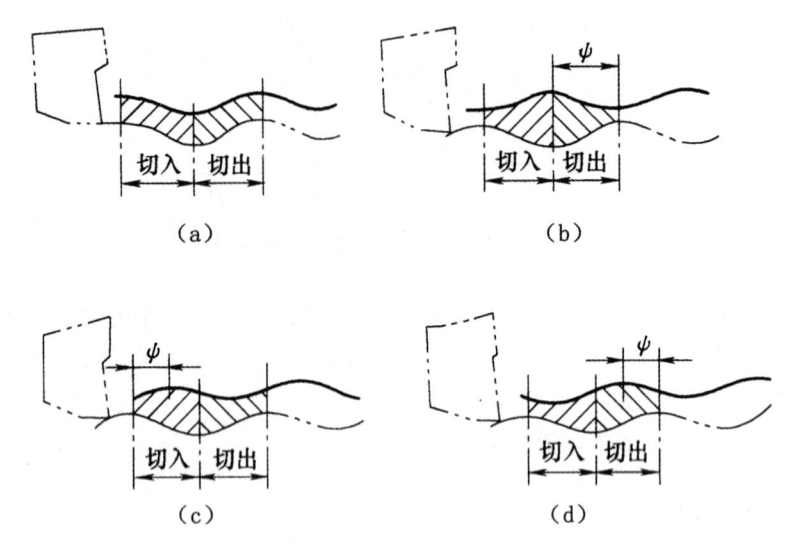

图 12-14 再生颤振时振纹相位与平均切削厚度的关系

(2)振型耦合颤振原理

实际加工中,当切削深度达到一定值时,仍会发生颤振,这可以用振型耦合颤振原理来解释,如图 12-15 所示。

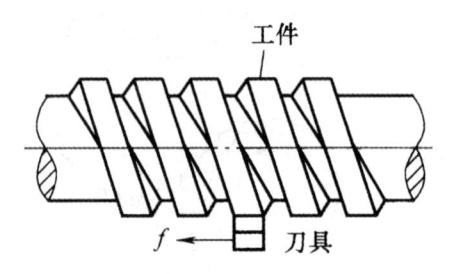

图 12-15 纵车矩形螺纹外表面

由图 12-16[②]可知,相互垂直的等效刚度系数分别为 k_1、k_2(设 $k_1<k_2$)的两组弹簧支承。为使两个自由度系统的振型能很好地分开,最简单的形式是两个振型 x_1 和 x_2 互相垂直:刚度低的方向振型为 x_1,刚度高的方向振型为 x_2。

---

① 在再生颤振中,只有当后一转振纹的相位滞后于前一转振纹时才有可能产生再生颤振。
② 图 12-16 为两个自由度振型耦合颤振动力学模型,刀具等效质量为 m。

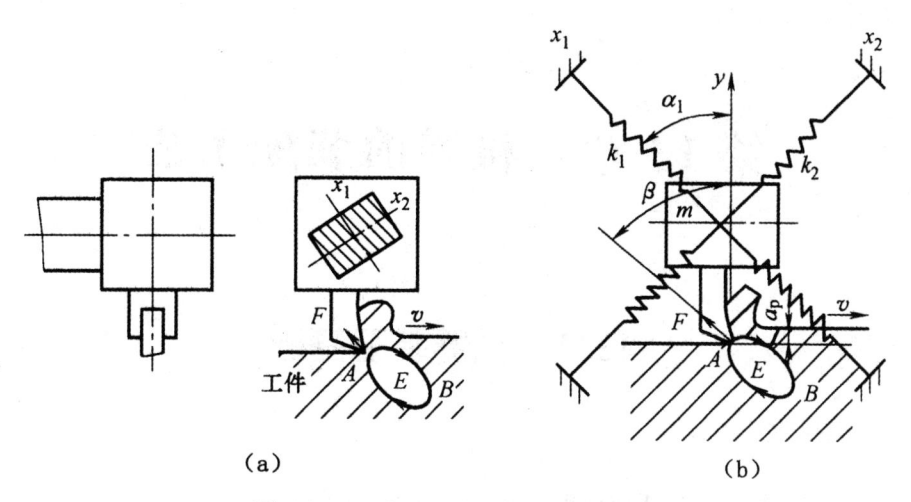

第 12 章 机械加工表面质量控制分析

图 12-16 自由度的耦合振动模型

第 13 章　机器的装配工艺

13.1　机器装配基础

13.1.1　装配的基本要求

装配的基本要求如下：

①产品应按图样和装配工艺规程进行装配。装到产品上的零件（包括外购件、标准件等）均应符合质量要求。过盈配合和单配的零件，在装配前，对有关尺寸应严格进行复检，并做好配对标记，不应放入图样未规定的垫片和套等。

②装配环境应清洁。通常，装配区域内不宜安装切削加工设备。对不可避免的配钻、配铰、刮削等装配工序间的加工，要及时清理切屑，保持场地清洁。

③零部件应清理干净（去净毛刺、污垢、锈蚀等）。装配过程中，加工件不应磕、碰、划伤和锈蚀，配合面和外露表面不应有修锉和打磨等痕迹。

④装配后的螺栓、螺钉头部和螺母端面，应与被紧固的零件平面均匀接触，不应倾斜和留有间隙。装配在同一部位的螺钉，其长度一般应一致。紧固的螺钉、螺栓和螺母不应有松动；影响精度的螺钉，紧固力应一致。

⑤螺母紧固后，各种止动垫圈应达到制动要求。根据结构需要，可采用在螺纹部分涂低强度的防松胶代替止动垫圈。

⑥移动、转动部件在装配后，运动应平稳、灵活、轻便，无阻滞现象。变位机构应保证准确可靠地定位。

⑦高速旋转的零部件应做平衡试验。

⑧按装配要求选择合适的工艺和装备。对特殊产品要考虑特殊措施。如在装配精密仪器、轴承、机床时，装配区域除了要严格避免金属切屑及灰尘干扰外，按装配环境要求，需要考虑空调、恒温、恒湿、防尘、隔振等措施。对有高精度要求的重大关键机件，需要具备超慢速的起吊设备。

⑨液压、气动、电气系统的装配应符合国家专项标准规定。

13.1.2　装配的基本内容

装配是整个机械产品制造过程中的最后一个阶段。装配阶段的主要工作有清洗、平衡、刮削、各种方式的连接、校正、检验、调整、试验、涂装、包装等。

(1)清洗

零件进入装配前,必须清洗表面的各种浮物,如尘埃、金属粉尘、铁锈、油污等。否则可能会出现诸如"抱轴"、气缸"拉毛"、导轨"咬合"等现象,致使摩擦副、配合副过度磨损,产品精度丧失。

①清洁度。清洗质量的主要评价指标是产品的清洁度。划分清洁度等级的依据是零件经清洗后在其表面残留污垢量的大小,其单位为 mg/cm^2(或 g/m^2)。我国至今尚未制定出完整统一的标准。

②清洗液。清洗时,应正确选择清洗液。金属清洗液,大多数按助剂(Builder,用 B 表示)、含表面活性剂的乳化剂(Emulsion,用 E 表示)、溶剂(Solvent,用 S 表示)、水(Water,用 W 表示)四种基本组分来配置。按基本组分的不同配置,常用清洗液的分类、成分和性能特点见表13-1。

表 13-1 清洗液的分类、成分和性能

分类	代号	成分	性能
一组分	W	纯净水	对电解液,无机盐和有机盐有很好的溶解力。如灰尘、铁锈、抛光膏和研磨膏的残留物、淬火后的溶盐残留液。但不能去除有机物污垢
一组分	S	石油类:汽油、柴油、煤油 有机类:二甲醇、丙醇 氯化类:三氯乙烯、氟利昂113	常温下对各种油脂、石蜡等有机污物具有很强的清洗作用,缺点为安全性能差,防火防爆要求高,易污染及危害健康,能源耗费大
双组分	BS 和 ES	在 S 型溶液中加入少量的助剂和表面活性剂。其中以三氟三氯乙烷为主要组成的清洗液(氟利昂 TF)应用最广	具有特别强的脱脂和去污能力;不损伤清洗件;不燃、无毒、安全性好;易于回收重复使用;沸点低,气相清洗后迅速蒸发,清洗时间短。常适用于清洗流水线上使用
双组分	BW	属碱性清洗液,在水中加入氢氧化钠、碳酸钠、硅酸钠、磷酸钠等化合物	清洗油垢、浮渣、尘粒、积炭等。而配置成本低,使用时经加热(70%~90%),清洗后易锈蚀,故须加缓蚀剂
双组分	EW	由一种或数种非离子型表面活性剂的金属清洗剂(<清洗液质量的 5%)和水(>清洗液质量的 95%)配置而成	除了能清洗工件表面的油污外,还能清除前道工序残留在工件表面上的切削液、研磨膏、抛光膏、盐浴残液等。如进行合理配置还可清除积炭和具有缓蚀作用
三组分	BEW	是在 EW 型的基础上加入一定的助剂配制而成,常用的助剂有无机盐和有机盐两类	能充分发挥表面活性剂的作用,提高清洗效果,增加清洗液的缓蚀、消泡、调节 pH 值以及增强化学稳定性,抗硬水性等功能
四组分	BESW	由 BEW 型清洗液加水配制,或在 BEW 型的基础上加所需要的助剂(B)配制而成	按所加助剂不同,其去污力、(对污垢的)分散力、消泡性、缓蚀性等可以分别获得提高。具有较好的综合功能

③清洗方法。清洗的方法主要取决于污垢的类型和与之相适应的清洗液种类;工件的材料、形状及尺寸、质量大小;生产批量、生产现场的条件等因素。常用的清洗方法有擦洗、浸洗、高压喷射清洗、气相清洗、电解清洗、超声波清洗。

(2)平衡

在生产中常用静平衡法和动平衡法来消除由于质量分布不均匀而造成的旋转体的不平衡。对于盘类零件一般采用静平衡法消除静力不平衡。而对于长度较大的零件(如电动机转子和机床主轴等)则需采用动平衡法。平衡的办法有加重(采用铆、焊、胶接、压装、螺纹连接、喷涂等)、去重(采用钻、铣、刨、偏心车削、打磨、抛光、激光熔化等)、调节转子上预先设置的可调重块的位置等方法。

(3)连接

装配工作的完成要依靠大量的连接,常用的连接方式一般有两种:

①可拆卸连接。指相互连接的零件拆卸时不受任何损坏,而且拆卸后还能重新装在一起,如螺纹连接、键连接、弹性环连接、楔连接、榫连接和销钉连接等。

②不可拆卸连接。指相互连接的零件在使用过程中不拆卸,若拆卸将损坏某些零件,如焊接、铆接、胶接、胀接、锁接及过盈连接等。

(4)校正、调整与配作

①校正。校正是指在装配过程中对相关零部件的位置进行找正、校平及相应的调整工作,在产品总装和大型机械的基础件装配中应用较多。常用的校正工具有平尺、角尺、水平仪、光学准直仪及相应检具(如检验棒和过桥)等。

②调整。调整是指在装配过程中对相关零部件相互位置的具体调节工作。它除了配合校正工作去调节零部件的位置精度以外,还用于调节运动副间的间隙。例如,轴承间隙、导轨副间隙及齿轮与齿条的啮合间隙等。

③配作。配作通常指配钻、配铰、配刮和配磨等,这是装配中附加的一些钳工和机械加工工作,并应与校正、调整工作结合起来进行。只有经过校正、调整,保证相关零件间的正确位置后,才能进行配作。

(5)性能检验

产品装配完毕,应按产品技术性能和验收技术条件制定检测和试验规范。它包括检测和试验的项目及检验质量指标;检测和试验的方法、条件与环境要求;检测和试验所需的工艺装备的选择或设计;质量问题的分析方法和处理措施。

性能检验是机械产品出厂前的最终检验工作。它是根据产品标准和规定,对其进行全面的检验和试验。各类产品的验收内容、步骤及方法各有不同。

例如,金属切削机床验收试验工作的主要步骤和内容有:

①检查机床的几何精度,包括相对运动精度(如溜板在导轨上的移动精度、溜板移动对主轴轴线的平行度等)和相对位置精度(如距离精度、同轴度、平行度、垂直度等)两个方面。

②空运转试验,即在不加负载的情况下,使机床完成设计规定的各种运动。对变速运动需逐级或选择低、中、高三级运转进行运转试验,在运转中检验各种运动及各种机构工作的准确性和可靠性,检验机床的噪声、温升及其电气、液压、气动、冷却润滑系统的工作情况等。

③机床负荷试验,即在规定的切削力、转矩及功率的条件下使机床运转,在运转中所有机构应工作正常。

④机床工作精度试验,即对车床切削完成的工件进行加工精度检验,如螺纹的螺距精度、圆柱面的圆度、圆柱度、径向圆跳动等。

(6)涂装

一般情况下,机械产品在出厂前其非加工面都需要涂装。涂装是用涂料在金属和非金属基体材料表面形成有机涂层的材料保护技术。涂层光亮美观、色彩鲜艳,可改变基体的颜色,具有装饰的作用。涂层能将基体材料与空气、水、阳光及其他酸、碱、盐、二氧化硫等腐蚀介质隔离,免除化学腐蚀和锈蚀。涂层的硬膜可减轻外界物质对基体材料的摩擦和冲撞,具有一定的机械防护作用。另外,有些特殊的涂层还能降噪、吸振、抗红外线、抗电磁波、反光、导电、绝缘、杀虫、防污等,因此人们把涂装喻为"工业的盔甲"或"工业的外衣"。

涂装有多种方法,常见的有刷涂、辊涂、浸涂、淋涂、流涂、空气喷涂、静电喷涂、电泳涂覆、无气涂覆、高压无气喷涂、粉末涂装等。

13.2　保证装配精度的方法

机械产品设计时,首先需要正确地确定整机的装配精度,根据整机的装配精度,逐步规定各部件、组件的装配精度,以确保产品的质量及制造经济性。同时,装配精度也是选择装配方法、制定装配工艺的重要依据。机械产品的装配精度,必须依据国家标准、企业标准或其他有关的资料予以确定。当装配精度要求较高时,完全靠提高零件的加工精度来直接保证装配精度便显得很不经济,有时甚至不可能。在影响装配精度的相关零件较多时矛盾尤其突出。此时常常将零件的公差放大使它们按经济精度制造,在装配时用零件分组或调整修配某一个零件的方法来保证装配精度。

13.2.1　互换装配法

互换装配法就是在装配时各配合零件不经修理、选择或调整即可达到装配精度的方法。这种装配方法的实质,就是用控制零件的加工误差来保证产品的装配精度要求。根据互换的程度不同,互换装配法又分为完全互换装配法和不完全互换装配法两种。

(1)完全互换装配法

在全部产品中,装配时各组成环零件不需挑选或改变其大小或位置,装入后即能达到装配精度要求,这种装配方法称为完全互换装配法。

在一般情况下,完全互换装配法的装配尺寸链按极值法计算,即各组成环的公差之和等于或小于封闭环的公差。

完全互换装配法的优点:装配质量稳定可靠,装配过程简单,生产率高;易实现自动化装配,便于组织流水作业和零部件的协作和专业化生产。但当装配精度要求较高,尤其是组成环较多时,则零件难以按经济精度加工。因此,它常用于高精度的少环尺寸链或低精度的多环尺寸链的大批大量生产。

根据各组成环尺寸大小和加工难易程度,对各组成环的公差进行适当调整。但调整后的各组成环公差之和仍不得大于封闭环公差。在调整时可参照下列原则:

①当组成环是标准件尺寸,其公差大小和分布位置在相应的标准中已有规定,为已定值。组成环是几个不同尺寸链的公共环时,其公差值和分布位置应由对其环要求较严的那个尺寸链先行确定,对其余尺寸链则也为已定值。

②当分配待定的组成环公差时,一般可按经验视各环尺寸加工难易程度加以分配。如尺寸相近、加工方法相同的取相等公差值;难加工或难测量的组成环,其公差值可取较大值等。

确定好各组成环的公差后,按"入体原则"确定其极限偏差,即组成环为包容面时,取下极限偏差为零;组成环为被包容面时,取上极限偏差为零。若组成环是中心距,则偏差按对称分布。按上述原则确定极限偏差后,有利于组成环的加工。

(2)不完全互换装配法

如果装配精度要求较高,尤其是组成环的数目较多时,若应用极大极小法确定组成环的公差,则组成环的公差将会很小,这样就很难满足零件的经济精度要求。因此,在大批量生产的条件下,就可以考虑不完全互换装配法,即用概率法计算装配尺寸链。

不完全互换装配法与完全装配法相比,其优点是零件公差可以放大些从而使零件加工容易、成本低,也能达到互换性装配的目的。其缺点是将会有一部分产品的装配精度超差。对于极少量不合格的予以报废或采取补救措施。

13.2.2 选择装配法

在成批或大量生产的条件下,对于组成环不多而装配精度要求却很高的尺寸链,若采用完全互换法,则零件的公差将过严,甚至超过了加工工艺的现实可能性。在这种情况下可采用选择装配法。该方法是将组成环的公差放大到经济可行的程度,然后选择合适的零件进行装配,以保证规定的精度要求。

选择装配法有三种:直接选配法、分组装配法和复合选配法。

(1)直接选配法

直接选配法是由装配工人凭经验挑选合适的零件通过试凑进行装配的方法。这种方法的优点是能达到很高的装配精度;缺点是装配精度取决于工人的技术水平和经验,装配时间不易控制,因此不宜生产节拍要求较严的大批量生产。

(2)分组装配法

分组装配法是在成批大量生产中,将产品各配合副的零件按实测尺寸分组,装配时按组进行互换装配以达到装配精度的方法。

分组装配在机床装配中用得很少,但在内燃机、轴承等大批大量生产中有一定应用。例如,图 13-1 所示活塞与活塞销的连接情况。根据装配技术要求,活塞销孔与活塞销外径在冷态装配时应有 0.0025~0.0075mm 的过盈量。与此相应的配合公差仅为 0.005mm。若活塞与活塞销采用完全互换法装配,且销孔与活塞直径公差按"等公差"分配时,则它们的公差只有 0.0025mm。配合采用基轴制原则,则活塞销外径尺寸 $d = \phi 28_{-0.0025}^{0}$ mm,$D = \phi 28_{-0.0075}^{-0.0050}$ mm。显然,制造这样精确的活塞销和活塞销孔是很困难的,也是不经济的。生产中采用的办法是先将上

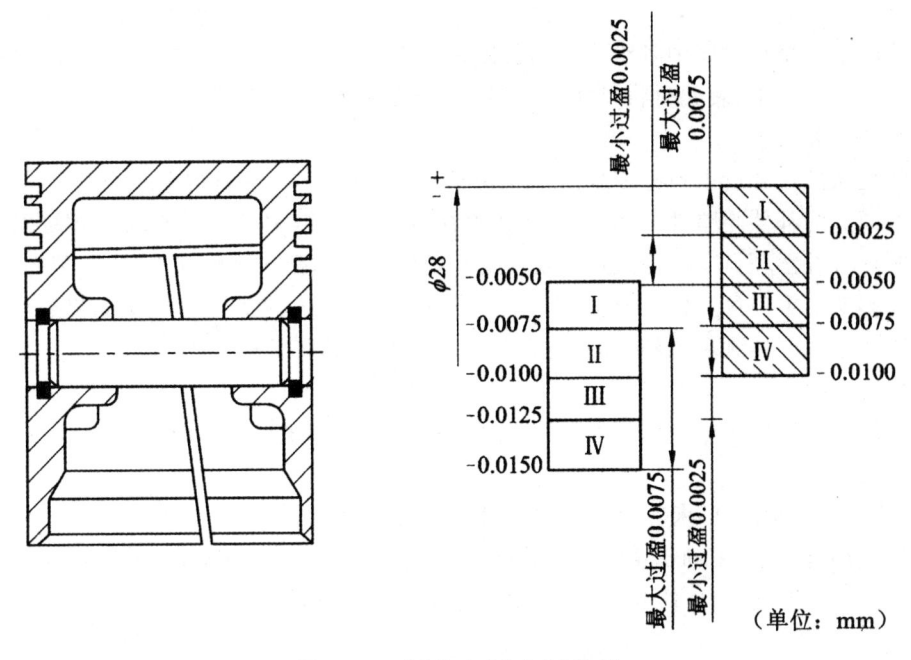

述公差值都增大四倍($d=\phi 28_{-0.010}^{0}$mm,$D=\phi 28_{-0.015}^{-0.005}$mm),这样即可采用高效率的无心磨和金刚镗去分别加工活塞外圆和活塞销孔,然后用精度量仪进行测量,并按尺寸大小分成四组,涂上不同的颜色,以便进行分组装配。

图 13-1 活塞与活塞销连接

采用分组互换装配时应注意以下几点:
① 为了保证分组后各组的配合精度和配合性质符合原设计要求,配合件的公差应当相等,公差增大的方向要相同,增大的倍数要等于以后的分组数。
② 分组数不宜多,多了会增加零件的测量和分组工作量,并使零件的储存、运输及装配等工作复杂化。
③ 分组后各组内相配合零件的数量要相符,形成配套。否则会出现某些尺寸零件的积压浪费现象。

分组互换装配适合于配合精度要求很高和相关零件一般只有两三个的大批量生产中。例如,滚动轴承的装配等。

(3) 复合选配法

复合选配法是直接选配与分组装配的综合装配法,即预先测量分组,装配时再在各对应组内凭工人经验直接选配。这一方法的特点是配合件公差可以不等,装配质量高,且速度较快,能满足一定的节拍要求。发动机装配中,气缸与活塞的装配多采用这种方法。

13.2.3 修配装配法

在成批生产中,若封闭环公差要求很严,组成环又较多,用互换装配法势必要求组成环的公差很小,增加了加工的困难,并影响加工经济性。用分组装配法,又因环数过多会使测量、分组和配套工作变得非常困难和复杂,甚至造成生产上的混乱。在单件小批量生产时,当封闭环公差要求较严,即使组成环数很少,也会因零件生产数量少而不能采用分组装配法。此时,常采用修配法达到封闭环公差要求。其适用于单件或成批生产中装配那些精度要求高、组成环数目较多的部件。

修配装配法是将尺寸链中各组成环的公差相对于互换法所求之值增大,使其能按该生产条件下较经济的公差加工,装配时将尺寸链中某一预先选定的环去除部分材料以改变其尺寸,使封闭环达到其公差要求。

由于修配法的尺寸链中各组成环的尺寸均按经济精度加工,装配时封闭环的误差会超过规定的允许范围。为补偿超差部分的误差,必须修配加工尺寸链中某一组成环。被修配的零件尺寸称为修配环或补偿环。一般应选形状比较简单,修配面小,便于修配加工,便于装卸,并对其他尺寸链没有影响的零件尺寸作为修配环。修配环在零件加工时应留有一定量的修配量。

生产中通过修配达到装配精度的方法很多,常见的有以下三种。

(1) 单件修配法

这种方法是将零件按经济精度加工后,装配时将预定的修配环用修配加工来改变其尺寸,以保证装配精度。

如图 13-2 所示,卧式车床前、后顶尖对床身导轨的等高要求为 0.06mm(只许尾座高),此尺寸链中的组成环有三个:主轴箱主轴中心到底面高度 $A_1=202$mm,尾座底板厚度 $A_2=46$mm,尾座顶尖中心到底面距离 $A_3=156$mm。A_1 为减环,A_2、A_3 为增环。

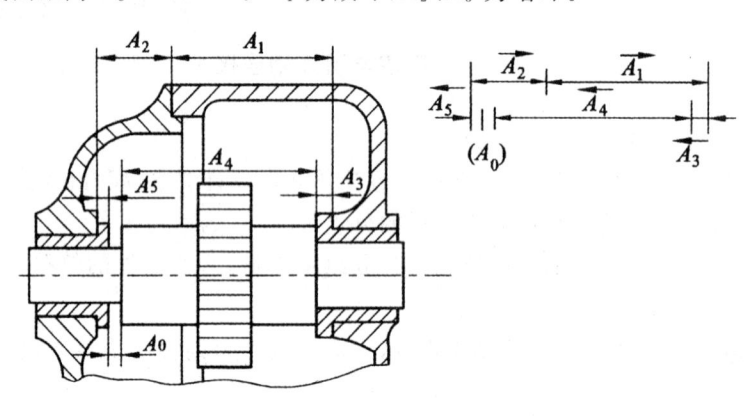

图 13-2 轴的装配尺寸链

若用完全互换法装配,则各组成环平均公差为:

$$T_{av.i} = \frac{T_0}{3} = \frac{0.06}{3}\text{mm} = 0.02\text{mm}$$

这样小的公差将使加工困难,所以一般采用修配法,各组成环仍按经济精度加工。根据镗孔的经济加工精度,取 $T_1=0.1$mm,$T_3=0.1$mm,根据半精刨的经济加工精度,取 $T_2=0.14$mm。由于在装配中修刮尾座底板的下表面比较方便,修配面也不大,所以选尾座底座板为修配件。

组成环的公差一般按"单向入体原则"分布,此例中 A_1、A_3 是中心距尺寸,故采用"对称原则"分布,$A_1=(202\pm0.05)$mm,$A_3=(156\pm0.05)$mm。至于 A_2 的公差带分布,要通过计算确定。

修配环在修配时对封闭环尺寸变化的影响有两种情况,一种是封闭环尺寸变大,另一种是封闭环尺寸变小。因此修配环公差带分布的计算也相应分为两种情况。

图 13-3 所示为封闭公差带与各组成环(含修配环)公差放大后的累积误差之间的关系。图中 T'_0、$L'_{0\max}$ 和 $L'_{0\min}$ 分别为各组成环的累积误差和极限尺寸;$F_{\max}$ 为最大修配量。

当修配结果使封闭环尺寸变大时,简称"越修越大",由图 13-3(a)可知:

$$L_{0\max} = L'_{0\max} = \sum L_{i\max} - \sum L_{i\min}$$

当修配结果使封闭环尺寸变小时,简称"越修越小",由图 13-3(b)可知:

$$L_{0\min} = L'_{0\min} = \sum L_{i\min} - \sum L_{i\max}$$

上例中,修配尾座底板的下表面,使封闭环尺寸变小,因此应按求封闭环下极限尺寸的公式:

$$A_{0\min} = A_{2\min} + A_{3\min} - A_{1\max}$$
$$0 = A_{2\min} + 155.95\text{mm} - 202.05\text{mm}$$
$$A_{2\min} = 46.10\text{mm}$$

因为 $T_2 = 0.14\text{mm}$,所以 $A_2 = 46^{+0.24}_{+0.10}\text{mm}$。

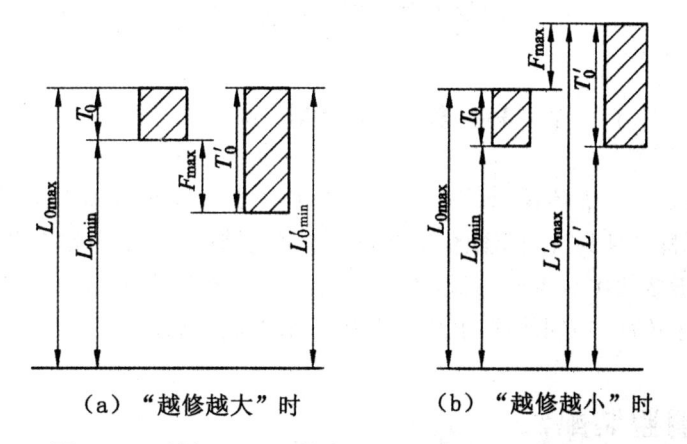

图 13-3 封闭环公差带与组成环累积误差的关系

(a) "越修越大"时　　(b) "越修越小"时

修配加工是为了补偿组成累积误差与封闭环公差超差部分的误差,所以最多修配量

$$F_{\max} = \sum T_i - T_0 = (0.1 + 0.14 + 0.1)\text{mm} - 0.06\text{mm} = 0.28\text{mm}$$

而最小修配量为 0。考虑到车床总装时,尾座底板与床身配合的导轨面还需配刮,则应补充修正,取最小修刮量为 0.05mm,修正后的 A_2 尺寸为 $46^{+0.29}_{+0.15}\text{mm}$,此时最多修配量为 0.33mm。

(2) 合并修配法

这种方法是将两个或多个零件合并在一起进行加工修配。合并加工所得的尺寸可看作一个组成环,这样减少了组成环的环数,就相应减少了修配的劳动量。

如上例中,为了修配尾座底板,一般先把尾座和底板的配合加工后,配刮横向小导轨,然后再将两者装配为一体,以底板的底面为基准,镗尾座的套筒孔,直接控制尾座套筒孔至底板面的尺寸公差,这样组成环 A_2、A_3 合并成一环,仍取公差为 0.1mm,其最多修配量 $= \sum T_i - T_0 = (0.1 + 0.1)\text{mm} - 0.06\text{mm} = 0.14\text{mm}$,从而使修配工作量相应减少。

合并加工修配法由于零件要对号入座,给组织装配生产带来一定麻烦,因此多用于单件小批量生产中。

(3) 自身加工修配法

在机床制造中,有一些装配精度要求,是在总装时利用机床本身的加工能力,"自己加工自己",可以很简捷地解决,此即自身加工修配法。

如图 13-4 所示,在转塔车床上六个安装刀架的大孔中心线必须保证和机床主轴回转中心线重合,而六个平面又必须和主轴中心线垂直。若将转塔作为单独零件加工出这些表面,在装配中达到上述两项要求,是非常困难的。当采用自身加工修配法时,这些表面在装配前不进行加工,而是在转塔装配到机床上后,在主轴上装镗杆,使镗刀旋转,转塔作纵向进给运动,依次精镗出转塔上的六个孔;再在主轴上装个能径向进给的小刀架,刀具边旋转边径向进给,依次精加工出转塔的六个平面。这样可方便地保证上述两项精度要求。

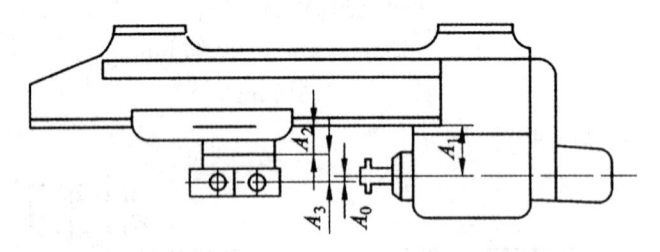

图 13-4 转塔车床转塔自身加工修配

修配法的特点是各组成环零、部件的公差可以扩大,按经济精度加工,从而使制造容易,成本低。装配时可利用修配件的有限修配量达到较高的装配精度要求,但装配中零件不能互换,装配劳动量大(有时需拆装几次),生产率低,难以组织流水生产,装配精度依赖于工人的技术水平。因此,修配法适用于单件和成批生产中精度要求较高的装配场合。

13.2.4 调整装配法

在成批大量生产中,对于装配精度要求较高而组成环数目较多的尺寸链,也可以采用调整法进行装配。调整法与修配法在补偿原则上是相似的,但在改变补偿环尺寸的方法上有所不同。修配法采用补充机械加工方法去除补偿环上的金属层,而调整法采用调整方法改变补偿环的实际尺寸和位置,来补偿由于各组成环公差放大后所产生的累积误差,以保证装配精度要求。

根据补偿件的调整特征,调整法可分为可动调整、固定调整和误差抵消调整三种装配方法。

(1) 可动调整装配法

用改变调整件的位置来达到装配精度的方法,叫作可动调整装配法。调整过程中不需要拆卸零件,比较方便。

采用可动调整装配法可以调整由于磨损、热变形、弹性变形等所引起的误差。所以它适用于高精度和组成环在工作中易于变化的尺寸链。

机械制造中采用可动调整装配法的例子较多。如图 13-5(a)依靠转动螺钉调整轴承外环的位置以得到合适的间隙;图 13-5(b)是用调整螺钉通过垫板来保证车床溜板和床身导轨之间的间隙;图 13-5(c)是通过转动调整螺钉,使斜楔块上、下移动来保证螺母和丝杠之间的合理间隙。

图 13-5　可调支承

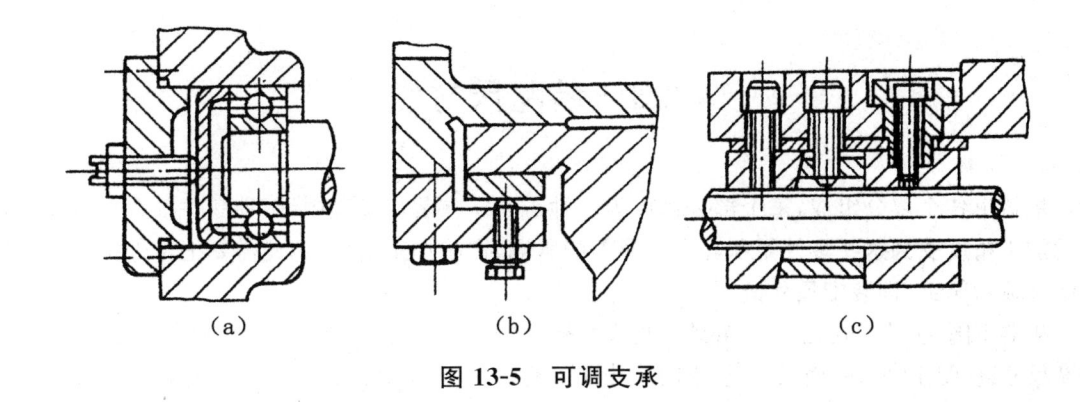

(2) 固定调整装配法

固定调整装配法是尺寸链中选择一个零件(或加入一个零件)作为调整环,根据装配精度来确定调整件的尺寸,以达到装配精度的方法。常用的调整件有:轴套、垫片、垫圈和圆环等。

如图 13-6 所示即为固定调整装配法的实例。当齿轮的轴向窜动量有严格要求时,在结构上专门加入一个固定调整件,即尺寸等于 A_3 的垫圈。装配时根据间隙的要求,选择不同厚度的垫圈。调整件预先按一定间隙尺寸做好,比如分成 3.1,3.2,3.3,…,4.0mm 等,以供选用。

在固定调整装配法中,调整件的分级及各级尺寸的计算是很重要的问题,可应用极值法进行计算。计算方法请参考有关文献。

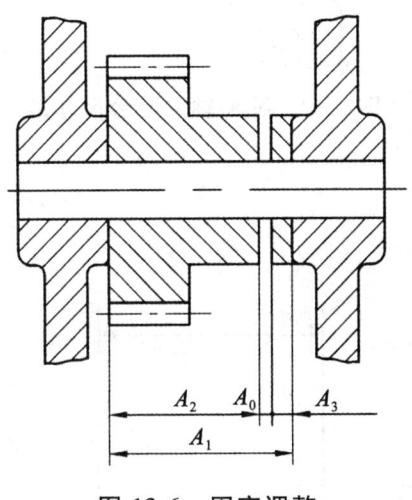

图 13-6　固定调整

(3) 误差抵消调整装配法

误差抵消调整装配法是通过调整某些相关零件误差的方向,使其互相抵消。这样各相关零件的公差可以扩大,同时又保证了装配精度。

采用误差抵消装配法装配,其优点是零件制造精度可以放宽,经济性好,还能得到很高的装配精度。但每台产品装配时均需测出整体优势误差的大小和方向,并计算出数值,增加了辅助时间,影响生产效率,对工人技术水平要求高。因此,除单件小批量生产的工艺装备和精密机床采用此种方法外,一般很少采用。

13.3　装配尺寸链

机器由各个部分组成,每个部分都成为一种零件。在装配过程中,每种零件都存在误差。机器的加工精度受到这些零件累积起来的误差的影响,影响加工精度,因此需要把零件按照一定顺序组装成封闭链,即装配尺寸链。

机器不同,组装方式也不同,导致装配尺寸链[①]的种类也不同。常见的有线性尺寸链(图13-7)、角度尺寸链(图13-8)、平面尺寸链、空间尺寸链。其中,比较常见的是线性尺寸链和角度尺寸链。

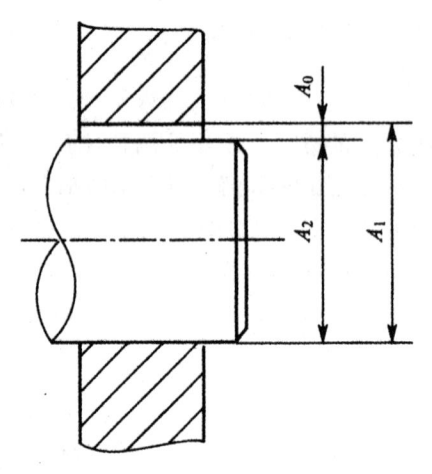

图 13-7　孔和轴的配合尺寸链

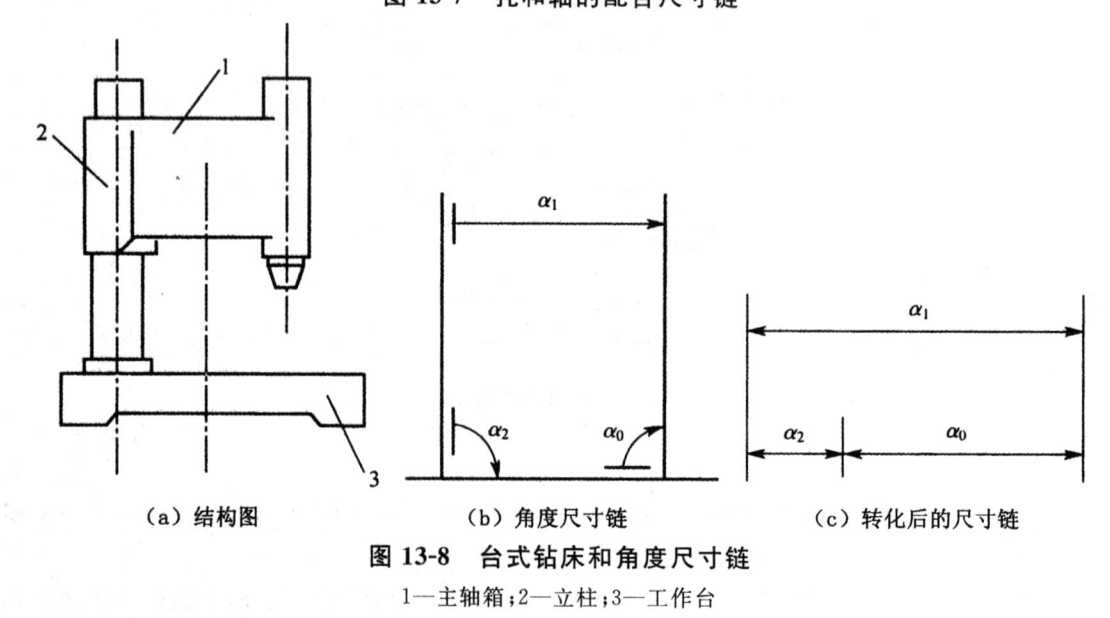

（a）结构图　　（b）角度尺寸链　　（c）转化后的尺寸链

图 13-8　台式钻床和角度尺寸链

1—主轴箱;2—立柱;3—工作台

---

① 装配尺寸链是指在机器的装配关系中,由相关零件的尺寸(表面或轴心线距离)或相互位置(平行度、垂直度、同轴度和各种跳动)关系所组成的尺寸链。

13.3.1 建立装配尺寸链的原则

建立装配尺寸链就是在装配图上,根据装配精度的要求找出与该项装配精度有关的零件及其有关的尺寸,确定封闭环和组成环,并画出尺寸链图。

建立装配尺寸链的原则如下:

(1)简化原则

影响加工精度的因素非常多,要全部考虑进去相当麻烦,也不现实。实际应用中,一般忽略影响较小的因素,使建立的装配尺寸链得到简化,方便工人在实际生产中应用。例如,图 13-9 为车床主轴与尾座中心线等高示意图,影响该项装配精度的因素有(图 13-10):

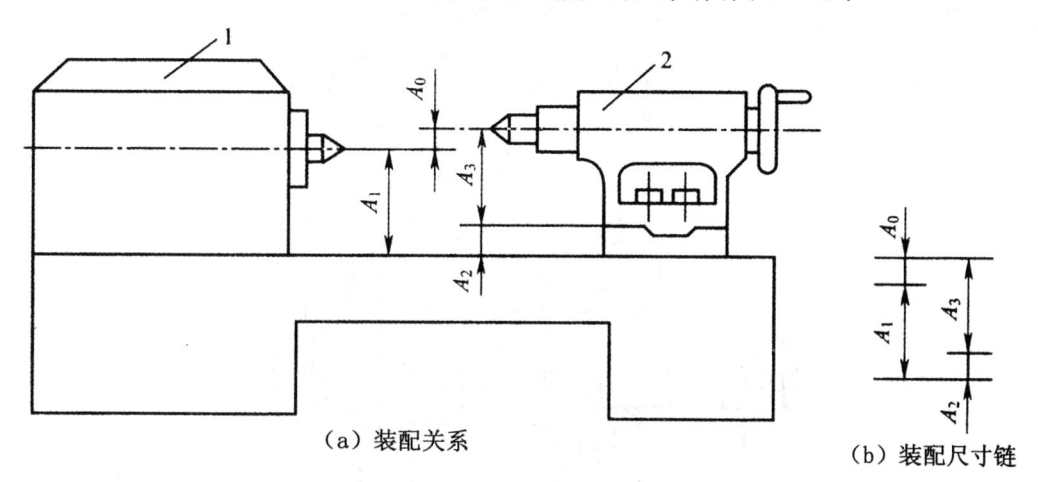

(a)装配关系　　(b)装配尺寸链

图 13-9　主轴箱主轴中心与尾座套筒中心等高示意图

1—主轴箱;2—尾座

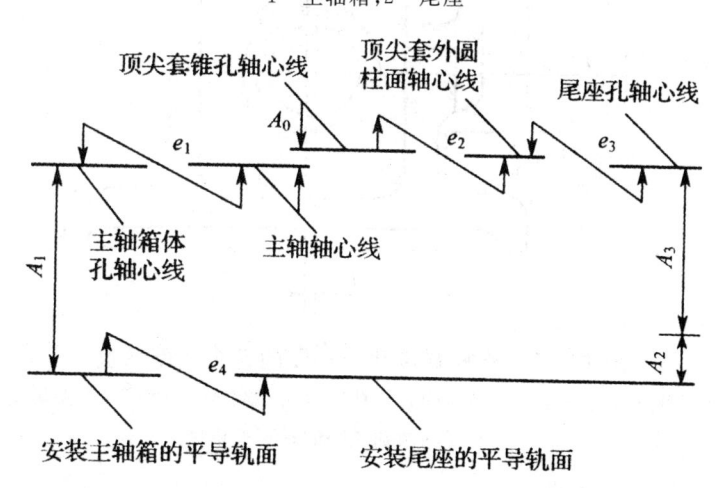

图 13-10　车床主轴与尾座套筒中心线等高装配尺寸链

A_1—主轴锥孔中心线至床身平导轨的距离;A_2—尾座底板厚度;A_3—尾座顶尖套锥孔中心线至尾座底板的距离;e_1—主轴滚动轴承外圆与圆的内孔的同轴度误差;e_2—尾座顶尖套锥孔与外圆同轴度误差;e_3—尾座顶尖套与尾座孔配合间隙引起的向下偏移量;e_4—床身上安装主轴箱和尾座的平导轨间的高度差

由于 e_1、e_2、e_3、e_4 的尺寸数值相对 A_1、A_2、A_3 的误差较小,简化后的尺寸链可用图 13-9(b) 表示。但是有些需要精细加工的零件就不能轻易简化,此时应该尽量全面地分析影响因素,使得零件精度更加精确。

(2)最短路线原则

在装配过程中应选择最短的路线,减少误差提高精度。建立了装配尺寸链的尺寸就是该零件的设计尺寸。

(3)精确原则

当装配精度要求高时,组成环中除了长度尺寸环外,还会有几何公差环和配合间隙环。

(4)方向性原则

零件在机器商的装配方向不同,精度要求也不一样,因此在建立尺寸链时,需要根据不同的装配方向链建立不同的尺寸链。如图 13-11 所示,需要根据三个方向建立三个尺寸链。

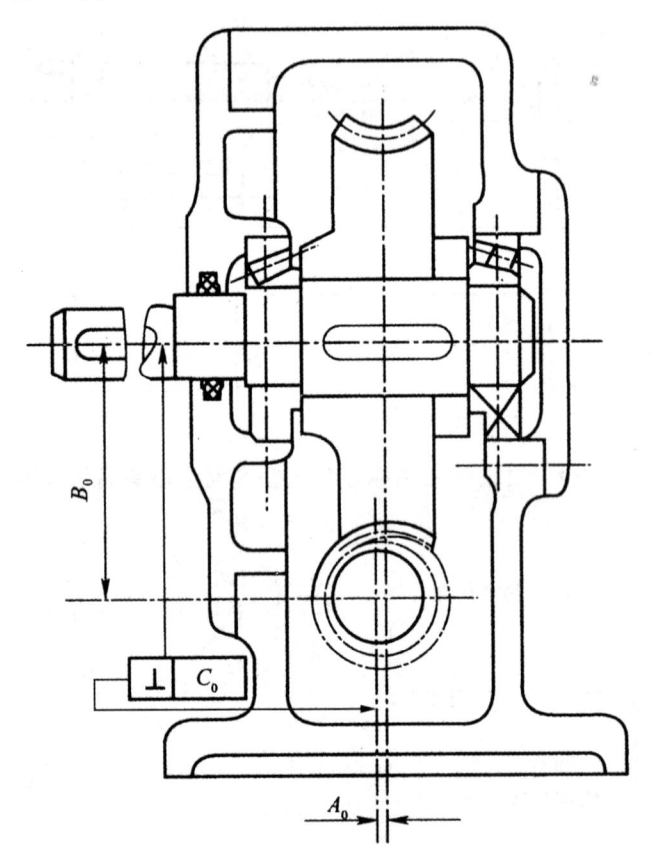

图 13-11 蜗杆副传动结构图的三个装配精度

A_0—蜗杆轴线与蜗轮中间平面的重合精度;B_0—蜗杆副两轴线间的距离精度;
C_0—蜗杆副两轴线间的垂直度精度

13.3.2 建立装配尺寸链的一般步骤

建立装配尺寸链的步骤如下：
(1) 确定封闭环

在装配尺寸链中，封闭环定义为装配过程最后形成的那个尺寸环，而装配精度是装配后所得到的尺寸环，所以装配精度即封闭环。图 13-12 为某传动箱的装配尺寸链，传动轴在两个滑动轴承中转动，为避免轴端和齿轮端面与滑动轴承端面的摩擦，在轴向要有一定的间隙，这一间隙是装配过程中最后形成的一环，也是装配精度的要求，所以它是封闭环 A_0。

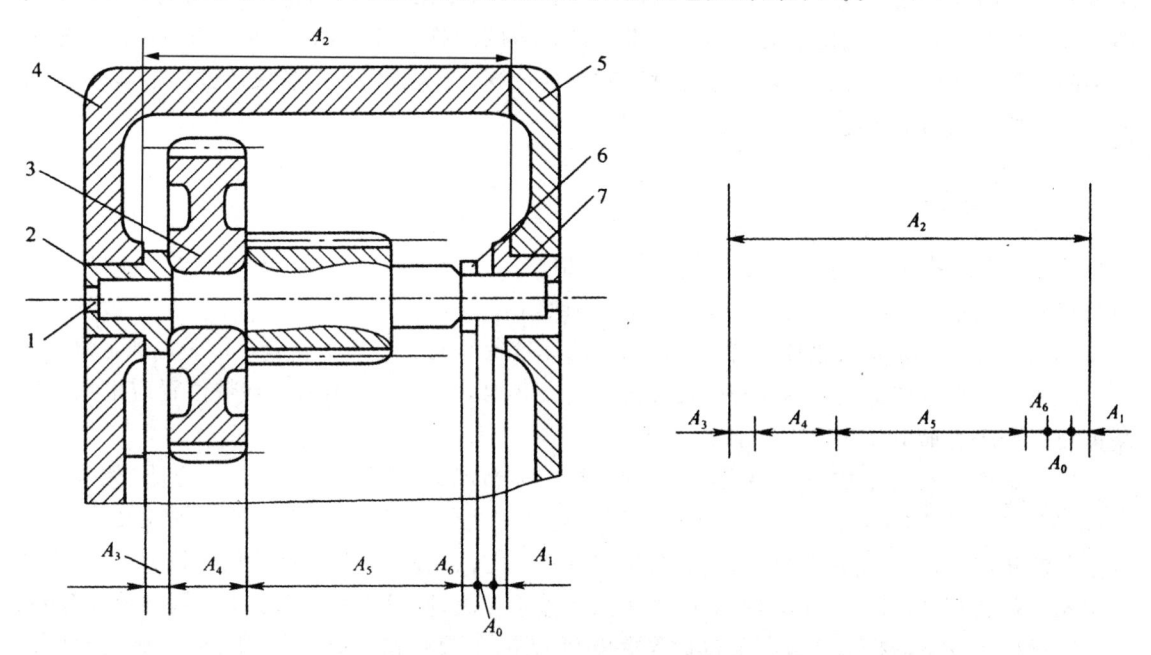

图 13-12　某传动箱的装配尺寸链
1—齿轮轴；2—左轴承；3—大齿轮；
4—传动箱体；5—箱盖；6—垫圈；7—右轴承

(2) 确定组成环

要使组成的环确定下来，需要知道组成机器零件的尺寸。可以顺时针或逆时针地测出相邻及其相关尺寸，直至返回到封闭环。值得注意的是，并不是所有相邻零件相关尺寸都是组成环，如图 13-12 中零件箱盖及其尺寸对间隙 A_0 并无影响，所以它不是组成环。

机器是由零件组成的，那么零件就是机器的最小组成单元，在装配尺寸链中，如果在一个零件上出现两个尺寸为组成环，则该零件上就有工艺尺寸链的问题，这时应先解此工艺尺寸链，所得到的封闭环再进入装配尺寸链，如图 13-12 中的组成环 A_5。当然，某一零件某一尺寸也可能是该零件工艺尺寸链的封闭环，如图 13-12 中轴承座的尺寸 A_1、A_3 等。

(3) 画出尺寸链图

画尺寸链图时，应以封闭环为基准，从其尺寸的一端出发，逐一把组成环的尺寸连接起来，直到封闭环尺寸的另一端为止，这就是封闭的原则。

画出尺寸链图后,便可容易地判断出哪些组成环是增环,哪些组成环是减环。增、减环的判别原则与工艺尺寸链相同。

13.3.3 装配尺寸链的计算方法

装配尺寸链的计算方法与装配方法密切相关。同一项装配精度,采用不同装配方法时,其装配尺寸链的计算方法也不相同。

装配尺寸链的计算可分为正计算和反计算。已知与装配精度有关的各零部件的公称尺寸及其偏差,求解装配精度要求(封闭环)的公称尺寸及偏差的计算过程称为正计算,它用于对已设计的图样进行校核验算。当已知装配精度要求(封闭环)的公称尺寸及偏差,求解与该项装配精度有关的各零部件公称尺寸及偏差的计算过程称为反计算,它主要用于产品设计过程中,以确定各零部件的尺寸和加工精度。

1. 完全互换法

采用完全互换法装配时,装配尺寸链采用极值算法进行计算。其核心问题是将封闭环的公差合理地分配到各组成环上去。分配的一般原则如下:

①当组成环是标准尺寸时(如轴承宽度、挡圈厚度等),其公差大小和分布位置为确定值。

②当某一组成环是几个不同装配尺寸链的公共环时,其公差大小和公差带位置应根据对其精度要求最严的那个装配尺寸链确定。

③在确定各待定组成环公差大小时,可根据具体情况选用不同的公差分配方法,如等公差法、等精度法或按实际加工可能性分配法等。在处理直线装配尺寸链时,若各组成环尺寸相近,加工方法相同,可优先考虑等公差法;若各组成环加工方法相同,但公称尺寸相差较大,可考虑使用等精度法;若各组成环加工方法不同,加工精度差别较大,则通常按实际加工可能性分配公差。

④各组成环公差带的位置一般可按入体原则标注,但要保留一环作"协调环"。因为封闭环的公差是装配要求确定的既定值,当大多数组成环取为标准公差值之后,就可能有一个组成环的公差值取的不是标准公差值,此组成环在尺寸链中起协调作用,这个组成环称为协调环。其上、下极限偏差用极值法有关公式求出。

2. 大数互换解法

采用大数互换法装配时,装配尺寸链采用概率算法进行计算。组成环误差分配原则与前述的完全互换法分配原则基本相同。在某些情况下,可在各组成环中挑出一两个加工精度保证较困难的尺寸,放在最后确定,其他尺寸按加工经济精度确定。

3. 分组选配法

采用分组选配法进行装配时,先将组成环公差按完全互换法求得后,放大若干倍,使之达到经济公差的数值。然后,按此数值加工零件,再将加工所得的零件按尺寸大小分成若干组(分组数与公差放大倍数相等)。最后,将对应组的零件装配起来,即可满足装配精度要求。

4. 修配法

采用修配法时,包括修配环在内的各组成环公差均按零件加工的经济精度确定。各组成环因此而产生的累积误差相对封闭环公差(即装配精度)的超出部分,可通过对修配环的修配来消除。所以修配环在尺寸链中起着一种调节作用。

(1) 修配环的选择原则

采用修配法时应正确选择修配环,修配环一般应满足下列要求:

① 便于装拆。

② 形状简单,修配面小,便于修配。

③ 一般不应为公共环,公共环是指那些同属于几个尺寸链的组成环,它的变化会牵连几个尺寸链中封闭环的变化。如果选择公共环作为修配环,就可能出现保证了一个尺寸链的精度,而又破坏了另一个尺寸链精度的情况。

(2) 修配环的公差修改

在图 13-13(a)所示的尺寸链中,δ_0' 是封闭环实际值的分散范围,即各组成环(含修配环)的累积误差值。

改变修配环的公差,就可以改变 δ_0' 的大小,$A_{0\max}'$ 和 $A_{0\min}'$ 是表征 δ_0' 分布位置的两个极值。δ_0' 的分布位置取决于各组成环公差带的分布位置。显然,改变修配环的尺寸分布位置,也就可以改变 δ_0' 的分布位置,即改变极值 $A_{0\max}'$ 和 $A_{0\min}'$ 的大小。

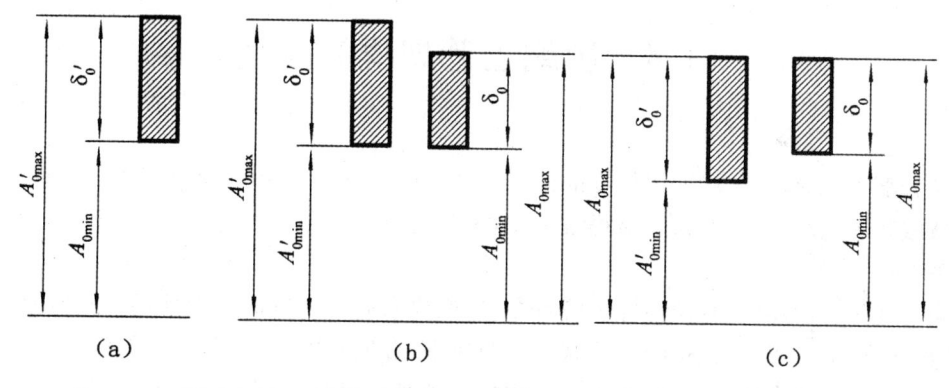

图 13-13 封闭环的实际位置与规定值的相对位置

① 修配环被修配时,使封闭环尺寸变小的计算,简称"越修越小"。当修配环的修配引起封闭环尺寸变小时,无论怎么修配,总应保证 $A_{0\min}' = A_{0\min}$,如图 13-13(b)所示。因此,封闭环实际尺寸的最小值 $A_{0\min}'$ 和公差放大后的各组成环之间的关系,按极值公式计算时,可应用下式:

由 $A_{0\min}' = A_{0\min}$ 可知

$$A_{0\min}' = A_{0\min} = \sum_{i=1}^{m} \vec{A}_{i\min} - \sum_{i=1}^{m} \overleftarrow{A}_{i\max}$$

应用上式即可求出修配环的一个极限尺寸。修配环为增环时可求出最小尺寸;修配环为减环时可求出最大尺寸。由于修配的公差也可按经济加工精度给出,当一个极限尺寸求出后,其另一极限尺寸也就可以确定。

② 修配环被修配时,使封闭环尺寸变大时的计算,简称"越修越大"。当修配环的修配会引起

封闭环尺寸变大时，无论怎么修配，总应保证 $A'_{0\max} = A_{0\max}$，如图 13-13(c)所示。因而修配环的一个极限尺寸可按下式求出：

$$A'_{0\max} = A_{0\max} = \sum_{i=1}^{m} \vec{A}_{i\max} - \sum_{i=1}^{m} \overleftarrow{A}_{i\min}$$

修配环另一极限尺寸，在公差按经济精度给定后也就确定了。

按照上法确定的修配环尺寸，装配时可能出现的最大修配量为 $Z_{\max} = \sum_{i=1}^{m+n} TA_i - TA'_0$，可能出现的最小修配量为零。此时修配环不需修配加工，即能保证装配精度，但有时为了提高接触刚度，修配环必须要进行补充加工减小表面粗糙度值，也即规定了最小修配量为某一数值。这样，在按上法算出的修配环尺寸上必须加上（若修配环为被包容尺寸）或减去（修配环为包容尺寸）最小修配量的值。

5. 调整法

调整法与修配法相似，装配尺寸链各组成环也按加工经济精度加工，由此引起的封闭环超差，也是通过改变某一组成环的尺寸来补偿。但补偿方法不同，调节法是通过调节某一零件的位置或对某一组成环（调节环）的更换来补偿。常用的调节法有三种：可动调整法、固定调整法和误差抵消调整法。

13.4 装配工艺规程的制定

制定装配工艺规程时，在考虑精度的前提下，要兼顾劳动生产率和降低成本。具体要求有：
①器械装配完成后，其寿命就显得很重要，因此装配工艺规程的基本原则首先要确保产品的质量过关。
②企业在生产产品时，肯定注重经济效益，这就要求制定规则时符合实际，不能单纯为了精度，而放慢速度，通过提高机械化程度，减少人力成本，合理安排工序，提高生产率。
③成本是企业的命脉，制定装配工艺规程的原则时，一定要充分考虑到这个因素，尽力减少人力、设备、时间等多种生产成本，在保证质量的情况下，使生产效益最大化。

13.4.1 制定装配工艺规程的原始资料

在制定装配工艺规程前，需要具备以下原始资料：

1. 产品的装配图及验收技术标准

产品的装配图应包括总装图和部件装配图，并能清楚地表示出：所有零件相互连接的结构视图和必要的剖视图；零件的编号；装配时应保证的尺寸；配合件的配合性质及精度等级；装配的技术要求；零件的明细表等。为了在装配时对某些零件进行补充机械加工和核算装配尺寸链，有时还需要某些零件图。

产品的验收技术条件、检验内容和方法也是制定装配工艺规程的重要依据。

2. 产品的生产纲领

产品的生产纲领就是其年生产量。生产纲领决定了产品的生产类型。生产类型不同,致使装配的生产组织形式、工艺方法、工艺过程的划分、工艺装备的多少、手工劳动的比例均有很大不同。

大批大量生产的产品应尽量选择专用的装配设备和工具,采用流水装配方法。现代装配生产中则大量采用机器人,组成自动装配线。对于成批生产、单件小批生产则多采用固定装配方式,手工操作比重大。在现代柔性装配系统中,已开始采用机器人装配单件小批产品。

3. 生产条件

如果是在现有条件下制定装配工艺规程,应了解现有工厂的装配工艺设备、工人技术水平、装配车间面积等。如果是新建厂,则应适当选择先进的装备和工艺方法。

13.4.2 制定装配工艺规程的步骤

根据上述原则和原始资料,可以按下列步骤制定装配工艺规程。

1. 研究产品的装配图及验收技术条件

审核产品图样的完整性、正确性;分析产品的结构工艺性;审核产品装配的技术要求和验收标准;分析与计算产品装配尺寸链。

2. 确定装配方法与组织形式

装配的方法和组织形式主要取决于产品的结构特点(尺寸和重量等)和生产纲领,并应考虑现有的生产技术条件和设备。

装配组织形式主要分为固定式和移动式两种。固定式装配是全部装配工作在一固定的地点完成,多用于单件小批量生产,或重量大、体积大的批量生产中。移动式装配是将零部件用输送带或输送小车按装配顺序从一个装配地点移动到下一个装配地点,分别完成一部分装配工作,各装配地点工作的总和就完成了产品的全部装配工作。根据零部件移动的方式不同又分为连续移动、间歇移动和变节奏移动三种方式。这种装配组织形式常用于产品的大批量生产中,以组成流水作业线和自动作业线。

3. 划分装配单元,确定装配顺序

划分装配单元时,应选定某一零件或比它低一级的装配单元作为装配基准件。装配基准件通常应是产品的基体或主干零部件。基准件应有较大的体积和重量,有足够的支承面,以满足陆续装入零部件时的作业要求和稳定要求。例如:床身零件是床身组件的装配基准零件;床身组件

是床身部件的装配基准组件;床身部件是机床产品的装配基准部件。

在划分装配单元,确定装配基准零件以后,即可安排装配顺序,并以装配系统图的形式表示出来。编排装配顺序的原则是:先下后上,先内后外,先难后易,先精密后一般。图 13-14 为卧式车床床身装配简图;图 13-15 为床身部件装配系统图。

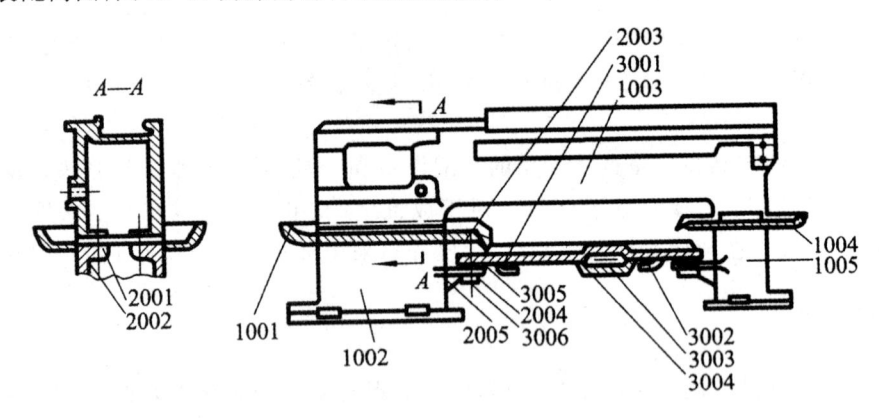

图 13-14　卧式车床床身装配简图

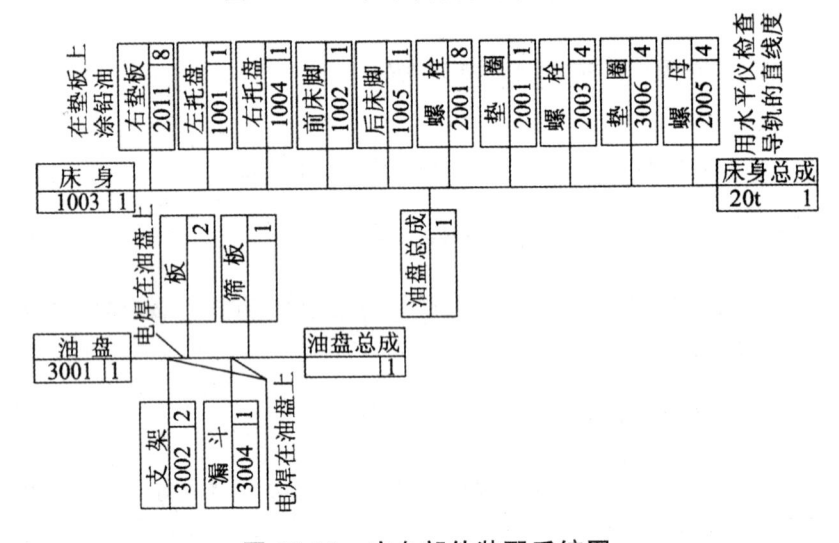

图 13-15　床身部件装配系统图

4. 划分装配工序

装配顺序确定后,就可将装配工艺过程划分为若干工序,其主要工作如下:
①确定工序集中与分散的程度。
②划分装配工序,确定工序内容。
③确定各工序所需的设备和工具,如需专用夹具与设备,则应拟定设计任务书。
④制定各工序装配操作规范,如过盈配合的压入力、变温装配的装配温度以及紧固件的力矩等。
⑤制定各工序装配质量要求与检测方法。
⑥确定工序时间定额,平衡各工序节奏。

5. 编制装配工艺文件

单件小批量生产时，通常只绘制装配系统图。装配时，按产品装配图及装配系统图工作。

成批生产时，通常还制定部件、总装的装配工艺卡，写明工序次序，简述工序内容、设备名称、工夹具名称与编号、工人技术等级和时间定额等项。

在大批量生产中，不仅要制定装配工艺卡，而且要制定装配工序卡，以直接指导工人进行产品装配。

此外，还应按产品图样要求，制定装配检验及试验卡片。装配工艺过程卡和装配工序卡的格式如图 13-16 和图 13-17 所示(摘自原机械电子工业部指导性技术文件 JB/Z187.3—1988)。

			装配工艺过程卡片	产品型号		零（部）件图号	
				产品名称		零（部）件名称	共（ ）页 第（ ）页
	工序号	工序名称	工序内容	装配部门	设备及工艺装备	辅助材料	工时定额/min
描图							
描校							
底图号							

装订号											设计（日期）	审核（日期）	标准化（日期）	会签（日期）	
	标记	处数	更改文件号	签字	日期	标记	处数	更改文件号	签字	日期					

图 13-16　装配工艺过程卡片的格式

	装配工艺卡片		产品型号		零（部）件图号					
			产品名称		零（部）件名称		共（ ）页		第（ ）页	
工序号		工序名称		车间		工段	设备		工序工时	
简 图										

	工序号	工序内容	工艺装备	辅助材料	工时定额/min
描图					
描校					
底图号					
装订号					

标记	处数	更改文件号	签字	日期	标记	处数	更改文件号	签字	日期	设计（日期）	审核（日期）	标准化（日期）	会签（日期）	

图 13-17 装配工序卡片的格式

13.5 机器结构的装配工艺性

产品结构工艺性是指所设计的产品在能满足使用要求的前提下，制造、维修的可行性和经济性。其中，装配工艺性对产品结构的要求，主要是装配时应保证装配精度、缩短生产周期、减少劳动量等。产品结构装配工艺性包括零部件一般装配工艺性和零部件自动装配工艺性等内容。

13.5.1 零部件一般装配工艺性要求

产品应划分成若干单独部件或装配单元，在装配时应避免有关组成部分的中间拆卸和再装配。

图 13-18 为传动轴的安装，箱体孔径 D_1 小于齿轮直径 d_2，装配时必须先在箱体内装配齿轮，再将其他零件逐个装在轴上，装配不方便。应增大箱体孔壁的直径，使 $D_1>d_2$。装配时，可将轴及其上零件组成独立组件后再装入箱体内，装配工艺性好。

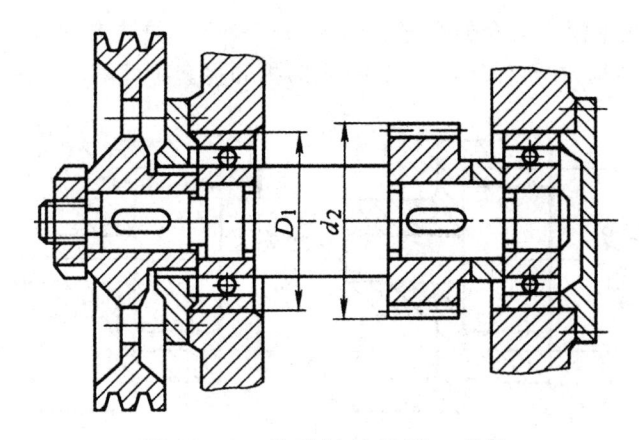

图 13-18 传动轴的装配工艺性

装配件应有合理的装配基面,以保证它们之间的正确位置。例如,两个有同轴度要求的零件连接时,应有合理的装配基面,图 13-19(a)所示的结构不合理,而图 13-19(b)所示的结构合理。

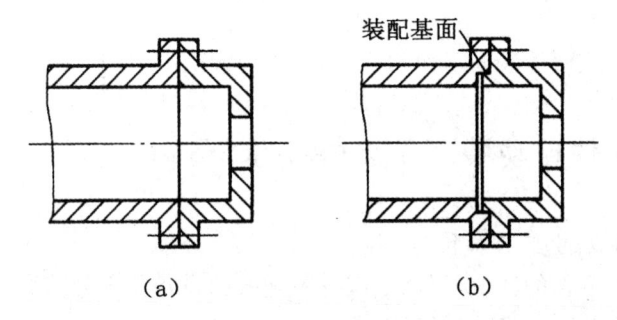

图 13-19 有同轴度要求的连接件装配基面的结构图

避免装配时的切削加工和手工修配:应尽量避免装配时采用复杂工艺装备。

便于装配、拆卸和调整:各组成部分的连接方法应尽量保证能用最少的工具快速装拆。例如,图 13-20(a)所示轴肩直径大于轴承内圈外径;图 13-20(c)所示内孔台肩轴肩小于轴承外圈内径,轴承将无法拆卸;如改为图 13-20(b)、(d)所示的结构,轴承即可拆卸。

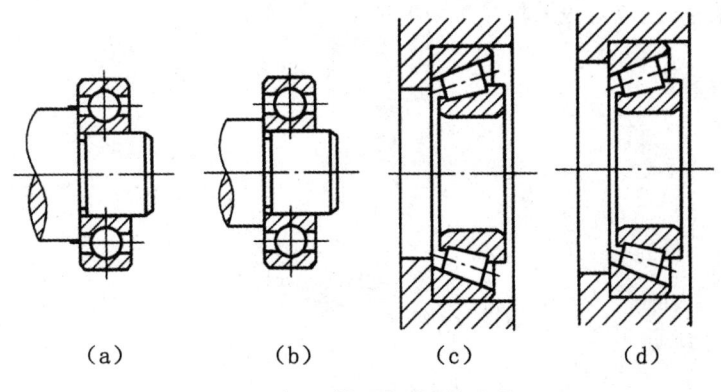

图 13-20 便于轴承拆卸的结构(一)

图 13-21 为泵体孔中镶嵌衬套的情况。图 13-21(a)所示的结构衬套更换时难以拆卸;若改成图 13-21(b)所示的结构,在泵体上设置三个螺孔,拆卸衬套时可用螺钉顶出。

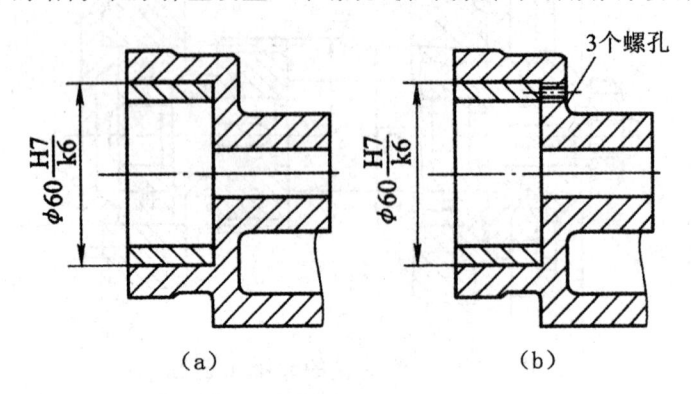

图 13-21　便于轴承拆卸的结构(二)

注意工作特点、工艺特点,考虑结构合理性:质量大于 20kg 的装配单元或其组成部分的结构中,应具有吊装的结构要素。

各种连接结构形式应便于装配工作的机械化和自动化。

13.5.2　零部件自动装配工艺性要求

零部件自动装配工艺性要求如下:

①最大限度地减少零件的数量,有助于减少装配线的设备。因为减少一个零件,就会减少自动装配过程中的一个完整工作站,包括送料器、工作头、传送装置等。

②应便于识别,能互换,易抓取,易定向,有良好的装配基准,能以正确的空间位置就位,易于定位。

③产品要有一个合适的基础零件作为装配依托,基础零件要有一些在水平面上易于定位的特征。

④尽量将产品设计成叠层形式,每一个零件从上方装配;要保证定位,避免机器转体期间在水平力的作用下偏移;还应避免采用昂贵费时的固定操作。

第 14 章 机械制造自动化工艺

14.1 加工设备与道具的自动化工艺

14.1.1 加工设备自动化

加工设备自动化是指在加工过程中,所用的加工设备能够高效、精密、可靠地自动进行加工,并能进一步集中工序和具有一定的柔性。机械加工设备是机械制造的基本生产手段和主要组成单元。加工设备生产率得到有效提高的主要途径之一是采取措施缩短其辅助时间。加工设备工作过程自动化可以缩短辅助时间,改善工人的劳动条件和减轻工人的劳动强度。因此,世界各国都十分重视加工设备自动化的发展。

1. 切削加工自动化

切削加工是使用切削工具(包括刀具、磨具和磨料等),在工具和工件的相对运动中,把工件上多余的材料层切除成为切屑,使工件获得规定的几何形状、精度和表面质量的加工方法。切除材料所需的能量主要是机械能或机械能与声、光、电、磁等其他形式能量的复合能量。切削加工历史悠久、应用范围广,是机械制造中最主要的加工方法,也是实现机械加工过程自动化的基础。

切削加工有许多种分类方法,最常用的是按切削方法分类,可分为车削、钻削、镗削、铣削、刨削、插削、锯削、拉削、磨削、精整和光整加工等。相对应的就有各种切削加工设备。这里仅简要介绍几种常见的切削加工自动化方法。

(1)车削加工自动化

车削加工是通过车刀与随主轴一起旋转的工件的相对运动来完成金属切削工作的一种加工形式。车削加工设备称为车床,是所有机械加工设备中使用最早、应用最广和数量最多的设备。车削加工自动化包括多个单元动作的自动化和工作循环的自动化,其发展方向主要是数控车床、车削中心和车削柔性单元等。

(2)钻、铣削加工自动化

钻削自动化大部分都是在各类普通钻床的基础上,配备点位数控系统来实现的。其定位精度为 $\pm(0.02\sim0.1)$ mm。数控钻床通常有立式、卧式、专门化以及钻削加工中心几种。其中,钻削加工中心以钻削为主,可完成钻孔、扩孔、铰孔、锪孔、攻螺纹等加工,还兼有轻载荷铣削、镗削功能。除了工作台的 X、Y 向运动和主轴的 Z 向运动通过步进电动机自动进行外,钻削中心还在此基础上增加了自动换刀装置。由于钻削中心所需刀具数量较少,因此其自动换刀装置主要有两种类型：一是刀库与主轴之间直接换刀，即刀库和主轴都安装在主轴箱中，刀库中换刀位置的刀具轴线与主轴轴线重合，为避免与加工区发生干涉，换刀动作全部由刀库运动，即退离工件、拔刀、选刀和插刀过程来实现；二是转塔头式，刀具主轴都集中在转塔上，转塔通常有6～10根主轴，由转塔转位实现换刀。也可增设刀库，由刀库与转塔上的主轴之间进行换刀。

带转塔的钻削中心如图14-1所示。此设备由交流调速主电动机1驱动，通过两组滑移齿轮扩大变速范围。转塔头4由转位电动机驱动蜗杆副2、槽轮机构3实现转位，转位前由液压缸8使定位齿盘6脱开，转位后液压缸8使定位齿盘6定位夹紧，这时滑移齿轮7与工作位置上的主轴5的齿轮啮合。

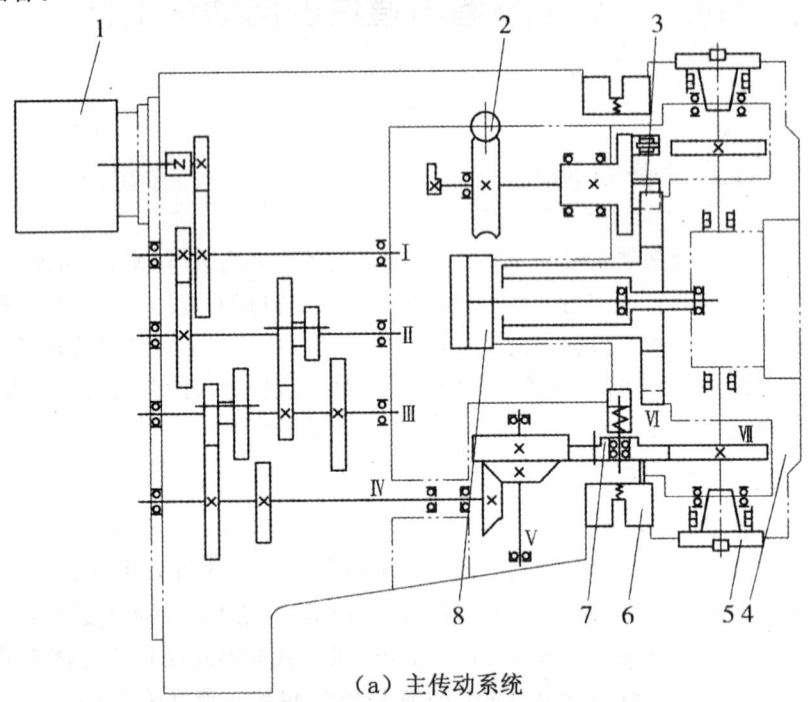

(a) 主传动系统

(b) 转塔头

图 14-1 带转塔的钻削中心

1—主电动机；2—蜗杆副；3—槽轮机构；4—转塔头；5—主轴；6—定位齿盘；7—滑移齿轮；8—液压缸

铣削是通过回转多刃刀具对工件进行切削加工的一种手段,其对应的加工设备称为铣床。铣床几乎应用于所有的机械制造及修理部门,一般用于粗加工及半精加工,有时也用于精加工。它除能加工平面、沟槽、轮齿、螺纹、花键轴等外,还可加工比较复杂的型面。数控铣床、仿形铣床的出现,提高了铣床的加工精度和自动化程度,使复杂型面加工自动化成为可能。特别是数控技术的应用扩大了铣床的加工范围,提高了铣床的自动化程度。数控铣床配备自动换刀装置,则发展成以铣削为主,兼有钻、镗、铰、攻螺纹等多种功能的、多工序集中于一台机床上,自动完成加工过程的加工中心。

(3) 加工中心

加工中心是备有刀库并能自动更换刀具对工件进行多工序集中加工的数控机床。工件经一次装夹后,数控系统能控制机床按不同工序(或工步)自动选择和更换刀具,自动改变机床主轴转速、进给量和刀具相对工件的运动轨迹及实现其他辅助功能,依次完成工件多种工序的加工。通常,加工中心仅指主要完成镗铣加工的加工中心,这种自动完成多工序集中加工的方法,已扩展到各种类型的数控机床,如车削中心、滚齿中心、磨削中心等。由于加工工艺复合化和工序集中化,为适应多品种小批量生产的需要,还出现了能实现切削、磨削以及特种加工的复合加工中心。加工中心具有刀具库及自动换刀机构、回转工作台、交换工作台等,有的加工中心还具有可交换式主轴头或卧-立式主轴。加工中心目前已成为一类广泛应用的自动化加工设备。

加工中心除了具有一般数控机床的特点外,还具有其自身的特点。加工中心必须具有刀具库及刀具自动交换机构,其结构形式和布局是多种多样的。刀具库通常位于机床的侧面或顶部。刀具库远离工作主轴的优点是少受切削液的污染,使操作者在加工中调换库中刀具时免受伤害。FMC 和 FMS 中的加工中心通常需要大量刀具,除了包括满足不同零件加工的刀具外,还需要后备刀具,以实现在加工过程中实时更换破损刀具和磨损刀具的目的,因而要求刀库的容量较大。换刀机械手有单臂机械手和双臂机械手,其中 180°布置的双臂机械手应用最普遍。

(4) 组合机床

组合机床是一种按工件加工要求及加工过程设计和制造的专用机床。其组成部件分为两大类:一类是按一定的特定功能,根据标准化、系列化和通用化原则设计而成的通用部件,如动力头、滑台、侧底座、立柱、回转工作台等;另一类是针对工件和加工工艺专门设计的专用部件,主要有夹具、多轴箱、部分刀具及其他专用部件。专用部件约占机床组成部件总数的 1/4,但其制造成本却占机床制造成本的 1/2。组合机床具有工序集中、生产率高、自动化程度较高、造价相对较低等优点;但也有专用性强、改装不十分方便等缺点。

在组合机床上采用数控部件或数字控制,使机床这能比较方便地加工几种工件或完成多工序,由专用机床变为有一定柔性的高效加工机床,这是一种必然的发展趋势。利用数控通用部件组成的加工大型零件的专门化设备,在一定情况下比采用通用重型机床加工经济。一些加工中小型零件的翻新重制的回转工作台式多工位组合机床能保证加工质量,而其价格仅为全新机床的 50%~75%,是组合机床报废后重新利用的重要途径。组合机床按其配置形式分为单工位和多工位两类。对于成批生产用的组合机床,又有可调式、工件多次安装与多工位加工相结合式、转塔式和自动换刀式及自动换(主轴)箱式等几种。若按完成指定工序分,又有钻削及钻深孔、镗削、铣削、车削、攻螺纹、拉削和采用特殊刀具及特殊动力头等几种组合机床。

组合机床的自动化水平主要是通过数控技术的应用来实现的,一般有两种情况:一种是满足工艺的需要,如镗削形状复杂的孔、深度公差要求高的端面、中心位置要求高的孔、大直径凸台

(利用轮廓控制和插补加工圆形)等；另一种是在多工序加工或多品种加工时，为了加速转换和调整而采用数控技术，如对行程长度、进给速度、工作循环甚至主轴转速等利用数字控制编制程序或代码实现快速转换，通常用于转塔动力头、换箱模块或多品种加工可调式组合机床。数控组合机床通常由数控单坐标、双坐标或三坐标滑台或模块，数控回转工作台等数控部件和普通通用部件混合所组成，具有高生产率，在某些工序上又有柔性，应用也较多。

2. 金属板材成形加工自动化

塑性成形是材料加工的主要方法之一。金属塑性加工是利用金属材料具有延展性，即塑性变形的能力，使其在由设备给出的外力作用下在模具里成形出产品的一种材料加工方法。塑性成形技术具有高产、优质、低耗等显著特点，在工业生产中得到了广泛的应用，已成为当今先进制造技术的重要发展方向。金属板材成形加工主要是利用塑性成形技术来获得所需的零件。金属板材成形技术正向数字化、自动化、专业化、规模化、信息化发展。在机械制造中，金属板材加工的主要方法有冲压和锻压两大类。

以冲压为例，冲压是一种金属塑性加工方法，其坯料主要是板材、带材、管材及其他型材，利用冲压设备通过模具的作用，使坯料获得所需要的零件形状和尺寸。冲压件的重量轻、厚度薄、刚度好、质量稳定。冲压在汽车、机械、家用电器、电机、仪表、航空航天、兵器等的制造中具有十分重要的地位。冲压设备主要有机械压力机和液压机，它们的自动化水平直接影响冲压工艺的稳定实施，对保证产品质量、提高生产率和确保操作者人身安全，都具有十分重要的作用。

由于冲压技术的发展以及冲压件结构日趋复杂，尤其是高速、精密冲压设备和多工位冲压设备的较多应用，对冲压自动化提出了更高的要求。随着电子技术、计算机技术以及控制技术的发展，近代出现的计算机数字控制的冲压机械手、机器人、各种自动冲压设备、冲压自动线以及柔性生产线，反映了冲压自动化的发展水平。

为适应汽车工业、航空航天工业的发展，大型冲压设备的应用越来越普遍，主要有两大发展趋势：一是侧重于柔性生产的高性能压力机生产线配以自动化上、下料机械手；二是采用大型多工位压力机。其中，前者具有占用资金少、通用性好、适用于多车型小批量生产的特点，满足了生产中高档轿车需要的高质量冲压件的要求。

3. 机械加工自动线

机械加工自动线(简称自动线)是一组用运输机构联系起来的由多台自动机床(或工位)、工件存放装置以及统一自动控制装置等组成的自动加工机器系统。切削加工自动线通常由工艺设备、工件输送系统、控制和监视系统、检测系统和辅助系统等组成，各个系统中又包括各类设备和装置。由于工件类型、工艺过程和生产率等的不同，自动线的结构和布局差异很大，但其基本组成部分大致是相同的。

(1) 通用机床自动线

在通用机床自动线上完成的典型工艺主要是各种车削、车螺纹、磨外圆、磨内孔、磨端面、铣端面、钻中心孔、铣花键、拉花键孔、切削齿轮和钻分布孔等。

纳入自动线的通用机床比单台独立使用的机床要更为稳定可靠，包括能较好地断屑和排除切屑，具有较长的刀具寿命，能稳定、可靠地进行自动工作循环，最好有较大流量的切削液系统，以便冲除切屑。对容易引起动作失灵的微动限位开关应采取有效的防护。有些机床在设计时就在布局和结构上考虑了连入自动线的可能性和方便性；有些机床尚需作某些改装，包括增设联锁保护装置及自动上、下料装置。对这些问题在连线前须仔细考虑，必要时应做一些试验工作。

通用机床自动线的输送系统布局比较灵活，除了受工艺和工件输送方式的影响外，还受车间自然条件的制约。若工件输送系统设置在机床之间，则连线机床纵列，输送系统跨过机床，大多数采用装在机床上的附机式机械手，适用于外形简单、尺寸短小的工件及环类工件的加工。若工件输送系统设置在机床上空，则大多数采用架空式机械手输送工件，机床可纵列或横排。机床纵列时也可把输送系统置于机床的一侧，布置灵活。若工件输送系统设置在机床前方，则采用附机式或落地式机械手上、下料，机床横排成一行。有时也将机床面对面沿输送系统的两侧横排成两行。线的布局一般采用直线形比较简单方便，采用单列或单排布置。机床数量较多时，采用平行转折的布置方式，多平行支线时则布置成方块形。

(2) 组合机床自动线

组合机床自动线是针对一个零件的全部加工要求和加工工序专门设计制造的由若干台组合机床组成的自动生产线。它与通用机床自动线有许多不同点：每台机床的加工工艺都是指定的，不作改变；工件的输送方式除直接输送外，还可利用随行夹具进行输送；线的规模较大，有的多达几十台机床；有比较完善的自动监视和诊断系统，以提高其开动率等。组合机床自动线主要用于加工箱体类零件和畸形件，其数量占加工自动线工件总加工量的70%左右。

组合机床自动线对大多数工序复杂的工件常常先加工好定位基准后再划线，以便输送和定位。因此，在线的始端前常采用一台专用的创基准组合机床，用毛坯定位来加工出定位基准。这种机床通常是回转工作台式，设有加工定位基准面（或定位凸台）、钻和铰定位销孔、上下料等三四个工位；有时也可增加工位，同时完成其他工序。其节拍时间与自动线节拍时间大致相同，也可以通过输送装置直接送到自动线上。例如，为了确保铸造箱体件加工后关键部位的壁厚，可以采用探测铸件表面所处位置，并自动计算出加工时刀具的偏置量，利用伺服驱动使刀具作偏置来加工定位基准。

组合机床自动线中的机床数量一般较多，工件在线上有时又需要变换姿势，随行夹具自动线还必须考虑随行夹具的返回问题。所以其布局与通用机床自动线相比有一定的区别和特点。当带并行支线或并行加工机床时，支线或机床可采用并联的形式，利用分路和合路装置来分配工件（见图14-2）。采用并行机床或并行工位时，也可采用串联形式，一次用大步距同时将几个工件送到各个工位上，常用于小型工件的加工，如图14-3所示。

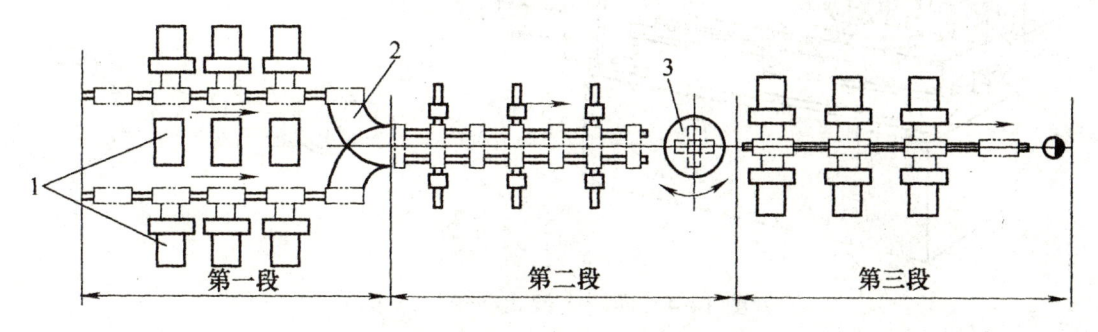

图 14-2 带并行支线的自动线布局

1—机床；2—合路机构；3—回转台

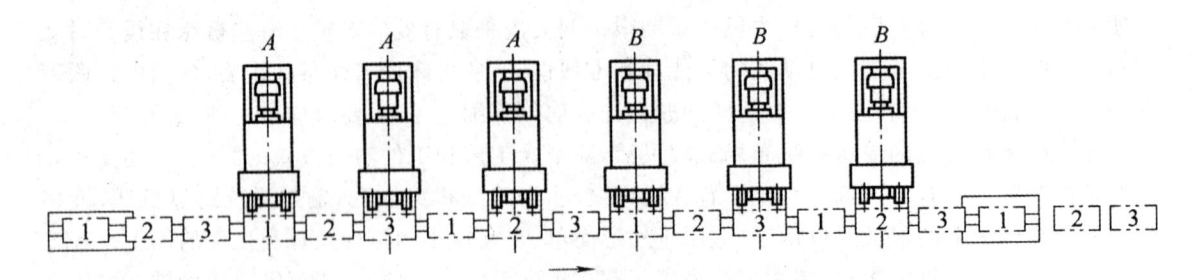

图 14-3　带三个并行工位的串联组合机床自动线布局
A、B—并行加工工位

(3) 柔性自动线

为了适应多品种生产,可将原来由专用机床组成的自动线改成数控机床或由数控操作的组合机床组成柔性自动线(Flexible Transfer Line,FTL)。FTL 的工艺基础是成组技术,按照成组加工对象确定工艺过程,选择适宜的数控加工设备和物料储运系统组成 FTL。因此,一般的柔性自动线由以下三部分构成:数控机床、专用机床及组合机床,托板(工件)输送系统,控制系统。

FTL 的加工对象基本是箱体类工件。加工设备主要选用数控组合机床、数控 2 坐标或 3 坐标加工机床、转塔机床、换箱机床及专用机床。换箱机床的形式较多,FTL 中常用换箱机床的箱库容量不大。图 14-4 所示是回转支架式换箱机床模块,配置回转型箱库。数控 3 坐标加工机床一般选用 3 坐标加工模块配置自动换刀装置,刀库的容量一般只有 6~12 个刀座。图 14-5 所示是 2 坐标和 3 坐标加工模块。

在 FTL 中,工件一般装在托板上输送。对于外形规整,有良好的定位、输送、夹紧条件的工件,也可以直接输送。多采用步伐式输送带同步输送,节拍固定。图 14-6 所示是由伺服电动机驱动的输送带传动装置,由伺服电动机控制同步输送,由大螺距滚珠丝杠实现节拍固定。也有的用辊道及工业机器人实现非同步输送。

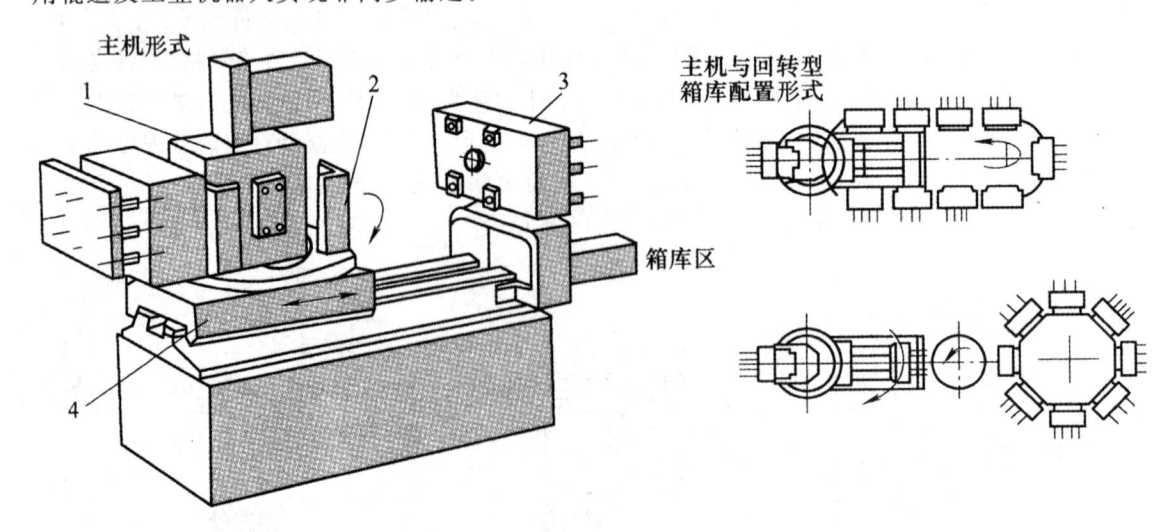

图 14-4　回转支架式换箱机床模块
1—动力箱；2—回转支架；3—待换主轴箱；4—滑台

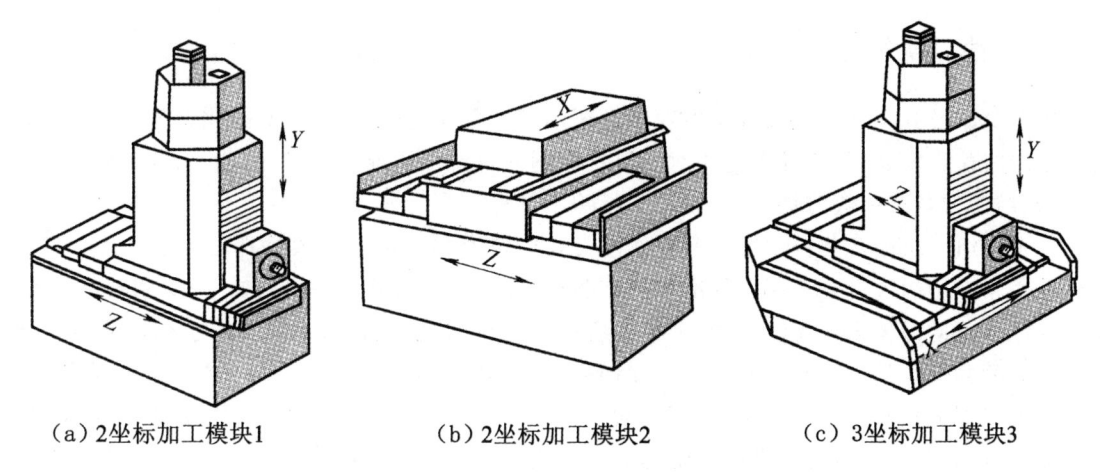

(a) 2坐标加工模块1　　　　(b) 2坐标加工模块2　　　　(c) 3坐标加工模块3

图 14-5　数控 2 坐标和 3 坐标加工模块

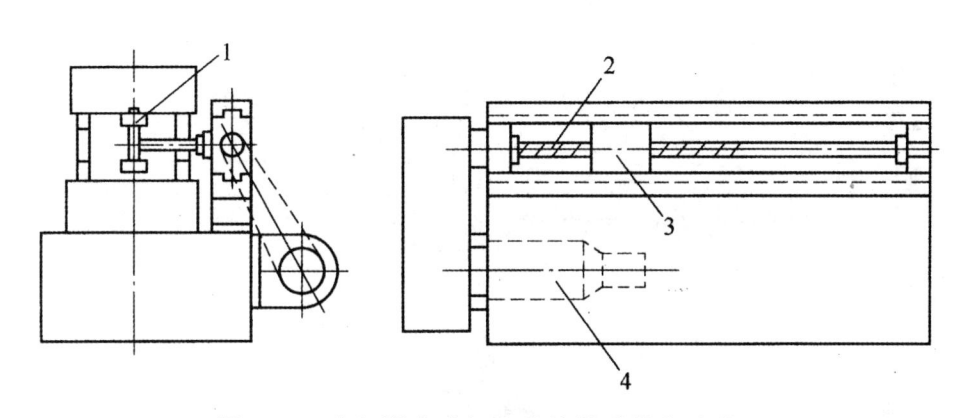

图 14-6　由伺服电动机驱动的输送带传动装置
1—输送带；2—大螺距滚珠丝杠；3—输送滑枕；4—直流无刷伺服电动机

柔性自动线的效率在很大程度上取决于系统的控制。FTL 的系统控制包括加工、输送设备的控制，中间层次的控制和系统的中央控制。FTL 的中央控制装置一般选用带微处理机的顺序控制器或微型计算机。

14.1.2　加工刀具自动化

自动化机床基本可以分为以自动生产线为代表的刚性专门化自动化机床和以数控机床、加工中心为主体所构成的柔性的通用化自动化机床（单机或生产线）。两种不同的自动化机床对其所用刀具的要求不尽相同。在刚性自动化生产中，是以尽可能提高刀具的专用化程度为基础来取得最佳的总体效益的，又因其加工的产品品种单一，机床、刀具和夹具基本上是专用的，刀具及其辅助工具（简称辅具）相对简单。在柔性制造系统中，则是在满足自动化生产要求的基础上，以刀具及其工具系统的标准化、系列化和模块化，尽可能提高刀具的通用化程度为基础来取得最佳的总体效益的；为了适应在一定范围内，随机变换加工零件的需求，所用刀具及其辅具种类较多且复杂，应充分考虑刀具及其工具系统的构成、刀具数据库的建立、刀具信息编码与识别、刀具调整等问题。

1. 刚性自动化刀具及辅具

组合机床及其自动线是大批量生产中常用的刚性自动化设备,属于专门化的生产形式,所用刀具的专门化程度高,其工具系统相对简单。在刚性自动化系统中,根据工艺要求与加工精度的不同,常用的刀具有一般刀具、复合刀具和特殊工具等。

为了在组合机床及其自动线上实现切削刀具的快换和实现一些较特殊的工艺内容,采用了各种标准和专用的辅具。常用的标准辅具有各种浮动卡头、快换卡头和接杆等;专用辅具是为了完成一些特殊的加工内容而设计的,常见的有孔内切槽、端面或止口加工、切内锥面、镗球孔等。这些辅具的共同点是都需要刀具的斜向或横向进给,其一般原理是:利用钻镗头在工作进给中,使辅具的一部分顶在夹具或工件上,不再向前进给,而与辅具的另一部分产生相对运动,通过一定的转换机构,将动力滑台的纵向进给运动转换成刀具的横向或斜向运动。图 14-7 为采用较简单的斜面传动的切槽刀杆。

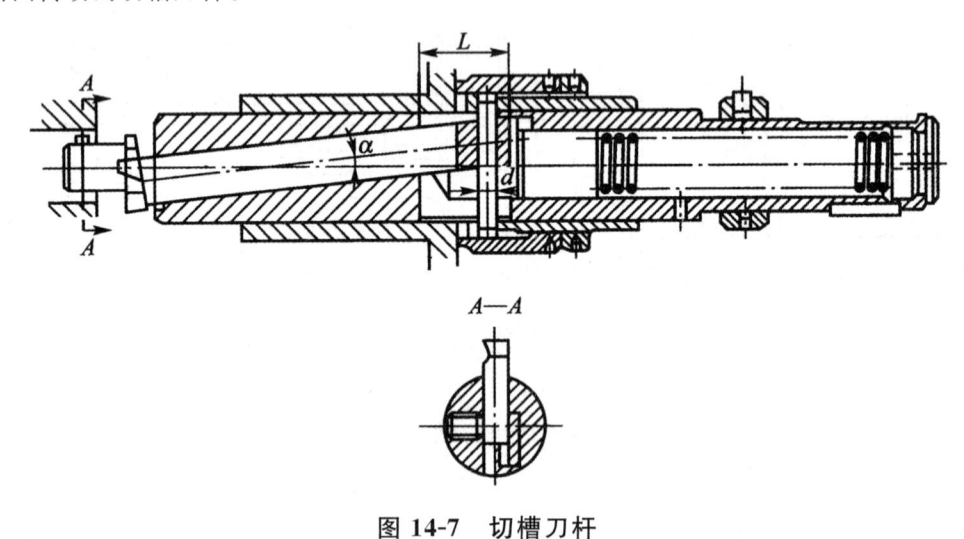

图 14-7 切槽刀杆

2. 数控机床和柔性自动化加工用的工具系统

这里的工具系统是指用来连接机床主轴与刀具的辅具的总称。

以数控机床、加工中心为主体所构成的柔性自动化加工系统,因要适应随机变换加工零件的要求,所用刀具数量多,且要求换刀迅速准确,因此在各种加工中心上还应实现自动换刀。为此,需要采用标准化、系列化、通用化程度较高的刀具和辅具(含刀柄、刀夹、接杆和接套等)。目前在数控加工中已广泛采用各种可转位刀具。随着数控机床的发展,目前也出现了可同时适应数控车削和数控镗铣加工的工具系统。在生产中可根据具体情况按标准刀具目录和标准工具系统合理配置所需的刀具和辅具,供加工系统使用。

(1)数控车削加工用的工具系统

数控车削加工用的工具系统的构成和结构与机床刀架的形式、刀具类型以及刀具系统是否需要动力驱动等因素有关。数控车床类机床常采用立式或卧式转塔刀架作为刀库,刀库容量为 4~8 把刀具,一般按加工工艺顺序布置,并实现自动换刀。其特点是结构简单、换刀快速,一次换刀仅需 1~2s,对相似性较高的零件加工一般可不换刀。当加工不同种类零件时,需要重新换装刀具或整体交换转塔刀架。图 14-8 为常见数控车床刀架形式。图 14-9 为数控车削加工用工具系统的一般结构体系。

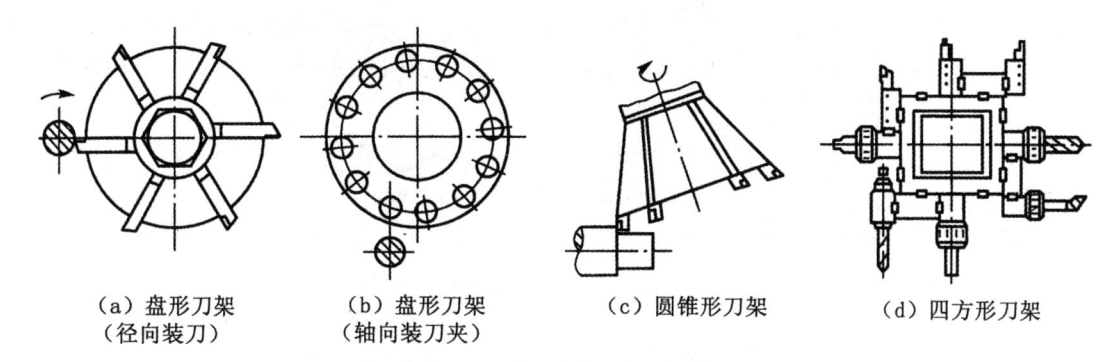

(a) 盘形刀架（径向装刀）　　(b) 盘形刀架（轴向装刀夹）　　(c) 圆锥形刀架　　(d) 四方形刀架

图 14-8　常见数控车床刀架形式

(a) 车削外圆用工具系统　　(b) 车削内孔用工具系统

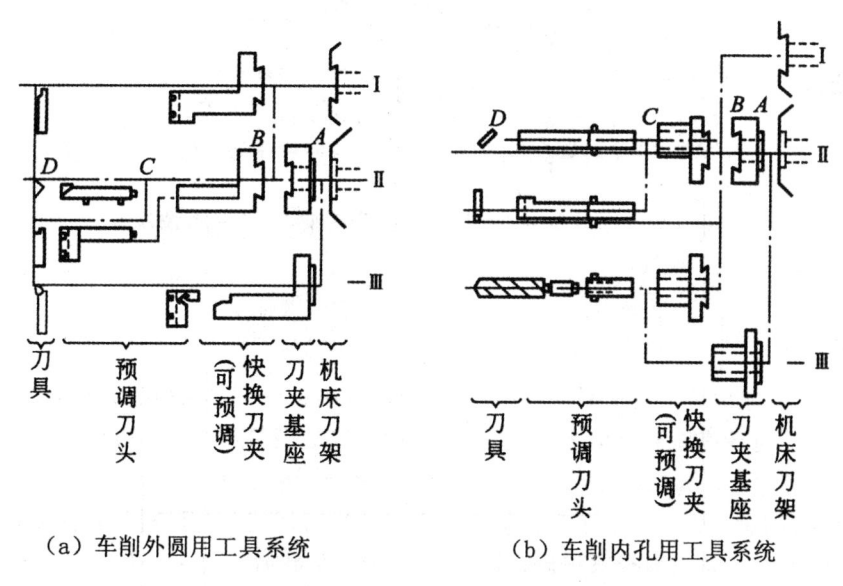

图 14-9　数控车削加工用工具系统的一般结构体系

(2) 数控镗铣加工刀具的工具系统

数控镗铣加工刀具的工具系统一般由工具柄部、与工具柄部相连接的工具装夹部分和各种刀具部分组成。工具柄部是指工具系统与机床连接的部分。刀柄的标准分为直柄和锥柄两大类。

目前,在数控铣床、加工中心类机床上一般采用 7∶24 的圆锥柄工具,如图 14-10 所示。这类锥柄不自锁,换刀比较方便,比直柄有较高的定心精度与刚度,但为了达到较高的换刀精度,柄部应有较高的制造精度。生产实践及研究试验表明,对于现代化加工(特别是高精度、高速度加工)及自动换刀要求,7∶24 的工具圆锥柄存在许多不足,如轴向定位精度差、刚度不够、高速旋转时会导致主轴孔扩张,尺寸、质量及所需拉紧力大、换刀时间长等。因此,德国 DIN 标准中提出了"自动换刀空心柄标准",图 14-11 是这种刀柄在机床主轴内的夹持情况。

— 347 —

图 14-10 7∶24 工具圆锥柄

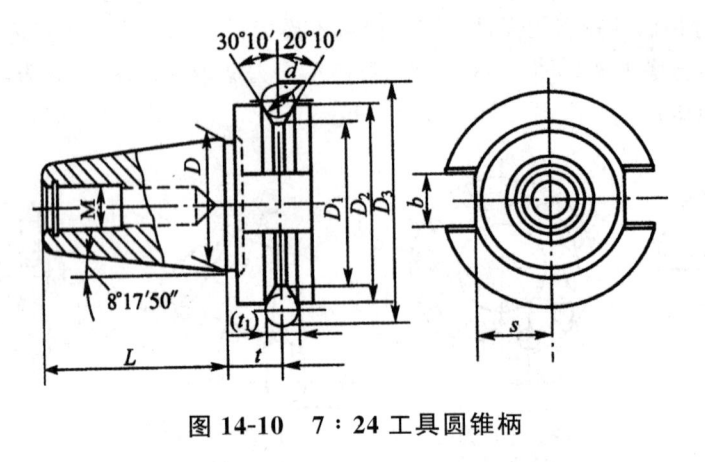

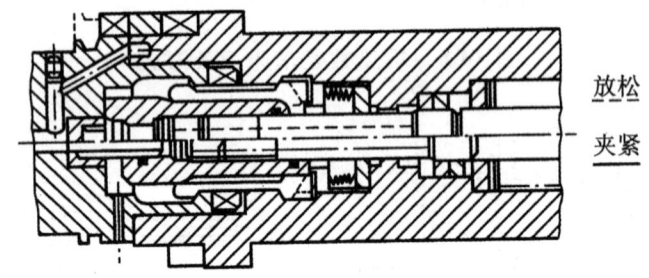

图 14-11 自动换刀刀柄在机床主轴内的夹持情况

3. 刀具的快换及调整

为了减少更换和调整刀具所需的辅助时间，可以采用各种刀具快换及调整装置，在线外预调好刀具尺寸，准确而迅速地实现机床上的换刀，实现快速更换刀具的基本方法如下。

(1) 更换刀片

目前在自动化加工中广泛采用各种硬质合金刀具进行切削，刀具磨损后，只要将刀片转过一个角度即可继续使用；整个刀片磨损后，可换上同一型号的新刀片。这种方法简便迅速，无须线外或线内(机床内)对刀调整。换刀精度取决于刀片的精度等级和定位精度。但当机床的工作空间较小时，刀片的拆装及支承面的清理不太方便。图 14-12 为一种机夹可转位车刀的结构示意图。

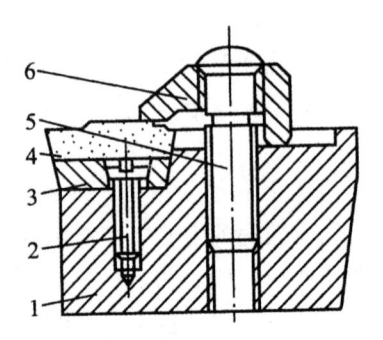

图 14-12 机夹可转位车刀结构示意图

1—刀杆；2—沉头螺钉；3—刀垫；4—刀片；5—压紧螺钉；6—压紧块

(2)更换刀具

从刀夹上取下磨钝的刀具,再将已在线外调整好的刀具装上即可,这种方法比较方便、迅速,换刀精度高,可使用普通级可转位刀片,也不受机床敞开空间大小的限制。但对刀杆的精度要求较高,并需增加预调装置及预调工作量。

图 14-13 是一种可调整轴向定位尺寸的车刀及其线外对刀装置。

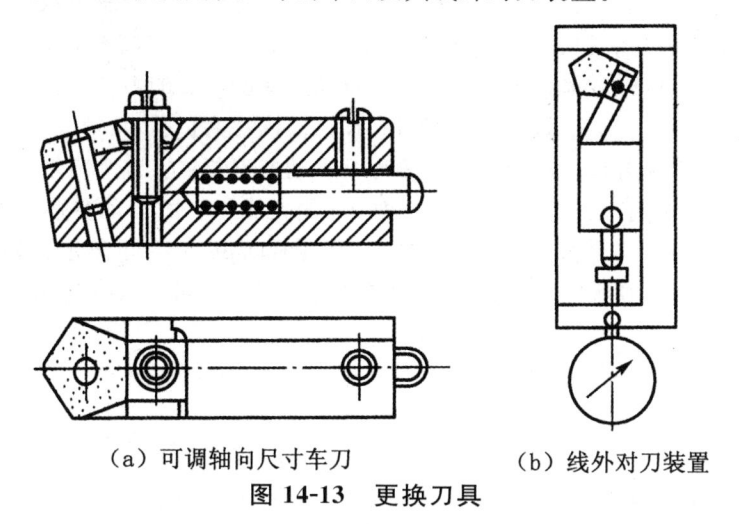

(a)可调轴向尺寸车刀　　(b)线外对刀装置

图 14-13　更换刀具

(3)更换刀夹

更换刀具时整个刀夹一起卸下调换,在线外将已磨好的刀具固定在刀夹上进行预调。这种方法能获得较高的换刀精度,一个刀夹可装上几把刀具,缩短了换刀时间,并可实现机械手自动换刀。但需要一套复杂的预调装置,刀夹笨重,手工换刀不方便。图 14-14 是这种换刀方法的实例。

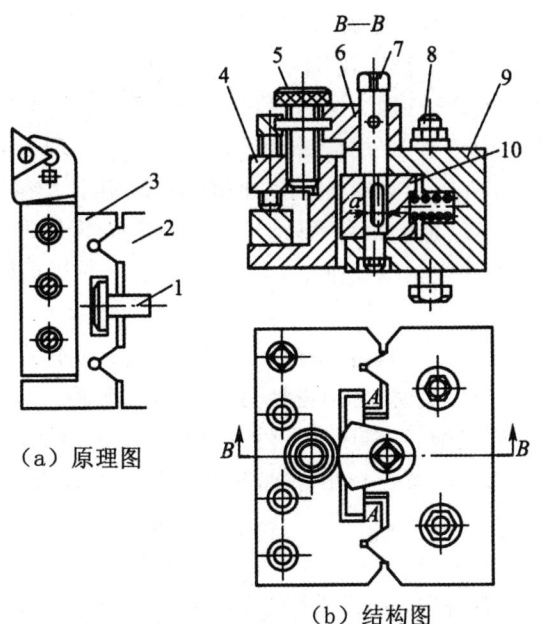

(a)原理图　　(b)结构图

图 14-14　更换刀夹

1—压块;2—刀座;3—刀夹;4—快换刀夹;5—定位螺钉;6—定位块;
7—偏心轴;8—定位夹紧螺栓;9—刀夹体;10—T形压块

4. 自动化换刀装置

在机械加工中，大部分零件都要进行多工序加工。在不能自动换刀的数控机床的整个加工过程中，真正用于切削的时间只占整个工作时间的30%左右，其中有相当一部分时间用在了装卸、调整刀具的辅助工作上，所以，采用自动化换刀装置将有利于充分发挥数控机床的作用。

具有自动快速换刀功能的数控机床称为加工中心，它可以预先将各种类型和尺寸的刀号存储在刀库中。加工时，机床可根据数控加工指令自动选择所需要的刀具并装进主轴，或刀架自动转位换刀，使工件在一次装夹下就能实现车、钻、镗、铣、铰、锪、扩孔、攻螺纹等多种工序的加工。

在数控机床上，实现刀具自动交换的装置称为自动换刀装置。作为自动换刀装置的功能，它必须能够存放一定数量的刀具，即有刀库或刀架，并能完成刀具的自动交换。因此，对自动换刀装置的基本要求是刀具存放数量多、刀库容量大、换刀时间短、刀具重复定位精度高、结构简单、制造成本低、可靠性高。其中，特别是自动换刀装置的可靠性，对于自动换刀机床来说显得尤为重要。

加工中心的自动换刀系统一般由刀库、刀具交换装置、换刀机械手、刀具识别装置四个部分构成。

(1) 刀库

刀库是自动换刀系统中最主要的装置之一，它是储存加工所需各种刀具的仓库，具有接受刀具传送装置送来的刀具和将刀具给予刀具传送装置的功能。刀库的容量、布局以及具体结构随机床结构的不同而差别很大，种类繁多。目前加工中心刀库的类型主要有鼓轮式刀库、链式刀库、格子箱式刀库和直线式刀库等。

①鼓轮式刀库又称为圆盘刀库，其中最常见的形式有刀具轴线与鼓轮轴线平行式布局和刀具轴线与鼓轮轴线倾斜式布局两种。这种形式的刀库在中小型加工中心上应用较多。但因刀具单环排列、空间利用率低，而且刀具长度较长时，容易和工件、夹具干涉。且大容量刀库的外径较大，转动惯量大，选刀运动时间长。因此，这种形式的刀库容量一般不宜超过32把刀具。

②链式刀库的优点是结构紧凑、布局灵活、容量较大，可以实现刀具的"预选"，换刀时间短。当采用多环链式刀库时，刀库外形较紧凑，占用空间较小，适用于大容量的刀库。增加存储刀具数时，只需增加链条长度，而不增加链轮直径，链轮的圆周速度不变，所以刀库的运动惯量增加不多。但通常情况下，刀具轴线和主轴轴线垂直，因此，换刀必须通过机械手进行，机械结构比鼓轮式刀库复杂。

③格子箱式刀库容量较大、结构紧凑、空间利用率高，但布局不灵活，通常将刀库安放于工作台上。有时甚至在使用一侧的刀具时，必须更换另一侧的刀座板。由于它的选刀和取刀动作复杂，现在已经很少用于单机加工中心，多用于柔性制造系统的集中供刀系统。

④直线式刀库结构简单，刀库容量较小，一般应用于数控车床和数控钻床，个别加工中心上也有采用。

(2) 刀具交换装置

在数控机床的自动换刀系统中，实现刀库与机床主轴之间传递和装卸刀具的装置称为刀具交换装置。刀具的交换方式通常分为由刀库与机床主轴的相对运动实现刀具交换和采用机械手交换刀具两类。刀具的交换方式及其具体结构对机床的生产率和工作可靠性有着直接的影响。

①利用刀库与机床主轴的相对运动实现刀具交换的装置。在换刀时此装置必须首先将用过

的刀具送回刀库,然后再从刀库中取出新刀具,这两个动作不可能同时进行,因此换刀时间较长。

②利用机械手实现刀具交换的装置。采用机械手进行刀具交换的方式应用得最为广泛,这是因为机械手换刀有很大的灵活性,一方面在刀库的布置和刀具数量的增加上,不像无机械手那样受结构的限制,另一方面可以通过刀具预选择,减少换刀时间,提高换刀速度。

机械手的形式和结构根据不同的机床种类繁多。在各种类型的机械手中,双臂机械手集中体现了以上的优点。在刀库远离机床主轴的换刀装置中,除了机械手外,还要有中间搬运装置。

机械手的运动方式又可以分为单臂单爪回转式机械手、单臂双爪回转式机械手、双臂回转式机械手、双机械手等多种。机械手的运动控制可以通过气动、液压、机械凸轮联动机构等方式实现。

(3)换刀机械手

在自动换刀的数控机床中,机械手的配置形式也是多种多样的,常见的如图 14-15 所示的几种。

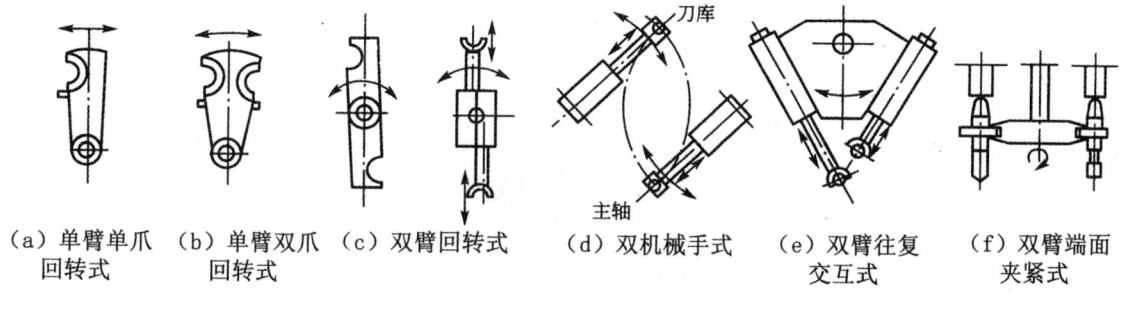

(a) 单臂单爪回转式　(b) 单臂双爪回转式　(c) 双臂回转式　(d) 双机械手式　(e) 双臂往复交互式　(f) 双臂端面夹紧式

图 14-15　各种形式的机械手

①单臂单爪回转式机械手。这种机械手的手臂可以回转不同的角度进行自动换刀,手臂上只有一个卡爪,不论在刀库上或是在主轴上,均靠这一个卡爪来装刀及卸刀,因此换刀时间较长,如图 14-15(a)所示。

②单臂双爪回转式机械手。这种机械手的手臂上有两个卡爪,一个卡爪只执行从主轴上取下旧刀送回刀库的任务。另一个卡爪则执行由刀库取出新刀送给主轴的任务,其换刀速度比单爪单臂回转式机械手高,如图 14-15(b)所示。

③双臂回转式机械手。这种机械手的两臂上各有一卡爪,如图 14-15(c)所示,两个卡爪可同时抓取刀库及主轴上的刀具,回转180°后又同时将刀具放回刀库及装入主轴。换刀时间比以上两种单臂机械手短,是最常用的一种形式。该图右边所示的一种机械手在抓取或将刀具送入刀库及主轴时,两臂可伸缩。

④双机械手式机械手。这种机械手相当于两个单臂单爪机械手,互相配合进行自动换刀。其中一个机械手从主轴上取下旧刀送回刀库,另一个机械手由刀库里取出新刀装入机床主轴,如图 14-15(d)所示。

⑤双臂往复交互式机械手。这种机械手的两手臂可以往复运动,并交叉成一定的角度。一个手臂从主轴上取下旧刀送回刀库,另一个手臂由刀库中取出新刀装入主轴。整个机械手可沿某导轨直线移动或绕某个转轴回转,以实现刀库与主轴的换刀工作,如图 14-15(e)所示。

⑥双臂端面夹紧式机械手。这种机械手只是在夹紧部位上与前几种不同。前几种机械手均

靠夹紧刀柄的外圆表面以抓取刀具,这种机械手则夹紧刀柄的两个端面,如图14-15(f)所示。

(4)刀具识别装置

刀具(刀套)识别装置在自动换刀系统中的作用是,根据数控系统的指令迅速准确地从刀具库中选中所需的刀具以便调用。因此,应合理解决换刀时刀具的选择方式、刀具的编码和刀具的识别问题。

刀具(刀套)识别装置是自动换刀系统中的重要组成部分,常用的有下列几种。

①接触式刀具识别装置。接触式刀具识别装置应用较广,特别适应于空间位置较小的编码,其识别原理如图14-16所示。装在刀柄1上的编码环,大直径表示二进制的"1",小直径表示二进制的"0",在刀库附近固定一刀具识别装置2,从中伸出几个触针3,触针数量与刀柄上的编码环对应。每个触针与一个继电器相连,当编码环是大直径时与触针接触,继电器通电,其二进制码为"1"。当编码环为小直径时与触针不接触,继电器不通电,其二进制码为"0"。当各继电器读出的二进制码与所需刀具的二进制码一致时,由控制装置发出信号,使刀库停转,等待换刀。接触式刀具识别装置结构简单,但由于触针有磨损,故寿命较短,可靠性较差,且难以快速选刀。

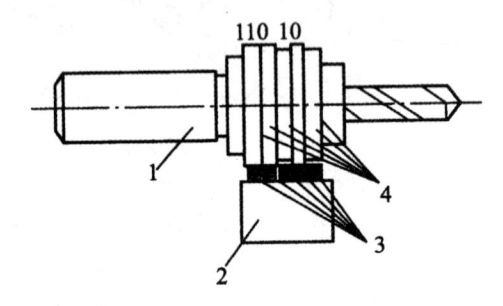

图 14-16 刀具编码识别原理
1—刀柄;2—刀具识别装置;3—触针;4—编码环

②非接触式刀具识别装置。非接触式刀具识别装置没有机械直接接触,因而无磨损、无噪声、寿命长,反应速度快,适应于高速、换刀频繁的工作场合。常用的有磁性识别和光电识别两种方法。磁性识别法是利用磁性材料和非磁性材料磁感应强弱不同,通过感应线圈读取代码。编码环的直径相等,分别由导磁材料(如低碳钢)和非导磁材料(如黄铜、塑料等)制成,规定前者二进制码为"1",后者二进制码为"0"。光电刀具识别装置是利用光导纤维良好的光导特性,采用多束光导纤维来构成阅读头。其基本原理是:用紧挨在一起的两束光纤来阅读二进制码的一位时,其中一束光纤将光源投射到能反光或不能反光(被涂黑)的金属表面上,另一束光纤将反射光送至光电转换元件转换成电信号,以判断正对着这两束光纤的金属表面有无反射光。一般规定有反射光为"1",无反射光为"0"。所以,若在刀具的某个磨光部位按二进制规律涂黑或不涂黑,即可给刀具编码。

近年来,"图像识别"技术也开始用于刀具识别,还可以利用PLC控制技术来实现随机换刀等。

5. 排屑自动化

在自动化机械加工中,从工件上不断流出的切屑如不及时排除,就会堵塞工作空间,影响加工质量,甚至影响机床的正常工作。所以,切屑必须随时被排除、运走并回收利用;切削液也必须被回收、净化再利用,这可以减少污染,保护工作环境,并保证加工的顺利进行。为了实现自动排屑,除了要研究切屑的类型及其对排屑的影响,从加工方法、刀具、工件热处理等方面采取措施,使之形成不影响正常加工并易于排除的切屑形态,而且还要研究自动化排屑的有效方法。

排屑自动化包括以下三个方面:①从加工区域把切屑清除出去;②从机床内把切屑运输到自动线外;③从切削液中把切屑分离出去,使切削液能继续回收使用。

从加工区域清除切屑的方法取决于切屑的形状、工件的安装方式、工件的材质及采用的加工工艺方法等因素。一般有下列几种方法。

①靠重力或刀具回转离心力将切屑甩出。这种方法主要用于卧式孔加工和垂直平面加工。为便于排屑,机床、夹具上要创造一些切屑顺利排出的条件,如加工部位要敞开,尽量留有较大的容屑空间,夹具和机床底座上做出排屑的斜面并开洞,避免堆积切屑的死角等,以便利用切屑的自重落到机床下部的切屑输送带上,或直接排出床身外。

②用大流量的冷却润滑液冲洗加工部位,再用过滤器把切屑与切削液分离开来。

③用压缩空气吹屑。用这种方法对已加工表面或夹具定位基面进行清理,如攻螺纹前对不通孔中的积屑予以清理,在工件安装前吹去定位基面上的切屑等。

④用真空负压吸屑。在每个加工工位附近安装真空吸管吸走切屑,这种方法对于排除干式磨削工序及铸铁等脆性材料加工时形成的粉末状切屑最适用。

⑤在机床的适当运动部件上,附设刷子或刮板,周期性地将工作地点积存下来的切屑清除出去。

⑥电磁吸屑。此法适用于加工铁磁性材料的工件,但加工后工件与夹具需要退磁。

⑦在自动线中安排清屑、清洗工位。例如,为了将钻孔后的切屑清除干净,以免下道工序攻螺纹时丝锥折断,可以安排倒屑工位,即将工件翻转,甚至振动工件,使切屑落入排屑槽中。

14.2 物料操作和储运的自动化工艺

14.2.1 自动线物料输送系统

自动线是指按加工工艺排列的若干台加工设备及其辅助设备,并用自动输送系统联系随来的自动生产线。在自动生产线上,工件以一定的生产节拍,按工艺顺序自动地通过各个工作位置,完成预定的工艺过程。

1. 带式输送系统

带式输送系统是一种利用连续运动和具有挠性的输送带来输送物料的输送系统。带式输送系统如图14-17所示,它主要由输送带、驱动装置、传动滚筒、托辊、张紧装置等组成。输送带是一种环形封闭形式,它兼有输送和承载两种功能。传动滚筒依靠摩擦力带动输送带运动,输送带全长靠许多托辊支承,并且由张紧装置拉紧。带式输送系统主要输送散状物料,但也能输送单件质量不大的工件。

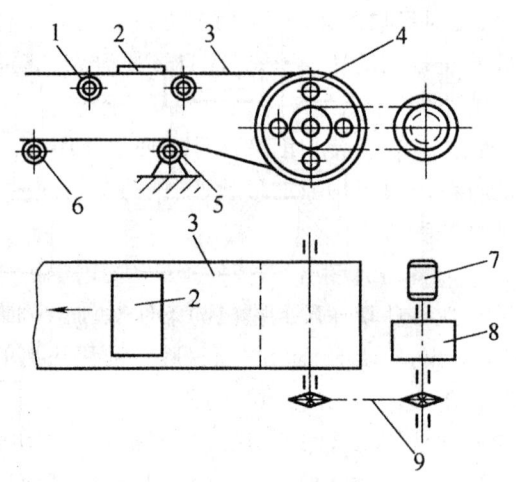

图 14-17 带式输送系统

1—上托辊;2—工件;3—输送带;4—传动滚筒;5—张紧轮;
6—下托辊;7—电动机;8—减速器;9—传动链条

2. 链式输送系统

链式输送系统有链条、链轮、电动机、减速器、联轴器等组成,如图 14-18 所示。长距离输送的链式输送系统应增加张紧装置和链条支承导轨。

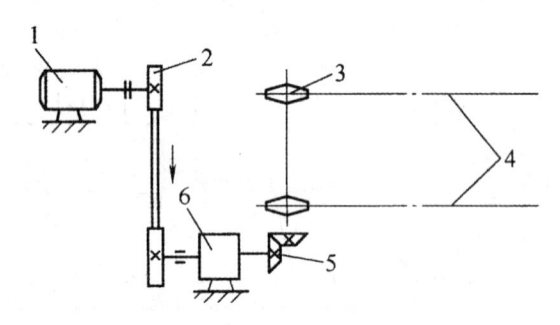

图 14-18 链式输送系统

1—电动机;2—带;3—链轮;4—链条;5—锥齿轮;6—减速器

3. 步伐式传送带

步伐式传送带有棘爪式、摆杆式等多种形式。图 14-19 是棘爪步伐式传送带,它能完成向前输送和向后退回的往复动作,实现工件的单向输送。传送带由首端棘爪 1,中间棘爪 2,末端棘爪 3 和上、下侧板 4、5 等组成。传送带向前推进工件时,棘爪 2 被销子 7 挡住,带动工件向前移动一个步距;传送带向后退时,棘爪 2 被后一个工件压下,在工件下方滑过;棘爪 2 脱离工件时,在弹簧的作用下又恢复原位。传送带在输送速度较高时易导致工件的惯性滑移,为保证工件的终止位置准确,运行速度不能太高。要防止切屑和杂物掉在弹簧上,否则弹簧会卡死,造成工件输送不顺利。注意,棘爪保持灵活,当输送较轻的工件时,应换成刚度较小的弹簧。

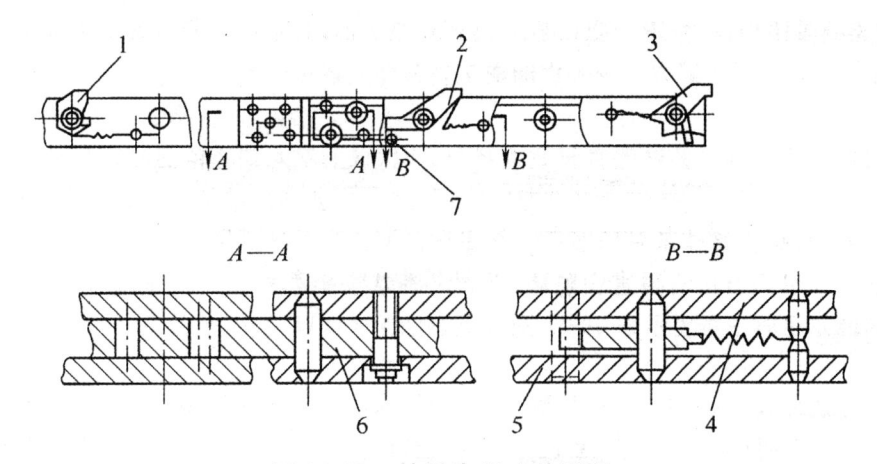

图 14-19 棘爪步伐式传送带
1—首端棘爪；2—中间棘爪；3—末端棘爪；4—上侧板；5—下侧板；6—连板；7—销子

为了避免棘爪步伐式传送带的缺点，可采用图 14-20 所示摆杆步伐式传送带，它具有刚性棘爪和限位挡块。输送摆杆除作前进、后退的往复运动外，还需作回转摆动，以便使棘爪和挡块回转到脱开工件的位置，当返回后再转至原来位置，为下一步做好准备。这种传送带可以保证终止位置准确，输送速度较高，常用的输送速度为 20m/min。

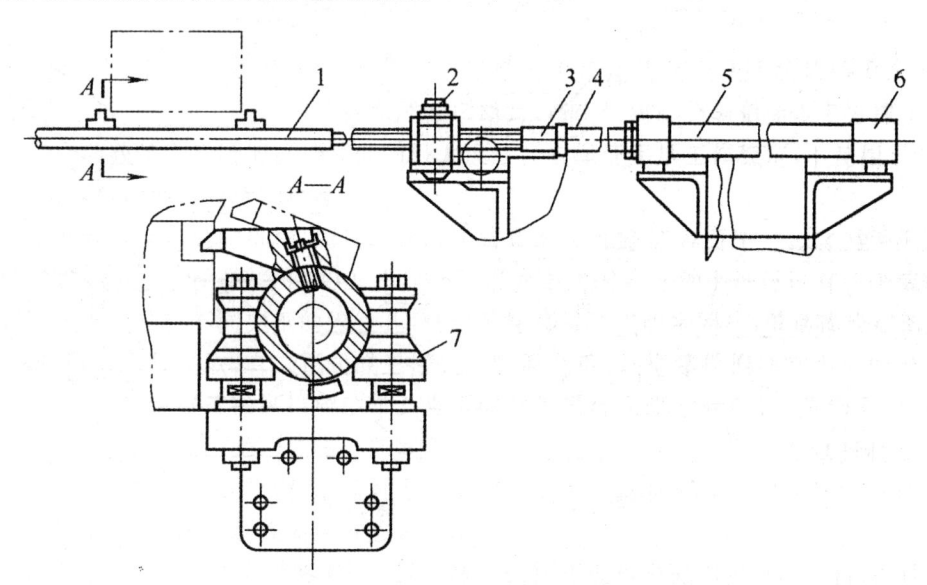

图 14-20 摆杆步伐式传送带
1—输送摆杆；2—回转机构；3—回转接头；4—活塞杆；
5—驱动液压缸；6—液压缓冲装置；7—支承辊

4. 辊子输送系统

辊子输送系统是利用辊子的转动输送工件的输送系统，一般分为无动力辊子输送系统和动力辊子输送系统两类。无动力辊子输送系统依靠工件的自重或人的推力使工件向前输送，其中自重式沿输送方向略向下倾斜，如图 14-21 所示。工件底面要求平整坚实，工件在输送方向应至少跨过三个辊子的长度。动力辊子输送系统由驱动装置,通过齿轮、链轮或带传动使辊子转动,依靠辊子和工件之间的摩擦力实现工件的输送。

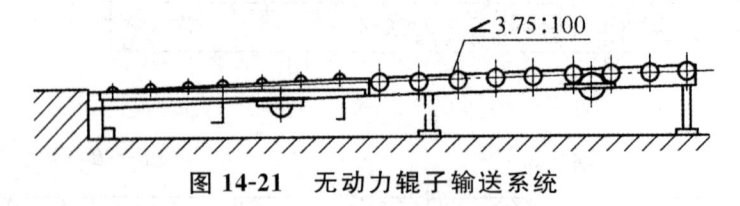

图 14-21 无动力辊子输送系统

5. 悬挂输送系统

悬挂输送系统适用于车间内成件物料的空中输送。悬挂输送系统节省空间,且更容易实现整个工艺流程的自动化。悬挂输送系统分为通用悬挂输送系统和积放式悬挂输送系统两种。悬挂输送机由牵引件、滑架小车、吊具、轨道、张紧装置、驱动装置、转向装置和安全装置等组成,如图 14-22 所示。

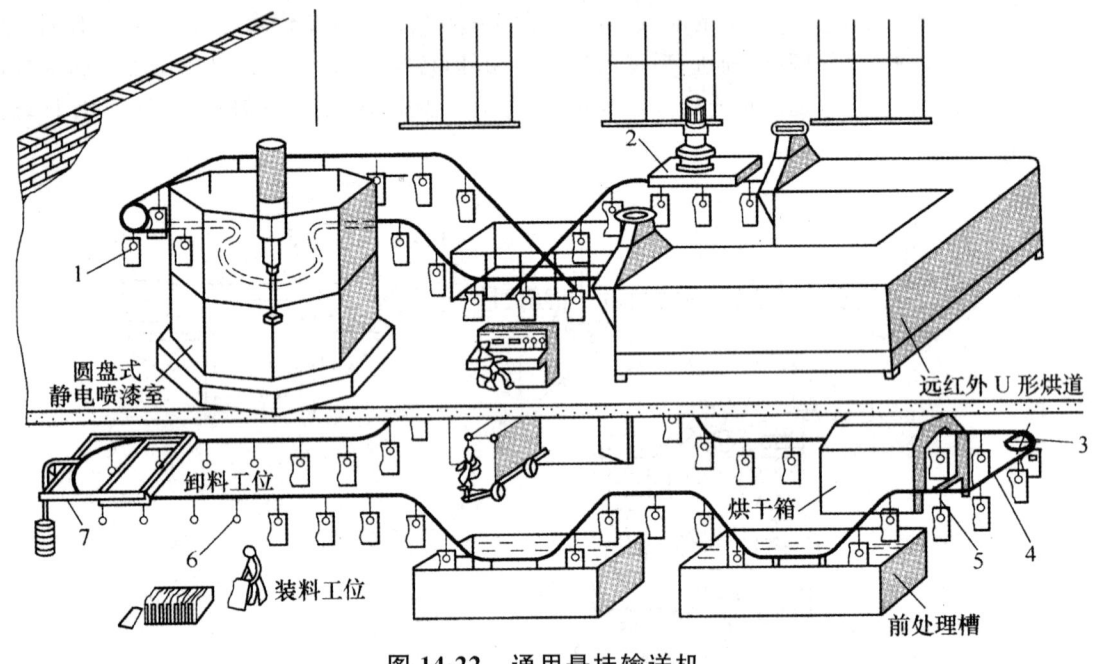

图 14-22 通用悬挂输送机
1—工件;2—驱动装置;3—转向装置;4—轨道;5—滑架小车;6—吊具;7—张紧装置

积放式悬挂输送系统与通用悬挂输送系统相比有下列区别:牵引件与滑架小车无固定连接,两者有各自的运行轨道;有岔道装置,滑架小车可以在有分支的输送线路上运行;设置停止器,滑架小车可在输送线路上的任意位置停车。

6. 有轨导向小车

有轨导向小车(Rail Guided Vehicle,RGV)是依靠铺设在地面上的轨道进行导向并运送工件的输送系统。RGV 具有移动速度大、加速性能好、承载能力大的优点,其缺点是轨道不宜改动、柔性差、车间空间利用率低、噪声高。图 14-23 是一种链式牵引的有轨导向小车,它由牵引件、载重小车、轨道、驱动装置、张紧装置等组成。在载重小车的底盘前后各装一个导向销,地面下铺设一条有轨道的地沟,小车的导向销嵌入轨道中保证小车沿着轨道运动。小车前面的导向销除导向外,还作为牵引销牵引小车移动。牵引销可上下滑动,当牵引销处于下位时,由牵引件带动小车运行;牵引销处于上位时,其脱开牵引件推爪,小车停止运行。

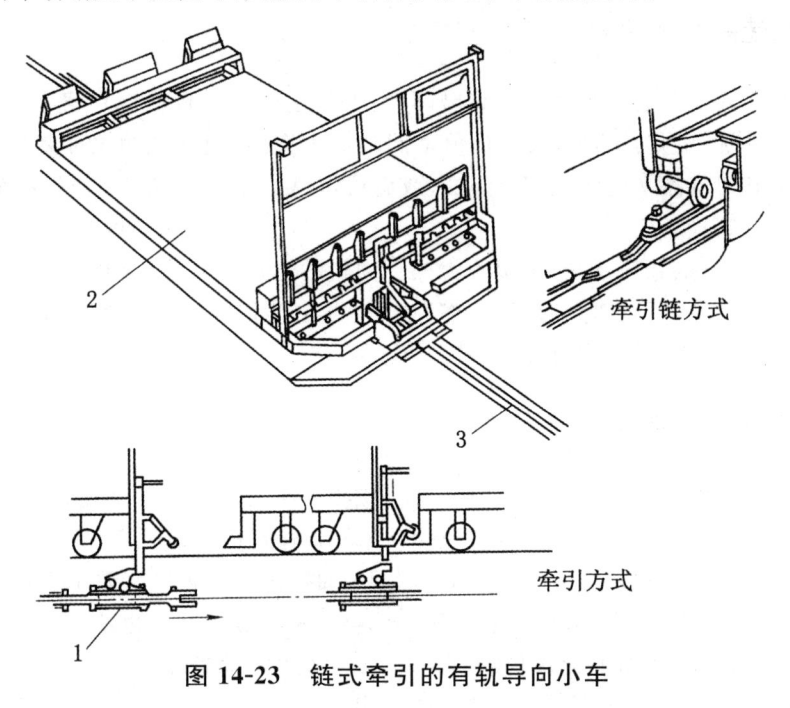

图 14-23 链式牵引的有轨导向小车

1—牵引链条;2—载重小车;3—轨道

7. 随行夹具返回装置

为了保证工件在各工位的定位精度或对于结构复杂、无可靠运输基面工件的传输,一般将工件先定位夹紧在随行夹具上,工件和随行夹具一起传输,这样随行夹具必须返回原始位置。随行夹具返回装置分上方返回、下方返回和水平返回三种,图 14-24 是一种上方返回的随行夹具返回装置。随行夹具 2 在自动线的末端用提升装置 3 提升到机床上方后,靠自重经一条倾斜的滚道 4 返回自动线的始端,然后用下降装置 5 降至输送带 1 上。

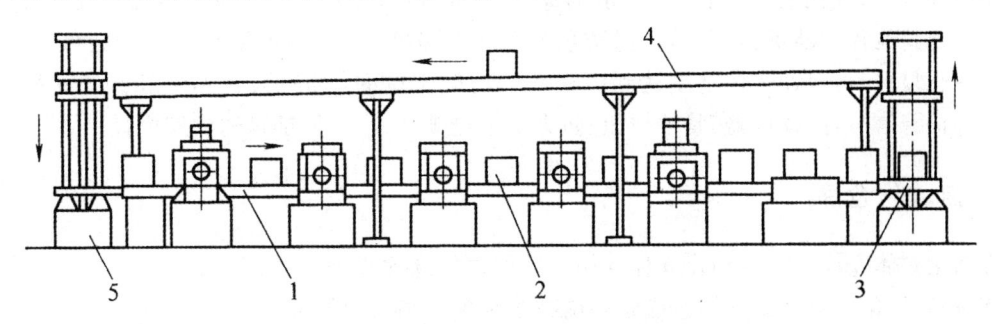

图 14-24 随行夹具返回装置

1—输送带;2—随行夹具;3—提升装置;4—滚道;5—下降装置

14.2.2 柔性物流系统

1. 柔性制造系统的物流系统

物流系统是从柔性制造系统的进口到出口,实现对这些物料自动识别、存储、分配、输送、交换和管理功能的系统。因为工件和刀具的流动问题最为突出,通常认为柔性制造系统的物流系统由工件流系统和刀具流系统两大部分组成;或者可以认为由输送装置、交换装置、缓冲装置和存储装置等几部分装置组成。

合理地选择 FMS 的物流系统,可以大大减少物料的运送时间,提高整个制造系统的柔性和效率。通过物流子系统,可以建立起 FMS 各加工设备之间以及加工设备和储存系统之间的自动化联系,并可以用来调节加工节拍的差异。

2. 托盘及托盘交换器

在柔性物流系统中,工件一般是用夹具定位夹紧的,而夹具被安装在托盘上,因此托盘是工件与机床之间的硬件接口。为了使工件在整个 FMS 上有效地完成任务,系统中所有的机床和托盘必须统一接口。托盘的结构形状类似于加工中心的工作台,通常为正方形结构,它带有大倒角的棱边和 T 形槽,以及用于夹具定位和夹紧的凸榫。有的物流系统也使用圆形托盘。

托盘交换器是 FMS 的加工设备与物料传输系统之间的桥梁和接口。它不仅起连接作用,还可以暂时存储工件,起到防止系统阻塞的缓冲作用。

3. 自动导向小车

自动导向小车(Automated Guide Vehicle,AGV)是一种由计算机控制,按照一定程序自动完成运输任务的运输工具。从当前的研制水平和应用情况来看,自动导向小车是柔性物流系统中物料运输工具的发展趋势。AGV 主要由车架、蓄电池、充电装置、电气系统、驱动装置、转向装置、自动认址和精确停位系统、移栽机构、安全系统、通信单元和自动导向系统等组成。AGV 的外形如图 14-25 所示。

AGV 能以低速运行,运行速度一般为 10～70m/min。AGV 通常备有微处理器控制系统,能与本区的其他控制器进行通信,可以防止相互之间碰撞。有的 AGV 还安装了定位精度传感器或定中心装置,可保证定位精度达到±30mm,精确定位的 AGV 可达到±3mm。此外,AGV 还可备有报警信号灯、扬声器、紧停按钮、防火安全连锁装置,以保证运输的安全性。

4. 自动化仓库

自动化立体仓库也称自动化立体仓储。利用立体仓库设备可实现仓库高层合理化,存取自动化,操作简便化。自动化立体仓库是当前技术水平较高的仓储形式。

自动化立体仓库主要是运用一流的集成化物流理念,采用先进的控制、总线、通信和信息技术,通过以上设备的协调动作进行出入库作业,如图 14-26 所示。

图 14-25 自动导向小车

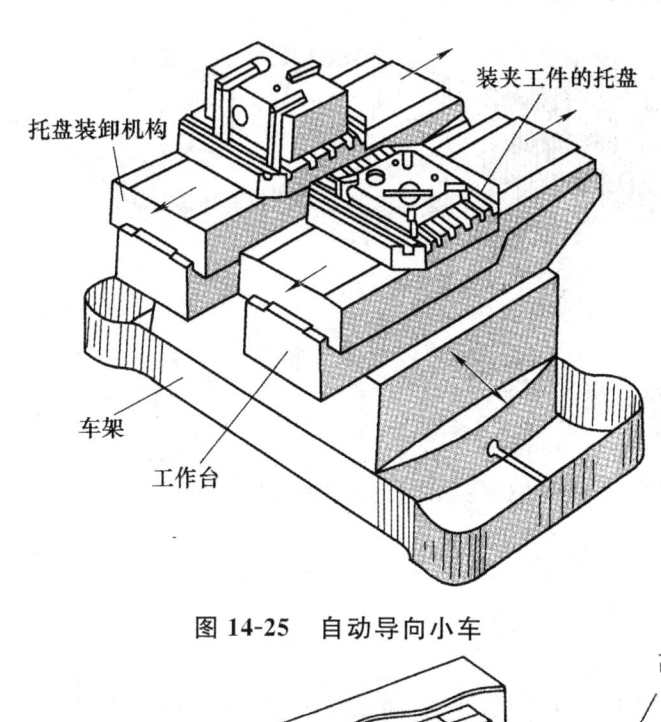

图 14-26 自动化仓库立体示意图

其中涉及的机械装备如下：

①货架。货架是用于存储货物的钢结构。

②托盘（货箱）。托盘（货箱）是用于承载货物的器具，也称工位器具。托盘的结构形式有平托盘、柱式托盘、箱式托盘、轮式托盘和特种专用托盘等，如图 14-27 所示。

(a) (b) (c) (d) (e)

(f) (g) (h) (i)

图 14-27 托盘(货箱)结构形式

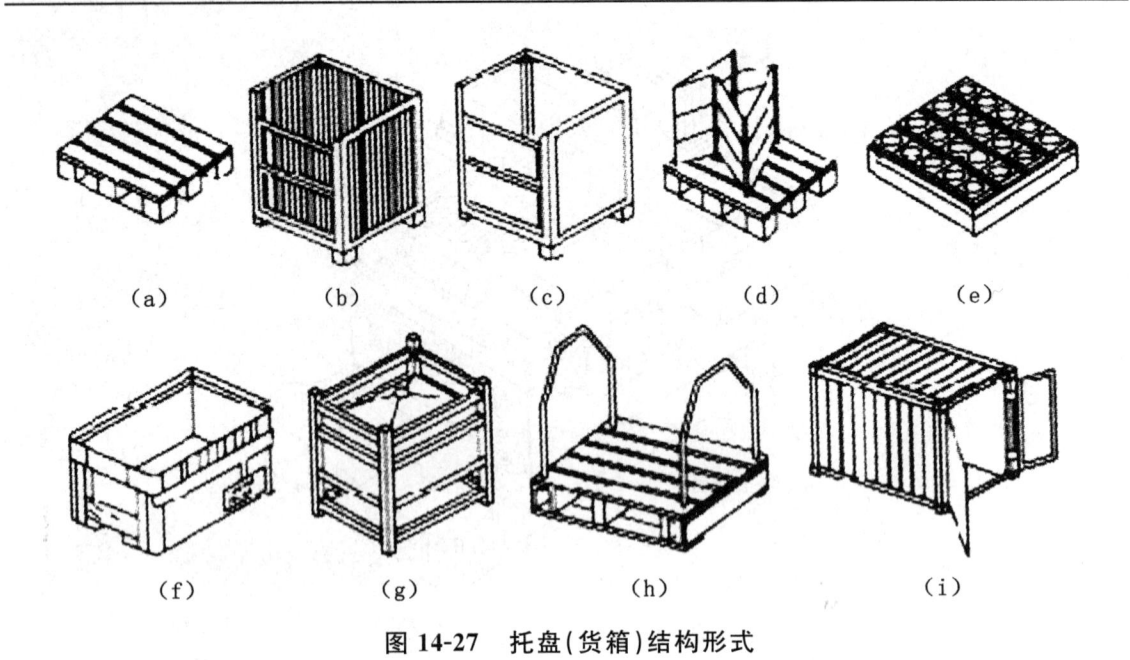

③巷道堆垛机。巷道堆垛机是用于自动存取货物的设备，其结构形式如图 14-28 所示。

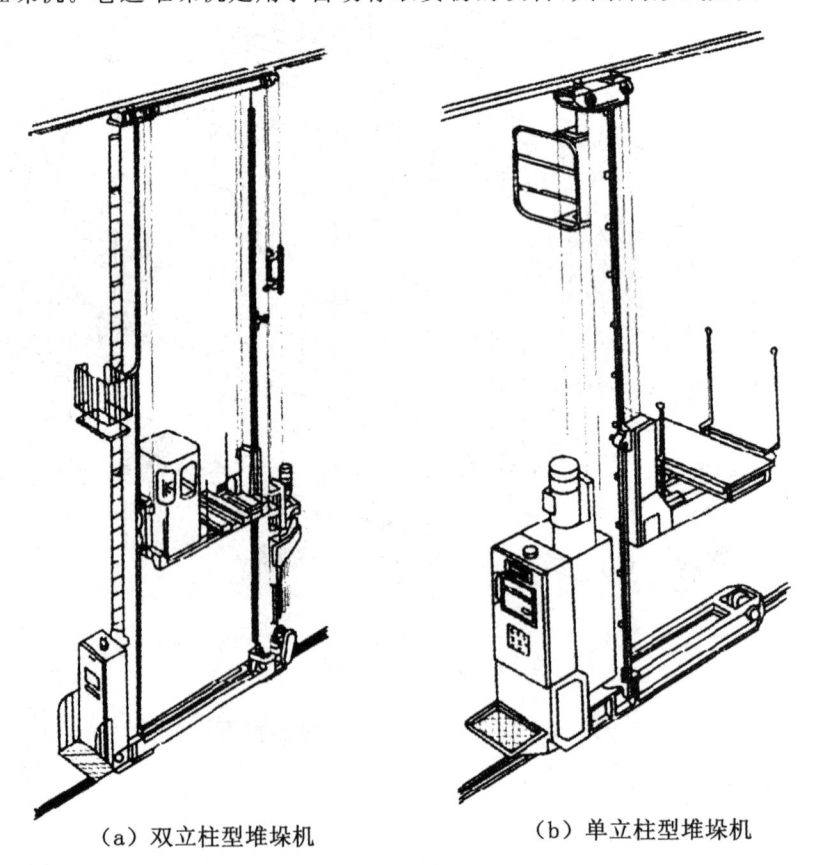

(a) 双立柱型堆垛机　　　　(b) 单立柱型堆垛机

图 14-28 巷道堆垛机

④输送机系统。
⑤AGV 系统。
⑥自动控制系统。
⑦储存信息管理系统。

5. 柔性物流系统的计算机仿真

仿真是通过对系统模型进行试验去研究一个真实系统,这个真实系统可以是现实世界中已存在的或正在设计的系统。物流系统往往相当复杂,利用仿真技术对物流系统的运行情况进行模拟,提出系统的最佳配置,可为物流系统的设计提供科学决策,有助于保证设计质量,降低设计成本。同时,也可提高物流系统的运行质量和经济效益。

计算机仿真的基本步骤如图14-29所示,可以概括为以下过程:

①建立仿真模型。采用文字、公式、图形等方式对柔性物流结构进行假设和描述,形成一种计算机语言能理解的数学模型。

②编程。编程就是用一定的算法将上述模型转化为计算机仿真程序。

③进行仿真试验。选择输入数据,在计算机上运行仿真程序,以获得仿真数据。

④仿真结果处理。对仿真试验结果数据进行统计分析及仿真报告,以期对柔性物流系统进行评价。

⑤总结。为柔性物流系统的结构提供完善的建议,同时可对系统的控制和调度提出优化方案。

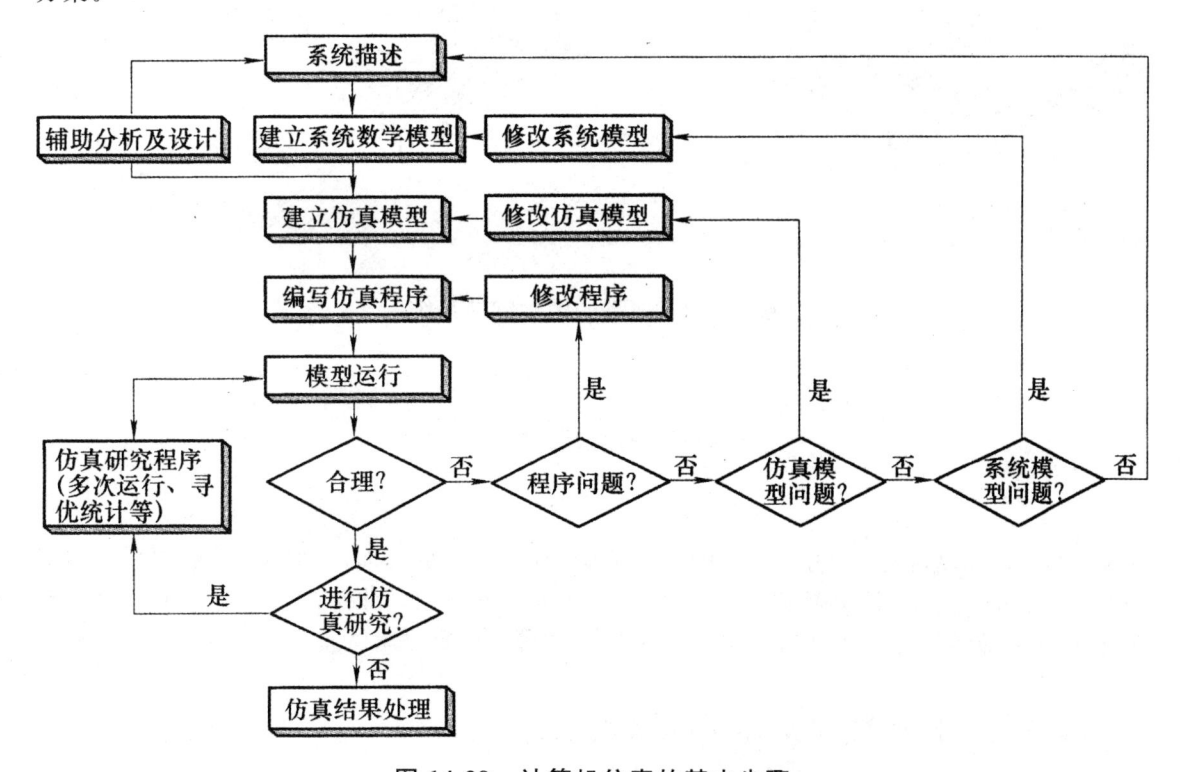

图 14-29 计算机仿真的基本步骤

在制造企业中对柔性物流系统进行计算机仿真,不仅能够大大地缩短系统的规划设计周期、优化设计方案,还可根据计算机仿真结果对柔性物流系统的运行状态进行优化,以便获得最佳的运行经济效益。随着三维视觉系统在计算机仿真系统中的广泛应用,在仿真界面上可展现柔性物流系统所有设备和运行过程的全时空信息。人们可以看到加工设备、单机供料装置、连续输送系统、立体化仓库、堆垛机、搬运机器人和导引小车的外观布局形式,也能观察到它们的瞬时工作状态。

6. 典型的柔性制造系统

图 14-30 是一个典型的柔性制造系统,该系统由加工中心、自动导引小车、立体仓库、堆垛机、交换站、检测和清洗装备及压装设备组成。

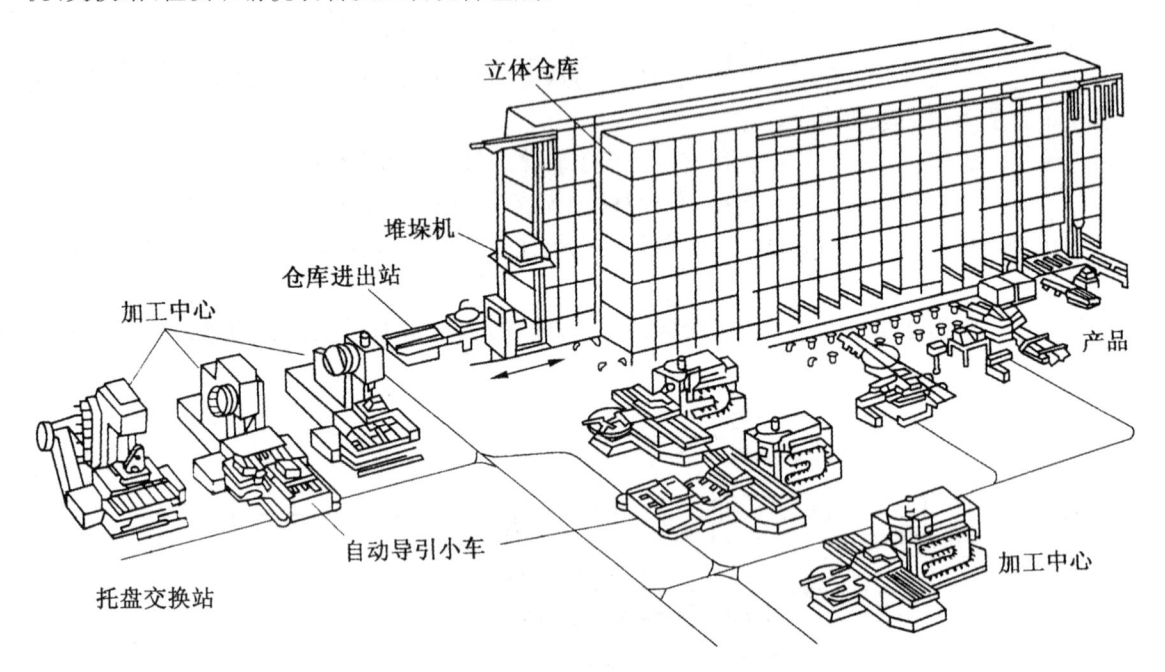

图 14-30 典型的柔性制造系统

14.3 自动装配工艺

装配是产品制造或系统建立过程的重要环节。装配质量的好坏,装配效率的高低将直接影响产品的性能、生产效率、市场竞争力。所以实现装配过程的自动化是提高产品质量、提高生产率、降低工人劳动强度、保证产品质量一致性、提高可靠性的重要途径。

14.3.1 自动装配条件下的结构工艺性

结构工艺性是指产品和零件在保证使用性能的前提下,力求能够采用生产率高、劳动量小、材料消耗少和生产成本低的方法制造出来。自动装配条件下的"结构工艺性",包含产品及其零部件的结构特征。这些特征不仅决定自动装配过程的有效程度,而且决定其自动化的合理性和可行性。结构工艺性好的产品零件,其特征决定了它的自动定向、供料和安装到基础件上的适宜性。自动装配对零件结构提出的另一要求是减少零件的数量,尽管这样可能使某些零件结构复杂,但会使自动装配大为简单,有利于保证装配质量、减少自动装配设备数量或功能机构,降低生产成本。

下面从自动供料、自动传送和自动装配三个方面分析在自动装配条件下零件的结构工艺性。

(1) 便于自动供料

自动供料包括零件的上料、定向、输送、分离等过程的自动化。为使零件有利于自动供料,产品的零件结构应符合以下各项要求:

① 零件的几何形状力求对称,便于定向处理。

② 如果零件由于产品本身结构要求不能对称,则应使其不对称程度合理扩大,以便自动定向。如质量、外形、尺寸等的不对称性。

③ 使零件的一端作成圆弧面或带有导向面,易于导向。

④ 某些零件自动供料时,必须防止镶嵌在一起。如有通槽的零件,具有相同内外锥度表面时,应使内外锥度不等,防止套入"卡住"。

⑤ 装配零件的结构形式应便于在输料槽中输送,如图 14-31 所示。

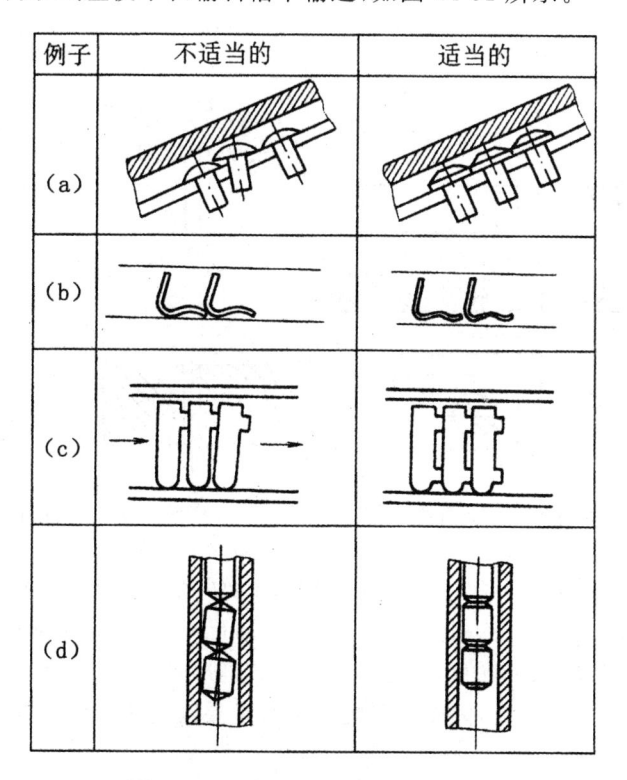

图 14-31 便于零件输送的例子

(2) 利于零件自动传送

装配基础件和辅助装配基础件的自动传送,是指装配工位之间的传送。其具体要求如下:

①为使易于实现自动传送，零件除具有装配基准面以外，还需考虑装夹基准面，供传送装置的装夹或支承。

②零部件的结构应带有加工的面和孔，供传送中定位。

③零件外形应简单、规则、尺寸小、质量小。

(3) 利于自动装配作业

①零件的尺寸公差及表面几何特征应保证按完全互换的方法进行装配。

②零件数量尽可能少，用现代制造技术，可加工更复杂的零件，从而可减少装配件数量，同时应减少紧固件的数量。

③尽量采用适应自动装配条件的连接方式，如采用黏结、过盈、焊接等。该方式可代替螺纹连接。

④零件上尽可能采用定位凸缘，以减少自动装配中的测量工作，如将过盈配合的光轴用阶梯轴代替等。

⑤基础件设计应留有适应自动装配的操作位置，如图 14-32 所示。采用自动旋入螺钉时，必须为装配工具留有足够的自由空间。

⑥零件的材料若为易碎材料，宜用塑料代替。

⑦零件装配表面增加辅助面，使其容易定位，如图 14-33 所示。

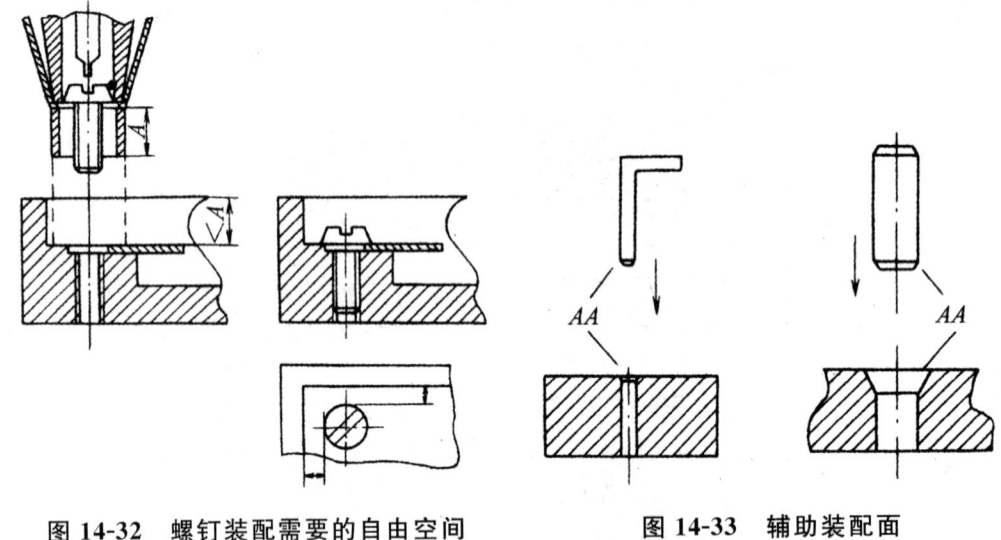

图 14-32　螺钉装配需要的自由空间　　　图 14-33　辅助装配面

⑧最大限度地采用标准件不仅可以减少机械加工，而且可以加大装配工艺的重复性。

⑨避免采用易缠住或易套在一起的零件结构，不得已时，应设计可靠的定向隔离装置。

⑩产品的结构应能以最简单的运动把零件安装到基准零件上去。最合理的结构是能使零件沿同一个方向安装到基础件上去，因而在装配时没有必要改变基础件的方向，装配方向宜采用垂线方向，尽量减少横向装配。

⑪如果装配时配合的表面不能成功地用作基准，则在这些表面的相对位置必须给出公差，且在此公差条件下基准误差对配合表面的位置影响最小。

14.3.2 自动装配工艺设计流程

1. 产品分析和装配阶段的划分

设计装配工艺前,应认真分析产品的装配图和零件图,因为装配工艺的难度与产品的复杂性成正比。对于零部件数目多的产品,在设计装配工艺时,整个装配工艺过程应按部件特征划分为几个装配单元。每一个装配单元完成装配后,必须经过检验合格后才能与其他部件继续装配。

2. 基础件的选择

基础件是在装配过程中只需在其上面继续安置其他零部件的基础零件(往往是底盘或底座)。基础件的选择对装配过程有重要影响。在回转式传送装置或直线式传送装置的自动化装配系统中,也可以把随行夹具看成基础件。

基础件在夹具上的定位精度应满足自动装配工艺要求。例如,当基础件为底盘或底座时,其定位精度必须满足基础件上各连接点的定位精度要求。当外定位精度不能达到要求时,可采用定位销定位。为避免装配错误,定位孔一个为圆形,另一个为槽形,如图 14-34(b)所示,也可以将两个定位孔不对称布置,如图 14-34(c)所示。

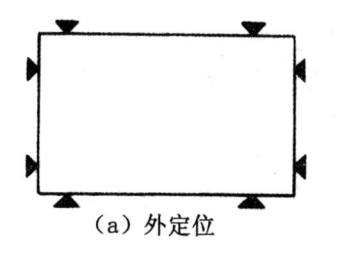

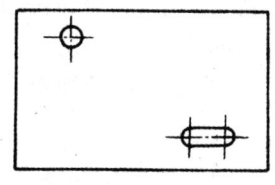

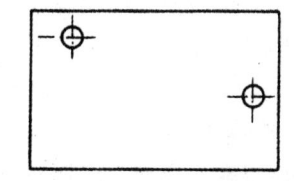

(a) 外定位　　(b) 不同形状的定位孔定位　　(c) 不对称布置的定位孔定位

图 14-34　基础件的定位方式

3. 对装配零件的质量要求

自动装配工艺对装配零件质量有严格的要求,因为装配零件的制造工艺在一定程度上会影响自动装配过程的成功与否。制造工艺确定了零件质量,而自动装配设备工作可靠性首先又和零件质量有关。根据预先分析的零件质量结果,可以评价装配过程的可靠性。装配自动化要求零件高质量,但是这不意味着缩小图样给定的公差。考虑自动装配过程供料系统的要求,零件不得有毛刺和其他缺陷,不得有未经加工的毛坯和不合格的零件。

在手工装配时,容易分出不合格的零件。但在自动装配中,不合格零件包括超差零件、损伤零件,也包括混入杂质与异物。如果没有被分检出来,将会造成很大的损失,甚至会使整个装配系统停止运行。因此,在自动化装配时,限定零件公差范围是非常必要的。图 14-35 为适应不同装配工艺的零件平均公差分布情况。

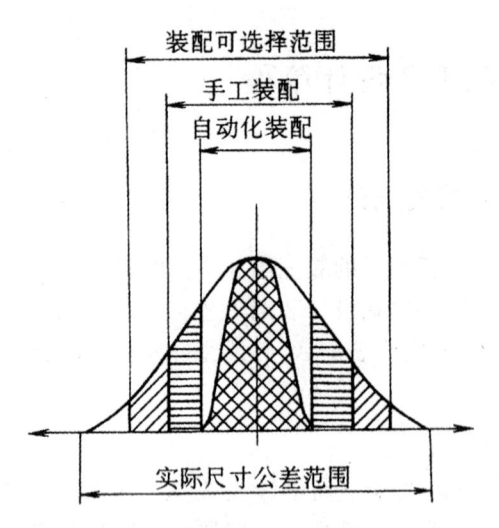

图 14-35 零件适应不同装配工艺平均公差分布情况

合理化装配的前提之一就是保持零件质量稳定。在现代化大批量生产中,只有在特殊情况下才对零件100%检验,通常采用统计的质量控制方法,零件质量必须达到可接受的水平。

4. 拟定自动装配工艺过程

自动装配需要详细编制工艺。包括装配工艺过程图并建立相应的图表,表示出每个工序对应的工作工位形式。具有确定工序特征的工艺图,是设计自动装配设备的基础,按装配工位和基础件的移动状况不同,自动装配过程可分为以下两种类型。

(1)基础件移动式的自动装配线

自动装配设备的工序在对应工位上对装配对象完成各装配操作,每个工位上的动作都有独立的特点,工位之间的变换是由传送系统连接起来的。

(2)装配基础件固定式的自动装配中心

零件按装配顺序供料,依次装配到基础件上,这种装配方式实际上只有一个装配工位,因此装配过程中装配基础件是固定的。

无论何种类型的装配方式,都可用带有相应工序和工步特征的工艺图表示出来,如图14-36所示。方框表示零件或部件,装配(检测)按操作顺序用圆圈表示。

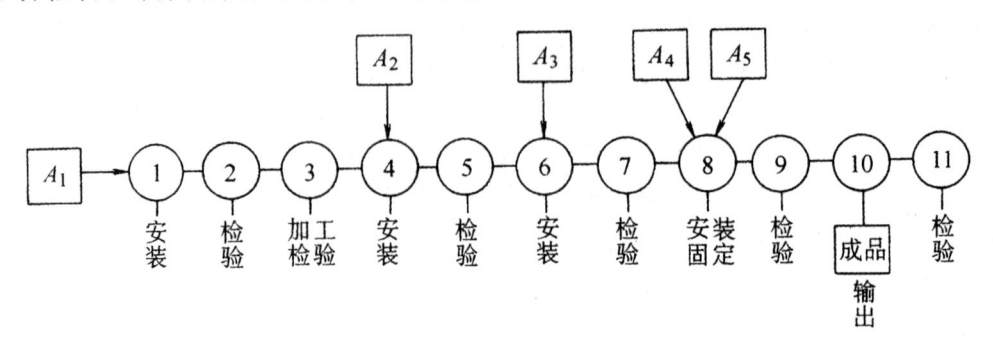

图 14-36 装配工艺流程图

每个独立形式的装配操作还可详细分类,如检测工序包括零件就位有无检验、尺寸检验、物理参数测定等;固定工序包括螺纹连接、压配连接、铆接、焊接等。同时,确定完成每个工序时间,即根据连接结构、工序特点、工作头运动速度和轨迹、加工或固定的物理过程等来分别确定各工序时间。

5. 确定自动装配工艺的工位数量

拟定自动装配工艺从采用工序分散的方案开始,对每个工序确定其工作头及执行机构的形式及循环时间。然后研究工序集中的合理性和可能性,减少自动装配系统的工位数量。如果工位数量过多,会导致工序过于集中,而使工位上的机构太复杂,既降低设备的可靠性,也不便于调整和排除故障,还会影响刚性连接(无缓冲)自动装配系统的效率。

确定最终工序数量(即相应的工位数),应尽量采用规格化传送机构,并留有几个空工位,以预防因产品结构估计不到的改变,随时可以增加附加的工作结构。如工艺过程需 10 个工序,可选择标准系列 12 工位周期旋转工作台的自动装配机。

6. 确定各装配工序时间

自动装配工艺过程确定后,可分别根据各个工序工作头或执行机构的工作时间,在规格化和实验数据的基础上,确定完成单独工序的规范。每个工序单独持续的时间可按下式计算

$$t_i = t_T + t_X + t_Y$$

式中,t_T 是完成工序所必需的操作时间;t_X 是空行程时间(辅助运动);t_Y 是系统自动化元件的反应时间。

通常,单独工序的持续时间可用于预先确定自动装配设备的工作循环的持续时间。这对同步循环的自动装配机设计非常有用。如果分别列出每个工序的持续时间,则可以帮助我们区分出哪个工位必须改变工艺过程参数或改变完成辅助动作的机构,以减少该工序的持续时间,使各工序实现同步。

根据单个工序中选出的最大持续时间 t_{max},再加上辅助时间 t',便可得到同步循环时间为

$$t_s = t_{max} + t'$$

式中,t' 是完成工序间传送运动所消耗的时间。

实际的循环时间可以比该值大一些。

7. 自动装配工艺的工序集中

在自动装配设备上确定工位数后,可能会发生装配工序数量超过工位数量的情况。此时,如果要求工艺过程在给定工位数的自动装配设备上完成,就必须把有关工序集中,或者把部分装配过程分散到其他自动装配设备上完成。

工序集中有两种方法:

①在自动装配工艺图中找出工序时间最短的工序,并校验其附加在相邻工位上完成的合理性和工艺可能性。

②对同时兼有几个工艺操作的可能性及合理性进行研究,也就是在自动装配设备的一个工位上平行进行几个连贯工序。这个工作机构的尺寸允许同时把几个零件安装或固定在基础

件上。

工序过于集中会导致设备过于复杂,可靠性降低,调整、检测和消除故障都较为困难。

8. 自动装配工艺过程的检测工序

检测工序是自动装配工艺的重要组成部分,可在装配过程中同时进行检测,也可单设工位用专用的检测装置来完成检验工作。

自动装配工艺过程的检测工序,可以查明有无装配零件,是否就位,也可以检验装配部件尺寸(如压深);在利用选配法时测量零件,也可以检测固定零件的有关参数(例如,螺纹连接的力矩)。

检测工序一方面保证装配质量,另一方面使装配过程中由于各故障原因引起的损失减为最小。

14.3.3 自动化装配设备

装配机是一种按一定时间节拍工作的机械化装配设备,其作用是把配合件往基础件上安装,并把完成的部件或产品取下来。装配机需要完成的任务包括配合和连接对象的准备、配合和连接对象的传送、连接操作与结果检查。装配机有时候也需要手工装配的配合。

装配机组成单元是由几个部件构成的装置,根据其功能可以分为基础单元、主要单元、辅助单元和附加单元四种。基础单元是具备足够静态和动态刚度的各种架、板、柱,主要单元是指直接实现一定工艺过程(例如,螺纹连接、压入、焊接等)的部分,它包括运动模块和装配操作模块。辅助单元和附加单元是指控制、分类、检验、监控及其他功能模块。

当基础件的准备系统或装配工位之间的工件托盘传送系统一经确定,一台装配机的结构形式也就基本确定了。基础件的准备系统通常有直线形传送、圆形传送或复合方式传送几种。基础件的传送可以是连续的或按节拍的、固定的或变化步长的,还要考虑基础件的哪些面在通过装配工位时不被遮盖或阻挡,可以让配合件和装配工具通过。因为基础件要放在工件托盘上传送,需用夹具固定,故要考虑夹紧和定位元件的可通过性,既不能在传送过程中与其他设备相碰,又不能影响配合件和装配工具通过。

自动装配机一般不具有柔性,但其中的基础功能部件、主要功能部件和辅助功能部件等都是可购买的通用件。

1. 单工位装配机

单工位装配机是指工位单一,通常没有基础件的传送,只有一种或几种装配操作的机器,其应用多限于装配只由几个零件组成、装配动作简单的部件。在这种装配机上可同时进行几个方向的装配,工作效率可达到每小时 30~12000 个装配动作。

2. 多工位装配机

多工位装配机是指在几个工位上完成装配操作,工位之间用传送设备连接的机器。

(1) 多工位同步装配机

同步是指所有的基础件和工件托盘都在同一瞬间移动,当它们到达下一个工位时传送运动即停止。同步传送可以连续进行。这类多工位装配机因结构所限装配工位不能很多,一般只能适应区别不大的同类工件的装配。

(2) 多工位异步装配机

固定节拍传送的装配机工作中,当一个工位发生故障时,将引起所有工位的停顿。这个问题可以通过异步传送得到解决。

异步传送的装配机工作中不强制传送工件或工件托盘,而是在每一个装配工位前面都设有一个等待位置以产生缓冲区。传送装置对其上的工件托盘连续施加推力。每一个装配工位只控制距它最近的工件托盘的进出。柔性的装配机还配有外部旁路传送链输送工件托盘。采用这种结构可以同时在几个工位平行地进行相同的装配工序,当一个工位发生故障时不会引起整个装配线的停顿。

14.3.4 装配机器人

中小批量自动化生产中应用装配机器人逐渐增多,特别用在对人的健康有害以及特殊环境(例如,高辐射区或需超高清洁度的区域)中。应用装配机器人的自动装配系统中,除可编程的机器人以外,还需要具有柔性的外围设备,例如,零件储仓,可调的输送设备,连接工具库、抓钳及它们的更换系统。

1. 装配机器人的结构

装配机器人的组成和输送机器人的结构基本相同,包括机身、手臂、手爪、控制器、示教盒。出于装配工作的需要,装配机器人一般需配用传感器。借助传感器的感知,机器人可以更好地顺应对象物,进行柔软的操作。视觉传感器常用来修正对象物的位置偏移。

机器人进行装配作业时,除上面提到的机器人主机、手爪、传感器外,零件供给装置和工件搬运装置也至关重要。无论是投资额还是安装占地面积,它们往往比机器人主机所占的比例还大。周边设备常由可编程序控制器控制,此外一般还要有台架、安全栏等。

图 14-37 是几种典型的装配机器人结构。

图 14-37(a) 的 SCARA 机器人由于其运动精度高,结构简单,价格便宜而应用广泛。悬臂机器人[图 14-37(b)]和"十"字龙门式机器人[图 14-37(c)]的工作空间是直角空间,它们的三个执行环节都能直线运动。摆臂机器人[图 14-37(d)]的臂是通过一个万向节悬挂的,它的运动速度极快。能够实现 6 轴运动的垂直关节机器人是专为小零件的装配而开发的,它的手臂又称为弯曲臂,其结构特征极像人的手臂[图 14-37(e)]。摆头机器人[图 14-37(f)]是通过丝杠的运动带动机械手运动,两边丝杠(螺母旋转)以相同的速度向下运动时,机械手向下垂直运动;如果两边丝杠以不同的速度或方向运动,则机械手摆动。这种轻型结构只允许较小的载荷,如用于小产品的自动化包装等。同样由于运动部分的质量小,所以运动速度相当高。

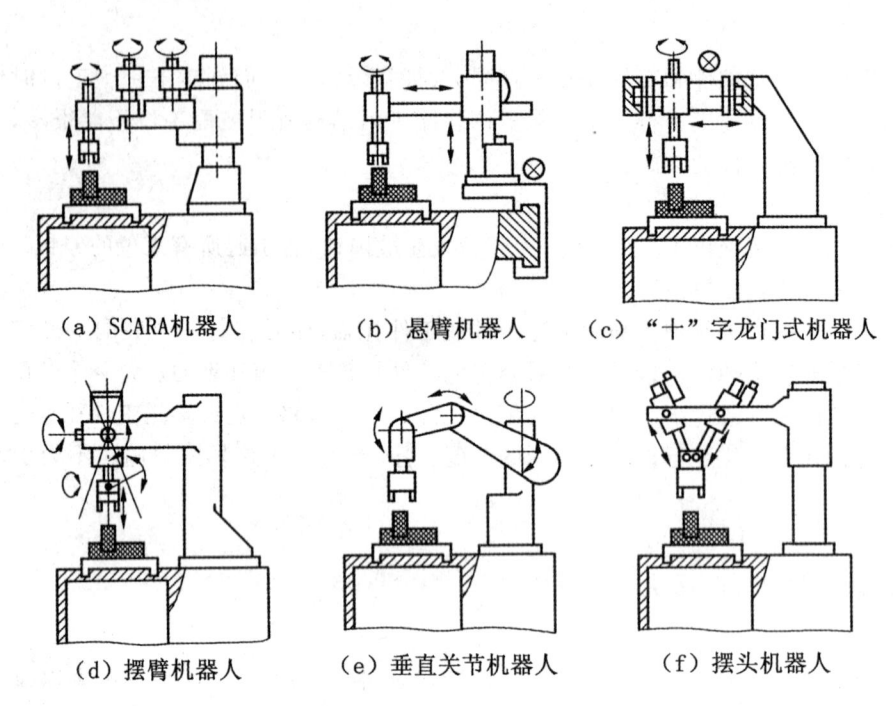

（a）SCARA机器人　　（b）悬臂机器人　　（c）"十"字龙门式机器人

（d）摆臂机器人　　（e）垂直关节机器人　　（f）摆头机器人

图 14-37　装配机器人

由于在节拍式的装配线上难以实现大型部件或产品的装配,于是有了行走机器人。图 14-38 是行走机器人的一个例子。这种机器人有 4 个轮子,其表面为螺纹状,通过 4 个轮子转动方向的组合就可以实现任意方向的运动。

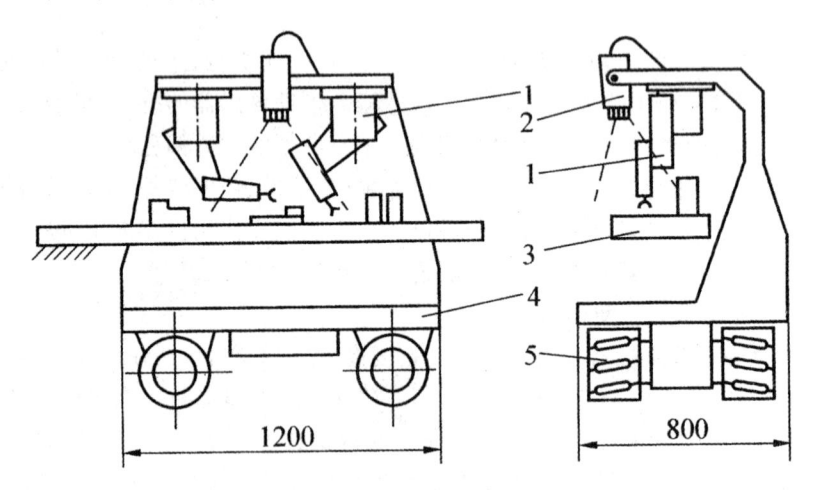

图 14-38　行走式装配机器人

1—垂直关节手臂;2—可视系统;3—工作托盘;4—行走机构;5—多向轮

2. 装配机器人的手爪

手爪是机器人的末端执行器。移置机构中的机械手手指及装配机器人手爪,是自动装配系统的重要工具。手爪必须具备一套不同的安装孔,以适用于不同的机器人。通常由机器人的手腕或手臂等其他环节提供所需自由度,而手爪没有独立自由度。不过,当应用某些装置(如螺钉旋具),其固有的自由度有可能增加机器人的某些工作能力。

(1)决定手爪结构的参数

①手爪的尺寸和功能与需搬运零件的大小、材料和重量直接相关。确定手爪结构的第一个参数是静载荷,它决定了手爪的负载能力。

手爪的各爪之间空间位置限制了可以移动的重量。假如两片爪与重力垂直,夹住零件所需的力很小;假如两片爪平行于重力,零件靠摩擦力支承,摩擦力直接作用在两片爪和零件的表面上;而当零件装在两片爪的顶部时,剪切力便起作用。图 14-39 表示上述三种手爪和零件方向间的关系。

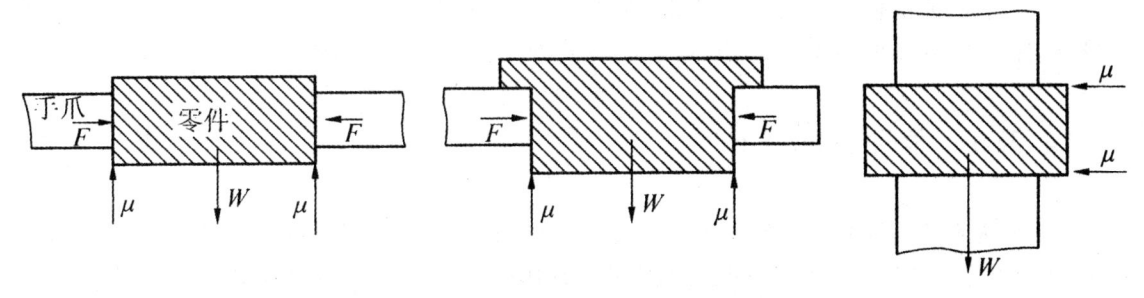

图 14-39　零件被手爪夹持的三种方式

②第二个参数是加速度/减速度,它决定了零件与手爪连接面上产生的惯性力。当加速/减速时,零件在手爪上施加力矩。当爪臂作圆弧运动时,产生的离心力与角速度平方成正比。

③第三个参数是手爪所能夹持零件的最大尺寸。应保证手爪工作稳定,不互相干涉。

(2)手爪及自动夹紧装置的种类

①机械夹紧是最常见的机构,用气动或液压装置对零件施加表面压力。这类手爪又可分为以下三种形式。平行爪片,把零件夹在平面或 V 形表面之间。这种手爪可以有一个或两个可移动爪片。手指上安装有不同夹爪的螺纹孔,气动手指有常开式或常闭式,单动式或双动式。平移式的夹爪可适应内、外夹取,有二指式或三指式。钳形夹爪,是把零件抱夹在手爪内或在夹片的端部抓取零件,用压缩空气操纵拾放动作。当压缩空气系统出现故障时,夹爪仍不会放松零件。对大型零件,抓取的夹持力必须依靠外部能源控制。伸长或收缩爪有一个柔性夹持件,如薄膜、气囊等。手爪工作时伸长或收缩,从而对零件施加摩擦力。这种机构在夹持精密零件或被夹持的零件形状特殊,无法应用刚性夹持方法时采用。

②磁性夹紧。采用电磁力夹持零件。此方法只适用于能被电磁力夹持的材料,而且要求工位环境能抵抗电磁场而不致受到损伤。这种方法特有的优点是在一定程度上不受零件形状的限制。

③真空夹紧。对零件施加负压,从而使零件贴紧在夹爪上。真空手爪最常用的形式是用按一定方式排列的一组吸盘,由真空泵产生负压。使用真空保护阀可在其中一个吸盘失灵时,保护同组其他吸盘的真空状态不被破坏。对平整的平面可用单层吸盘,对不平整平面使用双层吸盘。

④刺穿式手爪。手爪刺入零件,然后举起零件。这种方法是适用于允许对零件造成轻微损伤的场合。

⑤黏结式手爪。上述各种方法都不能采用时,用胶黏带夹持零件。

⑥万能手爪。手爪具备多种能力,用它可夹持一个族的零件。

(3) 手爪材料

手爪材料本身取决于手爪的用途、工作环境以及将被搬运的零件。钢是优先采用的材料,铝被应用于对手爪质量有特殊要求的场合,或是要求手爪材料不导磁而又有足够的韧性的场合。吸盘材料可用聚乙氨酯、乙腈和硅橡胶等。当对被抓取物体要特别小心以避免碰伤,或者要保证夹持装置电绝缘时,可用塑料、橡胶、泡沫塑料等软材料作硬爪的内垫片。用于恶劣工作环境中的手爪可用陶瓷或特殊材料制造。

(4) 手爪结构的经济性

万能手爪、多功能手爪、柔性手爪和专用手爪四类手爪中,柔性手爪具有内在的灵活性和可调性,可抓取一定范围内不同形状和尺寸的工件,因而应用广泛。另一种常用的手爪是多功能装置,它有一系列(通常是三个)不同的手爪,附加在一个通用基体上,每种手爪都是为某一专门目的或一定范围内的多种零件而专门设计的,需要哪种手爪时就启动该种手爪。

14.3.5 柔性装配系统

柔性装配系统具有相应的柔性,可对某一特定产品的变型产品按程序编制的随机指令进行装配,也可根据需要增加或减少一些装配环节,在功能、功率和几何形状允许的范围内,最大限度地满足一族产品的装配。

柔性装配系统由装配机器人系统和外围设备组成。外围设备可以根据具体的装配任务来选择,为保证装配机器人完成装配任务通常包括灵活的物料搬运系统、零件自动供料系统、工具(手指)自动更换装置及工具库、视觉系统、基础件系统、控制系统和计算机管理系统。

柔性装配系统通常有两种形式:一种是模块积木式柔性装配系统;另一种是以装配机器人为主体的可编程柔性装配系统。按其结构又可分为以下三种。

(1) 柔性装配单元(Flexible Assembly Cell,FAC)

这种单元借助一台或多台机器人,在一个固定工位上按照程序完成各种装配工作。

(2) 多工位的柔性同步系统

这种系统各自完成一定的装配工作,由传送机构组成固定的或专用的装配线,采用计算机控制,各自可编程序和可选工位,因而具有柔性。

(3) 组合结构的柔性装配系统

这种结构通常具有三种以上的装配功能,是由装配所需的设备、工具和控制装置组合而成的,可封闭或置于防护装置内。例如,安装螺钉的组合机构由装在箱体里的机器人送料装置、导轨和控制装置组成,可以与传送装置连接。

装配机器人是柔性装配系统中的主要组成部分,选择不同结构的机器人可以组成适应不同装配任务的柔性装配系统。

图 14-40 是用于电子元件等小部件装配的柔性装配系统。工件托盘是圆柱形的塑料块,塑料块中有一块永久磁铁。借助磁铁的吸力,工件托盘可以被传送钢带带着移动,如发生堵塞,则工件托盘会在钢带上打滑,可以利用这一点形成一个小的缓冲料仓。工件托盘可以由一鼓形的储备仓供给。

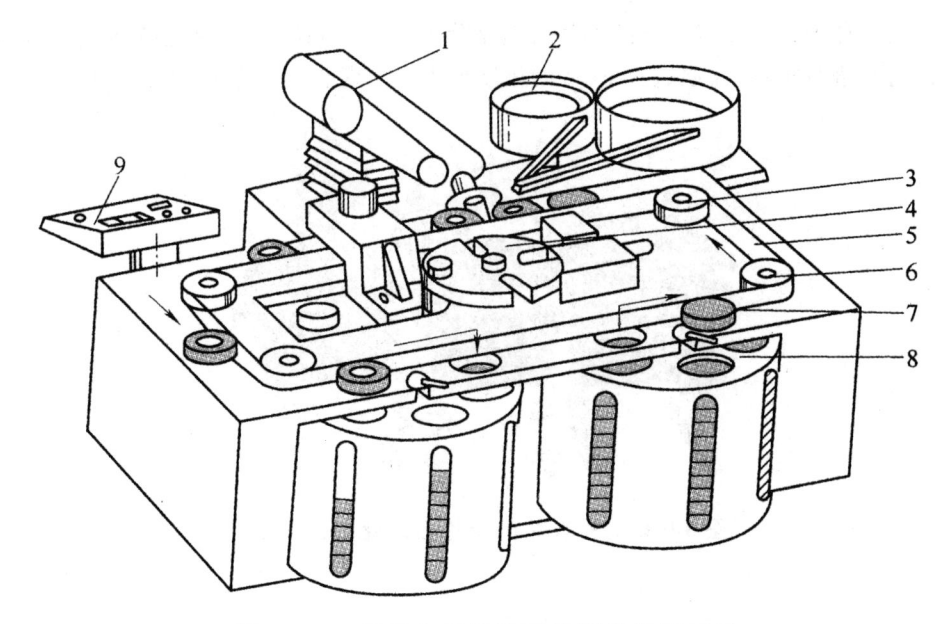

图 14-40 用于小部件装配的柔性装配系统

1—装配机器人；2—供料器；3—传动辊；4—抓钳库或工具库；5—传送带；
6—导辊；7—工件托盘；8—鼓形储备仓；9—操作台

在装配工位上，工件托盘可以用一个销子准确地定位。钢带（工件托盘）可以在两个方向运动，即可以反向运动。配合件由外部设备供应。

根据装配工艺的需要，在这样的装配系统中，也可以配置多台机器人。

图 14-41 是用于印制电路板自动装配的一种柔性装配系统。该系统中，机器都作直角坐标运动，在一个装配间里可以平行安置若干个机器人协同工作，每一个机器人可以作为一个功能模块进行更换。

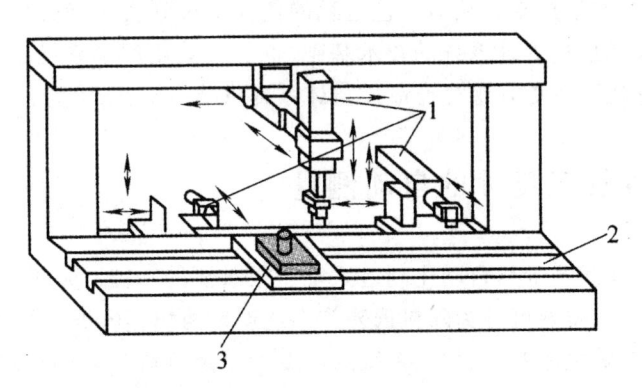

图 14-41 印制电路板的柔性装配系统

1—装配机器人；2—装配工作台；3—印制电路板

图 14-42 为模块化的柔性自动化装配系统，该系统可以完成两个半立方体零件和连接销的装配工作。系统由料仓站、装配工作站和储藏站构成。料仓站中包含两个料仓，分别用于存放铝制半立方体零件和塑料半立方体零件。装配工作站完成装配件的搬运工作，并与销钉料仓中的

销钉进行装配。储藏站将完成装配的部件搬运至货架。由于系统的模块化特性，可以针对不同的零件装配过程进行重构，并通过对 PLC 的重新编程来实现装配过程的自动控制。

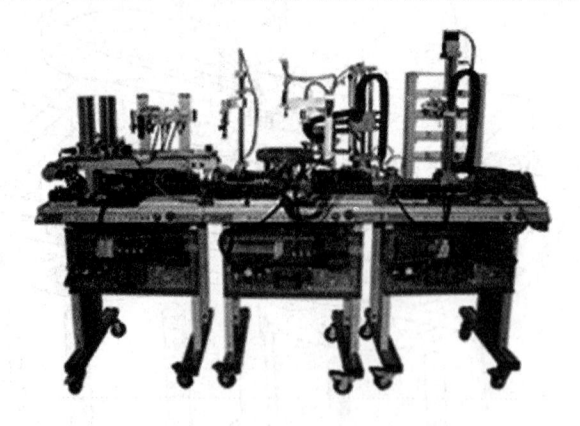

图 14-42 模块化的柔性自动化装配系统

14.4 检测过程的自动化工艺

在自动化制造系统中，为了保证产品的加工质量和系统的正常运行，需要利用各种自动化监测装置，自动地对加工对象的有关参数、加工过程和系统运行状态进行检测，不断提供各种有价值的信息和数据（包括被测对象的尺寸、形状、缺陷、加工条件和设备运行状况等），及时地对制造过程中被加工工件质量进行监控，还能自动监控工艺过程，以确保设备的正常运行。

随着计算机应用技术的发展，自动化检测的范畴已从单纯对被加工零件几何参数的检测扩展到对整个生产过程的质量控制。从对工艺过程的监控扩展到实现最佳条件的适应控制生产。因此，自动化检测不仅是质量管理系统的技术基础，也是自动化加工系统不可或缺的组成部分。在先进制造技术中，它还可以更好地为产品质量体系提供技术支持。

14.4.1 工件加工尺寸的自动测量

工件尺寸、形状的在线测量是自动化制造系统中很重要的功能。从控制工件加工误差的方面考虑，工件的尺寸、形状误差可分为随机误差和系统误差两种。由被测量对象，如刀具磨损、由切削力和工件自重引起的机床变形、加工系统的热变形以及机床导轨的直线度误差等所产生的系统误差，通常难以控制。为了减小这些系统误差所造成的工件加工误差，必须进行工件尺寸和形状的实时在线检测。图 14-43 为前人研究的工件尺寸、形状在线检测手段。

上述各种检测方法中，除了在磨床上采用定尺寸检测装置和摩擦轮方式以外，目前还没有可以实际使用的测量装置，而且摩擦轮方式的装置也仅是试验装置，只用于工序间检测。虽然在数控机床上，用接触式传感器测量工件尺寸的测量系统应用得很广泛，但也属于加工工序间检测或加工后检测，而且多采用摩擦轮方式。

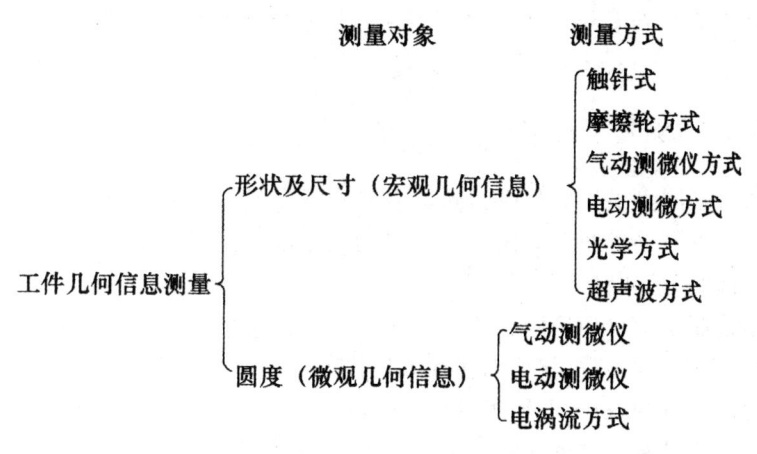

```
                测量对象              测量方式
                                   ┌触针式
                                   │摩擦轮方式
                  ┌形状及尺寸(宏观几何信息)┤气动测微仪方式
                  │                │电动测微方式
    工件几何信息测量┤                │光学方式
                  │                └超声波方式
                  │              ┌气动测微仪
                  └圆度(微观几何信息)┤电动测微仪
                                 └电涡流方式
```

图 14-43　工件尺寸、形状的在线检测手段

目前,在线检测、定尺寸检测装置多用在磨削加工设备中,这主要有三方面原因:首先,磨削加工时加工处供有大量切削液,可迅速去除磨削所产生的热量,不易出现热变形;其次,现在的数控机床通常都能满足一般零件的尺寸、形状精度要求,很少需要在线检测;另外,目前开发的测量系统多为光学式的,而传感器在较恶劣的加工环境中工作不是很可靠。因此,除了定尺寸检测装置和摩擦轮方式之外,实用的工件形状、尺寸的在线检测系统还不多,它是今后需要研究的课题。

1. 工件尺寸的检测方法

工件加工尺寸精度是直接反映产品质量的指标,因此,许多自动化制造系统中都采用自动测量工件的方法来保证产品质量和系统的正常运行。

工件加工尺寸精度的检测方法可以分为离线检测和在线检测。

(1) 离线检测

离线检测的结果分为合格、报废和可返修三种。经过误差统计分析可以得到零件尺寸的变化趋势,然后通过人工干预来调整加工过程。离线检测设备在自动化制造系统中得到了广泛应用,主要有三坐标测量机、测量机器人和专用检测装置等。离线检测的周期较长,难以及时反馈零件的加工质量信息。

(2) 在线检测

通过对在线检测所获得的数据进行分析处理后,利用反馈控制来调整加工过程,以保证加工精度。例如,有些数控机床上安装有激光在线检测装置,可在加工的同时测量工件尺寸,然后根据测量结果调整数控程序参数或刀具磨损补偿值,保证工件尺寸在允许范围内。在线检测又分为工序间(循环内)检测和最终工序检测。其中,工序间检测可实现加工精度的在线检测及实时补偿;最终工序检测可实现对工件精度的最终测量与误差统计分析,找出产生加工误差的原因,并调整加工过程。在线检测是在工序内部,即工步或走刀之间,利用机床上装备的测头来检测工件的几何精度或标定工件零点和刀具尺寸。检测结果直接输入机床数控系统,由其修正机床运动参数,从而保证工件加工质量。

在线检测的主要手段是利用坐标测量机对加工后机械零件的几何尺寸与形状、位置精度进行综合检测。坐标测量机按精度可分为生产型和精密型两大类;按自动化水平可分为手动、机动和计算机直接控制三大类。在自动化制造系统中，一般选用计算机直接控制的生产型坐标测量机。

2. 工件尺寸的自动测量装置

实现工件尺寸的自动测量要依靠相应的测量装置。下面就以磨床的专用自动测量装置、三坐标测量机和激光测径仪等测量装置为例，说明自动测量的原理和方法。

(1) 磨床的专用自动测量装置

加工过程的自动检测是由自动检测装置完成的。在大批量生产条件下，只要将自动测量装置安装在机床上，操作人员不必停机就可以在加工过程中自动检测工件尺寸的变化，并能根据测得的结果发出相应的信号，控制机床的加工过程（如变换切削用量、停止进给、退刀和停车等）。

磨削加工中的自动测量原理如图 14-44 所示。机床、执行机构与测量装置构成一个闭环系统。在机床加工工件的同时，自动测量头对工件进行测量，将测得的工件尺寸变化量通过信号转换放大器转换成相应的电信号，并在处理后反馈给机床控制系统，控制机床的执行机构，以保证工件尺寸达到要求。

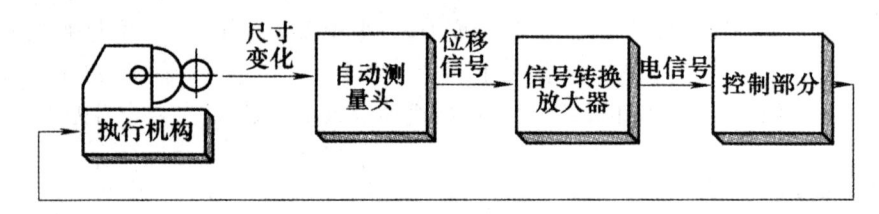

图 14-44 磨削加工中的自动测量原理

(2) 三坐标测量机

三坐标测量机又称计算机数控三坐标测量机（CMM），它是一种检测工件尺寸误差、几何误差以及复杂轮廓形状误差的自动检测装置，广泛应用于现代机械加工自动化系统中。CMM 的结构布局形式有立式和卧式两类，立式 CMM 常采用龙门结构，卧式 CMM 通常采用悬臂结构。根据所测零件尺寸规格的不同，CMM 的规格有小型台式和大型落地式之分。

图 14-45 为悬臂式三坐标测量机结构示意图，它由安装工件的工作台、立柱、三维测量头、坐标位移测量及伺服驱动装置和计算机数控装置等组成。为了保证三坐标测量机能获得很高的尺寸稳定性，其工作台、导轨和横梁多采用高质量的花岗岩制成，万能三维测量头的头架与横梁之间则采用低摩擦的空气轴承连接。在数控程序的控制下，由数控装置发出移动脉冲信号，由位置伺服进给系统驱动测量头沿着被测工件表面移动，移动过程中，测量头及光学的或感应式的测量系统（旋转变压器、感应同步器、角度编码器、光栅尺、磁栅尺等）检测移动部件的实际位置，并将工件的尺寸记录下来，计算机根据记录的测量结果，按给定的坐标系统计算被测尺寸。CMM 的实测数据还可以通过分布式数控（DNC）系统，由上级计算机传送至机床本身的计算机控制器，以修正数控程序中的有关参数（如轮廓铣削时的铣刀直径），补偿机床的加工误差，从而保证机械加工系统具有较高的加工精度。

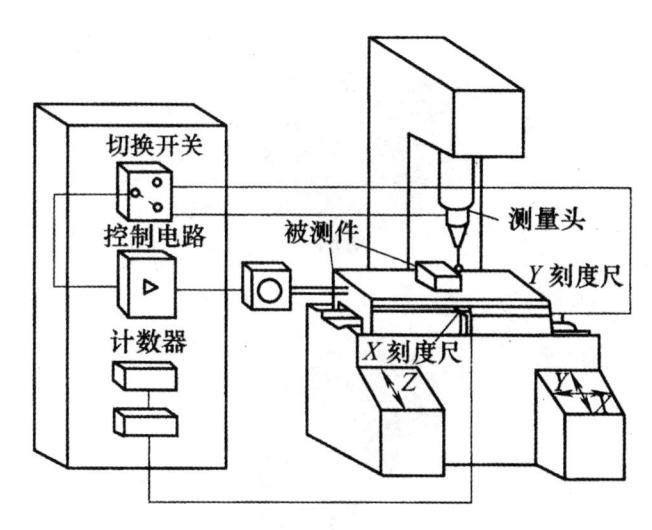

图 14-45　悬臂式三坐标测量机结构示意图

在生产线上采用 CMM 的在线检测,可以以最小的时间滞后量检查出零件精度的异常,并采取相应的对策,把生产混乱降到最低程度。CMM 不仅可以在计算机控制的制造系统中直接利用计算机辅助设计和制造系统中的编程信息对工件进行测量和检验,构成设计—制造—检验集成系统,而且能在工件加工、装配的前后或过程中给出检测信息并进行在线反馈处理。加工前测量的主要目的是测量毛坯在托盘上的安装位置是否正确,以及毛坯尺寸是否过大或过小。加工后测量是测量加工完零件的加工部位的尺寸和相互位置精度,然后送至装配工序或线上的其他加工工序。对于多品种、中小批量生产线,如 FMS 生产线,多采用测量功能丰富的系统易于扩展的 CNC 三坐标测量机。CMM 计算机通常与 FMS 单元计算机联网,用来上传、下载测量数据和 CMM 零件测量程序。零件测量程序一般存储在单元计算机中,测量时将程序下载给 CMM 计算机。

在一般情况下,CMM 要求控制周围环境,因为它的测量精度及可靠性与周围环境的稳定性有关。CMM 必须安装在恒温环境中,并要防止敞露的表面和关键部件受到污染。随着温度和湿度变化自动补偿及防止污染等技术的广泛应用,CMM 的性能已能适应车间工作环境。

(3) 三维测量头的应用

CMM 的测量精度很高。为了保证它的高精度测量,避免因振动、环境温度变化等造成的测量误差,必须将其安装在专门的地基上和在很好的环境条件下工作。被检零件必须从加工处输送至测量机,有的需要反复输送几次,这对于质量控制要求不是特别精确、可靠的零件,显然是不经济的。一个解决方法是将 CMM 上用的三维测量头直接安装在计算机数控机床上,该机床就能像 CMM 那样工作,而不需要购置昂贵的 CMM,可以针对尺寸偏差自动进行机床及刀具补偿,加工精度高,不需要将工件来回运输和等待,但会占用机床的切削加工时间。

现代数控机床,特别是在加工中心类机床上,如图 14-46 所示的三维测量头的使用已经很普遍。测量头平时可以安放于机床刀库中,在需要检测工件时,由机械手取出并和刀具一样进行交换,装入机床的主轴孔中。工件经过高压切削液冲洗,并用压缩空气吹干后进行检测,测量杆的测头接触工件表面后,通过感应式或红外传送式传感器将信号发送到接收器,然后送给机床控制器,由控制软件对信号进行必要的计算和处理。

图 14-46　数控机床的三维测量头

图 14-47 为数控加工中心采用红外信号三维测量头进行自动测量的系统原理图。当装在主轴上的测量头接触到工作台上的工件时,立即发出接触信号,通过红外线接收器传送给机床控制器,计算机控制系统根据位置检测装置的反馈数据得知接触点在机床坐标系或工件坐标系中的位置,通过相关软件进行相应的运算处理,以达到不同的测量目的。

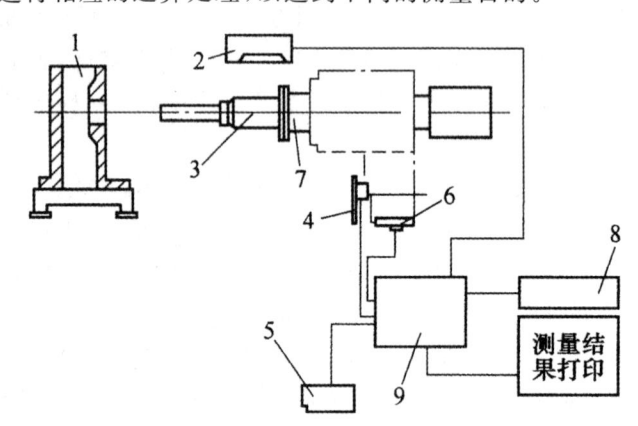

图 14-47　三维测量头自动测量系统原理图
1—工件;2—接收器;3—测量头;4—X、Y 轴位置测量元件;5—程序输入装置;
6—Z 轴位置测量元件;7—机床主轴;8—CNC 装置;9—CRT

(4)激光测径仪

激光测径仪是一种非接触式测量装置,常用在轧制钢管、钢棒等的热轧制件生产线上。为了提高生产率和控制产品质量,必须随机测量轧制过程中轧件外径尺寸的偏差,以便及时调整轧机来保证轧件符合要求。这种方法适用于轧制时温度高、振动大等恶劣条件下的尺寸检测。

激光测径仪包括光学机械系统和电路系统两部分。其中,光学机械系统由激光电源、氦氖激光器、同步电动机、多面棱镜及多种形式的透镜和光电转换器件组成;电路系统主要由整形放大、脉冲合成、填充计数部分、微型计算机、显示器和电源等组成。

激光测径仪的工作原理图如图 14-48 所示,氦氖激光器光束经平面反射镜 L_1、L_2 射到安装在同步电动机 M 转轴上的多面棱镜 W 上,当棱镜由同步电动机 M 带动旋转后,激光束就成为通过 L_4 焦点的一个扫描光束,这个扫描光束通过透镜之后,形成一束平行运动的平行扫描光束。平行扫描光束经透镜 L_5 后,聚焦到光敏二极管 V 上。如果 L_4、L_5 中间没有被测钢管或钢棒,则光敏二极管的接收信号将是一个方波脉冲,如图 14-49(a)所示。

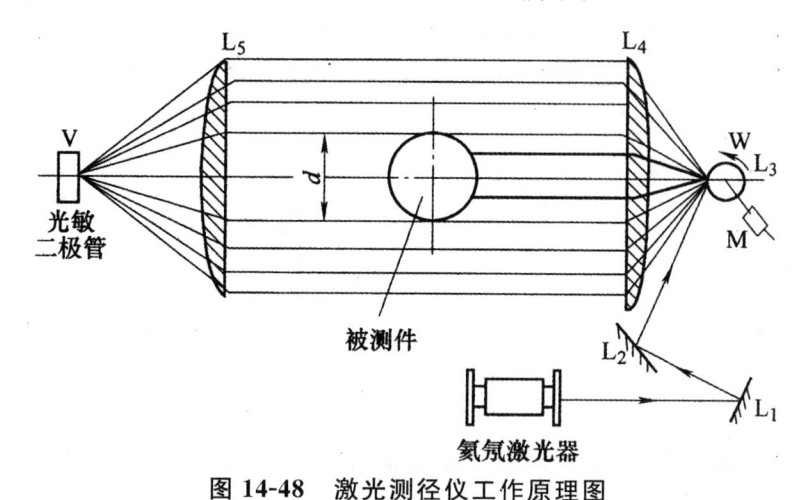

图 14-48 激光测径仪工作原理图

脉冲宽度 T 取决于同步电动机的转速、透镜 L_4 的焦距及多面体的结构。如果在 L_4、L_5 之间的测量空间中有被测件,则光敏二极管 V 上的信号波形如图 14-49(b)所示。图中脉冲宽度 T' 与被测件的大小成正比,T' 也就是光束扫描移动这段距离 d 所用的时间。

为了保证测量精度,可采用石英晶体振荡器产生填充电脉冲。图 14-49(d)所示为填充电脉冲波形图,图 14-49(c)、(d)经过"与"门合成的波形如图 14-49(e)所示。一个填充电脉冲所代表的当量为测试装置的分辨率。将图 14-49(e)中的一组脉冲数乘以当量就可以得出被测直径 d 的大小。

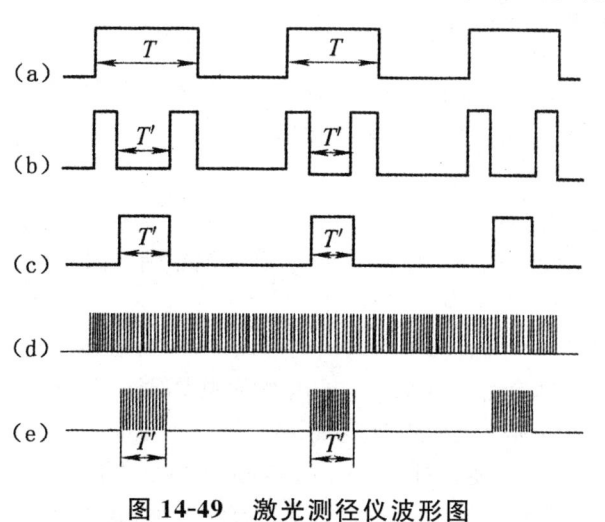

图 14-49 激光测径仪波形图

在工件的形状、尺寸中，除了工件直径等宏观几何信息外，对工件的微观几何信息，如圆度、垂直度等，也需要进行自动检测。与宏观信息的在线检测相比，微观信息的在线检测还远没有达到实用的程度。目前，微观信息的检测功能还没有配备到机床上，仍是一个研究课题。根据有关资料统计分析，像直线度这样的微观信息的检测方法主要有刀口法，还有以标准导轨或平板为基础的测量法以及准直仪法，但这些方法都较难实现在线检测。

(5) 机器人辅助测量

随着工业机器人的发展，机器人在测量中的应用也越来越受到重视，机器人辅助测量具有在线、灵活、高效等特点，特别适合进行自动化制造系统中的工序间和过程测量。同三坐标测量机相比，机器人辅助测量造价低，使用灵活且容易入线。机器人辅助测量分为直接测量和间接测量：直接测量也称绝对测量，它要求机器人具有较高的运动精度和定位精度，因此造价较高；间接测量也称为辅助测量，其特点是测量过程中机器人坐标运动不参与测量过程，它的任务是模拟人的动作将测量工具或传感器送至测量位置。间接测量方法具有以下特点：机器人可以是一般的通用工业机器人，例如，在车削自动线上，机器人可以在完成上、下料工作后进行测量，而不必为测量专门设置一个机器人，使机器人在线具有多种用途；对传感器和测量装置的要求较高，由于允许机器人在测量过程中存在运动或定位误差，因此，传感器或测量仪应具有一定的智能和柔性，能进行姿态和位置调整并独立完成测量工作。

14.4.2 刀具状态的自动识别和监测

在机械加工过程中，最为常见的故障是刀具状态的变化。如果刀具的磨损和破损未被及时发现，将导致切削过程的中断，造成工件报废或机床损坏，甚至使整个自动化制造系统的运行中断。因此，刀具状态识别、检测与监控是加工过程检测与监控中最为重要、最为关键的技术之一。刀具状态的识别、检测与监控，对降低制造成本、减少制造对环境的危害和保证产品质量都具有十分重要的意义。

1. 刀具状态的自动识别

刀具的自动识别是指刀具切削状态的识别。刀具的自动识别主要是在加工过程中，能在线识别出切削状态，如刀具磨损、破损、切屑缠绕及切削颤振等。常用的识别刀具状态的方法有如下几种。

① 功率检测。在刀具切削过程中，通过测量主轴电动机负载来识别刀具的磨损状态。因为发生磨损的刀具所消耗的功率比正常的刀具要大，如果功率消耗超过预定值，则说明刀具磨损严重，需要换刀。

② 声发射检测。刀具在切削过程中会发出超声波脉冲，而磨损严重的刀具所发出的声波强度比正常值高 3～7 倍，如果检测出声波强度迅速增强，则需要停止加工，进行换刀。

③ 学习模式。通过建立神经元网络模型，利用事先获得的数据，对神经网络进行训练学习。当系统具有一定的判断能力后，便能对实际加工过程的刀具状态进行判别。

④ 力检测。通常检测作用在主轴或滚珠丝杠上力的大小，获取切削力或进给力的变化。如果该力大于设定值，则判定为刀具磨损，需要换刀。

第 14 章　机械制造自动化工艺

在实际应用中,刀具切削自动识别的方法还有很多种,如基于时序分析刀具破损状态识别、基于小波分析刀具破损状态识别和基于电流信号刀具磨损状态识别等。以钻头为例,通过检测电动机电流信号来识别刀具磨损状态。依据对刀具磨损量的分类,建立在不同刀具磨损类别下的数学模型,用来描述电流与切削参数和刀具磨损状态的关系。根据检测电流值对刀具磨损状态进行分类,从而识别刀具的磨损状态。

电流信号不但与刀具磨损 ω(mm)(后刀面磨损)有关,与切削参数也密切相关,即切削速度 v(m/min)、进给量 f(mm/r)和钻头直径 d(mm),另外,还与加工材料、刀具材料等有关。因此,要通过检测电流信号识别刀具磨损状态,首要的问题是分析刀具磨损状态与电流信号之间的关系。

有关研究表明,随着刀具磨损的加剧,刀具与工件间摩擦的增加将导致电流信号幅值的增加。同时,主轴电流和进给电流随着刀具磨损几乎成线性地增加,且刀具磨损对进给电流的影响较主轴电流大。电流信号随着钻头直径的增加而增加,而进给电流信号几乎与刀具直径呈线性关系,主轴电流信号则与刀具直径呈平方关系。随着切削速度的增加,电流信号的幅值增大;进给量增大时,电流信号的幅值也增大。

综上所述,在钻削过程中,刀具磨损、主轴速度、进给量和刀具直径都会对电流信号产生影响。因而,建立切削过程中的电流信号模型要考虑上述因素。如果知道电流幅值和切削条件,便可以直接估算出刀具磨损状态,这需要建立电流信号与刀具磨损状态间的数学关系式。从影响因素之间的复杂性考虑,一般采用神经网络数学模型来描述这种关系,利用回归技术和模糊分类建立钻削过程的电流信号-刀具磨损状态识别模型。

(1) 钻头磨损状态划分

钻削加工属于粗加工,钻头磨损状态很复杂,难以进行检测,但检测刀具磨损量不一定要获得精确的量,只要知道其在一定的磨损范围内即可。例如,换刀,只要知道钻头磨损在 0.7~0.9mm 的范围内,就认为该钻头应该被换下来。根据钻削过程的要求,把刀具磨损量分为 A、B、C 三类,各类的平均磨损量分别为 0.2mm、0.5mm、0.8mm。

(2) 电流信号模型

在钻削过程中,电流信号 I 与切削速度 v、进给量 f、刀具直径 d、刀具磨损量 ω 直接相关。假设在新刃切削时,主轴电流的幅值 I_s 和进给电流的幅值 I_f 满足下式

$$I_s \propto k_s v^{a_1} f^{a_2} d^{a_3}$$
$$I_f \propto k_f v^{b_1} f^{b_2} d^{b_3}$$

式中,k_s、k_f 为刀具、工件材料以及其他因素的影响指数;a_i、b_i($i=1,2,3$)为切削参数的影响指数。

由上式可知,在一定的切削条件下,当刀具磨损状态一定时,将输出一个对应的电流值。在上式两端取对数,对应 A、B、C 三类刀具磨损量可以建立如图 14-50 所示的神经网络模型。

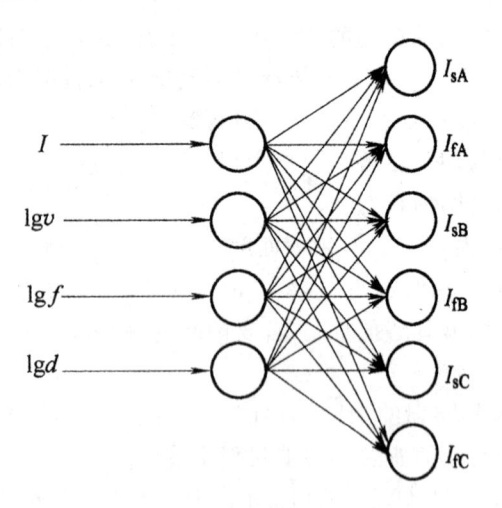

图 14-50　钻削电流神经网络模型

因此,若已知切削参数 v、f、d,则对于某一类刀具磨损状态,将输出一组对应的电流值,即 I_{sA}、I_{fA}、I_{sB}、I_{fB}、I_{sC}、I_{fC},把这些电流值与实际切削时检测获得的电流值 I_s、I_f 进行比较,其贴近程度就可反映刀具的磨损状态属于何种类型。一个比较理想的刀具磨损检测模型必须对刀具状态变化反应灵敏,而对切削条件变化不灵敏。图 14-51 是刀具磨损状态识别原理图。

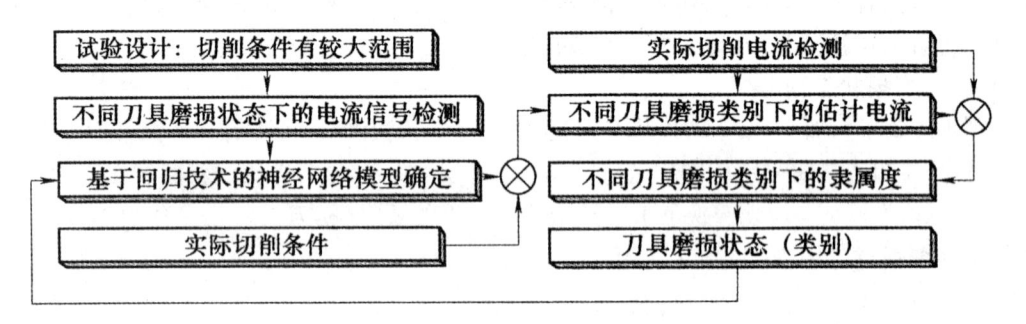

图 14-51　刀具磨损状态识别原理图

另外,由于计算机技术的快速发展,图像识别技术不但应用于工件的自动识别上,也应用于刀具的自动识别上。该系统由光电系统、计算机系统等组成。其原理是:在刀具自动识别的位置上,利用光源将待识别的刀具形状投射到由多个光电元件组成的屏板上,再由光电转换器转换为光电信号,将经计算机系统处理后的信息存到存储器中。在测量或换刀时,将待检测或更换的刀具在识别点处转换而成的图形信号与存储器中的图形信号进行比较,当两者一致时发出正确的识别信号,刀具便移动到测量点进行测量或移动到换刀位置上更换刀具。这种识别方法比较灵活、方便,但造价高,因此应用并不多。

2. 刀具状态的监测

刀具检测技术与刀具识别技术往往是紧密联系在一起的,刀具的检测建立在刀具识别的基础上。在自动化制造系统中,必须设置刀具磨损、破损的检测与监控装置,以防止发生工件成批报废和设备损坏事故。因此,各国学者都在从事这方面的研究工作,提出了许多监测方法,如用接触式测量头或工业电视摄像机直接测量刀具的破损量;通过监测被加工零件的尺寸、表面粗糙度,以及加工过程中的切削力、功率、振动等的变化来间接判断刀具磨损、破损状况等。由于加工过程中条件多变、刀具及工件材料不尽相同、难以选准值等原因,导致大多数监测方法不能得到实际应用。下面主要介绍一些具有实际应用价值的监测方法。

(1) 直接测量法

在加工中心上或柔性制造系统中,零件加工大多采用多品种、小批量的方式生产,除专用刀具外,各种工具均用于加工多种工件或同一工件的多个表面。直接测量法就是直接检测刀具的磨损量,并通过控制系统的控制补偿机构进行相应的补偿,保证各加工表面具有应有的尺寸精度。

刀具磨损量的直接检测,对于不同的切削工具,测量的参数也不尽相同。对于切削刀具,可以测量其后刀面、前刀面或切削刃的磨损量;对于磨削工具,可以测量砂轮半径的磨损量;对于电火花加工,可以测量电极的耗蚀量。图 14-52 为镗刀切削刃的磨损测量原理图。

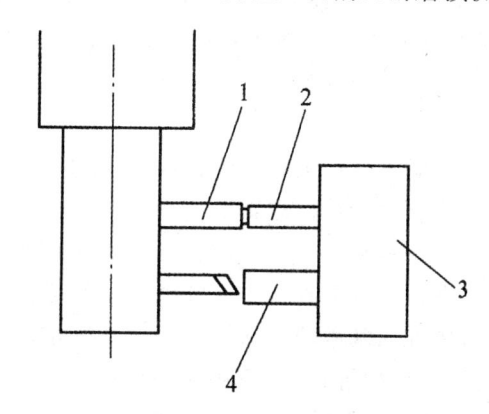

图 14-52 镗刀磨损测量
1—刀柄参考表面;2—磨损测量传感器;3—测量装置;4—刀具触头

首先将镗刀停止在测量位置上,然后将测量装置靠近镗刀并与其切削刃相接触,磨损测量传感器从刀柄的参考表面上测取读数,切削刃与参考表面的两次相邻的读数变化值即为切削刃的磨损量。测量动作、测量数据的计算和磨损量的补偿过程,都是由计算机控制系统完成的。在此基础上,如果规定了相应的临界值,则这种方法也能用于镗刀破损监控系统。

(2) 间接测量法

在大多数切削加工过程中,刀具往往被工件、切屑等所遮盖,所以很难直接测量其磨损量。因此,目前对刀具磨损的测量,更多的是采用间接测量方式。下面主要以切削力为判据来描述间接测量的原理。

切削力对刀具的破损和磨损十分敏感。当刀具磨钝或轻微破损时,切削力会逐渐增大。而当刀具突然崩刃或破损时,三个方向的切削力会明显增大。车削加工时,以进给力 F_f 最为敏感,背向力 F_p 次之,主切削力 F_c 最不敏感。可以用切削力的比值或比值的导数作为判别依据。例如,一般正常切削时 $F_f/F_c=40\%$,$F_p/F_c=28.2\%$,刀具损坏时判别基准均比上述值高 13% 以上。

车削测力仪 Kistler9263 型、铣削测力仪 Kistler9257A 型等都是具有代表性的实用测量仪,它们均采用压电晶体作为力传感器元件进行测量。德国亚琛工业大学则是在刀架夹紧螺钉处安装应变片测力元件。德国 Promess 公司生产的力传感器专门装在主轴轴承上,即制成专用测力轴承,使用十分方便。其工作原理是:在滚动轴承外环圆周上开槽,沿槽底放入应变片,滚动体经过该处即产生局部应变,经应变片桥路给出交变信号,其幅度与轴承上的作用力成正比;应变片按180°配置,两个信号相减得出轴承上作用的外力,相加则得到预加载荷,如能预先求得合理的极限切削力,则可判断刀具的正常磨损与异常损坏。

间接测量的方法还有很多,每种方法都有其优点和缺陷。如何开发出实用、灵敏、稳定性好的测量装置,将是今后自动化检测技术研究的重要课题。

3. 刀具的自动监控

随着柔性制造系统(FMS)、计算机集成制造系统(CIMS)等自动化加工系统的发展,对加工过程中刀具切削状态的实时在线监测技术的要求越来越迫切。原来由人观察切削状态,判别刀具是否磨损、破损的任务改为由自动监控系统来承担,因此该系统的好坏,将直接影响加工自动化系统的产品质量和生产率,系统出现严重问题时甚至会造成重大事故。据统计,采用监控技术后,可减少75%的由人和技术因素引起的故障停机时间。目前,对刀具的监控主要集中在刀具寿命、刀具磨损、刀具破损及其他形式的刀具故障等方面。

(1) 刀具寿命自动监控

刀具寿命的检测原理是通过对刀具加工时间的累计,直接监控刀具的寿命。当累计时间达到预定的刀具寿命时,发出换刀信号,计算机控制系统将立即中断加工作业,或者在加工完当前工件后停机,起动换刀机构更换上备用刀具。利用控制系统实现检测装置的定时和计数功能,便可根据预定的刀具寿命或者根据在有效刀具寿命期内可加工的工件数,实现刀具寿命的管理与监控。还有一种建立在以功率监控为基础的统计数据上的刀具寿命监测方法。采用这种方法时无须预先确定刀具寿命,而是通过调用统计的"净功率—时间"曲线和可变时钟频率信号来适应不同的刀具和切削用量,实现对刀具寿命的监控。它们能随时显示刀具使用寿命的百分数,当示值达到100%时,表示已到临界磨损,应予以更换。

(2) 刀具磨损、破损自动监控

由于小直径的钻头和丝锥等刀具在加工中容易折断,故应在攻螺纹前的工位设置刀具破损自动检测,并及时报警,以防止后续工具的破坏和出现成批的废品。图14-53 为在机床上测量切削过程中产生的振动信号,监控刀具磨损的系统框图。由于刀具磨损和破损的振动信号变化很明显,图示在刀架的垂直方向安装一个加速度计以获取和引出振动信号,并经电荷放大器、滤波器、模-数转换器预处理后,送入计算机进行数据处理和比较分析。当计算机判别刀具磨损的振动特征量超过允许值时,控制器便发出更换刀具信号。

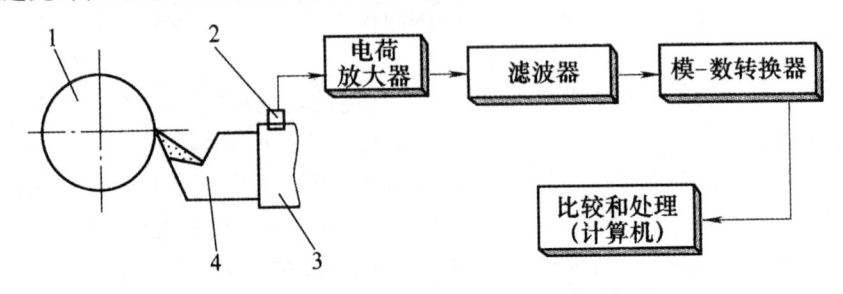

图 14-53 刀具磨损振动监测系统原理图
1—工件;2—加速度计;3—刀架;4—车刀

考虑到刀具的正常磨损与异常磨损之间的界限不明确,要事先确定一个界定值比较困难,因此,最好采用模式识别方法来构造判断函数,并且能在切削过程中自动修正界定值,这样才能保证在线监控的结果正确。此外,正确选择振动参数以及排除切削过程中干扰因素的敏感频段也是很重要的。另外,由于加工表面的表面粗糙度随着切削时间的增加而逐步变差,因此,也可以通过监测工件的表面粗糙度来判断刀具的磨损状态。该方法中检测信号的处理比较简单,可将工件所要求的表面粗糙度指标和表面粗糙度信号方差变化率构成逻辑判别函数,既可以有效地识别刀具的急剧磨损或微破损,又能监测工件的表面质量。

利用激光技术也可以方便地监测工件的表面粗糙度,其基本原理是:激光束通过透镜射向工件加工表面,由于表面粗糙度的变化,所反射的激光强度也不相同,因而通过检测反射光的强度和对信号进行比较分析,就可以监测表面粗糙度和判断刀具的磨损状态。由于激光可以远距离发送和接收,因此,这种监测系统便于在线实时应用。

此外,用声发射法来识别刀具破损的精度和可靠性也较高,目前已成为很有前途的一种刀具破损监控方法。声发射(Acoustic Emission, AE)是固体材料受外力或内力作用而产生变形、破裂或相位改变时,以弹性应力波的形式释放能量的一种现象。刀具损坏时,将产生高频、大幅度的声发射信号,它可用压电晶体等传感器检测出来。由于声发射的灵敏度高,因此能够进行小直径钻头破损的在线检测。图14-54为声发射钻头破损检测装置系统图。当切削加工中发生钻头破损时,用安装在工作台上的声发射传感器检测钻头破损所发出的信号,并由钻头破损检测器进行处理,当确认钻头已破损时,检测器发出信号,通过计算机控制系统进行换刀。大量研究试验表明,在加工过程中,刀具磨损时的声发射值主要取决于刀具破损面积的大小,与切削条件的关系不大,其抗环境噪声和振动等随机干扰的能力较强。因此,它不仅适用于车刀、铣刀等较大刀具的监测,也适用于直径在 $\phi 1mm$ 左右的小孔刀具(如小钻头、小丝锥)的监测。

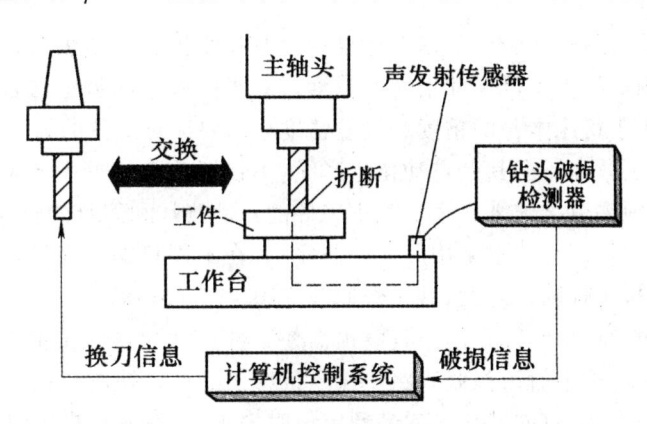

图 14-54 声发射钻头破损检测装置系统图

14.4.3 自动化加工过程的在线检测和补偿

自动线作为实现机械加工自动化的一种途径,在大批量生产领域已具有很高的生产率和良好的技术经济效果。自动线需要检测的项目很多,如要求及时获取和处理被加工工件的质量参数以及自动线本身的加工状况和设备信息,以便对设备进行调整和对工艺参数进行修正等。

1. 自动在线检测

自动在线检测一般是指在设备运行、生产不停顿的情况下,根据信号处理的基本原理,跟踪并掌握设备当前的运行状态,预测未来的状况,并根据实际出现的情况对生产线进行必要的调整。只有在设备运行的状态下,才可能产生各种物理的、化学的信号以及几何参数的变化。通常,当这类信号和参数的变化超过一定范围时,即被认为存在异常状况,而这些信号的获取都离不开在线检测。

实现在线检测的方法有两种:一种是在机床上安装自动检测装置,如磨床上的自动检测装置和自适应控制系统中的过程参数检测装置等;另一种是在自动线中设置自动检测工位。

机械加工的在线检测,一般可分为自动尺寸测量、自动补偿测量和安全测量三种方法。

对于现代化加工中心而言,有的具有综合在线检测功能,如能够识别工件种类、检查加工余量、探测并确定工件的零基准以使加工余量均匀、检查工件的尺寸和公差、显示打印或传输关键零件的尺寸数据等。对于自动化单机来说,可具有自动尺寸测量装置和自动补偿装置,避免停机调刀,以实现高精度、高效率的自动化加工。自动检测在机械加工过程中能实时地向操作人员报告检测结果。当零件加工到规定尺寸后,机床能自动退刀;在即将出现废品时,机床可自动停机等待调整或根据测量结果自动调整刀具位置或改变切削用量。如果由具有自动尺寸测量、自动补偿测量装置的机床来组成自动线,那么该自动线也具有自动尺寸测量、自动补偿测量的功能。对于由组合机床或专用机床组成的自动线,常在自动线中的适当位置设置自动检测工位来检测尺寸精度,并在超差时报警,由人工对自动线进行调整。

2. 自动补偿

加工过程的自动调整(自动补偿)是上述自动检测技术的进一步发展。在机械加工系统中,刀具磨损是直接影响被加工工件尺寸精度的因素。对于一些采用调整法进行加工的机床,工件的尺寸精度主要取决于机床本身的精度和调整精度。如要保持工件的加工精度就必须经常停机调刀,这将会影响加工效率。尤其是自动化生产线,不仅影响全线的生产率,产品的质量也不能得到保证。因此,必须采取措施来解决加工中工件的自动测量和刀具的自动补偿问题。

目前,加工尺寸的自动补偿多采用尺寸控制原则,在不停机的状态下,将检测的工件尺寸作为信号控制补偿装置,实现脉动补偿,其工作原理如图 14-55 所示。工件 1 在机床 5 上加工后及时送到测量装置 2 中进行检测。在因刀具磨损而使工件尺寸超过一定值时,测量装置 2 发出补偿信号,经装置 3 转换、放大后由控制线路 4 操纵机床上的自动补偿装置使刀具按指定值作径向补偿运动。当多次补偿后,总的补偿量达到预定值时停止补偿;或在连续出现的废品超过规定数量时,通过控制线路 6 使机床停止工作。有时还可以同时应用自动分类机 7 让合格品 8 通过,并选出可返修品、剔除废品。

所谓补偿,是指在两次换刀之间进行的刀具的多次微量调整,以补偿切削刃磨损给工件加工尺寸带来的影响。每次补偿量的大小取决于工件的精度要求,即尺寸公差带的大小和刀具的磨损情况。每次的补偿量越小,获得的补偿精度就越高,工件尺寸的分散范围也越小,对补偿执行机构的灵敏度要求也越高。

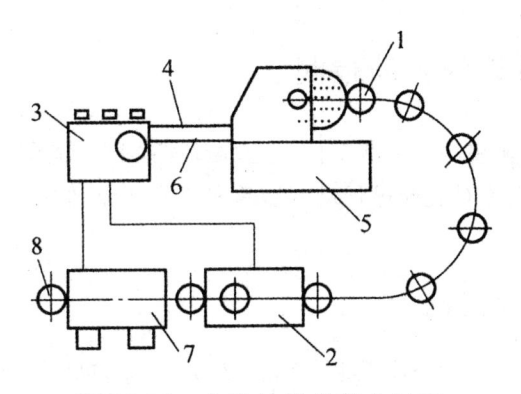

图 14-55　自动补偿的基本过程

1—工件；2—测量装置；3—信号转换、放大装置；4、6—控制线路；5—机床；7—自动分类机；8—合格品

根据误差补偿运动实现的方式，可分为硬件补偿和软件补偿。硬件补偿是由测量系统和伺服驱动系统实现的误差补偿运动，目前多数机床的误差补偿都采用这种方式。软件补偿主要是针对像三坐标测量机和数控加工中心那样的结构复杂的设备。由于热变形会带来加工误差，因此，其补偿原理通常是：先测得这些设备因热变形产生的几何误差，并将其存入这些设备所用的计算机软件中；当设备工作时，对其构件及工件的温度进行实时测量，并根据所测结果通过补偿软件实现对设备几何误差和热变形误差的修正控制。

自动调整相对于加工过程是滞后的。为保证在对前一个工件进行测量和发出补偿信号时，后一个工件不会成为废品，就不能在工件已达到极限尺寸时才发出补偿信号，而必须建立一定的安全带，即在离公差带上、下限一定距离处，分别设置上、下警告界限，如图 14-56 所示。当工件尺寸超过警告界限时，计算机软件就发出补偿信号，控制补偿装置按预先确定的补偿量进行补偿，使工件回到正常的尺寸公差带 Z 中。图 14-56(a)为轴的补偿带分布图，由于刀具的磨损，轴的尺寸不断增大，当超过上警告界限而进入补偿带 B 时，补调回到正常尺寸带 Z 中。图 14-56(b)为孔的补偿带分布图，由于刀具磨损，孔的尺寸会逐渐变小，当超过下警告界限时就应自动进行补偿。如果考虑到其他原因，如机床或刀具的热变形会使工件尺寸朝相反的方向变化，则应将正常公差带放在公差带中部，两段均设置补偿带 B。此时，补偿装置应能实现正、负两个方向的补偿，其补偿分布图如图 14-56(c)所示。

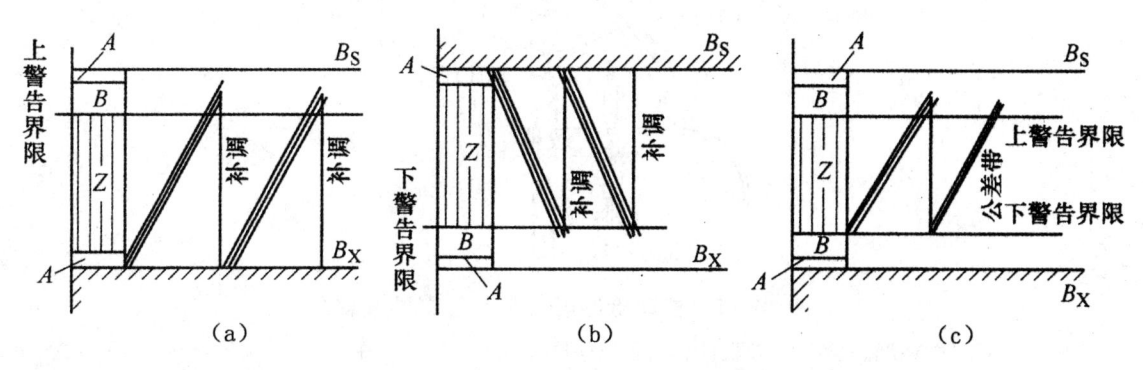

图 14-56　被加工工件的尺寸分布与补偿

14.4.4 装配系统的自动检测

自动装配工艺必须设置相应的检测工位。通过自动检测工作头,将检测结果经过放大或直接传给控制系统,由控制系统对装配过程进行诊断和故障处理,保证装配质量和保护各种装配装置安全作业。

1. 确定必要的自动检测工序

由于自动装配过程中的作业类型繁多,首先应确定必要的自动检测项目及其顺序。装配作业的检测有尺寸、间隙、位置、密封及连接等检测项目,自动给料和自动传送也需要设置自动检测。一般情况下,装配件是否缺件、就位及其位置是否合乎要求都是必要的检测项目,此外还有装配件夹持质量的自动检测。

图 14-57 为两个装配件进行铆接的回转式自动装配线,共有 8 个装配工位(Ⅰ~Ⅷ),装配顺序为逆时针方向。零件 A 为装配基础件。在装配工位 Ⅰ 就位前,先经缺件检测工作头 2 自动检测装配件 A 是否就位,随后传送至装配工位 Ⅱ 进行工作位置检测。装配工位 Ⅲ 为装配件 B 就位。在就位前要经料槽中间光电检测工作头 15 和料槽终端检测工作头 13 检测,然后在装配工位 Ⅳ 上自动检测装配件 B 的位置。在装配工位 Ⅴ 上,用自动铆接装配工作头 10 将装配件 B 与装配件 A 铆接,再在装配工位 Ⅵ 上自动检测铆接尺寸。在工位 Ⅶ 上将不合格装配部件排出,而在装配工位 Ⅷ 还要对不合格装配件是否排出进行自动检测。至此完成一个装配工作循环。在此期间,两个装配件 A 和 B 共经过 7 个自动检测工作头,以保证装配过程的质量。

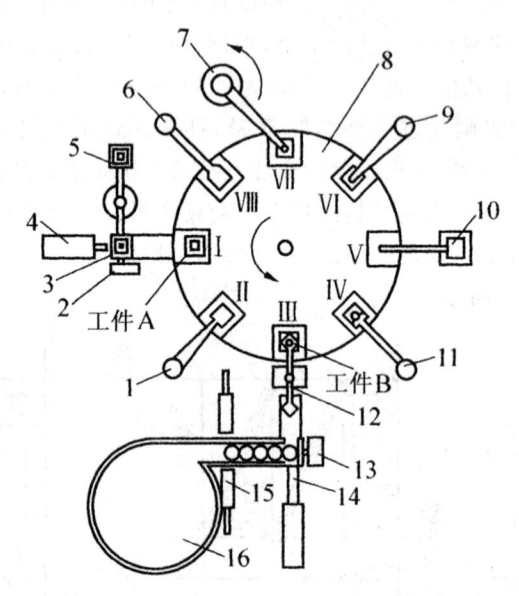

图 14-57　自动检测项目及其位置的设置

1—装配件 A 位置检测;2—装配件 A 就位缺件检测;3—装配件 A 料仓;4—装配件 A 供料器;
5—储料器;6—不合格部件排出检测;7—排出装置;8—回转式装配传送装置;9—铆接尺寸检测;
10—自动铆接装配工作头;11—装配件 B 位置检测;12—装配件 B 供料器;
13—装配件 B 料槽终端检测;14—装配件 B 隔料器;15—装配件 B 料槽中间检测;16—装配件 B 料斗

2. 自动检测方法

针对装配中常用自动检测项目的特征参数及其具体要求，选择自动检测方法及相应的传感器。进行方法和器件选择时，必须满足所检测特征参数的灵敏度要求、信号转换和传输可靠性要求。此外，还需尽量使自动检测装置不过分复杂或外形尺寸太大，考虑预留安装位置是否足以容纳，是否会造成维修困难。

① 装配件的给料、就位、缺件的自动检测，常用光电法、电触法和机械法，相应选用光电传感器、电触传感器和机械触杆、限位开关等。

② 装配件的方向和位置的自动检测，常用气动法、电触法等，相应选用气动传感器和电触传感器等。

③ 装配件尺寸和装配间隙的自动检测，常用电感法、电容法、气动法等，相应选用电感传感器、电容传感器和气动传感器等。

④ 装配件夹持失误的自动检测，常用真空法和机械法等，相应选用机械-气动传感器等。

⑤ 装配件分送的自动检测，常用电触法、电感法、气动法和机械法等，选用与之相应的传感器。

⑥ 装配后密封质量的自动检测常用气动法等。

⑦ 螺纹连接件的扭紧力矩的自动检测，常用力矩传感器；其拧入深度常用电触传感器检测。

⑧ 所检测特征参数的灵敏度要求高时，宜采用无触点检测结构；对于检测后要求控制执行机构重复动作时，检测后的输出宜用电气信号。

3. 自动检测工作头

(1) 装配件夹持检测工作头

装配件夹持检测工作头如图 14-58 所示。发出夹持动作信号后，压缩空气进入接管 6，推动双活塞 2，使止动夹爪 1 和检测夹爪 9 闭合，开始夹持装配件 11。当夹持正常时，夹爪 9 与触点螺钉 8 之间形成间隙 δ，两者之间断路；当夹持失误时，间隙 δ 消失，夹爪 9 上端与触点螺钉 8 接触，形成通路。通过控制回路发出报警信号，或接通主令开关使夹持动作重复。调整检测夹爪 9 与触点螺钉 8 之间的间隙 δ，可以检测不同尺寸装配件的夹持是否失误。

(2) 缺件检测工作头

图 14-59 为应用光电法自动检测钢球缺件的工作头。

图 14-59 中检查棒前端的直径比需要装入的三个均布钢球的内接圆直径略大，所以当缺少一个钢球时，检查棒就能通过。图 14-59 中分别表示出缺件时检查棒的位置 4 和正常工作时检查棒的位置 3。检查棒可由汽缸通过弹簧推入装配部件中。由图 14-59 可以看出，应用光电法自动检测时，只需测出检查棒在垂直方向的位置，即可确知是否缺件。

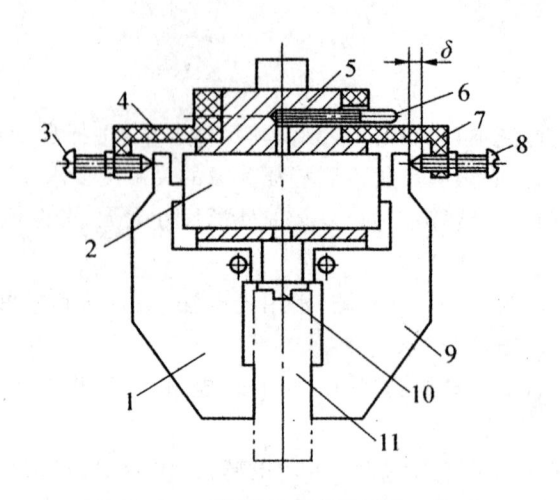

图 14-58　装配件夹持检测工作头

1—止动夹爪；2—双活塞；3—调节螺钉；4、7—绝缘体；5—工作头本体；
6—接管；8—触点螺钉；9—检测夹爪；10—导销；11—装配件

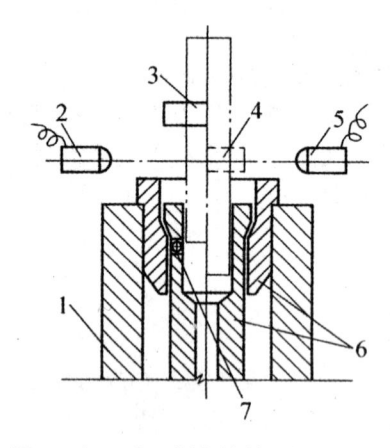

图 14-59　钢球缺件检测工作头

1—装配夹具；2—发光器；3—检查棒正常位置；4—缺件时检查棒位置；
5—受光器；6—套筒；7—装配件钢球

(3) 轴承方向检测工作头

在轴承自动装配线上，往往需要检测轴承的正反向，以保证装配质量。如果用料仓供料需注意将轴承有防尘盖的一面朝下，为防止将轴承的正反面弄错，一般宜在料仓出口进行检测。图 14-60 为轴承方向检测工作头，由气动法自动检测轴承的正反向。图中轴承 3 为装配件，用五工位旋转式料仓 6 供料。料仓出口处的轴承落在挡板 2 上，旋臂式送料器 4 的旋臂两端都有弹性夹爪，旋臂每转一次，夹取一个轴承，并将其送到装配工位。同时，另一端的夹爪张开在出口下面，等待下一个轴承落在挡板上。在挡板上固定设置测量喷嘴 1。因此，当轴承落在挡板 2 上面时，与测量喷嘴 1 之间形成的间隙大小，因轴承有防尘盖一面与无防尘盖一面的差别而有所不同，这会引起气压变化，可通过压差式继电器发出检测信号。

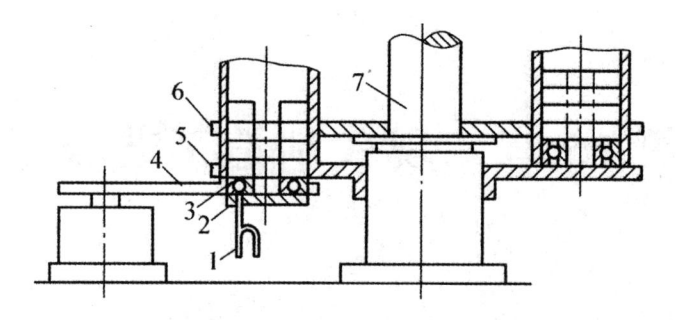

图 14-60 轴承方向检测工作头
1—测量喷嘴；2—挡板；3—轴承；4—旋臂式送料器；5—支承板；6—五工位旋转式料仓；7—料仓支柱

第15章 现代制造工艺技术

15.1 特种加工技术

科学和技术的发展提出了许多传统的切削加工方法和加工系统难以胜任的制造任务,如具有高硬度、高强度、高脆性或高熔点的各种难加工材料(如硬质合金、钛合金、淬火工具钢、陶瓷、玻璃等)的加工,具有较低刚度或复杂曲面形状的特殊零件(如薄壁件、弹性元件、具有复杂曲面形状的模具、汽轮机的叶片、喷丝头等)的加工等。特种加工方法正是为完成这些制造任务而产生和发展起来的。特种加工方法是指区别于传统切削加工方法,而利用化学、物理(电、声、光、热、磁)或电化学方法对工件材料进行加工的一系列加工方法的总称。

15.1.1 电解加工技术

电解加工是利用金属在电解液中产生阳极溶解的电化学原理对工件进行成形加工的一种方法。电解加工的原理如图15-1所示。工件接直流电源正极,工具接负极,两极之间保持狭小间隙(0.1~0.8mm)。具有一定压力(0.5~2.5MPa)的电解液从两极间的间隙中高速(15~60m/s)流过。当工具阴极向工件不断进给时,在面对阴极的工件表面上,金属材料按阴极型面的形状不断溶解,电解产物被高速电解液带走,于是工具型面的形状就相应地"复印"在工件上。

电解加工主要用于加工型孔、型腔、复杂型面、小直径深孔、膛线以及进行去毛刺、刻印等。

15.1.2 电火花加工技术

电火花加工是利用工具电极和工件电极间瞬时火花放电所产生的高温熔蚀工件表面材料来实现加工的。电火花加工在专用的电火花加工机床上进行。图15-2为电火花加工机床的工作原理。电火花加工机床一般由脉冲电源、自动进给机构、机床本体及工作液循环过滤系统等部分组成。工件固定在机床工作台上。脉冲电源提供加工所需的能量,其两极分别接在工具电极与工件上。当工具电极与工件在进给机构的驱动下在工作液中相互靠近时,极间电压击穿间隙而产生火花放电,释放大量的热。工件表层吸收热量后达到很高的温度(10000℃以上),其局部材料因熔化甚至气化而被蚀除下来,形成一个微小的凹坑。工作液循环过滤系统强迫清洁的工作液以一定的压力通过工具电极与工件之间的间隙,及时排除电蚀产物,并将电蚀产物从工作液中过滤出去。多次放电的结果,工件表面产生大量凹坑。工具电极在进给机构的驱动下不断下降,其轮廓形状便被"复印"到工件上(工具电极材料尽管也会被蚀除,但其速度远小于工件材料)。

第15章 现代制造工艺技术

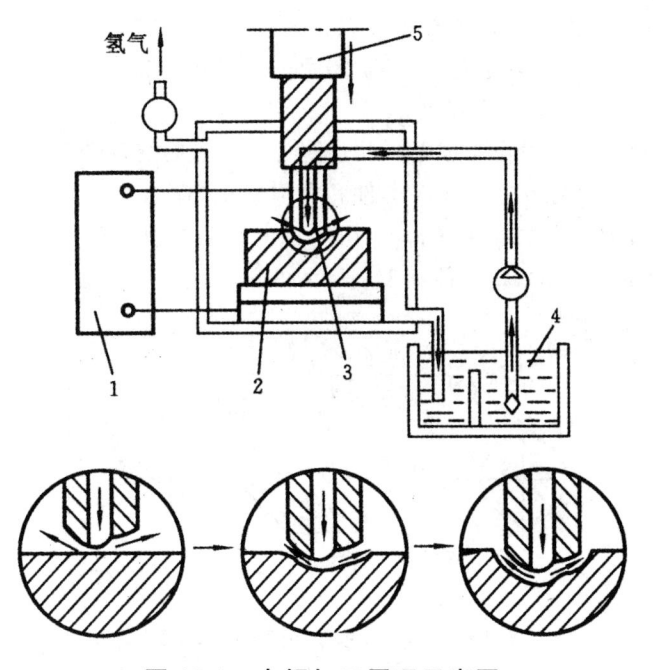

图 15-1 电解加工原理示意图

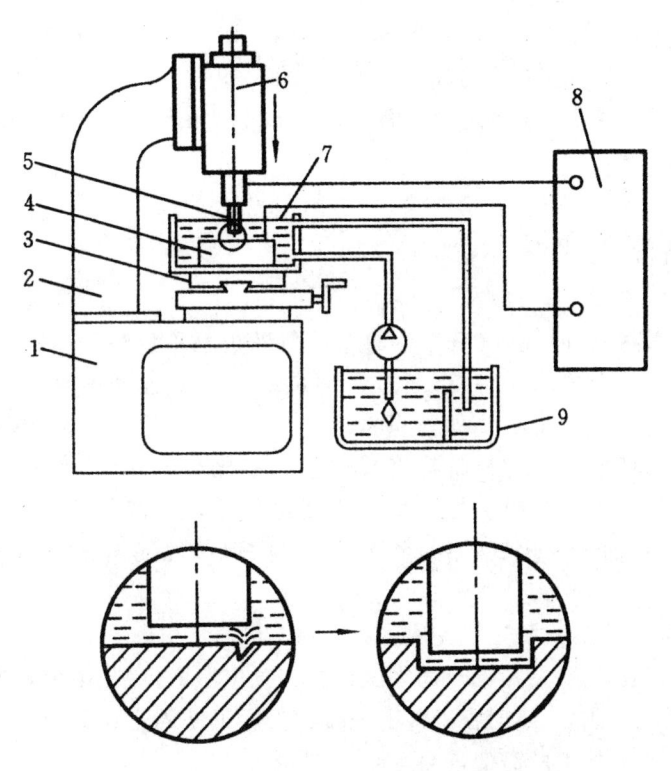

1—直流电源；2—工件；3—工具电极；4—电解液；5—进给机构

图 15-2 电火花加工原理示意图

1—床身；2—立柱；3—工作台；4—工件电极；5—工具电极；6—进给机构及间隙调节器；
7—工作液；8—脉冲电源；9—工作液循环过滤系统

电火花加工机床已有系列产品。根据加工方式，可将其分成两种类型：一种是用特殊形状的电极工具加工相应工件的电火花成形加工机床；另一种是用线（一般为钼丝、钨丝或铜丝）电极加工二维轮廓形状工件的电火花线切割机床。

图 15-3 为线切割机床的工作原理图。贮丝筒 1 正反方向交替转动，带动电极丝 4 相对工件 5 上下移动；脉冲电源 6 的两极分别接在工件和电极丝上，使电极丝与工件之间发生脉冲放电，对工件进行切割；工件安放在数控工作台上，由工作台驱动电机 2 驱动，在垂直电极丝的平面内相对于电极丝作二维曲线运动，将工件加工成所需的形状。

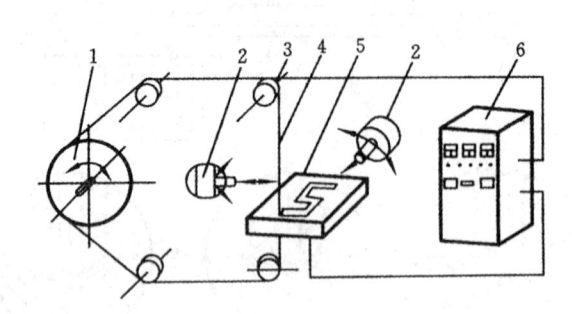

图 15-3 线切割机床的工作原理图
1—贮丝筒；2—工作台驱动电机；3—导轮；4—电极丝；5—工件；6—脉冲电源

电火花加工的应用范围很广，既可以加工各种硬、脆、韧、软和高熔点的导电材料，也可以在满足一定条件的情况下加工半导体材料及非导电材料；既可以加工各种型孔（圆孔、方孔、条形孔、异形孔）、曲线孔和微小孔（如拉丝模和喷丝头小孔），也可以加工各种立体曲面型腔，如锻模、压铸模、塑料模的模腔；既可以用来进行切断、切割，也可以用来进行表面强化、刻写、打印铭牌和标记等。

15.1.3 激光加工技术

激光是一种亮度高、方向性好（激光束的发散角极小）、单色性好（波长和频率单一）、相干性好的光。由于激光的上述四大特点，通过光学系统可以使它聚焦成一个极小的光斑（直径几微米至几十微米），从而获得极高的能量密度$[(10^7 \sim 10^{10})\text{W}/\text{cm}^2]$和极高的温度（10000℃以上）。在此高温下，任何坚硬的材料都将瞬时急剧熔化和蒸发，并产生强烈的冲击波，使熔化的物质爆炸式地喷射去除。激光加工就是利用这种原理蚀除材料进行加工的。为了帮助蚀除物的排除，还需对加工区吹氧（加工金属用），或吹保护性气体，如二氧化碳、氮等（加工可燃材料时用）。

对工件的激光加工由激光加工机完成。激光加工机通常由激光器、电源、光学系统和机械系统等组成（图 15-4）。激光器（常用的有固体激光器和气体激光器）把电能转变为光能，产生所需的激光束，经光学系统聚焦后，照射在工件上进行加工。工件固定在三坐标精密工作台上，由数控系统控制和驱动，完成加工所需的进给运动。

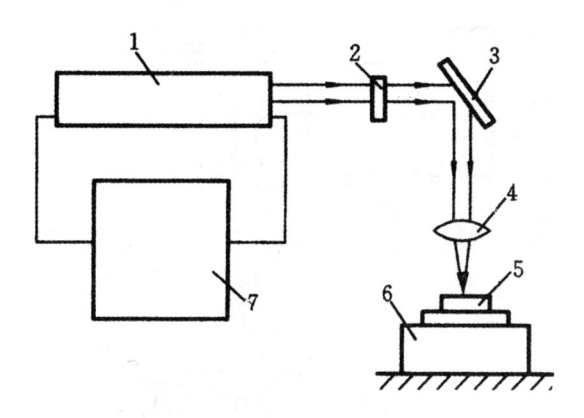

图 15-4 激光加工机示意图
1—激光器；2—光栅；3—反射镜；4—聚焦镜；5—工件；6—工作台；7—伺服控制系统

目前，激光加工已广泛用于金刚石拉丝模、钟表宝石轴承、发散式气冷冲片的多孔蒙皮、发动机喷油嘴、航空发动机叶片等的小孔加工，以及多种金属材料和非金属材料的切割加工。在大规模集成电路的制作中，已采用激光焊接、激光划片、激光热处理等工艺。

15.1.4 超声波加工技术

超声波加工是利用超声频(16～25kHz)振动的工具端面冲击工作液中的悬浮磨料，由磨粒对工件表面撞击抛磨来实现对工件加工的一种方法，其加工原理如图 15-5 所示。超声发生器将工频交流电能转变为有一定功率输出的超声频电振荡，通过换能器将此超声频电振荡转变为超声机械振动，借助振幅扩大棒把振动的位移幅值由 0.005～0.01mm 放大到 0.01～0.15mm，驱动工具振动。工具端面在振动中冲击工作液中的悬浮磨粒，使其以很高的速度，不断地撞击、抛磨被加工表面，把加工区域的材料粉碎成很细的微粒后打击下来。虽然每次打击下来的材料很少，但由于打击的频率高，仍有一定的加工速度。由于工作液的循环流动，被打击下来的材料微粒被及时带走。随着工具的逐渐伸入，其形状便"复印"在工件上。

工具材料常采用不淬火的 45 钢，磨料常采用碳化硼、碳化硅、氧化铝或金刚砂粉等。超声波加工适宜加工各种硬脆材料，特别是电火花加工和电解加工难以加工的不导电材料和半导体材料，如玻璃、陶瓷、石英、锗、硅、玛瑙、宝石、金刚石等；对于导电的硬质合金、淬火钢等也能加工，但加工效率比较低。适宜超声波加工的工件表面有各种型孔、型腔及成形表面等。

超声波加工能获得较好的加工质量，一般尺寸精度可达 0.01～0.05mm，表面粗糙度值 Ra 为 0.1～0.4μm。

在加工难切削材料时，常将超声振动与其他加工方法配合进行复合加工，如超声车削、超声磨削、超声电解加工、超声线切割等。这些复合加工方法把两种甚至多种加工方法结合在一起，能起到取长补短的作用，使加工效率、加工精度及工件的表面质量显著提高。

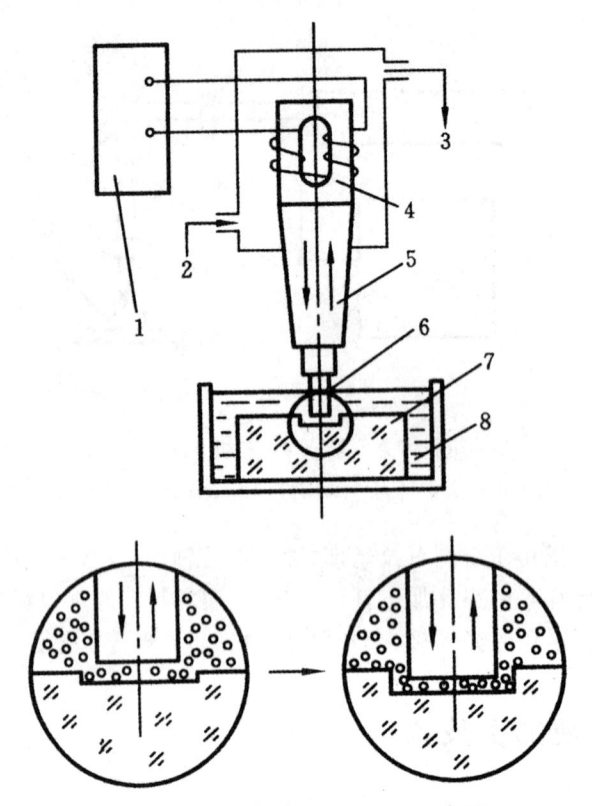

图 15-5　超声波加工原理示意图

1—超声波发生器；2、3—冷却水；4—换能器；5—振幅扩大棒；6—工具；7—工件；8—工作液

15.1.5　电子束加工技术

按加工原理的不同,电子束加工可分为热加工和化学加工。

1. 热加工

热加工是利用电子束的热效应来实现加工的,可以完成电子束熔炼、电子束焊接、电子束打孔等加工工序。图 15-6 是电子束打孔的原理示意图。在真空条件下,经加速和聚焦的高功率密度电子束照射在工件表面上,电子束的巨大能量几乎全部转变成热能,使工件被照射部分立即被加热到材料的熔点和沸点以上,材料局部蒸发或成为雾状粒子而飞溅,从而实现打孔加工。

2. 化学加工

功率密度相当低的电子束照射在工件表面上,几乎不会引起温升,但这样的电子束照射高分子材料时,就会由于入射电子与高分子相碰撞而使其分子链切断或重新聚合,从而使高分子材料的相对分子质量和化学性质发生变化,这就是电子束的化学效应。利用电子束的化学效应可以进行化学加工——电子束光刻:光刻胶是高分子材料,按规定图形对光刻胶进行电子束照射就会产生潜像。再将它浸入适当的溶剂中,由于照射部分和未照射部分材料的相对分子质量不同,溶解速度不一样,就会使潜像显影出来。

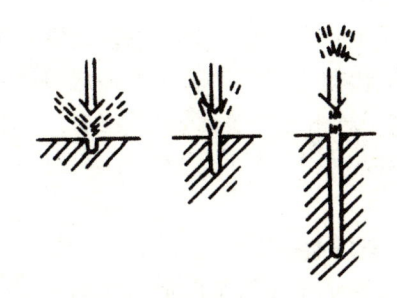

图 15-6　电子束打孔的原理示意图

图 15-7 是集成电路光刻工艺过程原理图。基片 1(一般用硅片)经氧化处理,形成保护膜 2 [图 15-7(a)中的二氧化硅膜];在保护膜上涂敷光刻胶 3[图 15-7(b)];用电子束(或紫外光、离子束等)按要求的图形对光刻胶曝光形成潜像[图 15-7(c)];通过显影操作去除已经曝光的光刻胶 [图 15-7(d)];用腐蚀剂腐蚀保护膜的裸露部位[图 15-7(e)];去除光刻胶,获得需要的微细图形 [图 15-7(f)]。

(a)硅片制备和氧化　　(b)涂敷光刻胶　　(c)曝光

(d)显影　　(e)腐蚀氧化膜　　(f)去除光刻胶

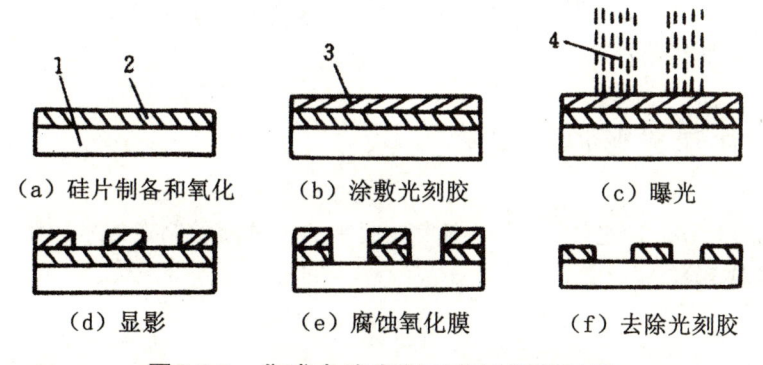

图 15-7　集成电路光刻工艺过程原理图

1—基片(硅片);2—保护膜(二氧化硅膜);3—光刻胶;4—曝光粒子流

电子束光刻的最小线条宽度为 $0.1\sim 1\mu m$,线槽边缘的平面度在 $0.05\mu m$ 以内,而紫外光刻的最小线条宽度受衍射效应的限制,一般不能小于 $1\mu m$。电子束加工已广泛用于不锈钢、耐热钢、合金钢、陶瓷、玻璃和宝石等难加工材料的圆孔、异形孔和窄缝的加工,最小孔径或缝宽可达 $0.003\sim 0.02mm$。电子束还可用来焊接难熔金属、化学性能活泼的金属,以及碳钢、不锈钢、铝合金、钛合金等。另外,电子束还用于微细加工的光刻中。

电子束加工时,高能量的电子会透入表层达几微米甚至几十微米,并以热的形式传输到相当大的区域,因此用它作为超精密加工方法时要考虑热影响。

15.1.6　离子束加工技术

离子束加工是在真空条件下,利用惰性气体离子在电场中加速而形成的高速离子流来实现微细加工的工艺。将被加速的离子聚焦成细束状,照射到工件需要加工的部位,基于弹性碰撞原理,高速离子会从工件表面撞击出工件材料(金属或非金属,称为靶材)的原子或分子,从而实现原子或分子的去除加工,这种离子束加工方法称为离子束溅射去除加工;如果用被加速了的离子从靶材上打出原子或分子,并将它们附着到工件表面上形成镀膜,则称为离子束溅射镀膜加工;如果用数十万电子伏特的高能离子轰击工件表面,离子将打入工件表层内,其电荷被中和,成为置换原子或晶格间原子,留在工件表层中,从而改变工件表层的材料成分和性能,称为离子束溅射注入加工。

离子束溅射去除加工已用于非球面透镜的最终加工、金刚石刀具的最终刃磨、衍射光栅的刻制、电子显微镜观察试样的减薄及集成电路微细图形的光刻中。离子束镀膜加工是一种干式镀,比蒸镀有更高的附着力,效率也更高。离子束注入加工可用于半导体材料掺杂、高速钢或硬质合金刀具材料切削刃表面改性等。

离子束光刻与电子束光刻的原理不同,它是通过离子束的力学作用去除照射部位的原子或分子,直接完成图形的刻蚀。另外,也可以不将离子聚焦成束状,而使它大体均匀地投射在大面积上,同时采用掩膜对所要求加工的部位进行限制,从而实现微细图形的光刻加工。

离子束加工是一种新兴微细加工方法,在亚微米至纳米级精度的加工中很有发展前途。离子束加工对工件几乎没有热影响,也不会引起工件表面应力状态的改变,因而能得到很高的表面质量。离子束光刻可以提高图形的分辨率,得到最小线条宽度小于 $0.1\mu m$ 的微细图形。目前,离子束加工技术不如电子束加工技术成熟。

15.1.7 快速成形加工技术

快速成形(RP)是 20 世纪 80 年代中期发展起来的一种新的制造技术。比较成熟的快速成形方法有以下几种。

1. 光固化法

如图 15-8 所示,光固化法(Stereo Lithography,SL)以光敏树脂为原料,将计算机控制下的紫外激光以预定零件分层截面的轮廓为轨迹对液态树脂逐点扫描,使被扫描区的树脂薄层产生光聚合反应,从而形成零件的一个薄层截面。当一层固化完毕后,托盘下降,在原先固化好的树脂表面再敷上一层新的液态树脂以便进行下一层扫描固化。新固化的一层牢固地黏合在前一层上,如此重复直到整个零件原型制造完毕。

SL 法是第一个投入商业应用的 RP 技术。这种方法的特点是精度高、表面质量好、原材料利用率将近 100%,适合制造壳体类零件及形状复杂、特别精细(如首饰、工艺品等)的零件。

2. 叠层制造法

如图 15-9 所示,叠层制造法(Laminated Object Manufacturing,LOM)将单面涂有热熔胶的纸片通过加热辊加热黏结在一起,位于上方的激光器按照 CAD 分层模型所获数据,用激光束将纸切割成所制零件的内外轮廓,然后新的一层纸再叠加在上面,通过热压装置和下面已切割层黏合在一起,激光束再次切割,这样反复逐层切割—黏合—切割……直到整个零件模型制作完成。该法只需切割轮廓,特别适合制造实心零件。

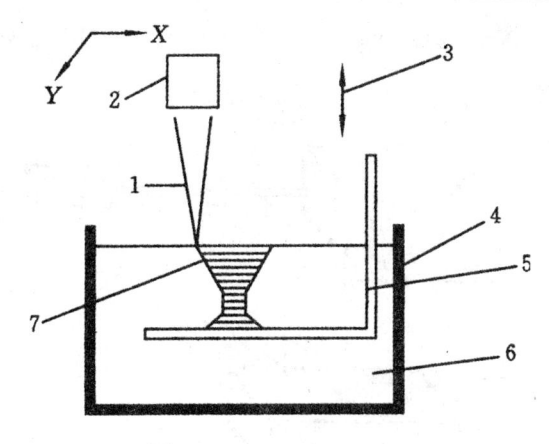

图 15-8 SL 法原理图

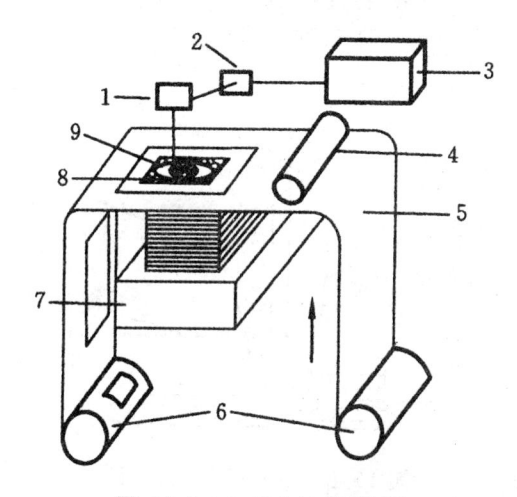

1—激光束；2—扫描镜；3—Z 轴升降；4—树脂槽；5—托盘；6—光敏树脂；7—零件原型

图 15-9 LOM 法原理图

1—X-Y 扫描系统；2—光路系统；3—激光器；4—加热器；5—纸料；6—滚筒；
7—工作平台；8—边角料；9—零件原型

3. 激光选区烧结法

如图 15-10 所示，激光选区烧结法(Selective Laser Sintering, SLS)采用 CO_2 激光器作能源，目前使用的造型材料多为各种粉末材料。在工作台上均匀地铺上一层很薄($100\sim200\mu m$)的粉末，激光束在计算机控制下按照零件分层轮廓有选择性地进行烧结，一层完成后再进行下一层烧结。全部烧结完后去掉多余的粉末，再进行打磨、烘干等处理便获得零件。目前，成熟的工艺材料为蜡粉及塑料粉，用金属粉或陶瓷粉进行直接烧结的工艺正在实验研究阶段。它可以直接制造工程材料的零件，具有诱人的前景。

4. 熔积法

如图 15-11 所示，熔积法(Fused Deposition Modeling, FDM)的关键是保持半流动成形材料刚好在熔点之上(通常控制在比熔点高 1℃左右)。FDM 喷头受 CAD 分层数据控制，使半流动状态的熔丝材料从喷头中挤压出来,凝固形成轮廓形状的薄层,一层叠一层最后形成整个零件模型。

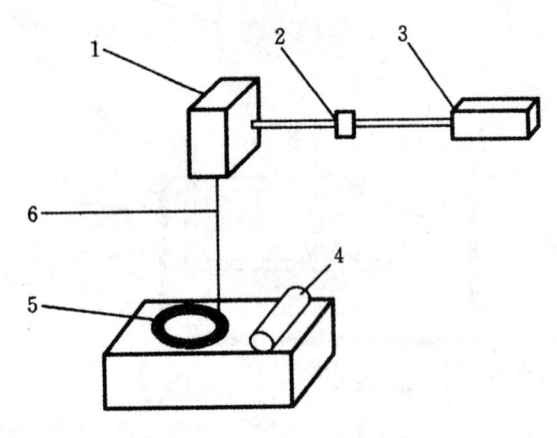

图 15-10 SLS 法原理图
1—扫描镜;2—透镜;3—激光器;4—压平辊子;5—零件原型;6—激光束

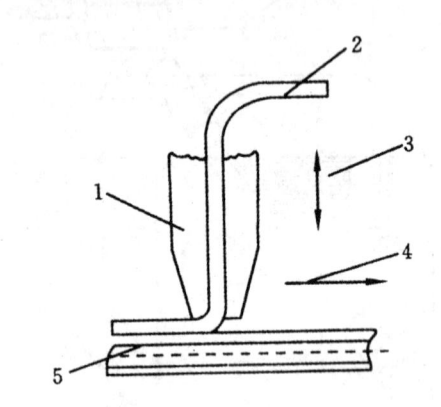

图 15-11 FDM 法原理图
1—加热装置;2—丝材;3—Z 向送丝;4—X-Y 向驱动;5—零件原型

此外,还有三维打印法、漏板光固化法等工艺。

快速成形将传统的"去除"加工法(由毛坯切去多余材料形成零件)改变为"增加"加工法(将材料逐层累积形成零件),从而从根本上改变了零件制造过程。人们普遍认为,快速成形技术如同数控技术一样,是制造技术的重大突破,它的出现和发展必将极大地推动制造技术的进步。

15.2 快速原型制造技术

15.2.1 快速原型制造技术的原理

快速原型制造技术(Rapid Prototyping Manufacturing,RPM)是集 CAD 技术、数控技术、材料科学、机械工程、电子技术和激光技术等技术于一体的综合技术,是实现从零件设计到三维实体原型制造的一体化系统技术,它采用软件离散——材料堆积的原理实现零件的成形过程,其原理如图15-12所示。

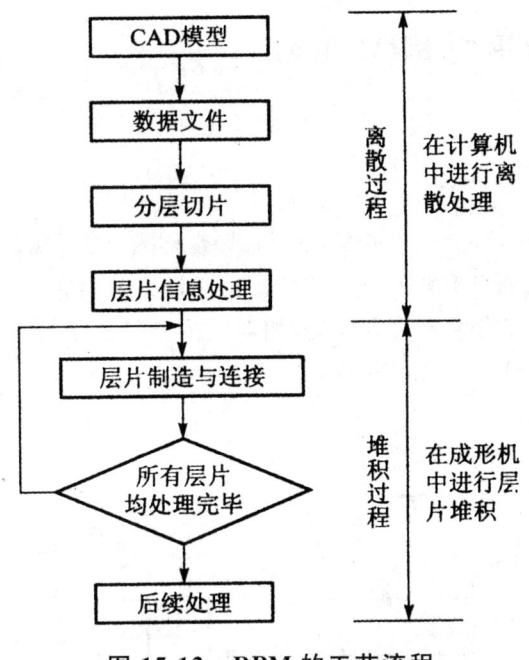

图 15-12 RPM 的工艺流程

(1) 零件 CAD 数据模型的建立

设计人员可以应用各种三维 CAD 造型系统,包括 Pro/E、MDSolidworks、Solidedge、UGⅡ、Ideas 等进行三维实体造型,将设计人员所构思的零件概念模型转换为三维 CAD 数据模型。也可通过三坐标测量仪、激光扫描仪、核磁共振图像、实体影像等方法对三维实体进行反求,获取三维数据,以此建立实体的 CAD 模型。

(2) 数据转换文件的生成

由三维造型系统将零件 CAD 数据模型转换成一种可被快速成形系统所接受的数据文件,如 STL、IGES 等格式文件。目前,绝大多数快速成形系统采用 STL 格式文件,因 STL 文件易进行分层切片处理。所谓 STL 格式文件,即为对三维实体内外表面进行离散化所形成的三角形文件,所有 CAD 造型系统均具有对三维实体输出 STL 文件的功能。

(3) 分层切片

分层切片处理是根据成形工艺要求,按照一定的离散规则将实体模型离散为一系列有序的单元,按一定的厚度进行离散(分层),将三维实体沿给定的方向(通常在高度方向)切成一个个二维薄片,薄片的厚度可根据快速成形系统制造精度在 0.05~0.5mm 选择。

(4) 层片信息处理

根据每个层片的轮廓信息,进行工艺规划,选择合适的成形参数,自动生成数控代码。

(5) 快速堆积成形

快速成形系统根据切片的轮廓和厚度要求,用片材、丝材、液体或粉末材料制成所要求的薄片,通过一片片的堆积,最终完成三维形体原型的制备。随着 RPM 技术的发展,其原理也呈现多样化,有自由添加、去除、添加和去除相结合等多种形式。目前,快速成形概念已延伸为包括一切由CAD直接驱动的原型成形技术,其主要技术特征为成形的快捷性。

15.2.2 两种常用的RPM工艺

1. 立体光刻

立体光刻(Stereo Lithography Apparatus,SLA)也称为立体印刷、光造型或光敏液相固化。SLA是基于液态光敏树脂的光聚合原理工作的。这种液态材料在一定波长和强度的紫外激光(如325nm)的照射下能迅速发生光聚合反应,相对分子质量急剧增大,材料也就从液态转变成固态。如图15-13所示为SLA的工艺原理。

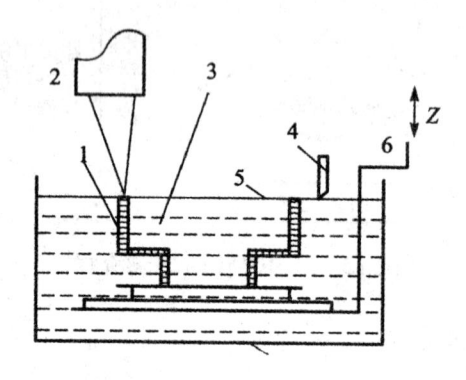

图15-13 SLA工艺原理

1—成形零件;2—紫外激光器;3—光敏树脂;4—刮平器;5—液面;6—升降台

液槽中盛满液态光敏树脂,激光束在偏转镜的作用下,能在液态表面上扫描,扫描的轨迹及光线的有无均由计算机控制,激光照射到的地方,液体就固化。成形开始时,工作平台在液面下一个确定的深度,聚焦后的激光光斑在液面上按计算机的指令逐点扫描,即逐点固化。当一层扫描完成后,未被激光照射的地方仍是液态树脂。然后升降台带动平台下降一层高度,已成形的层面上又布满一层树脂,刮平器将黏度较大的树脂液面刮平,然后再进行第二层的扫描,形成一个新的加工层并与已固化部分牢牢地连接在一起。如此重复直到整个零件制造完毕,得到一个三维实体模型。

SLA的特点是可成形任意复杂形状的零件、成形精度高、材料利用率高、性能可靠。SLA工艺适用于产品外形评估、功能试验、快速制造电极和各种快速经济模具;不足之处是所需设备及材料价格昂贵,光敏树脂有一定毒性。

2. 分层实体制造

分层实体制造(Laminated Object Manufacturing,LOM)又称为叠层实体制造,或称为层合实体制造。LOM的工艺原理如图15-14所示。

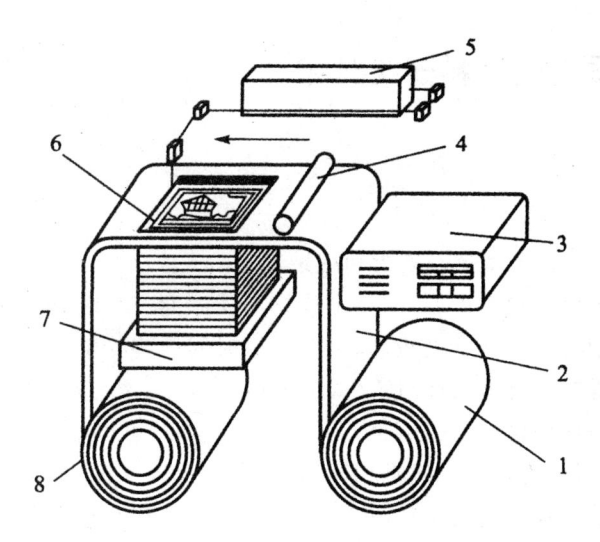

图 15-14 LOM 工艺原理
1—供料辊；2—料带；3—控制计算机；4—热压辊；5—CO_2 激光器；
6—加工平面；7—升降工作台；8—收料辊

LOM 工艺采用薄片材料，如纸、塑料薄膜等。片材表面事先涂覆上一层热熔胶。加工时，工作台上升至与片材接触，热压辊沿片材表面自右向左滚压，加热片材背面的热熔胶，使之与基板上的前一层片材黏结。CO_2 激光器发射的激光束在刚黏结的新层上切割出零件截面轮廓和零件外框，并在截面轮廓与外框之间多余的区域内切割出上下对齐的网格。激光切割完成后，工作台带动被切出的轮廓层下降，与带状片材（料带）分离。供料机构转动收料辊和供料辊，带动料带移动，使新层移到加工区域。工作台上升到加工平面，热压辊再次热压片材，零件的层数增加一层，高度增加一个料厚，再在新层上切割截面轮廓。如此反复直至零件的所有截面黏结、切割完，得到分层制造的实体零件。再经过打磨、抛光等处理就可获得完整的零件。

LOM 只需在片材上切割出零件截面的轮廓，而不用扫描整个截面，因此成形厚壁零件的速度较快，易于制造大型零件。工艺过程中不存在材料相变，成形后的零件无内应力，因此不易引起翘曲变形，零件的精度较高。零件外框与截面轮廓之间的多余材料在加工中起到了支承作用，所以 LOM 工艺无须加支承。LOM 工艺的关键技术是控制激光的光强和切割速度，使之达到最佳配合，以保证良好的切口质量和切割深度。LOM 工艺适合于生产航空、汽车等行业中体积较大的制件。

15.3 先进材料成形技术

材料成形技术（Materials Processing Technology）通常是指液态成形技术（铸造）、塑性成形技术（锻压）、连接成形技术（焊接和黏结）、粉末冶金成形技术、非金属材料成形技术等单元或复合技术的总称，通常称为热加工。大多数机械零件是用上述方法制成毛坯，然后经过机械加工（冷加工），才能达到符合设计要求的尺寸精度、形状精度、位置精度和表面质量。

15.3.1 优质高效材料连接技术

1. 激光焊接

激光焊接(Laser-beam Welding)是指利用聚焦的激光束轰击工件所产生的热量进行焊接的方法。激光是利用原子受激辐射的原理,使工作物质受激而产生一种单色性好、方向性强、亮度高的光束。聚焦后的激光束能量密度极高,可在极短时间内将光能转变为热能。功率密度足够的激光束照射到需要焊接的材料表面,使其局部温度升高直达熔点,被焊材料结合部分熔化成液体,然后冷却凝固,于是两种材料就被熔接在一起。激光焊接可以不用焊剂或填料直接将两个金属零件焊接起来,被焊接的两部分可以是相同的金属,或是不同的金属,甚至可以是非金属。对于难熔的金属或是形状特殊的金属薄片、细丝、平板,都能很出色地焊接,很多时候其焊接效果优于其他焊接方法。

2. 电子束焊接技术

电子束焊接(Electron-beam Welding)因具有不用焊条、不易氧化、工艺重复性好及热变形量小的优点而广泛应用于航空航天、原子能、国防及军工、汽车和电气电工仪表等诸多行业。电子束焊接的基本原理是:电子枪中的阴极由于直接或间接加热而发射电子,该电子在高压静电场的加速下,再通过电磁场的聚焦就可以形成能量密度极高的电子束(其能量密度可达 $10^4 \sim 10^9$ W/cm²),用此电子束去轰击工件,巨大的动能转化为热能,使焊接处工件熔化,形成熔池,从而实现对工件的焊接。

3. 钎焊

钎焊是指采用比母材熔点低的金属材料作钎料,将工件和钎料加热到高于钎料熔点、低于母材熔点的温度,利用液态钎料润湿母材,填充接头间隙并与母材相互扩散实现连接工件的焊接方法。钎焊时要求两焊件的接触面处干净,所以需要用钎剂去除接触面处的氧化膜和油污等杂质,保护焊件接触面和钎料不受氧化,并增加钎料润湿性和毛细流动性。

钎焊时先将焊接结合面清洗干净并以搭接形式组合焊件,然后把钎料放在结合间隙附近或间隙中,当焊件与钎料同时被加热到钎料熔化温度后,液态钎料借助毛细流动作用而填充于两焊件接头缝隙中,待冷却凝固后便形成焊接接头。

目前,钎焊主要用于电子技术、仪器仪表、航空航天技术及原子能等领域。

4. 扩散连接技术

扩散连接(Diffusion Bonding)是压力焊的一种,是通过对焊件施加一定的压力来实现焊接的一类方法。扩散连接时不需要外加填充金属,可对金属加热(或不加热)。通过加压使两个工件之间接触紧密,在高温和压力作用下,在焊接部位产生一定的塑性变形,促进原子的扩散使两工件焊接在一起。此外,加压还可以使连接处的晶粒细化。

5. 机械连接技术

机械连接已发展为高效、高质量、高寿命、高可靠性的机械连接技术,它包括先进高效的自动连接装配技术、高效高质量的自动制孔技术、先进多功能高寿命的连接紧固系统技术、长寿命的连接技术和数字化连接装配技术。

6. 黏结技术

黏结技术可用来连接不同材料、不同厚度、两层或多层结构。黏结结构质量轻、密封性能好,抗声振和颤振的性能突出。胶层能阻止裂纹的扩展,具有优异的耐疲劳性能。此外,黏结结构制造成本和维修成本低。黏结、蜂窝黏结结构及金属层板结构在大型飞机上具有宽广的应用前景。

15.3.2 精密洁净铸造成形技术

1. 熔模精密铸造

熔模精密铸造简称熔模铸造(Investment Casting),又称为"失蜡铸造",是一种近净成形工艺,其铸件精密、复杂,接近零件最后的形状,可不经加工直接使用或经很少加工后使用。

熔模铸造通常是在蜡模表面涂上数层耐火材料,待其硬化干燥后,将其中的蜡模熔去而制成型壳,再经过焙烧,然后进行浇注而获得铸件的一种方法。由于获得的铸件有很好的尺寸精度和表面粗糙度,故又称为"熔模精密铸造"。

熔模精密铸造的工艺过程如图 15-15 所示。主要步骤包括压型、压制蜡模、焊蜡模组、结壳脱模、浇注、形成带有浇注系统的铸件。

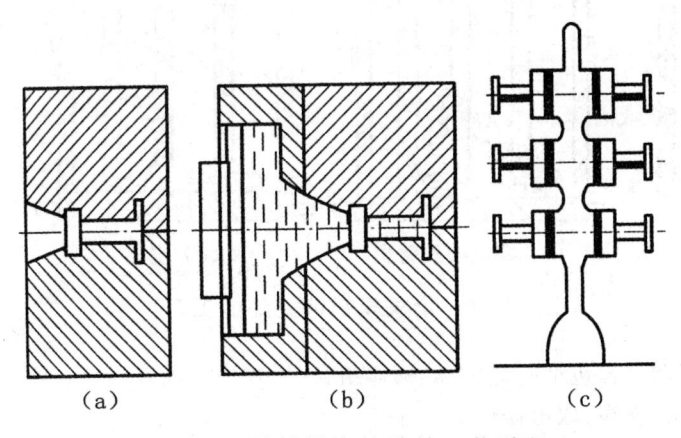

图 15-15 熔模精密铸造的工艺过程

(d)　　　　　　　(e)　　　　　　(f)

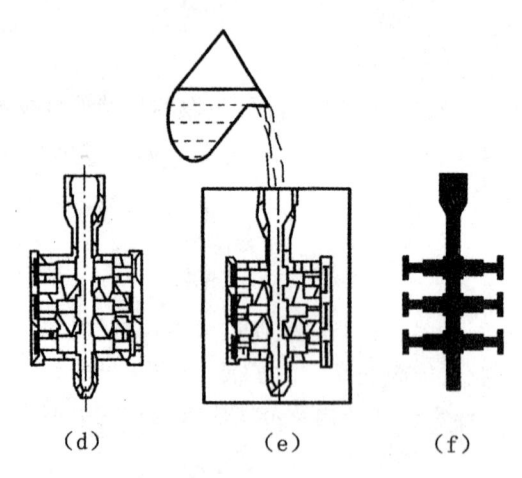

图 15-15　熔模精密铸造的工艺过程(续)

2. 消失模铸造

消失模铸造(Expendable Pattern Casting,EPC 或 Lost Foam Casting,LFC),又称为汽化模铸造(Evaporative Foam Casting,EFC)或实型铸造(Full Mold Casting,FMC)。它是采用泡沫塑料模样代替普通模样紧实造型,造好铸型后不取出模样,直接浇入金属液,在高温金属液的作用下,泡沫塑料模样受热汽化、燃烧而消失,金属液取代原来泡沫塑料模样占据的空间位置,经过冷却凝固后即获得所需的铸件。消失模铸造浇注的工艺过程如图 15-16 所示。

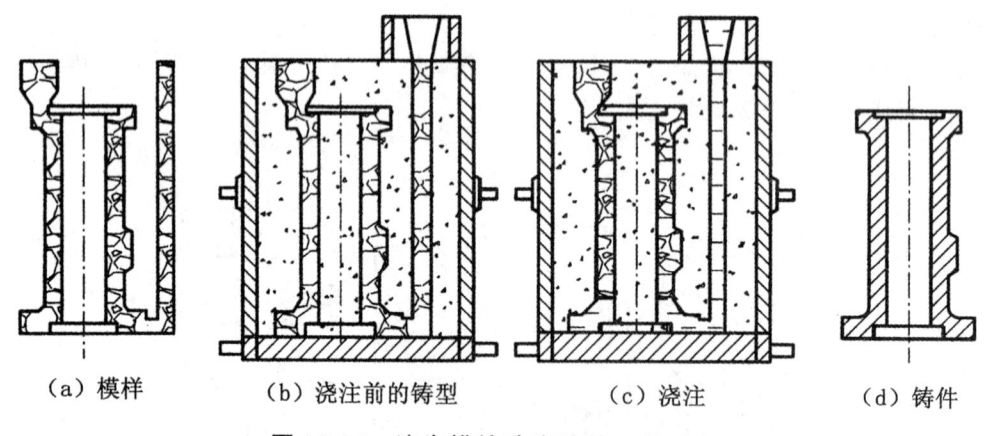

(a) 模样　　　(b) 浇注前的铸型　　　(c) 浇注　　　(d) 铸件

图 15-16　消失模铸造浇注的工艺过程

整个消失模铸造过程包括制造模样、模样组合(模片之间及其与浇注系统等的组合)、涂料及其干燥、填砂及紧实、浇注、取出铸件等工序。

消失模铸造是一种接近无余量的液态金属精确成形技术,被认为是"21 世纪的新型铸造技术"及"铸造中的绿色工程",目前,它已被广泛用于航空、航天、能源行业等精密铸件的生产。

消失模铸造与其他铸造方法的区别主要在于:泡沫模样留在铸型内,泡沫模样在金属液的作用下在铸型中发生软化、熔融、汽化,产生"液相—气相—固相"的物理化学变化。由于泡沫模样的存在,也大大地改变了金属液的填充过程及金属液与铸型的热交换。在金属液流动传热过程中,存在复杂的物理、化学反应并伴随汽化膨胀现象。

3. 金属型铸造

金属型铸造(Metal Mold Casting)是将液态金属浇入金属铸型以获得铸件的铸造方法。由于金属铸型可重复使用,所以又称为永久型铸造。

由于金属型导热速度快,没有退让性和透气性,为了确保获得优质铸件和延长金属型的使用寿命,应该采取下列工艺措施。

①金属型预热。金属型浇注前需预热,预热温度为:铸铁件250～350℃,非铁合金铸件100～250℃。

②涂料。为保护铸型,调节铸件冷却速度,改善铸件表面质量,铸型表面应喷刷涂料。

③浇注温度。由于金属型导热快,所以浇注温度应比砂型铸件(20～30℃)高,铝合金为680～740℃,铸铁为1300～1370℃。

④及时开型。因为金属型无退让性,铸件在金属型内停留时间过长,容易产生铸造应力而开裂,甚至会卡住铸型。因此,铸件凝固后应及时从铸型中取出。

金属型铸造主要用于铜合金、铝合金等非铁合金铸件的大批量生产,如活塞、连杆、气缸盖等。铸铁件的金属型铸造目前也有所发展,但其尺寸限制在300mm以内,质量不超过8kg,如电熨斗底板等。

4. 压力铸造

压力铸造是将熔融的金属在高压下快速压入金属铸型中,并在压力下凝固,以获得铸件的方法。压铸时所用的压力为30～70MPa,填充速度可达5～100m/s,充满铸型的时间为0.05～0.15s。高压和高速是压力铸造区别于一般金属型铸造的两大特征。

压力铸造应用广泛,可用于生产锌合金、铝合金、镁合金和铜合金等铸件。在压铸件产量中,比例最大的是铝合金压铸件,为总产量的30%～50%,其次为锌合金压铸件,铜合金和镁合金压铸件的产量很少。应用压铸件最多的是汽车、拖拉机制造业,其次为仪表和电子仪器工业。此外,在农业机械、国防工业、计算机、医疗器械等制造业中,压铸件也用得较多。

5. 离心铸造

离心铸造(Centrifugal Casting)是将熔融金属浇入旋转的铸型中,使液态金属在离心力作用下充填铸型并凝固成形的一种铸造方法。

目前,离心铸造已广泛用于铸铁管、气缸套、铜套、双金属轴承、特殊钢的无缝管坯、造纸机滚筒等铸件的生产。

6. 陶瓷型铸造

陶瓷型铸造(Ceramic Mold Casting)是在砂型铸造和熔模铸造的基础上发展起来的一种精密铸造方法。陶瓷型铸造的工艺过程如图15-17所示。

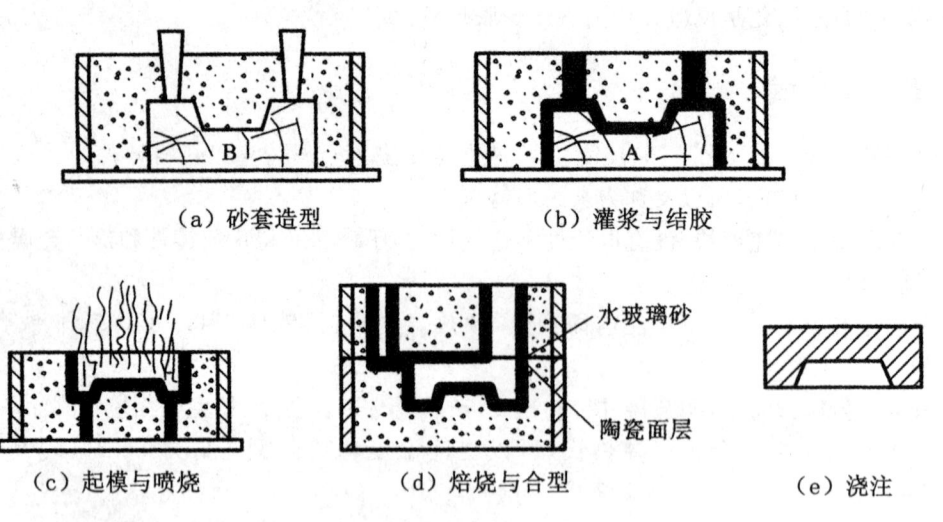

图 15-17 陶瓷型铸造的工艺过程

(1) 砂套造型

为了节约昂贵的陶瓷材料和提高铸型的透气性,通常先用水玻璃砂制出砂套。制造砂套的模样 B 比铸件模样 A 应大一个陶瓷料厚度。砂套的制造方法与砂型铸造的相同[图 15-17(a)]。

(2) 灌浆与结胶

即制造陶瓷面层。其过程是将铸件模样固定于模底板上,刷上分型剂,扣上砂套,将配制好的陶瓷浆料从浇注口注满砂套和铸件模样之间空隙[图 15-17(b)],经数分钟后,陶瓷浆料便开始结胶。陶瓷浆料由耐火材料(如刚玉粉、铝矾土等)、黏结剂(如硅酸乙酯水解液)等组成。

(3) 起模与喷烧

待浆料浇注 5~15min 后,趁浆料尚有一定弹性便可起出模样。为加速固化过程、提高铸型强度,必须用明火喷烧整个型腔[图 15-17(c)]。

(4) 焙烧与合型

陶瓷型在浇注前要加热到 350~550℃,焙烧 2~5h,以烧去残存的水分及其他有机物质,并使铸型的强度进一步提高[图 15-17(d)]。

(5) 浇注

浇注温度可略高,以便获得轮廓清晰的铸件[图 15-17(e)]。

15.3.3 优质低耗洁净材料改性技术

优质低耗洁净材料改性技术是采用物理学、化学、金属学、高分子化学、电学、光学和机械学等技术及其组合,赋予产品表面耐磨、耐蚀、耐(隔)热、耐辐射、抗疲劳的特殊功能,从而达到提高产品质量、延长使用寿命,赋予产品新性能的新技术统称,是表面工程的重要组成部分,包括化学镀技术、非晶态合金技术、节能表面涂装技术、表面强化处理技术、热喷涂技术、激光表面熔敷处理技术、等离子化学气相沉积技术等。

1. 激光表面淬火

激光表面淬火(Laser Surface Quenching)是指用高功率密度($10^4 \sim 10^5 \mathrm{W/cm^2}$)的激光束快速扫描工件,在其表面极薄一层的区域内,温度以极快速度($10^5 \sim 10^6 \mathrm{℃/s}$)上升到奥氏体化温度,而工件基体温度基本保持不变。当激光束移开时,由于热传导的作用,处于冷态的基体使其迅速冷却得到马氏体组织,实现自冷淬火,进而实现工件表面相变硬化。当激光淬火时,激光与材料的相互作用可根据激光辐照的强度和持续时间分为几个阶段:把激光束引向材料表面(导光);材料直接或间接通过吸能涂层吸收激光光能;光能转变为热能使材料快速加热和快速冷却,且不引起其表面破坏;材料在激光辐照后的相变或熔化凝固或冲击产生晶格畸变及位错,最终达到硬化效果。这些过程的进展取决于激光强度(功率密度)、持续时间(扫描速度)以及被加工材料的性能。

激光淬火在提高工件表面硬度、耐磨性、耐蚀性以及强度和高温性能的同时,又可使其芯部仍保持较好的韧度,具有显著的经济效益,已广泛应用于各种行业的许多产品上。与传统淬火工艺相比,激光淬火历史虽然很短,但从已取得的效果来看,激光淬火是一种具有很多优点的表面硬化处理新工艺。

2. 激光熔覆技术

激光熔覆(Laser Cladding)是一种新兴的零件表面改性技术,又称激光涂覆或激光熔敷。其实质是将具有特殊性能(如耐磨、耐蚀、耐疲劳、抗氧化等)的粉末预先喷涂在基材表面或者与激光束同步送粉,使其在高能密度(大于 $10^4 \mathrm{W/cm^2}$)的激光束作用下迅速熔化、扩展及快速凝固,在基材表面得到无裂纹气孔的冶金结合层,从而形成与常规性能不同的优异合金层的工艺技术。由于激光束近似绝热的快速加热过程,激光熔覆对基材的热影响较小,引起的变形也很小。

激光熔覆不但可以改善零件的表面性能,还可以用于报废件的修复和直接制造零件。以模具修复为例,采用激光熔覆原位修复技术,能进行形状修复、功能修复和增强功能修复,不仅节约了昂贵的模具制造费用,而且节省了大量时间;用激光熔覆直接制造金属零件,所需设备少,可以减少工件制造工序,节约成本,提高零件质量,现已广泛应用于航空、军事、石油、化工、医疗器械等领域。

3. 激光表面合金化

激光表面合金化(Laser Surface Alloying)是一种材料表面改性技术。它是将合金元素或化合物直接或间接结合到基体材料表面,然后使其在高能激光束的加热下快速熔化、混合,使合金元素或化合物均匀分散并熔渗于液化层(熔池)中,形成厚度为 $10 \sim 1000 \mu m$ 的表面熔化层。熔化层能在很短的时间内($50 \sim 2000 \mu s$)形成具有符合某种要求的深度和化学成分或组成相的新表面合金覆盖层,这种合金化层与基体之间有很强的结合力。

激光表面合金化工艺可以在一些价格便宜、表面性能不够优越的基材表面制出耐磨、耐蚀、耐高温的表面合金层,用于取代昂贵的整体合金,节约贵重金属材料和战略材料,使廉价合金获得更广泛的应用,进而大幅度降低成本。另外,它还可用来制造在性能上与传统冶金方法所制造的根本不同的表面合金,如国外曾采用该工艺研制出超导合金和表面金属玻璃等。

激光表面合金化能够进行局部表面处理,而且变形小、速度快。它能使廉价的金属材料,无论是碳钢、合金钢,或者是非铁合金及其合金的表层,都能够得到任意成分的合金和相应的微观组织,从而获得良好的物理、化学特性及综合力学性能。

在选择合金化材料时,首先应考虑合金化层的性能要求,如硬度、耐磨性、耐蚀性及高温下的抗氧化行为等;其次要考虑合金化元素与母材金属熔体间相互作用的特性,如可溶解性、形成化合物的可能性、浸润性、线胀系数及比体积等;另外,还要考虑表面合金层与母材间冶金结合的牢固性,以及合金层的脆性、抗压、抗弯曲等性能。

4. 激光表面毛化技术

激光毛化(Laser Texturing)技术是指用高功率密度($10^4 \sim 10^6$ W/cm^2)和高重复频率($10^3 \sim 10^4$ 次/s)的脉冲激光束聚焦照射到旋转运动的轧辊表面,在轧辊表面形成若干微小的熔池,同时施加具有一定成分、一定压力的辅助气体,按一定角度侧向吹入熔融区,让其按指定要求搬迁金属熔化物到熔池边缘。在光脉冲停止作用后,微坑熔融物依靠轧辊自身热传导作用迅速冷却,形成具有一定形貌的表面硬化的微坑和坑边凸台结构。与此同时,激光脉冲以一定速度均匀沿辊轴方向运动,当这种精细结构均布于整个轧辊工作表面时,毛化加工完成。激光毛化技术是冶金行业生产高附加值钢材的高新技术,与传统的喷丸、电火花技术相比,经激光毛化轧辊轧制或平整的薄板,表面有储油作用,具有优良的成形性能和表面涂镀性能。

15.3.4　非金属材料的成形技术

非金属材料是指除金属材料之外的所有材料的总称,包括有机高分子材料、无机非金属材料和复合材料三大类。目前,在工程领域应用最多的非金属材料主要是塑料、橡胶、陶瓷及各种复合材料。非金属材料的成形主要有冶金成形、压制成形、注射成形以及复合成形等。

1. 塑料成形

塑料成形是指将粉状、粒状、纤维状和碎屑状固体塑料、树脂溶液或糊状等各种形态的塑料原料制成所需形状和尺寸的成品或半成品的技术。目前,生产上广泛采用注射、挤出、压制、吹塑等方法成形。

2. 橡胶成形

常用的橡胶有天然橡胶和合成橡胶。天然橡胶是由天然胶乳经过凝固、干燥、加压等工序制成的片状生胶。合成橡胶主要有丁苯橡胶、顺丁橡胶、聚氨酯橡胶、氯丁橡胶、丁腈橡胶、硅橡胶、氟橡胶等。橡胶制品是以生胶为基础加入适量配合剂(如硫化剂、硫化促进剂、防老剂、填充剂、软化剂、发泡剂、补强剂、着色剂等),然后再经过硫化成形获得。橡胶制品的成形方法与塑料的成形方法相似,主要有压制成形、注射成形等。

3. 陶瓷成形

现代陶瓷从性能上可分为结构陶瓷和功能陶瓷两大类。结构陶瓷是指具有力学性能及部分热学和化学功能的现代陶瓷。功能陶瓷是指具有电、磁、声、光、热等特别功能的现代陶瓷。

现代陶瓷的生产工艺过程与粉末冶金基本相同,分为原料粉末制取、成形和烧结三个阶段。许多成形方法也是一样的,如模压成形、注浆成形、挤压成形、注射成形、冷等静压成形等。在制取粉末方面有化学气相沉积法、气相冷凝法、气相化合物热分解法、液相化学沉积法等;在成形烧结工艺方面有热压法、热等静压法、爆炸法等。

4. 复合材料成形

复合材料由两种或两种以上的不同材料所组成:一种是基体材料,另一种是增强材料。基体材料的主要作用是黏结、保护增强材料,并将载荷应力传递到增强材料上。基体材料可以是金属、树脂、陶瓷等。增强材料的主要作用是承受载荷,提高复合材料的强度(或韧度)。

复合材料成形的工艺方法取决于基体和增强材料的类型。以颗粒、晶须或短纤维为增强材料的复合材料,一般都可以用其基体材料的成形工艺方法进行成形加工;以连续纤维为增强相的复合材料的成形方法则不相同。复合材料成形工艺和其他材料的成形工艺相比,有一个突出的特点:材料的形成与制品的成形是同时完成的,即复合材料制品的生产过程也是复合材料本身的生产过程。因此,复合材料的成形工艺水平直接影响材料或制品的性能。

15.3.5 精确高效材料塑性成形技术

金属塑性成形加工是利用金属的塑性,借助外力使金属发生塑性变形,成为具有所要求的形状、尺寸和性能的制品的加工方法,也称为金属压力加工或金属塑性加工。

由于金属塑性加工是通过塑性变形得到所要求的制件,因而是一种少(无)切屑近净成形加工方法。金属塑性加工时,零件一般是在设备的一个行程或几个行程内完成,因而生产率很高。对于一定质量的零件,从力学性能、冶金质量和使用可靠性看,一般来说,金属塑性加工比铸造或机械加工方法优越。

1. 精密模锻

精密模锻(Precision Die Forging)是在模锻设备上锻造出形状复杂、高精度锻件的锻造工艺。精密模锻件的公差和余量为普通锻件的 1/3 左右,表面粗糙度值 Ra 为 $0.8\sim3.2\mu m$,接近半精加工。

精密模锻近年来发展较快,汽车拖拉机中的直齿锥齿轮、飞机操纵杆、蜗轮机叶片、发动机连杆及医疗器械等复杂零件的生产均采用精密模锻技术。精密模锻在中、小型复杂零件的大批量生产中得到了较好的应用。

2. 挤压成形

挤压成形(Extrusion Molding)是指对挤压模具中的金属坯锭施加强大的压力作用,使其发生塑性变形,从挤压模具的模口中流出,或充满凸、凹模型腔,从而获得所需形状与尺寸的精密塑性成形方法。

挤压成形一般在专用挤压机上进行,也可在油压机及经过适当改进后的通用曲柄压力机或摩擦压力机上进行。

3. 轧制成形

金属坯料在旋转轧辊的作用下产生连续塑性变形,从而获得所要求的截面形状并改变其性能的加工方法,称为轧制成形。常用的轧制成形工艺有纵轧、横轧及斜轧等。

①纵轧(Longitudinal Rolling)是轧辊轴线与坯料轴线互相垂直的轧制方法,是使坯料通过装有扇形模块的一对相对旋转的轧辊,坯料受压产生塑性变形,从而获得所需形状的锻件或锻坯的成形方法。纵轧也称为辊锻,它既可以作为模锻前的制坯工序,也可以直接辊锻锻件。

②横轧(Cross Rolling)是轧辊轴线与坯料轴线互相平行,且轧辊与坯料作相对转动的轧制方法。生产上常用的横轧工艺主要有辗环轧制、齿轮轧制等。辗环轧制是指由水压机镦粗冲孔后的圆环坯(毛坯),再经辗轧而扩大环形坯的内径和外径,从而获得环形零件的轧制方法;齿轮轧制是一种无切屑或少切屑加工齿轮的新工艺。齿坯装在工件轴上可转动,用感应加热器将轮缘加热,使轮缘处于良好的塑性状态,然后使带有齿形的轧轮作径向进给,使轧轮与齿坯对辗,并在对辗过程中施加压力,齿坯上一部分金属受压形成齿槽,而相邻部分金属被轧轮齿部反挤成齿顶。为了降低轧制时的变形抗力和提高轧轮的使用寿命,轧制时需在轧轮上涂刷润滑剂。

③斜轧(Cross Helical Rolling)是指轧辊相互倾斜配置,并以相同方向旋转,坯料在轧辊的作用下反向旋转,同时还作轴向运动,即螺旋运动,与此同时,坯料受压变形获得所需产品的轧制方法。因此,斜轧也称为螺旋轧制。

4. 无模多点成形

无模多点成形(Dieless Multi-point Forming)是把模具曲面离散成有限个高度分别可调的基本单元,用多个基本单元代替传统的模具进行板材的三维曲面成形。每一个基本单元称为一个基本体(Base Element),用来代替模具功能的基本体的集合称为基本体群(Elements Group)。无模多点成形(Multi-Point Forming,MPF)就是由可调整高度的基本体群随意形成各种曲面形状,代替模具进行板材三维曲面成形的先进制造技术。

无模多点成形是以计算机辅助设计、辅助制造、辅助测试(CAD/CAM/CAT)技术为主要手段的板材柔性加工新装备,它以可控的基本体群为核心,板类件的设计、规划、成形、测试都由计算机辅助完成,从而可以快速经济地实现三维曲面自动成形。

5. 数控渐进成形

数控渐进成形(NC Incremental Forming)基本原理是引入快速成形制造技术"分层制造(Layered Manufacturing)"的思想,将复杂的三维数字模型沿高度方向分层,形成一系列断面二维数据,并根据这些断面轮廓数据,从顶层开始逐层对板材进行局部的塑性加工。加工过程为:在计算机控制下,安装在三轴联动的数控成形机床上的成形压头,先走到模型的顶部设定位置,即加工轨迹的起点,对板材压下设定的压下量,然后按照第一层断面轮廓,以走等高线的方式,对板材施行渐进塑性加工。在模型顶部板材加工面形成第一层轮廓曲面后,成形压头再压下一个设定高度,沿第二层断面轮廓运动,并形成第二层轮廓曲面。如此重复直到整个工件成形完毕为止。

数控渐进成形无须形状——对应的模具,成形工件的形状和结构也相应地不受约束。其工艺是用逐层塑性加工来制造三维形体,在加工每两层轮廓时都和前一层自动实现光顺衔接。数控渐进成形既可实现成形工艺的柔性,又可节省制造工装的大量成本。该方法由于不是针对特定工件采用模具一次拉深成形,因此,可加工任意形状复杂的工件。由于该成形法省去了产品制造过程中模具设计、制造、调试过程所耗费的时间和资金,极大地降低了新产品开发的周期和成本,而且本方法所能成形的零件复杂程度比传统成形工艺高,它对板材成形工艺产生革命性的影响,也将引起板类零件设计概念的更新。

15.4 高速加工和超高速加工

高速加工技术是指采用超硬材料刀具和磨具,利用高速、高精度、高自动化和高柔性的制造设备,以达到提高切削速度、材料切除率和加工质量目的的先进加工技术。高速切削加工技术的发展经历了高速切削的理论探索、应用探索、初步应用、较成熟的应用四个发展阶段。目前,高速切削机床均采用了高速的电主轴部件;进给系统多采用大导程多线滚珠丝杠或直线电动机,直线电动机最大加速度可达$(2\sim10)g$;计算机数字控制系统则采用 32 位或 64 位多 CPU 系统,以满足高速切削加工对系统快速数据处理的要求;采用强力高压的冷却系统,以解决极热切屑冷却问题;采用温控循环水来冷却主轴电动机、主轴轴承和直线电动机,有的甚至冷却主轴箱、床身等大型构件;采用更完备的安全保障措施来保证机床操作者及周围现场人员的安全。

随着近几年高速切削技术的迅速发展,各项关键技术包括高速主轴系统技术、快速进给系统技术、高性能 CNC 控制系统技术、先进的机床结构技术、高速加工刀具技术等也在不断地跃上新台阶。

15.4.1 高速主轴系统

高速主轴单元是高速加工机床最关键的部件。目前,高速主轴的转速范围为 10000～25000r/min,加工进给速度在 10m/min 以上。为适应这种切削加工,高速主轴应具有先进的主轴结构、优良的主轴轴承及良好的润滑和散热条件等。

1. 电主轴

在超高速运转的条件下,传统的齿轮变速和带传动方式已不能适应要求,于是人们以宽调速交流变频电动机来实现数控机床主轴的变速,从而使机床主传动的机械结构大为简化,形成一种新型的功能部件——主轴单元。在超高速数控机床中,几乎无一例外地采用电主轴(Electro-spindle)。电主轴取消了主电动机与机床主轴之间的一切中间传动环节,将主传动链的长度缩短为零,因此这种新型的驱动与传动方式称为"零传动"。

电动机主轴振动小,由于采用直接传动,减少了高精密齿轮等关键零件,消除了齿轮的传动误差。同时,集成式主轴也简化了机床设计中的一些关键性的工作,如简化了机床外形设计,容易实现高速加工中快速换刀时的主轴定位等。这种电动机主轴和以前用于内圆磨床的内装式电动机主轴有很大的区别,主要表现在:

①有很大的驱动功率和转矩。

②有较宽的调速范围。

③有一系列监控主轴振动、轴承和电动机温升等运行参数的传感器、测试控制和报警系统,以确保主轴超高速运转的可靠性与安全性。

2. 静压轴承高速主轴

目前,在高速主轴系统中广泛采用了液体静压轴承和空气静压轴承。液体静压轴承高速主轴的最大特点是运动精度很高,回转误差一般在 $0.2\mu m$ 以下,因而不但可以提高刀具的使用寿命,而且可以达到很高的加工精度和较低的表面粗糙度值。

采用空气静压轴承可以进一步提高主轴的转速和回转精度,其最高转速可达 100000r/min,转速特征值可达 2.7×10^6 mm/min,回转误差在 50nm 以下。静压轴承为非接触式,具有磨损小、寿命长、旋转精度高、阻尼特性好的特点,且其结构紧凑,动、静态刚度较高。但静压轴承价格较高,使用维护较为复杂。气体静压轴承刚度差、承载能力低,主要用于高精度、高转速、轻载荷的场合;液体静压轴承刚度高、承载能力强,但结构复杂、使用条件苛刻、消耗功率大、温升较高。

3. 磁浮轴承高速主轴

磁浮轴承的工作原理如图 15-18 所示。电磁铁绕组通过电流而对转子产生吸力,与转子重量平衡,转子处于悬浮的平衡位置。转子受到扰动后,偏离其平衡位置。传感器检测出转子的位移,并将位移信号送至控制器。控制器将位移信号转换成控制信号,经功率放大器变换为控制电流,改变吸力方向,使转子重新回到平衡位置。位移传感器通常为非接触式,其数量一般为5~7个。

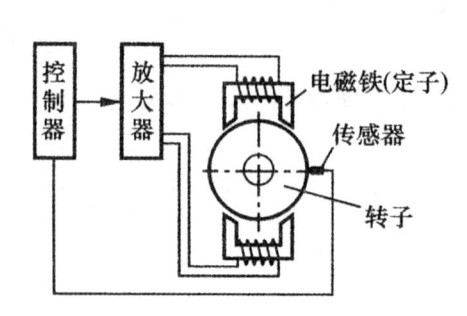

图 15-18 磁浮轴承的工作原理

磁浮主轴的优点是精度高、转速高和刚度高,缺点是机械结构复杂,而且需要一整套的传感器系统和控制电路,所以磁浮主轴的造价较高。另外,主轴部件内除了驱动电动机外,还有轴向和径向轴承的线圈,每个线圈都是一个附加的热源,因此,磁浮主轴必须有很好的冷却系统。

最近发展起来的自检测磁浮主轴系统较好地解决了磁浮轴承控制系统复杂的问题。其是利用电磁铁线圈的自感应来检测转子位移的。转子发生位移时,电磁铁线圈的自感应系数也要发生变化,即电磁铁线圈的自感应系数是转子位移 x 的函数,相应地电磁铁线圈的端电压(或电流)也是位移 x 的函数。将电磁铁线圈的端电压(或电流)检测出来并作为系统闭环控制的反馈信号,通过控制器调节转子位移,使其工作在平衡位置上。自检测磁浮主轴承系统的控制原理如图 15-19 所示(图中 ω_C 为三角波信号频率)。

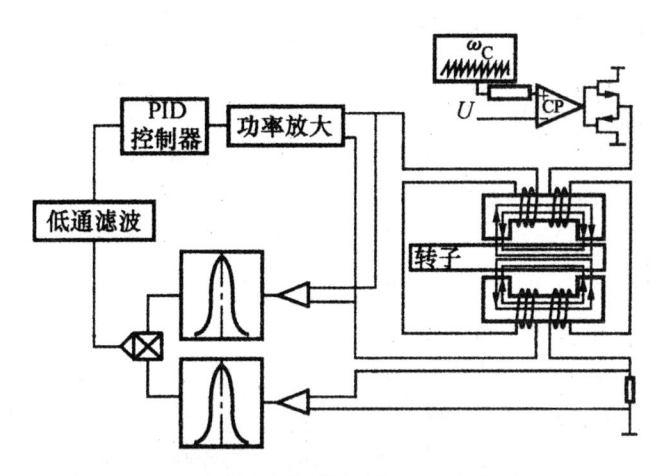

图 15-19 自检测磁浮主轴承系统的控制原理

15.4.2 超高速切削机床的进给系统

超高速切削进给系统是超高速加工机床的重要组成部分,是评价超高速机床性能的重要指标之一,是维持超高速切削中刀具正常工作的必要条件。普通机床的进给系统采用的是滚珠丝杠副加旋转伺服电动机的结构,由于丝杠扭转刚度低,高速运行时易产生扭振,限制了运动速度和加速度的提高。此外,进给系统机械传动链较长,各环节普遍存在误差,传动副之间有间隙,这些误差相叠加后会形成较大的综合传动误差和非线性误差,影响加工精度;机械传动存在链结构复杂、机械噪声大、传动效率低、磨损快等缺陷。超高速切削在提高主轴速度的同时必须提高进给速度,并且要求进给运动能在瞬间达到高速和实现瞬时准停等,否则,不但无法发挥超高速切削的优势,而且会使刀具处于恶劣的工作条件下,还会因为进给系统的跟踪误差影响加工精度。当采用直线电动机进给驱动系统时,使用直线电动机作为进给伺服系统的执行元件,由电动机直接驱动机床工作台,传动链长度为零,并且不受离心力的影响,结构简单、重量轻,容易实现很高的进给速度(80~180m/min)和加速度[(2~10)g],同时,系统动态性能好,运动精度高(0.01~0.1μm),运动行程不影响系统的刚度,无机械磨损。

15.4.3 超高速轴承技术

超高速主轴系统的核心是高速精密轴承。因滚动轴承有很多优点,故目前国外多数超高速磨床采用的是滚动轴承。为提高其极限转速,主要可采取如下措施。

①提高制造精度等级,但这样会使轴承价格成倍增长。

②合理选择材料,如用陶瓷材料制成的球轴承具有重量轻、热膨胀系数小、硬度高、耐高温、超高温时尺寸稳定、耐腐蚀、弹性模量比钢高、非磁性等优点。

③改进轴承结构。德国FAG轴承公司开发了HS70和HS719系列的新型高速主轴轴承,它将球直径缩小至原来的70%,增加了球数,从而提高了轴承结构的刚性。

15.4.4 高性能的计算机数控系统

围绕着高速和高精度,高速加工数控系统必须满足以下条件。

①数字主轴控制系统和数字伺服轴驱动系统应该具有高速响应特性。采用气浮、液压或磁悬浮轴承时,要求主轴支承系统能根据不同的加工材料、不同的刀具材料及加工过程中的动态变化自动调整相关参数;工件加工的精度检测装置应选用具有高跟踪特性和分辨率的检测元件。

②进给驱动的控制系统应具有很高的控制精度和动态响应特性,以适应高进给速度和高进给加速度。

③为适应高速切削,要求单个程序段处理时间短;为保证高速下的加工精度,要有前馈和大量的超前程序段处理功能;要求快速行程刀具路径尽可能圆滑,走样条曲线而不是逐点跟踪,少转折点、无尖转点;程序算法应保证高精度;遇干扰时能迅速调整,保持合理的进给速度,避免刀具振动。

此外,如何选择新型高速刀具、切削参数以及优化切削参数,如何优化刀具切削运动轨迹,如何控制曲线轮廓拐点、拐角处的进给速度和加速度,如何解决高速加工时CAD/CAM高速通信时的可靠性等都是数控程序需要解决的问题。

15.5 精密工程和纳米技术

15.5.1 精密与超精密加工

精密与超精密加工主要是根据加工精度和表面质量两项指标来划分的。精密加工是指在一定的发展时期,加工精度和表面质量达到较高程度的加工工艺;超精密加工是指加工精度和表面质量达到最高程度的精密加工工艺。这种划分是相对的,因为随着生产技术不断发展,其划分界限也将逐渐向前推移。

精密与超精密加工发展到今天,已不再是一种孤立的加工方法和单纯的工艺过程,而是形成了内容极为广泛的制造系统工程,它涉及精密和超精密切削机床、超微量切除技术、高稳定性和高净化的工作环境、计量技术、工况检测及质量控制等。其中的任一因素对精密和超精密加工的加工精度和表面质量,都将产生直接或间接的不同程度的影响。

1. 金刚石超精密切削机理及关键技术

金刚石超精密切削技术主要是指用高精度的机床和单晶金刚石刀具，在严格的加工环境下，选择适当的工艺参数进行切削加工来达到亚微米级以上精度的加工技术。金刚石刀具超精密切削技术是超精密加工技术的一个重要组成部分，不少国防尖端产品零件（如陀螺仪、各种平面及曲面反射镜和透镜、精密仪器仪表和大功率激光系统中的多种零件等）都需要利用金刚石超精密切削来加工。

金刚石刀具的超精密切削机理与一般切削机理有很大的不同。金刚石刀具在切削时，其背吃刀量现声可在 $1\mu m$ 以下，刀具可能处于工件晶粒内部切削状态，即切除晶粒的一部分，保留另一部分。

从切削力和切削热方面来看，切削力要超过分子或原子间巨大的结合力，从而使切削刃承受很大的剪切应力，并产生很大的热量，造成切削刃在局部区域内的高应力、高温的工作状态，这对于普通的刀具材料来说是无法承受的，在高温、高压下会快速磨损和软化，使切削无法继续进行。

从切削刃锐利度方面来看，普通材料刀具的切削刃不可能磨得非常锐利，平刃性也很难保证。事实上，无论刃磨条件如何改善，对于给定的刀具材料和刀具角度，所能获得的切削刃圆角半径（即所谓刃口半径）具有一定的最小极限值，例如，当刀具楔角为 $70°$ 时，一般硬质合金刀具的刃口半径只能达到 $18\sim24\mu m$，高速钢刀具的刃口半径可达 $12\sim15\mu m$，而金刚石刀具的刃口半径则可达 $0.005\sim0.01\mu m$，同时因为金刚石材料本身质地细密，经过仔细修研，切削刃的几何形状很好，其直线度误差极小（$0.01\sim0.1\mu m$）。

在金刚石超精密切削过程中，虽然切削刃处于高应力高温环境，但由于其速度很高，进给量和背吃刀量极小，故工件的温升并不高，塑性变形小，可以获得高精度、小表面粗糙度值的加工表面。

金刚石超精密切削的关键技术包括如下内容。

(1) 加工设备

用于金刚石超精密切削的加工设备，要求具有高精度、高刚度、良好的稳定性、抗振性和数控功能等。如美国 Moore 公司生产的 M-18G 金刚石车床，主轴采用气体静压轴承，主轴转速达 5000r/min，主轴径向圆跳动小于 $0.1\mu m$；导轨采用静压导轨，导轨直线度达 $0.5\mu m/100mm$，数控系统分辨率达 $0.01\mu m$。目前，金刚石车床多采用 T 形布局，即主轴装在横向滑台（x 轴）上，刀架装在纵向滑台（z 轴）上。这种布局可解决两个滑台的相互影响问题，而且纵、横两移动轴的垂直度可以通过装配调整保证，从而使机床制造成本降低。

(2) 金刚石刀具

金刚石刀具是将金刚石刀头用机械夹持或黏结方式固定在刀体上构成的。刀具的前角不宜太大，否则易产生崩裂，同时还要求前、后面的表面粗糙度值极小（$Ra\ 0.01\mu m$），且不能有崩口、裂纹等表面缺陷。因此，对金刚石刀具的刃磨质量要求非常高。金刚石刀具的刃磨可采用 320 号天然金刚石粉与 L-AN15 全损耗系统汽油配制的研磨剂，在高磷铸铁盘上进行。由于金刚石硬度极高，且晶体各向异性，因此单晶金刚石刀具的刃磨极为困难。制造金刚石刀具及刃磨时都需要对晶体定向。

金刚石刀具是实现超精密切削最关键的因素之一，为保证加工质量，金刚石刀具的选用必须满足下列要求。

① 选取品质优良的大颗粒单晶天然金刚石原料，具有完整的形状、表面光滑、透明、无缺陷、

无杂质。

②利用金刚石晶体各向异性特性对金刚石晶体进行定向,以确定刀具的前后刀面、切削刃的位置,以保证刀具有良好的抗磨性和抗破损性能。

③刀口要磨得非常锋利,刃口半径值极小(理论上可达 2nm,我国一般可达 $0.08\sim 0.3\mu m$),能实现超薄切削。

④切削刃无缺陷,切削时刃形复印在加工表面上,能得到超光滑的镜面,切削刃表面粗糙度值一般应小于 $Ra\ 0.01\mu m$,前后刀面的表面粗糙度值则应更小。

⑤选用具有强度高、切削阻力小的刀具切削部分几何参数。

(3) 被加工材料

适合于金刚石刀具加工的材料及其切削性能如下所述。

①有色金属及其合金。在有色金属中,铜系、铝系等金属有较好的切削性能,经实验比较,铜系材料的切削性能更优于铝系,铝系金属因切削时易在切削刃上附着一层极薄的被切削材料而不如铜系的表面质量,但是由于铝合金对刀具的磨损较低且加工后表面反射率高而被广泛采用。金刚石超精密切削用于加工高密度硬磁盘的铝合金基片,平面度 $0.2\mu m$,尺寸精度 $0.1\mu m$,表面粗糙度达 $Ra\ 0.023\mu m$。

有色金属如金、银、镁、锡、铅、锌、铂及非电解镍镀层、铍钢、黄铜等均可用金刚石刀具切削,这些材料可得到 $Ra\ 0.01\sim 0.05\ \mu m$ 的表面粗糙度。

②树脂及塑料。近年来,使用塑料制作光学零件日渐增多,开始时多用成形方法制作,目前多用金刚石刀具进行车削加工。这类材料中,可用金刚石刀具切削的有甲基丙烯酸树脂、聚碳酸酯树脂、聚丙烯树脂、聚乙烯树脂、聚四氟乙烯树脂、环氧树脂、氟塑料等。其中以甲基丙烯酸树脂的切削性最好,表面粗糙度最佳,可达 $Ra\ 0.01\mu m$。

③结晶体。锗、硒化锌、硫化锌、铌酸锂、碘化铯、二氢磷化铟、硅、溴化钾及磷酸二氢钾(KDP)等结晶体都可用金刚石刀具切削。其中以锗晶体切削性能为最好,在选择合适刀具参数及工艺参数时,可获得 $Ra\ 0.008\sim 0.015\mu m$ 的表面粗糙度。

2. 典型精密与超精密磨削工艺

超精密磨削,是指加工精度达到或高于 $0.1\mu m$,表面粗糙度值低于 $Ra\ 0.025\mu m$ 的一种亚微米级加工方法,并正向纳米级发展。超精密磨削的关键在于砂轮的选择、砂轮的修整、磨削用量和高精度的磨削机床。超精密磨削中所使用的砂轮,其材料多为金刚石和立方氮化硼(CBN),因其硬度极高,故一般称为超硬磨料砂轮(或超硬砂轮)。超硬磨料砂轮具有耐磨性好、寿命长、磨削能力强、磨削效率高等优点,故超精密磨削广泛被用来加工各种高硬度、高脆性金属及非金属材料(加工铁金属用 CBN)。超硬砂轮的修整与一般砂轮的修整有所不同,分整形和修锐两步进行。常用的方法是:先用碳化硅砂轮(或金刚石笔)对超硬砂轮进行整形,获得所需的形状;再进行修锐,去除结合剂,露出磨粒。

在磨削脆性材料时,由于材料本身的物理特性,切屑形成多为脆性断裂,磨削后的表面比较粗糙。在某些应用场合如光学元件,这样的粗糙表面必须进行抛光,它虽能改善工件的表面粗糙度,但由于很难控制形状精度,抛光后经常会降低形状精度。为了解决这一矛盾,日本和欧美的众多公司和研究机构推出了两种新的磨削工艺:塑性磨削(Ductile Grinding)和镜面磨削(Mirror Grinding)。

(1)塑性磨削

它主要是针对脆性材料而言,其命名来源出自该种工艺的切屑形成机理,即磨削脆性材料时,切屑形成与塑性材料相似,切屑通过剪切的形式被磨粒从基体上切除下来。所以这种磨削方式有时也被称为剪切磨削(Shere Mode Grinding)。因此,磨削后的表面没有微裂纹形成,也没有脆性剥落时的无规则的凹凸不平,表面呈有规则的纹理。

塑性磨削的机理至今不十分清楚,但部分研究表明:在特定条件下,当磨削厚度达到某特定的值时,切屑的形成由脆断向逆性剪切转变为塑断,即能够实现脆性材料的塑性磨削。这一磨削厚度被称为临界切削厚度,它与工件材料特性和磨粒的几何形状有关。一般来说,临界磨削厚度在 $100\mu m$ 以下,因而这种磨削方法也被称为纳米磨削(Nanogrinding)。根据这一理论,有些人提出了一种观点,即塑性磨削要靠特殊磨床来实现。这种特殊磨床必须满足如下要求。

① 极高的定位精度和运动精度。以免因磨粒的切削厚度超过 $100\mu m$ 时,导致转变为脆性磨削。

② 极高的刚性。因为塑性磨削的切削力远超过脆性磨削的水平,机床刚性太低,会因切削力引起的变形而破坏塑性切屑形成的条件。

对形成塑性磨削的另一种观点认为磨削厚度不是唯一的因素,只有磨削温度才是切屑由脆性向塑性转变的关键。从理论上讲,当磨粒与工件的接触点的温度高到一定程度时,工件材料的局部物理特性会发生变化,导致切屑形成机理的变化。

(2)镜面磨削

当磨削后的工件表面反射光的能力达到一定程度时,该磨削过程被称为镜面磨削。镜面磨削的工件材料不局限于脆性材料,它也包括金属材料如钢、铝和钼等。为了能实现镜面磨削,日本东京大学理化研究所的 Nakagawa 和 Ohmori 教授发明了电解在线修整磨削法(Electrolytic In-Process Dressing,ELID)。

镜面磨削的基本出发点是:要达到镜面,必须使用尽可能小的磨粒粒度,比如说粒度 $2\mu m$ 乃至 $0.2\mu m$。在 ELID 发明之前,微粒度砂轮在工业上应用很少,原因是微粒度砂轮极易堵塞,砂轮必须经常进行修整,修整砂轮的辅助时间往往超过了磨削的工作时间。ELID 首次解决了使用微粒度砂轮时,修整与磨削在时间上的矛盾,从而为微粒度砂轮的工业应用创造条件。

ELID 磨削的关键是用与常规不同的砂轮,它的结合剂通常为青铜或铸铁。图 15-20 是 ELID 在平面磨床上应用的原理图。在使用 ELID 磨削时,冷却润滑液为一种特殊的电解液。当电极与砂轮之间接上电压时,砂轮的结合剂发生氧化。在切削力作用下,氧化层脱落从而露出了锋利的磨粒。由于电解修整过程在磨削时连续进行,所以能保证砂轮在整个磨削过程中保持同一锋利状态。这样既可保证工件表面质量的一致性,又可节约以往修整砂轮时所需的辅助时间,满足了生产率要求。

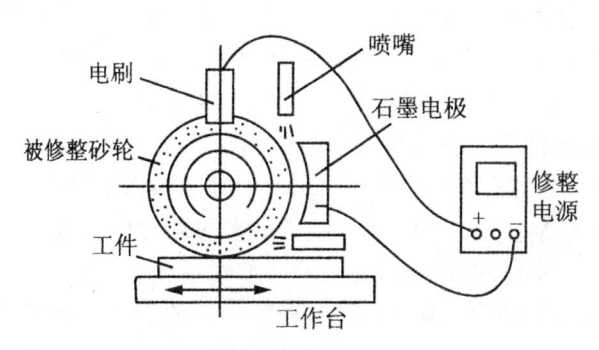

图 15-20 ELID 在平面磨床上应用的原理图

ELID磨削方法除适用于金刚石砂轮外，也适用于氮化硼砂轮，应用范围几乎可以覆盖所有的工件材料。它最适合于加工平面，磨削后的工件表面粗糙度可达 Ra 1nm 的水平，即使在可见光范围内，这样的表面确实可以作为镜面来使用。ELID磨削的生产率远远超过常规的抛光加工，故在许多应用场合取代了抛光工序。最典型的例子就是加工各种泵的陶瓷密封圈，传统的工艺是先磨再抛光，采用ELID磨削，只需一道工序，既节约时间又节省投资。ELID也被用于加工其他几何形状，如球面、柱面和环面等。按镜面的不同要求，可用于部分取代抛光或把抛光时间降到最低的水平。

15.5.2 微细/纳米加工技术

1. 微细加工技术的特点

微细加工是指加工尺度为微米级范围的加工方式。微细加工起源于半导体制造工艺，加工方式十分丰富，包含了微细机械加工、各种现代特种加工、高能束加工等方式。

微细加工与一般尺度加工有许多不同，主要体现在以下几个方面。

(1)精度表示方法不同

在一般尺度加工中，加工精度是用其加工误差与加工尺寸的比值(即相对精度)来表示的。而在微细加工时，由于加工尺寸很小，精度就必须用尺寸的绝对值来表示，即用去除(或添加)的一块材料(如切屑)的大小来表示，从而引入加工单位的概念，即一次能够去除(或添加)的一块材料的大小。当微细加工0.01mm尺寸的零件时，必须采用微米加工单位来进行加工；当微细加工微米尺寸零件时，必须采用亚微米加工单位来进行加工；现今的超微细加工已采用纳米加工单位。

(2)加工机理存在很大的差异

由于在微细加工中加工单位急剧减小，必须考虑晶粒在加工中的作用。

例如，欲把软钢材料毛坯切削成一根直径为0.1mm、精度为0.01mm的轴类零件。根据给定的要求，在实际加工中，车刀至多只允许产生10.01mm切屑的吃刀深度，而且在对上述零件进行最后精车时，吃刀深度要更小。由于软钢是由很多晶粒组成的，晶粒的大小一般为十几微米，这样，直径为0.1mm就意味着在整个直径上所排列的晶粒只有20个左右。如果吃刀深度小于晶粒直径，那么，切削就不得不在晶粒内进行，这时，就要把晶粒作为一个个不连续体来进行切削。相比之下，如果是加工较大尺度的零件，由于吃刀深度可以大于晶粒尺寸，切削不必在晶粒中进行，就可以把被加工体看成是连续体。这就导致了加工尺度在亚毫米、加工单位在数微米的加工方法与常规加工方法的微观机理的不同。另外，还可以从切削时刀具所受的阻力的大小来分析微细切削加工和常规切削加工的明显差别。实验表明：当吃刀深度在0.1mm以上、进行普通车削时，单位面积上的切削阻力为 $196\sim294\text{N}/\text{mm}^2$；当吃刀深度在0.05m左右、进行微细铣削加工时，单位面积上的切削阻力约为 $980\text{N}/\text{mm}^2$；当吃刀深度在 $1\mu\text{m}$ 以下、进行精密磨削时，单位面积上的切削阻力将高达 $12740\text{N}/\text{mm}^2$，接近软钢的理论剪切强度($13217\text{N}/\text{mm}^2$)。因此，当切削单位从数微米缩小到 $1\mu\text{m}$ 以下时，刀具的尖端要承受很大的应力作用，这将使单位面积上产生很大的热量，导致刀具的尖端局部区域上升到极高的温度。这就是越是采用微小的加工单位进行切削,就越要求采用耐热性好、耐磨性强、高温硬度和高温强度都高的刀具的原因。

(3) 加工特征明显不同

一般加工以尺寸、形状、位置精度为特征;微细加工则由于其加工对象的微小型化,目前多以分离或结合原子、分子为特征。

例如,超导隧道结的绝缘层只有 10Å 左右的厚度。要制备这种超薄层的材料,只有用分子束外延等方法在基底(或衬底、基片等)上以原子或分子线度(Å 级)为加工单位,一个原子层一个原子层(或分子层)地逐渐积淀,才能获得纳米加工尺度的超薄层。再如,利用离子束溅射刻蚀的微细加工方法,可以把材料一个原子层一个原子层(或分子层)地剥离下来,实现去除加工。这里,加工单位也是原子或分子线度量级,也可以进行纳米尺度的加工。因此,要进行 1nm 的精度和微细度的加工,就需要用比它小一个数量级的尺寸作为加工单位,即要用加工单位为 0.1nm 的加工方法进行加工。因此,必须把原子、分子作为加工单位。扫描隧道显微镜和原子力显微镜的出现,实现了以单个原子作为加工单位的加工。

2. 微细加工技术的方法

微细加工技术是由微电子技术、传统机械加工技术和特种加工技术衍生而来的。按其衍生源的不同,微细加工可分为微细蚀刻加工、微细切削加工和微细特种加工三种。下面介绍几种有代表性的微细加工方法。

(1) 微细切削加工

这种方法适合所有金属、塑料和工程陶瓷材料,主要采用车削、铣削、钻削等切削方式,刀具一般为金刚石刀(刃口半径为 100nm)。这种工艺的主要困难在于微型刀具的制造、安装以及加工基准的转换定位。

目前,日本 FANUC 公司已开发出能进行车、铣、磨和电火花加工的多功能微型超精密加工机床,其主要技术指标为:可实现五轴控制,数控系统最小设定单位为 1nm;采用编码器半闭环及激光全息式直线移动的全闭环控制;编码器与电动机直联,具有每转 6400 万个脉冲的分辨率,每个脉冲相当于坐标轴移动 0.2nm;编码器反馈单位为 1/3nm,跟踪误差在 ±3nm 以内;采用高精度螺距误差补偿技术,误差补偿值由分辨率为 0.3nm 的激光干涉仪测出;推力轴承和径向轴承均采用气体静压支承结构,伺服电动机转子和定子用空气冷却。发热引起的温升控制在 0.1℃ 以下。

(2) 微细特种加工

① 微细电火花加工。利用工件和工具电极之间的脉冲性火花放电,产生瞬间高温使工件材料局部熔化或气化,从而达到蚀除材料的目的的加工方法。微小工具电极的制作是微细电火花加工的关键技术之一。利用微小圆轴电极,在厚度为 0.2mm 的不锈钢片上可加工出直径为 40μm 的微孔。当机床系统定位控制分辨率为 0.1μm 时,最小可实现孔径为 5μm 的微细加工,表面粗糙度可达 0.1μm,这种方法的缺点是电极的定位安装较困难。为此常将切削刀具或电极在加工机床中制作,以避免装夹误差。

② 复合加工。是指电火花与激光复合精密微细加工,是针对市场上急需的精密电子零件模具与高压喷嘴等使用的超高硬度材料的超微硬质合金及聚晶金刚石烧结体的加工要求,特别是大深径比的深孔加工要求,开发出的一种高效率的微细加工系统,它采用了电火花加工与激光加工的复合工艺。其具体操作方法是首先利用激光在工件上预加工出贯穿的通孔,以便为电火花

加工提供良好的排屑条件，然后再进行电火花精加工。

（3）光刻加工

光刻加工是利用光致抗蚀剂（感光胶）的光化学反应特点，在紫外线照射下，将照相制版上的图形精确地印制在涂有光致抗蚀剂的工件表面，再利用光致抗蚀剂的耐腐蚀特性，对工件表面进行腐蚀，从而获得极为复杂的精细图形的加工方法。

目前，光刻加工中主要采用的曝光技术有电子束曝光技术、离子束曝光技术、X射线曝光技术和紫外准分子曝光技术等，其中，离子束曝光技术具有最高的分辨率；电子束曝光技术代表了最成熟的亚微米级曝光技术；紫外准分子激光曝光技术则具有最高的经济性，是近年来发展速度极快且实用性较强的曝光技术，在大批量生产中保持主导地位。

典型的光刻工艺过程为：

①氧化，使硅晶片表面形成一层 SiO_2 氧化层。

②涂胶，在 SiO_2 氧化层表面涂布一层光致抗蚀剂，即光刻胶，厚度在 $1\sim5\mu m$。

③曝光，在光刻胶层面上加掩膜，然后用紫外线等方法曝光。

④显影，曝光部分通过显影而被溶解除去。

⑤腐蚀，将加工对象浸入氢氟酸腐蚀液，使未被光刻胶覆盖的 SiO_2 部分被腐蚀掉。

⑥去胶，腐蚀结束后，光致抗蚀剂就完成了它的使命，此时要设法将这层无用的胶膜去除。

⑦扩散，向需要杂质的部分扩散杂质，以完成整个光刻加工过程。图15-21为半导体光刻加工过程示意图。

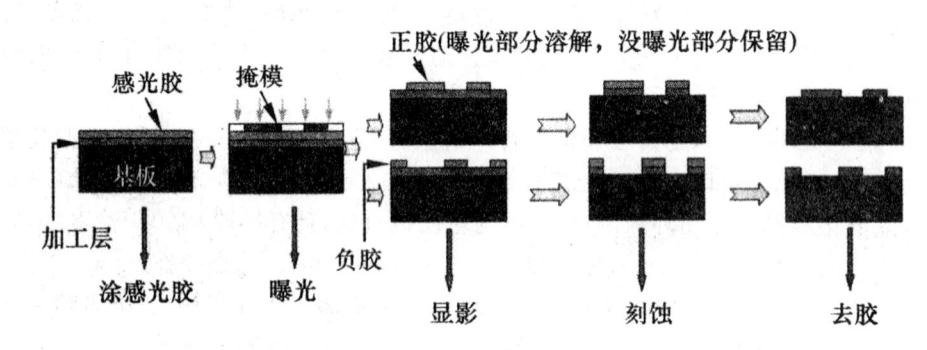

图 15-21 半导体光刻加工过程示意图

3. 纳米加工技术

纳米技术（Nano Technology，NT）是在纳米尺度范围（0.1～100nm）内对原子、分子等进行操纵和加工的技术。它是一门由多种学科交叉形成的学科，是在现代物理学、化学和先进工程技术相结合的基础上诞生的，是一门与高新技术紧密结合的新型科学技术。纳米级加工包括机械加工、化学腐蚀、能量束加工、扫描隧道加工等多种方法。

纳米加工采用自下而上和自上而下两种方法的结合。自下而上的方法，即从单个分子甚至原子开始，一个原子一个原子地进行物质的组装和制备。这个过程没有原材料的去除和浪费。传统的"自上而下"的微电子工艺受经典物理学理论的限制，依靠这一工艺来减小电子器件尺寸将变得越来越困难。

传统微纳米器件的加工以金属或者无机物的体相材料为原料，通过光刻蚀、化学刻蚀或两种方法结合使用的自上而下的方式进行加工,在刻蚀加工前必须先制作模具。长期以来推动电子领域发展的以曝光技术为代表的自上而下方式的加工技术即将面临发展极限。如果使用蛋白质和 DNA(脱氧核糖核酸)等纳米生物材料,将有可能形成运用材料自身具有的"自组装"和相同图案"复制与生长"等特性的采用自下而上方式加工的元件。

纳米加工工艺主要有以下几种。

(1) X 射线刻蚀电铸模技术

X 射线刻蚀电铸模(Lithographic Galvanoformung Abformung,LIGA)加工工艺是由德国科学家开发的集光刻、电铸和模铸于一体的复合微细加工新技术,是三维立体微细加工最有前景的加工技术,尤其对微机电系统的发展有很大的促进作用。

20 世纪 80 年代中期,德国 W. Ehrfeld 教授等人发明了 X 射线刻蚀电铸模加工工艺,这种工艺包括三个主要步骤:深度同步辐射 X 射线光刻(Lithography)、电铸成形(Galvanolormung)和注塑成形(Abformung)。其最基本和最核心的工艺是深度同步辐射 X 射线光刻,而电铸成形和注塑成形工艺是 X 射线刻蚀电铸模产品实用化的关键。X 射线刻蚀电铸模法适合于用多种金属、非金属材料制造微型机械构件。采用 X 射线刻蚀电铸模技术已研制成功或正在研制的产品有微传感器、微电机、微执行器、微机械零件等。

用 X 射线刻蚀电铸模工艺加工出的微器件侧壁陡峭、表面光滑,可以大批量复制生产,成本低,因此广泛应用于微传感器、微电机、微执行器、微机械零件、集成光学和微光学元件、真空电子元件、微型医疗器械、流体技术微元件、纳米技术元件等的制作中。现在已将牺牲层技术融入 X 射线刻蚀电铸模工艺,使获得的微型器件中有一部分可以脱离母体而移动或转动;还有学者研究控制光刻时的照射深度,即使用部分透光的掩模,使曝光时同一块光刻胶在不同处曝光深度不同,从而使获得的光刻模型可以有不同的高度,用这种方法可以得到真正的三维立体微型器件。

X 射线刻蚀电铸模技术的特点表现在以下方面:X 射线具有良好的平行性、显影分辨力和穿透性能,克服了光刻法制造的零件厚度过薄的不足(最大深度为 $40\mu m$);原材料的多元性,几何图形的任意性、高深宽比、高精度;X 射线同步辐射源比较昂贵。

(2) 扫描隧道显微加工技术

通过扫描隧道显微镜的探针来操纵试件表面的单个原子,可实现单个原子和分子的搬迁、去除、增添和原子排列重组,从而实现纳米加工。目前,在原子级加工技术方面,人们正在研究的课题有大分子中的原子搬迁、增加原子、去除原子和原子排列的重组。

利用扫描隧道显微镜进行单原子操纵的基本原理:当针尖与表面原子之间距离极小(<1nm)时,会形成隧道效应,即针尖顶部原子和材料表面原子的电子云相互重叠,有的电子云双方共享,从而产生一种与化学键相似的力。同时,表面上其他原子对针尖对准的表面原子也有一定的结合力,在双方的作用下探针可以使该表面原子跟随针尖移动而又不脱离试件表面,实现原子的搬迁。当探针针尖对准试件表面某原子时,在针尖和样品之间加上电偏压或脉冲电压,可使该表面原子成为离子而被电场蒸发,从而去除原子、形成空位;在有脉冲电压存在的条件下,也可以从针尖上发射原子、增添原子、填补空位。

(3) 原子力显微镜机械刻蚀加工

原子力显微镜(Atomic Force Microscope,AFM)在接触模式下,通过增加针尖与试件表面之间的作用力,使二者接触区域产生局部结构变化,即通过针尖对试件表面的机械刻蚀作用进行纳米加工。

(4)原子力显微镜阳极氧化法加工

原子力显微镜阳极氧化法加工是通过扫描探针显微镜(Scanning Probe Microscope,SPM)针尖与样品之间发生的化学反应来形成纳米尺度氧化结构的一种加工方法。针尖为阴极,样品表面为阳极,吸附在样品表面的水分子充当电解液,提供氧化反应所需的 OH^- 离子,如图 15-22 所示。该工艺早期采用扫描隧道显微镜,后来多采用原子力显微镜,主要是由于原子力显微镜法利用氧化反应,操作简单易行,刻蚀处的结构性能稳定。

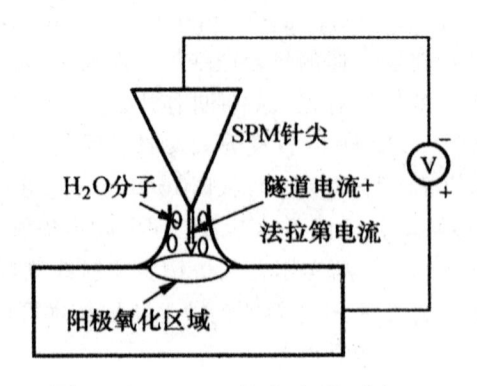

图 15-22 AFM 阳极氧化法加工

4. 微纳加工技术的发展

微纳器件及系统因其微型化、批量化、成本低的鲜明特点,对现代生产、生活产生了巨大的促进作用,为相关传统产业升级实现跨越式发展提供了机遇,并催生了一批新兴产业,成为全世界增长最快的产业之一。

(1)微纳设计方面

随着微纳技术应用领域的不断扩展,器件与结构的特征尺寸从微米尺度向纳米尺度发展,金属材料、聚合物材料和玻璃等非硅材料在微纳制造中得到了越来越多的应用,多域耦合建模与仿真的相关理论与方法、跨微纳尺度的理论和方法、非硅材料在微纳尺度下的结构或机构设计问题以及与物理、化学、生命科学、电子工程等学科的交叉问题成为微纳设计理论与方法的重要研究方向。

(2)微纳加工方面

低成本、规模化、集成化以及非硅加工是微纳加工的重要发展趋势。目前从规模集成向功能集成方向发展,集成加工技术正由二维向准三维过渡,三维集成加工技术将使系统的体积和质量减少 1~2 个数量级,提高互联效率及带宽,提高制造效率和可靠性。针对汽车、能源、信息等产业以及医疗与健康、环境与安全等领域对高性能微纳器件与系统的需求以及集成化、高性能等特点,重点研究微结构与 IC、硅与非硅混合集成加工及三维集成等集成加工,MEMS 非硅加工,生物相容加工,大规模加工及系统集成制造等微纳加工技术。

针对纳米压印技术、纳米生长技术、特种 LIGA 技术、纳米自组装技术等纳米加工技术,研究纳米结构成形过程中的动态尺度效应、纳米结构制造的多场诱导、纳米仿生加工等基础理论和关键技术,形成实用化纳米加工方法。

随着微加工技术的不断完善和纳米加工技术与纳米材料科学和技术的发展,基于微加工、纳米加工和纳米材料的各自特点,出现了纳米加工与微加工结合的自上而下的微纳复合加工和纳米材料与微加工结合的自下而上的微纳复合加工等方法,是微纳制造领域的重要发展方向。

5. 微纳加工技术的应用前景

目前向环境与安全、医疗与健康等领域迅速扩展,并在新能源装备、半导体照明工程、柔性电子、光电子等信息器件方面具有重要的应用前景。

目前我国已成为全球第三大汽车制造国。在中高档,尤其是豪华汽车上使用了很多传感器,其中,MEMS陀螺仪、加速度计、压力传感器、空气流量计等所用的MEMS传感器约占20%。我国也是世界上最大的手机、玩具等消费类电子产品的生产国和消费国,微麦克风、射频滤波器、压力计和加速度计等MEMS器件已开始大量应用,具有巨大的市场。

柔性电子可实现在任意形貌、柔性衬底上的大规模集成,改变传统集成电路的制造方法。制造技术直接关系到柔性电子产业的发展,目前亟待解决的技术问题包括有机、无机电路与有机基板的连接和技术,精微制动技术,跨尺度互联技术,需要全新的制造原理和制造工艺。21世纪光电子信息技术的发展将遵从新的"摩尔定律",即光纤通信的传输带宽平均每9~12个月增加一倍。据预测,未来10~15年内光通信网络的商用传输速率将达到40Tb/s,基于阵列波导光栅的集成光电子技术已成为支承和引领下一代光通信技术发展方向的重要技术。

基于微纳制造技术的高性能、低成本、微小型医疗仪器具有广泛的应用和明确的产业化前景。我国约有盲人500万、听力语言残疾人2700余万,基于微纳制造技术研究开发视觉假体和人工耳蜗,是使盲人重见光明和使失聪人员回到有声世界的有效途径。

参考文献

[1] 技能士友编集部. 金属切削刀具常识及使用方法[M]. 北京:机械工业出版社,2012.
[2] 蔡安江,葛云. 机械制造技术基础[M]. 武汉:华中科技大学出版社,2014.
[3] 陈中中,王一工. 先进制造技术[M]. 北京:化学工业出版社,2016.
[4] 段铁群. 机械系统设计[M]. 北京:科学出版社,2010.
[5] 郭建烨. 机械制造技术基础[M]. 北京:北京航空航天大学出版社,2016.
[6] 郝用兴. 机械制造技术基础[M]. 北京:高等教育出版社,2016.
[7] 华茂发,谢骐. 机械制造技术[M]. 2版. 北京:机械工业出版社,2014.
[8] 姜晶,刘华军. 机械制造技术[M]. 北京:机械工业出版社,2017.
[9] 兰建设. 机械制造工艺与夹具[M]. 北京:机械工业出版社,2014.
[10] 李昌年. 机床夹具设计与制造[M]. 北京:机械工业出版社,2007.
[11] 李凯岭. 机械制造技术基础[M]. 北京:科学出版社,2007.
[12] 李文斌,王宗彦,闫献国. 现代制造系统[M]. 武汉:华中科技大学出版社,2016.
[13] 李益民,周军,柳青松. 机械制造工艺技术[M]. 北京:高等教育出版社,2017.
[14] 李宗义. 先进制造技术[M]. 2版. 北京:机械工业出版社,2016.
[15] 刘传绍,郑建新. 机械制造技术基础[M]. 北京:中国电力出版社,2009.
[16] 刘英,袁绩乾. 机械制造技术基础[M]. 北京:机械工业出版社,2011.
[17] 柳青松,王树凤. 机械制造基础[M]. 北京:机械工业出版社,2017.
[18] 沈志雄. 金属切削机床[M]. 2版. 北京:机械工业出版社,2013.
[19] 孙月华. 机械系统设计[M]. 北京:北京大学出版社,2012.
[20] 王春香. 机械设计基础[M]. 北京:地震出版社,2003.
[21] 王道林. 机械制造工艺[M]. 北京:机械工业出版社,2017.
[22] 王德伦,马雅丽. 机械设计[M]. 北京:机械工业出版社,2015.
[23] 王凤平,赵亮培. 机械设计基础[M]. 东营:山东石油大学出版社,2007.
[24] 王辉,刘茂福. 机械制造技术[M]. 北京:北京理工大学出版社,2010.
[25] 王黎钦,陈铁鸣. 机械设计[M]. 哈尔滨:哈尔滨工业大学出版社,2015.
[26] 王细洋. 现代制造技术[M]. 北京:国防工业出版社,2017.
[27] 武友德,张跃平. 金属切削加工与刀具[M]. 北京:北京理工大学出版社,2011.
[28] 熊良山. 机械制造技术基础[M]. 武汉:华中科技大学出版社,2012.
[29] 薛岩. 机械加工精度测量与质量控制[M]. 北京:化学工业出版社,2016.
[30] 恽达明. 金属切削机床[M]. 北京:机械工业出版社,2007.
[31] 张根保. 自动化制造系统[M]. 4版. 北京:机械工业出版社,2017.
[32] 张根保. 自动化制造系统[M]. 3版. 北京:机械工业出版社,2011.

[33]张敏良,王明红,王越.机械制造工艺[M].北京:清华大学出版社,2017.

[34]张仕海.现代制造技术与装备[M].北京:机械工业出版社,2017.

[35]张玉玺.机械制造基础[M].北京:清华大学出版社,2010.

[36]张兆隆.机械制造基础[M].北京:机械工业出版社,2016.

[37]赵韩,黄康,陈科.机械系统设计[M].2版.北京:高等教育出版社,2011.

[38]周堃敏,金卫东.机械系统设计[M].北京:高等教育出版社,2009.

[39]周世权.机械制造工艺基础[M].3版.武汉:华中科技大学出版社,2016.

[40]朱焕池.机械制造工艺学[M].2版.北京:机械工业出版社,2016.

[41]朱金钟,石建梅,徐为荣.机械制造技术[M].北京:清华大学出版社,2017.

[42]朱派龙.金属切削刀具与机床[M].北京:化学工业出版社,2016.